最新、最齊全的工程地質手冊

工程地質通論

潘國樑 編著　　魏稽生 校訂

五南圖書出版公司 印行

自 序

　　工程地質學是應用地質學的一支；它是一門跨領域的學科，是將地質學應用於工程建設的應用科學。學習工程地質不但要有地質的概念，也要有工程的背景，才能配合無間。作者的大學教育係受工程（礦冶工程）的訓練，研究所則研修地質學的應用，所以深知工程與地質的密切關係。惟有知道工程師需要的是什麼地質資料，工程地質師才能提供適切的資訊給工程師。

　　作者在工作上一直服務於研究界及工程界，而且從民國 70 年起，即開始在大學及研究所，以兼任的方式教授工程地質學，迄今已歷經 25 年以上。為了將這些不斷補充及更新的資料與讀者們分享，作者在 5 年前即開始規劃，預備以教材為綱，撰寫一本同時符合學生及業界需要的工程地質教科書或參考書，並且擬將實務經驗也一併納入書本中。經過 3 年的撰寫、修正、與補充，終告完成。

　　非常感謝進步的電腦科技，讓寫作的人可以很容易的對草稿進行修補。以我的年紀而言，在寫作的時候真的是將每一個字先予拼音，然後再一個字一個字的慢慢敲打出來的。作者現在才理解到慢工出細活的哲理，當在慢慢敲打之際，速度比較快的頭腦就會進行多方面的思維，於定調後就可以接著打下一句。這種程序運作成熟之後，「寫」起來就會很順，中途不至於發生停頓。作者在這裡特別要感謝小學一年級的許老師，那個時候臺灣才從日本人的手中光復不久，許老師就給我們的國語拼音打下深厚的基礎。使作者今天才能在鍵盤上敲出中文字來。

　　本書除了第一章的緒言之外，也還有 21 章的篇幅。幾乎將工程地質師及大地工程師所應該知道的東西全都涵蓋了；因此，本書的內容也有一點像手冊一樣。本書可以做為工程地質從業人員、土木工程師、水利工程師、採礦工程師、結構技師、建築師、空間規劃師、水土保持技師、甚至監造工程師們的參考書，本書還可當做國家考試及研究所考試的複習教本。

　　由於知識如瀚海，一本書的著作，有時可能是謬誤，有時可能是觀點不同，有時也可能是作業過程上的疏忽，所以難免會有需要修正或值得討論的地方。讀者們如果有任何意見，敬請不吝指正。

潘國梁　謹識

目 錄

自序

PART 1 基礎篇

CHAPTER 1 緒 言   3
  1.1 工程地質學的定義   3
  1.2 工程地質師的任務   4
  1.3 工程地質學的內容   4
  1.4 工學與理學的融合   7
  1.5 本書的內容與使用法   10

CHAPTER 2 礦物與工程   13
  2.1 礦物的概念   13
  2.2 礦物的生成方式   14
  2.3 礦物的形態   15
    2.3.1 晶體的形狀   16
    2.3.2 礦物晶體的結晶習性   17
  2.4 礦物的光學性質   17
    2.4.1 顏色   17
    2.4.2 條痕色   18
    2.4.3 光澤   18
    2.4.4 透明度   20
  2.5 礦物的力學性質   21
    2.5.1 硬度   21
    2.5.2 解理   22
    2.5.3 斷口   23
  2.6 礦物的風化特性   24
    2.6.1 物理風化作用   24

　　2.6.2　化學風化作用　　　　　　　　　　　　25

　　2.6.3　生物風化作用　　　　　　　　　　　　28

　　2.6.4　礦物的抗風化能力　　　　　　　　　　28

　2.7　礦物的其他物理性質　　　　　　　　　　　29

　2.8　主要造岩礦物　　　　　　　　　　　　　　29

　　2.8.1　火成岩中常見的造岩礦物　　　　　　　29

　　2.8.2　變質岩中常見的造岩礦物　　　　　　　34

　　2.8.3　沉積岩中常見的造岩礦物　　　　　　　37

CHAPTER 3　火成岩與工程　　　　　　　　　　**45**

　3.1　前言　　　　　　　　　　　　　　　　　　45

　3.2　火成岩的化學成分　　　　　　　　　　　　47

　3.3　火成岩的礦物成分　　　　　　　　　　　　47

　3.4　火成岩的結構　　　　　　　　　　　　　　50

　3.5　火成岩的構造　　　　　　　　　　　　　　52

　3.6　火成岩的分類　　　　　　　　　　　　　　53

　　3.6.1　酸性岩類　　　　　　　　　　　　　　54

　　3.6.2　中性岩類　　　　　　　　　　　　　　55

　　3.6.3　基性岩類　　　　　　　　　　　　　　56

　　3.6.4　超基性岩類　　　　　　　　　　　　　57

　3.7　火成岩的肉眼鑑定及命名　　　　　　　　　57

　　3.7.1　火成岩的肉眼鑑定　　　　　　　　　　57

　　3.7.2　火成岩的命名法　　　　　　　　　　　59

　3.8　火成岩的工程地質性質　　　　　　　　　　59

　　3.8.1　深成岩　　　　　　　　　　　　　　　59

　　3.8.2　淺成岩　　　　　　　　　　　　　　　60

　　3.8.3　噴出岩　　　　　　　　　　　　　　　60

CHAPTER 4　沉積岩與工程　　　　　　　　　　**63**

　4.1　前言　　　　　　　　　　　　　　　　　　63

　4.2　成岩作用　　　　　　　　　　　　　　　　63

　4.3　沉積岩中的礦物　　　　　　　　　　　　　66

　4.4　沉積岩的顏色　　　　　　　　　　　　　　68

　　4.4.1　顏色的成因分類　　　　　　　　　　　68

　　4.4.2　常見的顏色　　　　　　　　　　　　　69

　4.5　沉積岩的結構　　　　　　　　　　　　　　69

4.6	沉積岩的構造	74
4.7	沉積岩的分類	77
4.7.1	陸源碎屑岩	78
4.7.2	黏土岩	80
4.7.3	碳酸鹽岩	82
4.7.4	火山碎屑岩	84
4.8	沉積岩的肉眼鑑定及命名	85
4.9	沉積岩的工程地質性質	86
CHAPTER 5	**變質岩與工程**	**89**
5.1	前言	89
5.2	變質作用的控制因素	89
5.3	變質作用的機制	92
5.4	變質作用的類型	94
5.5	變質岩的礦物成分	95
5.6	變質岩的構造	97
5.6.1	葉理構造	97
5.6.2	塊狀構造	99
5.6.3	條帶狀構造	99
5.6.4	眼球狀構造	99
5.6.5	斑點狀構造	100
5.6.6	變餘構造	100
5.7	變質岩的分類	100
5.7.1	區域變質岩類	100
5.7.2	接觸變質岩類	103
5.7.3	動力變質岩類	104
5.8	變質岩的肉眼鑑定及命名	104
5.9	變質岩的工程地質性質	105
CHAPTER 6	**鬆散堆積物與工程**	**107**
6.1	前言	107
6.2	風化殼	108
6.2.1	風化產物的類型	108
6.2.2	風化殼的分層	109
6.2.3	風化殼的風化等級	110
6.3	岩頂帶的類型	113

6.4　工程土壤　　　　　　　　　　　　　　　115

6.5　殘留土　　　　　　　　　　　　　　　117

6.6　落石堆　　　　　　　　　　　　　　　119

6.7　崩積土　　　　　　　　　　　　　　　120

6.8　沖積土　　　　　　　　　　　　　　　123

6.9　問題土壤　　　　　　　　　　　　　　126

6.9.1　膨脹土　　　　　　　　　　　　126

6.9.2　液化土　　　　　　　　　　　　127

6.9.3　軟弱土　　　　　　　　　　　　130

6.9.4　鹽漬土　　　　　　　　　　　　132

6.9.5　人工填土　　　　　　　　　　　133

CHAPTER 7　褶皺與工程　　　　　　　　　**135**

7.1　前言　　　　　　　　　　　　　　　　135

7.2　岩層的位態　　　　　　　　　　　　　136

7.2.1　位態三要素　　　　　　　　　　136

7.2.2　岩層位態的地形表現　　　　　　140

7.2.3　傾斜岩層露頭的水平寬度　　　　144

7.2.4　岩層位態與邊坡穩定性的關係　　147

7.3　線狀構造的位態　　　　　　　　　　　148

7.4　褶皺的基本要素　　　　　　　　　　　150

7.5　褶皺的類型　　　　　　　　　　　　　153

7.6　褶皺的力學定性分析　　　　　　　　　155

7.6.1　水平壓應力造成的褶皺　　　　　155

7.6.2　垂直壓應力造成的褶皺　　　　　159

7.6.3　剪切褶皺　　　　　　　　　　　161

7.7　褶皺構造的識別　　　　　　　　　　　162

7.8　褶皺的工程地質特性　　　　　　　　　165

CHAPTER 8　斷層與工程　　　　　　　　　**169**

8.1　前言　　　　　　　　　　　　　　　　169

8.2　應變橢圓球與斷裂構造　　　　　　　　170

8.3　斷層的幾何要素與位移　　　　　　　　172

8.3.1　斷層的幾何要素　　　　　　　　173

8.3.2　位移　　　　　　　　　　　　　174

8.4　斷層的分類　　　　　　　　　　　　　177

8.5　斷層帶的特徵　　　　　　　　　　　　183
8.6　斷層的視錯斷　　　　　　　　　　　　189
8.7　斷層的識別　　　　　　　　　　　　　193
　　8.7.1　地形上的證據　　　　　　　　　194
　　8.7.2　岩層上的證據　　　　　　　　　194
　　8.7.3　構造上的證據　　　　　　　　　198
8.8　斷層對工程的影響　　　　　　　　　　198

CHAPTER 9　節理及其他不連續面與工程　　203
9.1　前言　　　　　　　　　　　　　　　　203
9.2　不連續面的特性　　　　　　　　　　　204
　　9.2.1　不連續面的類型　　　　　　　　204
　　9.2.2　不連續面的特徵　　　　　　　　208
9.3　節理　　　　　　　　　　　　　　　　220
　　9.3.1　節理的分類　　　　　　　　　　220
　　9.3.2　節理與工程的關係　　　　　　　226
9.4　劈理　　　　　　　　　　　　　　　　226
　　9.4.1　劈理與節理的區別　　　　　　　226
　　9.4.2　劈理與褶皺的關係　　　　　　　226

PART 2　應用篇

CHAPTER 10　岩石與岩體的工程地質性質　　233
10.1　前言　　　　　　　　　　　　　　　　233
10.2　岩石的物理性質　　　　　　　　　　　233
10.3　岩石的水理性質　　　　　　　　　　　237
10.4　岩石的力學性質　　　　　　　　　　　240
　　10.4.1　岩石的變形特性　　　　　　　　240
　　10.4.2　岩石的強度　　　　　　　　　　244
10.5　影響岩石工程地質性質的因素　　　　　249
10.6　岩體的特性　　　　　　　　　　　　　252
　　10.6.1　不連續面的抗剪強度　　　　　　253
　　10.6.2　岩體的強度　　　　　　　　　　258
10.7　岩體的工程地質分類　　　　　　　　　259

CHAPTER 11　地形分析　　　275

11.1　前言　　　275

11.2　地形圖的閱讀　　　276

　11.2.1　地形圖的用途　　　276

　11.2.2　地形圖的閱讀步驟　　　277

　11.2.3　大型地貌在地形圖上的表現　　　278

　11.2.4　地貌與地物的互協互制關係　　　281

11.3　中、小型地貌　　　282

　11.3.1　中型地貌的成因類別　　　282

　11.3.2　地貌基準面　　　288

　11.3.3　典型的邊坡地形　　　289

11.4　地形圖的坡度分析　　　290

11.5　地形圖的地質分析　　　295

　11.5.1　根據水系推測岩性與地質構造　　　295

　11.5.2　根據異常水系推測地質構造及其成因　　　300

　11.5.3　根據河谷的地形推測地殼運動　　　301

　11.5.4　根據等高線形狀分析地貌類型　　　302

11.6　遙測應用於地貌分析　　　308

CHAPTER 12　地質圖分析　　　311

12.1　前言　　　311

12.2　地質圖的解讀　　　312

　12.2.1　地質圖的內容　　　312

　12.2.2　讀圖步驟　　　319

　12.2.3　地質圖的簡單計量　　　330

12.3　地質剖面圖的製作　　　337

　12.3.1　剖面位置的選擇　　　337

　12.3.2　走向線法　　　338

　12.3.3　視傾角法　　　342

CHAPTER 13　地下水與工程　　　343

13.1　前言　　　343

13.2　地下水的賦存　　　343

　13.2.1　賦存空間　　　344

　13.2.2　賦存類型　　　346

　13.2.3　地下水在岩盤內的富集　　　352

13.3　地下水的流動　356

13.3.1　滲流　356

13.3.2　補注、逕流與排洩　358

13.4　水文地質調查應注意的項目　361

13.5　地下水對工程的影響　363

13.5.1　毛細現象　364

13.5.2　地下水位的升降　364

13.5.3　地下水的浮力　367

13.5.4　地下水的受壓　367

13.5.5　地下水的滲流　369

13.5.6　地下水的化學作用　372

13.6　工程防水　373

13.6.1　滲流的防治　373

13.6.2　邊坡的地下排水　379

13.6.3　基坑的防水　381

13.6.4　地下工程的防水　383

13.6.5　壩基的防水　384

CHAPTER 14　地質災害　389

14.1　前言　389

14.2　落石　391

14.2.1　落石的成因　391

14.2.2　落石的調查　393

14.2.3　落石的防治　394

14.3　崩塌　398

14.3.1　崩塌的成因　398

14.3.2　崩塌的調查　400

14.4　滑動　401

14.4.1　滑動的成因　401

14.4.2　滑動的調查　406

14.4.3　滑動的防治　416

14.5　土石流　424

14.5.1　土石流的成因與特性　424

14.5.2　土石流的調查　429

14.5.3　土石流的防治　430

14.6　地盤下陷　434
14.6.1　地盤下陷的成因與特性　434
14.6.2　地盤下陷的調查　439
14.6.2　地盤下陷的處理　440
14.7　活動斷層　441
14.7.1　活動斷層的成因與特性　441
14.7.2　活動斷層的調查　442
14.7.3　活動斷層的工程措施　445
14.8　地震　447
14.8.1　地震的成因　447
14.8.2　震害與地質的關係　448
14.8.3　防震與選址的關係　450
14.9　流水侵蝕　451
14.10　地質災害的分析　454

CHAPTER 15　工址調查　463
15.1　前言　463
15.2　衛星影像判釋　463
15.2.1　遙測的原理　463
15.2.2　衛星影像的判釋方法　466
15.3　環境地質調查　477
15.3.1　調查目的　477
15.3.2　基本調查　477
15.3.3　地質災害調查　479
15.3.4　環境地質調查報告　481
15.4　工程地質調查　484
15.4.1　調查目的與精度　484
15.4.2　調查重點　485
15.4.3　工程地質調查報告　486
15.5　地球物理探勘　489
15.5.1　電探法　490
15.5.2　震測法　492
15.5.3　透地雷達　493
15.5.4　聲測法　494
15.6　挖探　497

15.7　鑽探　　　　　　　　　　　　　　　　　503

　　15.7.1　鑽探的目的　　　　　　　　　　　503

　　15.7.2　佈孔的原則　　　　　　　　　　　503

　　15.7.3　鑽孔深度　　　　　　　　　　　　508

　　15.7.4　岩心的鑑定　　　　　　　　　　　509

　　15.7.5　標準貫入試驗　　　　　　　　　　512

　　15.7.6　地下水監測　　　　　　　　　　　514

15.8　現場指數測試　　　　　　　　　　　　　516

　　15.8.1　點載重試驗　　　　　　　　　　　516

　　15.8.2　施密特錘試驗　　　　　　　　　　519

15.9　現場試驗　　　　　　　　　　　　　　　522

15.10　現場監測　　　　　　　　　　　　　　522

15.11　長期監測　　　　　　　　　　　　　　523

CHAPTER 16　宏觀地質與工程　　　　　　　525

16.1　地球的形狀　　　　　　　　　　　　　　525

16.2　地球的內部結構　　　　　　　　　　　　525

16.3　地球內部的溫度與壓力　　　　　　　　　527

16.4　地質作用　　　　　　　　　　　　　　　528

16.5　地殼運動　　　　　　　　　　　　　　　528

16.6　臺灣地區的板塊運動　　　　　　　　　　537

16.7　臺灣的地震分布　　　　　　　　　　　　539

16.8　臺灣的活動斷層分布　　　　　　　　　　541

16.9　臺灣的火山岩分布　　　　　　　　　　　544

16.10　臺灣的混同岩分布　　　　　　　　　　549

16.11　臺灣的成雙變質帶分布　　　　　　　　551

16.12　臺灣的地質概述　　　　　　　　　　　551

　　16.12.1　澎湖的玄武岩　　　　　　　　　553

　　16.12.2　濱海平原的沖積層　　　　　　　554

　　16.12.3　西部台地的紅土礫石層　　　　　555

　　16.12.4　西部丘陵的頭料山層　　　　　　556

　　16.12.5　台北盆地的地層　　　　　　　　557

　　16.12.6　西部麓山帶的新第三紀地層　　　558

　　16.12.7　雪山山脈及脊梁山脈的第三紀亞變質岩　560

　　16.12.8　中央山脈東翼先第三紀變質雜岩　561

16.12.9　海岸山脈的新第三紀火山弧　　　565

16.12.10　恆春半島的新第三紀火山弧　　　566

PART 3　實務篇

CHAPTER 17　建築基地的主要工程地質課題　　　**571**

17.1　前言　　　571

17.2　共同的工程地質課題　　　572

17.3　一般建築的工程地質課題　　　574

17.3.1　環境地質課題　　　574

17.3.2　邊坡穩定性課題　　　575

17.3.3　地基穩定性課題　　　577

17.3.4　建築物的合理配置課題　　　581

17.3.5　地下水的腐蝕性課題　　　582

17.3.6　地基的施工條件課題　　　582

17.4　廠房的工程地質課題　　　583

17.5　高層建築的工程地質課題　　　584

17.5.1　地震力　　　584

17.5.2　基礎深度　　　586

17.5.3　基礎類型　　　587

17.5.4　深開挖的穩定性　　　588

17.6　高層建築的探查要點　　　591

17.6.1　鑽探要領　　　591

17.6.2　評估要項　　　592

CHAPTER 18　道路及橋梁的主要工程地質課題　　　**593**

18.1　前言　　　593

18.2　公路的選線　　　595

18.2.1　選線的要求　　　595

18.2.2　平原區的選線　　　596

18.2.3　丘陵區的選線　　　597

18.2.4　山岳區的選線　　　599

18.3　道路的主要工程地質課題　　　610

18.3.1　路基基座的穩定性　　　610

18.3.2　邊坡的穩定性　　　611

18.3.3　凍害　　613

18.3.4　天然的築路材料　　614

18.3.5　棄土　　615

18.4　道路的工程地質調查　　617

18.4.1　可行性調查　　618

18.4.2　定線調查　　619

18.4.3　補充調查　　621

18.4.4　施工中調查　　621

18.5　橋梁的選址與調查　　621

18.5.1　橋梁的主要工程地質課題　　622

18.5.2　橋位的選擇　　624

18.5.3　橋位的調查　　624

CHAPTER 19　隧道的主要工程地質課題　　**627**

19.1　前言　　627

19.2　圍岩的應力　　628

19.3　圍岩的外水壓力　　630

19.4　圍岩的變形及破壞　　632

19.4.1　圍岩的變形　　632

19.4.2　圍岩的破壞　　635

19.5　隧道的工程地質課題　　641

19.5.1　岩石的特性　　642

19.5.2　地質構造　　642

19.5.3　不連續面　　644

19.5.4　地下水　　645

19.5.5　地應力的方向　　646

19.5.6　有害氣體、岩爆及高溫　　646

19.6　隧道的選址及選線　　647

19.7　施工方法的選擇　　651

19.8　隧道調查　　652

19.8.1　可行性階段　　652

19.8.2　規劃階段　　653

19.8.3　設計階段　　653

19.8.4　施工階段　　653

CHAPTER 20　大壩及水庫的主要工程地質課題 　　　**657**

　20.1　前言 　657
　20.2　大壩類型與其對工程地質條件的要求 　658
　20.3　壩基的滲漏問題 　662
　　20.3.1　鬆散土層 　662
　　20.3.2　岩盤 　665
　20.4　壩基的滑移問題 　670
　　20.4.1　壩基滑動破壞的類型 　670
　　20.4.2　壩基滑動的地質因素 　671
　　20.4.3　壩基滑動的防治 　673
　20.5　壩肩的抗滑問題 　674
　　20.5.1　壩肩滑動的地質因素 　675
　　20.5.2　壩肩滑動的防治 　675
　20.6　壩址的選擇 　678
　20.7　壩址的調查 　684
　　20.7.1　壩段調查 　684
　　20.7.2　選址調查 　686
　　20.7.3　壩址調查 　687
　　20.7.4　補充調查 　687
　　20.7.5　施工中調查 　687
　20.8　水庫的主要工程地質課題 　688
　　20.8.1　水庫滲漏 　688
　　20.8.2　庫岸失穩 　694
　　20.8.3　庫外浸泡 　695
　　20.8.4　水庫淤積 　695
　　20.8.5　誘發地震 　696

CHAPTER 21　衛生掩埋場的主要工程地質課題 　　　**697**

　21.1　前言 　697
　21.2　掩埋場的構造 　698
　　21.2.1　構造單元 　698
　　21.2.2　底襯系統 　699
　　21.2.3　滲出水收除系統 　701
　　21.2.4　封閉系統 　702
　21.3　掩埋場的選址 　704

21.3.1　基本原則　704

21.3.2　場址調查　706

21.4　滲漏水的監測　710

21.4.1　監測網的規劃　711

21.4.2　連續夾層的監測　711

21.4.3　不連續夾層的監測　713

21.4.4　監測的頻率　714

21.4.5　監測井的構造　714

21.5　核廢料的處置　716

21.5.1　核廢料的種類與特性　716

21.5.2　高放廢料的處置原則　717

21.5.3　高放廢料處置場的選址準則　722

21.5.4　高放廢料處置場的母岩　725

21.5.5　高放廢料處置場的調查　728

21.5.6　場址的地下現場試驗　729

CHAPTER 22　代表性的事故及對策　731

22.1　台北捷運西門站的湧水　731

22.2　高雄捷運O2車站的鏡面滲漏　735

22.3　新永春隧道的劇湧　738

22.4　雪山隧道的劇湧　743

22.5　石岡壩的錯斷　749

22.6　林肯大郡的順向坡滑動　752

22.7　梨山地滑　757

22.8　豐丘土石流　759

22.9　義大利的 Vaiont 壩　766

22.10　舊金山的聖安德魯斯水庫　768

22.11　洛杉磯的葡萄牙灣地滑　770

22.12　舊金山的百老匯隧道　772

參考資料　775

PART 1

基礎篇

CHAPTER 1

緒　言

1.1　工程地質學的定義

工程地質學（Engineering Geology）是屬於應用地質學的一支。它是運用地質學的原理、知識、方法及經驗，為工程服務的一門學科。

所有的工程體（包括建築物）均需立基於地。因此，地基的特性、穩定性，及強度決定了工程體的安全與使用壽命。我們都知道，地基是工程體的基礎；而工程地質學就是工程的基礎。所以，一切工程計畫的規劃及設計，必定是由工程地質先行。先有工程地質的調查，有了工程地質條件的蒐集及取得基礎設計的參數，工程師才有辦法設計。

地質作用（Geological Process）是地球與生俱來的一種自然作用。它隨時隨地都在威脅著工程體的安全。一個工程體的基礎，即使設計得再安全都沒有用，因為一個強烈的地震，或者從後山的遠處突然來一個土石流，就可以輕易的把工程體給摧毀。這種地質作用的發生原因、**地質條件**（Geological Conditions）、影響因素、及作用的性質及結果，地質學家大都已經了解得很清楚。像這種知識的累積，就是來自地質學的貢獻。而將這種知識應用於工程，便可以造福人類，使人類能夠免於因受天然災害的威脅所生的恐懼，因此得以綿延不斷，永續發展。

1.2　工程地質師的任務

工程地質既然是一種服務於工程的科技，所以工程地質師的任務就是要蒐集及歸納既有的地質資料、調查研究預定工址或預定路線的地質條件、確定工程設計參數；同時，要預測潛在**地質災害**（Geologic Hazards）及建議預防的對策。然後將這些資訊提供給工程師做為規劃、設計、施工以及營運、維護的應用及參考。因此，工程地質師的主要任務可以分為以下 10 項：

⑴闡明**候選工址**的**工程地質條件**，並指出對工程有利及不利的因素。

⑵找出**候選工址**所在地及其外圍的**工程地質課題**，並評估解決對策的可行性。

⑶選定地質條件較為優良的工址（**確定工址**），並依據其地質條件的良窳，對主要及附屬的工程體進行**合理的配置與定位**。

⑷闡明岩土層、不連續面及地下水的工程地質特性，同時**提供合理的設計參數**。

⑸指明岩土層的**工程地質缺陷**，以及**評估地質改良的可行性及處理方法**。

⑹根據地質條件**建議基礎的型式及深度**，以及施工時應注意的事項。

⑺建議施工時應做及不應做的事項；對施工中可能造成的危險應該**預先警告**；就施工時已揭露的剖面進行**地質資料的補充或修正**。

⑻研究、調查、及預測潛在**地質災害**的成因，並擬定改善及防治的措施。

⑼指明工程完成後對**地質環境**的影響，並預測其未來的發展演化趨勢。

⑽預測地質作用對工程體的**潛在威脅**，並且提出防患之道。

1.3　工程地質學的內容

工程地質學可以分成**基礎地質學、工程地質調查、工程地質分析、地質災害預測、及災害原因調查與防治對策**等幾個重點項目。

基礎地質學是一個工程地質師要從事工程地質調查及地質災害預測時所需具備的地質學基本知識。例如所有工程體都是立基於岩、土層之上，所以工程地質師一定要認識岩石及組成岩石的礦物，因為礦物常是岩石命名及分類的主要依據之一，又礦物的種類及性質決定了岩石的工程地質特性。科學研究方法

之一就是把同性質的物質歸為同一類，而把性質不同的物質歸於別一類。因此，工程地質師只要能夠正確的對岩石命名與歸類，他就大體知道該岩石的特有性質了。又如工程師於設計時，遇到斷層帶或順向坡等都要非常小心，而斷層帶或順向坡的認定，也是來自地質學的知識。再者，岩石風化後的產物就成為土壤，但是因為風化的過程係逐漸演化的，所以不同的風化程度常以不同的風化等級來表示；而不同的風化等級就表示不同的岩石強度、不同的孔隙率、不同的透水性，以及不同的壓縮性等。同時，不同的岩石，於風化後會形成不同的土壤；例如砂岩風化後，其產物將以粗粒的砂為主；頁岩或泥岩風化後，則將形成細粒為主的黏土。有些土壤具有遇水膨脹、失水收縮（稱為**膨脹性**）的特性，因為它含有一種黏土礦物（稱為蒙脫石），遇水時，水分子進入其結晶結構，造成體積增大；失水後，水分子消失，又縮回原來的體積；於是土壤就會出現龜裂的現象。這種反應具有可逆性。

工程地質調查包括工程地質圖的測繪、工址調查、取樣試驗及現場試驗等工作。**工程地質圖**是一種將工址的工程地質條件顯示於地形圖上的圖件，其內容包括岩性的分類、岩性在地表的分布情況、岩層的位態（走向及傾角）、地質構造（褶皺、斷層等）、不連續面的組數、位態及特性等。這是工程地質調查的核心工作，也是工程地質分析的基本圖件。不過，工程地質圖的測繪是屬於地面的調查工作，無法看到岩層往地下延伸的情狀。岩層在地表下的延伸情況完全要依賴學理上的推測，其結果必須採用地下探勘的方法加以驗證，包括地球物理探勘、挖探、鑽探及其他方法。鑽探除了可以驗證地下地質的情況之外，最重要的是鑽探方法可以取得地下的岩、土樣品，俾便在實驗室內進行物理、水理、及力學試驗，進而了解岩、土層的工程地質性質，並且取得定量的數據，以作為工程師設計的依據。另外，在鑽探的過程中，還可以進行孔內的現場試驗，取得**岩體**（Rock Mass）的力學數據，以便與實驗室內的樣品試驗結果做一比較。因為岩體內含有很多弱面（即不連續面），所以其強度一般要低於實驗室內的**完整**（Intact）樣品之試驗結果。再者，鑽探完成之後，其所遺留的鑽孔還可以用於裝設監測儀器，如水位或水壓觀測儀器、沉陷伸縮儀（Extensometer）、傾斜計（Inclinometer）等等，可以作為長期觀測之用。

自然界並無十全十美的工址，實際上每一個工址都有不同類型的缺陷。有些缺陷存在於岩、土層自己的內部，稱為**固有缺陷**（Inherent Defect）；例如軟弱性、膨脹性、壓縮性、不連續性等。有些缺陷則是外來的，稱為**外因缺陷**

（Extraneous Defect）。絕大部分的地質災害都是來自外因的，例如落石、崩塌、地滑，及土石流等就是來自重力（地心引力）的影響，且由降雨或地震等所誘發。這些災害都是跟地球與生俱來的；它們無處不在、無時不有；而且有的是既生的，有的是潛在的。既生的災害會一再的在同地復生，這就是地質災害的週期特性；所以調查既生的地質災害，避開其發生地點有時也可以達到防災的目的。

　　地質災害的發生有其必要條件（大部分都屬於地形、地質及水文的因素）；如果一地的地形、地質條件非常符合這些必要條件，則其發生災害的潛勢就非常的高；稱為該地具有發生地質災害的**高潛感性**（High Susceptibility）；對於具有高潛感性的地帶，能避開則避之，否則將要冒很大的風險。高潛感性的地帶不一定會發生災害；但是其目前不發生，並不是表示不會發生，而是還未發生；尤其在遭受人為的擾動之後，其發生災害的機率將顯著的增高。如果一地的地形、地質條件不太符合這些必要條件，則其發生災害的潛勢就很低；稱為該地具有發生地質災害的**低潛感性**（Low Susceptibility）；因此，利用低潛感性的地帶，其冒險度比較小。工程地質師以其在地質學上的專業知識及經驗，調查工址的地質條件，然後與發生地質災害的必要條件相互比較，就可以評估該工址發生地質災害的潛感性等級。工程師利用這種潛感性分布圖，就可以在低潛感性的地帶布置重要的工程，而避開高潛感性的地帶，以降低風險及工程造價。

　　在工程的規劃及設計階段，工程地質師所取得的工程地質條件都只是施工之前的初始條件。在很多情況下，於施工階段，這些初始條件將發生很大的變化，如地基的壓密、邊坡的切削變陡、地下水位的上升或下降，或新的地質作用發生等等。這個階段最容易發生與地質因素有關的事故，所以工程地質師在這個階段的角色也非常重要；他主要有三大任務：預警即將發生的災害、調查已經發生災害的原因，以及修正與補充規劃階段所調查的地質資料（Bell, 2007a）。以前在規劃階段的工程地質調查，其結果大都由推測而得，因為證據不足，所以難免有錯。在施工中，則因開挖而揭露了岩、土層的真面目；因為地質師可以直接觀察，所以獲得更多的證據。因此，以前如果推斷有錯的，就應該趁此機會將錯誤修正過來；而以前未發現的，則應該趁此機會加以補充。同時，於獲得新證據之後，就應該重新提出新的**地質模型**（Geologic Model），並且評估是否需要變更設計。施工時，因為擾亂了岩、土體的原有應力

場，所以岩、土層的應力需要進行調整，才能達成新的平衡。在應力調整過程中，如果超過了彈性階段，而進入塑性變形階段，且尚未到達破壞點之前，工程地質師就要提出預警，並且建議如何預防災害的發生。萬一災害發生了，則工程地質師需要調查原因，並且提出對策。由此可見，工程地質師在施工階段的重要性。一個有經驗又機警的工程地質師可以防患於未然。一個沒有經驗或者不負責任的工程地質師可能無法做出預警，因而發生了災變；其輕者可能只是延宕工期，重者可能要變更設計，更嚴重者可能連工址都要放棄掉，其損失何止千萬計。

1.4 工學與理學的融合

工程師以製成產品為目標，最終可以見到實體成品；地質師則以推理為主，他依賴的是想像力，在虛無縹緲中，完全見不到實體。因此，兩者的訓練與思維方式有一些不同；雖然雙方都是利用科學的方法來達成目的，但是最終的產品卻有很大的不同；工程師完成的是一件工程實體，它的規模與尺寸與原先所設計的一模一樣，既看得到，也摸得到；而地質師完成的卻是對一個自然現象的解釋，他的解釋可以有很多種說法，完全視個人的想像力（當然需要推理）或證據的充分度而定；隨著證據的不斷累積，說法可以跟著改變。當然事實只有一個，所以經過不斷的推演，最後還是會定於只有一種說法。這種思維方式，或者學問的方法，工程師會非常不習慣。但是因為工程地質學是工學與理學的融合，所以工程師一定要習慣，而且要理解，地質師在下結論之前，是要經過充分的蒐集證據（即詳細且深入的進行工程地質調查），否則他腦中的地質模式可能有錯。表 1.1 顯示工程師及地質師對工程地質的看法之差異。

我們常說臺灣島是位於歐亞板塊及菲律賓海板塊的衝撞帶上，所以會發生地震及活動斷層等現象；這是大至整個地球的視野。工程師則專注於工址（Site）或路線本身；他關心的是這個工址的承載層在什麼深度、承載力多少、沉陷量多少、有什麼缺陷、需不需要地質改良，或者是邊坡穩不穩定、要不要設置擋土牆等等。假定數公里之外的後山有一個土石流的發源地，暴雨一來，將重新啟動（土石流或其他地質災害都有一再重現的特性），且通過或堆積在工址的位置，則工址的地質條件再好，又有何用！所以工程地質調查的範圍絕不能只限於工址；凡是地質因素會影響到工址的安危者都是列入調查的範圍

表 1.1　工程師與地質師對工程地質的看法

比較項目	工程師	地質師
視野	只有工址的範圍	整個地質影響帶
時間尺度	只顧現在	考慮過去、現在、與未來
岩土及地質構造的分布	只重視垂直向（2D）的變化（尤其是鑽孔處）	同時重視垂直向及水平向的變化，加上時間（4D）
地應力	以重力為主	考慮各種地質力
工作成果	從無到有，其成果為產品（Product），為實實在在的實體	由果追因，其結果為發現（Discovery）某事理，或形造想像的地質模式（Geologic Model）
解決問題的方法	使用定量的方法	使用定性、或半定量方式
思考邏輯	數理模擬；常問 HOW	想像、推理；常問 WHY

（稱為**地質影響帶**）；這個範圍有時候可以大到整個集水區。臺灣目前尚有不少聚落還定居在土石流的堆積扇上（潘國梁，民國 94 年），有如居住在火山之上一樣；這就是腦中只有現址，而沒有考慮到地質影響帶的威脅之故。

　　工程師看一個工址只對現狀有興趣，不管它是如何形成的（完全不管它是殘留土、崩積層、沖積層或是土石流的堆積扇等），更不管工址未來是否會發生改變而造成危險，例如河岸不斷的被流水沖刷，造成岸坡逐漸後退，終於退到基礎的附近，以致基礎被流水淘空；或者是山坡地上的侵蝕溝不斷的向上游延伸，終至淘空路基；或者是岩質的公路陡坡因為岩體內的殘留應力不斷的釋放，因而產生張性裂縫，岩壁遂以板狀的方式逐漸張口，終至影響到岩坡的穩定；或者落石、崩塌、地滑、土石流、活動斷層等地質災害可能會再度復活等等。這些地質作用的速率雖然比較緩慢，但是鐵杵終究可以磨成針，所以地質也是一樣慢慢在改變。地球乃是一個動態的球體，其內外皆然；內部的運動表現於火山、地震、板塊運動、地殼升降等；外部的運動則表現於重力（稱為塊體運動）及水力、風力、冰川或海浪的侵蝕、搬運及堆積等。在工程體的有限壽命內，這些作用很可能會影響到工程體的安全。所以地質師看一個工址是要從過去（現在的岩土在過去是如何形成的）、現在、一直到未來，都要考慮在內。

　　一般而言，我們為了對主體及附屬工程做出合理的配置，通常會對**工址**

（建築上稱為**基地**）預先進行通盤的了解，以確定地表下岩土層的延伸及分布情況，以及是否有地質缺陷（如軟弱土層、斷層破碎帶、溶洞等）。在一般的情況下，工程師對於一個工址的了解，僅限於鑽孔所鑽穿的岩土層。可是在兩個鑽孔之間，可能有土層正好尖滅了（在沖積層中，土層常發生尖滅的現象），未被鑽探所揭穿，所以地面一加上荷重後，可能就產生不均勻沉陷了。斷層破碎帶或溶洞也常被鑽探所遺漏。又岩土層的交界面（稱為岩頂，Rock Head）呈現各種類型，有的呈水平，有的是斜面，有的則呈犬牙狀，有的又呈石芽狀（岩盤如犬牙般的露出地表），有的則是塊石與土壤的混雜，真的是莫衷一是。如果不調查清楚，或者缺乏岩土層常發生橫向變化的意識（Sense），則很可能會對基礎做出錯誤的設計，甚至影響到工程的安全。因為地質師有過這方面的訓練，所以他對岩土層的延伸及分布，不但考慮到垂直向的變化，而且還會考慮到水平向的變化。

工程師在進行岩土層的力學分析時，它考慮的外力係以重力為主，頂多再考慮地下水的壓力及浮力。而地質師考慮的則更多，我們可以統稱為**地質力**。地質力可以分為**內因力或內營作用**及**外因力或外營作用**兩大類。內因力來自地球的內部，以地殼運動力、構造作用力、變質作用力、地震力、火山爆發力等為代表；這些力的來源其實都是來自板塊的運動，所以可以統稱為**板塊運動力**。內因力一直施加於地球，即使岩體露出地表，其體內仍然殘留著原始應力。一般而言，原始應力以水平應力為最大；一個岩質邊坡的坡腳處（即坡趾部），其最大剪應力約相當於原始水平應力的 3 倍左右；水平剩餘應力的有無可以使坡腳的最大剪應力相差達 15 倍以上，所以水平剩餘應力對邊坡穩定性的影響遠大於垂直向的重力。在邊坡的自由面上則產生很大的釋放應力，造成平行於坡面的張性裂縫；以山岳的河谷岸坡及公路邊坡最為顯著。**外因力**來自於重力、水力（包括地表水及地下水）、風力、冰川力、浪力等。如果以力的大小而論，內因力遠大於外因力；不過，如果以對工程體的威脅性而論，則外因力遠大於內因力。

一個多方位的工程地質師需要具備跨領域的知識，他不但要有嚴格的地質學訓練，他還需要有工程方面的基本概念與認識；同時他需要將地質學的定性思考，融合工程科技的定量思維；他還需要有力學方面的訓練。反過來，一個具有工程背景的工程師，想要踏入工程地質的領域，他需要先培養科學的素養；例如他思考問題時，需要用**推理**（Reasoning）的方式；即凡事有果必有

因，他必須追根究底的去探查及推論原因何在。

我們且舉一個滑動的例子，來說明工程師與地質師對付（Approach）這個問題的不同思維。工程師首先會計算滑動體的重力，然後再求重力在滑動面上的分力；再將此分力與岩土體的抗剪強度相比，如果此值大於 1，就證明會發生地滑。在整治的策略上，不是減輕滑動體的重量（例如將滑動體挖除一部分），就是增加岩土體的抗剪強度（例如利用擋土牆）。地質師因為沒有受過力學的訓練，所以他不會採取定量的分析法。他會先查明岩土體內部的性質，查看有哪些因素會造成滑動（例如他可能找到土層內有膨脹性的黏土礦物、或者岩土層內存在有弱面），然後他又查到滑動體外有地表水灌入滑動體內；他所提出的對策可能只要斷絕地表水的灌注就可以解決問題了。他的邏輯基礎是先找出原因，再將原因去除，問題就可以迎刃而解了。從這個例子可以看出，工程師對付問題的方法是採取抗拒的方式，也就是硬碰硬的方式。而地質師則採取疏導的方式，也就是以柔剋剛的方式。根據很多案例的處理經驗，最好的方法還是要採取折衷的方式，也就是以軟硬兼施為上。

1.5 本書的內容與使用法

本書分為三大篇，一共 22 章，遠超過一個學期 3 個學分的教材份量。

第一篇為**基礎篇**，以地質學為基礎。其內容包括礦物、岩石（包括火成岩、沉積岩、變質岩及鬆散堆積物），及構造（包括褶皺、斷層、節理及其他不連續面）。雖然教材以傳統的地質學為本，但是特別著重其在工程方面的應用，例如每一種岩類都有介紹其工程地質性質，而且還介紹了褶皺、斷層及不連續面與工程的關係，所以仍然值得地質專業人士的參考。尤其第六章特別介紹鬆散堆積物，如殘留土、落石堆、崩積土、沖積土及問題土壤等，這些都是一般地質學教本所忽視的部分。

第二篇為**應用篇**，即將地質學的基礎知識應用於工程地質。該篇主要偏重於工程地質的調查與分析。首先介紹岩體的工程特性（包括物理的、水理的、及力學的），以及岩體的常用分類方法；開始由第一篇的定性思維逐漸轉為第二篇的定量思維。地形圖及地質圖的分析是特別為非地質專業人士而寫的；用以導正鑽探即是工程地質調查的錯誤觀念。尤其地質圖是工程地質調查最為珍

貴的參考資料；如果會讀地質圖，等於免費獲得前人經過數年的辛苦調查所累積下來的成果。地下水與工程（第 13 章）是很重要的一章，書中特別強調地下水對工程的不利影響，以及如何進行防水及防滲的問題；廣泛觸及一般的，以及邊坡、基坑、地下工程與壩基等工程的防滲方法。第 14 章特別介紹地質災害，內容包括落石、崩塌、地滑、土石流、地盤下陷、活動斷層、地震、流水侵蝕等項目。這些災害都是工程師所欲防治的天然災害，它們的威脅可以一直持續到工程體壽終正寢為止。該章將這些災害的辨認、調查、預測，及防治方法做了一個很有條理的歸納。工址調查當然是很重要的一章；作者將衛星影像判釋列為調查的方法之一。由於遙測科技的快速進步，目前衛星影像的地面解像力已經可以精密到數公尺，甚至到 50 公分，所以利用衛星影像來進行工程地質調查已經達到成熟的階段了；尤其對於地質災害的清查可以進行全面性的調查，這是地面調查所無法辦到的（地面調查是點或線的調查，遙測影像調查則為面的調查）。第 16 章也是專門為非地質專業人士而寫的；該章特別從宏觀面介紹臺灣的板塊模式，以及因為菲律賓海板塊與歐亞板塊的碰撞結果，在臺灣所造成的特有地質現象，例如地震、活動斷層、火山活動、混同岩、成雙變質帶等；它們的分布與板塊的運動模式息息相關。該章還對臺灣的地質做了一個扼要的介紹。

　　第三篇為**實務篇**，係針對特定的工程，分別說明應該考慮的工程地質課題，以及工程地質的調查方法，還說明應該如何選址或選線。該篇所提到的工程種類，廣泛的包括了建築基地（含高層建築）、道路、橋梁、隧道、大壩、水庫、衛生掩埋場（含核廢料處置）等多項。最後則以發生過事故的案例做為本書的結束；內文特別強調其地質背景、發生事故的地質因素以及處理的對策。案例涵括國內外，有地下鐵與基坑的管湧及流砂災害、隧道的湧水、被地震斷層錯斷的大壩及水工隧道、地滑、土石流等；還有一例是因為地質師的經驗不足，其在從事工程地質調查時，沒有辨認出原來形成於海溝（Trench）中的混同岩（Melange），以致調查結果不正確；施工時遇到完全沒有預料到的岩層。因此，只好重新調查及評估；甚至勞動 Karl Terzaghi 及美國地質調查所的地質師都親自出馬。

　　由於本書的編寫係以土木、水利、營建、水土保持，及地質等各領域的學生或從業人士為對象，所以談論的主題非常的廣泛；有些主題可能只適用於某些特定領域，有些主題則可能不適用。因此，不同的領域最好各取所需；將其

不適用的部分予以略過。如果將本書列為教科書時，其應教授的章節則完全由老師自行斟酌，視實際需要而取捨；老師覺得學生應該懂得什麼，就擷取施教可也。

　　本書並未準備索引，主要是因為中文索引很不好做，即使以筆劃或注音符號為序，對國人來講都不太習慣。職是之故，作者特別將目錄儘量編得詳細一點；因此，建議讀者們可以將目錄當作粗略的索引使用。

CHAPTER 2

礦物與工程

2.1 礦物的概念

礦物是組成岩石的基本單位，它會影響岩石的性質，所以對礦物有一些了解，對於從事工程地質工作很有幫助。很多人一聽到礦物這個名詞就感到非常害怕，覺得它艱深難懂。其實目前已發現的礦物總數約有 3,300 種以上，但是地殼中最常見的礦物只不過四、五十來種，而最重要的只有十餘種而已（請見表 2.1）；其中，約 10 種為非金屬礦物，稱為**造岩礦物**（Rock-Forming Minerals）；另一些為金屬礦物。這些礦物在地殼中的含量就超過了 95%。

表 2.1 地殼中的主要礦物

類別	礦物名稱	含量（%）	排名
矽酸鹽	斜長石	39	1
	鉀長石	12	2
	輝　石	11	4
	角閃石	5	5
	雲　母	5	5
	黏土礦物	4.6	7
	橄欖石	3	9
碳酸鹽	方解石	1.5	10
	白雲石	0.9	12
氧化物	石英	12	2
	磁鐵礦（＋鈦鐵礦）	1.5	10
其他礦物		4.5	8

　　地殼是由岩石組成的，而岩石是由一種或多種礦物在地質作用下，按一定規律組成的自然集合體。**礦物具有一定的化學成分、結晶構造、外部型態以及物理性質。**

　　當外界條件有所改變時，礦物也會隨之改變。例如，黃鐵礦（FeS_2）是在還原條件下形成的，而且很穩定。如果黃鐵礦出露於地表，在大氣的氧化環境下，FeS_2中的硫就會被氧化而生成硫酸（H_2SO_4），並被地表水帶走；同時二價鐵也會被氧化為三價鐵，也就是黃鐵礦被分解而形成了與新環境相容的另外一種新礦物，稱為褐鐵礦（$Fe_2O_3 \cdot nH_2O$）。

　　我們認識幾種常見的礦物，是為了為岩石的命名及分類。確定岩石的類別才能繪製工程地質圖，才能製作鑽探柱狀圖，才能進行岩層的對比。知道岩石的類別，就能大體知道岩石的工程地質性質。

2.2　礦物的生成方式

　　礦物的生成可以分為下列七種方式：

⑴由岩漿冷凝結晶而成

　　地下**岩漿**是一種溫度很高的熔融體，它含有各種化學元素；當它往地殼的淺部上升時，溫度壓力逐漸下降，並且依據不同的溫度而結晶形成不同的礦物。火成岩的礦物就是這樣生成的，如長石、雲母、輝石、角閃石、橄欖石、石英等。

⑵由礦物再結晶而成

　　由於環境的改變（如高溫、高壓），使原來已經形成的礦物在固態的情況下發生成分的改變、晶粒的變大，或生成新的礦物。變質岩的礦物就是這樣生成的。

⑶從溶液中結晶而成

　　這種形成方式可以分成兩種。一種是海洋或湖泊中，因為含有各種化學元素，於蒸發之後，化學元素的濃度增大而形成過飽和溶液，礦物即結晶出來。如石膏、石鹽、芒硝、鉀鹽、硼砂等。

　　另外一種方式是岩漿陸續冷凝結晶之後期，留下溫度為攝氏幾十度至幾百度的**熱水溶液**（Hydrothermal Solution），這些溶液在某些條件發生變化時，如

溫度降低、失水或化學介質條件改變等，某些元素在溶液中由於過飽和而沉澱形成礦物，如辰砂、閃鋅礦、方鉛礦、黃銅礦、錫石、黑鎢礦等就是這樣形成的。如果這些金屬礦物特別集中時，就形成有經濟價值的金屬礦。

(4)由交代作用而成

已經形成的礦物與它周圍水溶液中的某些化學元素進行交換；原礦物的成分先被溶解，水溶液的化學物質就在那裡沉澱。這樣，新礦物基本上就維持原礦物的外形；這種晶形稱為**假晶**。如褐鐵礦常呈黃鐵礦的立方晶形，即褐鐵礦具黃鐵礦的假晶。

(5)由膠體凝聚而成

地殼上有些呈膠體狀態的物質，它們直接凝聚形成膠體礦物。如蛋白石就是由二氧化矽膠體凝聚而成的。當其失水時，便變成玉髓。一般而言，膠體礦物都是非晶質。這一類礦物常形成腎狀、皮殼狀等特殊形態。

(6)由氣體直接凝結而成

火山噴發時，硫氣在空中或岩石的空洞中冷卻成自然硫，這叫做升華作用。還有輝銻礦及雄黃等也是由氣體直接凝結而形成的礦物。這種由升華形成的礦物多呈毛髮狀或細小的粉末。

(7)由風化作用而形成

岩漿岩中許多礦物遇到溶有二氧化碳的水溶液時，碳酸會奪取礦物中的陽離子，如 K^+、Na^+、Ca^{++} 等，成為可溶性碳酸鹽，被水帶走，游離的二氧化矽則呈膠體，隨水漂移，或殘留原地；造岩礦物即轉化為黏土礦物。茲舉例如下：

$$2KAlSi_3O_8 + 2CO_2 + 3H_2O \rightarrow Al_2Si_2O_3(OH)_4 + 4SiO_2 + 2K(HCO_3) \downarrow \cdots (2.1)$$
（正長石）　　　　　　　　　（高嶺石）　（膠體）

2.3 礦物的形態

礦物可按其質點（原子、離子、分子）的排列是否有規則性而分成**晶質體**與**非晶質體**兩大類。在晶質體中，還可以根據肉眼對晶粒是否能分辨其晶形而分為**顯晶質**與**隱晶質**兩類。大多數的礦物是**隱晶質的晶質體**。

晶質體內的質點都是按規律排列的。這種規律是按質點在三維空間做週期

性的平移重複之排列，因而形成格子構造，形之於外的就是很有規則的幾何形狀。例如，岩鹽（NaCl），由於其內部的 Na^+ 離子及 Cl^- 離子在空間的三個方向上係按著等距離的方式排列，所以外表上就會呈現立方體的晶形。

然而在多數情況下，由於受到生長條件（如生長時間與空間的充裕性）的限制，岩石內的礦物，其發育常常是不很完善的，所以我們無法看出它們的完整晶形，但是其內部的質點還是按照規律排列的，因此仍然不失為結晶質的實質。

2.3.1 晶體的形狀

晶體的形狀可以先分成單形及聚形兩種。**單形**是指一個晶體的形體。構成晶體的空間格子之類型很有限，只有立方、四方、斜方、單斜、三斜、六方、菱面體等 7 種格子類型。單形的種類也是很有限的，單純的考慮幾何外形共有47 種（葉俊林等，1996），其中我們只要掌握最常見的 12 種就可以了（請見圖 2.1）。

聚形是指由兩個或兩個以上的單形聚合而成的形體。自然界產出的晶體絕大多數都是聚形晶體；例如石英晶體為六方柱和六方雙錐的聚形晶體，即是由柱體及錐體兩種單形聚合在一起；石膏是由斜方柱體及平行雙面兩種單形聚合在一起。

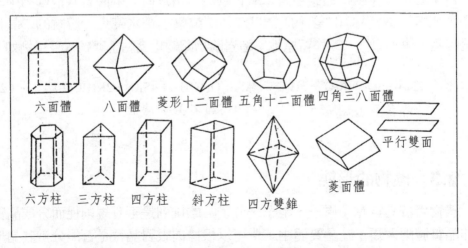

圖 2.1　常見的 12 種結晶單形（葉俊林等，1996）

2.3.2　礦物晶體的結晶習性

礦物晶體常形成一定的形狀，稱為結晶習性。一般有三種類型。

(1)長形狀

晶體只沿著一個方向特別的發育，其他兩個方向則發育得比較差，因而形成長形狀；例如柱狀、棒狀、針狀、纖維狀等，都屬於此類。石英（柱狀）、角閃石（柱狀）、電氣石（針狀）、石棉（纖維狀）等晶體都是長形狀。

(2)板狀

晶體沿著一個板面方向發育得比其他兩個板面方向還佳，有如板狀；例如板狀、片狀、鱗片狀等，都屬於此類。板狀石膏、片狀雲母及石墨等即是。

(3)等軸狀

晶體在三個方向發育得一般好，包括等軸狀、粒狀等，有立方體、八面體、菱形十二面體等；如石鹽、黃鐵礦、石榴子石等。

2.4　礦物的光學性質

礦物的物理性質包括礦物在光學、力學、電性等方面的性質。它是鑑定礦物的重要依據。

礦物的光學性質是指礦物對自然光線的吸收、反射、折射等所表現出來的有關特性。如顏色、條痕、光澤、透明度等。茲分別說明如下：

2.4.1　顏色

根據礦物產生顏色的不同原因，可以將之分為自色、他色及假色來說明。

(1)自色

自色是礦物本身固有的化學組成中之某些色素離子所呈現出來的顏色，例如赤鐵礦之所以呈現磚紅色，是因為它含有 Fe^{+++}，孔雀石之所以呈現綠色，是因為它含有 Cu^{++}。自色比較固定，因此對於礦物的鑑定頗具意義。

(2)他色

他色是礦物混入了某些雜質而呈現出來的顏色。例如石英本來是白色或無色的，但是如果含有有機質時就會呈現黑色（稱為墨晶）；含錳時則呈現紫色（稱為紫水晶）。他色具有不固定的性質，所以對於礦物的鑑定僅具參考價值。

(3)假色

假色是由於礦物內部有裂隙，或因表面有氧化膜等因素，引起光線發生干涉而呈現的顏色。例如方解石、石膏等內部如果有細裂隙時，則會呈現暈色，有如彩虹一般。假色對某些礦物具有鑑定的意義，例如斑銅礦風化後，其表面呈暗紫色。

對於礦物或岩石的顏色之描述，一般採用二名法，也就是將次要的色調放在前面，當為形容詞；將主色放在後面，當為主詞。例如黃褐色，即以褐色為主，而略帶黃色。另外還有使用類比法，如天藍色、殷紅色、乳白色等。特別要注意的是，觀察礦物的顏色時應以新鮮面為主。

▋ 2.4.2　條痕色

條痕色是指礦物粉末的顏色。將礦物放在條痕板（無釉磁板）上劃一下，然後觀察留在板上的粉末之顏色，就是所謂的條痕色。這種粉末的顏色可以消除假色、減弱他色、同時保存自色。條痕色比較固定，所以可以作為鑑定礦物的重要方法之一。

條痕的顏色可以與礦物的顏色一樣，但是也有不同的。例如黃鐵礦的顏色為淡黃銅色，但是它的條痕為綠黑色；赤鐵礦的顏色有的是鐵黑色，也有紅褐色的，但是它的條痕色卻都是殷紅色。

在測試條痕時，有些礦物的硬度比條痕板還要硬，這樣將無法劃出條痕；遇到這種情況時，可將礦物碾碎，然後觀察粉末的顏色即可。

▋ 2.4.3　光澤

光澤是指礦物新鮮表面對光線反射的特殊表現。光澤可以大體分為金屬光澤、半金屬光澤、及非金屬光澤三大類別。

(1)金屬光澤

金屬光澤就像閃亮的金屬器皿之表面，或金屬磨光面上的光澤一樣，閃耀奪目；如自然金、黃鐵礦、黃銅礦、方鉛礦等。

(2)半金屬光澤

半金屬光澤是指礦物的反射能力沒有像金屬光澤那麼閃亮。部分不透明或半透明的礦物，如磁鐵礦、赤鐵礦等就具有這種比較弱的金屬光澤。

(3)非金屬光澤

非金屬光澤是一種不具金屬感的光澤，可以再分成以下幾種光澤：

・金剛光澤

反射的能力較強，像金剛石所具有的那種光澤；如金剛石、辰砂、錫石等。

・玻璃光澤

反射的能力較弱，如同玻璃表面那樣的光澤；如石英、螢石、長石、方解石等。一般的透明礦物大都具有這種光澤。

・油脂光澤

具有玻璃光澤的礦物，如石英等，因斷口不平，或表面有細微小孔，而引起光線的散射，使礦物的表面呈現脂肪似的光澤。

・絲絹光澤

具有平行纖維狀的礦物，由於反射光產生干涉而呈現像絲絹一樣的光澤；如石棉、纖維石膏等。

・珍珠光澤

呈片狀，且具有很好的解理的淺色透明礦物，因為光線的連續反射，常呈現一種類似珍珠一樣的光澤；如雲母、片狀石膏等。

・蠟狀光澤

某些隱晶質、緻密塊狀集合體，或膠狀礦物呈現為蠟狀光澤；如蛇紋石、葉蠟石等。

・土狀光澤

疏鬆土狀集合體的礦物，其表面有許多細孔，光線投射在上面即發生散射，使表面暗淡無光，像土塊似的；如高嶺石。

因為影響光澤的因素很多，所以在觀察光澤時，要注意是礦物的晶面，或者是斷口的光澤；例如石英的晶面呈現玻璃光澤，但是它的斷口卻呈現油脂光澤。再者，對於同一種礦物而言，個體較大的一般要比個體較小的光澤要強。除此之外，礦物表面的粗糙度也會影響光澤的強弱；一般而言，表面粗糙將會減弱光澤的強度。

2.4.4 透明度

礦物讓可見光穿透的能力稱為礦物的**透明度**。觀察礦物的透明度係以礦物的邊緣是否能夠透過光線為標準。礦物的透明度可分為下列三種類型：

(1)透明

礦物碎片的厚度為 0.1mm 時即能透光者。肉眼的鑑定方法是隔著礦物碎片的邊緣能清晰的透視對面物體的輪廓；如水晶、透明的方解石、石膏、長石等。

(2)半透明

礦物碎片的厚度在 0.001～0.1mm 之間可以透光者。肉眼的鑑定方法是隔著礦物碎片的邊緣能模糊看到對面物體，或有透光現象；如辰砂、閃鋅礦等。

(3)不透明

礦物碎片的厚度在 0.001mm 時仍不能透光者。肉眼的鑑定方法是隔著礦物碎片的邊緣不能見到對面任何物體；如磁鐵礦、黃鐵礦、自然金、石墨等。

上面所說的光學性質都是由於礦物對光線的吸收、反射、折射等共同作用所引起的；因此它們之間存在著互相消長的關係。例如顏色與透明度，以及光澤與透明度之間都有這種關係。簡言之，礦物的顏色越深，說明它對光線的吸收能力越強；這樣光線就越不容易透過礦物，於是透明度也就越弱；又如礦物的光澤越強，說明投射於礦物表面的光線大部分被反射了，這樣通過折射而進入礦物內部的光線也就越少，於是透明度也就越弱。表 2.2 顯示了這四種光學性質之間的關聯性。

表 2.2　礦物的顏色、條痕色、光澤與透明度之間的關聯性

顏色	無色	淺色	彩色	黑色或金屬色（部分矽酸鹽礦物除外）	
條痕色	無色或白色	白色或淺色	淺色或彩色	黑、綠黑、灰黑、褐黑、或金屬色	
光澤	玻璃—金剛			半金屬	金屬
透明度	透明	半透明		不透明	

2.5　礦物的力學性質

礦物的力學性質是指礦物在外力（如刻劃、敲擊、壓縮、拉張等）作用下所表現出來的相關性質。其中對礦物的鑑定有助益的有硬度、解理、斷口等；其次還有脆性、撓性、彈性等。

2.5.1　硬度

硬度是礦物抵抗機械力量（如刻劃、壓入、研磨等）的能力或程度。礦物的絕對硬度要用精密的硬度計測定。這裡只談相對硬度。一般採用**摩氏硬度刻劃法**，或常用**物體刻劃法**。

(1)摩氏硬度刻劃法

因為硬度大的礦物可以刻劃硬度小的礦物，所以這樣可以比較礦物相對硬度的大小。礦物學上選用 10 種硬度不同的礦物做標準，稱為**摩氏硬度計**。由小到大分為 10 級，如表 2.3 所示。

表 2.3　摩氏硬度表

硬度	礦物名稱	化學成分	簡易鑑定	硬度	礦物名稱	化學成分	簡易鑑定
1	滑石	$Mg_3(Si_4O_{10})(OH)_2$	指甲易刻劃	6	正長石	$K(AlSi_3O_8)$	小刀幾乎不能刻劃
2	石膏	$CaSO_4 \cdot 2H_2O$	指甲不易刻劃	7	石英	SiO_2	小刀不能刻劃；但用它可刻劃玻璃
3	方解石	$CaCO_3$	小刀易刻劃	8	黃玉	$Al_2(SiO_4)(F，OH)_2$	能刻劃石英
4	螢石	CaF_2	小刀可刻劃	9	剛玉	Al_2O_3	能刻劃石英
5	磷灰石	$Ca_5(PO_4)_3(F，Cl，OH)$	小刀刻劃有痕跡	10	金剛石	C	能刻劃石英

上表所列的硬度順序是相對的；其實，金剛石的絕對硬度是石英的 1,150倍；而石英的絕對硬度又是滑石的 3,500 倍。

(2)常用物體刻劃法

實際工作中，我們常用指甲（相對硬度為 2～2.5）、小刀（相對硬度為5～5.5）、窗玻璃（相對硬度為 5.5～6）及鋼刀（相對硬度為 6～7）為標準，用它們刻劃礦物，粗略的將礦物硬度分為**軟**（硬度小於指甲）、**中**（硬度大於指甲、小於小刀）、**硬**（硬度大於小刀、小於窗玻璃）、**極硬**（硬度大於窗玻璃）四個等級，如表 2.4 所示。測定硬度時，應選擇礦物的新鮮平坦面進行刻劃，此因礦物表面被氧化後，硬度會降低。

表 2.4　利用常用物體測定之硬度表

相對硬度	可刻劃與否			
	指甲 （2～2.5）	小刀 （5～5.5）	窗玻璃 （5.5～6）	鋼刀 （6～7）
軟	可	可	可	可
中	X	可	可	可
硬	X	X	可	可
極硬	X	X	X	一般硬

▌2.5.2　解理

在外力的敲擊下，礦物沿著一定的方向裂開成光滑的平面，這種性質稱為**解理**（Cleavage 或 Mineral Cleavage）。礦物所裂開的光滑平面稱為**解理面**。如方解石被打擊後，將破裂成菱面體小塊；石鹽被打擊後，將破裂成立方體小塊。因此，解理面就是礦物的弱面；解理面是沿著礦物晶體結構中的弱面發生的。

一般而言，礦物不同，解理方向的數目也不同。只有一個方向的解理面者，稱為**一向解理**，如雲母；有兩個方向的解理面者，稱為**二向解理**，如普通角閃石；其餘以此類推。

在宏觀上，根據礦物受力後解裂的難易度、解理面的大小、光滑的程度、及裂片的厚薄等，解理可以分成下列幾種等級：

(1)**極完全解理**：極易解裂成薄片，解理面大，平坦光滑；如雲母。

(2)**完全解理**：用小鐵鎚擊之，容易裂成規則的解理塊，解理面稍大、且平坦光滑；如方解石。

(3)**中等解理**：解理面清楚，但不很平整，且常不連續；如輝石的兩組柱面解理。

(4)**不完全解理**：沿解理面解裂較難，僅可見不明顯的解理面，解理面不平整；如磷灰石的底面解理。

(5)**極不完全解理**：相當於無解理，極難沿解理面分裂，僅在顯微鏡下偶而可見零星的解理縫；如α-石英的菱面體解理。

解理是鑑定礦物的重要依據，但是應該區別解理面與晶面的不同；解理面比較新鮮平整、光亮，沒有晶面上常出現的條紋；加壓於晶面時，平行於解理面的方向，可連續出現新的解理面。

描述解理時，應記述解理面的方向、組數、發育程度、解理面組的夾角大小等。如石鹽具有 3 組完全解理，解理交角為 90°；或者斜長石具有兩組完全解理，解理交角為 86.5°；雲母具有一組極完全解理。

■ 2.5.3　斷口

礦物受打擊後，其破裂並無一定的方向，其破裂面呈凹凸不平，稱為**斷口**。可作為鑑定礦物的輔助依據。依其形狀，斷口可以分成下列幾類：

(1)**貝殼狀斷口**：斷口面像貝殼一樣，具同心波浪狀起伏；石英常具有這種斷口。

(2)**平坦狀斷口**：斷口面大致平整；如塊狀高嶺土。

(3)**鋸齒狀斷口**：斷口形似鋸齒；如自然銅。

(4)**參差斷口**：斷口面參差不平；如磷灰石。

解理與斷口一般呈互為消長的關係。解理發達的礦物，斷口就少見；解理不發育的礦物，則多見斷口。同一礦物，其解理不發育的部位，則常易產生斷口；如雲母有一個方向可以產生極完全解理，而垂直於極完全解理的方向，往往產生鋸齒狀斷口。

2.6　礦物的風化特性

　　風化作用（Weathering）是指出露於地表或近地表的礦物及岩石，在大氣及水的長期作用，以及溫度變化與有機物的影響下，所發生的物理破碎及化學分解。風化作用乃是形成一些在地表的條件下能夠穩定的表生礦物之過程。因為礦物及岩石多形成於地下不同深處，一旦暴露或接近於地表時，就處於與原來全然不同的自然環境之中，所以就會發生適應新環境的礦物轉化。

　　風化作用是在各種營力的作用下進行的。主要的風化營力有：太陽熱能、大氣降水、地下水、水蒸氣、冰，以及二氧化碳、氧和動植物有機體等。按作用的性質，風化作用可以分物理風化作用（或稱機械風化作用）、化學風化作用及生物風化作用三種類型。

　　物理風化作用係以溫度的變化為主要影響因素；它是一種不改變或很少改變岩石化學成分的破壞作用。這種破壞只是使岩石由大塊變成小塊，由小塊變成砂和細粉，最終成為岩土。化學風化作用是以水為主要影響因素，它是一種透過化學反應來改變岩石化學成分的破壞作用。生物風化作用則是在生物參與下的機械及化學破壞作用。

2.6.1　物理風化作用

　　物理風化作用不會改變岩石的物理性質及化學成分，也不會產生新礦物，但會使它們碎裂成小塊，有助於後續的化學風化作用。它係透過三種型式而發生的：

- ‧因卸除覆壓而產生解壓作用。
- ‧因露出地表而釋放內貯的剩餘應力。
- ‧因溫度變化而產生膨脹收縮壓力。
- ‧因孔隙水的凍融作用而產生膨脹壓力。

　　形成於地下深處的岩石，因為上覆岩石的重量而承受著很大的圍壓。當上覆岩石被剝蝕而露出地表時，便解除了原來的圍壓，或釋放其內存的剩餘應力，岩體隨之發生膨脹。同時，片狀礦物，或解理發育良好的礦物，也會垂直於其解理面產生張力，並產生裂隙，使大氣及水分更易侵入，促進了化學風化作用。

　　地表的岩石，在白晝受到陽光照曬時，因為礦物的顏色不同，其吸熱的能

力也會不同,所以深色的礦物吸熱多,淺色的礦物吸熱少。因此由顏色深淺不同的礦物所組成的岩石,因其膨脹性不均勻,遂產生脫解現象,所以常常比那些由單一顏色所組成的岩石,所受的物理風化作用較為強烈,例如花崗岩所受的物理風化作用之強度就大於石灰岩。

充填在礦物解理中的水分結冰後,其體積將增大 9%左右,壓力最大可達 $14 \, kg/cm^2$,使得解理加寬、加深。當冰體融化後,水就沿著擴大的解理滲入深部。在如此反覆的作用下,使得礦物一層一層的被裂解。這種凍融作用常發生於高山地區,例如中央山脈地帶,在秋冬季節,其水在夜晚會結凍,在白晝則又解凍。

▌2.6.2　化學風化作用

處於地表的岩石,與水分及大氣等在原地發生化學反應而逐漸變質破壞,不僅改變其物理狀態,同時也改變其化學成分,並可形成新礦物,稱為**化學風化作用**。水是化學風化過程中起最主要的作用,水中常含有氧及二氧化碳等成分,會加速礦物的化學風化作用。主要的反應類型如下:

(1)溶解作用

礦物溶於水的過程就是**溶解作用**(Dissolution)。溶解作用通常是化學風化作用的第一步。礦物溶於水有難易之分,極易溶的有K^+、Na^+等氯化物(如石鹽);易溶的有 Ca^{++}、Mg^{++} 等氯化物及碳酸鹽(如方解石);難溶的有Fe^{++}、Al^{+++}、Si^{+4} 等氧化物及矽酸鹽等。但是在適當的條件下,難溶的礦物也多多少少會被溶解,如 SiO_2(石英)在高鹼性(pH > 9)的水溶液中會被溶解;又如 Al^{+++} 則較容易溶於 pH > 9 及 pH < 4 的水溶液中,這就是產生紅土及鋁礬土的原因之一。造岩礦物的溶解度,其大小順序為方解石>白雲石>橄欖石>輝石>角閃石>斜長石>正長石>黑雲母>白雲母>石英。其中以石英(砂岩的主要礦物)最不易被溶解;而以方解石(石灰岩及大理岩的主要礦物)最容易被溶解(請見下式);這就是潮濕地區的石灰岩容易形成卡斯特(岩溶)地形的原因。

$$CaCO_3 + CO_2 + H_2O \rightarrow Ca^{++} + 2HCO_3^- \quad\cdots\cdots\cdots\cdots\cdots\cdots\cdots\quad (2.2)$$

(2)水解作用

各種弱酸強鹼或強酸弱鹼的鹽類礦物溶於水後,出現解離現象;這些解離物可以與水中的 H^+ 或 OH^- 離子發生化學作用;也就是由 H^+ 或 OH^- 離子取代

原來礦物的金屬離子，如 K^+、Na^+、Ca^{++}、Mg^{++} 等而形成新礦物，稱為**水解作用**（Hydrolysis）。如鉀長石遇水可發生水解作用，其析出的鉀離子（K^+）與水中的氫氧陰離子（OH^-）結合，形成 KOH，隨水流失，最後形成高嶺石，殘留原地；如下式：

$$2KAlSi_3O_8 + 2H^+ + 9H_2O \rightarrow H_4Al_2Si_2O_9 + 4H_4SiO_4 + 2K^+ \cdots\cdots（2.3）$$
$$（正長石）\qquad\qquad（高嶺石）（水溶液）$$

高嶺土在熱帶、亞熱帶氣候的條件下將進一步風化，將 SiO_2 析出，形成鋁土礦，如下式：

$$H_4Al_2Si_2O_9 + nH_2O \rightarrow Al_2O_3 \cdot nH_2O + 2SiO_2 + 2H_2O \cdots\cdots（2.4）$$
$$（高嶺石）\qquad\qquad（鋁土礦）$$

(3)碳酸化作用

水解作用如果有 CO_2 的加入（水中都會溶解一些二氧化碳），則稱為**碳酸化作用**（Carbonation）。二氧化碳與水起作用會產生 H^+ 與 HCO_3^-，形成弱酸性溶液；再與礦物起化學反應，最後形成新礦物。

這乃是矽酸鹽礦物的主要風化作用，它使矽酸鹽礦物中的 K^+、Na^+、Ca^{++}、Mg^{++} 等離子形成易溶的碳酸鹽而流失，最後變成黏土礦物。

(4)水化作用

有些礦物與水作用，能夠吸收水分子，作為自己的組成部分（以結晶水或結構水的型態，納入結晶格內），形成含水的新礦物，稱為**水化作用**（Hydration）。例如硬石膏（$CaSO_4$）經水化作用後形成石膏（$CaSO_4 \cdot 2H_2O$）；又如赤鐵礦經過水化作用後形成褐鐵礦，如下式：

$$CaSO_4 + 2H_2O \rightarrow CaSO_4 \cdot 2H_2O \cdots\cdots（2.5）$$
$$（硬石膏）\qquad\qquad（石膏）$$

$$2Fe_2O_3 + 3H_2O \rightarrow 2Fe_2O_3 \cdot 3H_2O \cdots\cdots（2.6）$$
$$（赤鐵礦）\qquad\qquad（褐鐵礦）$$

礦物經水化作用後，體積會膨脹而對周圍的岩石產生壓力，導致岩石的破碎。又如有些黏土礦物（如蒙脫石）吸水後，體積會膨脹 60% 至 2,000%，造成

工程上許多困擾，尤其是基礎、邊坡、鋪面、土堤等。水化後的礦物，其硬度會比原礦物還低，從而減弱了岩石的抗風化能力。

(5)氧化作用

礦物中的元素與大氣中的游離氧化合，由低價變為高價的作用，稱為**氧化作用**（Oxidation）。氧化作用是地表極為普遍的現象。岩石經過氧化作用後，不但成分改變，而且也會變疏鬆。在濕潤的狀況下，氧化作用更為強烈。低價的氧化物及硫化物最易發生氧化作用，尤以低價鐵易被氧化成高價鐵，使土壤呈現鐵鏽色，如下式：

$$4FeSiO_3 + O_2 \rightarrow 2Fe_2O_3 + 4SiO_2 \quad \cdots\cdots\cdots\cdots\cdots\cdots\cdots (2.7)$$
$$(\text{輝石}) \qquad (\text{赤鐵礦})$$

黃鐵礦氧化成褐鐵礦的反應式如下：

$$2FeS_2 + 2H_2O + 7O_2 \rightarrow 2FeSO_4 + 2H_2SO_4 \quad \cdots\cdots\cdots\cdots\cdots (2.8)$$
$$(\text{黃鐵礦})$$

$$4FeSO_4 + 2H_2SO_4 + O_2 \rightarrow 2Fe_2 〔SO_4〕_3 + 2H_2O \quad \cdots\cdots\cdots\cdots (2.9)$$

$$Fe_2 〔SO_4〕_3 + 6H_2O \rightarrow 2Fe 〔OH〕_3 + 3H_2SO_4 \cdots\cdots\cdots\cdots (2.10)$$
$$(\text{褐鐵礦})$$

我們都知道鋁金屬是很重要的國防材料；它是由鋁土礦（Bauxite）所提煉的。自然界有 5 種含鋁礦物可以經由氧化作用後轉變為鋁土礦，它們是高嶺石、白雲母、黑雲母、角閃石及長石。鋁土礦含有軟水鋁石、一水硬鋁石、三水鋁石、黏土礦物、石英、褐鐵礦等幾種主要礦物。礦物氧化後會生成如表 2.5 所列的新礦物。

表 2.5　礦物氧化後所變成的新礦物

原礦物	氧化後的新礦物
Si 的氧化物	石英、非晶質矽石、蛋白石質矽石
Fe 的氧化物及氫氧化合物	赤鐵礦、針鐵礦、磁鐵礦
Al 的氫氧化合物	三水鋁石、軟水鋁石、一水硬鋁石

2.6.3　生物風化作用

位於地表的岩石，由於生物的作用，使其在原地發生破壞的作用，稱為**生物風化作用**。

生物的風化作用也有物理與化學之分，但是以化學的生物風化作用對礦物的破壞比較重要。植物的根部於生長過程中會分泌有機酸、碳酸、硝酸及氫氧化銨等溶液，它們會溶解並且選擇性的吸收礦物中的某些元素（如磷、鉀、鈣、鐵、銅、鋅等）作為營養。此種作用將使礦物遭受腐蝕破壞。又動、植物死亡後之遺體，於腐爛後會分解出有機酸及氣體（如 CO_2、H_2S 等），溶於水中可對礦物腐蝕破壞。遺體在還原環境中會生成腐植質，也會促進礦物的分解。

2.6.4　礦物的抗風化能力

一般而言，岩漿於地殼深處冷卻凝固的過程中，不同的礦物會隨著溫度的降低而逐漸結晶析出。但是在地表的新環境下，越早結晶的礦物，其抵抗風化的能力就越弱；相反的，越晚形成的礦物，其抵抗風化的能力就越強。表 2.6 顯示各種礦物的抗風化能力。

表 2.6　礦物的抗風化能力

	砂及粉砂顆粒級的礦物		黏土顆粒級的礦物	
	鐵鎂（暗色）礦物	矽鋁（淺色）礦物		
抗風化能力增強 ↓↓↓	橄欖石		1	石膏、石鹽
		鈣斜長石	2	方解石、白雲石、磷灰石
	輝　石		3	橄欖石、角閃石、輝石
		鈣鈉斜長石	4	黑雲母
	角閃石	鈉鈣斜長石	5	鈣斜長石、鈉斜長石、鉀長石、火山玻璃
		鈉斜長石	6	石英
	黑雲母		7	白雲母
		鉀長石	8	黏土礦物
		白雲母	9	三水鋁石（Gibbsite）
			10	赤鐵礦、針鐵礦、磁鐵礦
		石　英	11	鈦鐵礦、鋯石

2.7 礦物的其他物理性質

有些礦物具有吸水性，且在吸水後發生體積膨脹，如蒙脫石（黏土礦物的一種）；有些礦物浸水後發生分解及鬆散；對基礎或邊坡產生一些困擾，必須加以改善。又在氣味上，燃燒硫磺有硫臭；硃砂受錘擊後產生大蒜臭；水濕高嶺土也會聞到臭味等。在觸感上，矽藻土摸起來有粗糙感；石墨、滑石等則具有滑感等。

2.8 主要造岩礦物

雖然自然界的礦物種類繁多，但是常見的礦物並不多，僅數十種而已。至於主要的造岩礦物則更少。本節只介紹一些常見的主要造岩礦物，因為它們是鑑定岩石的重要依據之一。

2.8.1 火成岩中常見的造岩礦物

⑴斜長石

長石類礦物為地殼最主要的礦物，佔地殼物質的 50% 以上。斜長石大量產於各種火成岩及變質岩中；在沉積岩的長石砂岩中，也有斜長石的分布。斜長石風化後可以生成絹雲母及高嶺石。它是由鈉長石（Na〔AlSi$_3$O$_8$〕）（用 Ab 表示）與鈣長石（Ca〔Al$_2$Si$_2$O$_8$〕）（用 An 表示）所組成的連續類質同象系列；其中 Ca^{++} 與 Na$^+$ 可以互相置換。

斜長石一般為白色，或帶灰色；玻璃光澤，條痕為白色，硬度 6～6.5；平行於柱面有兩組完全解理，交角 86.5°，故稱為斜長石；比重 2.6～2.8。晶體常呈板狀或柱狀，常見聚片雙晶（請見圖 2.2）；集合體呈粒狀或塊狀。

鑑定的特徵包括白色或灰白色、常具聚片雙晶、硬度高、兩組完全解理不正交等。在岩石中常見其晶面或解理面，以此可與石英的粗糙斷口及玻璃光澤區別之。大多數斜長石在解理面上有平行的、且直的細紋；正長石則沒有。如果找到了細紋，則可以準確的區分斜長石與正長石。此外，斜長石多呈白色，正長石則常帶粉紅色；但長石的顏色常有變化，所以顏色只能作為參考。

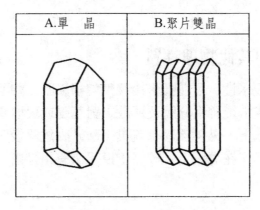

圖 2.2　斜長石的晶形及聚片雙晶

(2)正長石

　　主要產於酸性及中性火成岩中；也見於片麻岩及混合岩等變質岩中。正長石風化後可變成高嶺石。其化學成分為 $K〔AlSi_3O_8〕$。

　　正長石多為肉紅色、粉紅色、淺黃紅色等。新鮮面為玻璃光澤，風化面為土狀光澤。兩組解理完全，交角為 90°，所以稱為正長石。硬度 6～6.5；比重約 2.6；性脆。晶形為短柱狀或厚板狀，常見卡爾斯伯雙晶或簡稱卡氏雙晶（請見圖 2.3）；集合體為粒狀或緻密塊狀。

　　鑑定的特徵包括肉紅色、硬度大、兩組解理正交、且常具有卡氏雙晶。

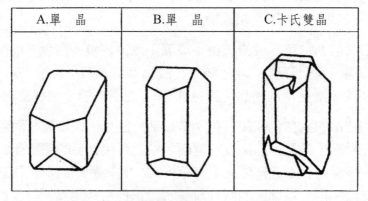

圖 2.3　正長石的晶形及卡氏雙晶

(3)黑雲母

黑雲母主要產於火成岩及變質岩中，是中、酸性火成岩及片岩、片麻岩的主要造岩礦物。在地表的環境下很容易風化，最後變成高嶺石；有的還可變成綠泥石。其化學成分為 $K〔Mg，Fe〕_3〔Si_3AlO_{10}〕〔（OH），F〕_2$。其中，$Mg：Fe < 2：1$；如果 $Mg：Fe > 2：1$，則稱為金雲母。

黑雲母常呈黑色、棕色、或褐色；有時為綠色；玻璃光澤，解理面上則為珍珠光澤；薄片透明，且具有彈性，一組解理極完全；硬度低，2～3；比重2.7～3.3，隨著含鐵量的增加而增高。晶體常呈六方板狀、柱狀；集合體為鱗片狀。

鑑定的特徵包括呈板狀或片狀，黑色或深褐色，一組極完全解理，薄片具有彈性等。

(4)白雲母

白雲母是分布比較廣的礦物；是花崗岩、偉晶岩及變質岩中的主要造岩礦物之一。它的化學性質比較穩定，耐風化；因此，可成為細小薄片，出現在漂砂及碎屑沉積岩中；在強風化條件下，白雲母還可變成富含水分的白雲母（即伊利石）。白雲母的化學成分為 $KAl_2〔AlSi_3O_{10}〕〔OH〕_2$。

白雲母的薄片為無色透明，含少量雜質而呈現淺黃、淺綠等顏色。一組極完全解理，薄片具有彈性。玻璃光澤，解理面則呈珍珠光澤。硬度2～3；比重2.8～3.1；晶體呈六方柱狀、板狀或片狀；集合體呈片狀或鱗片狀。呈極細小鱗片狀集合體，且具絲絹光澤者，稱為**絹雲母**。白雲母的絕緣性能極好，可作為電氣工業上的絕緣材料。

鑑定的特徵主要包括白色、薄片狀、具有一組極完全解理，且具彈性；再結合較小的硬度及珍珠光澤，極易辨認。

(5)普通角閃石

普通角閃石是分布很廣的礦物，常見於中、酸性火成岩及變質岩中。其化學成分複雜，一般分子式為 $CaNa〔（Mg，Fe）_4（Al，Fe^{+++}）〕〔（Si，Al）_4O_{11}〕_2$（OH）$_2$。陽離子以Mg、Fe為主；按陽離子的不同，可以再分成許多亞種，如〔Ca_2Mg_5～〕為透閃石，〔$Ca_2（Mg，Fe）_5$～〕為陽起石，〔Na，Mg，Al質〕為藍閃石等。

角閃石呈淺綠色、深綠色、至黑色；條痕白色或略帶淺綠色；具玻璃光

澤；半透明；平行於柱面的解理屬中等至完全，**解理夾角為 56°或 124°**；硬度 5～6；比重 3.0～3.5。晶形都呈長柱狀，橫斷面為假六邊形（近似菱形）（請見圖 2.4），經常還以針狀形式出現；集合體呈柱狀、纖維狀或粒狀。

鑑定特徵包括長柱狀、斷面近菱形、解理夾角近 60°以及其顏色等。

(6)普通輝石

普通輝石為基性及超基性火成岩的主要造岩礦物；也常見於變質岩中；常與斜長石、角閃石、橄欖石共生。其化學分子式為〔Ca，Na〕〔Mg，Fe^{++}，Al，Fe^{+++}〕〔（Si，Al）$_2O_6$〕；與其他輝石相比，以富含 Al_2O_3（4%～9%）及 Fe_2O_3 為其特徵。按其陽離子的不同，又可分為許多亞種，如〔Ca，Mg～〕為透輝石；〔Na，Al～〕為硬玉；〔Mg_2～〕為頑火輝石；〔Mg，Fe～〕為紫蘇輝石等。

普通輝石呈綠黑色或褐黑色；玻璃光澤；平行於柱面有兩組中等解理，**交角分別為 87°與 93°**；硬度 5～6；比重 3.2～3.6。其晶形常呈短柱狀，橫斷面近乎八邊形（請見圖 2.5），具聚片雙晶；集合體一般為粒狀或緻密塊狀。

普通輝石的鑑定特徵有綠黑色或黑色、短柱狀晶形、橫斷面近八邊形、兩組解理的交角近 90°等。

(7)橄欖石

橄欖石為岩漿早期結晶而成；僅產於基性及超基性火成岩中。常與輝石、角閃石及基性（鈣）斜長石共生。其化學分子式為（Mg，Fe）$_2$〔SiO_4〕。

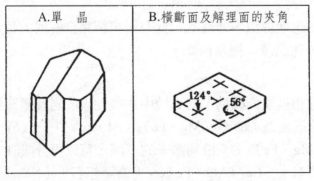

圖 2.4　普通角閃石的晶形

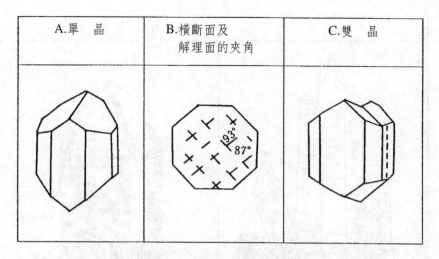

圖 2.5 普通輝石的晶形、橫斷面及解理、以及雙晶

隨著含鐵量的增加，其顏色從淺黃色變至暗綠黑色，常見橄欖綠色。條痕白色；玻璃光澤，斷口為油脂光澤；透明至半透明；平行柱面的解理不完全，常具貝殼狀斷口，性脆；硬度 6.5～7；比重 3.3～3.5。晶體呈短柱狀或厚板狀，但晶形少見；集合體呈粒狀。

橄欖石的鑑定特徵包括粒狀、橄欖綠色、高硬度及貝殼狀斷口等。

⑻石英

石英是地殼中分布最廣泛的礦物之一，佔地殼總重量的 12.6%；它可以形成於各種地質條件中。在火成岩、沉積岩及變質岩中都有它的賦存。石英以在 570℃以下穩定的 α-石英最為常見，即一般所稱的石英。石英的分子式為 SiO_2。

石英常為無色、乳白色及雜色等。呈玻璃光澤；斷口則為油脂光澤。常呈貝殼狀斷口；硬度 7；比重 2.7。其晶形為六方柱及菱面體組成的聚形（請見圖 2.6），柱面上常有橫紋。

石英常因含有雜質及結晶程度的差異而有若干種：

- 水晶：無色、透明、質較純。
- 紫水晶：含錳而呈紫色，透明或半透明。
- 墨水晶：因含有機質而呈黑色，半透明。
- 玉髓：鐘乳狀，隱晶質塊體。
- 瑪瑙：隱晶質塊體，具環帶狀構造。

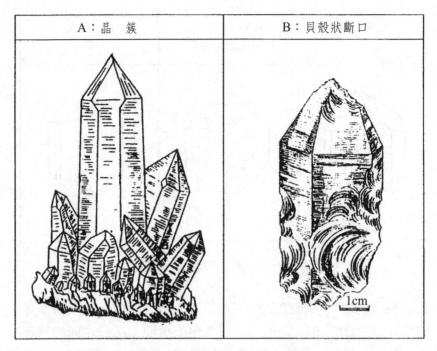

圖 2.6　石英晶簇及貝殼狀斷口

　　石英是重要的玻璃及陶瓷原料，可製作光學儀器及精密儀器的軸承，更純的石英可做半導體；是現代國防及電子工業不可或缺的原料。

　　石英的貝殼狀斷口、硬度大、不易風化等特徵，可以與方解石、長石等礦物相區別；方解石用小刀可以刻劃、硬度低、遇冷鹽酸會起泡；長石呈柱狀，且有解理。

▌2.8.2　變質岩中常見的造岩礦物

變質岩中的礦物常呈現幾項特徵：

- ·廣泛發育呈纖維狀、片狀、長柱狀及針狀的礦物，如角閃石、透閃石、陽起石、雲母類、石墨、矽線石等。
- ·具有極完全的片狀（一組）解理，如石墨、綠泥石、滑石等。
- ·常出現密度大、分子體積小的礦物，如石榴子石、硬玉等。
- ·常發育同質異像的礦物，如紅柱石、藍晶石及矽線石等。

以下僅介紹幾種代表性的變質岩礦物：

⑴石墨

石墨是含碳質的沉積岩經過區域變質或接觸變質而成；化學成分為 C。

石墨呈鐵黑色至鋼灰色，條痕為黑色；具金屬光澤；不透明；一組極完全的解理；硬度只有 1；易汙手、具滑感。比重 2.1～2.2；可導電、抗腐蝕、熔點高達 3,000℃。晶形很少見；集合體常呈片狀、鱗片狀或土狀等。

石墨的鑑定特徵包括鋼灰色、具滑感、硬度低及容易汙手等。

⑵綠泥石

綠泥石是一族礦物的總稱，其化學成分非常複雜。主要是 Mg、Al、Fe 的矽酸鹽。一般式子為 $[Mg，Fe]_6[(Si，Al)_4O_{10}][OH]_8$。綠泥石一般是因為受到中、低溫的熱液蝕變（Hydrothermal Alteration）作用，或區域變質作用而形成的。沉積作用所形成的綠泥石，稱為鯔狀綠泥石，或鯔綠泥石。

綠泥石呈綠色至暗綠色；隨著鐵含量的增加而顏色變深。條痕為淡綠色至淺灰綠色；玻璃光澤；解理面呈珍珠光澤或油脂光澤；透明或半透明；片狀解理極完全；具有滑膩感。硬度 2～2.5，用指甲可刻劃，捻之成微細的綠色小片；比重 2.7～3.4；薄片具有撓性。其晶體呈假六方板狀或片狀；集合體呈鱗片狀、緻密塊狀或鯔狀。

其鑑定特徵包括其綠色、片狀解理極完全、滑膩感、淡綠色條痕、低硬度等。

⑶滑石

滑石為變質作用的產物。主要由富鎂質超基性岩，或白雲岩經熱液交代作用形成的。其化學式為 $Mg_3[Si_4O_{10}][OH]_2$。

純淨的滑石呈無色或白色，因含雜質可呈淺黃、淺褐、淺綠、粉紅等顏色。條痕白色；玻璃光澤，解理面上呈珍珠光澤，塊狀集合體則稱呈蠟狀光澤；半透明；片狀（一組）解理極完全；緻密塊狀者則呈貝殼狀斷口；硬度只有 1；密度 2.7～2.8；薄片具有撓性；粉末具滑感。單晶體為片狀，但通常都以鱗片狀、放射狀、纖維狀，或塊狀等集合體形狀出現。

滑石的鑑定特徵有極完全的片狀解理、粉末具有滑感、硬度很低、指甲很容易刻劃、其薄片具有撓性。

(4)紅柱石、藍晶石、矽線石

紅柱石為熱接觸變質或區域變質作用的產物；是在壓力較低的條件下形成的。其分子式為 $Al_2[SiO_4]O$。其新鮮面呈淺玫瑰色，一般為灰白或淺褐色。條痕白色；玻璃光澤；半透明；平行柱面解理中等；硬度 6.5～7.5，風化後降到 4 以下；比重 3.1～3.2。晶體呈柱狀，較為常見，其橫斷面近乎正方形；集合體呈柱狀或放射狀；放射狀集合體形似菊花，稱為菊花石。

紅柱石的鑑定特徵有其柱狀晶形、近乎正方形的橫斷面、新鮮面與風化面的顏色等。

與紅柱石的化學成分完全相同的礦物還有藍晶石及矽線石。它們為不同溫度、壓力下形成的不同礦物。藍晶石多呈長板狀或刀片狀，集合體呈柱狀或放射狀；一般為淺藍色，常呈不均勻的藍白、青白色；條痕白色；玻璃光澤；透明；平行柱面解理中等至完全；硬度具有明顯的異向性，其平行於延長方向的硬度為 4.5，垂直於延長方向的則為 6，故又稱二硬石；比重 3.6～3.7；它是在壓力較高的條件下形成的。

矽線石常呈細長針狀，集合體為纖維狀；無色或略帶灰、白。平行於延長方向有一組解理；硬度 7；比重 3.2～3.3。是在溫度較高的條件下形成的。

(5)蛇紋石

蛇紋石主要由富鎂的岩石受熱液蝕變作用而成，特別是超基性岩中的輝石、橄欖石等，受蝕變後常形成大面積的蛇紋石，構成巨大的蛇紋岩體。蛇紋石的分子式為 $Mg_6[Si_4O_{10}][OH]_8$。

蛇紋石呈淺綠色、綠色及深綠色等，有時呈白色。常有蛇皮狀的青、綠色斑紋，因此而得名。條痕白色；玻璃光澤或蠟狀光澤；透明；解理完全；塊狀者具貝殼狀或參差狀斷口；硬度 2.5～3.5；比重 2.55 左右。單晶極為罕見；通常為緻密塊狀，或纖維狀集合體；纖維狀集合體稱為蛇紋石石棉或溫石棉。

蛇紋石的鑑定特徵包括綠顏色、蠟狀光澤、硬度中等及常有石棉細脈等。

(6)石榴子石

石榴子石在火成岩及變質岩中都有出現。在變質岩中，它主要出現於中、酸性火成岩侵入碳酸鹽岩的接觸帶中。其化學式為 $A_3B_2[SiO_4]_3$，其中 A 代表二價陽離子，包括 Fe^{++}、Mg^{++}、Ca^{++}、Mn^{++} 等；B 則代表三價陽離子，如 Al^{+++}、Fe^{+++}、Cr^{+++} 等。陽離子為 Fe、Al 者稱為鐵鋁石榴子石；陽離子為 Ca、

Al 者稱為鈣鋁石榴子石。儘管它們的化學成分有所變化，但是其基本結構則相同，基本特徵也近似。晶體常呈菱形十二面體、四角三八面體，以及它們組成的聚形。其集合體則為粒狀或緻密塊狀。

　　石榴子石的顏色隨其成分不同而稍異，最常見的為褐色至黑色。條痕白色，或略呈淡黃褐色；玻璃光澤，斷口則為油脂光澤；半透明；無解理，斷口為貝殼狀或參差狀；硬度 6.5～7.5；比重 3.5～4.3。

　　石榴子石的鑑定特徵包括帶紅的顏色、高硬度及斷口呈現油脂光澤等。

▍2.8.3　沉積岩中常見的造岩礦物

沉積岩中的礦物與火成岩之中的有顯著的不同，其中有如下幾點值得注意：

- 在火成岩中缺乏的一些礦物，如黏土礦物，及沉積形成的方解石、白雲石、玉髓等，在沉積岩中卻大量的出現（請見表 2.7）。

表 2.7　主要礦物在沉積岩及火成岩中的含量比較（單位：%）

礦物名稱	火成岩	沉積岩
正長石	14.85	11.02
鈉長石	**25.60**	4.55
鈣長石	9.80	—
黑雲母	3.86	—
角閃石	1.66	—
輝石	12.10	—
橄欖石	2.65	—
其他礦物	0.63	0.90
石英	20.40	**34.80**
白雲母	3.85	15.11
磁鐵礦及鈦鐵礦	4.60	0.09
黏土礦物	—	14.51
沉積鐵質礦物	—	4.00
方解石及白雲石	—	13.32
石膏及硬石膏	—	0.97
有機物質	—	0.73
合計	100.00	100.00

- 在沉積岩中缺乏的一些礦物，如橄欖石、輝石、角閃石、黑雲母等，卻是火成岩的重要造岩礦物。表示這些礦物在地表的環境下並不穩定；容易被風化。
- 石英、鉀長石、鈉長石、白雲母等礦物，在沉積岩及火成岩中都有存在，而且量也不少；表示它們在較高溫的環境下，及表生環境中都能適應，其中以石英最為穩定。
- 由生物作用所形成的有機物質是沉積岩所特有的。

茲將沉積岩中尚未介紹過的幾種主要礦物介紹如下：

(1)石英

石英是沉積岩（尤其是砂岩及粉砂岩）的主要礦物。它的抗風化能力很強，所以不管是來自火成岩或變質岩，它都可以生存留下來；即使是來自沉積岩，也可以再循環多次。

石英在沉積岩中，一般呈不規則的粒狀，極少見到完整的晶形；色灰白或煙灰，常因膠結物的浸染，光澤並不明顯，只有在新鮮的斷口上才能見到油脂光澤。

不同來源的石英顆粒往往具有不同的特點。例如來自火成岩的石英中，常含有礦物**包裹體**（被包裹在石英顆粒的內部），如鋯石、磷灰石、電氣石、金紅石等；或是氣、液的包裹體；或具有雙錐狀晶形等。來自變質岩的石英，常呈碎塊狀、透鏡狀或拉長的條狀；有的具有鋸齒狀的邊緣；有的可能具有**波狀消光**（轉動石英時會時亮時暗），或有變質礦物的包裹體，如矽線石、紅柱石、藍晶石等。來自早期沉積岩的石英，具有磨蝕、圓滑，及次生增大的現象（在原石英顆粒的外圍再附生，使晶形變佳）；一般沉積岩的石英，則常具有沉積礦物的包裹體，及良好的自然晶形等。因此，研究石英顆粒的特點，有助於判斷石英的來源；也可以利用其性質的不同，作為劃分或對比地層的依據。

(2)黏土礦物

黏土礦物泛指各種形成黏土的礦物，主要是含〔OH〕的鋁矽酸鹽，其矽酸根為〔Si_4O_{10}〕型。通常為膠體，一般只有在電子顯微鏡下才能看到晶形。黏土礦物中比較重要的是高嶺石、蒙脫石、及伊來石；肉眼及一般的顯微鏡很難鑑別各種黏土礦物；通常都需要採用X-光繞射及電子掃瞄顯微鏡（SEM）的方法。

黏土礦物的分子特徵是由兩個基本構造單元組成的層狀排列。一個是四面體，由矽原子居於中心，其 4 個角則是由氧原子所佔據。6 個四面體在一個平面內排起列來，且以一個氧原子為共同聯結點，構成了黏土礦物的一種晶格，稱為**矽片**，厚度為 0.22nm。另一個構造單元為八面體，由鋁原子居於中心，有時也可以被 Mg 或 Fe 所取代；其 6 個角則一樣由氧原子所佔據。4 個八面體一樣在一個平面內聯結起來，形成黏土礦物的另外一種晶格，稱為**鋁片**，其厚度也是 0.22nm。矽片與鋁片以不同的型式組合，便形成了各不相同的黏土礦物之晶體構造。三種黏土礦物的晶格構造請見圖 2.7 所示。

・高嶺石

高嶺石（Kaolinite）主要是由各種富含鋁的矽酸鹽礦物（如長石、雲母等），在水及二氧化碳的作用下風化而成；也可由鋁矽酸鹽礦物受低溫熱液轉換而成。它的分子式為 $Al_4 [Si_4O_{10}][OH]_8$。

高嶺石的晶格構造係由一層矽片及一層鋁片上下重疊成 0.72nm 厚的晶包，稱為 1：1 片狀矽酸鹽類（蛇紋石也是具有這種結晶構造）（請見圖 2.7Ba）。由無數個晶包再相疊成片狀的黏土（有些高嶺石可以由 100 個晶包堆疊而成）；一般，一片的厚度大約只有 0.01mm。這種晶格構造的最大特點是晶包之間係由 O^{-2} 與 OH^- 相互聯結，所以其聯結力甚強；致使晶格不能自由活動，更不容許水分子進入晶包之間。因此，高嶺石是一種遇水比較穩定的黏土礦物。它多呈緻密塊狀、土狀及疏鬆狀的集合體。

高嶺石呈白色；當含雜質時可能變為淺紅、淺綠、淺黃、淺褐或淺藍等色。緻密塊狀體為土狀光澤；鱗片者具珍珠光澤；硬度 1～3；有粗糙感；手搓易成粉末；乾燥時具吸水性，摻水後具可塑性、粘舌；比重接近 2.6。

高嶺石的鑑定特徵包括緻密白色土狀、浸水性軟可塑、手搓易成粉末、粘舌等。

・蒙脫石

蒙脫石（Montmorillonite）主要是由基性火山岩及凝灰岩等在鹼性環境下風化之後的產物；常發現於含鐵鎂礦物比較多的火山岩，或含鈣比較多的基性火成岩，尤其是熱帶、多雨、且排水不良的地區，其中的鎂離子不易被淋濾去除；也有的是海底沉積的火山灰分解後的產物。蒙脫石是膨潤土（Bentonite）

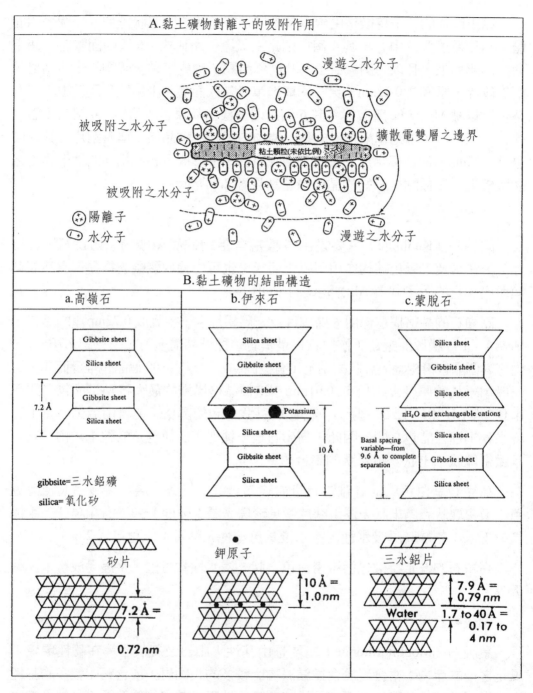

圖 2.7　黏土礦物的分子構造

及漂白土的主要成分。它的化學式為〔Al，Mg〕$_2$〔Si$_4$O$_{10}$〕〔OH〕$_2$・nH$_2$O；非常接近於高嶺石的化學組成，通常含有一定量的鎂。

蒙脫石的結晶構造則是由兩層矽片的中間夾著一層鋁片的三明治式之晶包構造，其厚度為 0.96nm（請見圖 2.7Bc）；這種晶包稱為 **2：1 片狀矽酸鹽類**（雲母及滑石也具有這種結晶構造）（註：綠泥石則為 **2：1：1 片狀矽酸鹽類**）。其特點為晶包之間係由O^{-2}所聯結，所以聯結力很薄弱；晶格具有很大的活動力；遇水很不穩定，水分子可以進入晶包之間，而且可以疊成好幾層，所以蒙脫石遇水才會產生很大的膨脹。晶包與晶包之間的間隔稱為**夾層**（Inter-layer）；其可容納的水分子厚度可以從 0.17nm 至 4nm 不等。這就是蒙脫石吸水後體積會膨脹好幾倍的原因。

蒙脫石呈白色、粉紅、淺灰、淺綠等色。土狀光澤或蠟狀光澤，乾燥時無光澤；潤濕時性柔軟、有滑感；乾燥時，堅硬如石；吸水膨脹，並變成糊狀物；有很強的吸附力及離子交換能力；硬度 1；比重 2～3；通常呈隱晶質的土狀集合體。

蒙脫石的鑑定可以依其顏色、無光澤、含水時性柔軟、具滑感，且遇水膨脹等為主要特徵。

・伊來石

伊來石或稱伊利石（Illite）多為火成岩、雲母片岩、片麻岩等岩石中的雲母之風化產物；常見於雲母片岩、片麻岩等風化後所形成的黏土中；也常見於由中、酸性火成岩經風化而形成的土壤中。伊來石是一種含鉀鋁矽酸鹽的黏土礦物，又稱水白雲母，其組成一般用化學式KAl$_2$〔(OH)$_2$AlSi$_3$O$_{10}$〕來表示。

伊來石的晶體結構類似於蒙脫石的三明治式晶包構造；只是它在晶包之間係由K$^+$或Na$^+$所聯結（請見圖 2.7Bb）。因此，伊來石的晶格聯結作用比蒙脫石還強，但是比高嶺石還弱。遇水也會膨脹，但是不如蒙脫石顯著。其兩塊三明治之間的夾層厚度不會超過 0.05nm。

伊來石的顏色有白色、黃綠色、灰黃色、灰黑色等。純的伊來石似珠玉狀；有油脂光澤，或土狀光澤；濕潤時性柔軟，具有滑膩感。伊來石常呈鱗片狀塊體；吸水具可塑性；膨脹性不如蒙脫石；硬度 2～3；比重 2.5～2.8。

上述三種黏土礦物的結晶構造不同，工程性質的差異就很大，如表2.8所示。

表 2.8　不同黏土礦物的工程性質之比較表

礦物名稱	直徑 μm	厚度 μm	液限 WL	塑性指數 Ip	活動性 dc	壓縮指數	排水後的摩擦角，°
高嶺石	0.3～4	0.05～5	50	20	0.2	0.2	20～30
蒙脫石	0.1～1	0.001～0.01	150～700	100～650	1～6	1～3	12～20
伊來石	0.1～2	0.01～0.2	100～120	50～65	0.6	0.6～1	20～25

很顯然的，蒙脫石的直徑及厚度都是最小的；伊來石次之；高嶺石最大。但是在液限、塑性指數、活動性，及壓縮指數的項目上，蒙脫石卻是最大的，而高嶺石則是最小的。失水後的剪力強度則依序為高嶺石＞伊來石＞蒙脫石。

(3)方解石

方解石的分布極廣，主要是由化學及生物化學沉積作用形成；但是熱液作用、接觸交代作用、及風化作用也可以形成。是組成石灰岩及大理岩的最主要礦物。其化學成分為$CaCO_3$，含CaO達 56%。純淨透明的方解石叫做冰洲石。方解石的晶形變化多端，常為菱面體、六方柱體及板狀體，如圖 2.8 所示；經常呈聚片雙晶及接觸雙晶；集合體多呈緻密粒狀、晶簇狀、鐘乳狀、鮞狀、多孔狀及土狀等。

質純的方解石無色透明或白色，但因常有雜質混入，而呈現灰、深灰、黃、淺紅等色。條痕白色；玻璃光澤；透明至半透明，具雙折射的特性，即透過它看物體會有重影的現象；三組菱面體解理完全；性脆，具貝殼狀斷口；硬度 3，用小刀可以刻劃；比重 2.6～2.8；遇稀鹽酸會強烈起泡，放出二氧化碳。

方解石的鑑定特徵包括白色、可用小刀刻劃、錘擊後呈菱形碎塊，以及滴稀鹽酸時會猛然起泡等。

澎湖所產的文石，其化學成分與方解石相同；但是不具有菱面體解理；硬度 3.5～4；比重 2.9～3.0；都比方解石稍大。它主要形成於表生環境；生性不穩定，在常溫下可以轉變成方解石。

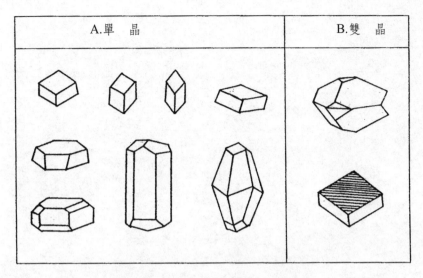

圖 2.8 方解石的各種晶形及雙晶

⑷白雲石

白雲石主要形成於淺海沉積，也有次生的及熱液或變質成因的。它的化學成分為 $CaMg[CO_3]_2$。晶形常為菱面體，有時發育成柱狀或板狀；晶面常彎曲成馬鞍形；有時見聚片雙晶；集合體呈粒狀、緻密塊狀，少數呈多孔狀或腎狀。

白雲石色灰白，微帶淺黃、淺褐（含鐵）、淺綠等色；條痕白色；玻璃光澤；菱面體解理完全；硬度 3.5～4，性脆；比重 2.8～2.9；滴稀鹽酸時起泡不明顯，只有粉碎後滴稀鹽酸才會稍有起泡現象，但不如方解石的立刻猛烈起泡。

白雲石的鑑定特徵有彎曲的晶面；與方解石的區別在於滴稀鹽酸的反應絕然不同，且硬度稍大。

CHAPTER 3

火成岩與工程

📖 3.1　前言

地殼由岩石所構成；地表則由岩石及其衍生的土壤所組成，我們統稱之為**岩土層**，或叫做**地質材料**。人類的生存及活動離不開岩土層；所有的建築及工程建設也都立基於岩土層上。所以對於岩土層的認識及了解就是工程地質學最基本的工作。

了解岩土層的科學方法包括鑑定、命名及分類。同一類的岩土層具有相同的工程地質性質；不同一類的岩土層則具有不同的工程地質性質。因此，由岩土層的分類，我們就可以大致了解其工程地質性質。這裡所謂的**工程地質性質**主要包括**物理性質、水理性質及力學性質**。

礦物成分是岩石命名的重要依據之一。然而從工程地質的觀點而言，影響岩石的工程地質性質者有兩個重要的因素：

- **岩石的結構**：指的是岩石中礦物的結晶程度、顆粒大小及形狀，以及礦物彼此之間的組合方式，稱為**結構**（Texture）。同一類岩石，如果它們的生成環境不同，就會產生不同的結構。
- **岩石的構造**：指的是礦物集合體的排列方式，以及礦物顆粒間的接觸及充填方式，稱為**構造**（Structure）。如由岩漿凝固而成的火成岩大多具有**塊狀**（Massive）**構造**；由變質作用生成的變質岩，在多數情況下，它們的組成礦物一般都依一定的方向作平行排列，即具有**葉理狀**（Foliation）**構造**。由沉積作用形成的沉積岩，是逐層沉積的，所以多具**層狀**（Bed-

ding）**構造**。

　了解岩石的結構及構造，對岩體的穩定性，以及鑽掘與爆破的方式等具有重要的意義。

　組成地殼的岩石，依據其成因，可以分成下列三大類：

- **火成岩**：為內營力地質作用的產物，係由地殼深處的岩漿上升冷凝而成。其中埋藏在地下深處，或接近地表但沒有湧出地表的，稱為**侵入岩**（Intrusive）；而噴出地表凝固的，則稱為**噴出岩**（Extrusive）。火成岩的特徵是比較堅硬、絕大多數礦物均呈結晶粒狀、互相鑲嵌、緊密結合，常具塊狀（侵入岩）、流紋狀及氣孔狀構造（噴出岩）；有原生節理發育（與岩石形成的同時，一起生成的，稱為**原生**）。
- **沉積岩**：係先成岩石（包括火成岩、變質岩或沉積岩自己）經外力地質作用而形成。其特徵是常具碎屑狀（Detrital）、鮞狀（Oolitic）等特殊結構，以及層狀構造，有時並含有生物化石及結核。
- **變質岩**：由先成岩（包括火成岩、沉積岩或變質岩自己）經變質作用，而形成與原岩迥然不同的岩石。其特徵是大多數礦物都呈片狀結構，而且岩石多具有明顯的葉理構造。

　圖 3.1 顯示上述三種岩類在顯微鏡底下的礦物結構。火成岩的礦物係以鑲嵌方式互相結合（即單粒礦物的邊界與相鄰的礦物不是相接就是相交，完整岩石幾乎不留空隙）；沉積岩中，除了化學岩及生物化學岩呈鑲嵌結合之外，其餘岩石的礦物顆粒都是互相分離（即單粒礦物的邊界與相鄰的礦物相切或分離，岩石留下空隙）；而變質岩的礦物結構則與火成岩類似，完整岩石也是不

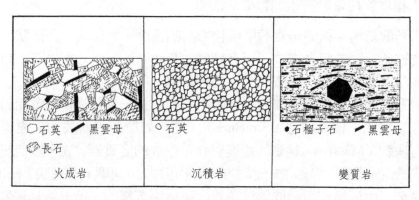

圖 3.1　火成岩、沉積岩、及變質岩薄片在顯微鏡底下的不同礦物結構

留空隙，但是其最大的特徵是其片狀或柱狀礦物常呈定向排列，而其優勢方向則係平行於原岩受力變質時的最小主應力方向（垂直於最大主應力方向），即礦物都朝最小主應力的方向重行結晶。

3.2　火成岩的化學成分

火成岩的化學成分與地殼的化學成分大體一樣。主要有 O、Si、Al、Fe、Ca、Na、K、Mg、Ti 等 9 種；它們的含量約佔火成岩組成的 99.25%。這些元素常以氧化物的方式存在於地殼內。其中以 SiO_2 佔 59.14%，為最多；Al_2O_3 次之，佔 15.34%；佔第三位的 CaO，只有 5.08%。

SiO_2 的含量直接影響各類火成岩的性質。根據 SiO_2 含量的多少，我們將火成岩主要分成四大類，如表 3.1 所示：

表 3.1　依據 SiO_2 含量大小的火成岩分類

分類名稱	SiO_2含量（%）
酸性岩	＞ 65
中性岩	52～65
基性岩	45～52
超基性岩	＜ 45
鹼性岩	同中性岩，但是 K_2O 及 Na_2O 的含量特別高

SiO_2 的含量多少決定了火成岩的種類。當 SiO_2 的含量較少時，只能形成基性岩及超基性岩；當 SiO_2 的含量很多時，才有可能形成酸性岩或中性岩。多餘的 SiO_2 則結晶成石英；所以石英是火成岩中 SiO_2 過飽和的**指示礦物**。

3.3　火成岩的礦物成分

⑴造岩礦物的比例

火成岩的礦物成分是鑑定及命名火成岩的重要依據。最常見的約有 20～30

種，但是其中最主要的有長石、石英、雲母、輝石、角閃石、橄欖石等；它們佔了 94%；故稱為**造岩礦物**（Rock Forming Minerals）（請見表 3.2）。

表 3.2　火成岩的造岩礦物之成分比例

礦物名稱	含量（%）	礦物名稱	含量（%）
長石類	60.2	白雲母	1.4
石英	12.4	磷灰石	0.6
輝石	12.0	霞石	0.3
黑雲母	3.8	金屬礦物	4.1
橄欖石	2.6	其他	0.9
角閃石	1.7	合計	100.0

(2)按顏色的深淺分

如果我們按照顏色的深淺來分，造岩礦物可以分成：

- **鐵鎂暗色礦物**：包括橄欖石、輝石、角閃石及黑雲母等。它們的化學成分中含 FeO、MgO 較高，含 SiO_2 較低；在礦物的外觀上顏色較深，因而得名。
- **矽鋁淺色礦物**：包括石英、斜長石、正長石等。它們的化學成分中含 SiO_2、Al_2O_3 較高，不含 FeO、MgO；在礦物的外觀上顏色較淺，因而得名。

(3)按含量的大小分

如果我們按照礦物的含量大小（這將影響到命名）來分，則可以分成下列三種：

- **主要礦物**：在岩石中含量較多的礦物，對命名分類有決定性的影響，如正長石及石英就是花崗岩的主要礦物；如果沒有它們在岩石裡面，或者它們的含量很少，就不能命名為花崗岩。
- **次要礦物**：在岩石中含量不多的礦物（約 1～10% 而已），雖然不能影響岩石的大命名，但卻可以當作大命名的形容詞；例如黑雲母花崗岩中的黑雲母、角閃石花崗岩中的角閃石都是屬於次要礦物。必須注意的

是，主要礦物與次要礦物是針對某特定岩石而言的，例如角閃石在花崗岩中雖然是次要礦物，但是在閃長岩中卻成為主要礦物。

· **副礦物**：在岩石中含量很少的礦物（一般為 1% 左右，最多可達 3～5%），對岩石的命名完全不生影響；火成岩中常見的副礦物有磁鐵礦、磷灰石、鋯石、石榴子石等。

　　不同類型的火成岩，有著比較固定的礦物組合。它們在岩漿的冷凝過程中有一定的生成順序；根據岩漿的化學成分之不同，隨著岩漿溫度的下降，鐵鎂暗色礦物及矽鋁淺色礦物的兩個礦物系列，分別按照順序結晶析出（稱為**鮑溫反應系列**），並且形成不同類別的岩石，如圖 3.2 所示。

　　在同一個時刻，兩個系列所結晶析出的礦物，就共同組合而成一定類型的火成岩。但是必須指出，這些礦物的結晶順序，並不是要等到前一種礦物結晶完成後，才輪到下一種礦物結晶。事實上，由於岩漿溫度是逐漸降低的，所以相鄰礦物在一定的溫度範圍內，其結晶的時間是互有先後的。故在同一類火成岩中，可以或多或少會含有與其近似岩類的礦物。

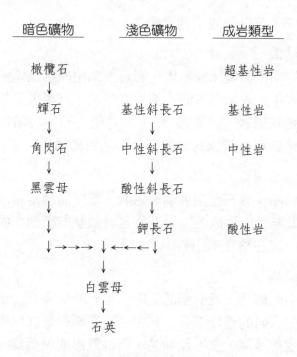

圖 3.2　礦物在岩漿中的結晶順序

自然界中，絕大多數的火成岩都是由淺色礦物與暗色礦物混合組成的；但在不同的岩類中，其含量比並不相同。因此，火成岩的顏色有深、淺之分。一般從酸性岩到超基性岩，暗色礦物的含量會逐漸增多，岩石的顏色也會由淺變深。因此，火成岩中，暗色礦物與淺色礦物的比例，對火成岩的鑑定與分類非常的重要。

火成岩的主要礦物中，除了黑雲母之外，其他都是硬度及強度比較高的礦物，所以未經蝕變或強烈風化的火成岩，一般強度都比較大，且穩定性比較高，在工程上有利於採用高速度及高效率的鑽掘方法。此外，對於酸性火成岩中，含有較大量的游離SiO_2，在地下掘進時恐有產生矽肺病的可能，所以必須加強通風，以預防職業病。

3.4 火成岩的結構

火成岩的結構（Texture）指的是組成火成岩的礦物之結晶程度、顆粒大小、形狀及其相互的組合關係。

按結晶程度，可以分成下列三類：

(1)全晶質結構

火成岩中的礦物晶體比較粗大，岩石全部由礦物晶體所組成；這種結構大都產生於侵入岩中，表示岩漿的冷卻速度很慢，它提供足夠的時間，讓礦物可以慢慢長大，如花崗岩（請見圖 3.3）。凡是岩石中的礦物顆粒可以用肉眼，或藉助於放大鏡就可以辨認的，就稱為**顯晶質結構**。

(2)非晶質（玻璃質）結構

礦物沒有結晶，岩石全由玻璃質組成。這種結構是岩漿在急遽冷凝的情況下，礦物來不及結晶而形成的；岩石常呈貝殼狀的斷面，而且斷面光滑閃爍。這種結構主要出現在酸性噴出岩中，如黑曜岩。

(3)半晶質結構

在火成岩中的礦物，既有結晶質的，也有非晶質的。這種結構都見於噴出岩及部分淺成侵入岩的邊緣部分。其中結晶質礦物是在地表下先形成的，當岩漿噴出地表後驟然冷凝，來不及結晶，所以就形成玻璃質；流紋岩及安山岩常呈這種結構。

圖 3.3 按照礦物結晶大小而劃分的三種火成岩結構

凡是岩石中礦物顆粒的大小，分為截然不同的兩群，其中大的稱為**斑晶**（Phenocryst），小的或玻璃質的稱為**基質**（Groundmass 或 Matrix）。這種結構主要是由於礦物結晶的時間先後不同所造成的。在地下深處，溫度及壓力都比較高，部分礦物先結晶，生成一些較大的晶體（即斑晶）；隨著岩漿繼續上升到淺部，或噴出地表，尚未結晶的岩漿，由於溫度下降突然變快，迅速冷卻而形成細小，或不結晶的基質。岩石中的斑晶是散佈在細小的基質中的一種結構。這種結構為噴出岩或淺成侵入岩所具有。

如果岩石中的礦物顆粒很細，用肉眼或放大鏡都無法辨認，則稱為**隱晶質結構**。

一般而言，在其他條件都相似的情況下，隱晶質、細粒、均粒（顆粒大小比較均勻）的岩石，其強度要比粗粒及斑狀的岩石要大。例如玄武岩為隱晶質結構，而輝長岩為粗粒結構，所以前者的抗壓強度可以高達 500MPa，而後者的抗壓強度只有 120～360 MPa；又如花崗岩具斑狀結構，其抗壓強度只有 120 MPa，而同一成分的細粒花崗岩，因為具有等粒結構，其抗壓強度可達 260 MPa。強度大的岩石雖然較難鑽掘，但是較容易維護，甚至可以不需支撐。

3.5　火成岩的構造

火成岩構造（Structure）包括岩石內各種礦物的空間排列方式以及充填方式。它反應出火成岩的外觀特徵。火成岩的構造可以分成下列幾種：

(1)塊狀構造

岩石中各種礦物的分布比較均勻，且緊密相嵌，完全沒有秩序及方向性，各個方向都可以自由生長，所以岩石沒有層理。這是火成岩最普遍的一種構造，尤其以侵入岩最為常見。

(2)帶狀構造

岩石由不同成分，或不同顏色的條帶相間所組成。主要在基性及超基性侵入岩中可以見到。

(3)流面或流狀構造及流線構造

火成岩中的片狀礦物、板狀礦物，及扁平狀的析離體或捕獲體平行排列，形成流面構造。同樣的，柱狀礦物及析離體或捕獲體沿著延長方向定向排列，則形成流線構造。這兩種構造都出現於火成岩侵入體的邊緣部位。

(4)流紋構造

黏度比較大的岩漿（如酸性或中性岩漿）在流動的過程中，在岩體內形成不同顏色的條紋、拉長的氣孔，以及長條狀的礦物沿著一定方向，呈流線型的排列所表現出來的構造。它是流紋岩（噴出岩的一種）的典型構造，是因為熔岩流流動時所形成的；條紋的方向就是岩漿流動的方向。

(5)氣孔狀及杏仁狀構造

岩漿在地表冷卻時，因圍壓驟降，遂引起氣體逸出，形成許多氣泡；但是由於噴出岩漿的表層迅速冷卻凝固，阻止了內部氣體的逸散，那些尚未逸去的氣泡就被保留下來，形成氣孔，在岩體內出現一些圓形或橢圓形的空洞，直徑由數毫米到數厘米，稱為**氣孔構造**。一般而言，基性熔岩中氣孔較大、較圓；酸性熔岩中氣孔較小、較不規則或呈稜角狀。如果氣孔為矽質、鈣質結晶（次生的）所充填，狀如杏仁，故稱為**杏仁構造**。這是噴出岩的特有構造。澎湖的文石就是這樣產生的。

結構及構造是火成岩的重要特徵；它反映了火成岩的生成環境。它不但是

火成岩鑑定及分類的重要依據，同時也影響到火成岩的工程地質性質。

　　大部分火成岩都具有塊狀構造；這種構造的最大特點就是各個方向的強度會相近，從而增加了岩石的穩定性。但是火成岩的岩漿在冷凝時，會因為體積的收縮而產生一些**原生節理**，如玄武岩的**柱狀節理**，這些不連續面將降低岩石的強度及穩固性。

3.6　火成岩的分類

　　火成岩的種類很多，不同火成岩的差別主要在於礦物成分、各種礦物的相對含量以及岩石的結構。因此，礦物成分及顆粒結構就成為岩石命名與分類的重要依據。也就是說，鑑定礦物就成為識別火成岩的重要途徑。由於長石在火成岩中的分布非常普遍，且常成為主要礦物出現，所以長石含量的比例在分類時具有極為重要的主控作用。此外，還需考慮石英及鐵鎂礦物的相對含量。

　　進行火成岩分類的另一項依據就是岩漿的冷凝環境。根據這一標準，首先把火成岩分為侵入岩及噴出岩；再將侵入岩分成深成侵入岩（深成岩）及淺成侵入岩（淺成岩，其形成深度淺於 3 公里）。它們具有不同的結構及構造。**深成岩**具有晶質結構，顆粒較粗，或為似斑狀；**淺成岩**具有晶質結構，顆粒較細，或為隱晶質，常形成斑狀。**噴出岩**（火山岩）一般為隱晶質結構，極少數為玻璃質（如黑曜岩），通常為斑狀結構。噴出岩還具有流動構造、氣孔構造、杏仁構造等。表 3.3 為火成岩的分類簡表，其中對每一類岩石都列出了代表性的命名。

　　表中的橫列係按化學成分（SiO_2）及礦物成分（石英、長石及鐵鎂礦物）排列，從左至右依次為酸性、中性、基性及超基性四大類。在酸性岩中，以含大量的石英及正長石為其特徵。中、基性岩石以斜長石為主；而超基性岩不含石英，及含很少的長石。從表中尚可看出，隨著鐵鎂礦物（暗色礦物）的含量從酸性岩向超基性岩的方向增加，岩石的顏色也隨之變暗。

　　表中的縱行則按著岩石的產狀，或者結構排列，由上而下依次為噴出岩、淺成岩、及深成岩。同一縱行的岩石成分相同或近似，只是礦物的顆粒大小不同；雖然被列為同一種岩類，但是只因產狀不同，而給予不同的命名。

表 3.3   火成岩的分類簡表

岩類		酸性岩	中性岩		基性岩	超基性岩
SiO₂含量（%）		＞ 65	52～65		45～52	＜ 45
礦物成分	石英含量（%）	＞ 20	0～20		無或極少	無
	長石種類及含量（%）	酸性斜長石；正長石	正長石為主	中性斜長石為主	基性斜長石 ＞ 50	基性斜長石 ＜ 15
	鐵鎂礦物種類及含量（%）	主：黑雲母 次：角閃石（主、次合計小於10）	（角閃石＋黑雲母）（兩者合計小於20）	主：角閃石 次：輝石，黑雲母（主、次合計介於25～40）	主：輝石 次：角閃石，橄欖石（主、次合計介於40～50）	主：橄欖石 次：輝石（主、次合計大於85）
顏色		淡色→ → → → → → → → → → → → 暗色				

產狀	構造	結構	岩 石 命 名				
噴出岩	氣孔；杏仁；流紋	玻璃質	火山玻璃岩（黑曜岩、珍珠岩、浮岩）				（少見）
		隱晶質；斑狀	流紋岩	粗面岩	安山岩	玄武岩	（少見）
淺成岩	塊狀	細粒；斑狀	花崗斑岩	正長斑岩	閃長斑岩	輝綠（斑）岩	（少見）
深成岩	塊狀	均粒狀；似斑狀	花崗岩	正長岩	閃長岩	輝長岩	橄欖岩

註：(1)正長岩／粗面岩類，因其鹼性元素（K、Na）的含量比其他岩石要高，故又稱鹼性岩。
　　這一類岩石分布不廣。

(2)斑岩係指具有斑狀結構的中、基性岩。

　　肉眼鑑定火成岩時，應從辨認岩石的顏色（淺色至暗色）、礦物成分、及岩石的結構著手，然後從表中即可查出岩石的名稱。

　　現在將表內的主要岩石之特徵簡述於下。

▌3.6.1　酸性岩類

　　本類岩石的 SiO₂含量特高，超過65%；而 FeO 及 MgO 的含量低於10%。反應在礦物成分上時，深色礦物非常少，矽鋁礦物大量增多，所以顏色比較

淺；除了含大量的石英（含量大於20%）之外，尚有鉀長石及鈉斜長石。暗色礦物比較常見的有黑雲母及角閃石。常見的岩石則有花崗岩及流紋岩。

(1)花崗岩

花崗岩的顏色呈肉紅、淺灰或灰白。礦物成分以石英及鉀長石為主，其次為黑雲母、角閃石、白雲母等。具有全晶質、等粒結構、塊狀構造。質地均勻，堅固，顏色美觀，廣泛的用於地板、牆面、橋梁、紀念碑等處作為石材；其抗壓強度平均為148MPa。

(2)流紋岩

流紋岩的化學成分與花崗岩相當。淺灰、黃白、粉紅、灰紅等色；以隱晶質及斑狀結構較常見，多具明顯的流紋構造，部分具有氣孔及杏仁構造；斑晶為石英或鉀長石，偶而是鈉斜長石；石英斑晶常被熔蝕成渾圓狀；時代新的流紋岩中，鉀長石無色透明，稱為**透長石**；基質為隱晶質的長石及石英，或玻璃質。岩石的斷面細微似瓷狀。緻密的流紋岩，其抗壓強度約為150～300MPa。

流紋岩在外觀上與粗面岩比較相似，主要區別在於粗面岩的斑晶沒有石英；而且粗面岩具有特殊的粗糙感，流紋岩則具有流紋構造。

(3)黑曜岩

黑曜岩是一種酸性的玻璃質火山岩；化學成分與花崗岩相當，但全由玻璃質所組成。一般為黑色或褐色；具松脂光澤及貝殼狀斷口。

(4)浮石

浮石是一種多孔的玻璃質酸性噴出岩。其特點是岩石的氣孔較多。白色或淺灰色，無光澤，整體比重很輕，能浮於水，因而得名。

3.6.2　中性岩類

中性岩類的SiO_2含量比酸性岩類少，但比基性岩類多，大約介於52～65%之間。矽鋁礦物主要為中性斜長石，有時出現少量的鉀長石及石英。主要的鐵鎂礦物為角閃石，次為輝石及黑雲母。常見的岩石有閃長岩及安山岩。

(1)閃長岩

閃長岩的顏色淺灰、灰或灰綠。礦物成分主要為角閃石及中性斜長石，其次為輝石及黑雲母；基本上沒有石英，但有時會含少量（< 5%）的正長石及石英；具有中、粗粒的等粒結構及塊狀構造。

(2)安山岩

安山岩為成分與閃長岩相當的中性噴出岩。顏色呈深灰、淺玫瑰、灰綠、紫紅或褐色。具有斑狀結構,其斑晶以中性斜長石為主,或出現角閃石及輝石;基質為隱晶及玻璃質;具有流線、氣孔或杏仁構造;氣孔中常為方解石所充填。安山岩常以塊狀熔岩流方式產出;為板塊衝撞帶上的典型火山噴發產物。

深色的安山岩有時候不容易用肉眼與玄武岩區分;此時主要要看斑晶的礦物。如果斑晶為角閃石,則一般可定為安山岩;安山岩中有時可以找到黑雲母,玄武岩一般很少見到黑雲母;玄武岩的斑晶主要為橄欖石或伊丁石(橄欖石的次生變化物,呈紅色)。此外,安山岩中的中性斜長石多較粗短,呈寬板狀,斷面則呈近方形的矩形;玄武岩中的基性斜長石多呈長板狀。

3.6.3　基性岩類

基性岩類的SiO_2含量為 45～52%,比超基性岩類稍高。與超基性岩不同的是出現多量的 Al_2O_3,達 15%左右。在礦物成分上,除了有不少鐵鎂礦物-輝石、角閃石、橄欖石之外,還出現大量的鋁矽酸鹽礦物-基性斜長石及少量石英。

基性岩類的顏色較前述的岩類為深,但較超基性岩為淺。侵入岩常呈緻密塊狀及帶狀構造;而噴出岩則常具有氣孔及杏仁構造。常見的岩石有輝長岩及玄武岩。

(1)輝長岩

輝長岩呈灰、灰黑、或暗綠色。主要礦物有輝石及鈣斜長石,兩者含量大致相等;次要礦物有角閃石、橄欖石、黑雲母,不含或含極少量的石英。具有中、粗粒的等粒結構,很少見到斑狀;具塊狀構造或條帶狀構造。肉眼鑑定時可以根據暗色礦物的不同而與閃長岩區別。

(2)玄武岩

玄武岩呈灰綠、深灰、褐色、綠黑或黑色,有時帶紫紅色;礦物成分與輝長岩相同。具細粒或隱晶質斑狀結構,粒度常較其他噴出岩粗,有時在放大鏡之下可以辨認出長石等礦物顆粒;斑晶有斜長石、輝石、橄欖石等,其斜長石斑晶多為長條板狀,解理面上的條紋較寬;當發現有橄欖石,或由其蝕變的蛇紋石、伊丁石(紅色皂狀、有解理)時,可較有把握的定為玄武岩。玄武岩常見氣孔狀或杏仁狀構造,原生柱狀節理非常發達;為基性噴出岩的代表。玄武岩因其岩漿黏度小,易於流動,所以通常以大面積的熔岩流產出,如澎湖群島

即是。海底噴發形成的玄武岩常具有**枕狀構造**。玄武岩是板塊分開時的典型火山噴發產物。

3.6.4　超基性岩類

超基性岩類含 SiO_2 小於 45%，不含或少含鋁矽酸鹽。礦物成分以鐵鎂礦物佔絕對多數，主要為橄欖石、輝石，其次為角閃石、黑雲母；一般不含矽鋁礦物，**絕不含石英**。岩石顏色很深，比重大，呈緻密塊狀構造。常見的岩石為橄欖岩。

橄欖岩呈暗綠或黑色；全晶質，具有中、粗粒的粒狀結構，及塊狀或帶狀構造。主要礦物為橄欖石，次為輝石或角閃石，不含長石及石英。橄欖石常因受後期的蝕變，部分或全部變為蛇紋石；新鮮的橄欖岩極少見。

3.7　火成岩的肉眼鑑定及命名

3.7.1　火成岩的肉眼鑑定

(1)區分侵入岩與噴出岩

在野外鑑定火成岩時，首先要區分它是侵入岩，或是噴出岩；並且從宏觀的觀點，全面查察岩石的產狀、結構及構造特徵。

如果岩石與圍岩為侵入關係，且岩體的邊緣有圍岩的捕獲岩存在，則可以判斷它是侵入岩。如果岩石為層狀，有氣孔構造，流動構造，且這些構造與岩石的成層方向一致，則是噴出岩。如果含有火山碎屑岩的夾層，則無疑的是屬於噴出岩。

如果岩石為全晶質，顆粒粗大，肉眼可辨識，則為侵入岩，而且是深成岩。如果岩石為隱晶質，或玻璃質，則很可能為噴出岩（侵入岩體的邊緣部位也可能是隱晶質）。

(2)觀察岩石的顏色

火成岩的顏色基本上能夠反映它們的化學成分及礦物組成。前述火成岩可以根據化學成分中的 SiO_2 含量，分為酸性、中性、基性、及超基性四大類。SiO_2 的含量用肉眼是沒有辦法分出來的，但是其含量多少卻可以用礦物成分作指標。一般的情況，岩石的 SiO_2 含量高，淺色礦物多，暗色礦物少；SiO_2 含量少，淺色礦物少，暗色礦物多。因此組成岩石的礦物之顏色就會呈現在岩石的

顏色上。所以顏色是鑑定火成岩的重要依據之一。

一般而言，超基性岩石的顏色大多為黑色、綠黑色或暗綠色；基性岩石呈灰黑色至灰綠色；中性岩為灰色至灰白色；酸性岩石則呈淡灰色、灰白色、淡黃色、淡紅色或肉紅色。

(3)鑑定礦物

鑑定礦物時，也可以從顏色的觀察開始。如果岩石的顏色是深色調的，則可先看深色礦物，如橄欖石、輝石、角閃石、黑雲母等；如果岩石的顏色是淺色調的，則可先看淺色礦物，如石英、長石等。

在鑑定時，通常都是先觀察岩石中有無**石英**，及其相對數量；其次是觀察有無**長石**，及區別是屬於正長石或斜長石；再來，就是要看有沒有**橄欖石**的存在。這些礦物都是鑑別不同岩石的**指標性礦物**。此外，還需要注意有沒有**黑雲母**，它通常與酸性岩有關。

在野外觀察礦物時，還應注意礦物的次生變化，如黑雲母容易變為綠泥石，或蛭石；長石容易變為高嶺石等。這對已經風化的岩石之鑑別非常的重要。

鑑定礦物時也有一些訣竅，例如淺色礦物中，石英無解理，一般看不到晶面，其斷口為油脂光澤（斷面通常粗糙不平），透明度高；長石則有良好的解理（解理面光滑平坦），且呈玻璃光澤；所以兩者易於區別。鉀長石與斜長石的區別主要看顏色，鉀長石大多為肉紅色，斜長石則為灰白色；同時，斜長石的解理面上有平行且緊密排列的細紋，稱為**雙晶紋**。

至於深色礦物中，**橄欖石一般不與石英共生**，所以如果有大量石英存在，則可以排除有橄欖石存在的可能性。角閃石與輝石都是暗色，且都是柱狀礦物；要區別時應該觀察它們的橫斷面，由其型態及解理交角大小的不同而加以鑑別。不過，要利用這一點來區分角閃石與輝石，並不如預期的容易；另外一個竅門是，利用**礦物共生的規律**，例如，如果岩石中以斜長石為主，並且石英含量很少，岩石的顏色深，則該種柱狀礦物多為輝石；否則，為角閃石。黑雲母為棕黑色，呈六邊形之橫切面，有一組極完全解理，常為片狀，容易撬開，較易識別。

(4)判識岩石的結構及構造

岩石的結構及構造是判斷岩石為噴出岩、淺成岩、或深成岩的重要依據之一。一般，噴出岩的結構有隱晶質、玻璃質及斑狀之分；而構造則有流紋、氣

孔或杏仁之別。淺成岩多具細粒狀、隱晶狀或斑狀結構，且為塊狀構造；而深成岩則具等粒結構及塊狀構造。

噴出岩的基質，其礦物成分很難鑑定，所以一般要依據斑晶，並且結合岩石的顏色來區分。如果斑晶為石英、鉀長石或黑雲母，而且岩石的顏色又淺，則屬酸性岩類（流紋岩）。如果斑晶為斜長石或角閃石，而且岩石的顏色暗，則屬中性岩類（安山岩）。如果岩石為黑色，則可能是玄武岩。

▌ 3.7.2 火成岩的命名法

岩石的名稱可以分成基本名稱及附加名稱兩個部分，稱為**雙命名法**。

基本名稱是岩石最基本的命名。它是由岩石中的主要礦物組成所決定，反映出岩石的最基本特徵，是岩石分類的基本單元，如花崗岩、閃長岩、玄武岩等。附加名稱是說明岩石不同特徵的形容詞；必須置於基本名稱之前。這些形容詞中，常用的有顏色、結構、構造及次要礦物等；其中以次要礦物最為常用。例如石英在閃長岩中一般少於5%，如果石英在閃長岩中的含量超過5%，就可稱為石英閃長岩。有時副礦物也被用來當作附加名稱；因為副礦物的含量通常不超過 1%，所以副礦物可以直接用來當形容詞，不必受到含量的限制。例如在花崗岩中，含有微量的綠柱石或電氣石時，就可稱為綠柱石花崗岩或電氣石花崗岩。

命名時，首先要決定大類，即基本名稱；再根據次要礦物成分及含量，進一步確定附加名稱。例如有某種火成岩，根據其產狀及結構定為侵入岩，又鑑定出主要礦物為輝石及基性斜長石，所以分類上屬於輝長岩；但因其次要礦物中含有少量的橄欖石；因此就可以定名為橄欖輝長岩。

總之，準確的識別岩石，並且給予正確的分類名稱，在工程地質上是一件很基本、而且很重要的工作。唯有正確的命名，才能確實知道岩石的工程地質性質。

▌ 3.8 火成岩的工程地質性質

▌ 3.8.1 深成岩

深成岩大多為巨大的侵入岩體；在臺灣很少見。深成岩的岩性比較均一，變化較小，呈典型的塊狀岩體結構。但是在岩體的邊緣地帶因為冷卻較快，所

以礦物顆粒較細，常形成很厚的變質帶；而且常出現流紋、流面及密集的原生節理；結構相對比較複雜，容易風化，且多為軟弱帶。

深成岩的冷凝速度較慢，所以容易生成粗至中粒的礦物顆粒結構，而且粒徑比較均勻；緻密堅硬，孔隙很少，力學強度比較高，透水性比較差。因此，深成火成岩的工程地質性質一般較佳。由於其孔隙率很小，所以在受壓初期首先發生彈性變形；等到較弱的礦物遭受破壞，且產生**蠕動**（Creep）時，即進入塑性變形的階段。

不過，深成火成岩也有不少缺點；例如它容易風化，而且風化殼的厚度一般都很厚；其表層5～10m可能都深受風化；例如花崗岩的風化殼厚度可以達到50m以上。如果是在破碎帶的地段，則可以產生很深的風化槽，其深度可以達到100m以上。深成火成岩的**岩頂**（Rock Head）起伏很大，特別要注意風化殼內可能含有尚未完全風化的孤石。對於風化輕微的火成岩，其內部可能含有**風化囊或高嶺石化囊**（Pocket of Kaolinization），使得岩體的孔隙增大，宜清空並且灌漿處理。劇烈風化的火成岩，作為重大工程的地基（如大壩或核能設施）或隧道的圍岩時，一般必須進行人工處理。

再者，深成岩如果受到同期或後期的構造作用，可能發生劇烈的斷裂及破碎；經常發現有兩組以上的裂面（不連續面），且非常陡傾；它們常使岩體的完整性及均一性都遭到破壞，強度因而降低。深成火成岩露出地表時，由於殘餘應力的釋放，所以常發生平行於自由面的板狀或片狀剝離（Sheet Jointing or Exfoliation）。深成岩的不連續面上，某些礦物特別容易風化，或者發生蝕變（如長石風化成高嶺石），因而產生泥化夾層，常成為有問題的弱面。

3.8.2 淺成岩

淺成岩的均一性比深成岩差；岩石多呈斑狀結構及中、細粒的均粒結構。細粒岩石的強度比深成岩要高，抗風化能力也較強；斑狀結構的岩石則強度及抗風化能力都較差。與其他類型的岩石比較，淺成火成岩的工程地質性質還算是好的。

3.8.3 噴出岩

噴出岩為火山噴出的熔岩流冷凝而成。由於火山噴發的多期特性，所以火山熔岩及火山碎屑岩往往相間分布，疊置成層狀產出；在雨天時很容易發生順層滑動，尤其是雨中或雨後受到地震的觸發。

　　火山熔岩的礦物顆粒很細，常常形成緻密的結構，以致其礦物並無強弱之分。因為熔岩的淺部常有氣孔構造，所以受力時，氣孔必須先壓密，因此首先產生塑性變形；等到所有氣孔都被壓實後，才進入彈性變形階段。這種現象正好與深成岩的變形程序相反。

　　噴出岩大都具有氣孔及杏仁構造；酸性的熔岩（如流紋岩）則形成流紋構造。由於急遽的凝固，所以原生節理特別的發育，如玄武岩的柱狀節理及流紋岩的板狀節理等。厚層的熔岩岩體常為塊狀結構；薄層的則呈層狀結構。以上這些特性使得噴出岩的岩體結構比較複雜，岩性的均一性比較差，異向性非常顯著，且連續性也差，透水性較強（例如澎湖群島的玄武岩就很難蓄水）。

　　噴出岩中以玄武岩及安山岩最為常見。其中玄武岩單位重大、強度高，是很好的塊石材料。但是玄武岩常具有氣孔構造及柱狀節理，透水性強，邊坡容易失穩。第四系的玄武岩常覆蓋在未膠結的鬆散沉積物之上，應該特別注意。安山岩的結晶細，常呈斑狀，有時含玻璃質；其原生節理發育；在垂直及水平方向上岩性很不均一，強度變化較大。破碎帶的風化較深，容易形成軟弱夾層，必須特別留意。

　　集塊岩的強度一般可以承擔重大的工程體，水密性也不錯，所以可以作為壩址。而火山灰（如凝灰岩）則強度低、易透水；風化後可能形成膨脹性黏土，容易滑移。

CHAPTER 4

沉積岩與工程

4.1　前言

　　地殼雖然有 95% 的體積係由火成岩所組成，但是它們大多埋藏在地表下。出露在地表的岩石則以沉積岩的分布最廣，約佔 75%，雖然它只佔地殼總體積的 5% 而已。在深度方向，沉積岩的厚薄不一，最厚不過數十公里。如果以沉積岩的岩類來論，其中以頁岩、砂岩及石灰岩的分布最廣，約佔全部沉積岩分布面積的 99%；其中又以頁岩為最廣佈、砂岩次之、石灰岩再次之。

　　沉積岩是在地殼表層的環境下，主要由母岩的**風化產物**、**火山物質**、**有機物質**等，經過侵蝕、搬運、沉積及成岩作用，而形成的一種岩石。

　　沉積岩不僅具有成層的產狀，而且具有明顯的層理、層面構造，以及有機質及生物化石等，可以與火成岩及變質岩相區別。

4.2　成岩作用

　　使鬆散的沉積物轉變為固結堅硬的沉積岩之過程，稱為**成岩作用**。例如，砂、礫層轉變為砂岩或礫岩等。它是外力作用的一種方式。引起固結成岩作用的主要原因有以下幾種（請見圖 4.1）：

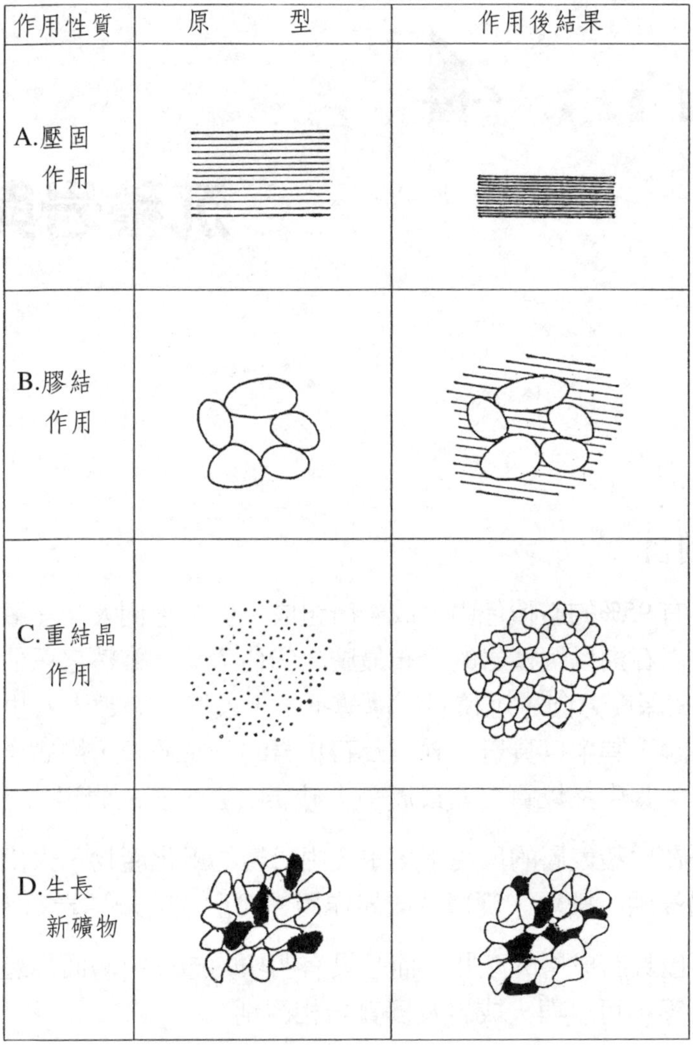

作用性質	原　　型	作用後結果
A.壓固 　作用		
B.膠結 　作用		
C.重結晶 　作用		
D.生長 　新礦物		

圖 4.1　成岩作用的幾種方式

⑴壓密作用

　　壓密是成岩過程中的主要物理變化。不斷積厚的沉積物，其重量使下層沉積物中的水分被擠出，孔隙減小，又減少，從而使沉積物逐漸密實、固結、變硬。這種作用見於所有的沉積物中，其中以泥質沉積物最為明顯；是黏土沉積物轉變為黏土岩的主要作用。例如，水庫淤泥表層的含水量約為 75%，孔隙率約為 87%；庫底以下 4.5 公尺深處的淤泥，其含水量減為 61%，孔隙率約為

79%。淤泥層轉變為泥岩時，其孔隙率可降至 50%以下。

壓密過程中的壓力為靜壓力；當深度每增加 4.4 公尺時，壓力可以增加 1kg/cm^2；同時，每加深 30 公尺，地溫將升高 1℃，這也有助於顆粒間的聯結更加緊密。

(2)膠結作用

沉積物的顆粒間存在著孔隙，若由細粒礦物質，充填於孔隙中，並將分散的顆粒黏結在一起的作用，就稱為**膠結作用**。它是使砂層及礫石層分別變為固結砂岩及礫岩的主要作用。單靠壓密作用只能使砂層及礫石層變密，嚴格來講仍然是鬆散的，所以跟土壤並無不同，只是密度大一點而已。

在自然界中，能起膠結作用的物質稱為**膠結物**。它可以與被膠結的沉積物同時沉積，但也可以在成岩過程中新形成的，或者由地下水所帶來的；它們主要是以化學沉澱的方式形成的。沉積物的膠結物主要有碳酸鈣（鈣質）、二氧化矽（矽質）及氧化鐵（鐵質）等；此外，還有黏土礦物（泥質）、粉砂，或火山灰等細粒碎屑物，稱為**基質**。膠結物及基質統稱為**填隙物**。膠結作用是碎屑沉積物固結成岩的主要方式。

(3)重結晶作用

沉積物中的某些礦物質，受到溫度及壓力的作用，可發生溶解或局部溶解，然後再按一定的方式由溶液中結晶出來，這種現象稱為**重結晶作用**。重結晶作用的結果，可以使非結晶物質變成結晶質物質，或者使細結晶顆粒變為粗結晶顆粒。發生重結晶後，使礦物緊密嵌合，且使沉積物的孔隙減少，密度增大，從而轉變為堅硬的岩石。重結晶作用是各種化學岩及生物化學岩（如石灰岩、白雲岩等）固結成岩的主要方式。

重結晶作用有一點類似變質作用。一般把淨壓力低於 1,000 kg/cm^{2}及地溫低於 250℃的條件下，沉積物轉變為岩石的作用為**成岩作用**；超過這個限度的即為**變質作用**。

(4)礦物的生長

沉積物中不穩定礦物溶解或發生化學變化，導致若干化學成分重新組合，結合成為新礦物，或使原結晶變大，從而使沉積物變硬，如石英結晶的變大。

4.3   沉積岩中的礦物

陸源碎屑岩主要由碎屑物質、化學物質及基質等三部分組成。組成沉積岩的碎屑顆粒可以分成兩種：一種是**岩屑**，是原來的火成岩、變質岩及沉積岩破碎後之岩塊。如果岩石中含有多量的岩屑，表示碎屑的搬運距離不長。岩屑主要出現在較粗的砂岩及礫岩中。

另外一種碎屑物質就是**單礦物**，如石英、黏土礦物等。而單礦物也有三種來源：一種是原來岩石經過風化、侵蝕、搬運、然後保存且沉積下來的礦物，可稱為**遺傳礦物或殘積礦物**，如石英、白雲母、鉀長石、鈉斜長石等；第二種是原來岩石經過風化作用後轉化而來的礦物，如黏土礦物，可稱為**轉化礦物**；第三種是在沉積作用中所形成的**新生礦物**，如方解石、白雲石等。

石英是最穩定的碎屑礦物，在砂岩及粉砂岩中，其平均含量分別達 65% 以上。沉積岩中，碎屑石英的含量越高，表示碎屑經過長距離的搬運，其淘選度或分選度及磨圓度都良好。長石多為鉀長石及酸性斜長石（如鈉斜長石）。由於長石較不穩定，如果砂岩中含有大量的長石，表示該岩石是快速堆積而成的。

沉積岩中常見的石英、白雲母、鉀長石、鈉斜長石等也是火成岩中常見的礦物，因此它們是火成岩與沉積岩的共同礦物（即遺傳礦物）（請見表 2.7）。不過，鉀長石及鈉斜長石在火成岩中較多；而石英及白雲母則在沉積岩中較多。

此外，火成岩中常見的橄欖石、輝石、角閃石、黑雲母、中、基性斜長石在沉積岩中很少出現，而火成岩中一般難以出現的黏土礦物、方解石、白雲石、石膏、硬石膏等在沉積岩中的分布卻相當普遍。

這些差別的原因在於沉積岩是在常溫、常壓的條件下，由外力作用（如水力、風力、冰河力等）所形成的岩石。那些只能適應高溫條件的火成岩礦物，如橄欖石、輝石、角閃石、黑雲母、中、基性斜長石等，在地表的環境下既不能生成，也不能作為碎屑物而穩定存在。相反的，能夠適應溫度變化的石英、鉀長石、鈉斜長石及白雲母等，在地表環境下能夠作為碎屑物而穩定存在。至於黏土礦物、石膏、硬石膏、方解石及白雲石等則是在地表常溫條件下形成的**指標性礦物**。

從工程地質的觀點來看，含二氧化矽類礦物（如石英）比較多的沉積岩

（如石英砂岩、矽質石灰岩、燧質石灰岩等），質硬而脆，所以岩石的穩固性好；在地下掘進時，雖然難予鑽掘，但是爆破效果好，且一般不需支護；但是因為游離的二氧化矽多，所以需要特別注意防塵。

　　含黏土礦物類礦物比較多的沉積岩（如頁岩及泥岩），其硬度小、且具可塑性，遇水軟化、膨脹、及黏結，尤其以含蒙脫石較多的岩石為最。雖然鑽掘性較佳，但是穩固性較差，爆破性也不好。同時，當它們長期浸水時，會使地下坑道變形，地表的邊坡不穩，所以多注意排水，就可減輕這方面的困擾。

　　含碳酸鹽類礦物（如方解石及白雲石）比較多的沉積岩（如石灰岩、白雲岩、泥質石灰岩等），其鑽掘性及爆破性都很好，岩體的穩固性也較強，有利於採用快速掘進的方法。但是因為方解石易於溶解，而產生溶孔及溶洞，常常成為地下水活動的通道，及儲存的場所，地下施工時可能引起突然湧水，而造成重大災變；所以必須加強探查工作，以及掘進時的前探工作。

　　碎屑岩中另外一個組成物質（化學物質），主要係以膠結物的型式存在。它們是地下水在碎屑顆粒之間的孔隙中經過化學沉澱的產物，常見的有方解石、白雲石、蛋白石、玉髓、石英、石膏、赤鐵礦、褐鐵礦、磷灰石等。

　　基質是以機械力混入並充填於碎屑顆粒之間的細粒物質，包括粒徑小於0.01mm的細粉砂及黏土物質；它們對碎屑顆粒也有膠結的效果。

　　化學物質及基質膠結物對於沉積岩的顏色及堅硬程度有很大的影響。按其成分的不同，我們將其分成下列四種來說明。

(1)泥質膠結物：如泥土或黏土，由其膠結的岩石較鬆，硬度較小、錘擊易碎、斷面呈土狀。

(2)鈣質膠結物：膠結物的成分為鈣質，由其所膠結的岩石，硬度比由泥質膠結的岩石要大些，呈灰白色，滴冷的稀鹽酸會起泡。白雲石膠結的岩石呈淺灰白色，滴稀酸不起泡。

(3)矽質膠結物：膠結物的成分為二氧化矽，由其所膠結的岩石，強度比前兩種膠結物所形成的岩石都大，呈灰色，小刀刻不動。

(4)鐵質膠結物：膠結物的成分為氫氧化鐵或三氧化二鐵，由其所膠結的岩石，其堅硬程度也較大，常呈紅、褐、黃褐或磚紅等顏色。

　　膠結物在沉積岩中的含量一般僅佔25%左右。如果含量超過25%時，即可加入岩石的命名，如鈣質長石石英砂岩，表示長石石英砂岩中，其鈣質膠結物

超過了 25%。

　　碎屑岩的物理及力學性質主要取決於膠結物的成分及性質。一般而言，泥質膠結比鐵質或矽質膠結的岩石，其硬度較小，穩固性較差。

4.4　沉積岩的顏色

　　顏色是沉積岩的重要特徵之一。由沉積岩的顏色我們可以推測其形成的環境，用來劃分及對比地層，以及了解古氣候條件等。

4.4.1　顏色的成因分類

　　根據沉積岩顏色的成因，我們可以分成原生色及次生色兩大類。原生色又可分為遺傳色及自生色兩種。

　　遺傳色為遺傳礦物的本來顏色，常為碎屑岩所具有。例如純石英砂岩呈白色，是因為無色透明的碎屑石英所造成；長石砂岩呈肉紅色，是由碎屑鉀長石的顏色所造成。**自生色**取決於轉化礦物或新生礦物的顏色，為大部分黏土岩、化學岩及部分碎屑岩所具有。例如含 Fe^{+++} 的頁岩就呈紅色，或黃褐色。

　　次生色是岩石在後生作用或風化作用的過程中，由原生色變化而成的。如紅色頁岩中局部地方的 Fe^{+++} 還原為 Fe^{++}，結果使岩石轉變成綠色。原生色的特點是在同一層內常常是穩定不變的；而次生色則呈斑點狀，或沿裂隙孔洞分布，可以切過層理，在風化帶內發育。

　　自生色及次生色往往是由色素所造成。色素的含量通常只要百分之幾，甚至百分之一就夠了，但是它對岩石顏色的影響很大。常見的色素為有機質及鐵質。沉積岩的顏色會隨著有機質含量的增加而變深。Fe^{+++} 與 Fe^{++} 含量比例不同時，可以出現不同的顏色；當其比值大於 1 時，會呈紫色或紅色；比值小於 1 時，會呈綠色或黑色。

　　膠結物也會影響沉積岩的顏色。一般而言，由泥質、鈣質及矽質膠結的，顏色較淺；由鐵質膠結的，顏色較深。

　　值得注意的是，風化作用往往會改變岩石的顏色，例如炭質頁岩經風化後，可以變為灰色，以至白色。這種經風化作用後顏色變淺的現象，稱為**褪色現象**。岩石風化後的顏色就是次生色或風化色。

4.4.2 常見的顏色

(1)白色：一般不含色素，如質純的石灰岩、白雲岩、岩鹽、高嶺土、白堊土、純石英砂岩等。

(2)灰色或黑色：是由於含有機質（如碳質、瀝青質）及分散狀的硫化鐵礦（黃鐵礦、白鐵礦等）的緣故。這些物質的含量愈高，顏色就愈深；表示岩石形成於還原或強還原的環境之下。碳質色素表示與沼澤環境有關；硫化鐵色素則表示與海或湖的停滯水有關。

(3)紅色、褐紅色、棕色或黃色：這些顏色通常決定於其中所含的鐵氧化物或氫氧化物的含量（主要是因為 Fe^{+3}/Fe^{+2} 的比值較高）。這些顏色表示沉積岩形成於強氧化環境下。

(4)綠色：主要是因為沉積岩內含有二價及三價鐵的矽酸鹽礦物，如海綠石、鮞狀綠泥石等。少數是因為含銅及鉻的礦物，如孔雀石及鉻高嶺石，它們都呈鮮艷的綠色。這種顏色表示岩石形成於弱氧化-弱還原的環境。

(5)藍色：是石膏、硬石膏、及岩鹽等特有的顏色。有時藍色是由藍鐵礦及藍銅礦所引起的。

(6)紫色：是由於沉積岩中含有鐵的氧化物或氫氧化物的緣故；少數情況是因為含有土狀螢石的關係。

沉積岩的顏色除了與礦物的成分有關之外，還與顆粒度或含水量有關。一般而言，細顆粒的顏色會比較深；同時，含水量越大，顏色會越深。又描述顏色時，以後面的為主色，前面的為副色；如灰黃色或灰綠色，表示以黃色或綠色為主，灰色為次；形容詞在前。

4.5 沉積岩的結構

沉積岩的結構是由其組成物質的型態特徵、性質、顆粒大小及所含數量而決定的。沉積岩的結構與火成岩的結構，其最大的區別在於火成岩是以結晶結構為主，而沉積岩的結構則是以碎屑結構為主。

根據成因的不同，沉積岩的結構可以分成碎屑、泥質、化學及生物等四種結構。

(1)碎屑結構

碎屑可以分成**晶屑或晶質屑**及**岩屑**兩種。晶屑是由單一礦物所組成，如砂岩中的石英顆粒；岩屑是由礦物的集合體所形成的，如礫岩中的砂岩礫石。

按照碎屑的粒徑大小，碎屑結構可以分成三類：

- **礫狀結構**：粒徑大於 2mm。
- **砂狀結構**：粒徑介於 0.06mm 至 2mm 之間。
- **粉砂狀結構**：粒徑介於 0.002mm 至 0.06mm 之間。

其相應的沉積岩分別稱為礫岩、砂岩及粉砂岩。對於粒徑的分級請見表 4.1。具有礫狀及砂狀結構者，我們可以用肉眼清楚的辨認碎屑的外形；具有粉砂狀結構者，需用放大鏡才能辨認碎屑的界線。至於下一節要講的泥質結構，則必須藉助於高倍率的電子顯微鏡才能辨認其中的黏土碎屑顆粒。不同領域，甚至不同國家，對於粒徑的分類法各有不同，常常引起混淆。作者將之歸納如表 4.2。

表 4.1　粒徑的分級方法

粒徑分級				粒徑（mm）	Φ〔$-\log_2$（粒徑）〕	篩目（mesh）
沉積岩的顆粒或土粒	粒狀土	極粗粒	巨石	> 200	< (−6.0)	− − −
			卵石	60～200		
		粗粒	礫狀 粗	20～60	(−1.0) ～ (−6.0)	> 10#
			礫狀 中	6～20		
			礫狀 細	2～6		
			砂狀 粗	0.6～2	(−1.0) ～1.0	10#～200#
			砂狀 中	0.2～0.6	1.0～2.0	
			砂狀 細	0.06～0.2	2.0～4.0	
	黏性土	細粒	粉砂狀	0.002～0.06	4.0～8.0	< 200#
			泥質	< 0.002	> 8.0	

註：篩目中，4#＝4.75mm；10#＝2.0mm；40#＝0.42mm；200#＝0.074mm。

表 4.2　不同領域對粒徑的分類法

粒級名稱		粒　徑　（mm）			
		地質	工程	土壤學	英國
巨礫（Boulder）		> 256	> 305	－ － －	> 200
中礫（Cobble）		64～256	76.2～305	－ － －	60～200
細礫（Pebble）		2～64	－ － －	－ － －	－ － －
小礫（Gravel）		－ － －	4.75～76.2	2～76.2	2～60
砂（Sand）	粗砂	0.0625～2	0.074～4.75 (4#～200#)	0.050～2	0.6～2
	中砂				0.2～0.6
	細砂				0.06～0.2
粉砂（Silt）		0.004～0.0625	0.005～0.074	0.002～0.050	0.002～0.06
黏土（Clay）		< 0.004	< 0.005	< 0.002	< 0.002

　　在自然界，碎屑沉積岩不可能由單一粒徑的顆粒所組成；一般都是由不同粒徑的顆粒所混合而成。對於顆粒粗細的均勻程度，我們稱為**分選或淘選性**（Sorting）；大小均勻者，稱為分選良好（級配不良）；大小混雜者，稱為分選差（級配良好）。碎屑岩的分選性越好，其孔隙率及透水率越大。

　　按照碎屑顆粒的圓度，碎屑結構可分為：

- **稜角狀結構**：顆粒呈尖角狀，為殘留原地，或搬運距離很短的沉積物（請見圖 4.2）。
- **次稜角狀結構**：顆粒具不太突出的尖角，已有被磨損的痕跡，為經較短距離搬運的沉積物。
- **次圓形結構**：顆粒經過較長距離的搬運，稜角有顯著的磨損，但仍依稀可見。
- **圓形結構**：顆粒呈圓球或橢圓球形，稜角已完全磨損消失，表示經過長距離的搬運。

　　碎屑的圓度總是隨著其搬運距離及搬運時間的增長而趨圓。此外，圓度還決定於碎屑顆粒本身的成分、大小、形狀、硬度、強度等種種因素。一般而言，大者易磨圓；同時，硬度及強度小者也易磨圓。顆粒的圓度對岩石的強度也產生某種程度的影響。從事工程地質調查時，用肉眼觀察及描述碎屑時，對礫石及中、粗砂粒要作圓度的敘述；更細、且肉眼無法辨識的顆粒則可以不予描述。

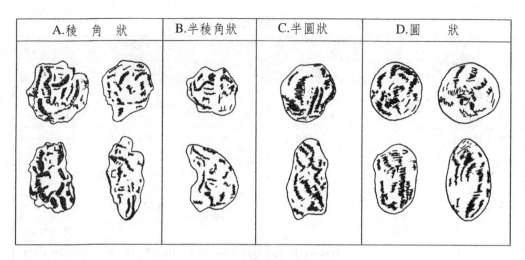

A.稜　角　狀	B.半稜角狀	C.半圓狀	D.圓　　狀

圖 4.2　碎屑顆粒的圓度結構

如果依據膠結的程度，碎屑結構又可分為：

- **基質支撐結構**：膠結物的含量較多，碎屑顆粒孤立的「浮」在膠結物之中，彼此不相接觸，呈游離狀（請見圖 4.3A）。這種膠結物是與碎屑顆粒同時沉積；或者是緊接著上覆水體中的物質，經化學沉澱而形成的沉澱物。具有這種結構的岩層，其力學性質係受膠結物的控制。
- **支架結構**：膠結物的含量不多，充填於顆粒之間的孔隙，碎屑顆粒呈支架狀接觸（圖 4.3B）。膠結物都是次生的，分布不均，多充填於大的孔隙中；如方解石常呈晶粒狀充填於砂粒中。具有支架結構的岩石，其黏結很堅固，強度較高。
- **接觸結構**：膠結物的含量很少，只分布於碎屑顆粒呈點狀接觸，或線狀接觸的部位；顆粒之間的孔隙中常無膠結物（圖 4.3C）。這種膠結方式發生於乾燥地區，因毛細管現象，溶液沿著顆粒間的細縫流通、沉澱而成；或者是原來的孔隙膠結物受到地下水的淋濾作用形成的。由接觸膠結的岩石，其黏結不穩固，一般強度較低、疏鬆多孔、透水性強。
- **鑲嵌結構**：在成岩期的壓密作用下，特別是當壓溶作用明顯時，砂質沉積物中的碎屑顆粒會更緊密的接觸。顆粒間由點接觸擴大為線接觸、凹凸接觸、甚至成縫合狀接觸，因而形成鑲嵌式膠結（見圖 4.3D）。這種結構型式使得岩石的強度有增強的效果。

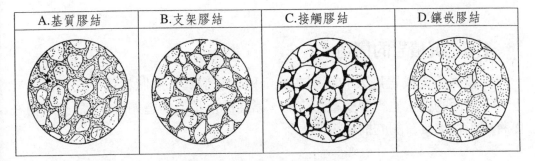

A.基質膠結	B.支架膠結	C.接觸膠結	D.鑲嵌膠結

圖 4.3　碎屑顆粒的膠結結構

(2)泥質結構

具**泥質結構**的岩石幾乎全由黏土細粒所組成。用手捻之，或用牙齒咬住時無砂粒感；刀切時，切面非常光滑。加水滾搓時，可以搓成很細（斷面可小至0.5mm）的長泥條。斷口呈貝殼狀或角鱗狀，屬於靜水環境下的沉積物。

當具泥質結構的岩石含有砂、或粉砂時，用手捻或牙咬，會有明顯的砂粒感；刀切時，切面不光滑、斷口粗糙；加水滾搓時，泥條粗而短。

(3)化學結構

經由化學沉積，或生物化學沉積的方式所形成的化學岩所具有的結構，稱為**化學結構**。可進一步再分為結晶粒狀結構、鮞狀結構及豆狀結構等。

結晶粒狀結構是物質從原溶液或膠體溶液中沉澱時的結晶作用，以及非晶質、隱晶質的重結晶作用及交代作用所形成的。如石灰岩、白雲岩是由許多細小的方解石、白雲石晶體集合而成的。

鮞狀結構是一種直徑小於 2mm，外觀像魚卵狀的球形或近球形的顆粒。它具有一個核心，其外部則由同心層或放射層所組成。核心部通常是碎屑、生物屑、小鮞粒、球粒、氣泡或水滴等物質所組成；同心層則主要由泥晶方解石組成。有的鮞粒具有放射狀結構，此放射狀結構有的可以穿過整個同心層，有的只限於幾個同心層。鮞粒的直徑在 0.5～2mm 的範圍內；直徑大於 2mm 者，稱為**豆狀**。

(4)生物結構

岩石中有大量的生物骨骼遺體或生物骨骼的碎片（多已石化）之結構，稱為**生物結構**。如生物介殼結構及珊瑚結構等。

4.6 沉積岩的構造

沉積岩與火成岩最大的區別在於沉積岩普遍具有**層狀構造**。它是由具有上、下層面的板狀地質體疊置起來的。常見的沉積岩構造如表 4.3 所列。現在僅將與工程地質有關的構造說明如下。

表 4.3 沉積岩的構造分類表

機械成因的構造		化學成因的構造		生物成因的構造	
層理	水平層理 波狀層理 斜層理 遞變層理 塊狀層理 壓扁層理 透鏡體 側向尖滅	溶解構造	縫合線 溶洞 溶孔	生物層理	疊層構造
層面構造	波痕 泥裂 沖刷面 雨痕 雹痕 晶痕 流痕 槽模 溝模	凝集構造	結核 晶簇	生物遺跡	蟲跡 孔跡
變形構造	負荷構造 包捲層理 崩滑構造 球枕構造 盤狀構造 碎屑岩脈	其他構造	疊錐 鳥眼 龜背石	生物構造	生物礁體

⑴層理構造

層理構造是沉積岩中最普遍、最典型、最重要、而且也是最基本的一種原生構造。它是沉積過程中暫停沉積的間斷面，或是介質動力狀態的轉換，而使沉積物發生突然變化，形成一種沉積的突變面；稱為**層面**。這種構造從垂直於沉積物的層理之方向上，以顏色、顆粒的形狀、大小、成分等的不同及變化表現出來。相同的層狀（或板狀）體，就稱為**層**，或稱為**岩層**。每一個岩層都有上、下兩個界面；其上界稱為**頂面**，下界稱為**底面**。層面既是一種不連續面，也是一種弱面，也可能是一個潛在的滑動面。它們都是進行工程地質調查工作時所必須注意的弱面。不過，岩層的頂面與底面不一定同時露出，甚至都未露出（頂面被剝蝕了），尤以塊狀（Massive）岩層最常遇到這種狀況。

根據層理的特徵，我們可以分析判斷沉積介質的不同及沉積環境。

每一個岩層的厚薄不一；根據其厚度，岩層可以區分為如表4.4的幾種層狀。

表 4.4　根據層厚而劃分的層狀

單層厚度（cm）	層狀
＞ 100	極厚岩層
30～100	厚岩層
10～30	中厚岩層
3～10	薄岩層
1～3	極薄岩層
＜ 1	薄葉岩層

沉積岩地區也常常會遇到節理（Joint）；這是另外一種不連續面。**層面與節理面的最大區別**在於層面的兩側，其岩性不同，包括顏色、顆粒度、外形表現等。相反的，節理面的兩側，絕大多數都是岩性相同（層面節理除外），而且斜切或直切層面。另外，節理面會微微張口，而且延伸性有限，當它遇到不同的岩性時，不是消失，就是會轉向，一般不會直貫不同的岩性。

依據型態的不同，層理可分成以下數種：

‧**水平層理**：細層平直，而且互相平行，並且與層面平行（請見圖4.4）；一般是在靜水環境下緩慢沉積形成的。

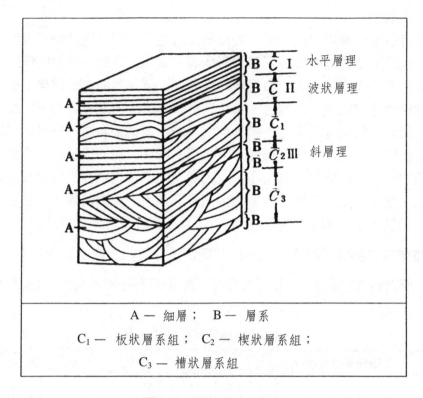

圖 4.4　層理的主要類型

- **波狀層理**：細層呈波狀起伏，但是總方向仍然平行於層理；它是在水流呈波浪運動的情況下沉積的。
- **斜層理**：由一系列斜交或交切的細層所組成；又稱為**交錯層理**（Cross Bedding）。它又可分為板狀斜層理、楔狀斜層理及槽狀斜層理。**板狀斜層理**的細層大致平行，往水流方向傾斜；其上傾側（Up-Dip）的層厚較大，下傾側（Down-Dip）的層厚較薄，且有相切之勢。**楔狀斜層理**是由數套傾向不一致的斜層理所構成。而**槽狀斜層理**的細層介面則呈槽狀，係由數套斜層理呈槽狀交切而成。斜層理是砂粒在水流速度較快時，產生波動的情況下形成的；當流動方向穩定時，就形成板狀斜層理或單斜層理；當流動方向交替時，則形成楔狀等交錯層理。
- **透鏡狀層理**：泥質沉積層系中夾有多層小型凸鏡狀的砂質地質體（大多具斜層理）；如果波狀起伏中的砂層中夾有泥質透鏡體，則稱為**壓扁層理**。透鏡狀層理常會擾亂地下水系統，所以地下工程遇到這種情況時，

需特別留意。

- **塊狀層理**：在厚度達幾十公分的一套岩層內，肉眼看不到層理的特徵，只見粒度均勻、顏色及岩石成分不生變化，稱為塊狀層理。遇到塊狀層理時，很難量測岩層的位態；這時就要從別處的露頭面，或從宏觀的範圍裡判斷岩層的位態。

黏土岩多具水平層理；其細層厚度如果在 1cm 之下者就稱為**頁狀層理**，或**頁理**。在顯微鏡的觀察之下，頁岩常具有三種顯微構造，一種稱為**顯微鱗片構造**，它是由極細小、排列方向不規則的鱗片狀黏土礦物所構成，常見於泥岩中。第二種稱為**顯微雜亂構造**，是由極細小的鱗片狀，或纖維狀的黏土礦物雜亂排列而成。第三種稱為**顯微定向構造**，它是由極細的鱗片狀，或纖維狀的黏土礦物沿層面定向排列而成。

層理構造使沉積岩的物理、水理及力學性質產生異向性。在其他條件相同或相似的情況下，層理愈發育，岩石的穩固性愈差，各方向的工程性質差異也愈大。一般而言，平行於層理方向的抗壓及抗剪強度小、抗張強度大；而垂直於層理的方向，則情況正好相反。在地下掘進時，如果順著層理的方向，不僅爆破的效果不佳，而且容易產生落盤及側向的順層滑動，不利於掘進工作。如果是斜交，特別是垂直於層理的方向掘進時，則可以提高爆破的效果，而且也可以增加頂板及兩側的穩固性。

(2)溶解構造

地下水對可溶性岩石（如碳酸鹽岩、硫酸鹽岩、鹽岩等）進行化學溶解作用，使地下水面以下的裂隙不斷的擴大，形成深度比寬度還大，且近乎直立的深洞；如果露出地表，就成為一線天。在地下水面附近，地下水呈水平逕流時，沿著層面或水平裂隙進行溶蝕，則形成不規則、且大小不等的**溶洞**；有的溶洞中，地下水集中流動而成地下暗河，有的則積水而成暗湖。

4.7 沉積岩的分類

根據沉積岩的成因，我們可以將之分為**碎屑岩、黏土岩**，及**化學岩與生物化學岩**三大類。其中碎屑岩還可以再分為**陸源碎屑岩**及**火山碎屑岩**兩種。現在分別說明如下。

■ 4.7.1　陸源碎屑岩

碎屑岩係依照粒徑大小的不同而進一步的劃分。其命名的原則是以碎屑顆粒的主要粒級含量（＞ 50%者）作為基本名稱，而將含量為（25%～50%）及（10%～25%）的粒級當為形容詞，分別稱為某某質或含某某的名稱，置於基本名稱之前。含量小於 10%的粒級一般不參加命名。舉例如下：

- 礫＝12%，砂＝60%，粉砂＝28%，則命名為：含礫粉砂質砂岩。
- 礫＝30%，砂＝65%，粉砂＝5%，則命名為：礫狀砂岩。

⑴礫岩

礫岩為粒徑大於 2mm（約為一顆米粒大）的陸源碎屑，其含量大於 50%的沉積岩（請見表 4.5）。如果礫石未被磨圓而具明顯的稜角者，稱為**角礫岩**。進一步命名時，主要要根據岩屑的成分；如岩屑主要為石灰岩者，就稱為石灰岩質礫岩（或角礫岩）；如果岩屑為安山岩時，就稱為安山岩質礫岩（或角礫岩）。

表 4.5　沉積岩的分類簡表

類別		粒徑（mm）	岩石命名	物質來源	結構	沉積作用
碎屑岩	陸源碎屑岩	＞ 2	礫岩（角礫岩）	母岩機械破壞的碎屑產物	沉積碎屑結構	機械沉積作用為主
		0.06～2	砂岩			
		0.002～0.06	粉砂岩			
	火山碎屑岩	＞ 64	集塊岩	火山噴發的碎屑產物	火山碎屑結構	機械沉積作用為主
		2～64	火山角礫岩			
		＜ 2	凝灰岩			
黏土岩		＜ 0.002	黏土 泥岩 頁岩	母岩化學分解過程中形成的轉化礦物及少量細碎屑	泥質結構	機械沉積及膠體沉積作用
化學岩及生物化學岩			石灰岩 白雲岩 泥灰岩 矽質岩	母岩化學分解過程中產生的溶液及生物生命活動的產物	膠體結構 結晶結構 生物碎屑結構	化學、膠體化學、及生物化學沉積作用

　　礫岩的碎屑成分主要為各種岩石的岩屑；只有在較細的礫岩或角礫岩中，有時候才能見到由單粒礦物組成的礫石。礫石間的孔隙大多為砂質及粉砂質所充填；礫石及充填物之間則由化學沉積物（如矽質、鈣質、鐵質及泥質等）膠結在一起。

　　礫岩及角礫岩一般不顯層理，而呈均勻塊狀；在細礫岩中有時可見到斜層理。角礫岩一般沒有經過搬運，或只有短距離的搬運，所以分選差，有尖銳的稜角突出。而礫岩則經過長距離的搬運，分選好，圓度好，分布較廣泛，屬於正常的沉積作用所造成。在未經變動的地層中，礫石的長軸多與水流的方向垂直；其最大水平面的傾斜方向則與水流方向相反（即向上游傾斜）。

　　崩積於山腳下的礫石層，是一種就地堆積的角礫「岩」，其特點是礫石稜角尖銳，無分選，礫石的成分單一，與母岩的岩性一致。而堆積於山口的沖積扇則分選稍好，但還是差；磨圓度稍好，但還是不很好；礫石形狀不規則，扁平面向上游傾斜，傾角約 $15°\sim30°$；礫石的成分複雜，來源不同；充填物的量多，膠結物多為泥質；層理不清楚。

　　工程地質調查時，切記要描述礫石的大小、排列方式、岩屑成分及膠結的結構（請見圖 4.3）。這些因素都會影響到礫岩層的強度及變形情形。

(2)砂岩

　　碎屑顆粒為 $0.06\sim2mm$，其含量在 50%以上的碎屑岩，稱為**砂岩**。砂岩主要是由砂級碎屑、膠結物及少量重礦物所組成。一般所說的砂岩，是砂質岩石的總稱。砂級碎屑以石英為主，其次是長石、雲母及各種岩屑。膠結物有泥質、鈣質、鐵質、矽質等。砂岩的分布比礫岩還廣泛；在沉積岩中僅次於黏土岩，而居於第二位。

　　如果按砂的粒徑來分，砂岩又可分成：

　　　　極粗粒砂岩：$1\sim2mm$
　　　　粗粒砂岩：　$1/2\sim1mm$
　　　　中粒砂岩：　$1/4\sim1/2mm$
　　　　細粒砂岩：　$1/8\sim1/4mm$
　　　　極細粒砂岩：$1/16\sim1/8mm$

　　如果按碎屑成分的不同，砂岩又可分成：

石英砂岩：石英含量在 90%以上，長石及岩屑含量分別少於 5%；膠結物多為矽質，也可有鈣質、鐵質等，基質（粒間料）很少。矽質膠結物往往包裹石英顆粒，產生重結晶，使其再生加大；石英顆粒之間形成緊密的鑲嵌結構，形成沉積石英岩；強度大。

長石砂岩：石英含量佔 30%～60%，長石佔 30%以上，尚有少量雲母及岩屑。膠結物多為鈣質、鐵質及泥質。岩石呈淺紅或淡黃色。

硬砂岩：石英含量少於 60%，長石佔 20%～30%，岩屑在 25%以上。常見的岩屑有噴出岩、凝灰岩、各類變質岩、碳酸鹽岩等。碎屑的分選性及磨圓度均較差，常出現塊狀層理。膠結物多為泥質，其次為矽質、鈣質。基質中泥質含量較多。岩層多呈深灰、灰綠或棕灰黑色。

(3)粉砂岩

碎屑顆粒直徑為 0.002～0.06mm，其含量在 50%以上的碎屑岩，稱為**粉砂岩**。它的碎屑成分比較單純，穩定成分比較高，以石英為主，長石次之，岩屑很少見；有時含有較多的白雲母。膠結物以泥質為主，含量相當多；粉砂越細，泥質含量越高，逐漸過渡到黏土岩。其次是碳酸鹽膠結物較常見，如果含量也高，則過渡到碳酸鹽類。鐵質及矽質的膠結物較少見。粉砂岩的膠結緊密，常為基質支撐結構（請見圖 4.3A）。

粉砂岩由於顆粒很細，常呈懸浮搬運，不易磨圓，因此，磨圓度差，但是分選性好。層理薄而緩，常出現微細水平層理及波狀層理，斜層理很少見。

粉砂岩的外貌頗似泥質岩，但是比較堅硬；且順著其斷口摸之，具有粗糙感。其與泥岩的區別即在於岩石斷面的粗糙性；在放大鏡之下一般可以勉強看出為顆粒狀集合體，有時可以認出石英微粒。

▌ 4.7.2　黏土岩

黏土岩類又稱**泥質岩類**。是沉積岩中最常見，也是分布最廣泛的一類岩石，約佔沉積岩總體積的 50%～60%。多數**黏土岩**是由帶負電荷的 SiO_2 膠體與帶正電荷的 Al_2O_3 膠體中和後凝聚沉澱形成的；部分也可以是機械沉積，或化學沉積的。它具有獨特的成分、結構及物理、化學性質等特徵。

黏土岩類是由顆粒直徑小於 0.002mm，且含量大於 50%以上的物質所組成。主要礦物成分為高嶺石（$Al_4 [Si_4O_{10}][OH]_8$）、蒙脫石（$[Al_2, Mg_3]$

〔Si_4O_{10}〕（OH）$_2$・nH_2O）、及伊來石（KAl_2〔（$AlSi_3$）O_{10}〕〔OH〕$_2$・nH_2O）等。尚有少量極為細小的石英、長石、雲母及碳酸鹽等。它主要是由含鋁矽酸鹽類礦物的岩石，經過化學風化作用之後，形成細粒的懸浮物質，然後被搬運到深水或原地沉積而成的。

黏土岩具典型的泥質結構，質地均一，有細膩感；硬度低，用指甲能刻劃。遇水時可塑性變強，且體積會膨脹。這一類岩石的顆粒太細，肉眼不能辨認其成分，一般僅根據其固結程度及結構與構造特徵而命名及分類；詳細研究則需採用電子顯微鏡、X-射線繞射、差熱分析、染色等幾種特殊方法。

根據黏土岩的固結程度，我們將之分為黏土、頁岩及泥岩三種來說明。

(1)黏土

黏土為鬆散的土狀岩石，含黏土顆粒在 50% 以上。

(2)頁岩

頁岩是由鬆散黏土經過硬結成岩的作用而形成的。具有從層理面分裂成薄片或頁片的特性；常可見顯微層理，稱為**頁理**。具有頁理構造的黏土岩常含有水雲母（伊利石）等片狀礦物，係由於該類細小的片狀礦物在成岩作用中平行排列所造成。高嶺石及蒙脫石在較高的靜壓力下可以轉化為水雲母。

頁岩的斷口細膩，手摸之無粗糙感；在放大鏡下呈均一塊狀，看不出顆粒。

(3)泥岩

泥岩的成分與頁岩相似，但是層理不發育，具塊狀構造。潮濕的泥岩以手摸之具有滑感，其刀切面很光滑。乾燥的泥岩，其斷口呈貝殼狀；含砂及粉砂量越高的泥岩，手感越粗糙，且刀切面不光滑。

按照混入粉砂及砂的含量，我們可以將頁岩及泥岩再細分如表 4.6 所示。

表 4.6　泥質岩粒度的分類

各粒級含量（%）			結構類型	岩石命名
泥	粉砂	砂		
> 95	< 5	—	泥狀	頁岩或泥岩
> 70	5～25	< 5	含粉泥狀	含粉砂頁岩或泥岩
> 50	25～50	< 5	粉砂泥狀	粉砂質頁岩或泥岩
> 50	25～45	5～25	含砂泥狀	含砂頁岩或泥岩

▌ 4.7.3　碳酸鹽岩

碳酸鹽岩是以鈣、鎂的碳酸鹽礦物為主所組成的沉積岩。主要的岩石類型有以方解石為主的石灰岩，以及以白雲石為主的白雲岩。它們常混入黏土、粉砂等雜質。呈灰色或灰白色；性脆，硬度不大，小刀能刻劃。

⑴石灰岩

石灰岩由方解石所組成。呈灰色、灰黑色、或灰白色。性脆，硬度 3.5，高於泥岩，但用小刀能刻劃。滴稀鹽酸（HCl的濃度為 5%～10%）劇烈起泡。可具有燧石結核及縫合線。所謂**縫合線**是岩石（主要是石灰岩及白雲岩）的表面呈鋸齒狀的曲線（請見圖 4.5），有如動物頭蓋骨中的接合縫；通常與層面一致。一般認為是由壓溶作用所形成，即在上覆岩層的靜壓力，或地殼運動所產生的動壓力作用之下，當地下水沿著層理流動時，使成分不純及不均一的碳酸鹽岩產生部分溶解，而其中不溶的殘餘物則呈鋸齒狀分布。縫合線是一種弱面，也是地下水的通道。再者，石灰岩易被地下水所溶蝕，所以在地下常隱藏有溶洞，引起地下工程的困擾。

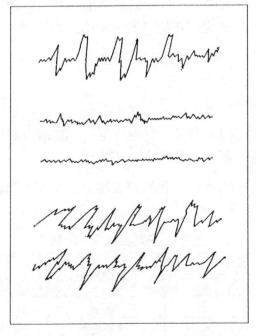

圖 4.5　石灰岩及白雲岩中的各種縫合線

石灰岩有**碎屑結構**及**非碎屑結構**兩種類型。

碎屑結構的石灰岩中，其碎屑成分皆為$CaCO_3$。它的來源有下列三方面：

- 海盆中的碳酸鈣顆粒，它們可以是機械破碎作用的成因，也可以是化學凝聚作用，或是生物的成因，或者是這些作用的綜合產物，稱為**內碎屑**。其中粒徑大於 2mm 者，稱為**礫屑**；粒徑小於 2mm 者，稱為**砂屑**、**粉屑**及**泥屑**。它們可以受波浪或水流的作用，因破碎、搬運、磨蝕及再沉積而成

- 海中動物的介殼、骨骼，或植物硬體被海水沖擊破碎而成，稱為**生物碎屑**。

- 海水中的$CaCO_3$凝聚而成的。分為球粒、團塊、鮞粒或豆粒等數種。球粒粒徑小於 0.3mm，形態渾圓，其內部無同心圓構造。團塊的粒徑大於 0.3mm，外形不甚規則，內部也無同心圓構造。鮞狀或豆狀的外形渾圓，內部圍繞核心，具有同心圓構造。

碎屑構造的石灰岩，其充填物為$CaCO_3$。碎屑粗大時，肉眼易於識別碎屑結構；但當碎屑細小時，肉眼很難識別碎屑結構，此時，可用水將岩石濕潤，或者用稀鹽酸腐蝕岩石的表面，碎屑結構的特徵便可顯示出來。

非碎屑結構石灰岩也可分成好幾種類型。如**泥質灰岩**，係由粒徑小於 0.002mm 之方解石所組成；黏土含量約為 5%～25%；如果黏土含量介於 25%～50%，則稱為**泥灰岩**。泥質灰岩及泥灰岩的質地極為緻密，其方解石微粒係由生物化學作用而形成的。它們是屬於石灰岩及黏土岩之間的過渡型岩石；呈微粒或泥質結構。它們與石灰岩的區別，在於滴稀鹽酸時，泥灰岩多有黃色或暗色的泥質殘餘物。

礁灰岩則是具有生物骨架結構的石灰岩；其中由珊瑚骨骼作為支撐骨架者，則稱為**珊瑚礁石灰岩**。造礁的生物有一定的生存環境；最適合它們生長的溫度為 25℃～29℃，在 18.5℃ 以下它們就難以生存。又它們主要生長在水深約 20 公尺的水底；如果水深太深，因缺乏陽光而不易生存；又如果水深過淺，則陽光中的紫外線對它們會產生傷害。

矽質岩是由化學作用、生物化學作用所形成的。化學成分以SiO_2為主，含量在 70%～90% 之間。它的主要礦物有石英、玉髓及蛋白石；此外尚有黏土、方解石、白雲石等；多為隱晶質結構、帶狀構造；呈灰黑或灰白等色。大多緻

密堅硬，錘擊會生火花；化學性質穩定，且不易風化。

⑵白雲岩

白雲岩主要由細粒的白雲石組成，尚含有少量的方解石、石膏、黏土等。白雲岩的外表特徵與石灰岩極為類似，但是加冷稀鹽酸並不起泡，或起泡很慢、很微弱；如果把岩屑放入稀鹽酸中，剛開始時不反應，或反應很弱，後來才逐漸加快，並有小泡冒出。白雲岩比石灰岩稍硬，具有粗糙的斷面，斷口呈粒狀，且風化表面多出現格狀的溶溝，有如刀砍紋，可以與石灰岩區別。

■ 4.7.4　火山碎屑岩

火山碎屑岩是由火山噴發的碎屑物質，在地表短距離之內搬運，或就地沉積而成的；其火山碎屑的含量超過50%；一般都超過90%。噴出岩如果受到沖刷作用，形成碎屑材料，然後再經正常的搬運、沉積的，其岩石就不是火山碎屑岩，而是正常的陸源碎屑岩。至於噴出的熔岩流，直接冷凝而成的熔岩，則為噴出岩，也不屬於火山碎屑岩。

火山碎屑物質可以分成岩屑、晶屑或晶質屑、及玻璃屑三種。**岩屑**主要是火山彈及火山角礫，其直徑較大，一般為2～64mm。**火山彈**是由半凝固的熔漿噴上天空後，經過冷凝而形成的橢圓球形、紡錘形、梨形，及麻花形的熔岩塊。**火山角礫**則是由已經凝固的熔岩，因火山噴發而被炸碎的碎塊；它都呈稜角尖銳、大小不等的角礫；有時也包含一些圍岩的碎屑。**晶屑**多為早期析出的斑晶，隨著熔漿噴發而被炸碎的晶體碎屑；其成分多為石英、長石、黑雲母、角閃石、輝石等，粒徑多在2～3mm左右。它們的外形往往破碎不全，常有不規則的裂紋。**玻璃屑**主要為含較多揮發物的熔漿，隨著火山噴發到空中，迅速冷卻而形成細小的非晶質物質。其大小通常都在0.01～0.1mm之間；很少超過2mm者。其中大小在0.01～2mm者，稱為**火山灰**；小於0.01mm者，稱為**火山塵**。火山玻璃屑並不穩定，往往發生去玻璃化的作用，所以較老的火山碎屑岩根本看不到火山玻璃。

根據顆粒的大小，火山碎屑岩又可分為集塊岩、火山角礫岩及凝灰岩。

⑴集塊岩

集塊岩主要由粒徑大於 64mm 的火山彈、熔岩碎塊，及圍岩碎塊堆積而成；未經過長距離的搬運，所以碎屑多為稜角狀、大小混雜，沒有分選性。其膠結物為火山灰，及細小的火山碎屑。它的成岩作用主要為壓實作用。它代表

著猛烈火山噴發時期，在火山口附近的堆積；所以集塊岩是識別及圈繪火山口的主要指引之一。

(2)火山角礫岩

火山角礫岩主要由熔岩礫所組成；碎屑的直徑一般為 2～64mm；角礫的稜角很明顯，大小混雜，岩石多孔隙，層理不發育，呈塊狀構造；常為火山灰所膠結。火山角礫岩常與集塊岩共存，分布於火山口附近。

(3)凝灰岩

凝灰岩是一種細粒的火山碎屑岩，其粒徑小於 2mm；為分布最廣的火山碎屑岩。凝灰岩的顏色多樣，可呈灰白、紫紅、灰綠、灰黑等色。岩性疏鬆多孔；表面粗糙。其外表頗似砂岩或粉砂岩，但比砂岩的表面粗糙。其成分多屬火山玻璃、礦物晶屑及岩屑；此外，尚有一些沉積物質。

4.8 沉積岩的肉眼鑑定及命名

由於沉積岩是經由沉積作用而形成的，所以從宏觀來看，沉積岩都具有層狀的構造；這是沉積岩最主要的特徵。從中觀的立場來看，在鑑定沉積岩時，應先根據其結構特徵，將碎屑岩、黏土岩、化學岩及生物化學岩區分開來。碎屑的顆粒如果很細，肉眼難辨，但是用手觸摸有明顯砂粒感者，一般是屬於碎屑岩類的岩石；如果用手觸摸仍然無法辨認時，則可用牙齒測試；對於砂粒的感覺，牙齒比手更為敏感。如果顆粒非常細密，用放大鏡也看不清楚，但斷裂面暗淡且呈土狀、硬度低、觸摸有滑膩感時，一般都是黏土類岩石。具有結晶結構者則可能是化學岩類。

在野外工作時，碎屑岩除了需要觀察其顏色、碎屑成分及含量之外，尚須特別注意觀察碎屑的形狀與粒徑，以及膠結物的成分。黏土岩則按其是否有頁理，而判斷為頁岩或為泥岩；可以冠上顏色作為形容詞。頁岩的層理清晰，一般沿層理能分成薄片，風化後呈碎片狀，很容易與層理不清晰，風化後呈碎塊狀的泥岩相區別。至於常見的化學岩及生物化學岩則通常可用 5% 的稀鹽酸進行簡易的試驗。石灰岩遇鹽酸強烈起泡；泥灰岩雖然也會起泡，但是由於黏土礦物的含量高，所以泡沫混濁，乾後會留下泥粉；白雲岩遇鹽酸起泡微弱，但是研成粉末時，則發生泡沸現象，並且伴有嗞嗞的響聲。

　　沉積岩的命名及描述方法係以粒徑為基準，先定出礫岩、砂岩、粉砂岩、頁岩或泥岩等，然後再結合次要礦物的含量、顏色、層理規模、結構等，定出附加名稱。一般必須依據顏色、粒徑、結構、風化程度、岩石名稱，岩石強度、不連續面等順序加以命名。當然並不一定要將所有項目都描述出來；但是絕不能遺漏具有特徵的項目；即使特徵點非常微小，也不能忽略。例如灰白色、中粒、厚層、微風化鈣質長石石英砂岩，中等強度、緊閉而寬距的節理、80/270（註：前面數字代表節理的傾角，後面數字代表節理的傾向之方位角，一律從北方順時針方向計量；所以 270 表示向西傾斜）。

　　沉積岩與結晶變質岩很容易區別。但應注意不要將變質岩的葉理面與沉積岩的層面相混淆；葉理面是平滑的，且具有光澤；層面較粗糙，幾乎無光澤。板岩與頁岩即可以利用這個原則而獲得區別；板岩有光澤，頁岩則呈土狀。

4.9　沉積岩的工程地質性質

　　沉積岩是所有岩類中，工程地質性質變化最大的一種岩類；尤其在垂直向上最為顯著。沉積岩的工程地質性質可以分成沖積層及岩盤兩種類型來說明。

　　沖積層是覆蓋在岩盤上的鬆散堆積物，顆粒間尚未膠結，或者膠結不完整，其孔隙率、透水性及壓縮性都很大；自然壓密尚未完成。沖積層在垂直向及水平向的延伸及分布，變化都很快。在水平向上，土層常以**尖滅**或**透鏡體**（在短距離內，兩端都尖滅）的型態存在；因此，相鄰兩個鑽孔間的土層很難作對比（Correlation）；即要將兩孔間的土層連接起來會非常的困難。因此，要將鄰近的鑽孔資料拿來作基礎設計的依據是非常危險的。因為沖積土層在側向上的變化太快，所以鑽孔就要布置得密一點。岩盤的岩層，其側向的延續性較佳，但是常被褶皺及斷層所擾動，所以其水平向的分布完全受位態（走向及傾斜）或斷層的類型所控制。

　　沉積岩的強度通常受到膠結、壓密及岩溶的影響很大。一般而言，由矽質及鐵質膠結的岩層，其強度較大；由鈣質及泥質膠結的岩層，其強度較小。受過地下水溶解的岩層（如石灰岩或由鈣質膠結的岩層），因為含有溶洞、溶孔、或溶隙，所以強度自然會被弱化。

　　礫岩或角礫岩的強度及透水性主要受其固結程度的影響；從尚未固結的礫

石層到完全固結的礫岩，其強度可以從小到大，透水性則從良好到不良而發生變化。由其粒間料或基質（Matrix）的有無，可以決定其透水性的大小；礫岩一般是很好的含水層。由於礫岩的透水性良好，不容易形成孔隙水壓，因此礫岩的削坡可以陡直的自然站立。但是礫岩的孔隙率在水平及垂直方向上變化多端，所以開挖時地下水的賦存多變化，必須特別留意。因為礫石及粒間料的耐蝕性相差很大，所以容易產生顯著的差異侵蝕；粒間料容易被沖刷而攜走，所以殘留的礫石即以落石的方式墜落到坡趾部，並且堆積成落石堆。公路邊坡如果為礫岩時，必須設置落石的防治措施。

砂岩的膠結作用並不如想像中的均勻，因此同一層砂岩的孔隙率可以隨處而異。影響砂岩強度的因素除了膠結物之外，還有孔隙率、粒間料、固結程度、及孔隙水等。一般而言，當砂岩的孔隙率小於 3.5%時，其強度與石英含量及固結程度成正比；當孔隙率大於 6%時，其強度與孔隙率成反比；且孔隙率每增加 1%，強度降低約 4%。當砂岩飽水時，其強度比乾燥時要減弱約30%～60%。孔隙率大的砂岩可以成為良好的富水層。節理是砂岩中很普遍的不連續面；通常都有至少兩組以上；工程地質調查時，節理調查幾乎成為例行工作。

砂岩的工程地質性質常受到頁岩夾層，或砂岩、頁岩互層的影響。受地下水軟化的頁岩或泥岩常常成為剪切滑動、沉陷，及隆起（回彈）的問題所在。在順向坡的地形條件下，如果是砂岩在上、而頁岩或泥岩在下的層序關係，則當地表水滲入其界面，使得頁岩或泥岩軟化，且界面的潤滑增強，每每發生**順層滑動（順向坡滑動）**。

粉砂岩因為含有很多石英砂，而且多半都是由矽質膠結，所以通常呈現堅硬、強固的特性。但是如果是鬆散、尚未膠結的粉砂層時，則地震時發生液化的潛勢很高。

頁岩是工程地質特性比較複雜的一種岩性。一般常見的頁岩，其礦物組成可以粗略的分成三種，包括 1/3 的石英、1/3 的黏土礦物及 1/3 的其他礦物；其石英與黏土礦物之比影響其工程地質特性至鉅。一般而言，其液限及活性與黏土礦物的含量成正比。頁岩具有**劈列性**（Fissility），其間隙就常成為地表水的滲透管道；而風化作用則更擴大其可劈性，此因頁岩內的黏土礦物水化作用（Hydration）（礦物吸收水分子）後發生膨脹的緣故。深度風化的頁岩常呈泥狀，性軟弱。頁岩的天然含水量約介於 5%至 35%之間；如果它的天然含水量

高於 20%時，就很容易發展成高孔隙水壓。很多新鮮的頁岩一旦暴露於空氣中時，立刻就發生崩解；尤其當頁岩的含水量等於其液限時，崩解作用就立即發生；同時，液限愈高，崩解愈嚴重。少數頁岩則有膨脹的特性；此因該類頁岩中含有黃鐵礦（Pyrite）或蒙脫石黏土礦物。前者氧化後體積會增大 8 倍；後者則於吸水後體積增大，最多可達 20 倍，膨脹壓力達 0.5MPa（即 5kg/cm^2）；而且失水後體積會回縮；這乃是一種可逆性反應。頁岩開挖，其覆蓋層被剝除後，因為應力釋放而發生回彈，所以被揭開的岩盤就發生隆起的現象。因此，遇到這種情況時，應該趕快加以重壓，不能讓回彈現象繼續發展下去，否則鬆弛的裂縫將不斷的往下發展，終至無法壓緊。頁岩屬於難透水層，其導水係數介於 10^{-6}～10^{-10}cm/sec；如果是被節理所切割時，約可提高至 10^{-4}cm/sec 左右。因此，頁岩比砂岩容易受地表水的侵蝕，所以有頁岩分布的地方，其水系密度比較大，地面的切割比較嚴重，有些地方會形成惡地形（Badland）。

　　泥岩不具可劈性。但是浸水後也會慢慢的膨脹，其總體密度（Bulk Density）將逐漸降低；而其強度則會隨著時間而漸漸的衰弱，這種依時漸變的現象是泥岩的一大特色。泥岩遇水，形成泥狀，濘泥不堪；其新鮮面與空氣接觸時，立刻崩解成碎塊。與頁岩一樣，泥岩也具有膨脹性及回彈性。

　　石灰岩的最大特性是在潮濕氣候下具有可溶性。它的溶解度雖然只有 0.1～1mm/y，但是經過長時間的溶解作用，常常可以發現溶洞、溶孔、溶隙、落水洞或蝕孔（Sinkhole）等許多岩溶的現象。珊瑚礁石灰岩則由於珊瑚生長的習性，其不規則的空隙更多；珊瑚礁石灰岩也可以發育出各種岩溶現象。有岩溶現象的石灰岩常常出現嚴重的基礎問題；石灰岩更是漏水的管道，所以大壩及水庫應該避免蓋在石灰岩地區。石灰岩性脆，所以節理非常普遍，其張口又大，常成為地下水的通道。石灰岩通常出現兩組節理。傾斜的石灰岩，如果下伏著泥岩或頁岩時，容易發生順層滑動。

CHAPTER 5

變質岩與工程

5.1　前言

變質岩是組成地殼三大岩類之一；佔地殼總體積的 27.4%。它是由原來的岩石（火成岩、沉積岩及變質岩）在地殼內部受到高溫、高壓，以及化學成分滲入的影響，在固體狀態下，發生變化後形成的新岩石。其改變包括化學成分、礦物成分、結構及構造。

變質作用的產生可以是因為構造運動（板塊運動）、岩石被深埋、或岩漿侵入等而引起的。在變質作用的過程中，原有礦物會重新結晶成較大的晶體，或者被分解、重新組合，而形成新的礦物；如黏土礦物在溫度及壓力增高時，可變為雲母。

變質岩的礦物成分及組構，在某種程度上都會受到原岩的影響，常常可以見到一些殘餘的表徵。例如某些礦物在變質條件下仍然是穩定的，可以保存下來。某些組構也可以保留，例如原有的鈣斜長石斑晶可以變為較細的鈉斜長石等礦物的集合體，但是仍然保持原斑晶的外形輪廓。另一方面，變質作用會產生一些新的變質礦物，如紅柱石、藍晶石、矽線石等，是火成岩所沒有的。變質作用也會形成一些變質岩所特有的構造，如葉理等。

5.2　變質作用的控制因素

變質作用的控制因素主要有溫度、壓力、化學性質活潑的熱水溶液及時間

等。現在分項說明如下：

(1)溫度

溫度是發生變質作用最基本的重要因素。溫度的增高能增強岩石內部原子與分子的活動能力，引起物質成分的變遷，形成新的礦物，及高溫變質礦物，促進再結晶的進行。如黏土岩中的高嶺石，當溫度升高時可發生分解，生成高溫變質礦物紅柱石及石英，其反應式如下：

$$Al_4Si_4O_{10}[OH]_8 \rightarrow 2Al_2SiO_5 + 2SiO_2 + 4H_2O \cdots\cdots\cdots\cdots (5.1)$$
$$\text{（高嶺石）} \qquad \text{（紅柱石）（石英）（水氣）}$$

同樣的，礦物如隱晶質矽灰石中，石英與方解石可形成矽灰石，如下式：

$$CaCO_3 + SiO_2 \rightarrow CaSiO_3 + CO_2 \uparrow \cdots\cdots\cdots\cdots\cdots (5.2)$$
$$\text{在 } 470℃/1kg/cm^2 \text{下}$$

石灰岩及白雲岩變為大理岩，也是由於溫度升高，引起石灰岩及白雲岩發生再結晶作用而形成的。

造成變質作用的溫度範圍一般為 200℃～900℃。當溫度升至 200℃時，即開始有變質礦物的生成，如濁沸石、葉蠟石、鈉雲母等。溫度再升高時，非晶質或隱晶質的 $CaCO_3$ 將結晶增大成顯晶質的方解石，也就是發生再結晶作用。當溫度超過 650℃時，有一些岩石將發生部分熔融現象，產生少量的長英質流體。造成變質作用的熱源可以來自於岩漿熔融體放出的熱能；岩石中所含放射性元素的蛻變現象，也可以放出熱能；再者，構造運動也可以產生熱能。

(2)壓力

與變質作用有關的壓力可分成靜壓力、孔隙液壓及構造應力三種。

・靜壓力

靜壓力是由上覆岩壓所產生的荷重壓力；它在各方向是均一的。根據地殼內岩石密度的變化，深度每增加 1,000 公尺，覆岩壓力約增加 270～300kg/cm²。變質作用的最低覆岩壓力為 1,000 kg/cm²，其深度約為 4 公里；在地下 10 公里的覆岩壓力約為 2,750 kg/cm²；20 公里深處約為 5,500 kg/cm²；最大覆岩壓力為 10,000 kg/cm²，相當於 35 公里左右的厚度。靜壓力增大，有利於形成密度比較大、不含水的新礦物。例如，在低壓環境下形成的紅柱石（Al_2SiO_3），其密度

為 $3.1 \sim 3.2 \text{g/cm}^3$，當其處於高壓環境下時，可轉化為密度較大的藍晶石（Al_2SiO_5），其密度為 $3.56 \sim 3.66 \text{ g/cm}^3$。又橄欖石及鈣斜長石在高壓下也可變成密度比較大的石榴子石，如下式：

$$Mg_2〔SiO_4〕+Ca〔Al_2Si_2O_8〕 \rightarrow CaMg_2Al_2〔SiO_4〕_3 \cdots\cdots\cdots (5.3)$$

　　（鎂橄欖石）　　　（鈣斜長石）　　　（石榴子石）

比重： 3.3　　　　　　　2.76　　　　　　3.52

・孔隙液壓

　　變質作用的過程中，岩石顆粒間充填的 H_2O、CO_2、O_2等揮發性構成的粒間流體，受上覆岩壓的作用而形成孔隙液壓。在地殼的淺部，岩體的孔隙發達，而且相通，因而孔隙液壓小於覆岩壓力。但在地殼深部，全部覆岩壓力都傳給流體；相當於土壤內部蘊育著很大的孔隙水壓一樣。這時的孔隙液壓等於覆岩壓力。孔隙液壓是控制某些變質作用的重要因素。

・構造應力

　　構造應力是作用於岩石的側向擠壓力，具有方向性，而且可以是擠壓力，也可以是剪應力；主要與板塊構造運動有關；多集中於斷裂帶及構造活動帶（板塊邊緣）的附近。其強度在空間上及時間上的變化幅度大。在地殼較淺部，因覆岩壓力較小、溫度較低，所以岩石發生脆性變形，形成各種破裂構造。但是在地殼的深部，覆岩壓力增大，溫度增高，所以岩石遂產生塑性變形。

　　穩定且定向的構造應力可以使岩石產生變形，以致破碎；在再結晶過程中，可使岩石中的片狀或柱狀礦物，在垂直於壓力方向（σ_3）上進行定向排列。此外，在定向的構造應力之作用下，沿著岩石最大的受壓方向（即σ_1方向），礦物顆粒因為溶解度升高而易被溶解，垂直於岩石最大受壓方向（即σ_3方向）則易於沉澱，從而導致礦物顆粒作定向排列，使岩石具有**葉理構造**（Foliation）；亦即葉理係垂直於構造應力（σ_1）的方向。

(3)化學活躍的流體

　　變質作用中的流體有很多種來源，包括沉積岩中的孔隙水、岩漿活動時析出的液體、從地函上升的揮發性溶液、以及遭受變質作用從岩石中析出的變質液體等。這些流體的成分以 H_2O 及 CO_2為主，並包含多種金屬、非金屬，及 F、Cl、B、P 等成分。在溫度較高的情況下，它們具有較強的化學活潑性。在

變質作用中,這些化學活動性甚強的流體可以促進物質的熔解及遷移,加速變質作用的進行;它們還有降低岩石的再熔溫度之功能。例如,花崗岩需要在950℃時才能再熔;但是如果在含有飽和溶液時,只要在640℃時即開始部分再熔。它們還可以進入某些礦物的成分中,形成含水或氫氧根的礦物,如雲母、綠泥石、蛇紋石、電氣石等。下式表示熱水溶液作用於橄欖石時,形成蛇紋石的反應式:

$$4\,Mg_2〔SiO_4〕+4H_2O \rightarrow Mg_6〔Si_4O_{10}〕〔OH〕_8+2MgO \cdots\cdots (5.4)$$

（鎂橄欖石）　　　　　　（蛇紋石）　　　　　　（方鎂石）

(4)時間

時間是影響變質作用的重要因素。在一定的變質溫度及壓力之條件下,如果沒有足夠的作用時間,原岩的變質作用將不會很明顯,甚至不能作用。只有充足的時間才能有效的進行變質作用。

5.3　變質作用的機制

變質作用是如何進行的?了解變質作用的機制,有助於了解變質岩的工程地質特性。

(1)再結晶作用（或重結晶作用）

再結晶作用是指岩石在變質作用的過程中,同一種礦物的顆粒不斷的增大,其粒徑逐漸均勻化,同時顆粒的外形也會變得較有規則。再結晶作用並不會形成新的礦物類型。例如石灰岩中,隱晶或微晶質的方解石經過重結晶作用之後,會變成顯晶質,而且顆粒也會均勻化,同時形成鑲嵌結構,使沉積形成的石灰岩變質成為大理岩,其礦物組成仍然是方解石。

(2)重組作用

原岩基本上保持在固態的狀況下,其總的化學成分不作改變（揮發成分除外）,只是其中部分的礦物經過特定的化學反應而趨於消失,同時重新組合而形成新的穩定礦物。**重組作用**主要是礦物顆粒與粒間的孔隙溶液發生化學作用的過程。

按照反應礦物與形成礦物的性質,重組作用有以下幾種類型:

・水化—脫水反應

$$Al_4Si_4O_{10}〔OH〕_8 + 4SiO_2 \rightarrow 2Al_2Si_4O_{10}〔OH〕_2 + 2H_2O \quad \cdots\cdots（5.5）$$
　　（高嶺石）　　（石英）　　　（葉蠟石）　　　（水氣）

$$Al_2Si_4O_{10}〔OH〕_2 \rightarrow Al_2SiO_5 + 3SiO_2 + H_2O\cdots\cdots\cdots\cdots（5.6）$$
　　（葉蠟石）　　　　（紅柱石）（石英）（水氣）

在溫度升高的情況下，泥質沉積岩中的高嶺石脫水後會變成葉蠟石；這種**脫水作用**可以發生於各種溫度與壓力的配合之下，例如壓力為 $1,000kg/cm^2$時，溫度需要 325℃；又壓力為 $2,000kg/cm^2$時，溫度需要 345℃。

如果溫度增加到 450℃ 以上時，葉蠟石將進一步脫水，轉化為紅柱石。如果壓力超過 $4,000 kg/cm^2$時，則轉化成藍晶石。

火成岩中不含水，或少含水的礦物，就會吸水，發生**水化作用**，如橄欖石可以變成蛇紋石，輝石可以變成綠泥石或黑雲母，鉀長石可以變成白雲母。

・碳酸化—脫碳酸化反應

$$CaCO_3 + SiO_2 \rightarrow CaSiO_3 + CO_2\uparrow \cdots\cdots\cdots\cdots\cdots\cdots（5.7）$$
　　（方解石）（石英）（矽灰石）（氣）

這種**脫碳酸化（脫CO_2）作用**的發生主要仍然取決於溫度的大小；它是在溫度高於 400℃ 時發生的。

相反的，經過碳酸化後，中、基性斜長石等含鈣的礦物就可以變成方解石。

・氧化—還原反應

$$6Fe_2O_3 \rightarrow 4Fe_3O_4 + O_2 \cdots\cdots\cdots\cdots\cdots\cdots\cdots（5.8）$$
　　（赤鐵礦）　（磁鐵礦）（氧氣）

・同質多相變體轉化反應

$$Al_2SiO_5 \rightarrow Al_2SiO_5 \rightarrow Al_2SiO_5 \cdots\cdots\cdots\cdots\cdots\cdots（5.9）$$
　　（紅柱石）　（藍晶石）　（矽線石）

(3)交代作用

在變質作用的過程中，由化學活躍的液體將原岩中的某些物質攜走，同時帶入某些新的物質，因此，造成原岩中某種礦物被另外一種化學成分不同的新礦物所取代。**交代作用**基本上不會改變新、舊礦物的體積。例如含鈉離子的流體與鉀長石發生反應，將鉀離子攜走，再由鈉離子去取代，結果變成鈉長石的新礦物。其化學式如下：

$$KAlSi_3O_8 + Na^+ \rightarrow NaAlSi_3O_8 + K^+ \cdots\cdots\cdots (5.10)$$
（鉀長石）（帶入）　（鈉長石）（攜走）

在交代過程中，侵入岩中的 SiO_2、Al_2O_3 等成分常被帶入圍岩中；而圍岩中的 CaO、MgO 等成分則被帶入侵入岩中。結果在**接觸變質帶**中由交代作用所形成的礦物常見有石榴子石、透輝石、透閃石、陽起石等；這些礦物既含有 SiO_2、Al_2O_3（來自侵入岩），又含有 CaO、MgO（來自圍岩）。

(4)葉理化作用

岩石在構造應力之長期作用下，會發生再結晶作用。在最大主應力（σ_1）的方向上，礦物的溶點會降低，於是產生溶解；同時，在最小主應力（σ_3）的方向上，會發生沉澱。岩石中的礦物發生這種長期而穩定的再結晶作用時，使得平行於最大主應力方向的成分，向著最小主應力的方向遷移，並且結晶逐漸長大，結果產生片狀或柱狀的新礦物，都順著最小主應力的方向發育，於是形成了**葉理構造**（Foliation）。

5.4 變質作用的類型

根據變質作用部位的地質環境及變質產物的特徵，變質作用可分成接觸變質、動力變質及區域變質三大類。

(1)接觸變質

接觸變質是當岩漿從地殼的深處往上升時，與其接觸的圍岩受到岩漿熱能擴散的影響，或化學成分的交換，使得圍岩發生變質的一種現象；發生接觸變質的溫度大致在 250℃～650℃ 的範圍內。這種作用一般是使礦物產生再結晶，例如使石英砂岩變成石英岩、石灰岩變成大理岩等。在氣體及液體的影響下，則發生交代作用，稱為**圍岩蝕變**；其溫度範圍可以從 100℃ 至 800℃，壓力一

般低於 $4,000kg/cm^2$。

一般情況下，圍岩的變質程度離侵入體愈遠愈弱。

(2)動力變質

動力變質是因為岩石受到構造應力的穩定且定向之作用而造成的。由動力變質作用所造成的變質岩稱為**動力變質岩**。動力變質作用主要是由強大的側向擠壓力及剪切應力所引起。在動力變質作用下，岩石主要發生破碎變形；而再結晶作用則不明顯。

定向的壓力作用使得脆性岩石發生不同程度的角礫化及破碎現象；一般發生在地下較淺處、溫度較低的部位；但是在地下較深處，由於溫度較高，所以以柔性（或韌性）的塑性變形為主，產生葉理化或牽引現象。

動力變質作用一般發展在構造破碎帶上，往往形成狹長的帶狀分布。

(3)區域變質

在廣大的區域內，岩石受高溫、高壓、溶液等變質因素的影響而發生的變質作用，稱為**區域變質作用**。它通常發生在造山運動強烈的褶皺帶，其所形成的變質岩常構成山脈的核心部。區域變質作用的深度可以從地下數公里到數十公里，壓力範圍約為 $2,000 \sim 10,000 \ kg/cm^2$，溫度範圍約為 $200℃ \sim 800℃$。

根據不同的變質程度，區域變質作用又可分成淺變質帶、中變質帶、及深變質帶三種。**淺變質帶**以定向壓力為主要變質因素，其他作用並不顯著。**中變質帶**仍以定向壓力為主，但是溫度、覆岩壓力、水溶液，及再結晶作用則明顯的增強。**深變質帶**則以高溫、高壓為主要變質因素，定向壓力則不顯著。熱量來源除了構造運動的動力熱能，及岩漿作用的熱能之外，主要的是從地函上升的熱流。

5.5 變質岩的礦物成分

組成變質岩的礦物可以分成兩大類：

- 三大岩類共有的礦物：如石英、長石、雲母、角閃石、輝石、方解石及白雲石等。
- 變質岩特有的礦物：如石榴子石、紅柱石、藍晶石、陽起石、矽灰石、

透輝石、透閃石、矽線石、十字石、蛇紋石、滑石、石墨及綠泥石等。

歸納起來，變質岩中礦物成分的主要特點包括：

(1)含有特徵性的礦物

有不少礦物只有在變質岩中出現，卻很少發現於火成岩及沉積岩中，如石榴子石、紅柱石、藍晶石、絹雲母、綠泥石、陽起石、透輝石、透閃石、滑石、石墨等。

(2)不含某些特徵性的礦物

有一些礦物只能適應常溫、常壓條件下的產出環境，不可能出現於變質岩中；包括黏土（熱液蝕變及風化除外）、蛋白石、玉髓、石膏等沉積礦物。

(3)含有受壓成因的礦物

因為變質岩是在高溫、高壓的生成環境中產生，所以它常出現一些受到定向壓力成因的**鱗片狀**（如綠泥石、雲母、滑石、石墨）、**長柱狀**（角閃石、長石）、**纖維狀**（如蛇紋石、矽線石）、**放射狀**（如陽起石、矽灰石）及**針狀**礦物；它們常作有規律的定向排列（順著最小主應力的方向排列），如陽起石、透閃石、綠泥石等。

(4)出現比重比較大的礦物

因為受壓，所以密度大、比重大，如石榴子石。

(5)含有異常大量的礦物

有一些礦物在火成岩及沉積岩中，只能當作次要礦物，但是在變質岩中卻成為主要礦物，如絹雲母、綠泥石等。就雲母來說，它雖然也存在於火成岩及沉積岩之中，但是份量不多，是屬於次要的礦物；如果岩石中出現大量的雲母，那麼，它就只能是變質作用產生的。

(6)礦物的形成順序正好相反

變質岩中的礦物，其生成順序與火成岩中的礦物因熔點不同而形成的結晶順序並不相同；如變質岩在變質過程中，先形成的斜長石是酸性斜長石，最後才形成基性斜長石。

(7)礦物的形成溫度比較低

變質岩中的礦物雖然有些與火成岩中的礦物相同，但是其生成溫度遠較火成岩中的相同礦物為低。

(8)相同的原岩成分於變質後可以產生不同的礦物組合

一定的原岩成分，由於變質程度的不同，可能會產生不同的礦物組合；例如，同樣是含 Al_2O_3 較多的泥質岩類，在低溫變質時，會產生綠泥石、絹雲母與石英的礦物組合；在中溫條件下，會產生白雲母及石英的礦物組合；在高溫環境中，則產生矽線石及長石的礦物組合。

(9)不同的原岩成分於變質後將產生不同的礦物成分

原岩成分不同，雖然變質條件相同，但是其所產生的變質礦物並不相同；如石英砂岩受熱力變質後將生成石英岩；而石灰岩同樣也受熱力變質作用，則只能形成大理岩。

變質岩的礦物中常含一定數量的滑石、石墨、綠泥石及雲母等，作定向排列。這些礦物光滑柔軟、且多呈片狀；因此，循其排列方向（即葉理的方向），穩定性極差，在隧道的頂拱常發生落盤。

5.6　變質岩的構造

變質岩構造是識別各種變質岩的重要指標；它是變質岩最重要的特徵，因為火成岩及沉積岩的構造經過變質作用之後全部消失，或部分消失。變質岩的構造可以分成下列幾種類型來說明。

5.6.1　葉理構造

葉理構造不但是識別各種變質岩，而且是區別變質岩與火成岩及沉積岩兩種岩類之重要指標。

葉理構造的形成是由於岩石中，在高溫及高壓的變質條件下，生成片狀、板狀、柱狀、纖維狀等再結晶的礦物，順著定向壓力最小的方向成長，且呈平行排列的一種有規律的構造型態。順著平行排列的面，可以把岩石劈成一片一片的小型構造型態，叫做**葉理**（Foliation）。葉理是一種不連續面，也就是一種弱面；顯著的影響岩石的工程地質性質。

根據葉理型態的不同，我們可以再將它分成下列幾類：

(1)片麻狀構造

片麻狀構造又稱**片麻理**。其特徵是岩石的變質度最高；岩石中的深色礦物

（如黑雲母、角閃石等）與淺色礦物（如長石、石英等）呈條帶狀相間排列；在外觀上構成黑、白相間的斑馬狀條紋。仔細觀之，岩石中主要以長石的粒狀礦物為主，同時伴有部分成平行定向排列的片狀及柱狀礦物；後者在前者中呈斷續的帶狀分布。片麻狀構造的礦物顆粒都很粗大，肉眼易辨。片麻岩即具有這種構造。

片麻狀構造可以看成是一種特殊的葉理構造。其形成除了與造成葉理的原因有關之外，還可能受到原岩成分的影響；其形成片麻狀的原因可能與在變質過程中，岩石的成分發生分異，然後分別聚集有關。

⑵片狀構造

片狀構造又稱**片理**。其特徵是岩石變質的程度較高，僅次於片麻理。它是由一些片狀或柱狀、針狀的礦物（如雲母、滑石、綠泥石、角閃石、矽線石等）作定向平行排列而成；一般而言，礦物的顆粒較粗，由肉眼即可分辨其種類；以此可以與千枚狀構造相區別。由礦物平形排列所形成的面稱為**片理面**；它可以是平直的，但也有呈波狀起伏的。片理一般都很清楚，是片岩所具有的構造。

片理的形成與定向壓力的作用，其關係非常密切。其中片狀或長條狀礦物會順著最小主應力的方向作定向排列；而粒狀礦物則在定向壓力下被壓扁，或拉長，發生了變形，其長軸方向也是與最小主應力的方向一致（請見圖 5.1）

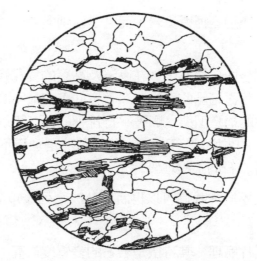

圖 5.1　變質岩薄片在顯微鏡底下的片狀構造

(3)千枚狀構造

千枚狀構造又稱**千枚理**；為千枚岩的典型構造。其變質程度較低，礦物顆粒細小，肉眼無法分辨。在千枚理的面上有許多細小的絹雲母鱗片作有規律的排列，使岩石呈現絲絹光澤，並且常可見到小皺紋；在太陽光的斜照下非常耀眼，甚至刺眼。

(4)板狀構造

板狀構造是變質程度最弱的情況下所形成的構造。它是泥質岩石受擠壓後，形成平行、密集、而且平坦的劈理面；很容易劈成薄板的構造；其劈開面稱為**板理面**，為板岩特有的構造。板理面上常有顆粒極細的鱗片狀絹雲母及綠泥石之分布，肉眼無法分辨，但是會呈現微弱的絲絹光澤，不過沒有像千枚理的面上那麼耀眼；劈理面常整齊而光滑。有時具有變餘的泥狀結構；但是泥狀結構呈土狀光澤，而板狀結構則呈絲絹光澤；以此可以區別。

變質岩的**葉理**是一種弱面；沿著葉理的方向，礦物顆粒的結合力甚差。一般而言，變質岩的葉理愈發育，各方向的強度相差愈大；在平行於葉理的方向，抗剪強度特別差，因而影響岩石的穩定性。例如板岩的邊坡受到雨水入滲的影響，其表皮會慢慢發生潛移現象，結果會局部**拱起或彎曲**（Buckling），並在地下淺處產生空洞。不過，葉理卻可以提高爆破的效果。

5.6.2　塊狀構造

塊狀構造是岩石中的礦物呈不定向的排列，或有微弱的定向排列，但不明顯。其礦物的成分及結構都很均勻。它的形成是由於岩石受到溫度及靜壓力的聯合作用，而定向壓力的作用並不明顯。大理岩及石英岩即具有這種構造。

5.6.3　條帶狀構造

條帶狀構造是岩石中的礦物成分分布不均勻，某些礦物相對集中，有時呈現寬的條帶，有時則形成窄的條帶。這些寬窄不等的條帶相間排列，於是形成條帶狀構造。混合岩常具有這種構造；有時含有雜質的大理岩也會表現條帶狀構造。

5.6.4　眼球狀構造

眼球狀構造有時候會出現在部分片麻岩及混合岩中；它是透鏡狀或扁豆狀的粗大長石晶體，或長石與石英的集合體，被片狀及柱狀礦物所環繞，外形很像眼球，因而得名。眼球狀構造也是沿著葉理的方向排列的。

▌5.6.5　斑點狀構造

斑點狀構造是岩石中有某些成分特別集中成或疏或密的斑點之一種構造。斑點呈圓形，或不規則形；直徑常為數毫米；成分一般為炭質、矽質、鐵質、雲母、或紅柱石等；基質為隱晶質。這種構造是在較低的變質溫度之下，岩石中的部分化學成分發生遷移，並且重新組合而成。如果溫度進一步升高，斑點即可轉變為斑晶。某些板岩具有這種構造。

▌5.6.6　變餘構造

變餘或殘餘構造是變質岩中殘留的原岩構造，如變餘氣孔構造、變餘杏仁構造、變餘流紋狀構造、變餘層狀構造、變餘泥裂構造等；其中以**變餘層狀構造**最為常見。

當變質程度不深時，原岩的構造容易殘留；即使是變質程度較深，具有某些特殊性的原岩構造也可能部分保存。因此變餘構造的存在是判斷原岩是屬於哪一類岩石的重要依據。

5.7　變質岩的分類

變質岩可依據變質作用的類型而劃分為**區域變質岩**、**接觸變質岩**、及**動力變質岩**三種類型來說明（請見表 5.1）。

▌5.7.1　區域變質岩類

區域變質是一種分布範圍廣大的變質作用。它常常佔據著山脈的核心部。

⑴板岩

板岩為具有板狀構造的區域變質岩；但是變質程度比較低。其原岩的礦物成分基本上沒有再結晶，或只有少量再結晶，經過脫水作用後，硬度增高。具有變餘泥質結構。

板岩的外表呈緻密隱晶質狀，其礦物成分難以鑑別；有時候在板理面上會發現少量的絹雲母、綠泥石等新生的礦物。板岩的原岩一般是泥質岩、粉砂岩、中酸性凝灰岩等。質地堅硬而富有一定彈性的板岩，可以沿著板理面成片的剝開，形成板狀的板材，可作為屋瓦、或者是地板面及牆面的鋪設石材。

表 5.1　變質岩的分類簡表

類別	岩石類別	主要礦物	構造		變質作用
區域變質岩	板岩	肉眼不能辨認	葉理	板狀	區域變質
	千枚岩	絹雲母		千枚狀	
	片岩	石英、雲母、綠泥石等		片狀	
	片麻岩	石英、長石、雲母、角閃石等		片麻狀	
	大理岩	方解石、白雲石	塊狀	糖粒狀	
	石英岩	石英		緻密狀	
	混合岩	石英、長石等	葉理	條帶或片麻狀	混合岩化作用
接觸變質岩	大理岩	方解石、白雲石	塊狀	糖粒狀	熱力變質
	石英岩	石英		緻密狀	
	角頁岩	長石、石英、角閃石、紅柱石		斑點或緻密狀	
	矽卡岩	石榴子石、透輝石等		斑雜狀	接觸交換
動力變質岩	構造角礫岩	原岩碎塊	角礫狀		動力變質
	糜稜岩	原岩碎屑	條帶或眼球狀		

　　板岩與頁岩的區別在於板岩的質地堅硬，用地質鎚敲擊時會發出清脆的響聲；且板理面比較光滑，反射光線的能力較強，有時候可見到閃亮的礦物；頁理面則呈現土狀，反射光線的能力很差。

　　(2)千枚岩

　　千枚岩是具有千枚狀構造的淺變質岩石；其原岩的類型與板岩的相同；但是變質程度比板岩稍高。其原岩成分大部分已發生再結晶；主要由細小的絹雲母、綠泥石、石英、鈉斜長石等新生礦物所組成。具有顯微鱗片結構；在葉理面上常可見到定向排列的絹雲母細小鱗片，呈現絲絹光澤；在太陽光底下會閃爍發亮；以此可與板岩加以區別。

　　(3)片岩

　　片岩是具有片狀構造的中等程度變質岩；多具顯晶質的鱗片粒狀結構；原岩已全部再結晶。主要片狀礦物有雲母（含量一般大於30%，包括白雲母及黑雲母）、綠泥石、滑石等；柱狀礦物有陽起石、透閃石、角閃石等；粒狀礦物

則有長石、石英等。有時出現石榴子石、矽線石、藍晶石、藍閃石等。如果粒狀礦物少於 50%，則以主要的片狀礦物命名，如綠泥石片岩、石墨片岩、絹雲母片岩等；也可以用主要的柱狀礦物命名，如角閃石片岩。如果粒狀礦物多於 50%，則以佔主導地位的兩種礦物命名，如白雲母石英片岩、角閃石石英片岩等。一般規定，片岩中的長石含量少於 25%。

除了在構造上有極顯著的不同之外，**片岩與千枚岩的區別**在於片岩的變質度較高，礦物顆粒大，為顯晶質；而片岩的變質度卻沒有片麻岩那麼高，且片岩含有很少長石，甚至不含長石。

(4)片麻岩

片麻岩是含長石、石英較多，具有明顯片麻狀構造的高度變質之區域變質岩。具有中、粗粒粒狀變晶結構（一般大於 1mm），比片岩的粒度還要粗；其礦物成分中，長石（包括鉀長石及斜長石）及石英的含量超過 50%；同時，長石的份量還多於石英（長石含量必須大於 25%）；如果長石的含量減少，石英增加，則過渡為片岩。片狀及柱狀礦物主要有黑雲母、角閃石、輝石等。有時出現紅柱石、藍晶石、矽線石、石榴子石等特徵性變質礦物。因為片麻岩的片狀礦物比較少，所以葉理呈現斷斷續續的排列（即片麻理）。

片麻岩可由各種沉積岩、火成岩，及原已形成的變質岩經變質作用而成。其變質程度較深，且礦物大都再結晶。

(5)大理岩

大理岩是碳酸鹽岩（如石灰岩、白雲岩）經區域變質或接觸變質作用而形成的變質岩。具有等粒變晶結構、塊狀構造。一般呈白色；含有雜質時，可呈現不同的顏色及花紋。主要礦物為方解石及白雲石；可含蛇紋石、透閃石、矽灰石、滑石、透輝石等特徵變質礦物。跟石灰岩一樣，滴稀鹽酸時會強烈起泡。

(6)石英岩

石英岩為石英含量大於 85% 的區域或接觸變質岩。由石英砂岩或矽質岩變質而成；或由石英顆粒與矽質膠結物合為一體。在變質時，原來石英顆粒會長大，且互相連成變晶結構；大致仍保持砂岩的外貌，但是石英岩的硬度及結晶程度均較砂岩為高。主要礦物為石英，尚有少量的長石、雲母、綠泥石、角閃石等；深度變質時還可出現輝石。質純的石英岩為白色；因含雜質而常呈灰色、黃色等。一般具有粒狀變晶結構及塊狀構造；部分具有條帶狀構造。岩石極為堅硬。

(7)混合岩

混合岩是由原來的變質岩（片岩、片麻岩、石英岩等），經過許多相當於花崗岩的物質（來自上地函的鹼性流體），沿著葉理貫注，或與原岩發生強烈的重建或重組作用（稱為**混合岩化作用**）而形成的一種特殊岩石。

5.7.2　接觸變質岩類

(1)角質岩

角質岩是由泥質岩石在熱力接觸變質作用下形成的；其原岩可以是黏土岩、粉砂岩、火成岩、及火山碎屑岩等。是一種緻密、堅硬的顯微晶質矽化岩石，主要為塊狀構造。原岩基本上全部再結晶；一般不具變餘構造。角頁岩的主要成分為石英及雲母，其次為長石、角閃石；還有少量的石榴子石、紅柱石、矽線石等標準變質礦物。顏色常為暗色，具有灰黑色、灰綠色、肉紅色等色調。

(2)矽卡岩

矽卡岩是接觸交代變質作用所形成的變質岩。主要產於中、酸性侵入岩（如花崗岩、閃長岩等）與碳酸鹽岩的接觸帶中。它經常包含兩、三種主要礦物及一些次要礦物；較少由單礦物所構成。礦物晶形一般較好，主要礦物有石榴子石、透輝石、透閃石、矽灰石等富鈣的矽酸鹽礦物；或者是橄欖石、金雲母、尖晶石等富鎂的矽酸鹽礦物。岩石的顏色變化很大，常見褐色、暗綠色、灰色等。具不等粒狀變晶結構、斑狀變晶結構；以及塊狀構造、斑雜構造。

(3)蛇紋岩

蛇紋岩是以蛇紋石為主要礦物的岩石；成分較純者，與蛇紋石相似。一般呈黃綠色，也有呈暗綠色或黑色者。蛇紋岩質軟，略具有滑膩感；常見葉理及碎裂構造。

蛇紋石化作用係由超基性岩（橄欖岩）在熱液的作用下，使其中的橄欖石、輝石等礦物變成蛇紋石的一種作用，其化學反應式如下：

$$4Mg_2SiO_4 + 4H_2O + 2CO_2 \rightarrow Mg_6 [Si_4O_{10}][OH]_8 + 2MgCO_3 \cdots (5.11)$$
$$\text{（橄欖石）} \qquad\qquad \text{（蛇紋石）} \qquad \text{（菱鎂礦）}$$

$$6CaMg[Si_2O_6] + 4H_2O + 6CO_2 \rightarrow Mg_6[Si_4O_{10}][OH]_8 + 6CaCO_3 + 8SiO_2 \cdots (5.12)$$
$$\text{（透輝石）} \qquad\qquad \text{（蛇紋石）}$$

蛇紋石化作用多沿斷裂破碎帶發育，也可由區域變質作用及動力變質作用產生。

■ 5.7.3　動力變質岩類

(1)構造角礫岩

構造角礫岩是一種因為斷層錯動所產生的高度角礫岩化之產物。碎塊大小不一，形狀各異；其成分決定於斷層位移帶的岩石成分（見圖 8.15 及 8.19）。破碎的角礫（＞2mm）及碎塊已離開原本的位置，雜亂堆積，並無定向；帶有稜角的碎塊互不相連，被膠結物所隔開。膠結物以次生的鐵質、矽質為主，亦見有泥質及一些被磨細的岩石本身的物質。

(2)糜稜岩

糜稜岩多發育在長英質岩石中；是粒度比較小（一般小於 0.5mm）的強烈壓碎岩。主要由細粒的石英、長石，及少量的新生再結晶礦物（如絹雲母及綠泥石）所組成。其特徵是岩石的外觀緻密堅硬；具流紋狀構造，流紋多平行於斷裂帶的方向。岩石中的碎斑呈現眼球狀，或透鏡狀，並且呈定向排列。

5.8　變質岩的肉眼鑑定及命名

變質岩的鑑定主要依據其構造型態、礦物成分、及其顆粒大小。根據變質岩所具有的構造，首先可將變質岩分成兩大類，其中一類具有葉理構造，這些包括片麻岩、片岩、千枚岩、板岩；另外一類是不具葉理的塊狀構造，主要包括石英岩、大理岩、矽卡岩等。

鑑定具有葉理的變質岩時，根據葉理構造的類型及變質程度的高低（也反映於礦物顆粒的大小），很容易可以再細分下去。然後再根據變質礦物，或變斑晶礦物的類別，而予以命名；例如片岩中有石榴子石呈變斑晶出現時，則可命名為石榴子石片岩；如果綠泥石或滑石出現較多時，則可稱為綠泥石片岩，或滑石片岩。

至於鑑定具有塊狀結構的變質岩時，則可結合其礦物成分及結構來細分；例如石榴子石佔多數的矽卡岩，可命名為石榴子石矽卡岩；如果含較多滑石的大理岩則可稱為滑石大理岩。

5.9　變質岩的工程地質性質

　　變質岩大多經過再結晶作用，具有一定的結晶連結，其結構緊密，孔隙較小，透水性弱，抗水性強，強度較高；特別是黏土質的岩石經過變質之後，其性質大為改變。但是變質岩的葉理往往使岩石的連結減弱，強度降低，且呈現異向性。此外，變質岩一般年代較老，歷經多次構造的變動，產生很多斷裂，且容易風化，完整性差，均一性也差。

　　變質岩可以大體分為具有葉理的及不具葉理的兩大類。一般而言，塊狀岩石的性質較好，而層狀、片狀或板狀的岩石性質較差。具有葉理的變質岩，其強度與葉理的方向具有密切的關係（見圖 10.3）。當荷重方向平行於葉理時，單軸抗壓強度最大（約為 140～150MPa）；荷重方向與葉理呈 30°交角時，單軸抗壓強度最小（約為 25～30MPa）；而荷重方向直交於葉理時，單軸抗壓強度居中（約為 110～120MPa）。三軸抗壓強度也有相同的趨勢。

　　片麻岩隨著黑雲母的含量增多及片麻理的發育，其強度及抗風化能力顯著的降低。因此，角閃石片麻岩、角閃岩的強度就比黑雲母片麻岩要高。

　　片岩由於礦物成分、結晶程度、片理構造的不同，其性質差別很大。石英片岩、角閃石片岩等的性質較好，強度相對較高。雲母片岩、綠泥石片岩、滑石片岩、石墨片岩等的性質較差，強度較低，其異向性極為顯著。片岩風化後，容易沿其片理發生潛移。

　　千枚岩及板岩是變質度較低的岩石，其性脆，板理明顯，裂隙發達，強度較低，易生滑動。尤其板岩容易沿著其板理軟化，遂在其淺層發生潛移，有如蠕蟲蠕動，因而形成空洞。接近地表的板岩因為解壓而容易裂解成碎片；因此，其表層可以使用齒耙機（Ripper）開挖，但是到達深部時，可能需要使用爆破的方式。

　　石英岩的性質均一，緻密堅硬，強度極高，抗水性良好，抗風化性強。但是因為性脆，所以經過構造變動之後，裂隙發達，容易貯水，如四稜砂岩。大理岩的強度也高，均一性佳，同樣性脆；大理岩與石灰岩一樣，也有岩溶的問題，應予注意。石英岩及大理岩如果夾有泥質板岩時，則岩性軟硬相間，又易泥化，工程地質性質會劣化。

CHAPTER 6

鬆散堆積物與工程

6.1　前言

地球的陸地表面絕大部分都是由鬆散堆積物所覆蓋；除了沖積層之外，地質師絕少將鬆散堆積物的分類及其分布顯示在地質圖上。一般地質圖都將鬆散堆積物剝開，然後只顯示岩盤的地質情況而已；甚至連鬆散堆積物與岩盤的界面（稱為岩頂或地盤岩 Rockhead）之形狀都未予重視。然而，鬆散堆積物卻是大部分工程的立基所在，所以我們必須特別另立一章來加以說明。

鬆散堆積物是堅硬岩石經過長期的風化及其他地質作用之後所形成的產物。這些作用係透過重力、水力（包含地下水）、風力、冰河力等地質營力所造成的侵蝕、搬運及堆積等各種方式而施加的。鬆散堆積物的形成時間極短，或正處於形成中；普遍呈現鬆散，或半固結狀態。因為它的成因複雜，所以其岩性（嚴格來講，應該稱為土性）、岩（土）相、及厚度變化很大，可以從零公尺到幾十公尺都有。陸地上的鬆散堆積物，主要有**碎屑堆積**、**有機堆積**及**化學堆積**；另外，有少量的**火山噴發物堆積**。按粒徑來分，可以分成礫石（又有圓礫與角礫之分）、砂、粉砂及黏土四類；但是它們的混合比例之變化範圍很大，表現出來的大多為砂礫層、礫質砂土、礫質黏土、含泥質碎石、碎石土塊等。

由於各種鬆散堆積物的成因及其地質環境不同，所以它們的工程地質性質也有很大的差異。鬆散堆積物是由礦物顆粒及岩石的碎屑所組成，其間的孔隙沒有膠結，卻充滿了氣體或水，因此是由固相、液相及氣相所組成的三相體

系。它的強度比岩石降低，壓縮性卻比岩石增大；其工程地質性質比岩石更為複雜。

6.2　風化殼

岩石風化後的產物形成一個不連續的薄殼，覆蓋在基岩（岩盤）上，稱為**風化殼**（Crust of Weathering），其與岩盤之上的鬆散堆積物覆蓋層，稱為蓋或風化層（Regolith），有些不同。風化殼是一種殘留土（Residual Soil）；蓋層則為移積土或稱運積土（Transported Soil）。風化殼與其下伏的基岩，我們籠統的合稱為岩土層。風化殼或鬆散堆積物與基岩的界面，就稱為**岩頂或地盤岩**（Rockhead），或稱基岩面。

6.2.1　風化產物的類型

岩石被風化之後會產生三類物質，分別說明如下：

⑴溶解物質

這是岩石受化學風化作用及生物風化作用的產物。主要包括兩部分，一部分是易於遷移的 K、Na、Ca、Mg 等元素的碳酸鹽、硫酸鹽、及氯化物等；它們常以溶液的形式隨著水流走，成為海水及湖水中可溶性鹽類的主要來源。另外一部分是較易**淋濾**（Leaching）的 SiO_2膠體，也是隨著水流入海中及湖中；其中一部分也可以以蛋白石的形式沉積在原地附近。

⑵難溶物質

岩石中較為活潑的元素及其化合物被帶走之後，相對不活潑的 Fe、Al 等元素就轉化成別種礦物，留在原地，形成如褐鐵礦、黏土礦物、鋁土礦物等。

⑶碎屑物質

碎屑物質主要由物理風化作用所形成，包括**岩石碎屑**及**礦物碎屑**；也有一部分是化學風化作用過程中未完全分解而遺留下來的礦物碎屑，如長石、石英等。碎屑物質中，有一部分會殘留在原地，稱為**殘留土**；有一部分會被重力搬運到原地的附近堆積，稱為**落石堆、崩積土**等；也有一部分會被水力、風力等外力搬運到離原地更遠的地方堆積，稱為**移積土**。移積土與殘留土最大的不同在於移積土與其下伏的岩盤，在岩性上完全沒有關聯性；而殘留土則與其下伏的岩盤呈漸變的關聯性，如圖 6.1 所示。殘留土與風化殼相當；而那些發生位移堆積的非殘留土，並非發育自原地的，則約略相當於我們通稱的**鬆散堆積物**。

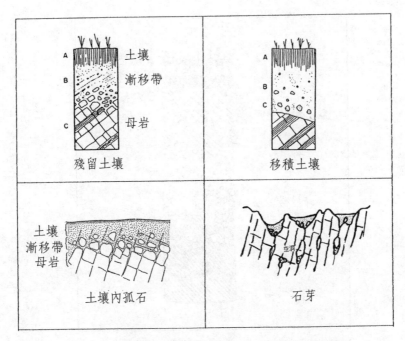

圖 6.1　殘留土及移積土與其下伏岩盤的關聯性

▌ 6.2.2　風化殼的分層

風化作用是先從地表開始，然後逐漸往深部發展的。所以地表上部所受的風化作用之時間較長，岩石風化分解得比較徹底，岩石內部的原有結構消失。如果是物理風化作用較強，就會形成大小不等，且具有稜角的碎屑。如果是化學風化作用較強，則母岩的成分被深度分解，且形成新礦物。

反之，在地表下的較深處，岩石遭受風化的時間較短，而且主要以物理風化作用較盛，所以岩石以**碎解或崩解**（Disintegration）為主，大都保持原有結構，與下伏的母岩呈漸變的過渡型態。

由於不同深度的岩石遭受不同程度及時間不等的風化作用，所以在垂直剖面上就會形成分帶的現象，但是帶與帶的分界並不明顯，往往呈現漸變關係。一個發育完全的風化殼，其剖面一般是上部為風化較徹底的紅土，或高嶺石等黏土礦物，並含有石英；其頂部常有土壤帶。下部屬於半風化的岩石，為角礫狀的碎屑殘留物，再往下則逐漸過渡為岩盤（請見圖 6.2）。

風化殼的剖面結構在各地大都相似。因受氣候、岩性、地形、風化作用的強度、及風化作用時間長短等因素的影響，風化殼的成分及厚度會因地而異。

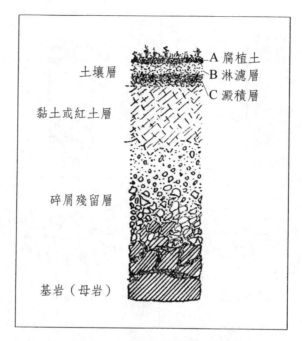

土壤層
A 腐植土
B 淋濾層
C 澱積層

黏土或紅土層

碎屑殘留層

基岩（母岩）

圖 6.2 風化殼的垂直剖面圖

6.2.3 風化殼的風化等級

風化殼的風化程度一般是隨著深度的變淺而增強；而岩土層的工程地質性質則隨著風化程度的增強而減弱。因此，我們需要建立一個風化等級的尺規來決定風化程度的不同。

風化等級的劃分，一般依據兩個準則：一個是岩土層褪化的顏色，另一個是新鮮岩石轉化為土壤的比例。此因在野外觀測時，分類的方法必須簡易、客觀以及快速，且不能模稜兩可。表 6.1 表示一種定性的分級方法，其將岩體的風化等級分成 6 級。

風化程度不同的岩石，從整體來看，在外觀上首先從顏色的新鮮度表現出來；如果從局部來看，岩體內最先發生風化的部位係位於水及空氣都能侵入的不連續面，也就是從不連續面最先發生褪色現象；所以顏色是測定風化程度一個很好的指標。

但是顏色只是一種定性的指標，尤其顏色的描述可以因人而異。因此，我們需要另外定義一些定量的指標，才能更為客觀的對風化程度進行分級。這些不同的定量指標有以下幾種：

表 6.1　岩體的風化等級

風化等級	分級名稱	野外性狀	其他特性	強度係數，Cs	風化係數，Kw	抗風化係數（7迴，%）	點載重指數	回彈值	聲波速度，Vp(km/s)
VI	殘留土（Residual Soil）	所有岩石均已轉變成土壤；岩體結構遺跡已不復見；土壤基本上來自原地。	—	—	—	—	—	0	—
V	全風化（Completely Weathered）	所有岩石均已分解或碎解為土壤；岩體結構的遺跡仍然完整；光澤消失。	用手可折斷或捏碎；用鍬、鎬可挖；敲之呈啞聲；浸水崩解。	< 0.20	0.6～1.0	—	< 0.3	0	0.55
IV	強風化（Highly Weathered）	有一半以上的岩石已經分解或碎解為土壤。	可用風鎬挖掘；敲之呈啞聲。	0.20～0.40	0.4～0.6	57.5	0.3～1.0	< 25	0.55～1.65
III	半風化（Moderately Weathered）	只有一半以下的岩石已經分解或碎解為土壤。	爆破為主；敲之稍呈清脆聲。	0.40～0.75	0.2～0.4	95.2	1.0～3.0	25～45	1.65～3.80
II	微風化（Slightly Weathered）	岩體尚稱完整，但已全部褪色，其原來結構及構造仍清晰可見；但不連續面有明顯風化現象。	需用爆破；敲之發聲清脆。	0.75～0.90	0～0.2	99.0	3.0～10	> 45	3.80～5.00
I	新鮮（Fresh）	沒有風化的跡象，只有不連續面有淺薄的褪色現象。	需用爆破；敲之發聲清脆。	0.90～1.00	0	99.5	> 10	> 45	5.00～5.50

(1)強度係數

強度係數定義為：

$$Cs = q_{uw}/q_u \quad\text{……………………………………}（6.1）$$

式中，Cs＝強度係數

　　　　q_{uw}＝風化岩石在乾燥時的單軸抗壓強度

　　　　q_u＝新鮮岩石在乾燥時的單軸抗壓強度

由於測定岩石的單壓強度需要準備規整的測試樣品，這對風化程度比較劇烈的岩石而言，恐怕不容易取得適當的樣品，所以強度係數法難以適用於各種風化程度的岩體。

(2)聲波速度

岩石風化後孔隙率會增加，密度因而會降低，因此其對聲波之傳播速度比原岩要慢；所以聲波的傳播速度是很好的一項指標。其分級方法，請見表6.1。

(3)風化係數

風化係數定義如下：

$$Kw = (V_f - V_w) / V_f \quad\text{…………………………}（6.2）$$

式中，Kw＝風化係數

　　　　V_f＝新鮮岩石的彈性波速度

　　　　V_w＝風化岩石的彈性波速度

從上式可知，新鮮岩石的風化係數為零；隨著風化程度的加深，風化係數值就會增大；其分級方法，請見表6.1。

(4)點載重指數

點載重指數的定義為：

$$It = \log（To） \quad\text{………………………………}（6.3）$$

式中，It＝點載重指數

　　　　To＝風化岩石的點載重強度

(5)史密特錘回彈值

利用史密特錘回彈儀對現場岩體進行測試的讀數，稱為**史密特錘回彈值**。岩體隨著風化程度的加深，回彈能力跟著降低。其分級方法如表6.1所示。

6.3 岩頂帶的類型

岩頂帶或地盤岩帶（Rockhead Zone）指的是岩盤與其上覆的土壤之接觸帶；它會影響基礎型式的選擇，以及基座的處理方法。我們可以將岩頂帶大略的分成五種基本類型，分別稱為平面型、傾斜型、V字型、石芽型及孤石型。現在說明如下：

⑴平面型

平面型的岩頂帶，其岩頂或基岩面比較平坦，起伏不大，偶而可能只是遇到**槽溝充填**（Channel Filling）而已，此類岩頂的問題較少。

⑵傾斜型

傾斜型的岩頂向著某一個方向傾斜，特別要注意基岩面的傾向方向及傾斜角度。如果基岩面向坡外傾斜，則需評估覆蓋層發生滑動的可能性；同時也要注意基岩內部是否可能產生順向滑動。另外，還得注意覆蓋層因為厚度不同所產生的差異沉陷問題。

位於這一類型的岩頂帶之建築物，如果發生不均勻沉陷時，其裂縫多出現在基岩出露，或深度較淺（即土層較薄）的部位。為了防止一般建築物產生開裂，基礎下的土層厚度不宜小於 1 公尺，俾便能與褥墊一樣，發揮調整變形的作用。同時要計算土層的變形程度；考慮是否需要調整基礎寬度、選擇埋置深度、或者採用**褥墊**方法進行處理。

如果設計為深基礎時，基腳一定要置入岩盤內，絕對不能放置在岩頂上，如此將產生基腳滑移，甚至折斷。

⑶ V 字型

岩頂有時呈正V字，有時則呈反V字型。當建築物的基礎之下有沖蝕溝，或有任何槽溝時，因為下臥的基岩面呈正 V 字或 U 字型，形成倒八字的相向傾斜狀況，所以在基岩面上發生滑動的可能性很小；除非槽溝是向著坡外（即下坡）傾斜的。如果上覆土層夠厚，而且性質較好時，則對於中、小型建築物，只需要採取適當的結構設計，以加強上部結構的剛度即可，對於地基可以不必處理。但是如果土壤的厚度薄、壓縮性大，或承載力不足，則應考慮採用深基礎的設計；唯需注意，基樁應該入岩 1.5 公尺以上；否則可能在基岩面上發生側移，並且彎折。

　　如果下臥的基岩面向兩側傾斜，呈反 V 字型，有如背斜時，則基座的變形條件對建築物最為不利；往往在雙斜面的交界部位會出現裂縫。最簡單的處理方法就是在這些部位用沉陷縫隔開。

(4)石芽型

石芽型的岩頂帶，其岩頂或基岩面崎嶇不平，起伏甚大；基岩可能局部出露，有如石芽（請見圖 6.1 右下）。而石芽之間常為崩積土所充填。用一般探勘方法很難查清楚基岩面的起伏變化情形。職是之故，通常要加密鑽孔，以進行淺孔密探。而對於重大的工程，可能要用開挖的方法，按照基坑的實際情況，以確定基礎的放置深度。

　　對於此類岩頂帶，因為石芽間的充填物，其壓縮性較大、沉陷量也大、而承載力卻小，可能使建築物產生過大的差異沉陷。處置的方法是，利用穩定性可靠的石芽，作支墩式基礎，但要測定石芽的不連續面位態，並評估其穩定性。也可以在石芽出露的部位，比基礎底面面積稍大的範圍內，先超挖50cm～1m的厚度，然後回填可壓縮性土（如中砂、粗砂、土夾石等），或爐渣作為**褥墊**。如果石芽間的充填物較為軟弱，則應先挖除，然後再用碎石、爐渣及砂土等進行置換。

(5)孤石型

孤石型的基座對建築物最為不利；如不妥善處理，極易造成建築物開裂。

　　孤石也有殘留及移積之分；前者為被多組節理切割後的岩體，經過風化作用後的遺留體（請見圖 6.1 左下）。移積的大塊孤石則常出現在山前的沖積層，或山坡地的崩積土中；在這類土層中探勘，不要把孤石誤以為基岩。通常，鑽探遇到孤石時最好再加鑽 2～3m，以確定它是基盤或是孤石。至於孤石是否有根？即孤石與基盤是否為一體的？最簡單的識別方法就是有根的孤石，其岩性及位態與基盤一致，否則就是移積的孤石。大孤石除了可以用褥墊法加以處理之外，如果條件許可，也可以利用它作為柱子，或基礎梁的支墩。在處理地基時，應使孤石及孤石間充填物的變形條件趨於一致，能夠互相適應；否則很可能造成不良後果。

　　孤石如果要清除時，一般都需要爆破。進行爆破時，其周圍約 100 公尺的範圍內都得暫時停工，所以在施工管理上，對於時間的安排非常重要。還應注意到，如附近已經澆注了混凝土，但尚未達到設計強度時，爆炸振動將會影響其品質。

6.4 工程土壤

　　對於不同領域而言，土壤有不同的定義。土壤學家認為土壤是地表含有腐植質的鬆散細粒物質，能夠生長植物的疏鬆表層；並且將土壤分成六層，從上而下，O 層是枯枝落葉層，A 層是腐殖質層，E 層為淋濾層；以上三層合稱為**表土層**。在表土層之下，B 層為澱積層，C 層為（全）風化層，D 層為碎屑層；以上三層合稱為**心土層**。下伏於土壤之下的 R 層則為基盤（即母岩）。

　　工程師比較實際一點；工程師認為只要可以用傳統的開挖機械開挖，不必採用爆破方式挖掘的岩土層都叫做土壤。站在工程地質的立場，我們採用後者的定義。因此，**工程土壤**除了包含本章所稱的鬆散堆積物之外，連軟岩及被節理密切切割的岩體都可以涵蓋在工程土壤之內。

　　岩與土的區別非常重要，因為牽涉到開挖及鑽鑿的難易度等問題。如果用彈性波（超音波或震波）的速度來分的話，岩、土的分界線為 1.9 km/sec，如表 6.2 所示。

　　我們習慣從單一的露頭剖面，或者從個別的鑽孔資料來看土壤的垂直分帶。其實從事工程地質工作者應該還要從橫向上來看土壤的延展情形。因為土層大都厚薄不定，常見有透鏡體、薄夾層、或側向尖滅的現象。只要厚薄、性質、層次發生變化，其對工程基礎的承載，及邊坡的穩定性就隨之改變，其工程地質的課題及評估方法也自然不同。

表 6.2　各種岩、土的壓縮波（Vp）速度（單位為 km/sec）

岩石種類	Vp（km/sec）	土壤種類	Vp（km/sec）
硬岩	>3	乾砂／乾礫	0.25～0.5
中硬岩	2～4	濕砂／濕礫	0.5～0.9
軟岩	0.7～2.8	風化土壤	0.3～0.8
節理切割的岩體	0.6～2.5	施工機具之選擇	Vp（km/sec）
飽水的砂岩	1.5～2.5	一般挖土機	<1.3
臺灣的砂岩	1.3～2.0	齒耙機（Ripper）	1.3～1.9
臺灣的頁岩	2.0～3.0	爆破	>1.9

　　為了比對土層在橫向的變化，我們最常採用的方法就是粒徑分類法。這種分類法並沒有國際的標準。表 6.3 比較適用於野外的初步分類。

表 6.3　土壤的野外鑑定法

基本分類			粒徑（mm）	野外鑑定法	密實度測試法	
粒狀土	極粗粒	巨石	> 200	簡單估測其粒徑尺寸；注意級配及膠結情形。	密實	用肉眼直接觀察其空隙及顆粒排列；用鎬挖掘困難。
					稍密	用鎬易刨開；用地質錘輕敲即可引起部分剝落。
		卵石	60～200	簡單估測其粒徑尺寸；注意級配及膠結情形。	鬆散	用手可掏取。
	粗粒（百分之六十五以上為礫及砂）	礫 粗	20～60	肉眼容易識別；描述其顆粒之形狀、圓度、級配、膠結物。	極緊密	用肉眼直接觀察，稍有膠結；用地質錘挖掘呈塊狀脫落。
		礫 中	6～20	肉眼可見單獨顆粒；注意級配、細粒膠結物。		
		礫 細	2～6	肉眼可見單獨顆粒；注意級配、細粒膠結物。		
		砂 粗	0.6～2	肉眼仍可見；約有一半以上的顆粒比小米粒（0.5mm）大；乾燥時顆粒完全分散；可估計其級配。	密實	可用鎬挖掘；用5cm粗的木棍不易插入。
		砂 中	0.2～0.6	約有一半以上的顆粒與砂糖或白菜仔（> 0.25mm）近似；即使是膠結的，一碰即散；濕潤時無黏著感；可估計其級配。	鬆散	可用鍬挖掘；用5cm粗的木棍極易插入。
		砂 細	0.06～0.2	大部分顆粒與粗玉米粉（> 0.1mm）相當；即使是膠結的，一碰即散；濕潤時偶有輕微黏著感。		

基本分類			粒徑（mm）	野外鑑定法		密實度測試法
黏性土	細粒（百分之三十五以上為粉砂土）	粉砂	0.002～0.06	肉眼可見之最小顆粒；約與小米粒相當；顆粒小部分分散，大部分膠結，但稍加壓即散；濕潤時有輕微黏著感，稍具可塑性；具顯著膨脹性；觸摸時有絲綢感；置入水中易崩解；濕土塊易乾。	密實或硬	握在手中需極用力才能壓碎或模塑。
					鬆散或軟	握在手中只要輕輕用力即可壓碎或模塑。
		黏土	< 0.002	乾土堅硬，類似陶器碎片；用錘擊方可破碎，不易擊成粉末；置入水中，崩解速度比粉砂慢；濕土用手捻摸有滑膩感；當水分稍多時，極易黏手，感覺不到顆粒的存在；濕土極易黏著物體，乾燥後不易剝除；具顯著可塑性，但無擴張性；濕土乾燥緩慢；乾燥後體積縮小，可見龜裂。	極硬	需用大拇指的指甲才能壓入。
					硬	可用大拇指壓入；不能在手中模塑。
					中硬	握在手中需用力才能模塑。
					軟	握在手中輕輕用力即可模塑。
					極軟	握在手中會自指間流出。
		有機土	大小都有	含有很多有機質。		
		泥炭土	大小都有	以植物殘留物為主；黑褐色至黑色；常有腐朽味；密度低。		

6.5　殘留土

　　殘留土或殘餘土是指岩石經風化後，未被搬運而殘留在原地的碎屑物質所組成的土體。它位於風化殼的上部，廣義而言還包含風化殼的全風化帶及強風化帶；向下則逐漸轉型為半風化的半堅硬岩石；與新鮮岩石之間沒有明顯的界線。殘留土的頂部位於地表，受成壤作用而形成土壤。

　　殘留土與基岩半風化層的區別僅僅是殘留土層中的細小顆粒被水流帶走，將較粗的顆粒殘留下來。風化層雖然受到風化作用，但是未經搬運，所以磨圓

度及淘選性都很差，層理構造也被模糊化了。

　　殘留土的粒徑及礦物成分主要受母岩的岩性及氣候條件的控制。母岩的岩性將影響殘留土的物質成分。例如酸性火成岩多含長石等矽酸鹽礦物，經風化後，其殘留土中會含有很多的黏土礦物，所以分類上殘留土將會屬於黏土，或粉質黏土；如果石英的含量增加時，殘留土的顆粒就會較粗一點，在屬性上漸變為粉砂。中性及基性火成岩風化後，由於其中含有抗風化能力較差的礦物，因此常常形成粉質黏土類型的殘留土。

　　至於沉積岩而言，因為它本來就是鬆散的沉積物經過成岩作用後所形成的，所以它於風化後，又恢復原有的鬆散狀態，其顆粒成分變化不大；如黏土岩就風化成為黏土的殘留土；細砂岩就風化成為細砂質的殘留土；砂礫岩就風化成砂礫質的殘留土。它們的礦物成分都與其母岩一樣。

　　氣候的影響主要在於風化類型會有所不同，從而影響殘留土的礦物成分及粒徑。例如在潮濕而溫暖、排水條件良好的地區，以化學風化為主，由於有機質迅速腐爛，其分解出的二氧化碳有利於高嶺石的形成。但是在潮濕溫暖，而且排水不良的地區，則殘留土中將含有較多量的蒙脫石黏土礦物。如果是既潮濕又炎熱的氣候，則黏土礦物會繼續分解為三氧化二鐵、三氧化二鋁等礦物，最後形成**紅土**或**鋁土**。在乾旱地區，以物理風化為主，因為降雨量很小，缺乏使岩石發生水解或溶解的水分，所以只能使岩石破碎成為岩屑及粗粒的砂、礫，一般缺乏黏土礦物。這種殘留土具有礫石型土壤的工程地質性質。如果是半乾旱地區，則岩石除了遭受物理風化之外，還有化學風化的作用；使原生的矽酸鹽礦物，如長石等變成黏土礦物；由於雨水較少，蒸發量大，所以土壤中將會含有較多的可溶鹽類礦物，如碳酸鈣、硫酸鈣等；這種地區的地下水通常呈鹼性，所以鹼及鹼土金屬沒有被淋濾掉，因此容易形成伊來石黏土礦物。總之，從乾旱至潮濕的氣候環境，殘留土的顆粒將由粗變細，土壤的類型將由礫石型，過渡為砂質型，再至黏土型；且黏土礦物將表現出不同的可塑性及膨脹性。如果殘留土中含有大量的高嶺石，就不會產生強烈的膨脹性及收縮性；如果殘留土中含有大量的蒙脫石，則遇水後劇烈膨脹，失水後則體積又回縮，因此土體就發生龜裂。故氣候條件深深影響了殘留土的結構及礦物成分，進而影響了其工程地質性質。

　　形成殘留土要有適宜的地形條件；剝蝕的平原是形成殘留土最有利的條件；在接近寬廣的分水嶺地帶、平緩的斜坡地帶或低濕地區等，廣泛發育著殘

留土。這些地區由於不易受到水流的沖刷，所以殘留土可以發育得很厚。反之，在山丘的頂部，或陡坡地帶，由於侵蝕力旺盛，所以殘留土的厚度較薄，甚至不留殘留土。總之，殘留土的厚度在垂直方向及水平方向的變化都很大。

　　一般而言，殘留土的上部，孔隙率較大、壓縮性較高、強度較低；反之，殘留土的下部常夾有碎石或砂質的黏性土，或者是孔隙為黏性土所充填的碎石土或砂礫土，其強度較高。

　　由於殘留土的孔隙率較大、成分及厚度很不均勻，所以如果利用以黏性土為主的殘留土為地基時，應預防不均勻沉陷的問題。反之，如果殘留土是由粗碎屑所組成時，沉陷的問題會比較小。在殘留土中開挖基坑時，邊坡的穩定性則取決於其顆粒組成；必須注意，施工時如果受到某種振動，也可能引起滑動。如果遇到殘留土很薄，一般就將它挖除，而將基礎直接放置在基岩上。當殘留土的厚度很大時，可以利用殘留土為地基。只有在殘留土的強度及變形不能滿足工程的需求時，才考慮採取地質改良措施；如果經濟許可，也可考慮將其挖除。

6.6　落石堆

　　落石堆是因陡坡先發生落石，然後堆積在坡趾部（即坡腳處）的一種錐狀堆積物。

　　落石乃是一種重力地質作用；因為坡頂上的岩石受到節理的密集切割、碎解；或者砂、頁岩互層的差異風化，造成砂岩懸空；或者膠結不良的礫石層（包括崩積層）遭受風化及侵蝕作用；在振動力、雨水入滲、裂縫水的凍融、或樹根的撐開等外力的促使下，岩塊或礫石在自身的重力作用之下，突然以自由落體、滾動或跳動的方式向下墜落，最後停積在坡度突然變緩的坡腳處。在坡度較緩（約30°～60°）的邊坡上發生落石，其運動模式常以滾動及跳動的方式為主。落石廣泛的出現在山坡、公路的路塹、河岸、湖岸、庫岸、海岸等處。其發生的速度極快，一般以5～200m/s的自由落體速度掉落。發生後可能摧毀森林、破壞交通、堵塞河道、撞破屋頂，造成人畜傷亡，及經濟損失。

　　落石一般發生在坡高為50公尺以上的急陡邊坡，其坡度要在55°以上（以55°～75°者居多）。其次，落石大多發生於堅硬性脆的岩石；因為這一類岩石

之抗風化及剝蝕能力較強，常形成高陡的邊坡；又因為其性脆，所以岩石的裂隙發達、岩體破碎；特別是岩層的層面及裂隙面與邊坡的傾向一致（即順向）時，則更容易發生落石。岩石的碎解最容易發生在物理風化強烈的乾旱、半乾旱地區，或凍融作用頻繁的高山地區，或鹽化（結晶）作用強烈的海岸地帶。

落石主要發生於暴雨或冰雪融化的季節。岩體的裂縫如果充滿著入滲的雨水，孔隙水壓增大、摩擦力降低，使得岩體的負荷急增，因而最容易產生落石。此外，在地震及人工爆破時，都會破壞岩體結構，使裂縫的開口加寬，並使岩塊脫離母體，引起落石。

落石發生後，在山麓或陡崖下，不斷的堆積而形成**崖錐**；它常沿著山坡，或谷坡的陡崖線呈現條帶狀分布。崖錐係由未經分選的大、小岩塊及少量的泥、砂混雜堆積而成；其結構非常鬆散，孔隙率很大。其岩塊的成分與組成邊坡的岩性成分一致；碎屑呈角礫狀，分選性極差。

落石在運動過程中，發生了碰撞及磨損，所以稜角稍微被磨圓；而且大石塊停積於坡腳，所以造成具有下粗上細的粗略分選。崖錐的厚度在上、下緣最薄，而最厚的部位則位於崖錐的縱剖面上由陡變緩的地方。

崖錐堆積的表面，其坡度不小於 11°，以此可以與沖積土相區別。沖積土的表面，一般小於 11°；同時，沖積土可以溯源追蹤，且與河谷相通。**崖錐堆積的陡度大多在 20°以上，最陡可以到 46°**。一般而言，崖錐堆積的穩定坡度要比其內摩擦角還要小 10°左右。在不穩定的崖錐堆積上開闢公路、修坡整地、挖高填低等，常常引發邊坡滑動及地基沉陷等現象。

6.7　崩積土

地表的風化碎屑物質從上邊坡往下邊坡移動，並在緩坡處堆積而成的鬆散堆積物，稱為**崩積土**。移動的力量主要來自於地表的逕流、重力或者是它們兩者的合力作用；一般則是以後者為主。

雨水及融溶的雪水在形成崩積土的地質作用，以洗刷作用（片流搬運作用）為主。它們順著斜坡流動，且將地表的碎屑物質往下搬運。通常洗刷作用是在整個坡面上進行，好像是將地面剝去一層一樣，造成了土石流失。這些物質被搬到比較平緩的山坡，或山麓地帶逐漸堆積起來；同時，還有因為崩塌作

用而坍塌下來的崩塌物質混合進來；遂漸漸形成了崩積土層。崩積土分布於山麓地帶，將山谷填滿，形成一個帶狀的緩坡區帶，與原來陡峭的地形形成顯著的對比。

崩積土是搬運距離不遠的鬆散物質；其特點是物質來自於上邊坡，一般以黏土、粉質土及砂土為主，其內雜夾著一些帶有稜角的粗岩屑。其粒度由上邊坡向下邊坡逐漸變細；其上半部主要是含泥砂的碎石；下半部則為含碎石的砂土及黏土。在垂直剖面上，下部與基岩接觸的地方，往往是碎石土及角礫土，其中充填有黏性土或砂土；上部較細，多為黏性土。如果雨量集中，則在黏性土層中，經常夾有粗粒碎屑土及砂土的透鏡體；其排列方向與斜坡一致。一般無層理，或只有局部展現層理；未經很好的分選；且厚度不均勻，一般是中、下部比較厚，向山坡上部逐漸變薄，以至尖滅。**崩積土與殘留土之間最大的區別是，崩積土多覆蓋在他種岩石之上；它的顆粒成分與基岩毫無關係；殘留土則正好相反**（見圖 6.1）。

崩積土與下臥基岩的接觸面是一個**不整合面**（軟弱面）。因此，在這種地區從事工程建設時，有關崩積土的穩定性就應該特別注意下列各項：

- 下臥基岩面的地形及坡度與坡向。
- 崩積土的垂向厚度及側向的變化情形。
- 崩積土本身的性質。
- 下臥基岩的性質。
- 崩積土的破壞情況。

崩積土的穩定程度首先決定於下臥基岩面的坡度及坡向。一般而言，基岩面的坡度愈陡，而且是順向時，崩積土的穩定性就愈差。有時候在地表很平緩的地區，卻出現了崩積土滑動的情況，這主要是由於基岩面的坡度較大的緣故。因此，不能單憑地表的坡度來判斷崩積土的穩定性。

在山區常可遇到崩積土充填著老的溝谷，在溝谷的橫切面上，崩積土的兩側有所倚靠，所以無滑動之虞；因此，它的穩定性主要決定於沿溝谷方向的基岩面之坡度；但是還有一點更重要的是，溝谷成為地下水的集流通道，必須慎防管湧現象（Piping）；如果讓細粒物質被地下水攜走，很可能會發生塌陷現象。

下臥基岩面的地形對崩積土的穩定性也有很重要的影響。如果基岩面凹凸

不平，或是呈階梯狀，則有利於崩積土的穩定度。

　　於崩積土內，如果黏土含量比較多，則遇到雨水入滲時，不但使得崩積土的重量增加，而且當地下水的水壓消散很慢時，崩積土的穩定性將會大為降低。主要由黏性土組成的崩積土，其天然孔隙率一般很高，所以具有較大的壓縮性。加上崩積土的厚度多是不均勻的。因此，在這種崩積土上從事工程建設，還得考慮不均勻沉陷的問題。

　　當崩積土之下的基岩是不透水，或弱透水性時，滲入崩積土內的水就會在崩積土內聚集，並且順著基岩面流動；這對崩積土的穩定性是不利的。如果下臥的基岩又是遇水會軟化的黏土岩（如頁岩、泥岩等），將更容易引起崩積土的滑動。

　　如果崩積土的趾部受水沖刷，或不合理的開挖，則將觸發崩積土的滑動。另外，在崩積土之上增加荷重，也將引起崩積土的滑動。因此，**對於崩積土的利用，其原則應該是在上半部減重，而在趾部鎮壓**；例如在趾部的地方設置撐牆、挾牆或拱壁（Buttress），利用側撐的方式以穩住崩積土（請見圖 6.3Aa）；而撐牆與崩積土的接觸面（即撐牆的底座）最好能夠開挖成階梯狀（圖 6.3Ab），一則可以增加滑動阻力，二則可以使得壓重能夠垂直的作用在崩積土上，以避免產生接觸面上的下滑分力。

　　由於崩積土在山區及丘陵地區的分布非常廣泛，所以遇到它的機會非常多：如果對它處理不當，將會引致災難。因此原則上，薄的崩積土可以採用挖除的方法；對於較厚的崩積土，則應該儘量避免挖除，因為這樣做很不經濟。如果只是部分開挖時，則應避免在趾部開挖，因為這是最危險的工法；如果是在坡胸開挖時，則應記住，其殘留的崩積土必須呈上側薄而下側厚的**正錐體**（請見圖 6.3Bc），絕不能形成上側厚而下側薄的**倒錐體**（圖 6.3Ba）；後者非常容易潰坍。重大工程遇到崩積土時，宜採用樁基或墩基，以將荷重由下部的堅固岩盤來承擔。根據經驗，**對於公路建設**，或者一般的建築物，**如果採用上部減重、趾部鎮壓的處理原則，崩積土還是可以利用的。**

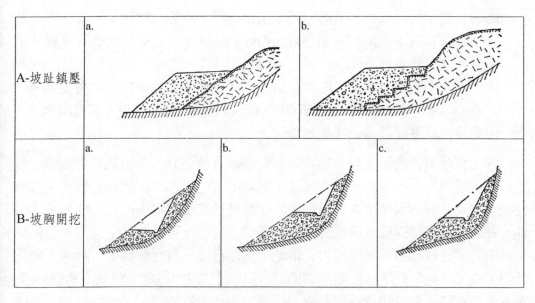

圖 6.3 崩積土的上部減重及趾部鎮壓工法

🧍 **6.8 沖積土**

　　沖積土是暫時性槽型水流（如山洪或集中降雨）所攜帶出來的碎屑物質，在山麓平原，或山溝的出口地方堆積而成的鬆散堆積物。當山洪挾帶的大量泥砂、石塊流出溝谷口後，因為地勢開闊，水流分散，搬運力頓減，其所攜帶的塊石、碎石、及粗砂就首先在溝谷口大量堆積下來；較細的物質繼續被速度逐漸減小的流水搬運至離溝谷口較遠的地方；離谷口的距離越遠，沉積的物質越細。經過多次的洪水後，在溝谷口就堆積起錐形的堆積物，因為形如扇狀，所以稱為**沖積扇**（Alluvial Fan）。當單獨的沖積扇不斷的向前及向側向逐漸擴大時，即會與鄰近的溝谷口之沖積扇互相連接在一起，因而形成**沖積裙**；由很多沖積裙即結合成**沖積平原**。

　　沖積土的特點如下：

(1)物質的分選性差，大小混雜，顆粒都帶有稜角。扇頂以粗大塊石為主，分選性差，層理不清晰；扇中的顆粒變細，主要為砂、粉砂，偶夾磨圓度好的礫石；扇緣的顆粒更細，分選性稍好，而且磨圓也較好，以粉砂及黏性土為主，有時夾砂、礫石透鏡體，具有不規則的交錯層理。

(2)因為歷次的洪水能量不盡相同，所以堆積下來的物質也不一樣，因此沖積土常具有不規則的**交錯層理**（Cross Bedding）構造，並具有夾層、尖滅或透鏡體等構造。

(3)沖積土中的地下水一般屬於自由水，在扇中及扇緣一帶可能有受壓水。扇頂的地下水位較深，扇緣則較淺；局部低窪地段，地下水可溢出地表。

(4)扇頂的厚度較薄，扇緣則較厚。

　　從工程地質的觀點來看，扇頂的粗粒碎屑沉積部分，多由礫石、卵石、及巨石為主要組成；孔隙大，透水性強，其地下水位較深；但承載力較高，壓縮性較小，為良好的天然地基；但是應該注意透鏡體堆積物所引起的地基不均勻性。在扇緣的細粒碎屑沉積部分，顆粒較細，為砂土逐漸向黏土過渡；但以黏土為主，成分較均勻，厚度較大；但地下水位很淺，有時會自噴；且水系變化多端；故並非良好的地基。扇中的部分，以砂土為主；由於地下水的溢出，土層潮濕；有時因為植物茂盛而形成泥炭層；因此土質較弱，承載力較弱，所以也不是良好的地基。

　　在高山邊緣地帶常有現代沖積錐正在發育中，當道路通過這種現代沖積錐時，由於沖積錐的發展及移動，道路可能被埋，所以規劃路線時，應該先識別沖積錐是正在發展中，或已經固定了。識別的方法之一是觀察植物的生長情況。通常正在發展中的沖積錐上很少生長植物；已固定的沖積錐則長有草或其他植物。線路必須通過正在發展中的沖積錐時，必須選擇從扇頂經過，以避免道路遭到山洪泥砂的破壞。

　　土石流的堆積扇也是沖積扇的一種。因為土石流的能量非常猛暴，它常以其自身的水力及攜帶的砂礫，對溝床及溝壁進行沖蝕及磨蝕；使其挾帶的土石量，越往下游，越是豐碩，所以在堆積區可以堆積成土方量非常大的堆積扇、或堆積帶。**其與流水所造成的沖積扇，主要區別在於其扇面呈壠丘狀，地形凹凸不平。**一般以堆積扇的軸部較為高聳，且向兩側傾斜；扇體上雜亂分布著壠崗狀、舌狀、或島狀的堆積物。堆積物以石塊為主，具有尖銳的稜角、磨圓度很差、無方向性、也無明顯的分選層次；偶而含有剝光了皮的樹幹。因為土石流的發生也有週期性，所以每一次形成的堆積物，其分布範圍不盡相同；從其風化程度及長青苔的情形即可加以分期。

　　更廣大的沖積土則分布於河谷的氾濫平原與河階台地，以及海岸平原與三角洲等地。它們大多由流水沖積而成；少部分為風成的堆積物；還有一些是冰

河所堆積的。在河流的上游，由於攜帶能力較強，所以只把巨石及巨礫石沉積下來，其堆積物大多由含純砂的巨石、卵石及礫石所組成；分選性差；大小不同的礫石互相交替，成為水平排列的透鏡體，或不規則的帶狀分布。此段沖積層的厚度不大，一般不超過 10 至 15 公尺；它的透水性很大，剪力強度高，基本上是不可壓縮的。河流到了中游，其河床加寬，沖積層變寬、變厚，但仍以含砂的礫石為主；粒徑比上游的小，但磨圓度較佳。河流到了下游，河床更寬；沖積土的顆粒變細，磨圓度更佳，並且分布在河谷的谷底範圍內；河床沖積物主要由卵石、礫石、砂、粉砂、粉質黏土、淤泥等所組成。而沙洲上的沖積物因為是洪水期河水溢出河床兩側時形成的氾濫沉積物，主要是沉積一些較細的物質，如細礫、砂、粉砂及粉質黏土等。故其主要特徵是上部係由細砂及黏性土所組成，下部則是粗粒的河床沉積物，因此形成二元的沉積結構；且具有斜層理與交錯層理。由於河床的遷移與左右擺動的現象，所以河床沖積土不管在橫斷面上，或者縱斷面上，其沉積相（或層次）是極其複雜的；垂直向及水平向的變化非常快，透鏡體、夾層及尖滅的現象非常普遍。因此探查時，探查點的密度要布置得密一些。

　　河流階地也是覆蓋著沖積土的地帶。**河流階地**的形成是由於地殼的週期性升降，以及河流的侵蝕與堆積作用的綜合影響，呈階梯狀分布於河流兩岸的谷坡上之鬆散堆積物（請見圖6.4）。階地要在河床下切侵蝕的基礎上才能形成。引起河床下切侵蝕的主要原因是地殼的升降運動。當地殼相對穩定及下降時，河流以堆積為主，因而形成沖積層。然後因為地殼上升，**侵蝕基準面**相對下降，所以河流的垂直侵蝕作用增強，遂下切先前形成的沖積層，因而造成階地

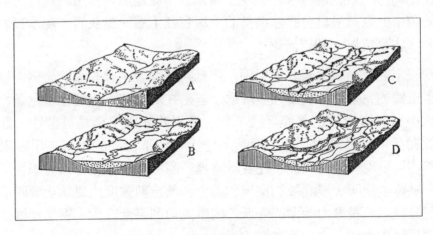

圖 6.4　河流階地的形成

的陡坎。如果地殼發生多次升降運動，則引起河流的侵蝕與沉積作用將交替發生；從而在河谷中形成多級階地。一般標記階地的級序係採用從新到老的方法；把最新的、最低的、剛好超出河灘地的階地，稱為**一級階地**；其餘的類推；高程越高的階地，形成的時間越早，級序越大。

6.9　問題土壤

有些土壤因其本身的化學成分或物理性質比較特殊，而影響到其穩定性，因此在工程上引起一些困擾；這種土壤就稱為**問題土壤**（Problem Soils），或**災害性土壤**（Hazardous Soils）。它們在土地分區規劃階段就應予以識別，儘量加以規避，俾以預防災害的發生，或無需浪費無止境的維修費用。

6.9.1　膨脹土

膨脹土（Expansive Soil）又稱脹縮土；其最重要的特性是能脹能縮，而且是可逆性的。它的體積會隨著含水量的增加而膨脹，隨著含水量的降低而收縮；其脹縮量可以達到原體積的40%以上。主要是因為它所含的蒙脫石及伊利石等黏土礦物（約佔土體總體積的30%以上）具有吸水膨脹、失水收縮的特性所致（見圖 2.7）。當土壤吸水時，土體膨脹，產生強大的膨脹壓力，可以將輕型建築物或鋪面抬起；當土壤水分減少時，土體收縮，並且產生裂隙，導致建築物及鋪面的變形、均裂，甚至破壞而無法使用。最容易被損壞的建物有鋪面、公共管線、地下道、地下鐵、下水道、街道、道路及輕型建築物等。膨脹土壤在週期性的脹縮過程中，造成土層龜裂，促進風化作用的進行，容易引起邊坡的破壞。**臺灣最具有脹縮潛勢的土層有紅土層、凝灰岩、錦水頁岩、西南部泥岩、古亭坑層、利吉層等。**

膨脹土在乾燥狀態時非常堅硬，但具網狀開裂，且有臘狀光澤；這些裂隙破壞了土體的完整性，並使強度降低。但是在潮濕時，土壤極富黏著性，以致鞋底或機械的履帶被黏著而無法工作。潮濕的膨脹土極具可塑性，且有滑膩感；放在手中極易搓成圓球，而且手乾後會留下極細的粉末；用圓鍬鏟入土層，其切面呈現光滑而閃亮。在實驗室裡，膨脹土吸水後，其力學性質明顯的降低；試驗後證明，浸潤後的重模膨脹土，其抗剪強度比原狀土要降低三分之一到三分之二，凝聚力明顯的降低，內摩擦角則降低較少；壓縮性增大，其壓縮係數可以增大四分之一到二分之一。

　　膨脹土的自然膨脹率如果達到 40%時，它就稍微具有膨脹性；達到 65%時，則為中等的膨脹潛勢；如果超過 90%，那就具有很高的膨脹性了。有時，在實驗室也可透過壓密試驗，以求取土壤的膨脹壓力；其膨脹潛勢可由表 6.4 的準則給予判定。

表 6.4　由膨脹壓力的級距判定土壤的膨脹潛勢

膨脹壓力級距，kg/cm^2	膨脹潛勢
0～1.35	非膨脹土
1.35～1.60	正常土
1.60～2.35	膨脹土
> 2.35	高膨脹土

　　膨脹土的膨脹部位主要位於地下水位產生週期性升降的段落，所以**處理膨脹土的原則主要包括土壤置換、改變土質、穩定地下水位、或將基礎的底面深置於地下位的變化帶之下等**（請見圖 6.5 內 3 的位置）。採用換土的方式時，可先將膨脹土挖除一部分，然後再用非膨脹性材料、灰土、或砂予以回填；也可以採用砂、石的墊層，其厚度應不小於 30 公分，寬度應大於地基的寬度，一般在地基的側面各拓寬 30 公分。土質的改變一般採用石灰、水泥、或有機化合物，以其鈣離子去取代土壤內的鈉離子；如果路基為膨脹土時，則宜先採取石灰填層，或澆灑石灰水處理，以消除其膨脹性。有時為了穩定地下水位，防止其暴起暴落，就要禁止將水分注入地表下，例如為了防止雨水自建築物的四周滲入地下，而浸潤地基，我們可以將散水寬度加寬到 2～3 公尺，並且向外傾斜 3%～5%。如果膨脹土層很厚，則可採用樁基，將建築物的負載傳遞到較深的、不具脹縮性的承載層上；且樁身應該採用非膨脹性土作為隔層；樁徑不宜太粗，一般採用 25～35 公分。

▌6.9.2　液化土

　　疏鬆的砂層受到振動（例如地震）時，砂體有變密的趨勢。如果砂層的孔隙水是飽和的，要變密就必須從孔隙中排擠一部分的孔隙水；如果砂粒很細，砂層的透水性不良，在地震過程中的短暫振動時間內，孔隙中所要排除的水就會來不及排出砂層之外，結果必然使砂層中的孔隙水壓驟升，砂粒之間的有效

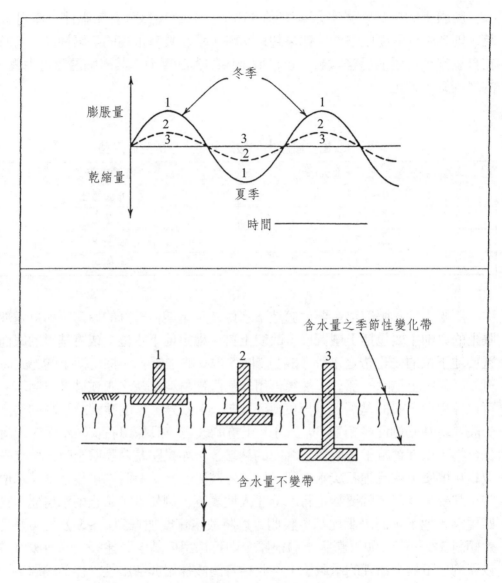

圖 6.5　膨脹土受地下水位週期性變化的影響

應力也隨之降低。當孔隙水壓上升到使砂粒之間的有效應力降為零時，砂粒就
會完全懸浮於水中；砂層因而完全喪失了剪力強度及承載能力。這種現象稱為
砂土液化（Liquefaction）。

　　砂土液化後，其剪力強度盡失，造成建築物傾斜、地基滑走、轉動或沉入

液化土中、中空的物體（如公共管線、下水道、化糞池、地下鐵、地下室等）浮出地表。與砂土液化伴生的常可見到噴水、噴砂、噴泥、地層下陷、地表龜裂等現象。

容易發生液化的地質環境大都位於港灣、近代河口三角洲、沿海平原、近期河床堆積、舊河道、自然堤周圍、谷底低地、沖積扇的扇緣、人工填土區、抽砂回填的海埔新生地等。

飽和的砂土及地震動是發生砂土液化的必備條件；下列幾個因素為形成液化的重要條件。

(1)砂土的特性

砂土於受振時要形成較高的孔隙水壓，必須符合兩個基本條件，一個是它必須具備足夠的振密空間，第二個是它的透水性能不佳。一般的情況，相對密度小於 50%，且粒徑均勻、黏土含量小於 10%的粉砂或細砂最易液化。

(2)蓋重

前面提到，當孔隙水壓大於砂粒間的有效應力時才會產生液化；所以可能液化的砂土層如果位於地表下較深的位置時，其上覆土層的蓋重足以抑制孔隙水壓推開砂粒時，就很難發生液化。一般而言，可能液化的飽和砂層如果位於地表下 20 公尺以下時，就很難液化了。

(3)地下水位

由於地下水位以下的砂土顆粒處於懸浮減重的狀態，即液化係發生於地下水位以下的地方，所以地下水位的深度直接影響蓋重的大小。因此很顯然的，地下水位越深，砂土就越不容易液化；反之，就越容易液化。一般言之，地下水位低於地表下 3～4 公尺時，液化現象就很少見了。但是為了安全起見，保守一點可以將液化的最深地下水位定為 5 公尺。

(4)地震強度及持續時間

地振動是砂土液化的動力；很顯然的，地震強度越大，持續時間越長，將越容易液化，而且波及的範圍將更廣，且破壞越嚴重。

一般水平加速度在 0.03g 以下的地區，很少見到液化現象；水平加速度為 0.1g 時，可以使疏鬆的粉砂及細砂發生液化；而 0.3g 以上時，將使顆粒較粗或黏土含量較高的砂土也會發生液化。

地震規模與液化範圍的關係，可用下列經驗公式加以推測（栗林、龍岡、吉田，1974）：

日本：$\log R = 0.77M - 3.6$ .... （6.4）

世界：$\log R = 0.87M - 4.5$ .... （6.5）

式中，R＝最遠的液化點至震央的距離（公里）

M＝地震規模（M＞6）

地振動的持續時間直接影響孔隙水壓的累積上升；一般而言，隨著振動時間的加長，將使孔隙水壓不斷的上升，發生液化的可能性就愈大。能引起液化的地震持續時間，一般都大於 15 秒鐘。

對於砂土液化的潛勢評估，一般以 Seed 的剪應力對比法最常用。其原理是根據某一深度土層的實際應力狀態，計算出能夠引起該砂土層發生液化的剪應力。方法上需先求出地震時，土壤在不同深度的地震剪應力，再取出土樣在室內進行動力三軸試驗，以確定土壤發生液化時所需的動剪應力；如果所得的值小於由地震加速度所求出的等效平均剪應力，則有可能發生液化。利用該法需要相當大的試驗工作量，所以應該尋求更為簡易的初步判別方法，以便在調查初期即可作出概略的判斷。最簡單的就是標準貫入法；一般，砂層的N值如果小於 25，就應該考慮其液化的可能性了。

6.9.3　軟弱土

一般對於天然含水量很大、壓縮性高、及承載力低的軟塑性到流塑性的土壤，都稱為**軟弱土**。一般，N 值小於 5 的泥質土壤，或 N 值小於 10 的砂質土壤就可稱為軟弱土。軟弱土一般都是在水流不通暢、缺氧、水分飽和、以及有微生物作用下的靜水沉積環境中形成的近代沉積物；如沉積於濱海、潟湖、湖泊、水庫、沼澤、河灣、廢河道、廢池塘等地的特殊土壤。其特徵是含有較多的有機質、天然含水量大於液限、天然孔隙比大於 1、結構疏鬆、顏色呈灰、灰綠、灰藍、及灰黑等，土會汙染手指、且具有腐臭味。其中孔隙比大於 1.5 者稱為**淤泥**，小於 1.5 而大於 1 者稱為**淤泥質土**；淤泥質土的性質介於淤泥與一般黏土之間。而當土壤的灼燒量大於 5%時，稱為**有機質土壤**；大於 60%時，則已成為**泥炭**了。以上幾種土壤都是軟弱土的代表（請見表 6.5）。

表 6.5　軟弱土的分類

軟弱土的名稱	有機物含量（%）	天然孔隙比（e）	液性指數（I_L）
軟土	< 5	< 1.5	> 0.75
淤泥質土	5～10	1.0～1.5	> 0.75
淤泥	10～60	> 1.5	> 0.75
泥炭	> 60	> 2.0	> 0.75

　　軟弱土的特點在於其粒度以粉質黏土及粉質砂土為主；且其組成礦物，除了部分石英、長石、雲母外，主要含有大量的黏土礦物，其中常以水雲母（伊來石）及蒙脫石佔多數；另外，就是其有機質的含量較多，一般含量為5%～15%，高含量的有達 17%～25%者。軟弱土常具有薄層狀結構，往往含有粉砂的夾層，或泥炭透鏡體。

　　軟弱土的孔隙比約為 1.0～2.0，液限一般為 40%～60%，飽和度都超過95%，天然含水量多為 50%～70%，高的可達 90%。軟弱土的結構疏鬆，壓密程度很差，其大部分壓縮變形發生在垂直應力為 1kg/cm^{2}左右；反映在建築物的沉陷上是沉陷量很大，尤其是沉陷的不均勻性，容易造成建築物的龜裂及損壞。

　　在不排水的情況下進行三軸快剪試驗時，Φ角接近於零；抗剪強度一般均在 0.2 kg/cm^{2}以下；直剪試驗所得的Φ角只有 2°～5°而已，c 值一般小於0.2 kg/cm^2。在排水的狀況下，抗剪強度隨著壓密程度的增加而增大。壓密快剪的Φ角可達 10°至 15°，c 值在 0.2 kg/cm^{2}左右。因此，要提高軟弱土的強度，其關鍵是排水。如果土層有排水出路，它將隨著有效應力的增加而逐步壓密。反之，如果沒有良好的排水出路，則隨著荷重的增加，它的強度可能衰減。

　　軟弱土的透水性差（垂直滲透係數為 10^{-6}～10^{-8}cm/s），排水不易；由於常夾有極薄層的粉砂或細砂層，所以垂直方向的滲透係數常較水平方向要小一些。此種特性往往使土層於荷重之後，呈現很高的孔隙水壓，對地基的排水壓密非常不利，建築物的沉陷時間延續得很長。

　　為了降低軟弱土的高含水量，可用砂樁、排水袋等方式，將水分排除；預壓砂樁法就是一種常用的方法。在軟土層較厚的地方，為了縮短預壓工期，可

在軟土層中打入許多排水砂井，以形成壓密排水的通道，並縮短排水距離。

沒有處理的軟弱土於承受荷重後，容易產生側向的軟塑流動、沉陷及基底面兩側向外擠出等現象。在剪應力的作用下，土層會發生緩慢但長期的剪切變形；對邊坡、路堤、碼頭及地基的穩定性往往產生不利的影響。

6.9.4 鹽漬土

地表淺層（約 1～4 公尺的厚度內）的土壤，如果其易溶鹽的含量大於0.5%，具有吸濕、鬆脹等特性者，就稱為**鹽漬土**。其厚度與地下水位、土層的毛細作用之上升高度，以及蒸發作用的影響深度等因素有關。隨著乾、濕季的變化，鹽漬土也會跟著發生結晶及淋溶（Leaching）的週期性改變。

鹽漬土依其化學成分主要可以分成三種：**氯化鹽、硫酸鹽**及**碳酸鹽**。土壤中的氯離子濃度與硫酸根離子的濃度之比如果大於 2（$Cl^-/SO_4^{-2} > 2$），即屬於**氯鹽漬土**；如果該值小於 0.3 就屬於**硫酸鹽漬土**。

氯鹽漬土發生於沿海地帶；當土壤受到海水的浸潤，經過蒸發作用後，水中的鹽分乃殘留於地表或地表下不深的土層中。氯鹽漬土中的鹽分主要是NaCl、KCl、$CaCl_2$、$MgCl_2$等氯化物，其含量一般不超過 5%。氯化物鹽類的特性是溶解度大，易隨水分的流動而遷移；且有明顯的吸濕性，但蒸發緩慢，因此常保持濕度；在乾季時即呈結晶狀態，但體積不發生變化。因此，氯鹽漬土在乾燥時，具有良好的工程性質，其強度隨著鹽分的增加而增大，承載力因而提高；且因吸濕而保持了一定的水分，所以填土易於夯實。但是，當潮濕時，氯鹽很容易溶解，使土壤常處於潮濕狀態，具有很大的塑性及壓縮性，其強度大為減弱，穩定性很差。因此，作為土堤的填料時，含鹽量需要有所限制。氯鹽漬土具有一定的腐蝕性；當氯鹽含量大於 4%時，對混凝土會產生不良的影響；對鋼鐵、木材、磚等建築材料也具有不同程度的腐蝕性。

硫酸鹽漬土的含鹽成分主要為 Na_2SO_4及 $MgSO_4$。它們的特點是結晶時要結合一定數量的水分子（如$Na_2SO_4 \cdot 10H_2O$），所以體積會跟著膨脹；當結晶溶解時，體積相應減小。這種脹縮現象會隨著溫度的變化而變化；當溫度下降到 32.4℃ 以下時，鹽分就開始從溶液中結晶析出，體積膨脹；當溫度升高到32.4℃ 以上時，晶體就開始溶解於溶液中，體積縮小。這種週期性的變化，會使土壤產生鬆脹現象；它一般發生在地表下 30 公分左右。硫酸鹽漬土具有較強的腐蝕性；當其含量超過 1%時，對混凝土就會產生剝落或掉皮等有害的影

響。對其他建築材料也有不同程度的腐蝕作用。

碳酸鹽漬土的鹽分以 Na_2CO_3 及 $NaHCO_3$ 為主。碳酸鹽的水溶液具有很大的**鹼性反應**，所以碳酸鹽漬土又被稱為**鹼土**；這種鹼性反應作用可以使黏土顆粒之間的膠結產生分散作用。此類土壤於乾燥時緊密堅硬，強度較高；潮濕時具有很大的親水性，會使瀝青乳化，土質鬆散，其塑性、膨脹性及壓縮性都很大，穩定性很差，不易排水，很難乾燥，土壤因而泥濘不堪。

6.9.5 人工填土

人工填土泛指一切由人力堆填而成的土層，如棄土、礦渣、爐渣、沖填土等。這種土層的組成及形成極其複雜，而且極不規律。一般是任意堆填、未經夯實，所以大小顆粒混雜、土層鬆散、孔隙及空洞多。因此，人工填土呈現不均勻性、高受蝕性、高壓縮性、低強度，及邊坡穩定性很差等特性。

沖填土是利用水力沖填法將水底或海底的泥砂等沉積物抽送到它處堆填的一種土壤。它的顆粒組成隨著泥砂的來源而變化，有砂粒、也有黏土粒及粉土粒，所以造成沖填土在縱橫方向上的不均勻性；土層多呈透鏡體狀或薄層狀。沖填土的含水量很大，呈軟塑或流塑狀態。當黏粒含量多時，水分不易排出，沖填初期呈流塑狀態，後來雖然土層表面經蒸發、乾縮而龜裂，但是下層的土層由於水分不易排除，仍處於流塑狀態，稍加觸動即發生流塑變形現象。因此，沖填土多屬未完成自重壓密的高壓縮性軟土。土的結構需要一定時間進行再組合；土的有效應力要在排水壓密的條件下方能提高。如果沖填時排水容易，或採取了排水措施，則壓密進程會加快很多。

夯實填土是有經過夯實滾壓的人工填土；其工程性質較易控制；其壓密夠、強度高，但填方材料的不同會影響到它的性質。利用夯實填土施作地基或土堤時，不得使用淤泥、表土、耕土、膨脹性土，以及有機物含量高於 8%的土壤作為填方材料；當填料內含有碎石或石塊時，其粒徑不得大於 20 公分，因為容易造成夯實不均的情形，未來比較會產生差異沉陷的問題。

CHAPTER 7

褶皺與工程

7.1 前言

褶皺及斷層等都是地質構造的型式之一。所謂**地質構造**（Geological Structure）是指地質體（岩層或岩體）的空間型態及相互關係；它是由地質力所造成的岩石變形及變位後之結果。

存在於地質體中的型態要素主要有**構造面**及**構造線**兩類。型態要素可分成**原生要素**及**次生要素**兩種；前者是指成岩過程中所形成的型態要素，如層面、不整合面、冷凝節理、流層、流線、礦物或顆粒（如礫石、砂粒、鮞粒等）的定向排列等；後者則是指岩石發生形變後所產生的型態要素，如褶皺軸面、各種破裂面（如斷層、節理等）、劈理面、葉理面、礦物或顆粒的定向排列、兩個構造面的交線、或者構造面與地面的交線等等。

褶皺（Fold）是岩石經過可塑性變形後，形成一系列波浪狀的彎曲，但是岩石的連續性及完整性基本上並沒有受到破壞。**褶曲**則是褶皺中的一個彎曲，是褶皺的基本單位；褶皺係由一系列的褶曲所組成。

褶皺是地殼中最醒目及最常見的地質構造；尤其在層狀岩石中表現得最為明顯。褶皺的規模差別極大，從整個山脈的巨大褶皺系統到露頭或徒手標本上的單一褶曲都有。褶皺的型態也是千姿百態、複雜多變。褶皺構造影響工程地質及水文地質條件甚巨，有時更影響到選址或選線。因此，了解褶皺具有實用的意義。

🚶 7.2　岩層的位態

　　岩層位態的變化是描述褶皺型態的依據；而確定岩層的位態則是描述地質構造的基礎。因此在說明褶皺之前，我們需要先了解岩層的位態。

▌7.2.1　位態三要素

　　所謂**位態**或**層態**（Attitude）是指岩層在空間的姿態；它是由走向、傾向及傾角的**位態三要素**所確定（請見圖 7.1 上）。

　　岩層的層面與水平面相交所得的直線，稱為**走向線**；或者是在一個斜面上任意找出高程相等的兩點，加以連結的線都可以稱為走向線；因此，我們可以稱為 1m 走向線、2m 走向線、3m 走向線（即高程分別為 1m、2m 及 3m 的走向線）等等，如圖 7.1 下所示。

　　走向線兩端所指的方向（任一方向都可以）就是岩層的**走向**（Strike）。所以任何一個傾斜岩層都有兩個走向；而選擇其中任何一個加以記錄都對。再者，水平的岩層則無所謂走向，也可以說有無數個走向。通常我們都以朝北的那個方向為基準來記錄岩層的走向，如 N30°W（北西 30°）、N50°E（北東50°）。走向反映岩層在三維空間中的水平伸展之方向。

　　在層面上，與走向線垂直，並且沿著同一個層面向下所繪的直線，稱為岩層的**真傾斜線**；它在水平面上的投影線，稱為岩層的**真傾向線**（True Dip Line）。真傾線所指的方向就是岩層的**真傾向**；一般簡稱為**傾向**。它與走向線是互相垂直的，而且只有一個方向；在記錄岩層的位態時，這個方向必須指明。傾向反映了傾斜岩層朝下傾斜的方向。在層面上，所有與走向線斜交的直線都屬於**視傾斜線**，其在水平面上的投影均為**視傾向線**（Apparent Dip Line）；視傾向線的傾斜方向即是**視傾向**。

　　真傾斜線與其自身在水平面上的投影線之夾角，就是岩層的**真傾角**，簡稱**傾角**（Dip Angle）。視傾斜線與其自身在水平面上的投影線之夾角，就是岩層的**視傾角**或**視傾斜**（Apparent Dip）。

　　位態一般係依照走向、傾角、及傾向的順序加以記錄，如（N30°E，55°SE），表示走向為北 30°東，且向東南傾斜 55°；或者可以簡化為（N30°E，55°S）或（N30°E，55°E），都不會引起誤解。走向則一律從北量取，不是北東就

是北西。歐洲系統習慣用傾向線的方位角（一律從北順時針方向量取）及傾角度數加以記錄，如（195/55）即表示傾斜方向為 S15°W，傾角為 55°。（N30°E，55°E）則可記錄成（120/55）。

在地質圖上，岩層的位態就用慣用的符號 ├40°表示；其長線代表走向，與之垂直的短線代表傾向，數字則表示傾角；長線及短線互相垂直，且必須按照岩層的測量位置及實際方位標記在圖上。

除了層狀岩石之外，對於同樣具有面理構造的斷層、節理、葉理、褶皺軸面等，也是用位態三要素進行量測、記錄（圖上的符號略微不同）及描述。

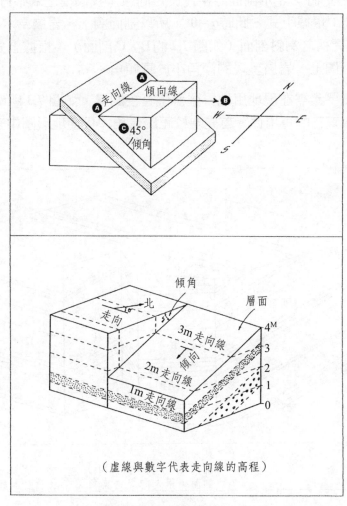

（虛線與數字代表走向線的高程）

圖 7.1　位態三要素

　　根據幾何原理，真傾角與視傾角存在著如下的關係：

$$\tan \alpha = \tan \delta \; \cdot \; \sin \beta \quad \cdots\cdots\cdots\cdots\cdots\cdots\cdots\cdots\cdots (7.1)$$

式中，δ＝真傾角

　　　　α＝視傾角

　　　　β＝視傾向線與走向線的夾角（在水平面上量之，並取銳角）

　　當β＝90°時，表示剖面線與走向線垂直，我們稱之為**正剖面**（請見圖 7.2 的 A、D 剖面）；根據上式，此時α＝δ，所以在剖面圖上，岩層呈現真正的傾角。

　　如果β＝0°時，表示剖面線平行於走向線，我們稱之為**平行剖面**（即圖 7.2 的 E 剖面）；根據上式，此時α＝0°，所以剖面圖上，岩層為水平狀。當 0°＜β ＜ 90°，我們稱之為**斜剖面**（如圖 7.2 的 B、C 剖面）；根據上式，此時α＜δ，所以在剖面圖上，岩層呈現的傾角小於真傾角。

　　位態三要素需在現地用地質羅盤儀直接測量，如圖 7.3 所示。使用羅盤儀之前應先檢查它的可用性。首先要校正磁偏角（可從地形圖中查出）；然後將

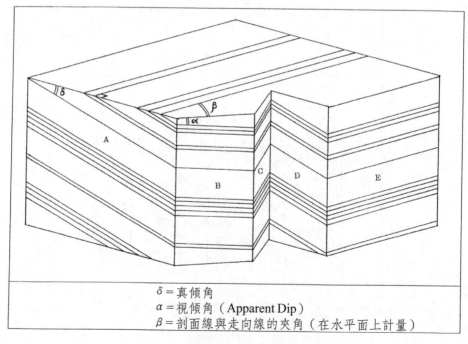

圖 7.2　真傾角與視傾角的區別

水平氣泡居中，且將盤面保持水平，看磁針是否可以靈活擺動。測量岩層的走向時，將羅盤的長邊靠在層面上，使之大略順著走向線（假想層面上有高程相等的兩點），且使盤面大略呈水平，然後微調盤面，使其圓形的水準氣泡達到居中位置為止，繼之讀出北針所指的方位角刻度之度數（位於羅盤外圈的刻度）（通常，不管指針指北或指南，只要讀出盤面上刻劃為東北象限或西北象限的度數即可），就是岩層的走向。有時候走向線難找，此時即可先找出真傾斜線；最簡單的方法就是利用水壺內的水，將其倒到層面上，視其往下流動的方向即為真傾斜線；而垂直於真傾斜線的線即為走向線。

　　測量岩層的傾角時，必須遵守左手定則。所謂**左手定則**，是先將羅盤儀握於左手的手掌中，且使拇指指向羅盤刻度的北端，再將羅盤面直立（請見圖7.3 A 及 B），並將羅盤的長邊緊貼著層面（岩層的頂面），使之垂直於走向

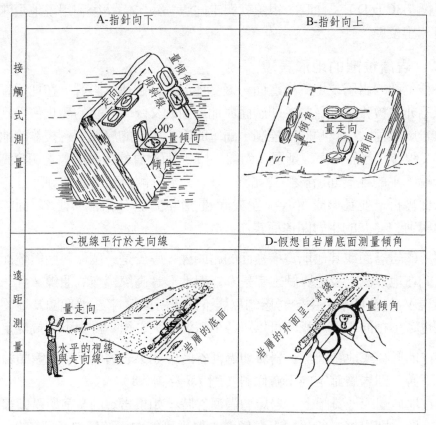

圖 7.3　位態三要素的測量方法

線，然後用中指旋轉羅盤儀背後的轉動鐵片，直到柱狀水準氣泡居中為止，讀出傾角指示器所指的度數（位於羅盤儀內圈的刻度），即為岩層的傾角。有時需從岩層的底面測量傾角（如圖 7.3D），這時需要用右手拿著羅盤儀，且測臂需向著上傾向（Up-Dip）的方向。測好傾角之後，不要忘了，接著還要測量傾向。測量岩層傾向時，因為傾向只有一個，所以應該將羅盤刻度的北端指向岩層的下傾方向（Down Dip）（請見圖 7.3A 及 B），並在羅盤面為水平時，讀出北針所指的象限，且只要記錄象限所屬的任何一個方位即可，例如北針如果是位於東北象限時，就記錄成東或北均可；在後續的資料處理階段，不至於會產生誤解或錯誤。

有時岩層的露頭位於河谷的對岸，則可以利用**遠距測量法**，人不必親臨現地也可以量到位態。此時，人要站到岩層的假想走向線之延伸線上；利用試誤的方法，雙腳左右移動，直到看不見層面為止（即層面只剩下一條斜線而已）（請見圖 7.3C 及 D）；此時，視線就與走向線一致了。然後利用現地量測的原理即可測出位態。

▋7.2.2　岩層位態的地形表現

各種位態的岩層或地質構造面，因受地形高低起伏的影響，在地質圖上的表現型態非常複雜；其露頭（即層面與地形面的交線）形狀的變化係受到地形起伏及岩層傾角大小及傾向的控制。簡單的說，水平的層面切過複雜的地形面時，其交線會平行於等高線延展（如圖 7.4）；而垂直的層面則會直切等高線，不受崎嶇不平的地形面所影響（如圖 7.5）。至於傾斜的層面遇到河谷時則會發生局部轉折，並且形成 V 字；至於 V 是指向上游或下游，則受層面的傾向及傾角與河谷之間的相對關係而定。

傾斜的岩層面或其他地質構造面的露頭線，等於是一個傾斜面與地面的交線，它們在地形圖上及地質圖上都是一條與地形等高線相交的曲線，且一遇河谷即顯現 V 字或 U 字。由於岩層的位態不同，所以 V 字在地形圖及地質圖上的表現也各不相同；但是我們可以將各種情況歸納之後，得出下列幾條定律：

(a)在地形圖或地質圖上，岩層切過河谷時，**如果岩層的 V 字型露頭線指向下游，則岩層確定向下游傾斜**（圖 7.6 及圖 7.8）。

(b)在地形圖或地質圖上，岩層切過河谷時，**如果岩層的 V 字型露頭線指向上游，則岩層一般係向上游傾斜**；但也可能向下游傾斜（圖 7.7），如果岩層係向下游傾斜，且其傾角小於河流的比降，則 V 字也會指向上游。

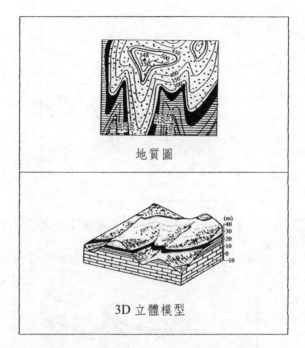

圖 7.4 水平岩層在地質圖上的表現（徐九華等，2001）

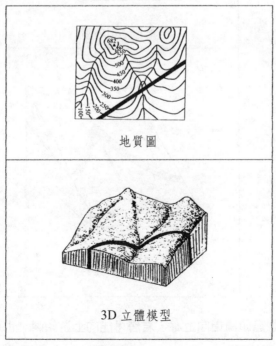

圖 7.5 垂直岩層在地質圖上的表現（徐九華等，2001）

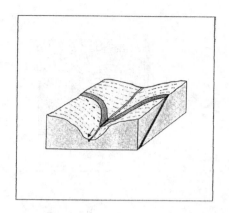

圖 7.6　V 字型露頭線指向下游，岩層確定向下游傾斜

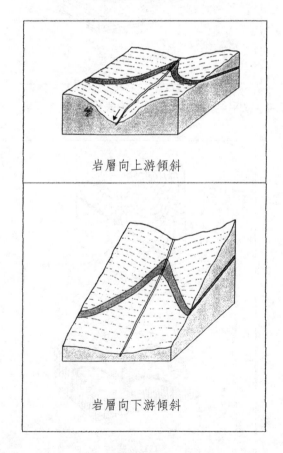

岩層向上游傾斜

岩層向下游傾斜

圖 7.7　V 字型露頭線指向上游，岩層可能向上游傾斜，也可能向下游傾斜

為了便於記憶，我們只要記住一個口訣即可，即**V字異向則傾向同、V字同向則傾向反或傾角小**；意思是說，**如果岩層的露頭線與地形的等高線之V字為異向時，則岩層的傾向與河床的傾斜方向為同向，且岩層的傾角大於河床的比降**（請見圖 7.6）；**如果岩層的露頭線與地形的等高線之 V 字為同向時，則岩層的傾向與河床的傾斜方向可能相反**（請見圖 7.7）；**或者是同向，但是岩層的傾角比較小。**以上的口訣不但適用於河谷處，同樣也適用於谷間邊坡。

有時候位於河谷的V字不是很明顯時，我們就需要看兩個相鄰河谷之間的谷間嶺（谷間邊坡）。**如果岩層的走向橫過河谷，則在谷間嶺會出現岩層三角面，其頂角指向上方**（請見圖 7.8 右邊）；三角面其實就是順向坡，它本身就是層面，尤其是靠近三角面的頂角附近；因此由三角面立即可以判斷岩層的傾向。

岩層三角面的型態主要是由岩層的傾斜程度來決定。在通常的情況下，**岩層的傾角越緩和，V角就越尖銳；隨著岩層傾角增大，V角將逐漸變得寬大、開闊，直到岩層直立時變成一條直線**（請見圖 7.9）。又**岩性越堅硬，尖端就越尖銳**（如圖 7.9 上的石灰岩），反之則越圓鈍（如圖 7.9 下的頁岩）。

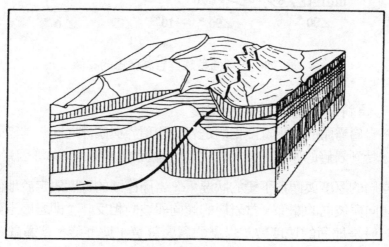

圖 7.8　岩層三角面

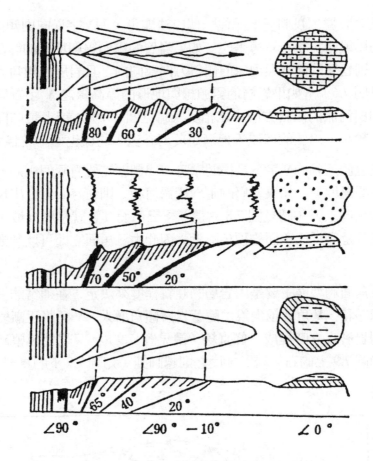

圖 7.9　三角面型態與岩層傾角的關係

▋7.2.3　傾斜岩層露頭的水平寬度

傾斜岩層露頭的水平寬度指的是岩層的頂界與底界之間，其露頭線的水平距離。它受到岩層的厚度、岩層的位態、地面的坡度與坡向等因素的控制。

在岩層的厚度與傾角不變的狀況下，岩層露頭的寬度決定於地面坡度，以及岩層傾向與坡向的關係。當岩層的傾向與坡向相反時（即岩層出露於逆向坡上），一般是地面的坡度緩，岩層的露頭就寬；坡度陡，露頭就窄（請見圖7.10 A 及 B）。如果岩層是出露在斷崖上，則岩層的頂界及底界在平面上投影成一點（請見圖 7.10C），造成在平面圖上岩層產生尖滅的假象。當岩層的傾向與坡向相同時（即岩層出露於順向坡上），則當傾角愈接近於坡度時，露頭的寬度就愈寬（請見圖7.11）。

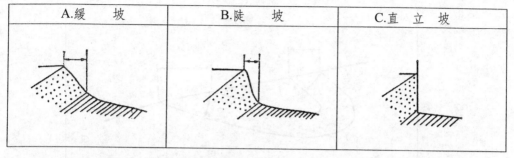

A.緩　　坡	B.陡　　坡	C.直　立　坡

圖 7.10　在逆向坡上當岩層的厚度與傾角不變時，露頭寬度與坡度的關係

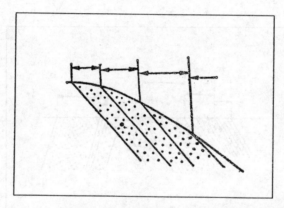

圖 7.11　在順向坡上當岩層的厚度與傾角不變時，露頭寬度與坡度的關係

在岩層的厚度及地面的坡度不變之情況下，露頭的寬度則決定於岩層傾角的大小及傾角與坡度之間的關係。一般而言，傾角大，則露頭窄；傾角小，則露頭寬（請見圖 7.12）。如果岩層的傾角及地面的坡度不變，且傾向與坡向也一致時，則岩層的露頭寬度就與岩層的厚度有關，厚者寬，而薄者窄（請見圖 7.13）。

當岩層的層面與邊坡直交時，露頭的寬度最窄（寬度小於岩層的厚度 t）（請見圖 7.14a）；當岩層的層面與地面的交角（指銳角）愈小，則露頭的寬度愈寬（請見圖 7.14 b,c,d）。

當岩層為直立時，則露頭的寬度就等於岩層的厚度（請見圖 7.15）。在水平岩層的情況下，露頭的寬度係隨著地面坡度的增加而變窄（請見圖 7.16 上）。當地面的坡度相同時，則厚度大的岩層，其露頭寬度就寬；厚度小的岩層，其露頭寬度就窄（請見圖 7.16 下）。

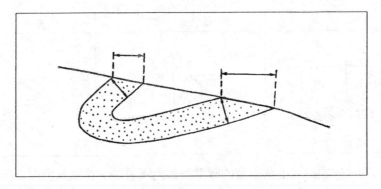

圖 7.12 岩層的厚度及地面的坡度不變時，露頭寬度與岩層傾角的關係

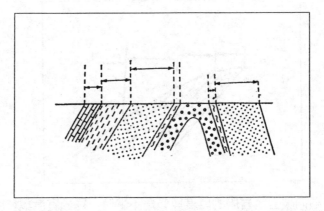

圖 7.13 岩層的傾角及地面的坡度不變時，露頭寬度與岩層厚度的關係

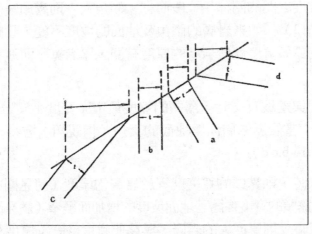

圖 7.14 岩層與邊坡的交角對露頭寬度的影響

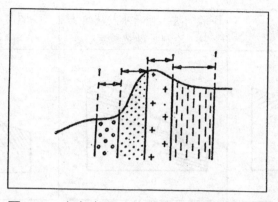

圖 7.15 直立岩層，其露頭寬度等於岩層厚度

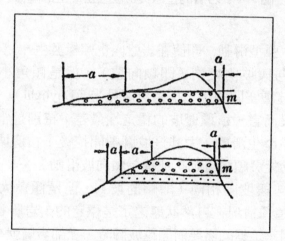

圖 7.16 水平岩層的露頭寬度與地形坡度與岩層厚度的關係

7.2.4 岩層位態與邊坡穩定性的關係

邊坡的穩定性與岩層的位態往往具有密切的關係。對於岩層走向與邊坡延伸的方向平行，或近乎平行時，其位態對邊坡穩定性的影響，可以分成三種情況來分析，如圖 7.17 所示。

(1)岩層的傾向與坡向相反（即逆向坡），（請見圖 7.17A）有利於邊坡的穩定，岩層不容易發生順向坡滑動，除非岩體內有一組不連續面（如節理、不整合面、岩頂面等）傾向坡外。不過逆向坡的坡趾部（即坡腳的地方）容易堆積成崩積土；而在崩積土內，或崩積土與底座之間可能發生不同型式的邊坡破壞。同時，逆向坡的坡頂係處於張力狀態，所以有

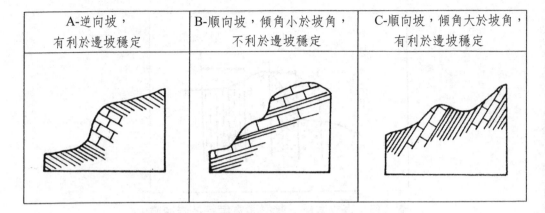

A-逆向坡， 有利於邊坡穩定	B-順向坡，傾角小於坡角， 不利於邊坡穩定	C-順向坡，傾角大於坡角， 有利於邊坡穩定

圖 7.17　岩層的位態與邊坡在空間上的關係

時候會發生弧型滑動，即使在岩盤內也照樣發生。

(2)岩層的傾向與坡向相同（即順向坡），但是傾角小於坡角（請見圖 7.17B）；這種空間關係，稱為**岩層見光**（Daylight），即岩層露出坡外之意。一般而言，這種邊坡的穩定性最差，特別是當岩層的傾角較大時，很容易產生滑動，尤其是坡腳被開挖後，在邊坡失去支撐的情況下，最容易促發**順層滑動**（或稱為**順向坡滑動**）。

(3)岩層的傾向與坡向相同（即順向坡），但是傾角大於坡角（請見圖 7.17C）。這種情況在自然狀態之下是穩定的，岩層不會沿層面滑動。但是如果因為工程的需要而開挖坡腳時，上部岩層就有可能沿層面向下滑動。

　　圖 7.18 表示為了開路或蓋房子而開挖成路塹的型態，其左邊為順向坡，右邊為逆向坡。在順向坡的一側，施工時在坡腳處切斷了砂岩層的層面，可能將導致砂岩順著其與頁岩的交界面向下滑移，影響到工程的進行；除了延誤工程進度之外，還得追加工程預算。

7.3　線狀構造的位態

　　線狀構造又稱為**線理**（Lineation）。它們的位態一般係用其在空間上的水平方位及傾斜角來定位。因此，我們定義了四種角度，分別說明如下：

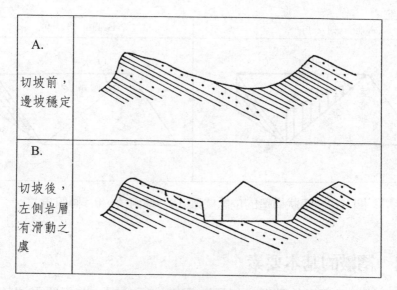

A. 切坡前， 邊坡穩定	
B. 切坡後， 左側岩層 有滑動之 虞	

圖 7.18 切坡引起岩層滑動

(1)傾俯向

傾俯向（Trend）是傾斜的線理在水平面上的投影線之方位角之謂（請見圖 7.19）；可以用方位角或象限方位角來表示。傾俯向與岩層的傾向很類似；同樣都要朝下看。

(2)傾俯角

傾俯角或傾沒（Plunge）為在包含線理的鉛垂面上，線理與其水平面投影之間的夾角；與岩層的傾角很類似。

(3)側俯角

某個斜面上的線理（如斷層面上的擦痕、片理面上的線理、透鏡狀礫石的長軸等等）與該斜面的走向線之間所夾的銳角，稱為**側俯角或傾向補角**（Pitch 或 Rake）；這是線理所特有的位態要素。

(4)側俯向

側俯角張開一側的方向為**側俯向**。

傾俯向與傾俯角的記錄方法與岩層的走向與傾斜完全相同。但是側俯向與側俯角的記錄方法則與之相反，即側俯角在前，而側俯向在後；例如 35°N 表示側俯角為 35°，側俯向為正北。

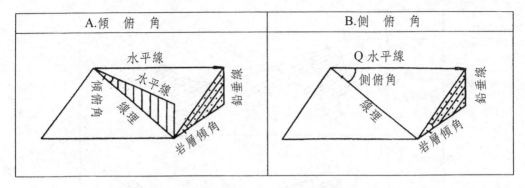

圖 7.19　線狀構造的位態要素（γ＝傾俯角，θ＝側俯角）

7.4　褶皺的基本要素

為了正確描述褶皺的型態，以及對褶皺進行分類，首先要弄清楚褶皺的各部名稱及其相互關係（請見圖 7.20）。

(1)核心
核心（Core）是指褶皺中心部位的岩層。

(2)翼
翼（Limb）是泛指核心部兩側的岩層。

(3)轉折端
指從一翼要轉折到另一翼的彎曲部位；即兩翼的匯合部分。它的型態常為圓滑的弧形，也可以是尖稜，或一段直線（請見圖 7.21）。

(4)褶皺軸
對於圓柱形褶皺而言，褶皺面（相當於層面）上一條假想的直線，平行其自身移動能描繪出褶皺面的彎曲型態，這條直線就叫做**褶皺軸**。

有些書籍指褶皺軸是軸面與水平面的交線，亦即軸面的走向線。有的是指軸面與褶皺面的交線，也就是等於樞紐。

(5)樞紐
在褶皺的許多橫剖面上（垂直於褶皺軸的剖面），同一個**褶皺面**（相當於層面）上的最大彎曲點的連線，就叫做**樞紐或樞線**（Hinge Line）。樞紐可以是直線，也可以是曲線或折線；可以是水平線，也可以是傾斜線（請見圖

7.22）。傾斜樞紐的空間位態可以用傾俯向及傾俯角予以確定。

(6)軸面

由許多相鄰褶皺面上的樞紐連成的面，就是**軸面**（Axial Plane）；又稱為**樞紐面**。它是大致平分褶皺兩翼的假想面。軸面可以是平面，也可以是曲面；它可以是直立的、傾斜的或平臥的（請見圖 7.23）。軸面的位態與岩層的位態一樣，可以用走向、傾角及傾向三要素來確定。

(7)軸跡

軸面與地面，或任一平面的交線，稱為**軸跡**；又稱為**軸線**。

(8)脊線

在橫剖面上，任何一個褶皺面（相當於層面）上的最高點，稱為**脊**；將同一個褶皺面上的許多脊點相連，就是**脊線**。如圖 7.20 所示，樞紐不一定是褶皺面上的最高點。

(9)槽線

在橫剖面上，任何一個褶皺面（相當於層面）上的最低點，稱為**槽**；將同一個褶皺面上的許多槽點相連，就是**槽線**。槽部通常是地下水的貯聚所，每每威脅地下工程的安全。

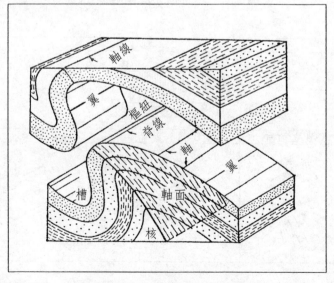

圖 7.20　褶皺的各部名稱

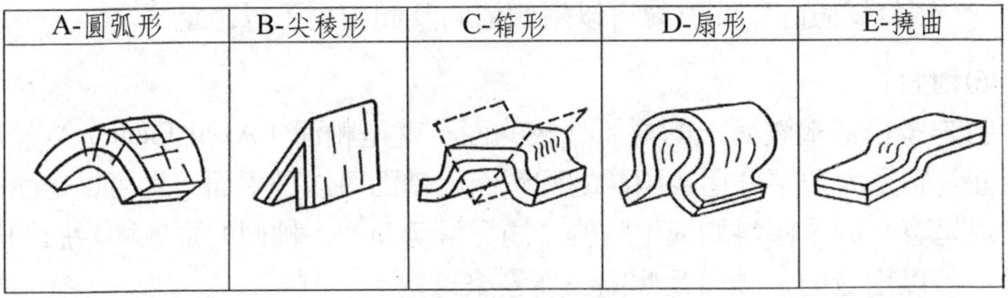

A-圓弧形
B-尖稜形
C-箱形
D-扇形
E-撓曲

圖 7.21 褶曲轉折端的型態

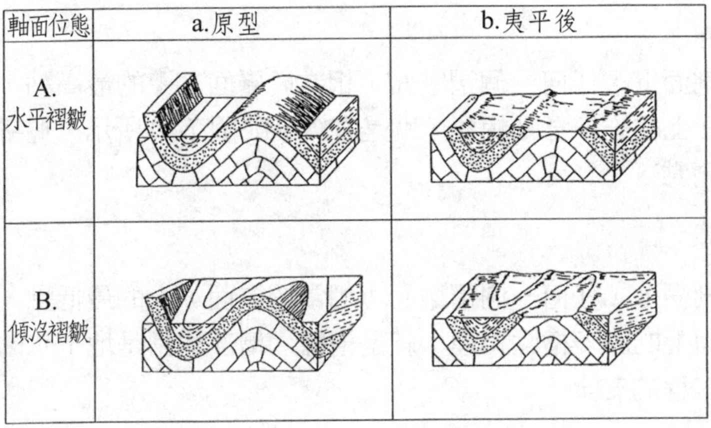

軸面位態
a.原型
b.夷平後
A.
水平褶皺
B.
傾沒褶皺

圖 7.22 水平樞紐及傾斜樞紐

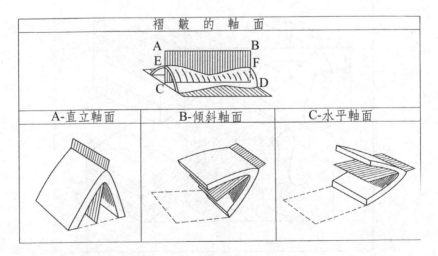

褶 皺 的 軸 面
A
B
E
F
C
D
A-直立軸面
B-傾斜軸面
C-水平軸面

圖 7.23 不同位態的軸面（ABCD＝軸面，CD＝軸，EF＝樞紐）

7.5　褶皺的類型

褶皺有兩種基本類型，即背斜及向斜。**背斜**是兩翼岩層的傾向相背，像正八字；型態上是岩層向上高凸，如山嶺（請見圖 7.24）。**向斜**是兩翼岩層的傾向相向，像倒八字；型態上是岩層向下低凹，有如凹槽。

背斜及向斜，最初是由兩翼岩層的傾向相背及相向而得名。後來發現也有相反的情形，例如岩層受構造運動的影響，可能發生**倒轉**（Overturn），此時，背斜形成向斜狀，而向斜成為背斜狀；又如兩翼型態如扇形的褶皺，其兩翼岩層的位態，上、中、下各不相同，有的部分相背，有的部分相向。因此，區別背斜及向斜的主要依據，應該根據核心部的岩層之相對新老關係來決定才對。**亦即核心部如果為相對較老的岩層所組成，而兩翼向外的岩層逐漸變新時，則為背斜；如果核心部為相對較新的岩層，而兩翼向外的岩層逐漸變老，則為向斜。如果岩層沒有倒轉，則上傾向（Up-Dip）為老岩層，下傾向（Down-Dip）為新岩層。**

由於後來的風化及侵蝕，造成背斜在地面的特徵為，從核心到兩側，岩層從老到新呈對稱式的重複出露；而向斜在地面的出露正好相反，從核心到兩側，岩層則從新到老呈對稱式的重複出露。在正常的情況下，通常背斜成山，而向斜成谷；但是因為背斜隆起，遭受更多的侵蝕，所以有時反成為背斜為谷，向斜為山，如圖 7.25 所示。

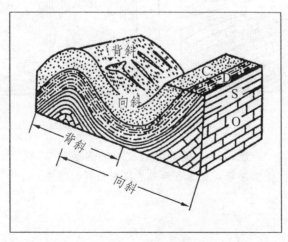

圖 7.24　背斜與向斜

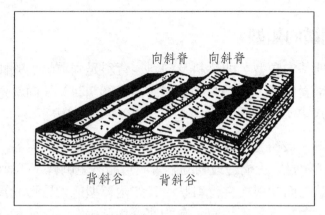

圖 7.25　背斜谷及向斜脊

　　如果按照褶皺的核心部岩層在平面上出露之長寬比來分，褶皺又可分成長軸褶皺（長寬比大於 10）、短軸褶皺（長寬比介於 3 至 10），及穹窿或構造盆地（長寬比小於 3），如圖 7.26 所示。**穹窿或穹丘**（Dome）為渾圓形的背斜構造（圖 7.26 B 的左下角）；**構造盆地**（Basin）則為渾圓形的向斜構造（圖 7.26B 的左上角）。

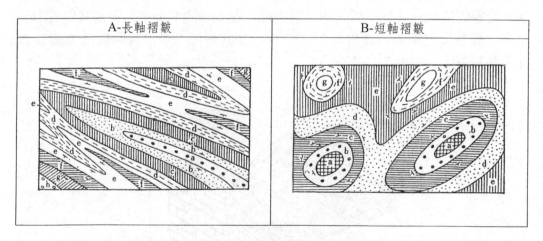

圖 7.26　長軸褶皺及短軸褶皺

（英文字母 a 至 h 表示岩層從老到新的順序）

7.6　褶皺的力學定性分析

褶皺的形成主要是由於構造應力所造成。根據作用力的方向，可分成水平壓應力、垂直壓應力及剪應力三方面來說明（請見圖 7.27）。

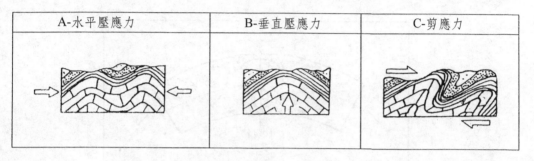

A-水平壓應力	B-垂直壓應力	C-剪應力

圖 7.27　褶皺的力學成因

7.6.1　水平壓應力造成的褶皺

在區域性水平壓應力的長期而緩慢之作用下，施加於層理的方向，造成區域性的普遍擠壓，因而使岩層產生永久性的彎曲變形。這是地殼上分布最廣泛、且最常見的褶皺類型。其背斜與向斜常相間並排、互相平行，且延伸很遠。

岩層受到側向壓力時，對每一個單層岩層而言，在橫剖面上，其外側會發生拉伸，而內側則發生壓縮，在外側與內側之間有一個既沒有拉伸，也沒有壓縮的面，稱為**中和面**（請見圖 7.28）。在岩層外側的部位，因為受到拉伸而發生順層的張應力之作用，所以產生了垂直於層面的張性節理，常呈楔狀，其向下延伸的深度不會超過中和面；如果褶皺繼續發展，張性節理會不斷加大、加深，以致中和面也不斷的向內側移動。張性節理分布在受張應力最大的部位，即樞紐的附近；該處有時會產生小規模的正斷層；對地下工程而言，這一帶是屬於不穩定地帶。在岩層內側的部位，因為受到順層的壓應力之作用，所以形成兩組共軛剪性節理；或者在岩層面上產生一系列的小褶曲，其軸向與褶皺的軸向大致平行。

當一套岩層被彎曲變形時，在岩層之間將發生**層間滑動**，好像彎折一疊撲克牌一樣（請見圖 7.29）。相鄰的兩個岩層，上覆的岩層相對的向背斜軸部滑

動，下伏的岩層則相對的向向斜的軸部滑動。水平壓應力褶皺的形成，主要就是靠這種岩層間的相互滑動（即層間滑動）來完成的；因此常在層面上留下與褶皺樞紐近乎直交的層面擦痕，如圖 7.30 所示。另一方面，由於兩翼的相對滑動，往往在軸部形成空隙，造成虛脫現象，常為地下水帶來的礦物質所填充，而形成鞍狀充填，如圖 7.31 所示。

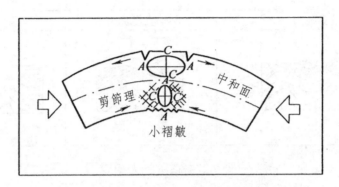

圖 7.28　水平壓應力所造成的褶皺（圖中的橢圓為應變橢圓）

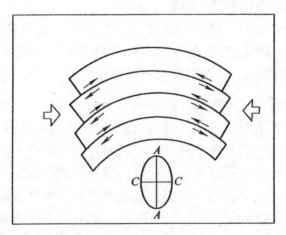

圖 7.29　水平壓應力褶皺發生時所產生的層間滑動（圖下的橢圓為應變橢圓）

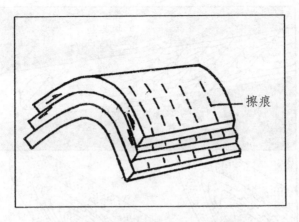

圖 7.30　層間滑動所留下的層面擦痕

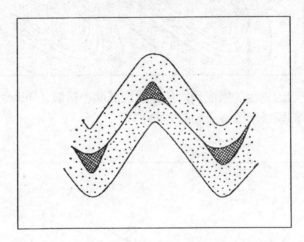

圖 7.31　層間滑動所造成的虛脫及鞍狀充填

　　當兩個強硬岩層之間夾有薄層的韌性岩層時（即三明治岩組），則在層間滑動的剪力作用之下，使韌性岩層發生**層間小褶皺**（請見圖 7.32）。其塑性流動的方向為上層物質向背斜軸部流動，下層物質則向向斜軸部流動；流動量在兩翼的反曲點處附近最大，往上、下兩側均逐漸減小，至軸部的地方變為零。**層間小褶皺多為不對稱褶皺，其軸面的傾向與兩翼的傾向一致；軸面與其上、下相鄰的硬岩層面所夾的銳角指示該相鄰硬岩層的相對滑動方向；循此種規則，我們即可判定背斜軸及向斜軸的相對位置**，如圖 7.33 所示。

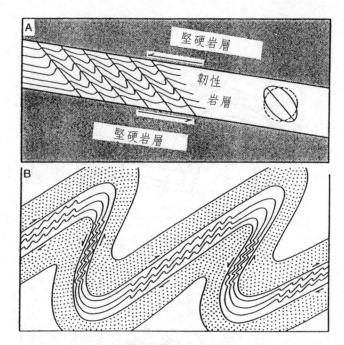

圖 7.32　三明治岩組的層間滑動所造成之層間小褶皺（Billings, 1972）
　　　　　（箭頭表示順層滑動的方向）

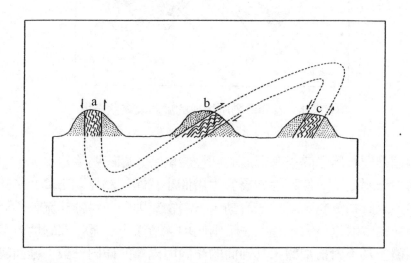

圖 7.33　利用層間小褶皺的軸面確定背斜軸及向斜軸的位置（Billings, 1972）

　　基本上，在岩性比較一致的情況下，水平壓應力褶皺於發生後，岩層的厚度將保持不變，即各相鄰褶皺面保持平行的關係。這種褶皺稱為**平行褶皺**（Parallel Fold），又稱**同心褶皺**（Concentric Fold）。它是由一套大致呈同心狀彎曲的岩層所組成，愈近彎曲中心處，岩層褶皺愈強烈，軸部愈尖銳；遠離彎曲中心處，岩層褶皺愈緩和，軸部愈渾圓（請見圖7.34左）。平行褶皺通常出現於褶皺不十分強烈的地區。

　　如果岩層的韌性較高，在軸部受到拉伸，而在翼部受到壓縮，結果層內物質從翼部流向軸部，結果形成**相似褶皺**（Similar Fold）（請見圖7.34右）。其中各岩層呈相似彎曲，即其曲率半徑大致相等，並沒有共同的曲率中心，因此，褶皺的型態在一定深度內保持不變。這是相對軟弱岩層的一種褶皺方式。一般當軟、硬岩層相間時，硬岩層的塑性流動不大，容易形成平行褶皺；而軟岩則發生明顯的塑性流動，遂形成相似褶皺（Price, 2007）。

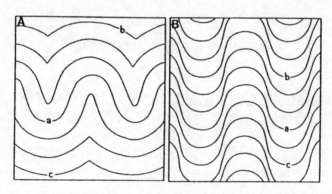

圖 7.34　平行褶皺及相似褶皺

7.6.2　垂直壓應力造成的褶皺

　　岩層遭受不均衡的、與層面垂直的外力作用時，岩層也會產生隆起彎曲。這種作用力往往是向上的垂直作用力，如地下岩漿的侵入作用，或地殼的隆起作用。褶皺大多是在水平側壓力的作用下形成的，也有很多是水平與垂直力共同作用的結果。

　　垂直壓應力褶皺於形成時，沿著與作用力垂直的方向上（即水平方向）將發生岩層伸張；但是每一個單層的岩層之伸張程度不同，位於外側的岩層伸張最大，位於內側的岩層伸張最小。如果岩層的塑性較強，物質可以從褶曲的上

頂軸部向兩翼發生順層流動，因而形成頂部較薄、兩翼較厚的背斜構造（圖7.35A）。如果岩層的塑性很小時，則在頂部形成張裂面，並且逐漸發展成為正斷層及地塹（Graben）（圖7.35B）。

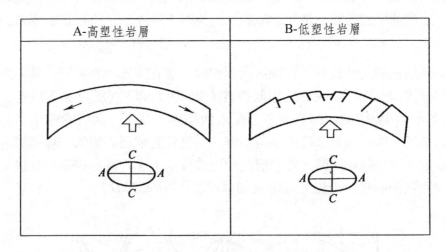

圖7.35　垂直壓應力所造成的褶皺

　　垂直壓應力褶皺雖然也會引起層間滑動及層內的塑性流動，但是與水平壓應力褶皺卻有以下明顯的不同：

⑴垂直壓應力褶皺的岩層整個處於拉伸狀態，各層都沒有中和面。

⑵垂直壓應力褶皺的頂部不僅因為拉伸而變薄，而且還可能在水平面上造成放射狀的斷裂；尤其由於岩漿侵入，或高塑性岩層上拱所造成的穹窿更是如此。

⑶垂直壓應力褶皺的層內流動是從彎曲的頂部向翼部流動，容易形成**頂薄褶皺**。韌性岩層在翼部由於重力作用，軟弱的層內物質即發生流動，但是流動的方向與水平壓應力褶皺所造成的層內流動恰好相反，即由高處的背斜軸部向周圍的低處流動，形成軸面向外傾倒的層間小褶皺（即正八字形），其軸面與主褶皺的上、下層面之夾角的銳角方向，指示上層係順傾向滑動，下層為逆傾向滑動（請見圖7.36之插圖）；其指示方向正好與水平壓應力褶皺所造成的層間小褶皺之指示方向相反（請參考圖7.32）。

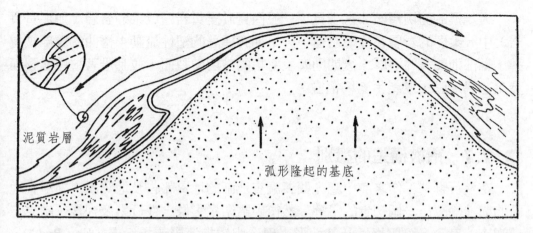

泥質岩層

弧形隆起的基底

圖 7.36 垂直壓應力褶皺作用所引起的層間小褶皺（葉俊林等，1996）

7.6.3 剪切褶皺

　　岩層順著一組大致平行的密集剪切面（如劈理面，其與層面並不平行）發生差異滑動所形成的褶皺，稱為**剪切褶皺**（請見圖 7.37）。原始層面對這種褶皺已不起任何控制作用，而只成為反映滑動結果的標誌；剪切褶皺並非岩層真正發生了彎曲變形，而是層面沿著密集的平行剪切面（劈理面或片理面）發生差異滑動，而顯現彎曲的外貌。

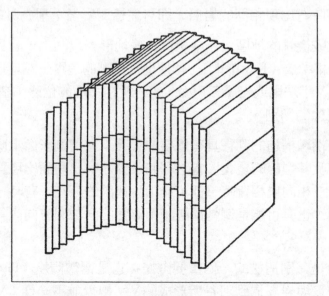

圖 7.37 剪切褶皺作用的模型圖

　　大規模的剪切褶皺非常少見，一般僅見於變質岩區或柔弱岩層（如泥質頁岩）中。柔弱的岩層在褶皺過程中，早期有顯著的塑性流動；褶曲的翼部被拉薄，軸部則顯著的增厚；後期則產生密集的剪切破裂面，並且沿著這些剪裂面發生差異滑動，遂產生剪切褶皺。

7.7　褶皺構造的識別

　　在進行野外工作之前，應先閱讀調查地區的地質報告及地質圖；對調查地區的構造輪廓作一個初步的了解。然後申購衛星影像，進行影像判釋（請見工址調查一章），了解岩性及其地形表現，辨認指準層或指示層（Key Bed），追索遙測地層單位（Remote Sensing Unit），及建立地層層序。如果時間不足，至少應該進入 Google Earth 或 UrMap 的網頁，找到調查區的影像，從事簡單粗略的判讀。一般而言，褶皺的整體呈現在衛星影像上比較顯著，所以對於褶皺構造，在衛星影像上比在地面上更容易追蹤。

　　在衛星影像或航空照片上，褶皺構造最醒目的特徵就是由一些不同深淺的灰調，或不同的色彩，且近乎平行的條帶，呈圈閉的圓形或橢圓形或呈長條形的圖形，或有規律的迴轉為馬蹄形、弧形或三角形等，且具有明顯的對稱性之圖形（請見圖 7.38）。這裡所謂的對稱性不像幾何學上的規則一樣；凡是在對稱軸的兩側同時有出現相同的岩層，即可在遙測影像上稱為具有對稱性。

　　在岩性比較複雜的地區，需要選擇一些地形表現凸出，且具有典型影像特徵的岩層作為指準層（Key Bed），俾便進行褶皺的追蹤。在地形複雜的地區，則要注意運用 V 字法則或岩層三角面，來分析指準層的位態（請見 7.2.2 節），以進行褶皺型態的判別。

　　三角面對褶皺構造的判釋具有重要的意義；在遙測影像上應密切注意三角面的尖端指向及其型態的變化。當沿著某一界面有三角面出現對稱或重複，且三角面的傾向為相向或相背時，都可能指示褶皺的存在；有時，三角面雖然傾向同一個方向，也有可能是**倒轉褶皺**（兩翼都向同一個方向傾斜的褶皺）所造成的。

　　迴轉彎也是識別褶皺的一個重要證據；它是褶皺傾沒（Plunge）的地形表現。這種迴轉彎與岩層遇到河谷所形成的 V 字轉折並不一樣；V 字轉折只是局

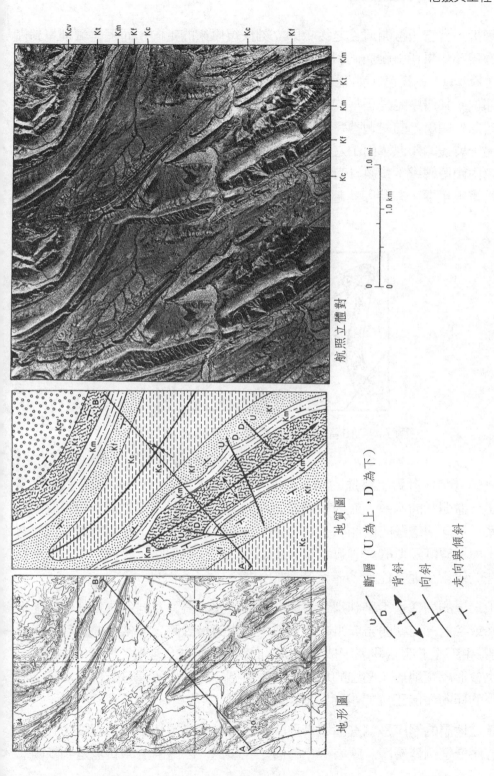

航照立體對

地質圖

U / D　斷層（U 為上，D 為下）

背斜

向斜

走向與傾斜

地形圖

圖 7.38　航空照片上所見的褶皺構造及其地形圖與地質圖（Sabins, 1996）

部的彎折，當它一離開河谷之後，即立刻恢復原來的走向。而迴轉彎則呈封閉狀的迴轉。如果背斜軸與向斜軸平行相間，則在地形上會形成Z字型或鋸齒狀褶皺（Zigzag）的鋸齒，如圖 7.39 所示。一般而言，正常褶皺或倒轉褶皺的迴轉彎部位，其層序總是正常的；因此，岩層位態也會是正常的，即背斜迴轉彎的岩層向外傾斜，向斜迴轉彎的岩層向內傾斜。迴轉彎的岩層常常表現為一坡陡、另一坡緩的類似單面山之地形；緩坡在外側的稱為**外傾迴轉彎**，緩坡在內的稱為**內傾迴轉彎**；背斜具有外傾迴轉彎，而向斜則具有內傾迴轉彎。解釋褶皺迴轉彎很重要，有時即使超出了調查範圍，也應從相鄰的影像中去尋找。

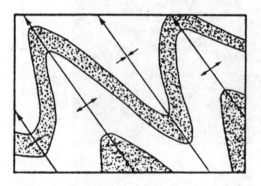

圖 7.39　由背斜及向斜相間所形成的鋸齒地形

迴轉彎常會發育出特殊的水系型態（Drainage Pattern），例如背斜迴轉彎常會出現**撒開狀的水系**（流向褶皺體的外側），而向斜迴轉彎則會出現**收斂狀的水系**（流向褶皺體的內側）。有時，不論是背斜或向斜，在迴轉彎的部位會發育出與迴轉彎類似的同心弧水系。這些特殊的水系型態一般只能作為分析褶皺存在的線索，而不能作為確定褶皺的依據。

地形上的高低也不是判別背斜與向斜的依據。背斜及向斜的軸部都可能形成山峰或谷地。由軟弱岩層組成的背斜核心遭到侵蝕時，常常形成**背斜谷**。當核心部為堅硬岩層時，則常形成**背斜山**。向斜有時形成負地形（凹下的地形），有時也會形成正地形（凸出的地形）（請見圖 7.25）。解釋時應特別注意，確定岩層的傾向才能正確的辨別背斜及向斜。

確立地層的層序是調查區域構造的基礎，所以必須特別注意判斷，岩層是正常層序還是倒轉層序；應該避免將層序弄顛倒，因為岩層的新老是判斷斷層

類型的重要依據。如果岩層沒有倒轉，則上傾向（**Up-Dip**）的岩層越老，下傾向（**Down-Dip**）的岩層越新。再者，岩層的新老也可以從褶皺構造加以推斷，即背斜核心為老岩層，向斜核心為新岩層。

根據影像判釋的結果，即可以規劃野外調查的最佳路線及方案。在已初步確定有褶皺存在的地段，應該儘量垂直於褶皺的樞紐布置調查路線，這樣比較容易判斷岩層是否有重複性。到了現場，即應對照現場實體與其在影像上的形象，並建立其相關性及影像特徵，俾便在二次影像判釋時，更容易的在影像上進行追蹤。在露頭位置，可以利用地質羅盤儀測量岩層的位態，並且將讀數直接登錄在底圖（一般是地形圖）上的測量點位置。在多數情況下，地面的岩層只是呈傾斜狀態，無法看清楚岩層的彎曲全貌，所以需要多多量測岩層的位態及岩層的分布，俾便在圖面上進行研判。

追索褶皺迴轉彎（其位置已經在遙測影像上辨認出來）是很重要的野外工作項目之一。一般在河谷的岸邊、鐵路及公路的路塹陡壁上，常常可以見到比較完整的迴轉彎之出露。應利用照像、素描等方法，將其型態特徵詳細的記錄下來，以備分析之用。

褶皺的樞紐部位彎折最為嚴重，所以需要仔細觀察其破碎情形。褶皺的兩翼形成順向坡，也必須量測其位態，並應注意坡腳是否被人為的，或河流的側蝕所切斷；更應特別注意順向坡上的岩層有無見光的現象（**Daylight**）。

7.8 褶皺的工程地質特性

褶皺地區的地形一般起伏較大，特別在褶皺特別強烈的地區，岩層因為受到強烈擠壓及破壞，所以裂隙非常發達，而且岩層的傾角很陡。在這種地區進行工程建設，其挖、填方都特別的大，雨水的沖刷比較嚴重，邊坡的穩定性也比較差。

岩層中一些具有特殊工程顧慮的岩層，如軟弱夾層、泥化夾層、膨脹性岩層、含水層、含煤層、含鹽層等，隨著岩層的褶皺而褶皺，因此它們的空間分布完全受到褶皺型態的控制；通常會因褶皺作用而被抬到地表淺處，同時還會重複的出現。所以顯然的，有關褶皺的調查，對於如何避開這些不利的岩層，並且選擇合理的工址或路線，是一項很重要的工作。

　　在褶皺的軸部位置，由於岩層受到轉折最嚴重，且變動較大，裂隙特別發育，如果地下工程（如隧道、礦坑、地窖、地下貯藏室、地下發電廠、核廢料貯存窖、地下工事等）沿著軸部開挖，有可能造成大量的頂盤坍落；尤其是在向斜的軸部，由於裂隙間的岩塊處於倒插的狀態（請見圖 7.40），更容易出現這種危險。再者，向斜構造有利於地下水的聚集，所以在軸部的地下水較豐，水壓較高；如果地下工程沿著向斜軸開挖，可能會出現大量湧水的事故。因此，洞址或隧道的軸線不應選在褶皺（尤其是向斜）的軸部位置。如果無法避開褶皺的軸部，則洞軸線應與褶皺的軸線垂直，或成大交角（銳角不小於 40°）的方向通過。

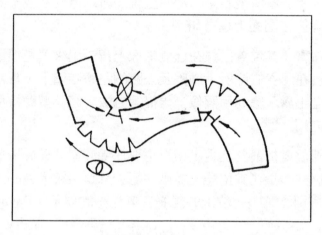

圖 7.40　脆性岩層在褶皺軸部的張裂情形（旁示為應變橢圓）

　　在洞軸線與褶皺軸線垂直，或成大角度相交的情況下，洞體將會穿越性質不同的岩層，不連續面密集的岩體比較不穩定，襯砌比較困難；同時，洞體可能穿越含水層，將出現湧水，對施工不利。因此，在褶皺地區，地下工程的選址或選線都應該深入評估這些不利條件。像隧道等線性工程一般應布置在褶皺的翼部，因為這樣子路線將通過均一的岩性，有利於穩定；但是如果岩層中間夾有軟弱夾層，或軟弱不連續面時，則傾斜岩層見光的一側之洞壁將發生明顯的偏壓現象；如果再加上含有地下水等不利條件，則軟弱夾心很容易被擠出，導致支撐變形及破壞，嚴重者則產生坍塌。

　　在褶皺的翼部布置地面工程體時，如果開挖邊坡的走向近於平行岩層的走

向，且邊坡的傾向與岩層的傾向一致，邊坡的坡度又大於岩層的傾角，則非常容易引起順向坡滑動；特別是在砂、頁岩互層（尤其是砂岩在上，頁岩在下）、雲母片岩、綠泥石片岩、滑石片岩、石墨片岩、千枚岩等軟質岩石分布的地區。如果路塹開挖過深、坡度過陡，或者由於開挖而揭露軟弱的不連續面，如岩土界面（尤其是崩積土跟岩盤的界面）、風化殼、不整合面、斷層面、節理面等，加上地下水的靜力及動力的雙重作用，都非常容易引起順層滑動。如果邊坡的走向與岩層走向的夾角在 40°以上（不論傾向是否一致）；或者兩者的走向一致，但是傾向相反（即逆向坡）；或者兩者的傾向一致，但是邊坡的坡度比岩層的傾角還小，則對邊坡的開挖比較有利（Waltham, 2002）。

CHAPTER 8

斷層與工程

8.1 前言

岩層受地質應力的作用而發生變形。當所受的力超過岩石本身的強度時，岩石即發生破裂，它的連續性及完整性因而被破壞，遂而形成**斷裂構造**（Fracture）。斷裂構造主要包括節理（Joint）及斷層（Fault），都是岩層內常見的地質構造。斷裂構造的規模大小不一，巨型的可達千公里以上，常是劃分岩石圈板塊的邊界構造；區域性的大斷裂也可以長達幾百至上千公里；微細的斷裂則要在高倍顯微鏡底下才能看出，如礦物晶格的錯移。

地殼中發育的斷裂，其性質隨其深度而不同；在淺層的地方一般表現為**脆性斷層**；中深的地方則多表現為柔性剪裂帶。脆性斷層與柔性剪裂帶之間還存在一些過渡的斷裂。本章主要要討論的是脆性斷層。

節理是一種沒有明顯錯移的脆性斷裂；它是地殼上部岩石中發育最廣的一種地質構造。**斷層**則是斷裂面兩側的岩塊發生了明顯的錯移現象之一種斷裂。

斷裂構造也可以在成岩階段形成，稱為**原生斷裂**（Primary Fracture），如岩漿的冷縮節理。於成岩後所形成的斷裂則稱為**次生斷裂**（Secondary Fracture），如構造節理及斷層等。本章主要要談的是屬於次生斷裂。

斷裂構造對工程的穩定性及地下水的滲透性有很大的影響，所以在選址或選線時即需進行深入的調查與充分的評估。

8.2　應變橢圓球與斷裂構造

　　為了解釋岩層的斷裂構造與其所受應力的空間關係，我們假想在物體中取一個圓球，使其在三向不等應力的作用下發生變形，乃至破裂。在均勻連續的變形過程，這個圓球就變成三軸不等的橢圓球。橢圓球的三個互相垂直的軸統稱為**主應變軸**。長軸稱為**最大應變軸**（A 軸），相當於**最小主應力軸**（σ_3）的方向；其與最大拉伸，或最小縮短的方向一致；表示岩石變形的最大引張方向，或礦物重行結晶及定向排列的方向；在 $\sigma_2 = \sigma_3 = 0$ 的條件下，與其相同的方向上將產生**解壓節理**（Release Joint）。垂直於 A 軸，並包含 B 軸及 C 軸的平面，往往是承受最大張力的平面，在此平面方向易於產生**張節理**（Extensional Joint），如圖 8.1 所示。

　　短軸稱為**最小應變軸**（C 軸），相當於**最大主應力軸**（σ_1）的方向；其與最大壓縮，或最小拉伸的方向一致；到達破裂階段，該軸將平分一對 X 型的**共軛剪裂面**所夾的銳角（請見圖 8.1），形成（$90° - \Phi$）角的平分線，其中 Φ 為岩層的內摩擦角。剪裂面兩側岩塊的相對位移，就好像共軛剪裂面所夾的楔型岩塊（銳角的部分）向橢圓球的中心楔進一樣。中等軸則稱為**中間應變軸**（B 軸），相當於**中間主應力軸**（σ_2）的方向；也是 X 型共軛剪裂面的交線方向。

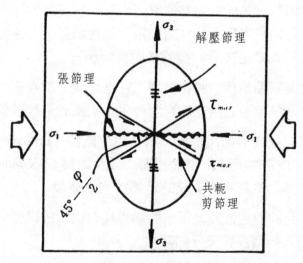

圖 8.1　應變橢圓球與斷裂構造的關係

有了應變橢圓球的概念，我們就可以預測一個物體受力之後，其斷裂面的方向。或者是相反的，我們有了應變橢圓球的概念之後，就可以推測一個物體的斷裂面是受什麼方向的外力所造成的。

應變橢圓球只是一種幾何圖解法，用來定性分析連續介質中的斷裂與應力之間的幾何關係。但是我們不能完全據此分析岩層變形及破壞時的應力狀態。茲舉兩例來說明應變橢圓球的應用。

圖 8.2 顯示某地區出現一組東西向的直立張節理及兩組直立的剪節理，其中一組的走向為東南向，另一組的走向為西南向。根據上述的規則，張節理應為垂直於最大應變軸（A軸）（或最小主應力軸σ_3），所以根據張節理的位態，A軸應該是水平的，而且是南北向的，如圖塊的頂面所示。

接著我們假定兩組剪節理是由同一個外力所造成的，因此，其交線即為中間應變軸（B軸）的方向，所以B軸應該是直立的，如圖塊的前視面及側視面所示的。最小應變軸（C軸）（或最大主應力軸σ_1）為垂直於A軸及B軸，所以是水平的，並且沿著東西向延伸。根據C軸的空間位置可以判斷，該地區的主要壓應力應該是來自東西水平方向。

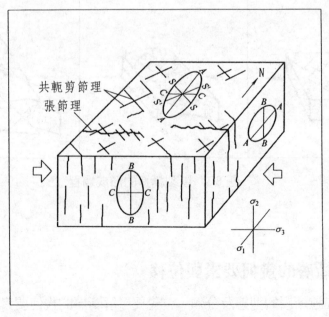

圖 8.2　應變橢圓球的應用

　　岩層受力後先發生塑性變形，再形成脆性斷裂；即從褶皺發展到斷層；如圖 8.3 所展示的，我們可以看到斷裂構造的形成過程。當一水平岩層受到水平擠壓（假定 A 軸及 C 軸均為水平）之後，在剪應力超過岩層的剪力強度時，首先將形成兩組X型剪節理（SJ）（請見圖8.3A），其銳角的等分線表示受壓的方向（即σ_1的方向）（參考圖 8.1）。當擠壓力增大，岩層開始變形，並且形成褶皺，因此在其樞紐的位置出現了水平張力（與擠壓力同向）；當拉張應力超過岩層的抗張強度時，就會形成一組張節理（TJ）（請見圖8.3B）；這是一組沿剪節理發育的鋸齒狀節理。岩層繼續受壓，且持續變形，接著在背斜的核心部產生次一級的張應力，因而形成與褶皺軸一致的縱向且直立的張節理（TJ'）（請見圖 8.3B 的正面及頂面），並使層間岩體錯動，而產生次一級的X 型剪節理（SJ'）（請見圖 8.3B 的正面）。最後則形成壓性逆斷層（CF）、直立的平移斷層（SF）、以及直立的張性正斷層（TF）（請見圖8.3C）。在實際的情況，當然不一定上述三類斷層都會同時出現；但是如果出現了，它們的形成方向及位態就會如同圖上所示的一樣。

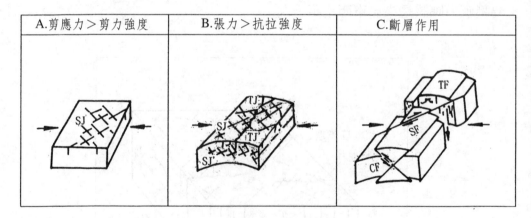

圖 8.3　斷裂構造的形成過程

 ## 8.3　斷層的幾何要素與位移

　　觀察及描述斷層的型態及分類，首先要了解斷層的幾何要素及相對的位移。

8.3.1　斷層的幾何要素

(1)斷層面

將岩塊或岩層斷成兩部分的破裂面，有利於兩側岩塊發生位移的面就是**斷層面**（Fault Surface）（請見圖 8.4）。斷層面有的平直，有的彎曲。一般可以將它視為一種面狀構造，所以它的空間狀態可以用走向、傾角及傾向的位態三要素加以描述。

有些斷層的位移是沿著許多密集的破裂面發生的；這時的斷層面就不是一個單純的面，而是一個複雜的破碎帶，稱為斷層破碎帶或**斷層帶**（Fault Zone）。在斷層帶內可能發育著一系列的破裂面，也可能夾雜或伴生著由斷層運動而破裂及搓碎的岩塊、岩屑、岩片、岩粉等。斷層帶的兩側可能還有受斷層錯動的影響，而伴生節理，或發生牽引彎曲的狹長帶，稱為**斷層影響帶**。斷層帶的寬度從數公分至數百公尺都有；一般而言，斷層的規模越大，斷層帶就越寬、越複雜。

(2)斷層線

斷層面與地面的交線，亦即斷層在地表的出露線，稱為**斷層線**；或稱為**斷層跡線**。在測繪地質圖時，斷層線是很重要的地質界線之一。與岩層的界線一樣，斷層線的延伸形態也受斷層面本身的形狀、位態及地形起伏的控制；少數是直線（直立的斷層），大多數都是曲線。斷層面的傾角越緩，地形起伏越大，斷層線的延伸形狀也就越複雜。斷層線在地面上的表現跟岩層的界線一樣，也是受到 V 字法則的控制（見 7.2.2 節）。

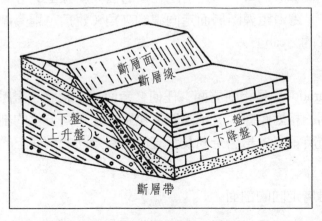

圖 8.4　斷層的幾何要素

(3)斷盤

斷層面兩側的岩層或岩體稱為**斷盤**（Fault Wall）。如果斷層面是傾斜的，則位於斷層面上側的部分稱為**上盤**（Hanging Wall），位於斷層面下側的部分稱為**下盤**（Footwall）。如果斷層面為直立時，則以相對於斷層面的方位來稱呼，如東盤、西盤，或東北盤、西南盤等。

根據兩盤相對運動的方向，可以把相對上升的一盤稱為**上升盤或上升側**（Upthrown Side），相對下降的一盤稱為**下降盤或下降側**（Downthrown Side）。上升盤及上盤，下降盤及下盤並不一定是一致的。上升盤可以是上盤，也可以是下盤。同樣的，下降盤也可以是下盤，也可以是上盤。兩者不能混淆。我們稱**相對運動**，是因為我們只看到斷層發生後的結果，而沒有看到其過程；因此，上升盤可能是向上運動，也可能是向下運動，但是沒有下降盤下降得多；當然，還有其他不同的絕對運動方式。下降盤也是類似的情形。

■ 8.3.2　位移

斷層位移是斷層兩側岩層相對移動的泛稱。測定斷層位移需要先找到對應點或對應層。所謂**對應點**，係指未斷移前的一個點在位移以後成為兩個點，該兩點就是對應點。兩條線相交可以成為一點，一條線與一個面也可以相交成一點，一顆礫石也可以認為是一點。未斷移前的同一層，位移後就是**對應層**。

(1)滑距

斷層兩盤的實際位移量稱為**滑距**（Slip）。兩個對應點之間的真正位移距離稱為**總滑距**（Net Slip）（圖 8.5I 的 ab）。總滑距在斷層面走向線上的分量稱為**走向滑距**（圖 8.5I的ac）。總滑距在斷層面傾斜線上的分量稱為**傾斜滑距**（圖 8.5I的cb）。總滑距與斷層面走向線的夾角（銳角）稱為總滑距或擦痕的側俯角（圖 8.5I 的 ∠cab）。

(2)斷距

斷距（Separation）是指斷層面上任何參考面（如岩層、岩脈等）被斷層錯開的兩部分之間的相對距離，又稱**離距**或**錯距**。在不同方位的剖面上，斷距是不同的。現在僅將垂直於岩層走向及垂直於斷層走向的剖面上的主要斷距分述於下：

(a)垂直於岩層走向的剖面

・岩層斷距：在斷層的兩盤，對應層相隔的垂直距離（圖 8.5II 的 ho）。

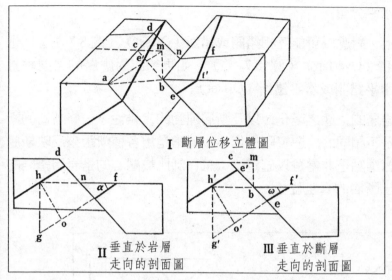

ab = 總滑距
ac = 走向滑距
cb = 傾斜滑距
ho = 岩層斷距
hf = 水平斷距
h'o' = 視岩層斷距 hg = h'
g' = 鉛垂岩層斷距 h'
f' = 視水平斷距
α = 岩層傾角
ω = 岩層視傾角

I 斷層位移立體圖

II 垂直於岩層
走向的剖面圖

III 垂直於斷層
走向的剖面圖

圖 8.5 斷層的滑距及斷距

- 鉛垂岩層斷距：在斷層的兩盤，對應層相隔的鉛垂距離（圖 8.5II 的 hg）。
- 水平斷距：在斷層的兩盤，對應層相隔的水平距離（圖 8.5II 的 hf）。

如果已知岩層的傾角（α）及上述三種斷距中的任何一種斷距，則可求出其他兩種斷距。

(b)垂直於斷層走向的剖面

- 視岩層斷距：在垂直於斷層走向的剖面上，斷層兩盤上對應層相隔的垂直距離（圖 8.5III 的 h'o'）。
- 視鉛垂岩層斷距：在垂直於斷層走向的剖面上，斷層兩盤上對應層相隔的鉛垂距離（圖 8.5III 的 h'g'）；與鉛垂岩層斷距（hg）是相等的。
- 視水平斷距：在垂直於斷層走向的剖面上，斷層兩盤上對應層相隔的水平距離（圖 8.5III 的 hf）。

除了鉛垂岩層斷距之外，岩層斷距及水平斷距在垂直於岩層走向的剖面上所測定的距離比在垂直於斷層走向的剖面上所測得的為小。

對於地下工程（如採礦工程），為設計豎井及隧道的長度，通常採用落差及平錯的術語來計測。如圖 8.6 所示，在垂直岩層走向的剖面上，xy 稱為**落差**（Throw），yz 稱為**平錯或橫差（Heave）**。其實落差就是傾斜斷距的鉛垂分

量，而平錯則是其水平分量。

在地表的露頭上，對應層可能互相**錯開或錯斷**（Offset）（圖 8.7 左），也可能互相**掩覆或超覆**（Overlap）（圖 8.7 右）。如果繪出對應層的共同垂直線，其距離即稱為**水平錯開或水平錯斷**（Offset）。

由於斷層面及岩層的位態之變化，以及斷層運動的複雜性，一條斷層的斷距在不同的地段常是不相同的。在實際工作中，通常是用各種斷距來反映斷層的位移情況，因為對應點是非常難以確定的；工程師比較關心的是岩層錯開的距離，而不需要求出斷層的真正位移。

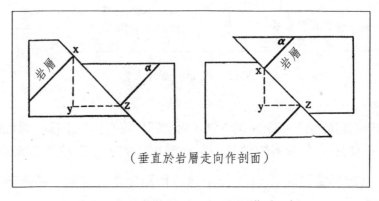

（垂直於岩層走向作剖面）

圖 8.6　岩層的落差（xy）及平錯（yz）

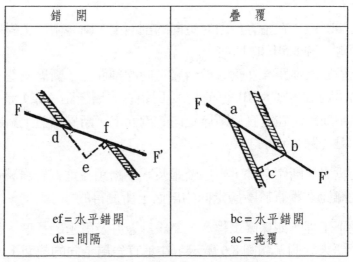

圖 8.7　岩層的錯開與掩覆

8.4 斷層的分類

斷層的分類方法很多。大家最熟悉的就是依據斷層兩盤相對運動的方向，分成正斷層、逆斷層及平移斷層三大類。現在分別說明如下：

(1)正斷層

相對於下盤而言，上盤沿斷層面向下方運動的斷層，稱為**正斷層**（Normal Fault）。一般認為，多數正斷層是岩層在水平張力，及自身重力的雙重作用下形成的，故又稱為**重力斷層**。也就是說，形成正斷層的應力狀況是：最大主應力為直立狀態；中間及最小主應力呈水平狀態，且斷層的走向與中間應力的方向一致（請見表 8.1）。因此，形成正斷層的最佳地質環境是地殼發生水平伸展，或垂直隆起。

正斷層的斷層面比較粗糙（張力的關係），傾角較陡，一般為 45°～90°，而以 60°～80° 最為常見（請見圖 8.8 上）；因此，其斷層線較為平直。正斷層常形成張裂斷層角礫岩的斷層帶，往往充填有岩脈（如方解石脈、石英脈）及礦脈，其型態不規則。斷層面上幾乎沒有擦痕。斷層附近的岩層中也見不到擠壓變形的現象。發生正斷層的地方，地殼為拉伸擴張的。板塊分離係屬於此種應力狀況。

(2)逆斷層

上盤沿斷層面相對上升的斷層，稱為**逆斷層**（Reverse Fault）。逆斷層中，如果斷層面的傾角小於 45°，則稱為**衝斷層**或**逆衝斷層**（Thrust）。對於一些規模很大，位移以公里計，斷層面傾角一般小於 30° 的逆斷層，則稱為**逆掩斷層**（Overthrust）。一般認為逆斷層是受到近乎水平的擠壓應力作用而成；也就是說，最大主應力為水平狀態；最小主應力則為直立狀態；中間主應力呈水平，且仍然與斷層走向一致（請見表 8.1）。板塊擠壓係屬於此種應力狀況。

在上述的應力環境下，很容易產生褶皺構造。因此，逆斷層常與褶皺相伴生（請見圖 8.8 中）；它一般是在褶皺構造形成的後期形成的。當岩層受到側向壓力而形成直立褶皺時，背斜的核心部向上隆起，兩翼則向核心部擠壓（請見圖 8.9）。在褶曲的翼部，向上運動及水平運動的兩部分之間可能存在著潛在的破裂面。隨著應力的不斷作用，潛在破裂面中的一個或兩個即發展成逆斷層。

斷層類別	應力場	錯動斷塊圖	應力與錯斷
正斷層	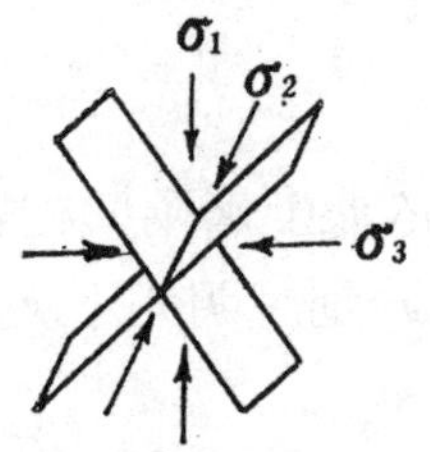	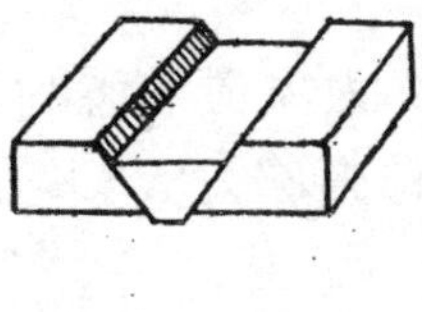	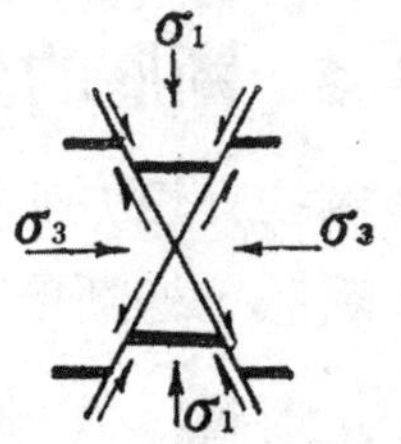
逆斷層	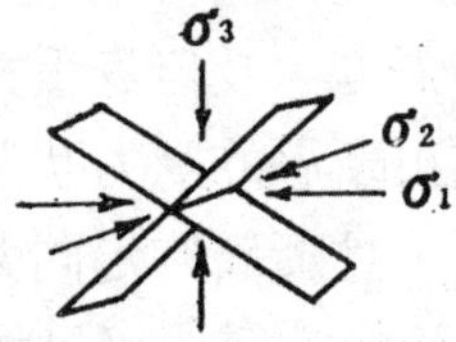	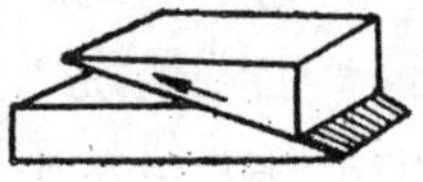	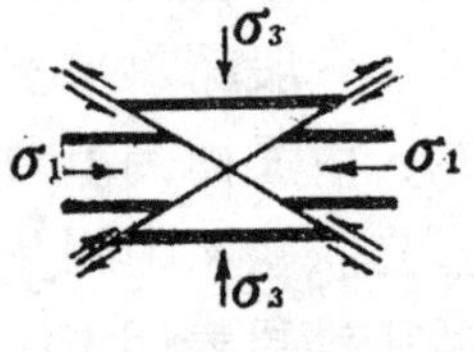
平移斷層	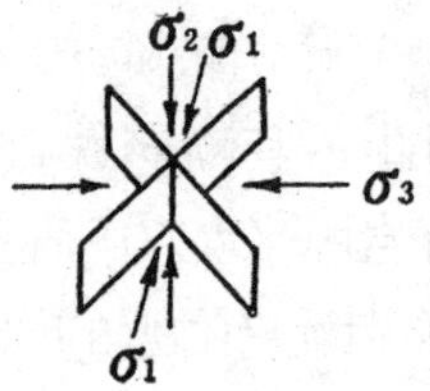	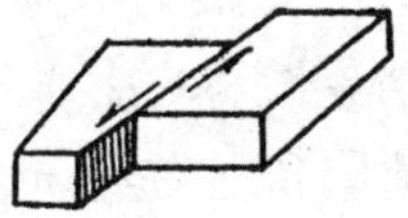	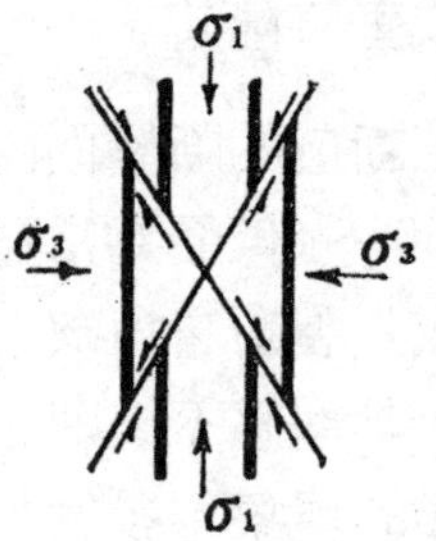

圖 8.8　斷層的類別及其所受的應力作用

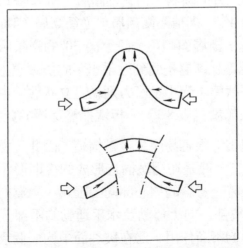

圖 8.9　由直立褶皺發展成逆斷層的示意圖

　　逆斷層的斷層面常呈舒緩的波浪狀，面上可見與走向大致垂直的逆衝擦痕。斷層破碎帶的岩石都為壓碎角礫岩、碎裂岩、糜稜岩或片理化岩等。斷層附近的岩層有擠壓、揉皺、劈理化及片理化等現象。逆斷層產生之後，地殼發生了擠壓縮短的現象。

　　在大規模逆掩斷層存在的地方，常見老岩層逆掩覆蓋在新岩層之上，其根部則為傾角較大的逆斷層。這些遠從它處推移過來的老岩層，稱為**外來岩體**，或**推覆體**；斷層面以下的岩體則稱為**原地岩體**。由於後來的侵蝕作用，蝕穿了斷層面，使下盤、較新的原地岩體局部出露於地表；這種被老的外來岩體所環繞，四周以斷層線為界的新岩層之局部露頭就稱為**構造窗或外留層**（Outlier）。反之，如果外來岩體遭到強烈的侵蝕，大部分地段均被侵蝕殆盡，使得大部分的原地岩體被揭露出來，只有局部地區殘留著老的外來岩體，它孤立於下盤岩體之上，周圍也被斷層線所環繞，則稱為**飛來峰或內露層**（Inlier），如圖 8.10 所示。

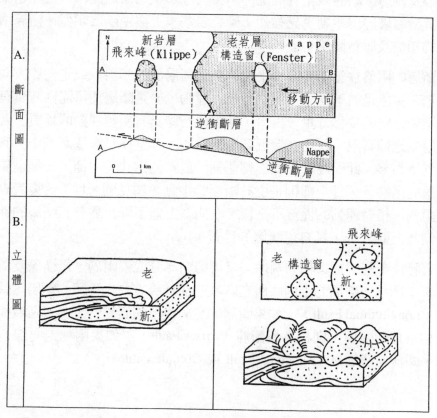

圖 8.10　構造窗及飛來峰的形成發育過程

(3)平移斷層

兩盤沿著斷層面的走向發生相對錯動的斷層，稱為**平移斷層**，又稱為**走向滑移斷層**（Strike-Slip Fault）。形成平移斷層的應力狀態是：中間應力為直立狀態；最大及最小主應力則呈水平狀態，且斷層面的走向與斷層的移動方向均垂直於中間應力的方向（請見表 8.1）。一般認為，平移斷層的走向與最大主應力的方向，其夾角（銳角）為（45° − Φ/2）。大多數平移斷層是相當於或接近於最大剪切面；因此，它有時是成雙出現；一個屬於右移，另一個屬於左移。

按照兩盤相對位移的方向，可分為**左移斷層**及**右移斷層**。前者兩盤顯示左旋，即逆時針方向旋轉；後者兩盤顯示右旋，即順時針方向旋轉。如果我們站在任何一盤，且沿著某一岩層，朝斷層的方向走去，於遇到斷層時，如果需要向左轉，去對盤找尋被錯開的一段，就屬於左移斷層；如果需要向右轉去對盤找另外一段，就屬於右移斷層。

平移斷層一般傾角較大，近於直立；斷層面比較平直，面上常見大量的水平擦痕及擦溝。斷層線呈直線延伸。與其他類型的斷層比較，常見密集的剪裂帶，其剪裂破碎現象則更見強烈；碎裂岩基本上與逆斷層類似。斷層兩側常見衍生的褶皺及雁行斷裂。

斷層的兩盤往往不完全像上述的順著斷層面的傾斜線或走向線方向發生位移，也有可能是斜著向下，或斜著向上運動。於是斷層便可能同時具有上下及水平兩個方向的位移分量。再者，斷層也可能具有旋轉運動的性質。譬如，一條斷層的延伸有限，往往在接近斷層的尾端，其位移量會逐漸減小，到達尾端處則位移為零；此即屬於一種旋轉運動。旋轉的方式有兩種，一種是旋轉軸位於斷層的尾端，另外一種則是位於斷層的中點（請見圖 8.11）。後者表現為旋轉軸兩側，相對運動的性質不一樣，一側為上盤下降，具有正斷層的性質；另外一側為上盤上升，具有逆斷層的性質。

有時按斷層與褶皺軸的關係，又可將斷層分成縱斷層、橫斷層及斜斷層，如圖 8.12 所示。斷層的走向與所在區域的構造線方向相平行的斷層，就稱為**縱斷層**（Longitudinal Fault）；如果斷層的走向與所在岩層的走向或區域構造線的方向相垂直的斷層，則稱為**橫斷層**（Cross Fault）；如果兩種走向線為斜交的斷層，即稱為**斜斷層**（Diagonal Fault 或 Oblique Fault）。

表 8.1　斷層的類型與區別

依兩盤相對運動的方向分類	上盤的相對運動方向	斷層面的傾角	σ_1的位態	σ_3的位態	σ_2的位態	斷層的走向	斷層帶	通水性
正斷層	向下	> 45°（60°～80°）	鉛直	水平	水平	∥ σ_2	寬而破碎	通水
逆斷層	向上	< 45°（20°～40°）	水平	鉛直	水平	∥ σ_2	最寬，斷層泥	阻水
平移斷層	水平	～90°	水平	水平	鉛直	⊥σ_2 與σ_1成（45°－Φ/2）夾角（約30°）	窄	中等

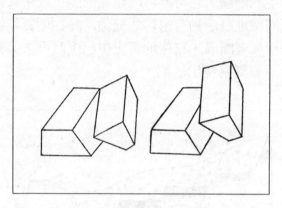

圖 8.11　斷層的旋轉運動

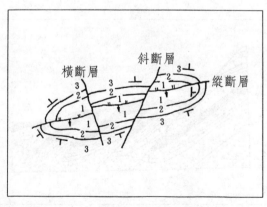

圖 8.12　斷層走向與褶皺軸的關係

　　自然界的斷層往往不是單一出現，而是成組形成，且有一定的組合規律，如地塹、地壘、階梯狀斷層、覆瓦狀斷層等，請見圖 8.13。**地塹**（Graben）常為長條型的相對下降之斷塊；它的兩個長邊完全受相向傾斜的正斷層所限。地塹的規模可大可小，大者在地貌上表現為裂谷，如東非裂谷；小者可見於背斜的軸部。**地壘**（Horst）則是長條型的相對上升之斷塊；它的兩個長邊完全受相背傾斜的正斷層所限。**階梯狀斷層或階狀斷層**（Step Fault）是由一組位態大致相同的正斷層，各自的上盤依次下降，形成有如階梯一樣的斷層組合；它的總體位移為各個單一斷層位移之和。**覆瓦狀斷層或覆瓦斷層**（Imbricate Fault）則是由一系列位態相近的低角度逆斷層所組成；各斷層的上盤依次相對上升，在剖面上呈屋瓦式，或鱗片狀而依次疊覆；臺灣的斷層系列即屬於此類。

　　根據斷層的活動性，我們有可以將斷層分為沉寂斷層及活動斷層兩大類。**活動斷層**是近期發生的斷層，它可能目前正在活動，或未來可能會重新活動的一種斷層。此類斷層與地震活動有密切的關係；將在地質災害的章節裡再加以說明。**沉寂斷層**是一種老斷層，它在地質史中已沉寂很久，其重新活動的機率很小。本章將針對沉寂斷層提出說明。

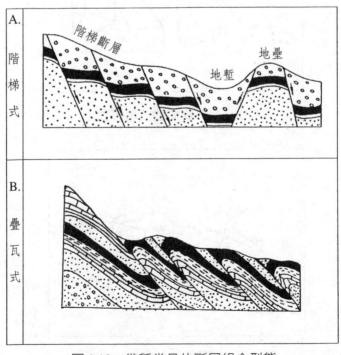

圖 8.13　幾種常見的斷層組合型態

8.5 斷層帶的特徵

(1)擦痕及鏡面

擦痕（Slickensides）是斷層發生過程中，其兩盤岩層在相對滑動時，由岩石被磨碎的岩屑及岩粉在斷層面上摩擦刻劃而留下來的痕跡；它是斷層面上常見的斷層證據。擦痕常呈現彼此平行或均勻的細條，或為一系列相間排列的脊和槽；有時一端寬且深，另一端為窄而淺，並且逐漸消失；由寬且深的一端向窄而淺的一端一般指示對盤的運動方向。如果用食指順著擦痕輕輕觸摸，常常可以感覺到順某一個方向會比較光滑，而相反的方向會比較粗糙；感覺光滑的方向指示著手所代表的這一盤（即對面盤）之相對運動方向。類似這種擦痕，也可產生於剪節理、層間滑動、冰川運動、岩層滑動等場合。

在硬且脆的岩石中，擦面及溝槽常被磨光，有時會附著碳質、鐵質、矽質，或碳酸鹽質的薄膜，以致光滑如鏡，稱為**斷層鏡面**或**摩擦鏡面**。薄膜的成分與岩石有關，因為它的形成是由於斷層兩盤的壓緊及互相碾磨，使得斷層面附近的碳質、鐵質、及矽質等成分被擠出塗抹而成的；這種成因的礦物稱為**擦抹礦物**。

(2)階步及反階步

階步（Step）是斷層面上與斷層擦痕共生，而與其垂直的微小陡坎；或者是由斷層面上沿著斷層運動方向而生長的纖維狀礦物晶體的垂直斷口而形成的小陡坎。坎高通常不會超過 1 毫米至數毫米（請見圖 8.14A）。它是沿著擦痕的方向，因局部阻力的差異，或因斷層的間歇性運動的頓挫而形成的小台階。在縱剖面上（平行於擦痕的方向），階步呈不對稱的緩波浪狀曲線，其陡坎的傾向指示著對面盤（即不見的這一盤）的運動方向。階步的延長方向則與斷層兩盤的相互錯動方向垂直。順者下坎面的方向觸摸，手感光滑；這時，手的移動方向就是手所代表的這一盤（即對面盤）之相對運動方向。這種階步一般稱為**正階步**。

在某些情況下會出現**反階步**（Antistep）。這是由剪裂面的羽狀排列（圖8.14Ba），或與斷層伴生的張節理之楔形張開（圖 8.14Bb）所形成的小陡坎。其型態與階步大致相仿，但是反階步的緩坡與陡坡並不是以圓滑的曲線連續過渡，而是以尖稜角狀或折線相連接（請見圖 8.14B）；另外，正階步上面常可

見到擦抹礦物，而反階步上則沒有。反階步所指示的運動方向與正階步相反，即逆陡坎而上的方向指示著對面盤的運動方向（請見圖 8.14B）。

(3)斷層岩

斷層運動使其兩側原來的岩石發生破碎、再結晶及礦物定向排列等一系列新形成的岩石，稱為**斷層岩**。按其破碎及構造特徵，斷層岩可分成斷層角礫岩、碎裂岩、糜稜岩及片理化岩等類別；其中後三種斷層岩主要見於逆斷層及平移斷層。

斷層角礫岩（Fault Breccia）是由稜角狀碎屑所組成的角礫，經過重新膠結的構造岩；同時，其角礫仍能保持原岩的特點。斷層角礫岩是岩石在斷層上發生運動時，由壓碎、破碎或剪切等作用，或由斷層壁間的摩擦，以及由與主斷層相伴生的次級破裂等產生的。按角礫的形狀及其排列方式，它可再分為張裂角礫岩及壓碎角礫岩。**張裂角礫岩**的角礫，其大小不一、稜角明顯、雜亂分布、不呈定向排列；且其孔隙較多、透水性良好；而其膠結物則主要來自地下水帶來的外來物質。張裂角礫岩多見於正斷層。**壓碎角礫岩**的角礫因為在斷層帶中曾遭受擠壓及揉搓的作用，所以常有不同程度的圓化，並往往呈定向排列；**如果角礫呈雁行排列，且其長軸與斷層面以小角度相交，則其所成銳角可指示對面盤的相對運動方向**（請見圖 8.15）。壓碎角礫岩的膠結物有時也顯示定向，且圍繞著角礫排列，甚至發育出劈理；它們多係碾磨得更細的碎粉狀物質，外來的物質比較少見。該類角礫岩主要見於逆斷層及平移斷層中。被壓碎的角礫有時則呈大小不一的透鏡狀角礫塊體，稱為**構造透鏡體**，其長徑一般為數十公分至兩、三公尺；構造透鏡體一般是因擠壓作用所產生的共軛剪節理將岩石切割成菱形塊體，且其菱角又被磨掉而形成的。現場調查時，斷層角礫岩一般可以根據它與岩層的交切及錯斷關係、斷層泥的出現，以及有擦痕的斷塊等加以辨認。

岩石在斷層作用過程中被強烈壓碎，使扭曲變形的碎屑分布在被搓碎的細粒基質中，構成碎裂結構或碎斑結構，稱為**碎裂岩或壓碎岩**（Cataclasite）。它多發育在逆斷層及平移斷層中。

糜稜岩（Mylonite）是斷層帶中的岩石被強烈搓碎及研磨後又膠結起來，形成一種粉狀微粒的岩石，肉眼不易辨認其顆粒。糜稜岩通常具有定向構造，岩層堅實緻密，類似矽質岩。如果斷層帶的岩粉呈定向排列、拉長及壓扁，有時還發生定向再結晶作用，則將形成片理化岩石。

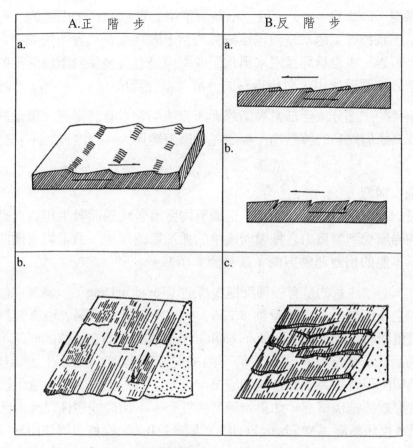

圖 8.14 正階步及反階步（Billings, 1972）

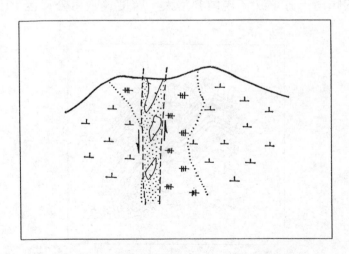

圖 8.15 雁行排列的角礫指引斷盤的相對運動方向（徐開禮及朱志澄，1984）

　　斷層泥（Fault Gouge）一般泛指斷層帶中的鬆軟的、未固結的、粉末狀的黏土或黏土狀物質；通常是親水性較強的黏土礦物及石英等所組成。它們是糜稜岩、碎裂岩、或岩粉等經浸水風化而成；但是也有發生於斷層活動的後期，由地下溶液的循環作用，引起岩石的分解及換質而成的。

　　斷層帶的一部分或全部常被斷層泥所充填；它具有潤滑感，覆蓋於斷層面上，或成為斷層礫石的膠結物。斷層泥的壓縮變形大、強度低，不利於工程的穩定。

(4)拖曳構造

　　一般認為，**拖曳構造**（Drag）是斷層兩盤沿著斷層面發生相對運動時，斷層旁側的岩層受到摩擦力之拖曳而產生的弧形彎曲現象。通常**岩層彎曲的突出方向指示本盤的相對運動方向**（請見圖 8.16）。

　　另外，必須注意的是有一種**反拖曳構造**（Reverse Drag），發育在位態平緩的岩層中之正斷層上盤（請見圖 8.17A），其下降盤的岩層表現為背斜型式；這是**同沉積斷層**（Contemporaneous Fault）所引致的。即在沉積的同時，當斷層的上盤沿著弧形斷層面向下滑動時，由於向下傾角變小，所以上部出現了裂口。當裂口出現時，為了彌合這個缺口，上盤下陷的拖力將使上盤沉積物向下彎，以致形成反拖曳構造。如果岩層為脆性時，不能形成塑性彎曲，因而形成**反向斷層或反傾斷層**（Antithetic Fault）（圖 8.17B）。反拖曳構造所形成的岩層彎曲，其突出方向與本盤的相對運動方向正好相反。不過與正拖曳構造比較，反拖曳構造的傾角十分平緩，規模非常大，寬度達數百公尺至上千公尺以上。

圖 8.16　斷層旁側的拖曳構造及其指示兩盤的相對運動方向（徐開禮及朱志澄，1984）

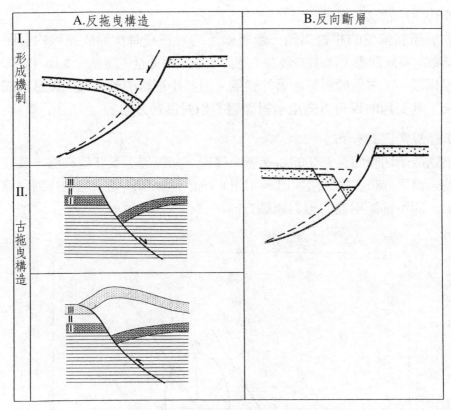

圖 8.17 反拖曳構造與反向斷層

(5)伴生節理

在斷層兩盤的相對運動過程中,其中一盤或兩盤的岩石中常常會產生雁行排列的張節理及剪節理。這些節理都與主斷層斜交,其交角的大小與局部的應力場有關。雁行張節理常與主斷層成 30°∼45°交角;而且**雁行張節理與主斷層所交銳角指示節理所在盤的相對運動方向**(請見圖 8.18 中的 T)。

伴生剪節理有兩組,呈 X 型組合(圖 8.18 中的 S_1 及 S_2);其中一組與主斷層成小角度相交,交角一般在 15°以下,即該岩石的內摩擦角的一半;另外一組與主斷層成大角度相交,或直交。**小交角的一組雁行剪節理,與主斷層所交銳角指示本盤的相對運動方向**。一般而言,斷層伴生的雁行共軛剪節理之位態比較不穩定,常隨著岩石的塑性大小而變化;另一方面,在斷層的運動過程中,可能隨著兩盤沿斷層面發生剪切滑動而發生旋轉,因而被兩盤的錯動所破壞,所以一般不易用來判斷兩盤的相對運動方向。

(6)伴生小褶皺

　　由於斷層兩盤的相對錯動，斷層兩側的岩石有時會形成複雜的緊閉小褶皺；其軸向與局部應力場中的最大主應力（σ_1）相垂直（請見圖 8.18 中的 D）。它的規模很小，常見於平移斷層的旁側。**這些小褶皺的軸面與主斷層面成小角度相交，其交角的銳角方向指示對面盤的相對運動方向。**

(7)斷層角礫的分布

　　被斷層所切斷而且錯開的指準層、礦層（如煤層）或其他夾層，其被揉搓碎裂的角礫只分布在錯開段而已，如圖 8.19 所示。所以如果能夠找到角礫分布的界限，即可推斷兩盤的相對運動方向。

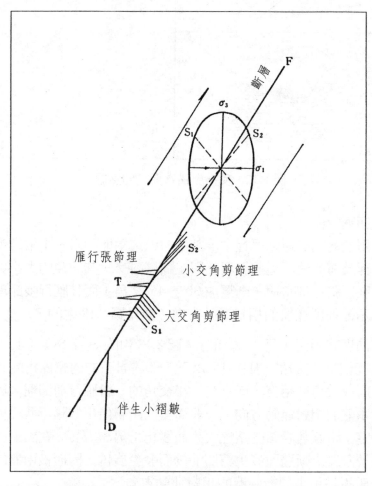

圖 8.18　與斷層伴生的雁行節理及小褶皺

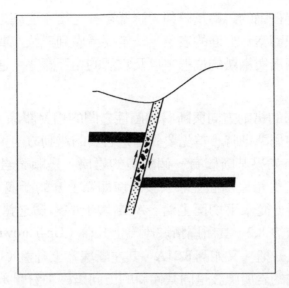

圖 8.19　指準層的斷層角礫只分布於其錯開段

8.6　斷層的視錯斷

　　岩層被斷層錯動之後，在各種不同的剖面上，其視斷距變化多端；例如，順著斷層傾向滑動的正斷層或逆斷層，在水平切面上可能造成平移滑動的錯覺。產生這種錯覺的原因在於我們未能從立體幾何面分析兩盤的相對錯動。如圖 8.20 所示，這是一個背斜被一條平移斷層所橫切（即垂直於褶皺軸），但是在其兩翼的垂直剖面上，卻分別顯示正斷層（A 剖面）及逆斷層（B 剖面）的錯覺。

　　⑴正、逆斷層橫切岩層走向

　　當正斷層或逆斷層橫切岩層的走向，而且兩盤順著斷層的傾斜方向作相對滑動時，經過侵蝕夷平或在水平切面上，會給人以平移斷層的假象（請見圖 8.21A）。在水平切面上，上升盤的岩層，沿著岩層傾斜方向的斷距，既決定於總滑距，也決定於岩層的傾角；傾角越小，水平斷距越大。

　　由此觀之，判斷一條斷層的類別，不能只看到露頭面上岩層的錯開方向就逕下結論。一定要多方面觀察，大至應力場的推測（研判是屬於壓應力、剪應力、或張應力，以及最大主應力的可能方向），小至斷層帶的特徵（請見 8.5

節），都需要經過仔細的觀察及研判，證據充分之後才能確定。再者，分析研究斷層時決不能只觀察一個面的表象，一定要考慮到三維空間的立體形象、斷層位態及性質、岩層與褶皺的位態，以及它們的相互關係，還要考慮到地形的影響。

　　為了判定岩層的錯動方向與斷層的屬性之間的相對關係，可參考表 8.2 的判斷準則。使用這個準則時，首先要先確定岩層的錯動方向，例如，在夷平面（如地質圖）上，如果某斷層有一個斷塊的岩層，是順著岩層的傾向視錯動（Down-Dip），則從鉛垂剖面上看，該斷塊即為上升的斷塊（Up-Thrown）。茲舉圖 8.20 為例，從水平切面上看，A 斷塊上的岩層之錯移方向為順傾向（Down-Dip），查表 8.2，其所屬斷塊應為上升盤（Up-Thrown）；從鉛垂剖面上看，它確實是上升盤。又如圖 8.21A，其左斷塊為上升盤（Up-Thrown），所以在夷平面上，它的岩層應該是向其傾斜的方向錯移；看圖 8.21Ab，在夷平面上確實是順傾向錯移（Down-Dip）。這個準則的目的主要是要了解岩層在三度空間的錯移關係，它並不能斷定斷層的真正錯動方向。為了便於記憶，只要記住下列一條準則即可：

$$\boxed{\text{Down-Dip} \;\rightarrow\; \text{Up-Thrown}}$$ ……………………（8.1）

$$\boxed{\text{順傾向位移} \;\rightarrow\; \text{上升盤}}$$ ……………………（8.2）

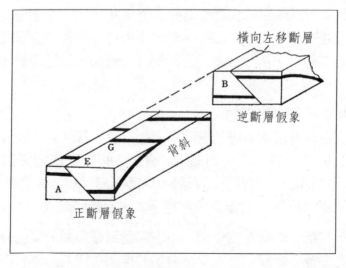

圖 8.20　背斜被左移斷層橫斷後在兩翼形成傾向斷層的錯覺

表 8.2　岩層錯動方向與斷層屬性的相對關係

水平切面上岩層的錯開方向	鉛垂剖面上斷盤的升降
順傾向（Down-Dip）	上升或升側（Up-Thrown）
逆傾向（Up-Dip）	下降或降側（Down-Thrown）

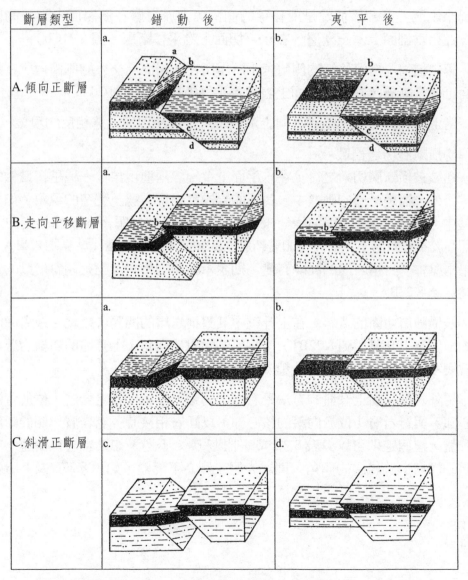

圖 8.21　不同的斷層被夷平後造成另類斷層的錯覺（Billings, 1972）

(2)平移斷層橫切岩層走向

當平移斷層橫切岩層的走向滑動時，在鉛垂剖面上會出現正、逆斷層的假象（請見圖 8.21B）。順著岩層傾向錯開的斷塊（右斷塊），在鉛垂剖面上表現為上升盤，產生逆斷層的錯覺。

(3)斜滑移斷層

當上盤在斷層面上是斜著向下滑移時，根據滑移線的側俯角，可分成兩種情況來說明。第一種情況是滑移線的側俯角大於岩層在斷層面上交線的側俯角，在鉛垂剖面上為正斷層，在水平切面上為平移斷層（圖 8.21Cb）。

第二種情況是滑移線的側俯角小於岩層在斷層面上交線的側俯角，在鉛垂剖面上為逆斷層，在水平切面上表現為平移斷層（圖 8.21Cd）。

當上盤在斷層面上是斜著向上滑移時，則會出現與上述相反的現象。

(4)橫斷層切過褶皺

褶皺被橫斷層切斷之後，在水平面上會出線兩種現象，一種是褶皺軸的錯移，另外一種是斷層的兩盤中，對稱的岩層會出現變寬及變窄的現象。如果在兩盤中，對稱岩層的間隔不變，則表示橫斷層完全是順著斷層面的走向滑動（即屬於平移斷層），而沒有順著斷層面的傾斜滑動的分量（請見圖 8.22 A）。如果兩盤中，對稱岩層的間隔有變，則表示斷層的相對滑動有傾斜滑動的分量（請見圖 8.22B）。

被橫斷層切斷的背斜，在上升盤中其對稱岩層的間隔會變寬；或者間隔變寬的一盤為上升盤（圖 8.22B1）。相反的，**對於向斜，上升盤的對稱岩層之間隔會變窄；或者間隔變窄的一盤為上升盤**（圖 8.22B2）。

另外一種判斷上升盤的方法是看岩層的相對年紀；**當老岩層（位於背斜的核心部）與新岩層（位於向斜的核心部）以斷層相接時，老岩層一側的斷塊為上升盤**。這個定則可以與表 8.2 的準則相呼應。不過，如果岩層有倒轉，或者斷層的傾角小於岩層的傾角，則老岩層一側為下降盤，如圖 8.27C 及 F 所示。

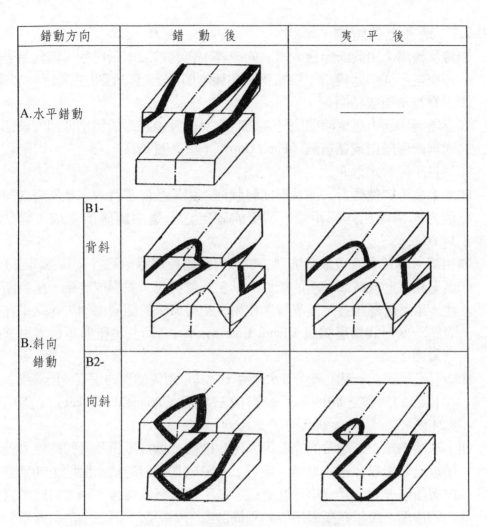

圖 8.22　橫斷層切過褶皺後對稱岩層的間隔產生變化之情形

8.7　斷層的識別

一般而言，斷層的存在對工程建設是不利的；所以為了評估斷層的不良影響，以及採取適當的補救措施，首先必須識別斷層的存在，以及調查其性質。

當岩層發生斷裂並形成斷層後，不僅會改變原來岩層的位態及分布規律，還常在斷層面及斷層帶上形成各種滑動象徵及伴生構造，並且形成與斷層有關的特徵地形。在野外即可根據這些現象來識別斷層。

8.7.1　地形上的證據

(1)線狀槽溝：由於斷層造成岩石的破碎，容易被流水所侵蝕，因此沿著斷層帶常形成線狀槽溝；線狀槽溝在遙測影像上可以看得更清楚。

(2)山脊被錯斷或錯開。

(3)當斷層切過山腹或兩個山脊之間時，受侵蝕後將形成特別低凹的**鞍部**，或稱**斷層隘口或斷層峽**（Fault Gap）（請見圖8.23）。

(4)河谷出現跌水瀑布。

(5)水系發生突然轉折，並且形成**肘狀河**；如果多條平行的水系同時向同一個方向錯開相同的距離，則更能確定它們是由斷層所造成（請見圖14.26）。

(6)相鄰河谷有支流呈線型排列（表示有斷層橫切過兩河谷及其谷間嶺）

(7)**斷層崖**：形成時間較新的斷層，其上升盤突起，並形成陡崖，稱為**斷層崖**。沿著斷層線發生差異侵蝕作用，使得原來的斷層崖消失，結果在硬岩的一側形成**斷層線崖**（Fault Line Scarp），而其崖壁並不代表原來的斷層面。

(8)**斷層三角面**：斷層崖遭受流水沖蝕（尤其是河流的流向垂直於斷層線），在相臨的河谷之間的谷間嶺形成三**角面**（Triangular Facet）（請見圖8.24）。

(9)**串珠狀水潭**：斷層帶的岩石因為比較破碎，抵抗風化及侵蝕的能力差，所以沿著斷層穿過的地帶，地形上常形成長條形的積水窪地，其延伸方向與斷層一致，且呈串珠狀排列。在平移斷層的場合，因為岩層受到剪力的作用，所以在斷層沿線的兩側會產生小褶皺，而在小向斜處常形成**斷陷潭**（Sag Pond），它們也是成串式的分布。

(10)**帶狀分布的泉水**：有些斷層帶的岩層透水性較好，地下水常沿著斷層帶流出地表，形成帶狀分布的泉水。

8.7.2　岩層上的證據

(1)地質界線被截斷或錯開

任何線狀或面狀的地質體，如岩層、岩脈、侵入岩體、變質岩的相帶、不整合面、褶皺的樞紐、早期形成的斷層線等，在水平面上或垂直剖面上的突然中斷、錯開、不同性質的岩層突然接觸等不連續現象均是直接判斷斷層存在的有力證據。

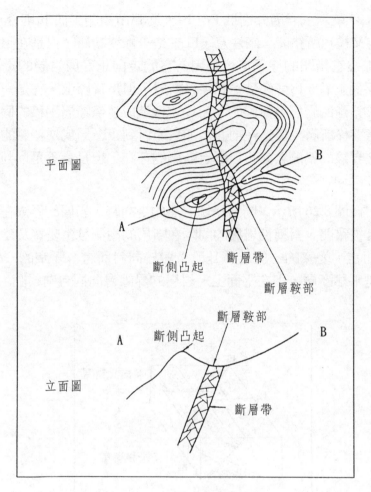

平面圖

B

A

斷側凸起

斷層帶

斷層鞍部

斷層鞍部

斷側凸起

A

B

立面圖

斷層帶

圖 8.23　斷層鞍部的形成

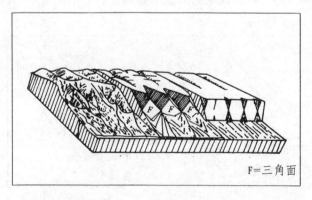

F＝三角面

圖 8.24　斷層三角面（F）的形成與消失（由右至左）

如圖 8.25 所示，岩層分別被 F_1、F_2、及 F_3 所錯開，而 F_1 則分別被 F_2 及 F_3 所錯開，F_2 又被 F_3 所錯開。請注意，F_1 本是一條逆斷層，但是在平面上卻見不到岩層界線被它錯開的樣子；這是因為它的走向正好與岩層的走向一致的關係。又從平面上看，F_2 好像是一條平移斷層，但是實際上，它是一條正斷層，只是因為被錯斷的岩層為傾斜的，所以才會造成這條斷層平移的假象。再者，F_3 本是一條平移斷層，但是在剖面上卻只能看到正斷層或逆斷層的錯覺。由此可見，地質界線的錯開雖然可以斷定斷層的存在，但是還不足以判別斷層的運動性質。

但是，像圖 8.26 所示，斷層橫切岩層的走向時，岩層的界線在斷層處突然中斷，而且被錯開，對稱性岩層的間隔在斷層的兩側發生變寬及變窄的現象；對於背斜而言，變寬的一側為上升盤；對於向斜而言，變窄的一側才是上升盤。如果是平移斷層，則在平面上，岩層的界線會向同方向錯動。

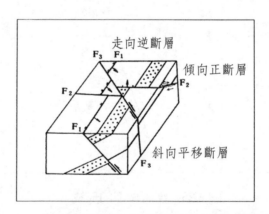

圖 8.25　岩層及早期形成的斷層被較新的斷層所錯開

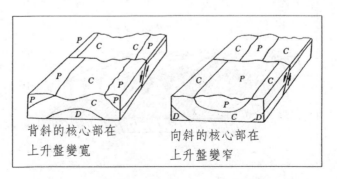

圖 8.26　褶皺被斷層橫切後岩層錯開的情形

(2)岩層的重複與缺失

在平面圖上，傾斜岩層在走向斷層的兩側可能發生不對稱的重複或不合理的缺失現象。褶皺也會造成岩層的重複，但是其重複性是對稱的；而斷層則是單向重複。交角不整合則會出現岩層缺失，但是是大區域的缺失；而斷層的岩層缺失只限於斷層的兩側，而且只是一層或數層不見了而已。

走向斷層所造成的岩層重複及岩層缺失現象可歸納為 6 種情況，如圖 8.27及表 8.3 所示。例如已發現岩層有缺失現象，並已確定斷層及岩層的傾向相反，則該斷層應為逆斷層（請見圖 8.27D）

(3)地下施工時發現塑性較大的岩層突然變厚或變薄，有可能是斷層所致；但是需要其他的證據才能得到正確的結論。

(4)岩層除了受褶皺作用而發生倒轉現象之外，如果老地層壓在新地層之上，很可能是斷層所致。

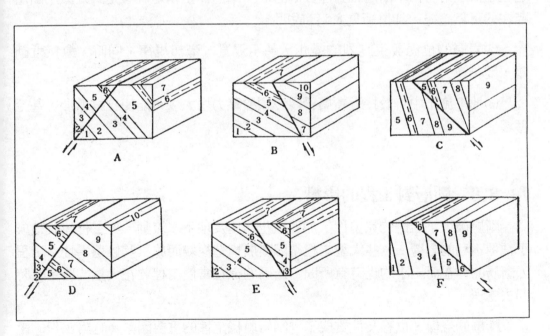

圖 8.27　走向斷層造成的岩層重複及岩層缺失現象（數字愈小示岩層愈老）

表 8.3 走向斷層造成岩層重複及岩層缺失的歸納表

斷層種類	斷層與岩層傾向的關係		
	傾向相反	傾向相同	
		斷層傾角較大	斷層傾角較小
正斷層	重複（A）	缺失（B）	重複（C）
逆斷層	缺失（D）	重複（E）	缺失（F）
斷層兩盤相對動向	新地層一側為下降盤	新地層一側為下降盤	新地層一側為上升盤

8.7.3 構造上的證據

(1)斷層伴生的構造現象

斷層在形成的過程中，由於兩盤的相互擠壓、錯動、揉搓等作用而形成許多伴生構造，如拖曳彎曲、斷層角礫、糜稜岩、斷層泥、斷層擦痕、階步等。這些小構造常可指示斷層相對運動的方向。斷層伴生構造現象是野外識別斷層存在的可靠證據，詳情請見 8.5 節說明。

(2)岩層的位態發生劇烈的變化，甚至混亂，毫無規律；同時，愈接近斷層，變化愈大。

(3)地下施工中，於接近斷層帶時，頂盤壓力增大，可能使支撐變形，甚至壓壞。

8.8 斷層對工程的影響

斷層破壞了岩體的完整性，加速風化作用及地下水流動，對工程建設造成了種種不利的影響。一些大型工程常因斷層構造複雜而放棄其候選場址；工程因斷層的存在而出事的也時有所聞。斷層的存在常使工程要花大量的費用及時間去處理。

斷層的規模、位態及性質成了控制岩體穩定性的重要因素。它對工程的影響主要在於：

(1)大多數斷層並非是單一的面，而是由一系列密集的破裂面及由揉搓的岩層組成的破碎帶，構成應力的集中帶；岩石的裂隙多、壓縮性大，以致強度及承載力明顯的降低；建於其上的建築物由於地基的沉陷量較大，

易造成斷裂或傾斜。斷裂面對於壩基、橋基等基礎有非常不利的影響。

(2)斷層的破碎帶，風化較強烈，地下水循環較活躍，剪力強度因之弱化；邊坡的穩定性降低，常發育崩塌、滑動、地陷等地質災害。

因之，遇到斷層帶時，需要採取必要的工程措施，如：

(1)建築基地內如果有斷層破碎帶存在時，能避開則避之；否則要進行基礎改良，或特殊的基礎設計。**斷層一般以在上盤的岩體比較破碎，所以建築物及工程體以安置在下盤為佳。**

(2)在公路選線時，應該儘量避免與斷層的走向平行，因為當路基靠近斷層破碎帶時，如果開挖路基，很容易引起邊坡發生大規模的坍方；不然，就要遠離斷層破碎帶。

(3)隧道的軸線最好與斷層線正交，或以大交角斜交於斷層走向；此因斷層帶附近的岩層，其整體性遭到破壞，加上地面水及地下水的侵入，其強度及穩定性都很差，容易發生落盤或偏壓。如果隧道非得平行於斷層不行，那也要遠離斷層的破碎帶。

(4)對於傾角比較陡（大於60°）的斷層破碎帶，其寬度如果小於3公尺時，可採用混凝土塞的設計法（請見圖 8.28A），沿斷層帶挖掘一定深度的槽溝，削成45°～60°的溝壁，且其寬度應該要達到新鮮完整的岩體，然後才澆注混凝土。如果斷層帶較寬，混凝土塞的中部應力一般較集中，沉陷量過大，則應改採用混凝土梁或混凝土拱的設計法（請見圖8.28B，C），橫跨斷層帶，使上部的荷重由兩側的完整岩體分擔承受。

(5)對於傾角比較緩和（小於 30°）的斷層破碎帶，大都採用清除斷層帶，然後以混凝土回填的設計法（請見圖 8.28D）。如果斷層帶比較深，土方量比較大，還可採用豎井及橫坑相接合的方式開挖，先予清除，再用混凝土加以回填（請見圖8.28E）。

(6)對於重大工程，可以採用混凝土壓版，以承受壓力（圖 8.28F）；或者採用混凝土鍵，以阻止剪切滑動（圖 8.28G）。請注意它們的寬度都要大於斷層帶的寬度。

有時為了將在地面上已經確定了位置及位態的斷層延伸到地下，俾便預測地下工程（如隧道）將在何處會遇到這條斷層；這樣對掘進工程將有很大的好處，不但可以預先採取防備措施，而且有時還可以預先修改設計，以節約進尺。

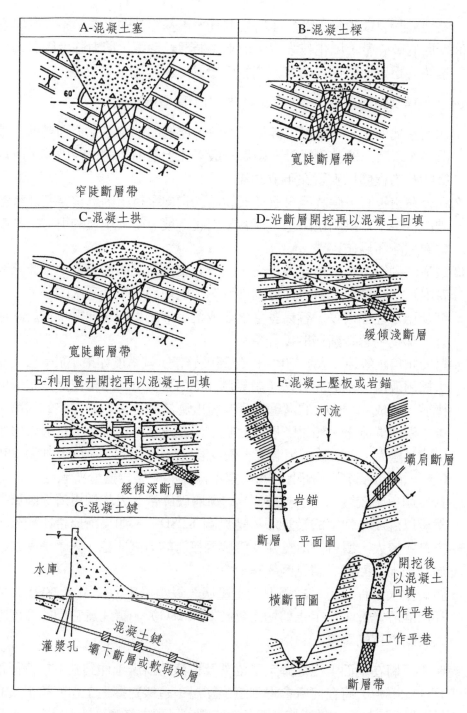

A-混凝土塞	B-混凝土樑
窄陡斷層帶	寬陡斷層帶
C-混凝土拱	D-沿斷層開挖再以混凝土回填
寬陡斷層帶	緩傾淺斷層
E-利用豎井開挖再以混凝土回填	F-混凝土壓板或岩錨
緩傾深斷層	
G-混凝土鍵	

圖 8.28　斷層帶的各種處理方法（張咸恭等，1988）

最簡單的預測方法是利用走向線的圖解法，將相當於工程體的高程之走向線延伸到尚未開掘的工程體之位置，即可知道在什麼地點將會遇到斷層。如圖 8.29 所示，在 −50m 高程有一橫坑，在 F_1 處探測到一條斷層（當然也可以出露在地表處），精確量得其位態為（N60°E，45°E）；現在要預測該條斷層在高程為 −70m 的預定隧道中，將在何處碰到。首先在橫坑及預定隧道的平面圖上，將斷層 F_1 精確的定位於圖上，並且在其位置上劃出 −50m 走向線；然後根據該斷層的位態，作出斷層面的等高線，即不同高程的走向線（等高線的圖上間距＝高程差×cot45°）；這些走向線都會是平行線。將 −70m 高程的走向線延長，使之交預定隧道於 F'_1，此交點即為斷層在預定隧道的出露點。

還有一種更簡便的圖解法，如圖 8.30 所示。首先繪製 −50m 走向線 F_1B，令 OB 的長度等於高程差（即橫坑與預定隧道的高程差，或地面與預定隧道的高程；此例為 20 公尺）；繪 BD，令 ∠OBD＝90 −δ（δ＝斷層傾角）；然後繪OB 的垂直線，交 BD 於 D。自 D 繪 OB 的平行線 DC，此為 −70m 高程的走向線。DC 與預定隧道於 E；E 點即為斷層 F_1 在預定隧道的出露點。

必須注意，以上兩種圖解法都只能用於斷層面的位態變化不大之條件下；如果斷層面的位態變化很大時，這種方法就不準確了。

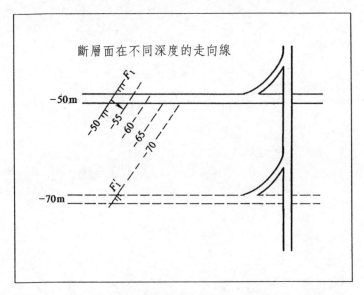

圖 8.29　預測地下工程的斷層出露點之圖解法（平面圖）

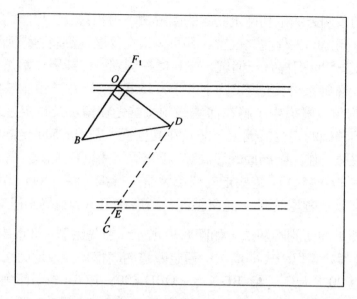

圖 8.30　預測地下工程的斷層出露點之簡便圖解法（平面圖）

CHAPTER 9
節理及其他不連續面與工程

9.1　前言

不連續面（Discontinuity）是指發育於岩體（Rock Mass）中，具有一定方向及延伸性，以及一定厚度的各種地質界面，如斷層、節理、層理、葉理、不整合面等都屬之。不連續面都是岩體內的面狀構造，它們的位態也是用岩層的位態三要素來描述。

節理（Joint）乃是岩石中的裂隙，屬於一種沒有明顯位移的斷裂，也是地殼中發育最廣泛的一種地質構造；它們常成組、成群出現。節理的性質、位態，及分布與褶皺、斷層及區域構造有著密切的成因關聯。

在應力場中，不連續面的周邊會出現應力集中或應力阻滯的現象，使上盤的應力值較高，下盤的應力值較低。而軟、硬兩種岩層的界面，在硬側的應力值會急遽增高。當不連續面與最大主應力平行時，將在不連續面的端點，或是應力阻滯處出現張應力及剪應力的集中現象。當不連續面與最大主應力垂直時，將發生平行於不連續面方向的張應力，或在端點部位出現垂直於不連續面的壓應力，有利於不連續面的壓緊作用。當不連續面與最大主應力斜交時，則不連續面的周邊將出現剪應力集中的現象，並於端點附近或應力阻滯部位出現張應力。因此，不連續面常被稱為岩體內的弱面，因為它們不但是水及空氣的透入管道，使風化作用能夠深入岩體，而且它們又是弱化岩體的剪力強度之主要元兇。所以不連續面的調查與研究一直都是工程地質調查的重要工作項目之一。

9.2　不連續面的特性

不連續面將影響岩體的變形行為及破壞方式，所以基本上岩體的工程性質主要受到不連續面的控制。因此，我們需要先了解不連續面的特性。

9.2.1　不連續面的類型

根據不連續面的成因，它可以分成原生、次生及表生三種類型（請見表9.1）。茲分別說明如下：

表 9.1　不連續面的類型

成因分類	原生不連續面			次生不連續面	表生不連續面
	沉積岩 不連續面	火成岩 不連續面	變質岩 不連續面	構造作用	解壓 及風化作用
主要地質類型	a.層理層面 b.不整合面 c.軟弱夾層	冷縮節理	葉理	a.斷層 b.節理 c.劈理 d.層間錯動 e.剪裂帶	a.風化裂隙 b.風化軟弱夾層 c.解壓節理 d.泥化夾層

⑴原生不連續面

在成岩的過程中就形成的不連續面，就稱為**原生不連續面**。自然界的三大岩類中，其原生不連續面也不盡相同。

　(a)沉積岩的原生不連續面

沉積岩的原生不連續面為沉積岩在沉積及成岩的過程中所形成的物質分異面，包括：

- **層面**－反映沉積的間歇性。
- **不整合面**－顯示沉積的間斷。
- **原生軟弱夾層**－表示岩性的變化。

層理是沉積岩中最普遍的一種原生構造。在垂直於層理的方向上，不連續面以沉積物的成分、顏色、粒度等的變化顯現出來；即發生顯著變化之處

即為不連續面之所在。沉積岩的原生不連續面在側向上的延展甚廣，其中以海相的沉積延綿最廣，而且其分布比較穩定；而陸相沉積則常呈透鏡狀，側向容易尖滅，有時呈犬牙狀互相交錯。

地層的接觸關係有整合、平行不整合及交角不整合（Angular Unconformity）三種。整合接觸表現為上、下兩套地層的層面平行，沉積時代連續、化石演化也連續。如果沉積時代及化石演化發生過間斷，其間斷處就是所謂的**不整合**。不整合面上常保留著古風化殼。如果不整合面的上、下兩套地層是平行的，就稱為**平行不整合**。如果不整合面的上、下兩套地層是斜交的，就稱為**交角不整合**。交角不整合的上覆地層平行於不整合面，且其底部常有**底礫岩**（Basal Conglomerate）；其礫石主要來自下伏的地層。交角不整合的形成過程可概括為：地殼穩定下降，連續沉積下伏的地層；之後，地殼受到擠壓，使岩層發生褶皺、斷裂；以後或同時，地殼開始上升，部分地層遭受風化及侵蝕，並形成剝蝕面（即不整合面）；後來，地殼又下降，且在剝蝕面上堆積上覆的新地層。

原生軟弱夾層是指硬岩中所夾的薄層，其岩性軟弱，厚度很薄，例如堅硬厚層的砂岩中夾著薄層的頁岩或泥岩；石灰岩中所夾的泥灰岩夾層；火山碎屑岩中的凝灰岩等。它們受到地下水的濕潤後很容易泥化，常造成邊坡滑動，所以需要特別注意。

　(b)火成岩的原生不連續面

火成岩的原生不連續面主要是指火成岩於冷卻收縮時所生成的**冷縮節理**（與受構造作用所生的**構造節理**不同，需加以區別）。此種節理一般具有張性特徵，不利於岩體的穩定；其中以淺成及噴出岩體中的柱狀節理，對地下工程的影響比較大。

　(c)變質岩的原生不連續面

變質岩的原生不連續面指的是變質岩的**葉理**，如板理、片理及片麻理。因為再結晶作用，使得片狀及柱狀礦物富集，並且呈定向排列（片狀礦物的面垂直於最大主應力方向；柱狀礦物的長軸則平行於最小主應力方向），因而形成軟弱的不連續面。

變質岩中常夾有原來的泥質夾層，經過變質後形成薄層的雲母片岩、滑石片岩、綠泥石片岩等，由於片理極為發育，岩性極為軟弱，容易受風化，

所以也成為**軟弱夾層**。

⑵次生不連續面

次生不連續面為岩石於成岩之後受到構造應力作用，而在岩體內形成破裂面或破碎帶，如節理、劈理、斷層、層間錯動、剪裂帶等。其組數位態及空間的分布規律等主要受到應力場的控制。

　(a)斷層

不連續面的兩側發生過顯著的錯動，其延展規模比較大，側向延伸比較長，在不同的力學作用下，會造成不同類型的斷層，例如**張性斷層**（正斷層）係由張應力造成；其斷層面粗糙，張開程度較大，斷層帶多碎塊，鬆散且呈角礫狀，易通水；斷層帶的抗剪強度與其他斷層比較，相對較大。**壓性斷層**（逆斷層）由於受壓應力的擠壓，斷層面呈波狀且光滑，閉合度較緊；斷層帶大多磨成泥，而且剪裂面發達，寬度較大；剪力強度相對較小。**剪性斷層**（平移斷層）主要受剪應力的作用所形成；斷層面光滑，其閉合程度介於張性與壓性斷層之間；斷層帶的剪力強度也居於兩者之間。

　(b)節理

節理與斷層不同的地方在於**節理**的兩側沒有發生過位移，或者位移量非常的小；其側向的延伸規模不如斷層的大，但是在岩體內的分布比較普遍，而且密集，往往由多組節理（位態大略一致的群體稱為一組）互相結合，使岩體的完整性及連續性大為降低。節理是控制岩體力學行為及強度最主要的一種不連續面。

　(c)劈理

劈理（Cleavage）是岩層褶皺變形或斷層錯動過程中所產生的密集之剪切破裂面。它是岩石從塑性變形到斷裂破壞之間的一種過渡型式。它只影響到局部地段岩體的完整性及其強度。

　(d)層間錯動

岩層發生變形的過程中，在原生軟弱夾層與硬岩之間所產生的沿層相對滑動，稱為**層間錯動**。一般會擴大層間的間隙；有時會產生磨光面及擦痕，使上、下岩層靠近滑動面的部位發生破碎。層間錯動大多發育在軟弱夾層的頂部；軟弱夾層受到錯動而形成碎屑及鱗片，吸水後往往形成破碎的**泥**

化夾層。

(e)剪裂帶

岩體被數條平行的剪切斷裂所切割，岩層以類似斷層的方式發生位移，但是不見明顯的斷層面；像這種岩層已經發生了位移，但是仍然顯示藕斷絲連的變形條帶，就稱為**剪裂帶或剪碎帶**（Shear Zone），又稱為**韌性變形帶**。

剪裂帶內的應變是連續的；岩石的變形及破碎程度由邊界向中心遞增；其兩側的邊界往往出現牽引及拖曳的現象；剪裂帶的岩石發育有片理，片理面與邊界的夾角係由邊界向中心遞減。剪裂帶內的礦物都呈現塑性變形的構造；其變形的強度也是從兩側向中心遞增。

(3)表生不連續面

岩石露出地表後，在地表淺處遭受風化作用、解壓及地下水的軟化作用所形成的不連續面，稱為**表生不連續面**。可以分成以下幾種來說明：

(a)風化不連續面

風化不連續面一般沿著原生或次生的不連續面發育，在地表形成不同型式的風化夾層。如果原來的不連續面為斷層或者是深長的節理時，則風化後即成為**風化軟弱夾層**；它們有時候向下延展甚深，稱之為**槽狀風化**或**囊狀風化**（Pocket Weathering）。

另外一種風化不連續面是單純因為地表溫度的變化，使得岩層發生熱脹冷縮，因而產生**風化裂隙**。這種裂隙主要出現在風化殼內；一般與自由面平行，且會隨著深度的增加而減少；其規模較小，位態也較紊亂。

(b)解壓節理

岩層露出地表後，失去了覆岩的壓力，於是產生一組幾乎是**水平的解壓節理**；大略平行於地表面，而且越接近地表，其間距越密。

同樣的，在河谷的地方，由於自由面的產生及構造應力（一般是現地應力）的釋放，所以平行於河岸會產生一組幾乎是**直立的解壓節理**。它主要發生於塊狀、脆性、且堅固的岩體內，尤其在地殼急劇上升的高山峽谷地區最為常見。中央山脈的河谷或橫貫公路的路塹邊坡常見此種節理。

在解壓節理特別發達的地區，解壓帶的深度或寬度可達數十公尺；節理屬於張性，所以呈張開狀。因此在河谷地區，邊坡很容易發生板狀的傾翻現

象（Toppling）。蘇花公路及幾條橫貫公路常見此類解壓節理，順著節理常見蠕動現象（Creeping）。

(c)泥化夾層

泥化夾層係指原生或次生不連續面，或原生軟弱夾層，在長期的水流作用下發生質變，遂產生泥化的軟弱夾層；它常處於塑性狀態。

大部分的泥化夾層是由泥岩、頁岩、泥質板岩或泥質石灰岩等原生夾層發育而來。主要是因為上覆的堅硬岩層，如砂岩或石灰岩的岩性透水，所以沿著岩層的界面，地下水循環集中，以致發生泥化；其位態與原來夾層完全一致。泥化厚度由數公釐至數公分不等。當原來夾層變薄時，則全部泥化；但是如果原來的夾層比較厚，則往往只在靠近上、下層面的部分泥化而已；其中間部分仍然保持原來的狀態。

泥化夾層在成分上，其黏土含量比原岩增多，密度則比原岩有所降低，常表現一定的膨脹性；在力學強度上比原岩大為降低，特別是抗剪強度降低很多，與鬆軟土相當；其Φ角可以降到17°以下，甚至小於11°。此外，泥化夾層由於結構疏鬆，所以在滲透水流的作用下，可能產生**管湧現象**（Piping）。泥化夾層在承受壓力或剪力時，將產生顯著的塑性變形及潤滑作用，對工程產生很大的危害。

▍9.2.2 不連續面的特徵

描述不連續面的特徵，是研究岩體工程性質時一項很重要的工作。1987年國際岩石力學學會特別提出「對岩體中不連續面定量描述的推薦方法」，俾統一不連續面的定量描述；其中一共有10項。茲分別說明如下：

(1)位態

所謂**位態**，指的是不連續面的空間姿態，包括其走向及傾斜；而傾斜應該涵蓋傾向及傾角。不連續面的位態與工程體的擺置方向有密切的關係，例如工程體的長軸方向最好與不連續面的走向直交，而不宜平行。如果不連續面的位態不佳，譬如不連續面向坡外傾斜，或者兩組不連續面的交線傾向坡外，都極有可能會引發順向滑動（前者），或楔型滑動（後者）。因此，不連續面的位態調查與分析是工程地質調查工作上非常重要的一環。表9.2顯示不連續面位態的良窳，對岩體或岩坡穩定性的影響；一般以向坡內傾斜為佳，向坡外傾斜則比較危險。

表 9.2　不連續面位態的良窳

位態的良窳	不連續面的成因	
	張性（粗糙面）	剪性（光滑）
極差	不連續面向坡外傾斜： 1.平直不連續面之傾角在 30°～80°之間。 2.交織不連續面之傾角 > 70°。	不連續面向坡外傾斜： 1.平直不連續面之傾角 > 20°。 2.交織不連續面之傾角 > 30°。
差	不連續面向坡外傾斜： 1.平直不連續面之傾角在 10°～30°之間。 2.交織不連續面之傾角在 10°～70°之間。	不連續面向坡外傾斜： 1.平直不連續面之傾角在 10°～20°之間。 2.交織不連續面之傾角在 10°～30°之間。
尚可	1.以 0°～10°的傾角向坡外傾斜。 2.硬岩內的平直不連續面，接近於垂直（80°～90°）。	以 0°～10°的傾角向坡外傾斜。
佳	不連續面以 0°～30°的傾角向坡內傾斜；有交叉不連續面的發育，但是岩塊的連鎖性尚可。	
極佳	不連續面以大於 30°的傾角向坡內傾斜；交叉不連續面的發育不明顯，且岩塊的連鎖性很好。	

　　不連續面位態的計測與岩層位態的計測是一樣的。一般就是利用地質用的羅盤傾斜儀量測。第一步是在關鍵地區（譬如未來的工址、準備要開挖的邊坡、或要設置擋土牆的位置）挑選露頭面較佳的地段設立調查站。如果是區域性的研究，一般每平方公里要設置 4～6 個站；構造複雜處則要加密測站的分布。調查站選定之後，即開始在露頭面上，隨機的測量不連續面之位態；重要的是不能主觀的挑選某一個面，而且不能只挑選明顯的一組，也不能集中在一個露頭面，必須找各種不同方向的露頭面進行測量。每一個調查站需要取得至少 50 個數據才具有統計意義。在典型的露頭面應該拍照，且放入報告內。調查結果可以輸入電腦，並且繪製走向玫瑰圖，如圖 9.1 所示，或赤道面投影圖，如圖 9.2 所示。

　　走向玫瑰圖很容易閱讀，它只用半圓表示，其圓周就是表示走向，半徑就是頻率或條數；如圖 9.1 所示，測量的結果為，主要不連續面及次要不連續面的組數各一，它們的走向分別為 N35°W 及 N45°E；其條數分別為 50 條及 35 條。有時針對主要不連續面組，再將其傾角的統計數量也一併顯示出來；如圖中所示，主要不連續面組的位態大多數為向東北方向傾斜，傾角約在 20°左右；少部分為向西南方向傾斜，傾角約為 55°。

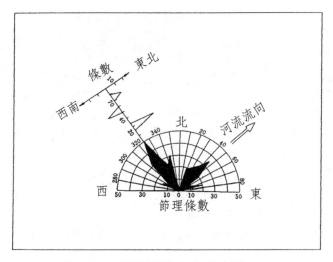

圖 9.1　不連續面的走向玫瑰圖

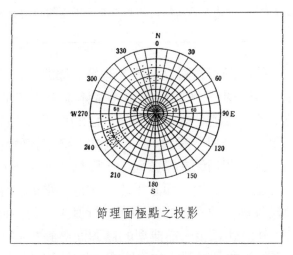

圖 9.2　不連續面極點的赤道面投影圖

　　走向玫瑰圖很難表現多組不連續面在三維空間裡相互之間的複雜交織關係，因此乃有赤道面投影圖的表現法。所謂**赤道面投影圖**係將不連續面先擺在球心的位置（請見圖 9.3A），再將其在南半球的球面上之交線，作天頂投影；其投影線與赤道面的交點即連成不連續面的赤道面投影圖，稱為**大圓**。如果從球心劃不連續面的法線（即直交於不連續面的線），交於南半球的球面上，該交點即稱為是該不連續面的**極點**（Pole）；再將極點與北極（即天頂）相連，

並穿過赤道面；該赤道面上的交點就稱為是該不連續面的**極點投影**（P）（有時就直接稱為極點）（請見圖 9.3B）。因此，每一個不連續面在赤道面上都有一個投影點（請見圖 9.2）；由投影點的集中密度之大小可以繪製等密度圖（通常在不連續面極點密度圖上進行）（請見圖 9.4），狀似颱風圖，它也會出現颱風眼，每一個颱風眼即代表每一個不連續面組的極點密集區。

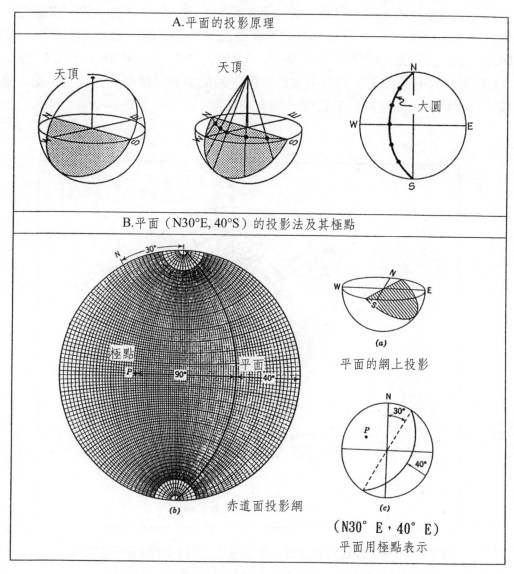

A. 平面的投影原理

天頂　　　天頂　　　大圓

B. 平面（N30°E, 40°S）的投影法及其極點

極點　平面
P　　90°　　40°

(b) 赤道面投影網

(a) 平面的網上投影

(c)

（N30° E，40° E）
平面用極點表示

圖 9.3　不連續面的極點在赤道面上之投影法

　　圖 9.4 的閱讀方法並不難：在不連續面極點密度圖上都標有方位角；網內的極點（或颱風眼）與圓心的連線交於圓周上的方位角，即為該不連續面的傾向；且以極點（或颱風眼）到圓心的距離代表該不連續面的傾角大小；極點（或颱風眼）離圓心越遠，表示傾角越大；如果極點（或颱風眼）落在圓周上，表示傾角為 90°，即為直立；反之，極點（或颱風眼）離圓心越近，表示傾角越小；如果極點（或颱風眼）落在圓心上，表示傾角為 0°，即不連續面為水平。要唸不連續面的走向時，需將極點反投影為大圓，再由大圓的弦讀出方位角。例如由圖 9.4 中可讀出兩組不連續面，最主要的一組為（N30°W，70°NE），或記錄為（60/70）；次要的一組為（N80°E，60°SE），或記錄為（170/60）。不帶英文字的表示法為：第一個數字表示傾斜的方位角，第二個數字表示傾角；而走向就是直交於傾向的方向。

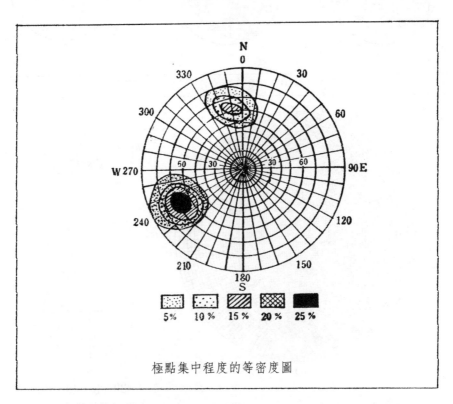

極點集中程度的等密度圖

圖 9.4　不連續面極點密度圖的閱讀方法（圖 9.2 的極點等密度圖）

⑵間距

間距指的是沿著所選擇的某一個測線方向上（一般是垂直於某一組不連續面的外露跡線）相鄰不連續面間的距離。不連續面的間距可以反映岩體的完整程度及岩塊的大小。根據所測得的不連續面平均間距之大小，我們即使用不同的描述語來記述它們，如表 9.3 所示

表 9.3　不連續面間距的分級及其描述用語

間距（cm）	描述語
< 2	（間距）極窄的
2～6	（間距）很窄的
6～20	（間距）窄的
20～60	中等寬窄的
60～200	（間距）寬的
200～600	（間距）很寬的
> 600	（間距）極寬的

不連續面間距的倒數稱為**節理密度**或**節理頻率**。它係以每公尺的不連續面條數表示之。因此，如果不連續面的間距為 s，則節理密度 J_d 為：

$$J_d = 1/s \qquad\qquad (9.1)$$

式中，J_d＝節理密度，條／公尺

　　　　s＝不連續面的間距（公尺）

J_d 與鑽探工程中所計測的**岩石品質指標**（Rock Quality Designation，簡寫為 RQD）有密切的關係。所謂 **RQD** 是指比較完整的岩心長度與進尺的百分比；即從岩心的樣品中，將其長度超過 10 公分的部分之長度總和除以鑽進的總長度，並以百分率表示之；一般以不同的岩性，分別加以計測；例如將砂岩與頁岩分開計測。打鑽時被機械力量扯斷的不能算是節理；真的節理，其斷面平整，且見鐵鏽色的風化跡象；鑽探扯斷的破裂面則呈粗糙的貝殼狀，且顏色新鮮，乏風化跡象。

一般而言，RQD 與 J_d 有如下的關係：

$$RQD = 100 \cdot \exp\left(\frac{-0.1}{J_d}\right)\left(\frac{0.1}{J_d}+1\right) \quad\cdots\cdots\cdots\cdots\cdots\cdots (9.2)$$

對於同一種岩石，其不連續面的間距愈窄（J_d 愈大），RQD 就愈小，岩石的強度就降低得愈多；相反則反是。表 9.4 表示 RQD 的分級及其描述用語。

表 9.4　岩石品質指標（RQD）的分級、描述用語、及容許承載力的範圍（ton/m^2）

RQD（%）	描述語	容許承載力的範圍（ton/m^2）
0～25	（品質）很差	0～300
25～50	（品質）差	300～650
50～75	（品質）尚可	650～1,200
75～90	（品質）好	1,200～2,000
90～100	（品質）很好	2,000～2,800

又 J_d 與岩石的彈性波速度比（K）也存在著下列關係：

$$J_d = \left(\frac{5.0}{K}\right) - 4.0 \quad\cdots\cdots\cdots\cdots\cdots\cdots\cdots\cdots\cdots\cdots (9.3)$$

$$K = V_{pf} / V_{pl} \quad\cdots\cdots\cdots\cdots\cdots\cdots\cdots\cdots\cdots\cdots\cdots\cdots (9.4)$$

式中，J_d = 節理密度，條／公尺

　　　K = 岩石的彈性波速度比

　　　V_{pf} = 岩體在現場（Field）測定的 P 波（壓縮波）傳播速度，公里／秒

　　　V_{pl} = 岩石樣品在實驗室（Lab）內測定的 P 波傳播速度，公里／秒

⑶延續性

延續性指的是不連續面的延展範圍及其長短。不連續面的絕對延展性固然具有意義，但是不連續面與整個岩體或工程體範圍的相對大小，則更為重要。所以應該注意不連續面在調查範圍內的條數、總長度及端點總數。如果不連續面的條數相同，則端點總數越多，表示不連續面的延續性越差。

根據不連續面在露頭面可追索的長度大小，我們可以將不連續面的延續性分成幾類，如表 9.5 所示。

表 9.5　不連續面延續性的描述用語

延續長度（m）	描述語
< 1	（延續性）很差的
1～3	（延續性）差的
3～10	中等延續的
10～30	（延續性）好的
> 30	（延續性）很好的

(4)不連續面的粗糙度

不連續面的粗糙度是控制不連續面的力學性質之重要指標；但是它的重要性，則隨著充填物厚度的增加而降低。在描述不連續面的粗糙度之同時，還應注意觀察不連續面上是否有出現擦痕或滑動鏡面；這些跡象代表不連續面的兩壁有發生過相對位移的證據。

在調查不連續面的粗糙度時，首先要注意其起伏狀況（**宏觀粗糙度**）；一

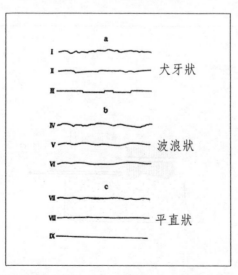

圖 9.5　描述不連續面的九種典型剖面（a: 犬牙狀；b: 波浪狀；c: 平直狀；每一組的上為粗糙；中為平滑；下為光滑）

般將其分為三種典型剖面：稱為**犬牙狀**的、**波浪狀**的及**平直狀**的。對於每一種宏觀粗糙度，又可以分成三種**微觀粗糙度**，稱為**粗糙**的、**平滑**的及**光滑**的；如圖 9.5 所示。在宏觀上，上三種剖面為犬牙狀的；中三種為波浪狀的；下三種則為平直狀的。在微觀上，每一種類型又分成三種細微的變化，所以一共有九種型式。

因為節理的粗糙度是決定節理面的剪力強度非常重要的一個因素；因此，有很多定量的方法設計用來測量它。譬如**剖面計**（Profile Gauge）就是利用一排可以上下活動的測針，將其放在節理面上，再由每一個測針的高度而得知節理面的起伏度（請見圖 9.6）。因為測針並沒有填滿整個節理面，所以它只能量測宏觀粗糙度（又稱為**一級粗糙度**），即**起伏度**。

利用 Turk and Dearman（1985）的下列關係式，我們可以求得粗糙角 i，即

$$i = \cos^{-1}（L_1 / L_2）\quad\cdots\cdots\cdots\cdots\cdots\cdots\cdots\cdots（9.5）$$

式中，i＝粗糙角（Roughness Angle），即節理的鋸齒面與齒根（即節理面）的夾角（見圖 10.6）

　　　　L_1＝量測線兩端的直線距離
　　　　L_2＝量測線兩端的曲線長度

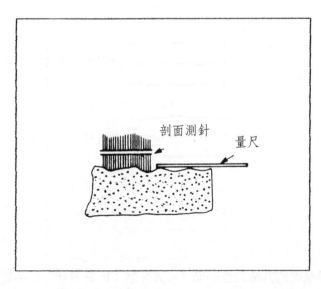

圖 9.6　節理剖面計（Selby, 1993）

如果要測量微觀粗糙度（又稱為**二級粗糙度**，簡稱為**粗糙度**，以與**起伏度**區別），則可採用測盤，稱為 **Clar 羅盤儀**（請見圖 9.7）；它是由鋁合金製造的圓盤，直徑可以分成 5、10、20 及 40 公分等數種，測盤上附有羅盤及氣泡，可以量測盤子的傾斜度及方位角。如果要量測一級粗糙度（起伏度）時可用最大的測盤，將其放在所要測量的節理面上，直接量其傾角及方位角即可；最少要量 25 個不同的位置。如果要量測二級粗糙度（粗糙度）時，則可用小測盤，至少要量 100 個不同的位置。一般而言，一級粗糙角大多小於 10°～15°；而二級粗糙角則大多介於 20°～30°。

(5)不連續面側壁的抗壓強度

不連續面側壁的抗壓強度主要決定於岩性及不連續面兩壁的風化程度。所以在量測不連續面側壁的抗壓強度時，要同時記錄風化的程度。由於不連續面的側壁很容易遭受風化，且其風化程度在垂直於側壁的方向上，變化很大，無法用岩心樣品去測定其抗壓強度；所以一般都利用**施密特錘**（又稱**回彈儀**）加以量測，然後再用回彈值去估算抗壓強度（請見 15.8.2 節的說明）。

(6)不連續面的張開度

張開度（Aperture）係指不連續面兩壁間的垂直距離。不連續面的張開度一般不大，通常小於 1mm，但是在某些情況下，可能具有相當大的寬度，例如波浪狀的不連續面，如果具有頗大的二級粗糙度時，當它發生過剪切位移之後，就會產生很大的張開度。又如張性裂隙，特別是在河谷的峭壁上，因為發生解壓，所以也會產生很大的張開度。

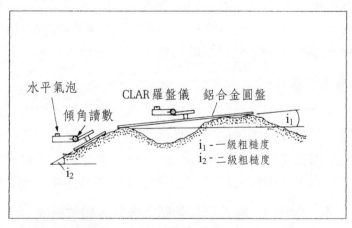

圖 9.7　測量粗糙角時所用的測盤（Selby, 1993）

張開度一般可用厚薄規或刻度尺加以測定。表 9.6 顯示張開度的分級及其描述用語。

表 9.6　不連續面張開度的分級及其描述用語

張開度（mm）	描述語		
＜ 0.1	閉合的	很緊密的	
0.1～0.25		緊密的	
0.25～0.5		不緊密的	
0.5～2.5	微張的	窄的	
2.5～10		中等寬度的	
10～100	張開的	寬的	很寬的
100～1,000			極寬的
＞ 1,000			洞穴式的

(7)不連續面的充填情況

張開的不連續面很容易被外來的物質所充填，因而形成前述所謂的**表生充填軟弱夾層**。有時因為不連續面的兩壁遭受風化作用，產生了黏土，再因黏土遇水膨脹，而充填了張開的不連續面。

對於充填情況的描述，必須注意三方面：

(a)充滿的程度

不連續面兩壁之間的空隙有時完全被填滿，有時則只有局部被充填。在前一種情況下，不連續面的特性主要決定於充填物的特性；而當不連續面只受到局部充填時，則不連續面的特性將由不連續面兩壁的特性所決定。

(b)充填物的成分

最常見的充填物為碎屑物質，如黏性土及粗碎屑土之類的；這是由**機械方式所充填**。但是有時卻可見到化學沉澱物，如方解石、石英、石膏等次生礦物；這是由**化學作用所充填**；也就是說，由地下水溶液帶來礦物質沉澱而成的，其對不連續面可以產生不同程度的膠結作用，稱為**癒合作用**。

對於黏土質的充填物，應該描述其礦物成分、顆粒組成、含水量、固結程度，以及是否有剪裂情況。這些資料對於評估不連續面的力學性質非常重要。

(c)充填物的厚度

充填物的厚度雖然重要，但是如果將其與宏觀粗糙度（一級粗糙度）相比，其意義更大。一般而言，如果充填物的厚度小於宏觀粗糙度的起伏時，不連續面的力學性質受到充填物的影響將降低，而主要係受到不連續面側壁的性質所控制。相反的，如果充填物的厚度增厚，且大於宏觀粗糙度的起伏時，則充填物對不連續面的影響將隨之大為提高。

(8)滲流情形

不連續面是地下水在岩體內流動的重要通道。而不連續面如果含水時，不但會使風化作用深化，而且也會使充填物軟化，導致不連續面剪力強度的降低，容易促發滑動。描述滲流的有無時，還需留意其滲流速度及滲流量的大小。

(9)不連續面的組數

同一個位態的不連續面如果成群出現稱為一**組**（Set）。從破壞力學的觀點來看，岩體遭受外力的作用，當達到破壞的程度時，常會出現多組不連續面。完全發育的組數包括**張性不連續面或張力不連續面**（Extensional Discontinuity）（垂直於最小主應力軸σ_3）、共軛相交的**剪性不連續面或共軛不連續面**（Conjugate Shear Discontinuity）（其交線平行於σ_2，其夾角的銳角則被最大主應力軸σ_1所平分），以及解壓後所造成的**解壓不連續面**（Release Discontinuity）（垂直於最大主應力軸σ_1）。一般而言，岩體在地質史上受到構造力的作用，先後可能不只一次，因而更增添組數的多重性及複雜性。

不連續面的組數，決定了岩體被切割後的岩塊之形狀；而不連續面的間距，則決定岩塊的大小。所以具有三組或三組以上相互交叉的不連續面，可將岩體切割成一種三維的塊體結構。它使得岩體的活動性，比少於三組不連續面的岩體，要高得多，也就是說穩定性要差很多。

不連續面的組數通常可以從節理玫瑰圖或赤道面投影圖中判讀出來（請見圖 9.1 及圖 9.4）。

(10)岩塊大小

正如上述，不連續面的組數及間距決定了岩塊的形狀及大小，而不連續面則是從很多方向對岩體進行切割，因此我們常常用**節理總密度**（Volumetric Joint Count，用 Jv 表示）來表示岩體被切割的程度，即每組不連續面的每公尺條數之總和之稱，其計算式如下：

$$Jv = (1/s_1) + (1/s_2) + (1/s_3) + \cdots\cdots + (1/s_i) \cdots\cdots\cdots (9.6)$$

式中，Jv＝節理總密度，每組不連續面的每公尺條數之總和／立方公尺

s_i＝第 i 組不連續面的間距，公尺

Jv 與 RQD 有著密切的關係；其方程式如下：

$$RQD = 115 - 3.3Jv（當 Jv < 4.5 時，RQD = 100）\cdots\cdots\cdots (9.7)$$

Jv 與 RQD 都是表示岩體被不連續面切割程度的參數。表 9.7 表示 Jv 之分級及其描述用語。

表 9.7　節理總密度（Jv）的分級及其描述用語

Jv（節理總數／立方公尺）	描述語
＜ 1	巨塊體
1～3	大塊體
3～10	中塊體
10～30	小塊體
30～60	細塊體
＞ 60	破碎體

9.3　節理

9.3.1　節理的分類

節理有不同的分類方法。為了工程地質調查的目的，我們可以根據節理與岩層及其他構造的空間關係，以及節理的力學性質等三方面來分類。

(1)依據節理與岩層的空間關係

(a)**走向節理**：節理的走向大致平行於岩層的走向（圖 9.8 的 1 及 4）。

(b)**傾向節理**：節理的走向大致平行於岩層的傾向（圖 9.8 的 2）。

(c)**斜向節理**：節理的走向與岩層的走向斜交（圖 9.8 的 3）。

(d)**順層節理**：節理面與岩層面大致平行，為走向節理的一種特殊類型（圖 9.8 的 4）。

⑵依據節理與褶皺軸向的空間關係

　　(a)**縱節理**：節理的走向與褶皺軸向大致平行（圖9.9的1）。

　　(b)**橫節理**：節理的走向與褶皺軸向近乎垂直（圖9.9的3）。

　　(c)**斜節理**：節理的走向與褶皺軸向斜交（圖9.9的2）。

⑶依據節理的力學性質

　　(a)張節理

岩石在拉張應力的作用下所形成的破裂面（垂直於張力），是為**張節理**。
它具有下列特徵：

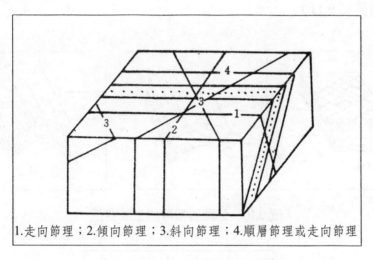

1.走向節理；2.傾向節理；3.斜向節理；4.順層節理或走向節理

圖9.8　根據節理位態與岩層位態的空間關係之分類法

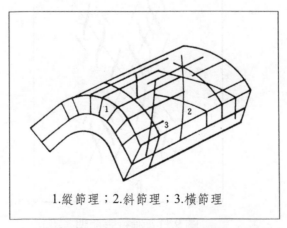

1.縱節理；2.斜節理；3.橫節理

圖9.9　根據節理與褶皺軸向的空間關係之分類法

- 位態不如剪節理穩定,且在平面上及剖面上的延伸都不遠。
- 發育稀疏、間距較大、分布不均勻。
- 節理面粗糙不平,常無擦痕的發育。
- 多呈開口狀,節理內常充填有呈脈狀的方解石、石英,以及鬆散或已經膠結的黏性土及岩屑等。脈寬變化大,脈壁也不平直。
- 發育於礫岩中的張節理常繞礫石而過,即使切過礫石,其破裂面也多不平直。
- 有時張節理會循著X型剪節理而發育成鋸齒狀的追蹤式張節理(請見圖 9.10a);有時發育成單列或共軛的雁行式張節理(為剪力作用所形成)(請見圖 9.11)。

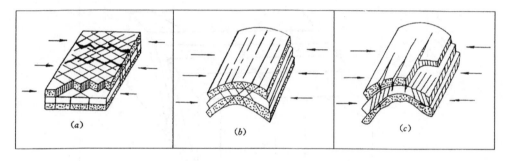

圖 9.10　節理與褶皺的生成關係

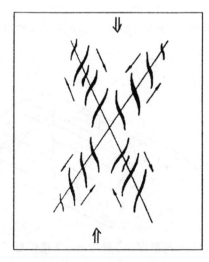

圖 9.11　雁行張節理

(b)剪節理

剪節理是由剪應力所產生的脆性破裂面；一般呈 X 型的共軛節理系，但是由於岩石的非均質性，實際上這兩組節理的發育程度是不一樣的。當岩石中所受的最大剪應力達到並且超過岩石的抗剪強度時，就會產生剪節理。因此，剪節理往往與最大剪應力的作用方向一致（有時偏差角可達 $10°\sim20°$）；而且理論上會生成共軛剪節理。它們位於應變橢圓球的 A 軸及 C 軸之間，其交線相當於 B 軸的方向（請見圖 9.12）。共軛節理的夾角在脆性岩石中，其銳角對著 C 軸，且被 C 軸（σ_1）所平分；在柔性岩石中，其銳角則被 A 軸，且被 A 軸（σ_3）所平分。

剪節理有下列主要特徵：

- 位態比較平穩，沿節理的走向及傾斜的延伸都較遠。
- 常成對發育，交叉成 X 型；其銳角（等於〔$90°-\Phi$〕，Φ 為岩石的內摩擦角）為最大主應力軸（σ_1）所平分；但是常見一組發育比較好，另外一組發育較差。
- 通常一列剪節理可能由多條互相平行，且呈雁行排列的微節理所組成（稱為**雁行節理**，En Echelon Joints）（請見圖 9.13）；微節理與主剪裂面的交角一般為 $5°\sim15°$ 之間，相當於內摩擦角（Φ）的一半。如果用一假想線（相當於主剪裂面）將同列微節理相連，則其銳角方向指示該側的剪力方向。當我們平行於微節理的排列方向觀察時，如果微節理偏向右側（即至 3 點鐘方向），則為右旋剪力偶所造成；相反的，如果微節理偏向左側（即 9 至 12 點鐘方向），則為左旋剪力偶所造成。
- 發育的密度較大、間距大致相等；如果兩組共軛節理同等發育，則將把岩體切割成菱形塊體。
- 節理面比較平滑；面上常可見輕微的擦痕及摩擦鏡面等現象，有時還可見到剪切成因的雁行張裂（請見圖 9.11）。
- 節理比較平直、緊閉；如果被充填，則充填的寬度一般比較均勻，脈壁也比較平直。
- 發育於礫岩中的剪節理，常切斷礫石後繼續延伸而過，並不會因為礫石的阻擋而改變方向。

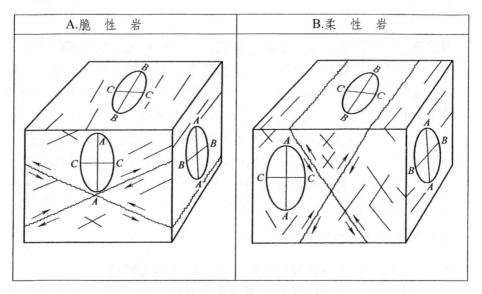

圖 9.12　剪節理與應變橢圓球的關係

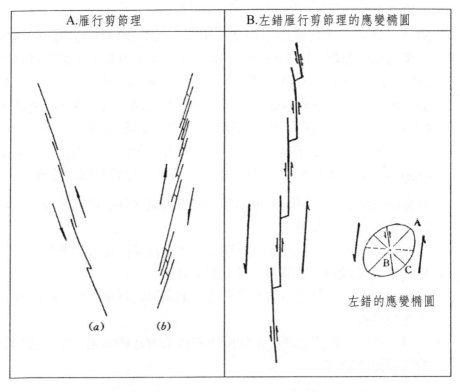

圖 9.13　由雁行排列的微節理組合而成的主剪裂面及左旋應變橢圓

　　雁行節理對分析節理的力學性質極具意義。根據統計結果,雁行節理與主節理的夾角(稱為**雁行角**)有兩個峰值,一個大約是 45°,另外一個是 10°左右。大夾角的雁行節理是張裂型(即張節理),小夾角的是剪裂型(即剪節理)(West, 1994)。其中張節理常呈 S 型,且以中段較寬(由張裂造成的),顯示剪切作用的遞進變形。S 型張節理又分正 S 型及反 S 型兩種類型(請見圖 9.11);正 S 型為左旋剪力偶的產物,而反 S 型則為右旋剪力偶的產物。雁行張節理的兩個末端都互相平行,且與層理垂直。

　　石灰岩中常發現崎嶇不平的**壓溶線或縫合線**(Stylolite),有如地震記錄儀上的地振動記錄一樣(請見圖 9.14A);它的產狀,有與層理平行的,也有斜交的,甚至還有直交的。它的成因可以分成兩個階段,首先由構造作用產生裂縫,進而因壓溶作用,使得可溶物質遷移到他處,而不可溶物質(如黏土)則沉積在壓溶面上,以致壓溶線可以顯得更清楚。石灰岩被壓溶的厚度,最多可以達到 40%。壓溶線可以用來推測局部的應力狀態;它的整體走向與主壓應力軸直交,或者說,主壓應力軸(σ_1)平分壓溶線錐的錐角(請見圖 9.14B)。

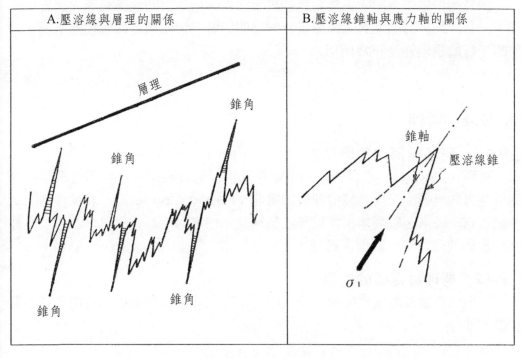

圖 9.14　壓溶線構造

9.3.2　節理與工程的關係

地殼中廣泛發育的節理，在工程上除了有利於開挖之外，對岩體的強度及穩定性均有不利的影響。岩體中存在著節理，破壞了岩體的整體性，促進岩體的風化速度，降低了岩盤的承載力，增大隧道或地下洞室發生落盤的可能性，而且還增強岩體的透水性，可能導致地下施工時發生湧水事故。總之，節理將使得岩體的強度及穩定性顯著的降低，以致提升施工的困難度，甚至發生災變。

當節理的主要發育方向與路線的方向一致時，其傾向又與斜坡同向（即順向坡），則容易發生順向滑動。岩坡或地下開挖時，如果岩體存在著密集的節理，且裝藥孔又與主要節理平行（尤其是張節理），則不但容易卡鑽，而且爆破時還會沿著節理面漏氣，大大影響爆破的效果，甚至使地下工程的圍岩失穩。因此，裝藥孔的方向最好能與主要節理面近乎垂直，以避免卡鑽，同時也可以獲得較好的爆破效果。

如果節理的縫隙被黏土等物質所充填，則遇水時將產生膨脹及潤滑作用，容易沿著節理面發生滑動。

因為節理常成為影響工程設計的重要因素，所以對節理應該深入調查與研究，並且詳細評估節理對工程施工及維護的影響，俾便預為採取相應措施，以保證工程的穩定性及正常使用。

9.4　劈理

9.4.1　劈理與節理的區別

劈理（Cleavage）是岩石中一組密集且平行的破裂面，一般與岩石中礦物的排列方向無關；又稱為**裂劈理或破劈理**（Fracture Cleavage）。裂劈理的間距一般不到一毫米至數毫米，並以其密集性及平行定向性而與節理作區分。當其間距超過數公分時，就稱作節理了。

9.4.2　劈理與褶皺的關係

劈理與褶皺及斷層在幾何上及成因上都存在著密切的關係。現在先談其與褶皺的關係。

(1)軸面劈理

所謂**軸面劈理**（Axial-Plane Cleavage）是指其位態平行於或大致平行於褶皺軸面（請見圖 9.15A）。這一類劈理主要發育在受到強烈褶皺的岩層裡。一般而言，當岩性愈均一、平均韌性愈高、且韌性差愈小的岩層，軸面劈理與軸面的平行性也愈好（圖 9.15C）。它們的位態與兩翼斜交，很穩定的切穿岩層的層理，使層理的連續性遭到破壞；有時，甚至使層理產生模糊。反之，當軸面劈理發育於岩層的韌性差異較大、且強弱岩層相間的岩系裡時，則軸面劈理將發生散開及聚斂的現象，稱為劈理折射。又在背斜構造中，軸面劈理常在背斜的核心部呈**扇形聚斂**（即倒八字）（請見圖 9.15B）；在向斜構造中，劈理則常在其核心部呈**倒扇形聚斂**（即正八字）。

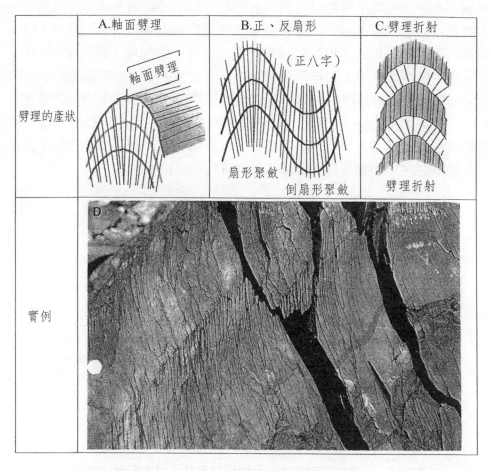

圖 9.15　不同岩性的軸面劈理及劈理折射

軸面劈理形成於褶皺作用的晚期，是一種典型的擠壓應變面，與最大主應力方向相垂直。隨著軸面劈理的形成，彎曲褶皺作用也逐漸被剪切褶皺作用所取代。

(2)層間劈理

層間劈理是與層理斜交的劈理；它們主要發生在淺變質的岩系裡。一般而言，在比較強硬的岩層裡，再結晶的程度低、脆裂性強、劈理的間距寬而密度小，與層理的夾角大。反之，在比較軟弱的岩層裡，劈理的間距相對縮小、密度相對加大、與層理的夾角相對變小。在強弱相間的岩層系裡，如果將劈理相連，就好像劈理發生**折射**一樣（請見圖 9.15C）。

層間劈理在褶皺中一般都組合成**正扇形劈理**及**倒扇形劈理**（請見圖 9.15B）。其與層面的銳交角指示對側岩層的相對運動方向（請見圖 9.16）。根據這項規則，我們可以進一步推論，如果岩層傾向與劈理傾向相反（請見圖 9.17A），或者雖然兩者傾向相同，但是岩層的傾角小於劈理的傾角（請見圖 9.17B），則岩層的層序是正常的（即年輕者在上、年老者在下）；如果兩者傾向一致，而且岩層的傾角大於劈理的傾角，則岩層的層序應是倒轉的（即年老者在上、年輕者在下）（請見圖 9.17C）。根據以上兩項規則，我們可以推測背斜軸及向斜軸的位置。如圖 9.17A 的層序正常，背斜軸在右；圖 9.17B 的層序也是正常，背斜軸在左；而圖 9.17C 的層序為倒轉的，背斜軸在左。

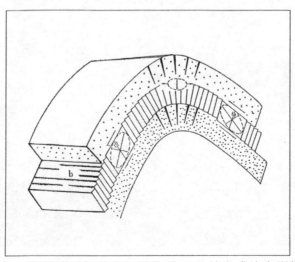

圖 9.16　正扇形（倒八字）層間劈理及其生成的應變橢圓球

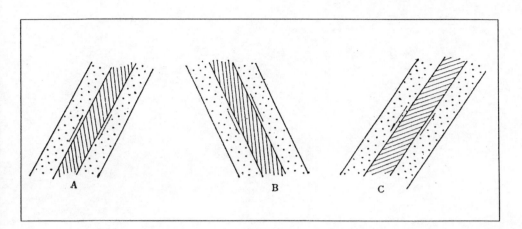

圖 9.17　利用劈理確定岩層層序

PART 2

應用篇

CHAPTER 10

岩石與岩體的工程地質性質

10.1　前言

　　岩石指的是完整的、沒有裂隙或不連續面切割的地質體，稱為**完整岩石**（Intack Rock）。相反的，如果岩石被不連續面所切割，失去了其完整性，就稱為**岩體**（Rock Mass）。自然界的岩層幾乎都是屬於岩體；但是因為完整岩石性質直接影響著岩體的性質，所以我們將先從完整岩石的工程地質性質談起。

　　完整岩石的工程地質性質指的是其物理性質、水理性質及力學性質（請見表 10.1）。這些性質對於岩石在工程上的利用，具有舉足輕重的影響。我們將針對下列幾種性質做進一步的說明：

(1)**物理性質**：顆粒密度、總體密度、孔隙率、抗風化。
(2)**水理性質**：滲透性、吸水率、膨脹性、軟化性、溶解性、凍融性、散解性。
(3)**力學性質**：變形特性、強度、工程分類。

10.2　岩石的物理性質

(1)密度
　　岩石跟土壤一樣，一般也是由固體、液體及氣體三相所組成。岩石的密度指標有**顆粒密度**（Grain Density）與**總體密度**（Bulk Density）之分。密度指標是選擇建築材料、研判岩石風化、分析邊坡穩定及確定岩壓等的必備參數。

表 10.1　岩體的工程地質性質與試驗項目一覽表

物化特性		結構／構造	變形	強度	水理	指數試驗		其他
物理	礦物	孔隙率	彈性模數	拉張	導水係數	岩石	點載重	殘留應力
	岩性	粒徑	蒲松比	單壓	吸水性		施密特錘	溫度
	硬度	層理	擴脹性	三軸抗壓	膨脹性		抗風化	震波速度
	孔隙率	葉理	壓密性	剪力	軟化性		硬度	超音波速度
	粒徑	節理	膨脹性	凝聚力	溶解性			
	含水量	斷層		摩擦角	凍融性			可挖性
	單位重	泥化夾層			散解性			可裂性
	可塑性	軟弱夾層						
化學	氣味	剪裂面				土壤	阿太堡	
	味覺	蝕變					液限	
	有機物含量	風化					塑限	
	滴酸冒泡						活性	
	水質						壓密	
							收縮	
物化	導電性						膨脹	
	熱差異分析							
	X 射線繞射							
	分光譜							
	氧化還原度／酸鹼度（Eh/pH）							

　　岩石的**顆粒密度**是岩石的固相重量與固相體積之比；它不包括岩石的孔隙；而取決於組成岩石的礦物之密度，及其在岩石中的相對含量。一般而言，含有鐵鎂的深色礦物，其密度比較大；因此，含有這一類礦物的基性及超基性岩，一般具有較大的顆粒密度。而那些含有密度較小的礦物之岩石，如酸性岩，其顆粒密度就比較小。由表 10.2 可知，一般岩石的顆粒密度約在 $2.65g/cm^3$ 左右，大的可達 $3.1 \sim 3.4 \ g/cm^3$（$30.1 \sim 33.3kN/m^3$）。

　　總體密度是指岩石（包括顆粒、孔隙、及裂隙）單位體積的質量；常以 ρ 表示。它的值除了與岩石的礦物成分有關之外，還與岩石的孔隙及裂隙的發育程度有密切關係。緻密且裂隙很少的岩石，其總體密度與顆粒密度很接近；而

隨著孔隙或裂隙的增加，總體密度反而相應減小。常見的岩石，其總體密度一般介於 2.1～2.8 g/cm³ 之間。

將岩石的總體密度乘上重力加速度，就稱為岩石的**單位重**；常以 γ 表示，並以 kN/m³ 為單位。即

$$\gamma = \rho \cdot g = 9.81 \cdot \rho \quad\quad\quad\quad（10.1）$$

表 10.2 顯示幾種常見岩石的物理及水理特性之指標值。

表 10.2　幾種主要岩石的物理與水理參數

	岩石名稱	顆粒密度 g/cm³	總體密度 g/cm³	單位重 kN/m³	孔隙率%	吸水率%	軟化係數
火成岩	花崗岩	2.50～2.84	2.30～2.80	22.5～27.4	0.5～4.0	0.1～4.0	1.03～1.39
	閃長岩	2.60～3.10	2.52～2.96	24.7～29.0	0.2～5.0	0.3～5.0	1.25～1.67
	輝長岩	2.70～3.20	2.55～2.98	25.0～29.2	0.3～4.0	0.5～4.0	1.11～2.27
	輝綠岩	2.60～3.10	2.53～2.97	24.8～29.1	0.3～5.0	0.8～5.0	1.11～2.27
	安山岩	2.40～2.80	2.30～2.70	22.5～26.5	1.1～4.5	0.3～4.5	1.10～1.23
	斑岩	2.64～2.84	2.40～2.80	23.5～27.4	2.1～5.0	0.4～1.7	1.23～1.28
	玄武岩	2.60～3.30	2.50～3.10	24.5～30.4	0.5～7.2	0.3～2.8	1.05～3.33
沉積岩	礫岩	2.67～2.71	2.40～2.66	23.5～26.1	0.8～10.0	0.3～2.4	0.5～2.0
	砂岩	2.60～2.75	2.20～2.71	21.6～26.6	1.6～28.0	0.2～9.0	1.03～1.54
	頁岩	2.57～2.77	2.30～2.62	22.5～25.7	0.4～10.0	0.5～3.2	1.35～4.17
	石灰岩	2.48～2.85	2.30～2.77	22.5～27.1	0.5～27.0	0.1～4.5	1.06～1.43
	泥灰岩	2.70～2.80	2.30～2.70	22.5～26.5	1.0～10.0	0.5～3.0	1.85～2.27
	白雲岩	2.60～2.90	2.10～2.70	20.6～26.5	0.3～25.0	0.1～3.0	1.09～1.72
	火山角礫岩	2.50～3.00	2.20～2.90	21.6～28.4	—	—	—
	凝灰岩	2.56～2.78	2.29～2.50	22.4～24.5	1.5～7.5	0.8～7.5	1.16～1.92

岩石名稱		顆粒密度 g/cm³	總體密度 g/cm³	單位重 kN/m³	孔隙率 %	吸水率 %	軟化係數
變質岩	片麻岩	2.63～3.01	2.30～3.00	22.5～29.4	0.7～2.2	0.1～0.7	1.03～1.33
	石英片岩	2.60～2.80	2.10～2.70	20.6～26.5	0.7～3.0	0.1～0.3	1.19～2.27
	綠尼石片岩	2.80～2.90	2.10～2.85	20.6～27.9	0.8～2.1	0.1～0.6	1.45～1.89
	千枚岩	2.81～2.96	2.31～2.86	22.6～28.0	0.4～3.6	0.5～1.8	1.04～1.49
	板岩	2.70～2.85	2.30～2.80	22.5～27.4	0.1～0.5	0.1～0.3	1.92～2.56
	大理岩	2.80～2.85	2.60～2.70	25.5～26.5	0.1～6.0	0.1～1.0	－
	石英岩	2.53～2.84	2.40～2.80	23.5～27.4	0.1～8.7	0.1～1.5	1.04～1.06

(2)孔隙率

岩石的**孔隙率**係指岩石中孔隙的體積與岩石總體積之比；以百分率表示。即

$$n = V_v / V_b$$
$$= 1 - (\rho_d / \rho_g) \quad\cdots\cdots\cdots\cdots\cdots\cdots (10.2)$$

式中，n＝岩石的孔隙率

　　　　V_v＝岩石中孔隙的總體積

　　　　V_b＝岩石的總體積

　　　　ρ_d＝岩石的乾密度

　　　　ρ_g＝岩石的顆粒密度

　　天然岩石中包含著不同數量、不同成因的顆粒間孔隙、微裂隙及溶穴。它們會影響岩石的工程地質特性。岩石因形成條件及後期所受的變化不同，而使岩石的孔隙率差距很大；它可以從小於 1%到百分之幾十。例如新鮮的火成岩及變質岩類，其孔隙率一般很低，很少超過 3%；而沉積岩的孔隙率較高，但一般也多小於 10%；對於部分礫岩及膠結較差的砂岩，其孔隙率可能高達 10%～20%。各類岩石隨著風化程度的提高，其孔隙率也會相應的增加，最高可達 30%左右。岩石中的孔隙比起疏鬆的土壤要少得多。各類岩石的孔隙率請見表 10.2。

⑶抗風化指數

岩石抵抗乾、濕循環風化作用的能力，一般在實驗室內係採用**消散耐久性試驗**（Slake-durability Test）的方法來測定。藉由標準化的乾、濕循環過程，量測岩塊重量的損耗，以求得消散耐久指數（I_d），作為評估的指標。

10.3　岩石的水理性質

⑴吸水率

吸水率指的是岩石在常壓之下，予以飽水時所能吸入的水量，與乾燥岩石的重量之比。此值表示岩體的連通孔隙及大裂隙之發育程度；一般與地質構造作用及風化作用程度有關。新鮮、緻密、又完整的岩體，其孔隙率一般低於 3.0%，吸水率通常低於 1.0%；但是當它遭受劇烈風化，或因構造作用而產生嚴重的裂隙時，其孔隙率可達百分之數十幾，而吸水率可達 10% 以上。

一般而言，吸水率大的岩石浸水，其膠結物浸濕後就容易軟化，也經不起凍融作用，而且容易風化；因此，岩石的強度受到顯著的影響。各種岩石的吸水率請見表 10.2。

⑵滲透性

地下水在鬆散土層中通過連通的孔隙，而地下水在岩石中則透過連通的各種裂隙、溶穴、及孔隙的滲流，稱為其**滲透性**；一般以滲透係數（或稱導水係數）為計量的指標。

滲透係數（導水係數）（Hydraulic Conductivity）是地下水在水力梯度（單位長度的水頭差）為 1 的條件下之滲透速度。它是表示岩石或土壤透水性能的一種指標；以 m/d 或 cm/s 為單位（註：$1cm/s = 864m/d = 3 \times 10^7 cm/a = 2,835ft/d$；$1m/d = 1.16 \times 10^{-3} cm/s = 3.28 ft/d$）。砂岩的滲透係數（K）大約介於 0.001～1m/d，其範圍非常大；頁岩及泥岩約在 10^{-7} m/d 之譜（一百年才動數公分而已）；風化岩則在 0.001～10 m/d 之間。一般來講，滲透係數（K）大於 1 m/d 者就可稱為**可透水**（Permeable）；滲透係數（K）小於 10^{-3} m/d 者就稱為**不透水**（Impermeable）。表 10.3 表示岩土滲透性的分類。

表 10.3　岩土的滲透性分類

類別	滲透性			
	強透水	中等透水	微透水	難透水
滲透係數（K）（m/d）	> 10	1～10	0.01～1	0.001～0.01
土壤	卵、礫石；粗砂	細砂；粉砂	黏性土類	黏土
岩石	裂隙發育的硬岩；易溶岩石。	裂隙中等的岩石。	裂隙不發育；黏土質岩。	裂隙微小；頁岩；泥岩；緻密岩石。

(3)膨脹性

岩石的體積隨著含水量的增加而膨脹，隨著含水量的減少而收縮的特性，稱為**膨脹性**；主要是因為岩石中含有較多的蒙脫石及伊來石等黏土礦物，其含量一般高達 35%以上。膨脹土的表層常出現各種縱橫交錯的網狀龜裂，這與失水後岩體強烈收縮有關。這種特性將破壞岩體的完整性，且為水及空氣提供很好的通路管道，使風化作用可以深入岩體的內部；因而降低了岩體的強度及穩定性。

膨脹性可用膨脹率或膨脹力等指標來表示。一般可利用膨脹儀或壓密儀加以測定。將原狀的岩石樣品放入儀器內，在一定的壓力下浸水，並測其膨脹量，且將其與原高度相比，就稱為**膨脹率**，以百分率表示。如果於浸水後施加荷載，以限制樣品膨脹，其所加的壓力就稱為**膨脹力**。一般而言，岩石的含水量越大，則膨脹越小；含水量越小，則膨脹越大；當含水量等於岩土的縮限時，膨脹量最大。地下水對岩土收縮的影響，與前述情況正好相反，即含水量越小，則收縮越小；而當含水量等於縮限時，則收縮為零。

岩土的脹縮具有可逆性，即吸水膨脹，失水收縮，再吸水再膨脹，再失水再收縮的變形特性。

臺灣的部分紅土、黏土岩（如西南部泥岩、利吉層等）及凝灰岩即具有膨脹性。

(4)軟化性

岩石吸水後，其強度及穩定性隨之降低的特性，稱為**軟化性**。軟化性的指標一般用軟化係數來表示。**軟化係數**（Softening Factor）是岩石在風乾狀態下

的極限抗壓強度與飽水狀態下的極限抗壓強度之比；所以軟化係數愈大，岩石的軟化性愈強。未受風化的火成岩及部分的變質岩，其軟化係數大約在 1.01～1.2 之間；是屬於**不軟化**的岩石。當軟化係數大於 1.50 時，就是屬於**強軟化**的岩石了；其抗水、抗風化及抗凍融的性能都很差；頁岩及一些軟弱砂岩的軟化係數可能達到 2～5；過壓密的泥岩於釋放應力之後，再受風化作用，其軟化係數可能高達 10～20。

　　軟化性主要取決於岩石中的礦物成分、結構、及構造特徵。一般而言，黏土礦物含量高、孔隙率大、吸水率高的泥質砂岩就極易軟化。**岩石的軟化係數比較容易測定，所以常用它來間接測定岩石的抗風化性能。**

　　(5)溶解性
　　岩石溶解於水的性質，稱為**溶解性**；常用溶解度來表示。

　　岩石的可溶性取決於岩性及岩石的結構。在可溶岩中，鹵素鹽類岩石（如鹽岩）屬於易溶岩；硫酸鹽類（如石膏）為中等溶解性；碳酸鹽岩（如石灰岩、白雲岩、大理岩）則屬於相對難溶性。但是因為碳酸鹽岩的分布較廣，所以我們常見的岩溶現象反而是發現於該種岩類內。

　　碳酸鹽岩係由不同比例的方解石及白雲石所組成，並含有泥質、矽質等雜質。純方解石的溶解速度約為純白雲石的兩倍。在碳酸鹽岩中，則以生物礁石灰岩最易溶解，主要是由於其孔隙大且多。經過再結晶作用的亮晶碳酸鹽岩，其孔隙小，最不易溶解。不過，因為碳酸鹽岩性脆，受壓後很容易裂解，所以有加速溶解的作用。

　　(6)凍融性
　　在寒帶及高山地區，岩石的孔隙中如果有水存在，則在結冰後，其體積會膨脹約 9%，壓力可達 14kg/cm^2，使岩石的裂隙加寬、加深，也促使岩石的強度及穩定性降低。當溫度回升大於 0°C 時，冰體融化，水即沿著擴大的裂縫滲入更深的岩體內部，同時更多的水分會填滿加大的裂縫，如此反覆的作用。岩石遭受這種冰闢作用的反應，就稱為**凍融性**。

　　一般而言，吸水率小於 0.8%的岩石，即可以不受凍融作用的影響。岩石的凍融性可用抗凍係數來衡量。**抗凍係數**係以飽水岩石在（−25°C）及（+25°C）的條件下，反覆凍結及融化 25 次，然後將凍融試驗的前後，用岩石抗壓強度的降低率來計測；小於 20%～25%的就具有**抗凍性**；大於 25%的則具有**凍融**

性。一般來說，易軟化的岩石，其抗凍性能也差。

(7)散解性

黏土岩在靜水中發生潰散解體的現象，稱為**散解性**。這是由於岩石起水化作用，使顆粒間的連結減弱，及部分膠結物溶解，因而引起散解。它指示岩石的**抗水性**。

由於岩石的礦物成分及結構特徵不同，所以散解特性也不同。例如，有的黏土岩遇水，立即潰解散開；有的逐漸剝離，形成薄片狀或鱗片狀的屑片；有的則分離成錐形微結構聚集體等等。

岩石的散解性與天然含水量有密切的關係。乾岩或未飽和岩比飽和岩散解得要快得多。黏土岩都具有一個散解的**臨界含水量**，如果岩石的含水量高過此臨界值，它就不散解；只有低於該值時，岩石才會散解。蒙脫石的臨界含水量大約為 50%；而高嶺石則為 25%。

10.4　岩石的力學性質

岩石在外力的作用下所表現出來的行為特性，稱為岩石的力學性質。以下就分成變形及強度兩方面來說明。

10.4.1　岩石的變形特性

岩石在外力的作用下會先產生變形，變形達到一個程度之後就會產生破壞。岩石的變形可分成**彈性變形**及**塑性變形**兩類。圖 10.1 表示幾種岩石的典型變形過程，即其應力—應變的完整曲線。

根據典型曲線的曲率變化，我們可將岩石的變形過程劃分為四個階段；分別說明如下：

(1)空隙壓密階段

岩石在荷重作用之下，首先其體內的空隙（包括孔隙、微裂隙、微溶穴等）會逐漸的被壓密，其應力—應變曲線呈上凹型（如圖 10.1 的 D、E、F）；曲線的斜率隨著應力的增加而逐漸增大，表示空隙的變化開始的時候較快，隨後逐漸減慢。對於緻密堅硬的岩石則沒有這一段（如圖 10.1 的 B、C）。

(2)彈性變形階段

岩石中的空隙已被壓密而閉合，晶體受壓而發生彈性變形；基本上還未產生新裂隙。應力與應變大致呈正比的關係，曲線近乎直線，岩石的變形以彈性為主。

(3)裂隙發展及破壞階段

岩石的彈性變形達到某一個程度（即應力等於彈性極限強度）時，內部開始出現微裂隙；此時，應變的速率增快；應力—應變曲線的斜率逐漸降低，曲線呈上凸型。在這一個階段，體積的變形由壓縮轉變為**擴脹**（Dilation）。當應力逐漸增加，裂隙進一步擴張，岩石局部破損，且破損範圍逐漸擴大，並形成了貫通的破裂面，導致岩石的**破壞**（Failure）；此時，應力—應變曲線達到最高峰，其相對的應力稱為**單軸極限抗壓強度**，亦即一般所稱的**單軸抗壓強度**。

對於具有剛性的緻密堅實岩石，此階段的應變量甚小；而具有柔性的黏土岩，此階段的應變量則很大，塑性段被拉得很長。

(4)後破壞階段

岩石破壞之後，雖然內部的結構已經完全破壞，但是岩石還是呈現整體，仍然留有較小的承載能力；隨著變形的不斷增加，應力降到某一個穩定值，即為**殘餘強度**；其大小實際上就是破碎塊體之間的摩擦阻力。

由於岩石的成分及結構不同，其應力—應變曲線也不盡相同，所以並不是每一種岩石都可以明顯的劃分出四個變形階段。一般而言，在單軸壓力的作用下，岩石的應力—應變曲線可以歸納為六種類型，即彈性、彈塑性、塑彈性、塑彈塑性 I 型、塑彈塑性 II 型及彈塑蠕動型，如圖 10.1 所示。

(1)彈性變形

應力—應變曲線近乎直線（請見圖 10.1B），稱為**彈性變形**。只有最硬的、最緻密的、結晶的及無空隙的火成岩及變質岩，才會表現這種彈性變形的特性，如玄武岩、石英岩、輝綠岩、白雲岩及堅硬石灰岩。具有這種變形特性的岩石一般會發生突然的破壞（**脆性破壞**）。

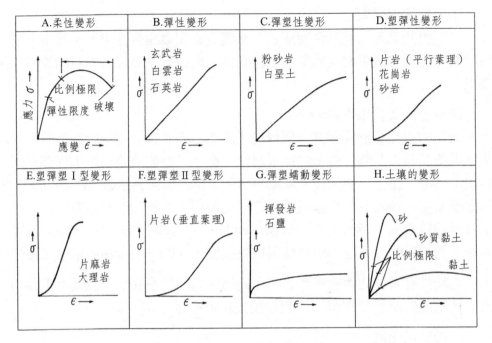

圖 10.1　不同岩石的應力—應變曲線（Hendron, 1968）

(2)彈—塑性變形

應力—應變曲線首先呈現直線，在末端才出現非彈性的屈服段（請見圖 10.1C），稱為**彈—塑性變形**。屬於較軟、且裂隙少的岩石之變形特性，如石灰岩、粉砂岩及凝灰岩等，此外也包括黏土質岩石。其直線段與曲線段各自所佔的比例，與岩性的軟弱程度有關。

(3)塑—彈性變形

曲線的開始為凹狀曲線，然後轉變為直線（請見圖 10.1D），稱為**塑—彈性變形**。為堅硬，且孔隙多或裂隙發育的岩石之典型變形曲線，如砂岩、花崗岩、某些輝綠岩、片岩等。平行於微裂隙方向或不連續面（如層面或葉理面）加壓時，常呈現這種變形曲線。

(4)塑—彈—塑變形

塑—彈—塑變形是一種典型的 S 曲線。對岩石不斷增壓，首先使空隙閉合，其過程就是一種塑性變形；然後轉為彈性變形；之後，岩石內部開始產生微裂隙及潛移，直到破裂之前都是屬於塑性變形的行為。例如片麻岩及大理岩常表現出這一類變形。其曲線中段（即彈性變形的部分）的斜率與岩性的軟、

硬程度有著密切的關係；其中岩性較為堅硬且含裂隙的變質岩，常呈現陡峭的斜率（請見圖 10.1E），稱為**塑彈塑 I 型變形**；而岩性較為柔軟的則常呈現緩和的斜率（請見圖 10.1F），稱為**塑彈塑 II 型變形**；垂直於片岩的葉理加壓時，常顯示 II 型的變形。

(5)彈—塑—蠕變式變形

彈—塑—蠕變式變形的過程，開始時為直線，然後很快就變成微微上凸的非線性及連續緩慢的蠕變（請見圖 10.1G）。岩鹽及其他蒸發岩即具有這種特徵的變形曲線。

由於大多數岩石的變形具有不同程度的彈性特性，且實際上，工程體作用於岩石上的壓應力遠遠低於其單軸極限抗壓強度。因此，**一般我們可以將岩石看成是準彈性體；利用彈性參數來表現其變形特徵**；通常我們就用彈性模數及蒲松比兩個指標來表示。

彈性模數（E）是在單軸壓縮的條件下，軸向壓應力及軸向應變之比，即應力—應變曲線的直線部分之斜率。其單位與應力的單位相同，用符號 Pa 表示；1Pa 等於 $1N/m^2$。岩石的彈性模數越大，表示變形越小，也就是說岩石抵抗變形的能力越高。彈性模數呈現異向性；一般情況下，平行於不連續面的彈性模數大於垂直於不連續面的彈性模數

岩石另一項重要的變形指標就是**蒲松比**（μ）；它是岩石在單向受壓時，橫向應變（即膨脹）與軸向應變之比。該值越大，表示岩石受力的作用後，其橫向的變形越大。蒲松比只適用於岩石彈性變形的階段。當岩石受壓，內部出現破裂時，蒲松效應即失效。岩石的蒲松比一般介於 0.2～0.4 之間。

嚴格來講，岩石並不是理想的彈性體，同時表示岩石變形特性的物理量也不是一個常數。通常這些數值只是在一定條件下的平均值而已。

表 10.4 列出主要岩石類型的彈性模數及蒲松比。

表 10.4　主要岩石的彈性模數及蒲松比

岩石名稱	彈性模數（E）（10^3 MPa）		蒲松比（μ）	
	平行於不連續面	垂直於不連續面	平行於不連續面	垂直於不連續面
細粒花崗岩	84	83	0.24	0.29
粗粒花崗岩	48	49	0.22	0.21
花崗岩	37	30	0.17	0.24
斑狀花崗岩	59	56	0.23	0.13
花崗閃長岩	59	57	0.23	0.20
玄武岩	83		0.23	
片麻岩	42	38	—	—
片岩	72	44	0.25	0.25
大理岩	67	49	0.22	0.06
石英岩	70	65	0.15	0.12
粗砂岩	19～41	17～45	0.1～0.45	0.16～0.36
中砂岩	28～41	26～33	0.12	0.10～0.22
細砂岩	28～49	28～45	0.1～0.22	0.15～0.36
粉砂岩	10～32	19～30	—	—
頁岩	20	16	0.11～0.39	0.10～0.48
石英砂岩	58	54	0.14	0.14
石灰岩	39	35	0.25	0.18

註：1MPa＝1MN/m^2＝10.197kg/cm^2＝101.97ton/m^2

10.4.2　岩石的強度

　　岩石的強度是指岩石抵抗外力的能力。我們將外力分成**壓力**、**剪力**及**拉力**（即張力）三種類型。岩石忍受外力，直到破壞時的外力大小，我們分別稱為是岩石的抗壓強度、抗剪強度及抗拉（或抗張）強度。岩石之所以會破壞，主要是因為外力在岩石內部誘發了剪應力及張應力的作用所造成的；這與外力的類型是完全不同的概念。

　　⑴抗壓強度

　　岩石在單向壓力的作用下，抵抗破壞的能力，稱為其**抗壓強度**（即應力-應變曲線上的峰值強度）。它是在單軸壓力，無側向圍壓的約束下試驗所測得

的。實施單軸抗壓試驗時，試樣的直徑不能小於 54mm（NX 大小的岩心），且其高度與直徑之比，一般規定不要超出 2.5～3.0 的範圍；同時，加載的速率也要適中；一般抗壓強度會隨著加載速率的增加而增大。圖 10.2 是不同岩性的岩樣在無圍壓縮試驗下的不同破壞情況。

礦物的粒徑常影響岩石的抗壓強度；一般而言，細粒者，其接觸面積較大，連結力較強，所以岩石的強度較高。又孔隙率越大的岩石，其抗壓強度越低；因此，岩石的抗壓強度常與其密度呈正相關的關係。然而，岩石的抗壓強度卻與其含水量呈負相關的關係，即含水量越高，強度越低。

表 10.5 表示常見岩石的抗壓、抗剪、及抗拉強度。如果反過來，我們依據岩石的抗壓強度來分類的話，則岩石可以歸納為如表 10.6 所示的幾類。在工程上，常根據岩石的抗壓強度而分成**硬岩**及**軟岩**兩大類，如表 10.7 所列。

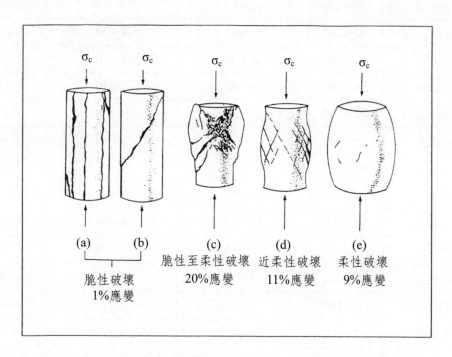

圖 10.2　不同岩性的岩樣在無圍壓縮試驗下的破壞情況（Selby, 1993）

表 10.5 常見岩石的抗壓、抗剪、及抗拉強度

岩石名稱		抗壓強度（MPa）	抗剪強度		抗拉強度（MPa）
			內摩擦角Φ（度）	凝聚力 c（MPa）	
火成岩	花崗岩	100～250	45～60	10～50	7～25
	閃長岩	180～300	45～55	15～50	——
	輝長岩	180～300	45～55	15～50	——
	輝綠岩	——	45～60	20～60	7～25
	粗粒玄武岩	200～350	——	——	
	玄武岩	150～300	45～55	20～60	10～30
	安山岩	——	40～50	15～40	——
	流紋岩	100～250	45～60	15～50	4～7
沉積岩	砂岩	20～200	35～50	4～40	4～25
	頁岩	10～100	20～35	2～30	7～20
	石灰岩	30～250	5～50	4～40	3～5
	白雲岩	80～250	5～50	10～40	——
	泥灰岩	13～100	——	——	——
	凝灰岩	60～170	——	——	——
	煤	5～50	——	——	——
變質岩	片麻岩	50～200	35～55	8～40	5～20
	片岩	——	25～65	1～20	——
	石英片岩	70～220	30～50	2～20	——
	雲母片岩	60～130	——	——	——
	千枚岩	50～200	——	——	——
	板岩	100～200	35～50	2～20	7～20
	石英岩	150～300	50～60	20～60	7～20
	大理岩	100～250	35～50	10～30	7～20

註：$1MPa = 1MN/m^2 = 10.197kg/cm^2 = 101.97ton/m^2$

表 10.6　依據抗壓強度大小的岩石分類表

抗壓強度 (MPa)	岩石名稱		
	火成岩	沉積岩	變質岩
＞ 250	橄欖玄武岩、輝綠輝長岩、堅硬的斑岩		堅硬的石英岩
200～250	安山岩、玄武岩、輝綠岩、閃長岩、堅硬輝長岩	矽質膠結的礫岩	石英岩
180～200	緻密細粒花崗岩、閃長岩、堅硬的斑岩	矽質膠結的石灰岩	花崗片麻岩
160～180	中粒花崗岩、輝綠岩、玢岩、堅硬的粗面岩、中粒輝長岩		堅硬的片麻岩
140～160	微風化安山岩、玄武岩、粗面岩	非常緻密的石灰岩、矽質膠結的礫岩	片麻岩
120～140	粗粒花崗岩、粗粒正長岩	非常堅硬的白雲岩、鈣質膠結的礫岩、矽質膠結的礫岩	
100～120		白雲岩、堅硬石灰岩、鈣質砂岩、堅硬的矽質頁岩	大理岩
80～100	裂隙發育的花崗岩、正長岩	緻密石灰岩、砂岩、鈣質頁岩	片麻岩
60～80	角礫狀花崗岩	硬石膏、泥灰質石灰岩、雲母及砂質頁岩、泥質砂岩	
40～60		鈣質膠結的礫岩、裂隙發育的泥質砂岩、堅硬的頁岩、堅硬的泥灰岩	
20～40		中等硬度的泥灰岩及頁岩、軟而有微裂隙的石灰岩、貝殼石灰岩、凝灰岩	
＜ 20		膠結不良的礫岩、石膏、各種頁岩	

表 10.7　硬岩與軟岩的分類

岩石類別		單軸抗壓強度（MPa）	代表性岩石	
硬質岩	極硬岩	＞ 60	火成岩	花崗岩、閃長岩、玄武岩
			沉積岩	矽質及鈣質膠結的礫岩、砂岩、石灰岩、泥灰岩、白雲岩
	硬岩	30～60	變質岩	片麻岩、石英岩、大理岩、板岩、片岩
軟質岩	軟岩	5～30	火成岩	浮石
			沉積岩	泥質礫岩、泥質頁岩、泥質砂岩、炭質頁岩、泥灰岩、泥岩、煤、凝灰岩
	極軟岩	＜ 5	變質岩	雲母片岩、綠泥石片岩、石墨片岩、千枚岩

註：(1)本表適用於確定天然地基的容許承載力及隧道圍岩的分類。

　　(2)當地基為軟質岩時，在確保不浸水的條件下，可用天然含水量的單軸抗壓強度。

(2)抗剪強度

　　岩石受剪破壞時的極限剪應力值就是它的**抗剪強度**，或稱**剪力強度**。一般抗剪強度約為抗壓強度的 10%～40%。它是隨著剪斷面上法向壓應力的增加而增強。岩石的剪力強度可用**庫倫方程式**（Coulomb Equation）表示之，即

$$\tau = \sigma_n \cdot \tan\Phi + c \quad\cdots\cdots\cdots\cdots\cdots\cdots\cdots\cdots\cdots\cdots\quad (10.3)$$

　　　　式中，τ＝岩石的抗剪強度

　　　　　　σ_n＝剪斷面上的法向壓應力

　　　　　　Φ＝內摩擦角

　　　　　　c＝凝聚力

　　凝聚力及內摩擦角是岩石的兩個最重要的抗剪強度指標。內摩擦力主要反映岩體內微裂隙面的摩擦阻力及微裂隙面的發育狀況。表 10.4 顯示幾種常見岩石的內摩擦角及凝聚力之範圍值。很明顯的，沒有被強烈風化的岩石，其內摩擦角通常在 30°～60°的範圍內變化；凝聚力則在 2～60MPa 之間變化。其中，凝聚力的變化遠甚於內摩擦角的變化幅度。

　　如果岩體是沿著岩石的軟弱面發生剪切滑動時，其抗剪強度在數值上等於剪切面上的摩擦係數與作用在此面上的壓應力之乘積；此時岩石的抗剪強度就很低。如果是在已有的破裂面發生剪切滑動時，則 $c=0$，所以 $\tau = \sigma_n \cdot \tan\Phi$；

此時，τ稱為**抗滑強度**。如果法向應力σ_n＝0，則τ＝c；此時，τ稱為**抗切強度**。

通常用來測定岩石的抗剪強度之方法有直剪試驗及三軸壓縮試驗。由於堅硬岩石有牢固的礦物結晶的連結，或是膠結物的膠結，所以岩石的抗剪強度一般都比土壤的為高。

(3)抗拉強度

岩石承受單向拉伸，其被拉斷時的極限應力值就稱為**抗拉強度**。表 10.5 顯示幾種常見岩石的抗拉強度。可見，岩石的抗拉強度遠小於抗壓強度；約為抗壓強度的 2%～16%而已。這是因為岩石在受拉的情況下，岩石內部微裂隙的擴展速度較快，因此儲存能量的釋放速度也快。同時，岩石在受壓的情況下，阻止其破壞的因素不但有凝聚力，而且還有內摩擦力；然而在拉伸時，則只有凝聚力而已。

抗拉強度的異向性非常明顯，特別是在許多變質岩及沉積岩中表現得更為突出。一般而言，當拉力平行於不連續面時，抗拉強度最強；當拉力垂直於不連續面時，抗拉強度最弱。

10.5　影響岩石工程地質性質的因素

影響岩石工程地質性質的因素可以分成內部因素及外部因素兩類；前者如岩石本身的礦物成分、結構及構造等，後者如水的作用及風化作用等。

(1)礦物成分

岩石是由礦物所組成，所以其礦物成分對岩石的物理及力學性質產生直接的影響。例如輝長岩的比重比花崗岩大，此因輝長岩的主要礦物成分（輝石及角閃石），其比重比花崗岩的主要礦物成分（長石及石英）大的緣故。又如石英岩的抗壓強度比大理岩要高得多，這是因為石英的強度比方解石高的緣故。但是不能認為岩石含有高強度的礦物，其強度就一定會高。因為岩石受力後，內部應力是通過礦物顆粒的直接接觸來傳遞，如果強度較高的礦物在岩石中互不接觸，則應力的傳遞必然會受到中間低強度礦物的影響，岩石不一定能夠顯示出高強度。

從工程的要求來看，岩石的強度一般都很高，所以**在評估岩石的工程地質性質時，注意那些會降低岩石強度的因素反而更具意義**。例如注意花崗岩中的

黑雲母含量是否過高，石灰岩或砂岩中是否含有太多的黏土礦物等。石灰岩及砂岩中，當黏土礦物的含量超過 20%時，就會直接降低岩石的強度及穩定性。

(2)結構

岩石的結構特徵是影響岩石物理及力學性質的一個重要因素。岩石的結構可分成結晶聯結的及膠結物聯結的兩大類；前者如大部分的火成岩及變質岩，以及一部分的沉積岩；後者如沉積物中的碎屑岩等。

靠結晶聯結的岩石，其結合力強、孔隙率小，所以比膠結聯結的岩石具有較高的強度及穩定性。又由結晶聯結的岩石，其結晶顆粒大者，強度不如結晶顆粒小者；例如粗粒花崗岩的抗壓強度一般在 120～140MPa 之間，而有些細粒花崗岩則可達 200～250MPa。

靠膠結物聯結的岩石，其強度及穩定性主要決定於膠結物的成分及膠結的型式；同時也受碎屑成分的影響。就膠結物的成分來說，矽質膠結的強度及穩定性高，泥質膠結的強度及穩定性低，鐵質及鈣質膠結的則介於兩者之間。如泥質膠結的砂岩，其抗壓強度一般只有 60～80 MPa；而鈣質膠結的卻可達 120 MPa；而矽質膠結的更高達 170 MPa（Harrison and Hudson, 2000）。

膠結物的聯結方式基本上可分為基質的、孔隙的及接觸的三種。基質膠結的碎屑岩，碎屑物散佈且浮在膠結物中，碎屑顆粒互不接觸；所以該類岩石的孔隙率小，強度及穩定性完全取決於膠結物的成分。當膠結物與碎屑的成分相同時（如矽質），經再結晶作用可以轉化為結晶聯結，其強度及穩定性將會隨之提高。孔隙膠結的岩石，其碎屑顆粒互相間直接接觸，膠結物充填於碎屑間的孔隙中，所以其強度與碎屑及膠結物的成分都有關係。接觸膠結的岩石則僅在碎屑的相互接觸處有膠結物聯結，所以這類岩石一般都是孔隙率大、單位重小、強度低、易透水。

(3)構造

構造對岩石物理及力學性質的影響，主要是由礦物成分在岩石中分布的不均勻性及岩石結構的不連續性所決定。前者如片狀構造、板狀構造、千枚狀構造、片麻構造、流紋構造等；後者如層理、裂隙及各種成因的孔隙等，不論礦物的分布是否均勻。

礦物的分布不均勻，或沿著一個方向排列或富集，或成條帶狀分布，或成局部聚集時，如果這些礦物是強度低，或者易風化者，則將使岩石的物理及力

學性質在局部發生很大的變化。岩石受力破壞及岩石遭受風化，首先都是從岩石的這些缺陷開始發生。

　　岩石結構的不均勻，使岩石的強度及透水性在不同的方向上發生明顯的差異。一般而言，平行層面的抗壓強度大於垂直層面的抗壓強度；平行層面的透水性也大於垂直層面的透水性。假如上述兩種情況同時存在，則岩石的強度及穩定性都將會明顯的降低。

　　不連續面（如層面、葉理面等）對岩石的抗壓強度造成了顯著的異向特徵。通常，受壓方向如果平行於不連續面的方向時，則岩石的抗壓強度比較強；受壓方向如果垂直於不連續面的方向時，因為不連續面容易彎折，所以岩石的抗壓強度會比較低一些。如果外力係斜著向不連續面施壓時，則岩石的強度會顯著的降低；當外力與不連續面的夾角為 25°～45° 時，抗壓強度最弱，如圖 10.3 所示。

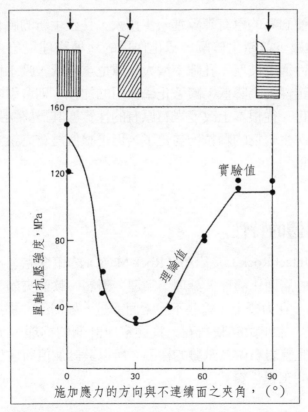

圖 10.3　不連續面與受力方向對岩石強度的影響（Roberts, 1977）

(4)水

當岩石受到水的作用時，水就沿著岩石中可見及不可見的孔隙、裂隙侵入，浸潤岩石自由表面上的礦物顆粒，並繼續沿著礦物顆粒間的接觸面向更深的地方侵入，削弱礦物顆粒間的聯結，使岩石的強度弱化。例如石灰岩及砂岩飽水後，其抗壓強度將降低25%～45%左右。其降低的程度主要取決於岩石的孔隙率。當其他條件都相同時，孔隙率大的岩石，飽水後，其強度的降低程度也大。

水可能還會對某些礦物產生化學溶解，或進入礦物的晶格內，使其體積膨脹；另外，水結冰時體積會膨脹約 9%。以上種種都使得岩石的結構狀態發生改變，同時降低岩石的強度。

(5)風化

風化是在溫度、水、空氣、及生物等綜合因素的影響下，改變岩石的狀態及性質的物理及化學過程。它是自然界很普遍的一種地質作用。

風化作用促使岩石的原有裂隙進一步擴大，且產生新的風化裂隙，使礦物顆粒間的聯結鬆散，並產生碎解。風化作用的這種物理現象，將使岩石的結構、構造及整體性遭受破壞，孔隙率增大，單位重降低，吸水性及透水性顯著增高，強度及穩定性大為降低。隨著化學作用的加強，則會引起岩石中的某些礦物發生次生變化，從根本上改變岩石原有的性質。其最終結果就是使得岩石變成土壤，雖然次生礦物的顆粒均勻化了，但是整個體質完全劣化，其強度及穩定性大大的降低。

10.6　岩體的特性

完整岩石（Intact Rock）及岩體（Rock Mass）的概念完全不同。**岩體**是包括岩石及其內部的層面、層理、葉理、節理、斷層、軟弱夾層等各種不連續面（Discontinuity）；在力學上，這些不連續面都是一種弱面。那些被許多不連續面切割後的岩塊，才叫做**完整岩石**。實驗室所計測的物理、水理及力學等性質，大都是採取完整岩石做為試驗的樣品，所以其計測值將會造成高估，並不能完全代表岩體的工程性質。

10.6.1　不連續面的抗剪強度

不連續面的抗剪強度主要取決於其充填物的有無。未被充填的不連續面之抗剪強度，主要取決於不連續面兩壁的粗糙度；已被充填的不連續面，則主要取決於充填物的成分及厚度。茲分別說明如下：

A.無充填物時

(a)平直光滑的不連續面

此類不連續面可以以層理面及片理面為代表。理論上，它的抗剪強度接近於用金鋼砂磨製的光滑岩石的表面之摩擦強度，即

$$\tau = \sigma_n \cdot \tan\Phi_j \quad\cdots\cdots\cdots\cdots\cdots\cdots\cdots\cdots\cdots\cdots \text{（10.4）}$$

式中，τ＝不連續面的抗剪強度
　　　σ_n＝不連續面上的法向壓力
　　　Φ_j＝不連續面的摩擦角

不過，由於大多數的天然光滑不連續面仍然具有細微的鋸齒凹凸，其粗糙度大於人工光滑面，所以這些平直光滑的不連續面之抗剪強度，一般仍具有摩擦力及凝聚力兩部分，即

$$\tau = \sigma_n \cdot \tan\Phi_j + c_j \quad\cdots\cdots\cdots\cdots\cdots\cdots\cdots\cdots \text{（10.5）}$$

式中的 c_j 為不連續面的凝聚力。其內摩擦角一般在 20°～40°之間，而內聚力約在 0 至 0.1MPa 之間。

(b)粗糙的不連續面

粗糙不連續面的主要特徵是其表面呈鋸齒狀、凹凸不平；在壓應力不大的條件下，剪應力可以使岩塊順著鋸齒向上滑動，如圖 10.4 所示。如果我們取其中任何一個鋸齒進行分析；齒狀凸起的粗糙角為 i；則根據力學平衡原理，我們可以得到：

$$\tau = \sigma_n \cdot \tan(\Phi_j + i) \quad\cdots\cdots\cdots\cdots\cdots\cdots \text{（10.6）}$$

式中，τ＝不連續面的抗剪強度
　　　σ_n＝不連續面上的法向壓力
　　　Φ_j＝鋸齒面的摩擦角
　　　i＝鋸齒狀凸起的粗糙角

由圖 10.4 可以看出，當水平剪應力 S 超過岩體的抗剪強度τ時，上盤岩塊將沿著齒狀凸起的表面滑動，使不連續面向上張開，這種現象稱為**剪脹**。隨著法向壓力σ的加大，剪脹性就會減小。

當作用於不連續面上的法向壓力很大時，上盤岩塊不再能順著鋸齒面滑動；此時，上、下兩盤岩塊的鋸齒將互相剪斷，因此抗剪強度不再取決於鋸齒表面的摩擦角及粗糙角，而是由不連續面上、下兩盤岩塊的抗剪強度來決定，即

$$\tau = \sigma_n \cdot \tan\Phi_\mu + c \quad\text{……………………………} \quad (10.7)$$

式中， Φ_μ = 兩盤岩石的內摩擦角
　　　　c = 兩盤岩石的凝聚力

由於自然界大多數不規則的粗糙不連續面，其粗糙角變化很大，並不是一個常數，於是 Barton and Choubey（1977）曾經提出一個經驗公式，來預測岩體不連續面的抗剪強度；其一般方程式如下：

$$\tau = \sigma_n \cdot \tan\left[JRC \cdot \log\left(JCS/\sigma_n \right) + \Phi_\mu \right] \quad\text{……………} \quad (10.8)$$

式中，τ = 粗糙不連續面的抗剪強度
　　　σ_n = 作用在剪切滑動的法向壓力
　　JRC = 不連續面的粗糙係數（Joint Roughness Coefficient）
　　JCS = 不連續面的抗壓強度（Joint Compressive Strength）
　　Φ_μ = 完整岩石的摩擦角

式中 JRC 的求法，可以將現場量測的不連續面剖面（例如利用測針法求得，請見圖 9.6）與節理標準剖面圖（Joint Profile Chart）互相比對，然後讀得其數值即可（請見圖 10.5）。切記在進行比對時，兩者的比例尺要相當才行。

不連續面的抗壓強度（JCS）則可用施密特錘量測；其測試方法請見 15.8.2 節的說明。至於不連續面的殘餘摩擦角，Barton and Choubey（1977）曾推薦使用下列經驗公式求取：

$$\Phi_{jr} = \left(\Phi_\mu - 20° \right) + 20 \left(r/R \right) \quad\text{………………} \quad (10.9)$$

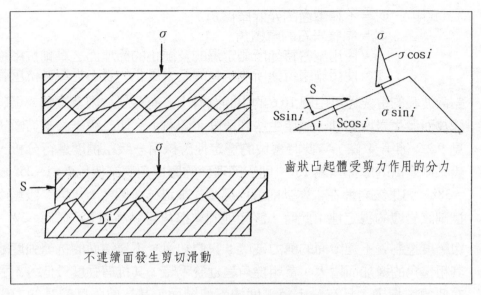

齒狀凸起體受剪力作用的分力

不連續面發生剪切滑動

圖 10.4　沿著齒狀面的剪切滑動

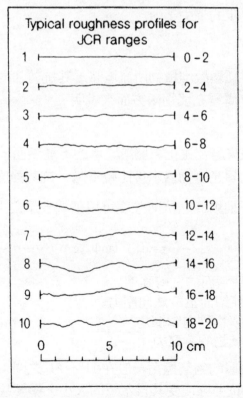

圖 10.5　節理粗糙度的標準剖面圖（Barton and Choubey, 1977）

式中，　Φ_{jr}＝不連續面的殘餘摩擦角

　　　　Φ_μ＝完整岩石的摩擦角

　　　　r＝使用施密特鎚所測定濕的及風化的節理面之單軸抗壓強度

　　　　R＝使用施密特鎚所測定乾的及未風化的岩石之單軸抗壓強度

鋸齒波長的重要性可由圖 10.6 的中間圖看出。有些岩坡因為振動或爆破的緣故而發生岩塊鬆動，並產生些許滑動（圖右），使二級鋸齒被剪斷（請見 9.2.2 節第 4 條）。此時邊坡的穩定性應採用一級粗糙度進行分析，假設某砂岩層的摩擦角為 25°，則該節理面的摩擦角應該使用 $\Phi+i=25°+13°$ ＝38°。如果該岩塊在未鬆動前就已經預先被錨碇（圖左），則二級鋸齒將控制該岩塊的穩定性；此時，該節理的摩擦角可以高到 25°＋27°＝52°。

粗糙度控制著不連續面的剪力破壞；我們知道，不連續面的抗剪強度隨著其粗糙角的增加而增大，當粗糙角趨近於零時，其抗剪強度最低。不過，在此應該指出，具有一定粗糙度的不連續面，其抗剪強度較高的力學效應，僅在開始剪切時的剪脹階段出現而已；一旦鋸齒被剪斷，這種粗糙度的力學效應就逐步的消失了。

B.有充填物時

當不連續面為各種鬆散堆積物所充填時，其抗剪強度主要受到充填物的控制。茲分成泥質及碎屑質充填物兩方面來說明。

(a)泥質充填物

指由黏土質軟弱夾層及泥化夾層所充填的不連續面。由於泥本身就是一種潤滑劑，所以此類充填物遇水後比較滑膩，抗剪強度特別的低。

由泥質充填的不連續面之抗剪強度可用下式表示之：

$$\tau=\sigma_n \cdot \tan\Phi+c \quad\quad\quad (10.3)$$

式中，τ＝不連續面的抗剪強度

　　　σ_n＝不連續面上的法向壓力

　　　Φ＝充填物的內摩擦角

　　　c＝充填物的凝聚力

各種泥質軟弱夾層的內摩擦角一般在 11°～21°之間；凝聚力大多小於 0.05 MPa。泥質充填物的抗剪強度受其含水量的大小之影響甚鉅；試驗結果顯示，泥質充填物的含水量愈大，其抗剪強度愈低，如表 10.8 所示。

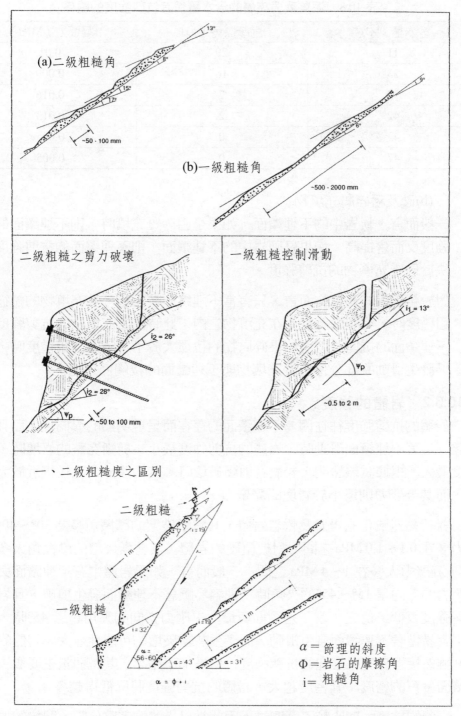

圖 10.6　粗糙角（i）的類別及其對不連續面滑動的影響（Turner and Schuster, 1996）

表 10.8　泥質軟弱夾層的含水量與其抗剪強度的關係

含水量（%）	內摩擦角（°）	凝聚力（MPa）
11	29	0.01
23	16	0.009
33	7	0.016
42	2	0.013
43	0	0.005
47	0	0.005

　(b)砂及粗碎屑充填物

一般而言，軟岩中的不連續面，如果是由砂質充填時，則不連續面的抗剪強度反而會提高。如果是硬岩中的不連續面，則不連續面的抗剪強度將取決於砂質充填物的抗剪強度。

對於粗碎屑的充填物而言，只有當不連續面較粗糙，且充填物的粒徑小於粗糙度時，剪裂面將發生在充填物之內；此時碎屑充填物的抗剪強度就是不連續面的抗剪強度。如果碎屑物的粒徑大於不連續面的粗糙度時，則最易發生滑動的部分係位於充填物與不連續面的接觸面之處。

10.6.2　岩體的強度

岩體的抗剪強度往往因為不連續面的存在而呈現明顯的異向性，而且非常複雜。沿著不連續面滑動時，岩體的抗剪強度最小；剪斷完整的岩塊時，抗剪強度最大。根據試驗證明，岩體在剪斷破壞時，其內摩擦角比較接近於完整岩塊，而其凝聚力則遠小於岩塊的凝聚力。

對於劇烈風化的岩體及軟岩岩體，其剪斷破壞的摩擦角多為 30°～40°，凝聚力多在 0.1～1.0 MPa 之間。對於堅硬的岩體，其剪斷破壞的摩擦角大多超過 45°，凝聚力大多在 1～4 MPa 之間。一般而言，如果岩體中有不連續面與最大主應力的方向呈 15°～45°的夾角時，則容易順著不連續面發生剪破，且岩體的抗剪強度較低。反之，當不連續面與最大主應力方向的夾角超過 45°時，則岩體不容易沿著不連續面發生滑動，而產生剪斷破壞的可能性較大；岩體的抗剪強度雖然接近於完整岩塊的抗剪強度，但是卻不相等，其減弱量主要取決於不連續面發育的密度；且密度越大，岩體的抗剪強度將降低得越多。

岩體的抗壓強度比較不好測試，因此常以岩體的完整係數，間接的加以推

測。岩體的完整係數 K_i 定義為：

$$K_i = \left[\frac{岩體的\ V_p}{完整岩石的\ V_p} \right]^2 \quad\quad\quad\quad\quad\quad\quad\quad (10.10)$$

上式中，　K_i = 岩體完整係數

　　　　　V_p = 彈性波的縱波速度

岩體的抗壓強度可用下式推估：

$$q_u' = K_i^{1.5} \cdot q_u \quad\quad\quad\quad\quad\quad\quad\quad\quad\quad (10.11)$$

式中，　q_u' = 推估的岩體抗壓強度

　　　　q_u = 完整岩石的單軸抗壓強度

　　　　K_i = 岩體完整係數

 ## 10.7　岩體的工程地質分類

對岩體進行分類的主要目的在於：

- 確認控制岩體力學行為的主要因素。
- 區分具有不同力學行為的岩體為次群體，然後加以歸類。
- 提供每一個次群體的行為特徵。
- 將某個地區的岩體分類經驗引用到其他地區。
- 導出定量的數據以供設計時使用。
- 提供工程師及地質師的一個溝通平台。

地質師依據成因，首先將岩石分成火成岩、沉積岩及變質岩三大類。然後依據結構或組織（Texture）及礦物成分再分別予以細分。這種定性的分類方法顯然無法滿足工程設計的需求。工程師需要的是一種綜合的、明確的及定量的（至少是半定量的）分類系統。然而，由於含有不連續面的岩體乃是在漫長且複雜的地質歷史過程中，由成分、結構及構造特性各異的岩塊及不連續面組合而成，所以其性質遠較岩石複雜得多。因此，我們必須找出能反映岩體特性的指標參數作為岩體工程分類的依據。茲分成單指標、雙指標及多指標三方面來說明。

(1)單指標分類法

採用單一指標參數作為分類的依據時，最常被採用的參數就是單軸抗壓強度；但是各家有各家的分類方法。表 10.9 為比較具代表性的英國地質調查所及國際岩石力學學會的分類法。

表 10.9　利用單軸抗壓強度之岩土分類表

單軸抗壓強度級距（MPa）	點載重（MPa）	回彈值（N 型）	分類用詞	分類名稱	岩土分類	單軸抗壓強度級距（MPa）	分類用詞	分類名稱
＜ 0.04	― ―	― ―	很軟	― ― ―	土壤	― ― ― ―	― ―	― ―
0.04～0.08	― ―	― ―	軟					
0.08～0.15	― ―	― ―	堅實					
0.15～0.3	― ―	― ―	硬					
0.3～0.6	― ―	― ―	很硬					
0.6～1.25	0.02～0.05	― ―	很弱	極軟岩或硬土	岩石	＜ 6	很弱	軟岩
1.25～5.0	0.05～0.15	12～20	弱	很軟岩		6～20	弱	
5.0～12.5	0.15～0.5	20～25	中弱	軟岩		20～60	中等	
12.5～50	0.5～1.5	25～40	中強					
50～100	1.5～4	40～50	強	硬岩		60～200	強	硬岩
100～200	4～10	50～60	很強	極硬岩		＞ 200	很強	
＞ 200	＞ 10	＞ 60	極強					

註：各類岩土的野外簡測法：
- 很軟土：緊握於手掌中，泥土可自指間流出。
- 軟土：用手指輕輕用力，即可模塑；用拇指下壓，會凹陷。
- 堅實土：用手指需很用力才能模塑；用拇指下壓，不會凹陷；指甲可刻痕。
- 硬土：無法用手指模塑；指甲很難刻痕。
- 很硬土：用指甲壓入，會現出印子。
- 極軟岩：握於手掌中不易捏碎；需用動力鏟才能開挖。
- 很軟岩：用地質鎚的尖端重擊數次即可粉碎；小刀可刻痕。
- 軟岩：用地質鎚的尖端重擊，會凹陷 5mm；小刀難刻痕。
- 硬岩：手持岩塊，用地質鎚的尖端重擊，會出現淺痕；小刀無法刻痕。
- 極硬岩：手持岩塊，用地質鎚的鈍端重擊，需要一次以上才能破裂；或者只會彈出碎片。

其實，上述單軸抗壓強度指的是完整岩石的強度，並未考慮不連續面的影響；所以嚴格來講，**岩石強度應該予以折減，即乘上岩體完整係數的 1.5 次方，才是岩體的強度。**

RQD（岩石品質指標）是另外一種單指標的岩體分類參數。它對品質很差的岩體產生一種搖晃紅旗的警告作用，所以它被廣泛應用於隧道支撐的選擇。不過，RQD 分類法只考慮一項岩體中不連續面的間距，而不連續面的其他足以影響岩體穩定性的因素則完全沒有考慮，因此，RQD 並不能全面反應岩體的品質；但是它卻是其他岩體分類法中必備的一個評分項目。

(2)雙指標分類法

不連續面是影響岩體強度及其品質的最重要因素。因此，將不連續面的間距及完整岩石的單軸抗壓強度兩項指標結合起來，是一種廣被採用的岩體分類方法，如圖 10.7 所示。

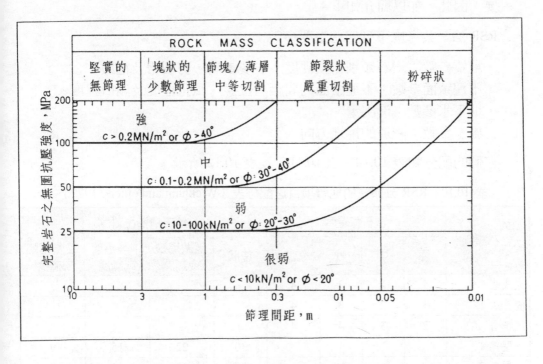

圖 10.7　被不連續面切割的岩體之強度分級範圍圖（Bieniawski, 1973）

(3)多指標分類法

如 9.2.2 節所述,不連續面具有 10 項特徵,而每一項特徵都對岩體的品質及穩定性產生重要的影響,因此只依據間距一項進行分類,顯然不夠嚴謹,所以乃有多指標分類法的發展。其中比較常用的有美國 Wickham 等人的岩石構造評分法(Rock Structure Rating,簡稱 RSR)、南非 CSIR 的 Bieniawski 之岩體評分法(Rock Mass Rating,簡稱 RMR),及挪威 NGI 的 Barton 等人之岩體品質指數 Q 法(Rock Nass Quality Index)。現在分別說明如下:

A.　RSR 分類法

RSR 法的觀念係採用一種評分法;也就是說就每一個評分項目進行給分,然後再將分數加總起來;就好像測試一個學生,將他的國文、英文、數學等科目的得分加總起來,然後再評定他在班上的成績是一樣的道理。RSR分類法主要應用於隧道工程的鋼支堡支撐方式之選擇;而不太適用於岩栓及噴漿支撐的選擇。雖然該法現在較少被採用,但是它的設計概念非常重要;因此,加以簡介如下:

RSR 法一共考慮下列四個主要參數:

‧地質參數:岩石類別;軟硬度;主要斷層、剪裂帶及褶皺。
‧不連續面參數:不連續面的間距、位態、風化程度及開口程度。
‧地下水參數:滲出量。
‧施工參數:隧道的掘進方向。

它們的配分如表 10.10、表 10.11、及表 10.12 所示。

表 10.10　RSR 分類法的地質項目之配分表(Wickham and others, 1972)

岩石類別	岩石軟硬度				地質構造複雜度			
	硬	中	軟	碎塊	塊狀	輕微褶皺或斷層	中等褶皺或斷層	複雜褶皺或斷層
火成岩	1	2	3	4				
變質岩	1	2	3	4				
沉積岩	2	3	4	4				
型態 1					30	22	15	9
型態 2					27	20	13	8
型態 3					24	18	12	7
型態 4					19	15	10	6

表 10.11　RSR 分類法的不連續面項目之配分表（Wickham and others, 1972）

不連續面的平均間距	隧道軸垂直於不連續面走向					隧道軸平行於不連續面走向		
	隧道掘進方向					隧道掘進方向		
	雙向		順向		反向	順向或反向		
	節理傾角					節理傾角		
	平緩	傾斜	陡直	傾斜	陡直	平緩	傾斜	陡直
很緊密，< 2"	9	11	13	10	12	9	9	7
緊密，2"～6"	13	16	19	15	17	14	14	11
中等緊密，6"～12"	23	24	28	19	22	23	23	19
中至切割狀，1'～2'	30	32	36	25	28	30	28	24
切割狀至塊狀，2'～4'	36	36	40	33	35	36	24	28
塊狀，> 4'	40	43	45	37	40	40	38	34

註：節理傾角：平緩：0°～20°；傾斜：20°～50°；陡直：50°～90°。

表 10.12　RSR 分類法的地下水項目之配分表（Wickham and others, 1972）

地下水滲出量 gpm/1,000 呎隧道長	地質項目得分＋不連續面項目得分					
	總分＝13～44			總分＝45～75		
	節理狀況					
	好	尚可	劣	好	尚可	劣
無	22	18	12	25	22	18
微量，< 200	19	15	9	23	19	14
中量，200～1,000	15	22	7	21	16	12
大量，> 1,000	10	8	6	18	14	10

註：節理狀況：

　　好：緊密或膠結的；尚可：輕微風化或蝕變；劣：劇烈風化或蝕變，或開口的。

B.　RMR 分類法

RMR 分類法非常類似於 RSR 分類法。RMR 法考慮了下列 6 種因素：

- 岩石的單軸抗壓強度
- RQD 值
- 不連續面的間距

• 不連續面的狀況

• 地下水的狀況

• 不連續面的位態

其配分方法如表 10.13 所示。岩體的 RMR 值分成 5 個等級，每級相差 20 分；得分高於 80 分者為優等的岩體；得分低於 20 分者，則為劣等的岩體。RMR 法廣泛應用於隧道、邊坡、岩盤基礎及採礦工程等很多方面，參見表 10.14 及表 10.15（Bieniawski, 2004）。

表 10.13　RMR 分類法的配分表（Bieniawski，2004）

	評分項目	項目分級與評分						
1	單軸抗壓強度，MPa	> 250	100～250	50～100	25～50	5～25	1～5	< 1
	點載重強度，MPa	> 10	4～10	2～4	1～2			
	（評分值）	**(15)**	**(12)**	**(7)**	**(4)**	**(2)**	**(1)**	**(0)**
2	RQD，%	90～100	75～90	50～75	25～50	0～25		
	（評分值）	**(20)**	**(17)**	**(13)**	**(8)**	**(3)**		
3	不連續面間距，cm	> 200	60～200	20～60	6～20	< 6		
	（評分值）	**(20)**	**(15)**	**(10)**	**(8)**	**(5)**		
4	不連續面狀況	表面粗糙，不連續，緊閉，岩壁未風化	表面略粗糙，開口小於 1mm，岩壁稍微風化	表面略粗糙，開口小於 1mm，岩壁深度風化	表面有擦痕，或斷層泥厚度小於 5mm，連續性好，開口 1～5mm	斷層泥厚度大於 5mm，連續性好，開口大於 5mm		
	（評分值）	**(30)**	**(25)**	**(20)**	**(10)**	**(0)**		
5	地下水滲出量，ι/min（每 10m 隧道長度）	0	0～10	10～25	25～125	> 125		
	（評分值）	**(15)**	**(10)**	**(7)**	**(4)**	**(1)**		

評分項目		項目分級與評分				
6 評分值	不連續面的位態	極有利	有利	尚可	不利	極不利
	隧道及採礦	(0)	(−2)	(−5)	(−10)	(−12)
	基礎	(0)	(−2)	(−7)	(−15)	(−25)
	岩坡	(0)	(−5)	(−25)	(−50)	(−60)
合計	RMR 總值	**81～100**	**61～80**	**41～60**	**21～40**	**0～20**
	岩體等級	**I**	**II**	**III**	**IV**	**V**
	岩體優劣	極優	優良	尚可	劣	極劣
工程意義	平均站立時間	15m 跨距為20 年	10m 跨距為1 年	5m 跨距為1 週	2.5m 跨距為10 小時	1m 跨距為30 分鐘
	岩體的凝聚力，MPa	> 0.4	0.3～0.4	0.2～0.3	0.1～0.2	< 0.1
	岩體的摩擦角	> 45°	35°～45°	25°～35°	15°～25°	< 15°
施工方法	開挖	全斷面；3m 掘進	全斷面；1～1.5m 掘進；距工作面 20m 完全支撐	上半斷面先進；1.5～3m掘進；每次鑽炸後需支撐；距工作面 10m 完全支撐	上半斷面先進；1.0～1.5m掘進；開鑿與支撐需同時施作	上半斷面先進；0.5～1.5m掘進；多輪施工；開鑿與支撐需同時施作；鑽炸後需立即噴漿
	岩栓	除了弱點，無需施作	就弱點施作；3m 長，2.5m 間距；偶需掛網	規則施作；4m 長，1.5～2m間距；頂拱需掛網	規則施作；4～5m 長，1～1.5m 間距；頂拱及側壁需掛網	規則施作；5～6m 長，1～1.5m間距；頂拱及側壁需掛網
	噴凝土	—	50mm 厚	頂拱：50～100mm 厚；側壁：30mm厚	頂拱：100～150mm厚；側壁：100mm 厚	頂拱：150～200mm 厚；側壁：150mm 厚
	鋼支保	—	—	—	1.5m 間距	0.75m 間距

表 10.14　不連續面狀況的評分參考值

評分次項目		次項目的分級 地質構造複雜				
		I	II	III	IV	V
1	連續性，m	< 1	1～3	3～10	10～20	> 20
	（評分值）	(6)	(4)	(2)	(1)	(0)
2	開口程度，mm	無	< 0.1	0.1～1.0	1～5	> 5
	（評分值）	(6)	(5)	(4)	(1)	(0)
3	粗糙度	很粗糙	粗糙	微粗糙	平滑	有擦痕
	（評分值）	(6)	(5)	(3)	(1)	(0)
4	充填物或斷層泥	無	硬物充填 < 5mm	硬物充填 > 5mm	軟物充填 < 5mm	軟物充填 > 5mm
	（評分值）	(6)	(4)	(2)	(2)	(0)
5	風化程度	新鮮未風化	微風化	中等風化	強風化	土壤化
	（評分值）	(6)	(5)	(3)	(1)	(0)

表 10.15　不連續面的傾角與隧道開挖之關係

有利與不利條件	隧道軸垂直於走向		隧道軸平行於走向	其他任何開挖方向
	順向開挖	逆向開挖		
非常有利	45°～90°	—	—	—
有利	20°～45°	—	—	—
尚可	0°～20°	45°～90° 0°～20°	20°～45° 0°～20°	0°～20°
不利	—	20°～45°	—	—
非常不利	—	—	45°～90°	—

C. Q 法

Q 法是 1974 年巴頓等人發展於挪威（Barton, Lien, and Lunde, 1974）；它係根據北歐 212 條隧道的實際案例發展得來的。屬於一種定量的評分系統；適用於隧道支撐的設計。該評分系統一共考慮下列六個項目：

- RQD
- 不連續面的組數（Jn）
- 最不利的不連續面組之粗糙係數（Jr）
- 最弱的不連續面組之充填物之蝕變程度（Ja）
- 滲水量（Jw）
- 應力狀況（SRF）

而 Q 值則依據上述 6 個因素的得分，代入下列公式求得：

$$Q = \left[\frac{RQD}{Jn} \right] \left[\frac{Jr}{Ja} \right] \left[\frac{Jw}{SRF} \right] \quad\cdots\cdots\cdots\cdots\cdots\cdots (10.12)$$

式中，RQD＝岩石品質指標

　　　Jn＝不連續面組數的評分

　　　Jr＝最不利的不連續面組之粗糙係數之評分

　　　Ja＝最弱的不連續面組之充填物蝕變程度之評分

　　　Jw＝不連續面滲水的折減因子

　　SRF＝應力狀況的折減因子

　　上式中，（RQD/Jn）一項表示岩體的整體結構狀況，用以衡量岩塊的大小；（Jr/Ja）一項反映岩塊之間的最小剪力強度；而（Jw/SRF）一項則表示岩石的作用應力。經過上式的計算，Q 值的可能範圍介於 0.001 至 1,000 之間。

　　6 個因素的評分方法如表 10.16 所示。

表 10.16　Q 值的評分標準（Barton and Grimstad, 1994）

1.岩石品質指標		
項目分級	說　　　明	RQD
A	極劣	0～25
B	劣	25～50
C	尚可	50～75
D	佳	75～90
E	極佳	90～100

註：⑴當 RQD≦10 時，於計算 Q 值時，採用 RQD＝10。

　　⑵ RQD 值採用 5 進位即可（例如 100, 95, 90 等）。

2.不連續面組數

項目分級	說　　明	Jn
A	塊狀，沒有或很少不連續面	0.5～1.0
B	一組不連續面	2
C	一組不連續面，並偶而出現其他不連續面	3
D	兩組不連續面	4
E	兩組不連續面，並偶而出現其他不連續面	6
F	三組不連續面	9
G	三組不連續面，並偶而出現其他不連續面	12
H	不連續面在四組（含）以上；分布不規則，且嚴重切割；岩體呈小塊狀等	15
J	碎裂岩體，似土壤	20

註：(1)在隧道交匯處採用 3 倍的 Jn。
　　(2)在洞口處採用 2 倍的 Jn。

3.最不利的不連續面組之粗糙係數

項目分級	說　　明	Jr
(a)不連續面的兩壁保持接觸；或		
(b)剪動距離達到 10cm 前，兩壁仍然直接接觸		
A	連續性不佳	4
B	粗糙或不規則的，呈波浪狀的	3
C	光滑的，呈波浪狀的	2
D	具擦痕，呈波浪狀的	1.5
E	粗糙或不規則的，呈平直狀的	1.5
F	光滑的，呈平直狀的	1.0
G	具擦痕，呈平直狀的	0.5
(c)剪動時兩壁不直接接觸		
H	含有黏土，其厚度足以阻礙兩壁發生接觸	1.0
J	含有砂質、礫石質、或碎裂帶，其厚度足以阻礙兩壁發生接觸	1.0

註：(1) B 至 G 的粗糙度係依小尺度至中尺度之特性，予以描述。
　　(2)如果主要不連續面的平均間距＞3cm，則 Jr 值再加 1.0。
　　(3)如果不連續面具有沿平面分布的擦痕，且線理係順著最低強度的方向，則採用
　　　 Jr＝0.5。

4.最弱的不連續面組之充填物之蝕變評分

項目分級	說　　　明	Φr (°)	Ja
(a)不連續面的兩壁直接接觸			
A	緊密閉合，堅硬，夾心不軟化且不透水	—	0.75
B	兩壁面未蝕變，僅表面出現鏽染	25～35	1.0
C	兩壁面輕微蝕變；壁體的外層為不軟化礦物、砂質顆粒、且不含黏土	25～35	2.0
D	壁體的外層為粉質或砂質黏土；含少量黏土，不軟化	20～25	3.0
E	壁體的外層為軟化或低摩擦力的黏土礦物，如高嶺石、雲母、綠泥石、石膏、石墨等，及少量膨脹性黏土	8～16	4.0
(b)剪動距離達到10cm之前，兩壁仍然直接接觸			
F	風化砂粒充填，或含黏土的碎解岩石	25～30	4.0
G	高度過壓密、不軟化的黏土礦物充填，連續但厚度 < 5mm	16～24	6.0
H	中度或低度過壓密、軟化的黏土充填，連續但厚度 < 5mm	12～16	8.0
J	膨脹性黏土充填，如蒙脫石，連續但厚度 < 5mm；Ja 值需視膨脹性黏土含量的百分比及含水的情況而定	6～12	8.0
(c)剪動時兩壁不直接接觸			
K	夾破碎或碎裂岩石及黏土，黏土情況見 G	6～24	6,8,或 8～12
L	夾破碎或碎裂岩石及黏土，黏土情況見 H		
M	夾破碎或碎裂岩石及黏土，黏土情況見 J		
N	夾粉質或砂質黏土；含少量黏土成分，不軟化	—	5.0
O	夾厚層且連續的黏土，黏土情況見 G	6～24	10,13,或 13～20
P	夾厚層且連續的黏土，黏土情況見 H		
R	夾厚層且連續的黏土，黏土情況見 J		

5.不連續面滲水評分的折減

項目分級	說　　　明	概估水壓（MPa）	Jw
A	開挖面乾燥，或有少量滲水，水量 < 5ι/min	< 0.1	1.0
B	中度滲水，或有水壓；充填物偶被洗出	0.1～0.25	0.66
C	大量滲水，或高水壓；裂隙未充填	0.25～1.0	0.5
D	大量滲水，或高水壓；大量充填物被洗出	0.25～1.0	0.33

E	開挖時冒出極多滲水,或極高水壓,但出水量隨著時間逐漸衰減	> 1.0	0.~0.2
F	異常湧水,或極高水壓,且持續不斷	> 1.0	0.05~0.1

註:(1)從 C 至 F 項係概估;如有排水設施,則 Jw 值可稍微提高。
　　(2)不考慮結冰所引起的特殊問題。

6. 應力折減係數

(a)隧道開挖於相交叉的軟弱帶上,開挖後會引起岩體鬆動

項目分級	說　明	SRF
A	含有黏土或化學風化岩的軟弱帶多條出現;圍岩非常鬆動(在任何深度上)	10
B	含有黏土或化學風化岩的單一軟弱帶(開挖深度≦50m)	5
C	含有黏土或化學風化岩的單一軟弱帶(開挖深度> 50m)	2.5
D	在堅硬岩石中,出現多條剪裂帶(無黏土);圍岩鬆動(在任何深度上)	7.5
E	在堅硬岩石中,出現單一剪裂帶,夾少量黏土;開挖深度≦50m	5.0
F	在堅硬岩石中,出現單一剪裂帶,夾少量黏土;開挖深度> 50m	2.5
G	鬆動開口的不連續面,組數多,呈小碎塊(在任何深度上)	5.0

註:如果剪裂帶僅影響開挖,但不與開挖面相交,SRF 可減少 25%~50%。

(b)堅實的岩體,岩盤有現地應力的問題

項目分級	說　明	q_u/σ_1	σ_θ/q_u	SRF
H	低應力,近地表,開口的不連續面	> 200	< 0.01	2.5
J	中等應力,有利的應力條件	10~200	0.01~0.3	1
K	高應力,結構極緊密;通常對穩定有利,但是對側壁可能不利	5~10	0.3~0.4	0.5~2
L	塊狀岩盤,在 1 小時後發生中等應力破裂	3~5	0.5~0.65	5~50
M	塊狀岩盤,在數分鐘後發生應力破壞或岩爆	2~3	0.65~1	50~200
N	塊狀岩盤,強裂岩爆及中等動態變形	< 2	> 1	200~400

註:(1)q_u＝岩石的單軸抗壓強度;σ_1＝最大主應力;σ_θ＝依據彈性理論估計的最大切向應力。
　　(2)如果現地應力具有高度的異向性:
　　　　當 $5\leq\sigma_1/\sigma_3\leq10$ 時,將 q_u 折減為 $0.75\,q_u$;
　　　　當 $\sigma_1/\sigma_3> 10$ 時,則將 q_u 折減為 $0.5\,q_u$。
　　(3)由於僅有少數頂拱深度小於跨距的案例,在此情況下,可將 SRF 由 2.5 增加至 5.0(請見 H 項)

(c)擠壓性岩盤-在高岩壓之下具塑性流動的特性				
項目分級	說　　明		σ_θ/q_u	SRF
O	中等擠壓性岩壓		15	5〜10
P	高度擠壓性岩壓		> 5	10〜20

註：當深度 > 350 · $Q^{1/3}$ 時，岩盤可能發生擠壓，岩石的單軸抗壓強度可用下式求得：
$q_u = 0.7\gamma Q^{1/3}$（MPa）（γ 為岩盤的單位重，kN/m³）

(d)膨脹性岩盤-因地下水的存在而引起化學性膨脹		
項目分級	說　　明	SRF
R	中等膨脹所產生的岩壓	5〜10
S	高度膨脹所產生的岩壓	10〜15

註：Ja 與 Jr 的評分需選擇最不利於穩定的不連續面組，即選擇最可能引致破壞者來評定；同時要考慮其位態及抗剪強度 τ〔$\tau = \sigma_n \cdot \tan^{-1}$（Jr/Ja）〕。

$$Q = \left[\frac{RQD}{Jn}\right]\left[\frac{Jr}{Ja}\right]\left[\frac{Jw}{SRF}\right]$$

Q 值	< 0.01	0.01〜0.1	0.1〜1.0	1.0〜4.0	4.0〜10	10〜40	40〜100	100〜400	> 400
岩體分類	異常差	極差	很差	差	一般	好	很好	極好	異常好

求出 Q 值後，不但可以進行岩體分類，而且還可以計算**等值跨距**（Equivalent Dimension，De），如下式：

等值跨距 =（隧道跨距或高度）/ESR‥‥‥‥‥‥（10.13）

式中，ESR 稱為**開挖支撐比**（Excavation Support Ratio）；它反映出設計支撐時所需的安全係數；ESR 愈小表示安全係數愈高，如表 10.17 所示。從 ESR 可以估計岩栓的長度（L），以及不必支撐的最大跨距（S_{max}），如下兩式：

L =（2＋0.15B）/ESR ‥‥‥‥‥‥‥‥‥‥‥（10.14）

$S_{max} = 2Q^{0.4}$ ·（ESR）‥‥‥‥‥‥‥‥‥‥‥（10.15）

上式中，L＝岩栓的設計長度

B＝開挖寬度

S_{max}＝不必支撐的最大跨距

表 10.17　開挖支撐比（ESR）的選擇

工程種類		ESR
A	臨時性的採礦開挖	2～5
B	永久性的採礦開挖、水利發電的引水隧道（不含高壓隧道）、探查坑道、大型開挖的導坑及上半斷面開挖、解湧室（Surge Chamber）	1.6～2.0
C	地下儲窖、水處理廠、次要鐵、公路隧道、橫坑	1.2～1.3
D	電廠、主要鐵、公路隧道、防空洞、隧道洞口	0.9～1.1
E	地下核電廠、鐵路車站、運動場、公共設施、工廠、主要油、氣管線隧道	0.5～0.8

　　利用 Q 值及等值跨距兩個數值，即可從圖 10.8 決定隧道的支撐種類及數量；這種分析法特別適用於**挪威隧道工法**（Norwegian Method of Tunnneling，簡稱 NMT）及**新奧工法**（New Austrian Tunnelling Method，簡稱 NATM）的支撐設計。

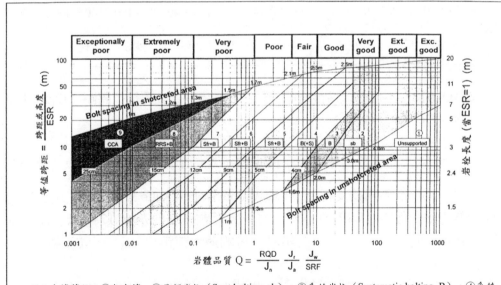

註：支撐等級：①無支撐，②局部岩栓（Spot bolting, sb），③系統岩栓（Systematic bolting, B），④系統岩栓與 4-10cm 厚無加勁噴凝土（B (+S)），⑤ 5-9cm 厚鋼纖噴凝土與岩栓（Sfr+B），⑥ 9-12 cm 厚鋼纖噴凝土與岩栓（Sfr+B），⑦ 12-15cm 厚鋼纖噴凝土與岩栓（Sfr+B），⑧厚度大於 15cm 鋼纖噴凝土、噴凝土加勁環與岩栓（Sfr+RRS+B），⑨澆鑄混凝土拱（CCA）

圖 10.8　從 Q 值及等值跨距選擇隧道的支撐種類及數量
（Grimstad and Barton, 1993）

(4)其他分類法

　　前面所介紹的多指標岩體分類法，其所採用的分類指標不外乎岩石強度、不連續面及地下水等。但是，有些厚層、塊狀的岩層不一定有明顯的不連續面，所以上面的分類方法無法適用。我國近年來有一些重大工程，如高速公路及高速鐵路，其隧道必須穿越礫石層（如頭嵙山層、林口層等）。由於這些地層並沒有顯著的不連續面，所以必須自創新的分類方法。通常都以岩性的組合型態作為分類的依據。表 10.18 就是適用於八卦山隧道的岩層組合，及不同岩層類別的支撐方法。

表 10.18　八卦山隧道不同岩層組合的類型及其支撐方法（周允文等，民國 88 年）

A.八　卦　山　隧　道　地　層　組　合　分　類		
地層 類別	地層特性	地層剖面參考圖示
C 0	砂岩無其他夾層，固結及膠結佳，質地堅實	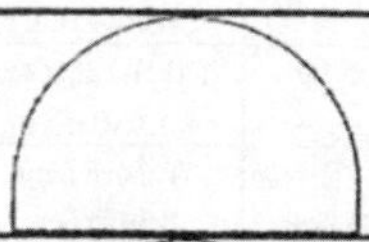
C I	砂岩與泥岩互層或粉砂岩與泥岩互層，偶夾礫石層	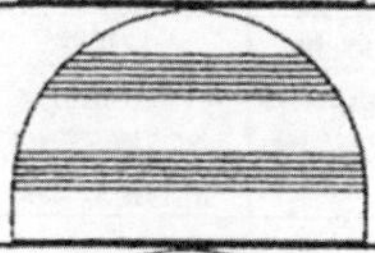
C II	泥岩或泥岩為主，夾砂岩、粉砂岩或礫石層	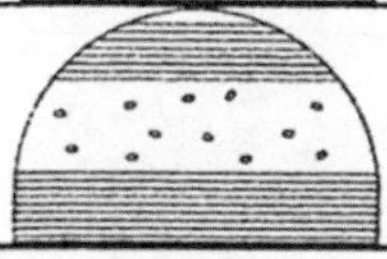
D I	卵礫石層或卵礫石層夾有凸鏡體粉砂層、砂層，固結及膠結較佳，係指須以地質錘方能將礫石敲落之狀態。	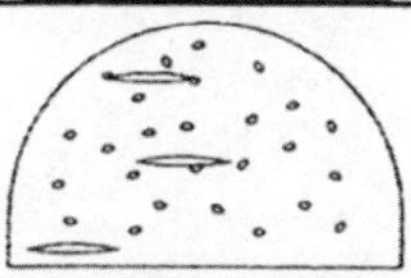
D II	卵礫石層夾凸鏡體粉砂層、砂層或泥層、固結及膠結較差。	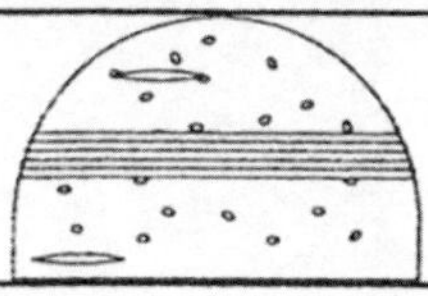
洞口段	覆蓋土層厚度≦2D 之隧道洞口段。（D：隧道開挖寬度）	

表10.18 八卦山隧道不同岩層組合的類型及其支撐方法（周允文等，民國88年）（續）

B.八 卦 山 隧 道 不 同 地 層 組 合 的 開 挖 支 撐 型 式						
地層分類	D I	D II	CO	C I	C II	洞 口 段
標準斷面						
地層特性	卵礫石層或卵礫石層夾凸鏡體粉砂層、砂層,固結及膠結較佳,係指須差。以地質鎚方能將礫石敲落之狀態。	卵礫石層夾凸鏡體粉砂層、砂層或泥層,固結及膠結較差。	砂岩無其他夾層,固結及膠結佳,質地堅實。	砂岩與泥岩互層或粉砂岩與泥岩互層,偶夾礫石層。	泥岩或泥岩為主夾砂岩、粉砂岩或礫石層。	覆蓋土層厚度≤2D之隧道洞口段(D:隧道開挖寬度)
上半斷面輪進(T)	1.0~1.2M	0.8~1.0M	1.2~1.5M	1.0~1.2M	0.8~1.0M	0.8~1.0M
岩 栓	岩栓 L=4.0M@2.5M5.00支/M L=6.0M@2.5M3.63支/M	岩栓 L=4.0M@1.75M7.22支/M L=6.0M@1.75M7.78支/M	灌漿岩栓29φ L=4.0M@2.5M4.09支/M L=6.0M@2.5M4.55支/M	灌漿岩栓29φ L=4.0M@2.5M4.09支/M L=6.0M@2.5M4.55支/M	灌漿岩栓29φ L=4.0M@1.5M7.22支/M L=6.0M@1.5M7.78支/M	自鑽式岩栓 L=4.0M@2.5M3.33支/M L=6.0M@2.5M7.78支/M
噴凝土	T:25cm B:25cm	T:30cm B:30cm	T:20cm B:20cm	T:25cm B:25cm	T:30cm B:30cm	T:30cm B:30cm
鋼線網	T,B:2-5/5mm (100×100)	T,B:2-5/5mm (100×100)	T,B:2-5/5mm (100×100)	T,B:2-5/5mm (100×100)	T,B:2-5/5mm (100×100)	T,B:2-5/5mm (100×100)
鋼 肋	T,B:H-125×125@1.0M~1.2M	T,B:H-150×150@0.8M~1.0M	T,B:MU29/TH29@1.2M~1.5M	T,B:MU29/TH29@1.0M~1.2M	T,B:MU29/TH29@0.8M~1.0M	T,B:H-200×200@0.8M~1.0M
開挖面封面噴凝土	T:局部5cm B:局部5cm	T:局部5cm B:局部5cm	T:局部5cm B:局部5cm	T:局部5cm B:局部5cm	T:局部5cm B:局部5cm	T:局部5cm B:局部5cm
仰 拱	設仰拱	設仰拱	設仰拱	設仰拱	設仰拱	設仰拱
自鑽式岩栓(支撐鋼管)	T:部份 φ2"支撐鋼管/自鑽式岩栓 L=3M	T:全面 φ2"支撐鋼管/自鑽式岩栓 L=3M	T:部份 φ2"支撐鋼管 L=3M	T:部份 φ2"支撐鋼管 L=3M	T:部份 φ2"支撐鋼管 L=3M	T:部份 自鑽式岩栓 L=3M

CHAPTER 11

地形分析

11.1　前言

世界上沒有十全十美的工址及路線，因為每一個工址或路線都有其獨自的特色，也有其固有的缺陷。自然界也沒有一模一樣的兩個工址或兩條路線，因為自然的物件不像人造的物品，可以用模子進行大量生產。因此，工址或路線常常需要從很多候選工址或路線中，經過調查、分析與評估，最後才選定一個適宜的作為入選的（確定的）工址或路線；但是這個工址或路線還是會存在著某些缺陷，通常都需要經過改良之後才能使用。

候選工址或路線的評估需要預先蒐集很多基本資料，也要考慮很多因素。這些因素一般包括地權、法規的限制、發展潛力、地價、交通、地形、地質、景觀、環境等。首先就上列因素進行初步的挑選，挑出數個候選工址或數條候選路廊，然後從事初步的評選。

地形是決定可行性的最重要因素之一。因為臺灣目前比較完整的詳細地形圖之比例尺只有五千分之一（高山地區只有一萬分之一），所以有時候為了詳細的比選，需要更詳細的地形資料時，就必須利用經緯儀自行測量，其比例尺可能精細到一千分之一至五百分之一。水庫或路線測量（尤其是高速公路或高速鐵路）因為範圍太廣，所以一般都使用航空測量來進行。

通常，**地形**（Topography）一詞乃是專門用來指出地表既成型態的外部特徵，如高低起伏、坡度大小及空間分布等。它既不涉及這些型態的地質結構、也不涉及這些型態的成因及演變。一般只用等高線將這些型態特徵表示出來而

已。地形圖即是反映這方面的內容。**地貌**（Geomorphology）一詞則含義較為廣泛；它不僅包括地表型態的全部外部特徵，如高低起伏、坡度大小、空間分布、地形組合，及其與鄰近地區的地形型態之相互關係等。更重要的是，它還運用地質動力學的方法，分析及研究這些型態的成因及演化。這些內容單靠地形圖來表示是有困難的，因此就應用**地貌圖**來表達（請見圖 11.4）。地貌圖與地質圖一樣，通常也是以地形圖為底圖。因此，有了閱讀地形圖的基礎知識，我們有時候可以從地形圖上判讀一地的地貌及地質；即經過適度的訓練之後，我們有可能從地形圖上解釋地貌及地質的現象。

　　地形本身會影響地表水的流向，因而影響地表的侵蝕與沉積。地形也會影響土壤的發育，土壤又影響植物的生長；地形又是地質表現於外的形狀。因此，很多自然的因素都是互相影響的。地形最終會影響土地的開發方式、工程的定位及定向，以及工址或路線的配置方法。

　　地貌條件則對路線工程（如鐵路、公路等）的建設有著密切的關係；因為它需要穿越不同的地貌單元，所以在規劃時，其路線的確定、橋梁及隧道位置的選擇等，經常都會遇到各種不同的地貌問題。因此，地貌條件的調查及評估便成為路線工程設計的重要工作內容之一。

11.2　地形圖的閱讀

11.2.1　地形圖的用途

　　地形圖（Topographic Map）是使用等高線的方法將地勢的起伏形狀，以及地物的平面位置，共同表現於平面上的一種圖件。它是由各種表現地形及地物的線條及符號所構成；是按照一定的比例尺，用圖式符號繪製而成的。簡言之，地形圖就是一種地形及地物的水平投影圖；它是所有野外工作的底圖，更是工程規劃與設計的基本圖件。

　　地形圖的閱讀，其目的在於詳細了解候選工址或候選路線及其外圍環境的各種地理及地質資訊。藉用目視觀測及解釋，以及對某些現象的距離、面積、高程和坡度等的計測，進而可以分析各種因素的相互關係。任何人無法如願的深入每一個調查區域進行現場的全面調查，其替代辦法就是閱讀及判釋地形圖以及遙測影像（包括航照及衛星影像）。地形圖可以幫助我們延伸足跡，擴大

視野，到達雙足無法到達的地帶，從事點與面的調查。單靠地面調查是無法辦到的，因為地面調查最多只能做到線的調查，如果沒有地形圖及遙測影像的配合，是無法達到面的調查之程度，何況很多地方是人跡所不可及的。

　　地形圖不管其比例尺大小，我們都可以從中進行地形分類，分析坡高、坡度、坡向、順向坡、排水系統、交通系統等。甚至可以推測地質、褶皺、斷層、崩塌、地滑、土石流、河岸侵蝕等地質條件及現象。

■ 11.2.2　地形圖的閱讀步驟

　　閱讀地形圖時，最好依序而為，並且運用科學的程序，進行完整的閱讀與解釋。茲說明其程序於下：

　　(1)了解圖幅邊緣的說明

　　繪註在圖幅邊緣的，包括圖名、行政區隸屬、圖式圖例、測圖方式及時間、高程和平面座標系統等各項輔助要素，可以幫助我們更仔細、更正確的閱讀圖內各項內容，提高讀圖的效率。圖例才是讀圖的鑰匙，讀圖前一定要通曉它。

　　(2)熟悉地圖的座標網

　　地形圖上繪註有地理座標及分度帶。地理座標可以指示地點在地球體面上的確切位置；分度帶便於量測距離和面積，確定兩點間的位置關係。

　　(3)概略讀圖

　　在完成上述程序之後，且在讀取地圖的具體內容之前，應該先概略的瀏覽整個地區的地勢及地物，了解各處地理要素的一般分布規律與特徵，以建立一個整體的概念。例如首先要確定該地區是平原、丘陵或山地；如果是山區，則工址或路線是位於山坡，或者是位於河谷、沖積扇或河階台地等較為平坦的地帶；如果是位於山坡，則是位於坡頂、坡緣、坡胸、坡腹或坡趾的部位；坡度是緩或陡，坡向是哪個方向。利用地形圖還可評估一下水系的密度是密或疏，以及交通的可近性是如何等等。

　　(4)詳細讀圖

　　詳細讀圖是對工址或路線進行深入的圖上調查與研判。為此，我們必須在圖內選取幾條剖面線，並作成剖面圖，以顯示及了解地表的起伏狀況、認識地形地貌、及其與地質的關係；仔細觀察及量測河谷的寬度、山坡的坡度，及其他距離與面積等；讀出由一個觀察點所能看得到的各種地形地物；研究城鄉、

居住群落的分布、道路的聯繫，以及它們與地形的關係；了解其他社經現象及其與聚落、道路及地形的關係等等。

▌ 11.2.3　大型地貌在地形圖上的表現

地貌學上的**地形**（Landform）是地表最小單元的個體形狀。**地貌**則是地表外貌各種地形的總稱。它是內營力地質作用及外營力地質作用對地殼發生作用的結果。依照其型態可分為山地、丘陵、高原、平原、盆地等地貌單元（屬於**大型地貌**）。依據其成因則可分成構造地貌、侵蝕地貌、堆積地貌等類型。依照動力地質作用的性質則可分為河流地貌、冰河地貌、岩溶地貌、風成地貌、海成地貌、重力地貌等等。

地貌雖然很複雜多樣，但是從型態上來看，大型的地貌主要有山丘、山脊、鞍部、盆地、山谷、河道、平原等幾種類別。茲分別說明如下：

就等高線的形狀來看，山丘（圖 11.1 的 A、D、F、G）及盆地（圖 11.1 的 C）的等高線型態及疏密度等非常近似，但是必須註記高程及示坡線才能區別。**示坡線**是垂直於等高線的短線（圖 11.1 的 C、D），用以指示斜坡的降低方向。

山脊的特徵是由很多同心圓或對稱弧所組成（請見圖 11.1 的 A、B、C、D、F 及 G），其山頭常以圓或橢圓顯示出來，且其等高線的高程則往外圍遞減。如果等高線呈 V 字型，指向山頭或山稜線，且其高程往外圍遞增，則為**山谷**（圖 11.1 的 D、F）。在兩個山峰之間，如兩眼之間的鼻梁，又如啞鈴，復如馬鞍者，即為**鞍部**（圖 11.1 的 D、G）；其等高線的形狀，像兩個箭頭相向的 V 字；其等高線的高程則從鞍部向兩側遞升。

在坡度很陡的邊坡，或峭壁（圖 11.1 的 B）、峽谷（圖 11.1 的 E）等地，一般不用等高線，而用符號表示。因為峭壁或峽谷的邊界之水平投影呈一條直線或曲線，等高線在此重疊在一起，所以就用特別符號加以表示。

侵蝕溝（Gully）的溝壁很陡，所以它的等高線形狀也像峽谷一樣。如圖 11.2 所示，高程從 180m 至 140m 的等高線好像被一個雞爪型的侵蝕溝所截斷；實際上，這些等高線並未中斷，它們就像碰到懸崖峭壁一樣，在溝壁處緊密相靠，沿著溝壁彎來彎去，從侵蝕溝的上游彎到對岸，因此在地形圖上即以專門符號加以表示。從等高線的彎曲度可以看出侵蝕溝的溝寬及深度，例如在 I 處，溝寬較寬闊；在 II 處，溝寬較狹窄，反映出山洪或向源侵蝕較嚴重；如果沖蝕更嚴重，則將使溝壁更陡，溝深更深，而形成 III 處的型態。一般我們稱小型

的深溝為侵蝕溝，大型的則稱為**峽谷**（如美國的大峽谷）。

　　圖11.3表示一種綜合地形及其等高線的形狀。從圖中可見兩對眼球狀的山頭，以及它們之間所夾的兩個鞍部。在兩對山頭之間被一條肘狀河從中切成左、右兩半；在河流的左岸則存在著一塊高位的河階台地。同時，請注意分水嶺及山谷的劃法。

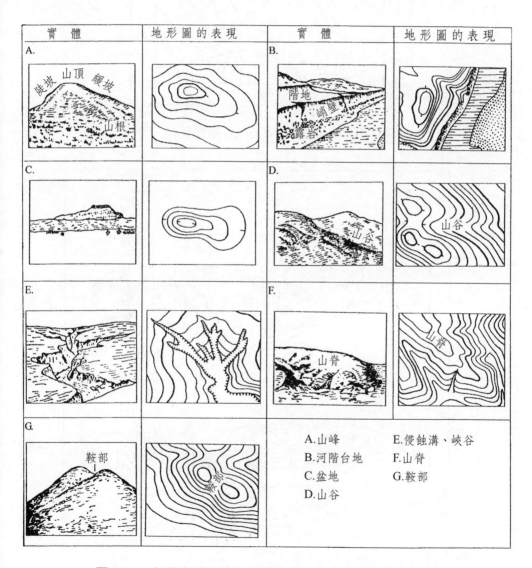

圖11.1　大型地形及其等高線的形狀（徐九華等，2001）

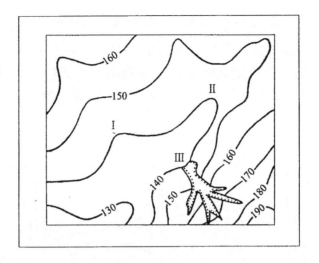

圖 11.2　沖蝕溝及其等高線形狀（徐九華等，2001）

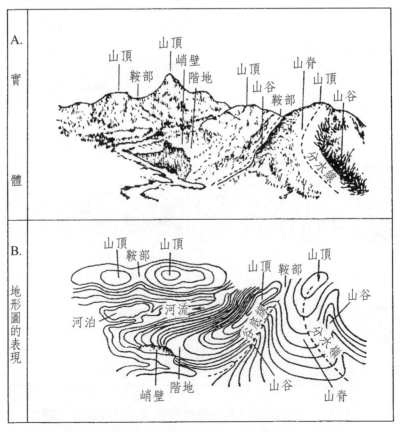

圖 11.3　綜合地形的等高線形狀（徐九華等，2001）

▍11.2.4 地貌與地物的互協互制關係

讀圖的基本方法是在熟悉圖式符號及了解區域地理概貌之後，需要分項或分區，順著觀察路線詳細的閱讀，最後了解整個區域的全部內容。運用已有的知識及經驗，以綜合的觀點，分析研究各種現象之間的相互關係、相互依存、相互制約的關係，以及人與自然的相互影響。切不可孤立的進行某一種單獨項目的調查，例如研究居住聚落，就要研究它與地形、交通、水系、土地利用、經濟活動的關係；研究植被時，需要了解它與地形部位、氣候、土壤之間的內在關聯。現在從幾個方面來說明有關項目之間的相互關係。

・地貌與水系

流水侵蝕是地形地貌的主要成因之一，又地質構造、岩土層性質、地表起伏是影響水系類型及河谷型態特徵的重要因素。因此，從水系密度與分布，以及水流方向即可了解地形起伏的一般規律，解釋分水嶺、階地、沖積扇等地貌的分布。同樣的，從地貌及其特徵也可以了解水系型態、河谷發育的階段、河流的流向等特點。

・土地利用與地質、地形、植被、水系、聚落

土質及植被是受某種地貌、地質及氣候條件的影響；地貌地質影響耕地的坡度及水土保持的能力、可耕地的大小、肥力的高低；居住地的密集程度可以反應精耕或粗放、土地利用方式等。因此，研究土地利用時，不僅要了解和研究地形、地質、土質及植被的分布，而且必須與水系及居住地的分布聯繫起來，研究它們之間的相互關係。

・居住地與地理環境

居住地的選定，常選在給水、食物供應、交通方便及安全防禦上都較為方便及適宜的地方。因此，人類最初常選擇在河道的兩岸聚居；又因交通是經濟的大動脈，所以聚落大多選在兩河的匯合點、山隘、峽谷之口、港灣附近、水陸交通會合點、鐵路或公路的兩側，現在則選在高速公路的交流道，或者高速鐵路車站的附近。

・道路與地貌

道路的選線與地貌的關係最為密切。

一般而言，主要交通路線通常多在平坦地或循谷而行；如果是採取翻山越

嶺的山嶺線，則會選擇縱坡最小的山隘通過，否則就得利用隧道穿越山嶺。鐵路的穿山隧道總是選在山嶺兩側坡度不大、山體厚度較薄的地方穿鑿。又公路翻山越嶺時，為了減少坡度，常以 S 或 Z 字型迂迴盤旋而過。

　　因為鐵路與公路要求縱坡的最大坡度分別在 1°及 3°以下，且無水流沖淹等危害，所以在地形圖上根據鐵路及公路的展線就可以推斷那裡的地面坡度、水患及區域經濟狀況等地理條件。

　　• 行政區界與地貌及水系

　　世界上有很多國家的行政區界線絕大多數都循著山稜線、分水嶺或河道設置，我國亦不例外。

11.3　中、小型地貌

11.3.1　中型地貌的成因類別

　　中、小型的地貌種類繁多，不易列舉；但是一般只有幾種基本型態。以下即從工程的觀點，根據成因的不同，介紹幾種常見的中型地貌（圖 11.4）。

　　⑴坡頂或台地面

　　坡頂是邊坡的最高部位，其型態非常複雜，一般為尖頂、圓頂或平頂。它的型態主要受外力剝蝕、岩性及構造等因素的控制。其中以平頂型山頂或台地面值得進一步說明。

　　由平坦的坡頂構成的平台或**台地**有幾項特點必須注意，第一是在地形上它是由**平頂**、**崖坡**及**崖趾**三部分所組成，所以地表逕流會從坡緣，順著崖坡傾洩，於是在平頂與崖坡的交界處（坡緣）會產生很大的沖刷力量，引致嚴重的**向源侵蝕**；第二是雨水從平頂下滲後，會從崖坡的某一個高程滲出地表，產生動水壓力而降低邊坡的穩定性；第三是坡緣是一個張力帶，在自然狀態下就會出現張力裂縫。以上三個特性將使得平台或台地面逐漸縮小，也就是說坡頂的邊緣會逐漸後退。因之，建築物不能布置在太靠近坡緣的地方，一定要有適當的退縮距離。在經驗上，最簡單的要領是：從基腳底面至崖趾的連線要小於 45°（與水平面的夾角）；而且退縮的距離係與基腳的深度成反比，即基腳越深，退縮距離可以越短，基腳越淺，則退縮距離就要越遠，這樣才能符合 45°角的原則。

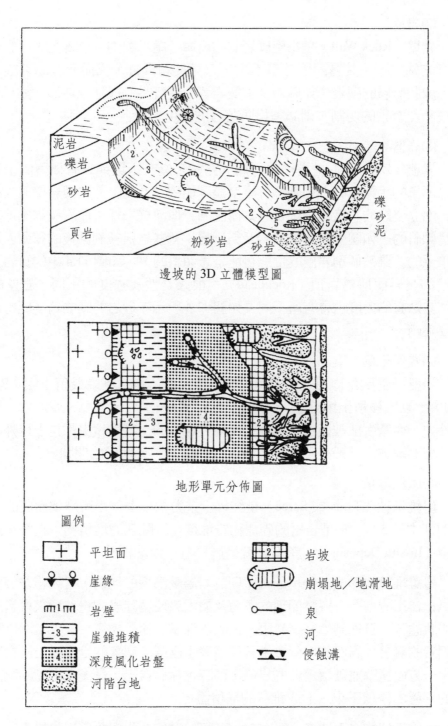

邊坡的 3D 立體模型圖

地形單元分佈圖

圖例

	平坦面		岩坡
	崖緣		崩塌地／地滑地
	岩壁		泉
	崖錐堆積		河
	深度風化岩盤		侵蝕溝
	河階台地		

圖 11.4　邊坡地形立體圖及其地貌單元圖（Selby, 1993）

(2)岩壁

岩壁（Rock Wall）是指堅硬岩層的露頭（請見圖 11.4 的礫岩），它幾乎是垂直的站立著，其露頭面寸草不生，只見長滿青苔，或從節理的裂縫長出青草。塊狀厚層的硬岩（如砂岩、玄武岩等）最容易形成這種地形。如果這種硬岩被節理密集的切割，則必須提防落石的發生。

(3)岩盤

岩盤（Bedrock）是指一般岩層的露頭，沒有土壤或只有極薄的土壤覆蓋（以簡單的手持工具，如圓鍬、十字鎬，能挖穿為度）。它與岩壁最大的區別在於站立姿態的斜度。岩壁是直立露出的，像牆壁一樣；而岩盤露出地表的面則是傾斜的，如圖 11.4 中的砂岩及粉砂岩；有些岩盤被剝蝕後的露頭面則是近乎水平的（雖然個別岩層的位態可能是急傾斜的），如圖 11.4 中的頁岩，其與土壤的交界面稱為**岩頂**（Rockhead）。根據岩性及強度的不同，岩盤的露頭面，其站立的角度也會有所不同，如圖 11.4 所示，砂岩的站立角度比粉砂岩的還要陡峭。

(4)殘留土壤

岩盤深受風化作用之後會遺留一層很厚的土壤，稱為**殘留土壤**（Residual Soil），以與**移積土壤**有別；後者是碎屑物質被水力、風力、波浪力、及重力等外力，從產生地被搬運到另外一個地方堆積的；其堆積處都是上述外力已無力搬運的地方，一般是位於地形坡度的和緩處，或地形的開闊處。

(5)崖錐堆積

崖錐堆積（Talus 或 Scree）是純粹由重力的單獨作用所堆積而成的（請見圖 11.4 中的 3）。它是岩層的碎塊物質堆積在坡趾部的堆積物；它幾乎是**原位堆積**（In-situ Deposits），落石堆就是屬於這一類堆積。

崖錐堆積的形成主要是因為堅硬的岩層受節理的切割，常因臨空釋重，隨著風化作用的進行，解壓節理的發育及擴大，使得陡岩的邊坡愈來愈趨於不穩定的狀態，一旦遇到地震、暴雨、地表水沖擊、樹根楔入，或人工開挖及爆破等因素的觸發，岩石碎塊就會沿著裂隙發生崩落。崩落的岩塊或岩屑在崩落過程中一方面撞擊並破壞邊坡的岩體，同時也撞碎自己，最後在崖腳的地方或邊坡的平緩處停積下來，形成錐狀的堆積體。

崖錐堆積的表面坡度一般在 25°至 35°。其組成以粗粒碎屑物質為主（較細粒者被雨水帶至深部堆積），岩塊大小混雜，呈稜角狀；因為沒有被搬離原地

很遠，所以其岩性與組成邊坡的岩層一致。崖錐堆積物的結構鬆散，孔隙率大，壓縮性也大；因其性質不均勻，所以在荷重下容易產生差異沉陷，甚至滑動。

(6)崩積土

崩積土（Colluvium）又稱**崩積物**，是岩塊與砂、土的混合物；它們是受重力及水力的雙重作用所堆積而成的；是地球表面分布最廣的土石。

崩積土的上坡部主要由含泥砂的岩塊及碎石構成，下坡部則為含碎石的砂土；故其上坡部的顆粒要比下坡部的為粗。它們的來源主要由上邊坡的母岩及風化產物所決定，與下伏的基岩無關。

崩積土由於搬運不遠，所以岩塊的稜角明顯，淘選性也差；其質地鬆軟，孔隙率大，一般在50%以上，故壓縮性大；作為基礎時應考慮承載力及差異沉陷的問題。崩積土的基座可能為斜坡，所以形成上坡部薄而下坡部厚的錐體，其最厚處可達數十公尺。一般而言，斜坡的坡度愈陡，崩積土的覆蓋範圍就愈大。崩積土的表面坡度很少小於 11°，通常大於 20°，最陡可以超過 45°；由此項特徵，容易與**沖積層**有所區別。崩積土可以充填山谷，也可以掩蓋谷嶺（請見圖 11.18）；但是沖積層只堆積在溪谷的出口，且受到谷岸的限制；另外，從成分上也很容易區別，例如崩積層係由岩塊及砂土所組成，淘選度很差，沒有層理可言；相反的，沖積層主要由砂、礫、泥所組成，很少出現稜角狀的岩塊，同時沖積層具有模糊的層理，而且淘選度較佳。

崩積土的基座如果為斜坡，只要雨水下滲，就會削弱其底部的摩擦力，容易發生滑移；如果又從其下坡部開挖，則是非常危險的行為。正確的做法應該是開挖上坡部，俾用來撐住下坡部，以產生**撐牆**（Buttress）的作用（請見圖 6.3A）。

(7)沖積扇

沖積扇（Alluvial Fan）是純粹由水力沖積而成的堆積物。它是由暴雨形成的暫時性洪流，挾帶著大量碎屑物質流出山谷的出口堆積而成，常呈扇狀。

沖積扇的扇頂係以粗粒為主，由塊石、巨礫夾砂及黏土組成，淘選性差（但比崩積土要好），岩屑多帶稜角，層理粗略平行，厚度最厚；孔隙率大、透水性佳、地下水位較深；但是壓縮性相對較小、強度較高，有時可作為建地，但是地表排水必須處理好。扇中的顆粒變細，主要為砂、粉砂，偶夾磨圓度較扇頂為佳的礫石，且礫石呈傾向上游的疊瓦狀結構。扇緣的顆粒變得更

細，以細砂及黏土為主，有時夾砂、礫的透鏡體，具有近乎平行的斜層理，淘選性稍佳，厚度變薄；透水性相對較弱，地下水壓高，常溢出地表，形成地表滯水；土質較差，具有較大的壓縮性，強度較低，對工程不利。

沖積扇的扇面坡度小於 11°（扇頂為 15°～20°，中部及扇緣為 5°～10°）；由此項特徵，使其極易與**崩積土**區別。

另外，由土石流形成的**堆積扇**與上述由流水造成的沖積扇在外形上非常類似。主要的差異在於它們的組成物質。土石流的堆積扇，其組成顆粒很粗，有很多大、小石塊，與泥砂混雜，顯然不是一般流水可以攜帶得動的；其扇面也較為粗糙起伏；它有時還含有剝了皮的樹幹；其堆積結構也無層理可言；因此與沖積扇很容易區別。

(8)河階台地

河階台地（Terrace）係由河流的堆積作用與侵蝕作用交替進行而形成，高出河床，呈階梯狀的平台地形（請見圖 6.4 及圖 11.4 中的 5）。它係沿著谷岸的走向，呈條帶狀分布，或斷斷續續的分布。階地可能有多級，其級數係由河床向上依序稱為一級階地、二級階地、三級階地等。每一級階地都有一個階地面、階地前緣、階地後緣、階地崖、及階地趾部等地形要素。階地面大多向河谷的軸部及河流下游微微傾斜；而且階地面並不十分平整，因為它的上面，特別是它的後緣，常常由於階地崖的崩塌，或山坡上崩積土的堆積而呈波狀起伏。此外，地表逕流也會對階地面及階地崖產生切割破壞作用。

階地的形成最初是由河流侵蝕成一個寬廣的谷地（請見圖 11.5），在其上堆積或厚或薄的沉積物（請見圖 11.5A）。爾後由於地殼上升，河床的坡度加大，或由於長期的氣候變遷，流量增加或河流的含砂量減少，而使河流下切侵蝕作用加強，其原來的老谷底於抬升以後就形成階地面；而河流在地殼上升的過程中向下深切就形成階地崖（請見圖 11.5B）。接著地殼下降，老河谷又發生沉積作用（如圖 11.5C 所示）。如果是週期性的發生，那就會形成多階的階地；每產生一級階地，就表示一次的地殼抬升；其中越高位的階地表示其形成的時代越早。

臺灣的河谷中，階地甚為發達。按比高來分，可分為高位階地及低位階地兩大類。**高位階地**的比高大致在 100 公尺以上，以 200～300 公尺者最多；其階地面常有 1～3 公尺厚的紅土覆蓋。**低位階地**的比高多為 20～40 公尺，甚至有超過 80 公尺者，其階地面並無紅土覆蓋，與高位階地可資鑑別。

階地是既平坦又近水，所以常常成為聚落分布的地方；但是仍然要評估屋後是否會受到土石流的侵襲，以及屋前是否有河岸侵蝕，以及階地前緣是否有邊坡後退的潛在危險等等。

河階台地常會封閉谷口，且台地面比較平坦。土石流堆積扇則呈錐體，其錐尖指向谷口，且以谷口為中線，錐體向左右兩側傾斜；以此很容易與河階台地相區別。

⑼侵蝕溝

侵蝕溝或稱**指溝**（Gully）係由片流匯集而成，具有固定的流路，在平面圖上多呈直線狀；其與河流不同的地方在於：流量變化大，暴起暴落，有時完全乾涸。侵蝕溝的流水具有最活躍的侵蝕能力，其縱坡的比降大，與附近坡面的斜度明顯的不一致；其橫剖面常呈 V 字型。

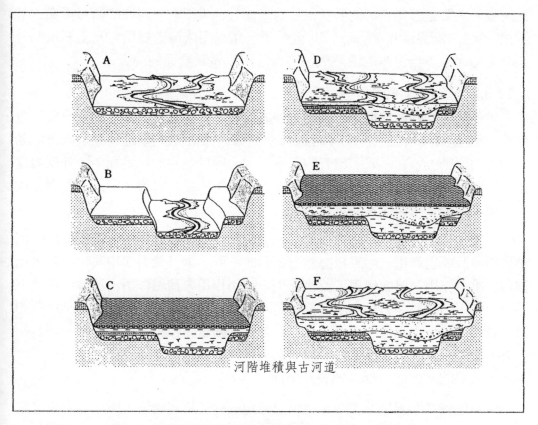

河階堆積與古河道

圖 11.5　河階台地及古河道的形成（葉俊林等，1996）

(10)崩塌地及地滑地

從發生及運動的機制上看，崩塌與滑動並不相同。一般言之，**崩塌**的規模較小，崩塌體的厚度較薄，滑動面全都露出；在平面上看，其外形很像眼淚或彗星，其長寬的比值很大。**滑動**（尤其是弧型滑動）的規模較大，滑動體的厚度較大，其主崩崖非常明顯，大部分的滑動面都未露出；在平面上看，其外形就像紡錘或馬蹄，長寬的比值較小。不管是崩塌或滑動，都是上坡部凹陷（比原來的地面還要低），下坡部凸起（比原來的地面還要高）。

(11)土石流

土石流呈現非常顯著的地形。一條完整的**土石流**可分成發源部、流通段及堆積扇三部分，分別具有特殊的形狀，極易辨認。有些土石流流入大河，其堆積部容易被河水所摧毀，但是它的發源部及流通段還是會很清楚。

土石流及崩塌地、地滑地的分布最好還是從衛星影像上加以辨認與進行全面清查，主要是因為它們的形狀很特殊，而且色調異常。現在的衛星影像，其解像力最好的已經可以精細到 50 公分了，所以用來清查崩塌地及土石流的分布非常適合，不但圈繪的速度很快，而且可以做到全面的清查。

■ 11.3.2　地貌基準面

地殼表面的各種地形地貌都在不停的演變；促使這種演變的動力分別來自地球內部及外部的地質作用。內營力作用主要是指地殼的構造運動及岩漿活動（如火山活動），它形成了地表的基本起伏（等於地貌的起始面）。外營力作用則對內營力作用所形成的基本地貌型態，不斷的進行雕塑及加工，使之複雜化，並且形成千千萬萬種不同的地貌。

根據作用的過程，**外營力作用**可分成**風化作用、侵蝕作用、搬運作用、沉積作用、及成岩作用**。如果根據動力來源的不同，則**外營力作用**又可分為**風化作用、重力作用、風力作用、流水作用、冰川作用、凍融作用、溶蝕作用**等。外營力作用的結果（只是中間結果）是，削高填低，力圖將地表夷為平地。如果外營力作用一直不停的作用下去，不曾受到內營力作用的從中干擾，則長此下去，最終將會將地表夷平，形成一個夷平面；這個夷平面就是高地被削平，凹地被填平的水準面，稱為**地貌基準面**。

因為地貌基準面是外營力作用所力圖達成的最終剝蝕面，所以在尚未達到之前，由外營力作用所形成的各種地貌將一直受到這個最終基準面的控制。我

們一般將海平面定為**最終地貌基準面**，或**基本地貌基準面**。在達成最終地貌基準面的過程中，地表存在著許多**中間地貌基準面**（依時間而論），或許多**局部地貌基準面**（依空間而論）。因此，地貌基準面是因時、因地而異的。

　　侵蝕基準面就是一種局部地貌基準面。它是河流下蝕作用的停止面。因為隨著下蝕作用的發展，河床不斷加深，河流的縱坡逐漸變緩，流速降低，侵蝕能量削弱，達到一定的基準面後，河流的侵蝕作用將趨於消失；這個河流下蝕作用消失時的平面，就稱為**侵蝕基準面**。流入主流的支流，基本上以主流的水面為其侵蝕基準面；流入水庫、湖泊、或海洋的河流，則以庫面、湖面或海平面為其侵蝕基準面。

　　侵蝕基準面並不是固定不變的，由於構造運動的區域性及差異性，因而引起水系的侵蝕基準面發生變化。侵蝕基準面一經變動，則將引起相關水系的侵蝕及堆積過程發生重大的改變。例如人工的攔砂壩將河床局部淤高，提升了局部侵蝕基準面，促使支流的侵蝕能量減弱，因此有利於降低集水區的沖刷作用。

■ 11.3.3 典型的邊坡地形

　　除了平地之外，地面其實是由許多不同的坡面所組成，如山坡、谷坡、岸坡等。各種不同坡面的幾何型態就稱為**坡形**（Slope Form）。

　　在三維空間裡，邊坡的坡形是一個複雜的曲面；在二維空間裡，邊坡的坡形則是一條不規則曲線。為了研究及說明的方便，我們常用二維空間來解釋坡形。

　　邊坡的坡形可分為**直線性坡形**及**曲線性坡形**兩大類。坡面呈平而直的坡形稱為**直線坡**。這種邊坡很少見，也很奇特。一般見之於順向坡。所謂**順向坡**（Dip Slope）是指坡面傾斜的方向與岩層的傾向一致者；常發現於軟、硬岩交互相間（如砂岩、頁岩互層）的邊坡上；即使頂部的硬岩遭到侵蝕破壞，由於軟岩更容易被侵蝕，所以其下伏的硬岩很快就會出露，得以阻止岩層繼續被侵蝕切割，以致順向坡可以長期保存。順向坡最忌諱其坡腳被砍斷後沒有立刻進行穩固措施，這種開挖法很容易以下伏的軟岩為滑動面，而發生**順向坡滑動**，尤其是當邊坡的斜度大於岩層的傾角時，岩層的走向線就會露出（Daylight）於坡面，其發生順向坡滑動的潛勢最大。直線坡也可出現於滑動面、斷層面或節理面，但是它們的規模都很小。

　　曲線坡又可分成上凸型、下凹型、階梯型及複合型四種（請見圖 11.6）。

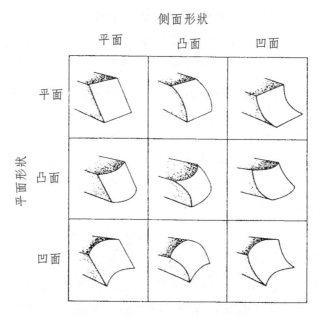

圖 11.6　九種基本及複合型坡形

上凸型表示坡面呈一向坡外凸出的曲線，形成渾圓的邊坡，其上坡平緩，而下坡較陡；這種邊坡的穩定性較差，不如下凹型邊坡。所謂**下凹型**是指坡面呈一向邊坡裡面凹陷的剖面，所以邊坡形成上陡下緩的態勢，其安全性比上凸型的邊坡還高。**階梯型**邊坡發生於軟、硬岩相間的山體之逆向坡上，即順向坡的反側；在這種邊坡上，因為差異侵蝕的緣故，以致軟岩內縮，而硬岩外突而懸空；如果有一組垂直節理存在，則懸空的硬岩很容易發生落石，以致在坡腳處堆積成一帶落石堆。所謂**複合型**邊坡是上述各型邊坡的混合型，這是最常見的邊坡地形；有的呈現拉長的 S 型，即上為下凹型，下為上凸型的剖面；有的則呈現曲折線的剖面，它是由硬岩的較陡邊坡，以及軟岩的較緩邊坡組合而成。

11.4　地形圖的坡度分析

　　我國對於山坡地禁限建的規定，其第一道柵門係以坡度作為限制的門檻，例如法規明文規定，基地內的原始地形於坵塊圖上的平均坡度在 40% 以上之地區，其中百分之八十以上的面積應維持原始地形，且不可開發，其餘的面積得規劃為道路、公園、及綠地等設施使用；而平均坡度在 30%～40% 的土地，則

以作為開放性的公共設施或必要性的服務設施使用為限，不得作為建築基地（含法定空地）。因此，地形圖最重要的用途之一就是可以據以進行坡度分析。

　　我國將山坡地的坡度分成九級，其中坡度為40%以上（即五級坡以上）的地帶依據法規被列為禁建區，所以我們的目標坡度應該是一級坡至四級坡，也就是坡度為0%～40%的地帶。本書介紹一種可以很快的挑出可建地帶的方法，稱為**坡度標尺法**。

　　坡度標尺係利用等高線間隔的不同來標定不同的坡度等級，它可以自己製作。首先要決定不同坡度等級的標尺刻度，其求法如下：

標尺刻度（mm）＝地形圖的等高線間距（m）÷坡度（%）×比例尺×1,000　（11.1）

　　式中，標尺刻度＝在某種比例尺的地形圖上，代表某種坡度的圖上等高線寬度，以 mm 為單位

　　　　　　等高線間距＝繪製地形圖時所採用的等高線間距，一般以公尺為單位

　　　　　　坡度＝地面的坡度，以小數表示

　　　　　　比例尺＝地形圖的比例尺，以分數表示

　　茲以一千兩百分之一的地形圖為例，其等高線間距為 1 公尺，則30%坡度的圖上等高線寬度應為：

$$1 \div 0.3 \times (1/1,200) \times 1,000 = 2.8 \text{ mm}$$

　　又 15%坡度的圖上等高線寬度應為：

$$1 \div 0.15 \times (1/1,200) \times 1,000 = 5.6 \text{ mm}$$

　　因之，我們可以製作間距為 2.8mm 及 5.6mm 兩個刻度的標尺；然後在圖上尋找等高線寬度為 2.8mm 及 5.6mm 的地帶（請見圖 11.7）；寬度小於 2.8mm 的地帶，其坡度大於 30%；寬度大於 5.6mm 的地帶，其坡度小於 15%；介於 2.8～5.8mm 之間者，即表示它的坡度係介於 15%～30%之間，也就是落入三級坡的類別。表 11.1 表示九個坡度等級在不同的地形圖上，其等高線所顯示的圖上寬度。

表 11.1 不同坡度在不同地形圖上之圖上等高線寬度（mm）

坡度（%）	等高線間距（公尺）				
	1	2	5	10	20
5	20,000・S	40,000・S	100,000・S	200,000・S	400,000・S
15	6,667・S	13,333・S	33,333・S	66,667・S	133,333・S
30	3,333・S	6,667・S	16,667・S	33,333・S	66,667・S
40	2,500・S	5,000・S	12,500・S	25,000・S	50,000・S
55	1,818・S	3,636・S	9,091・S	18,182・S	36,364・S
70	1,429・S	2,857・S	7,143・S	14,286・S	28,571・S
85	1,176・S	2,353・S	5,882・S	11,765・S	23,529・S
100	1,000・S	2,000・S	5,000・S	10,000・S	20,000・S

註：S=地形圖的比例尺（以分數表示）

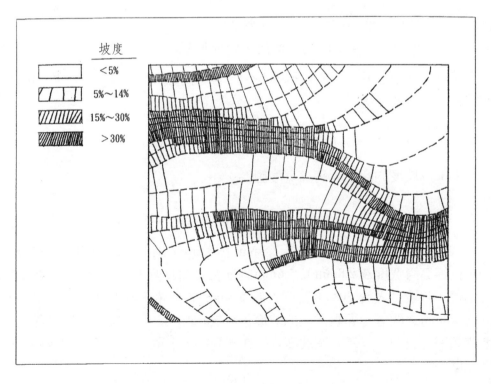

圖 11.7 利用坡度標尺進行坡度分級的方法

　　圖 11.8 介紹一種類似的分析方法；該圖為選自某地區的地形圖之一小部分，表示 100～190m 之間的坡面。現在我們準備繪製坡度為 10%（5.7°）及 20%（11°）的等坡度線。首先，坡度為 10% 時，表示水平距離為 100m 時，高程降低 10m；而坡度為 20% 時，則表示水平距離為 100m 時，高程降低 20m。所以我們要先計算 100m 在該地形圖的比例尺之下的寬度，再製成標尺；然後利用標尺與等高線間的高程差之圖上間距（10m 時為兩條等高線間距，20m 時為三條等高線間距）進行比對，凡是符合這個間隔的地方都用一條虛線表示，每一條虛線都應與等高線垂直，接著取每一條虛線的中點劃上「X」或「‧」的記號，然後將這些記號連結起來，即得等坡度的界線，將該地區分離成 ＞ 20%、10%～20%，及 ＜ 10% 三種分區。利用這種方式，或者上述的方法，我們都可以將標尺建立在諸如與土壤侵蝕有關的臨界坡度，及各種土地利用方式的極限坡度的基礎上。

　　建築技術規則規定，坡度分析需在比例尺不小於一千二百分之一的實測地形圖上，以坵塊為之。所謂坵塊係指在地形圖上劃出如棋盤式的正方形格子，其每邊長度不大於 25 公尺。分析時，首先計數每個坵塊的各邊與地形圖等高線相交的點數，並記於該方格的相當邊上，再將四邊之交點總和註記於方格的中心，如圖 11.9 所示。

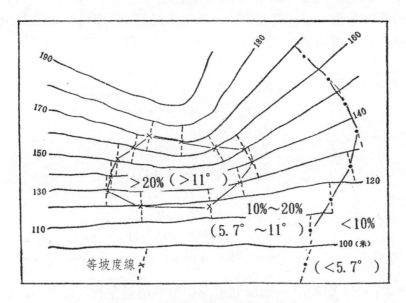

圖 11.8　等坡度線的繪製方法之一

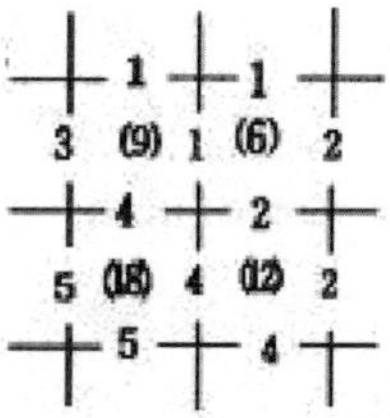

圖 11.9　坵塊各邊與等高線相交點數的記錄法

　　然後依據方格中心的交點數及坵塊的邊長，利用下式求取坵塊內的平均坡度（S）或傾斜角（θ）：

$$S（\%）= \frac{n \cdot \pi \cdot h}{8L} \times 100\% \quad\cdots\cdots\cdots\cdots\cdots\cdots\cdots\cdots（11.2）$$

式中，S = 坵塊的平均坡度，以%表示

　　　　n = 坵塊四邊的等高線交點數之總和

　　　　h = 地形圖上等高線之間距，m

　　　　L = 坵塊的邊長，m

　　　　π = 圓周率（3.1416）

　　現在數值地形模型（DTM）極為發達；我國目前具有的是 40 公尺的間距，未來將會更加精細。因此，藉電腦的運算能力，利用 DTM 資料來計算坵塊的平均坡度將更為客觀，而且更加快速。一般係採用 3x3 網格（如圖 11.10），然後計算網格中心的坵塊 Z_5 之坡度θ，其計算公式如下：

$$Z_{x1} = （Z_3 - Z_1）/2I_x$$
$$Z_{x2} = （Z_6 - Z_4）/2I_x$$
$$Z_{x3} = （Z_9 - Z_7）/2I_x$$
$$Z_{y1} = （Z_1 - Z_7）/2I_y$$
$$Z_{y2} = （Z_2 - Z_8）/2I_y$$
$$Z_{y3} = （Z_3 - Z_9）/2I_y$$
$$\overline{X} = （Z_{x1}+Z_{x2}+Z_{x3}）/3$$
$$\overline{Y} = （Z_{y1}+Z_{y2}+Z_{y3}）/3$$
$$\theta = \sqrt{(\overline{X})^2+(\overline{Y})^2} \times 100\% \quad\cdots\cdots\cdots\cdots\cdots\cdots（11.3）$$

　　式中，Z_{x1}，Z_{x2} 及 Z_{x3} = 三個橫列坵塊中最右與最左的高度差除以坵塊的橫向邊長

Z_{y1}，Z_{y2} 及 Z_{y3} = 三個縱行坵塊中最上與最下的高度差除以坵塊的縱
　　　　　　　向邊長

I_x = 橫向（X 方向）的坵塊邊長

I_y = 縱向（Y 方向）的坵塊邊長

θ = 中間坵塊 Z_5 的坡度，%

至於坡向 α 則可利用下式求得：

$$\alpha' = \tan^{-1}\left[\,(\overline{Y})\,/\,(\overline{X})\,\right] \quad\cdots\cdots\cdots\cdots\cdots\cdots\quad (11.4)$$

$$\alpha = 90° - \alpha'，當\ \overline{X} \geq 0$$

$$\alpha = 270° - \alpha'，當\ \overline{X} < 0$$

式中，α = 坵塊 Z_5 的坡向

Z_1	Z_2	Z_3
Z_4	Z_5	Z_6
Z_7	Z_8	Z_9

圖 11.10　計算坵塊 Z_5 的坡度與坡向所設計的 3x3 DTM 網格

11.5　地形圖的地質分析

地形是地質的外在表現；由地形常可研判岩性及地質構造。茲分別說明如下。

11.5.1　根據水系推測岩性與地質構造

水系的分布密度（Drainage Density）常可指示不同的岩性；所謂**水系密度**是指單位面積內的水系總長度，其疏密之分常是相對的；所謂**密的水系**是說水道與水道之間的距離非常接近，難透水的岩性常顯示這種水系，如頁岩或泥岩屬之。因為它們的透水性很差，雨水不易入滲，所以大部分成為地表逕流，它在地面發揮旺盛的侵蝕作用，因而形成密水系。相反的，**疏的水系**指的是水道與水道之間的距離比較寬鬆，透水性比較好的岩性就會顯示這種水系，如砂岩或礫岩屬之。因為它們的透水性較佳，雨水有一大部分會滲入此種岩性，所以地表逕流的份量比較少，因此不必發育出很密的水系就可以疏排地表的逕流。

　　水系在地形圖上的幾何分布型式稱為**水系型態**（Drainage Pattern），由水系型態常可研判地形、地質構造及流水條件。常見的水系型態如圖 11.11 所示。茲將水系型態所指示的不同地質構造關係說明於下。

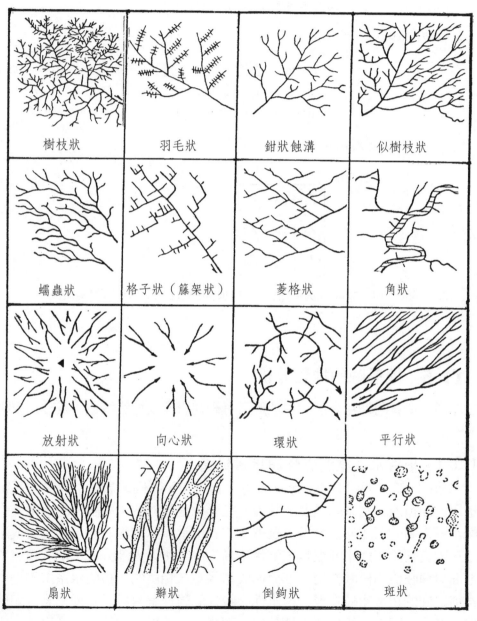

樹枝狀	羽毛狀	鉗狀蝕溝	似樹枝狀
蠕蟲狀	格子狀（籬架狀）	菱格狀	角狀
放射狀	向心狀	環狀	平行狀
扇狀	辮狀	倒鉤狀	斑狀

圖 11.11　常見的水系型態

　　樹枝狀水系（Dendritic Drainage Pattern）呈現水道隨意發育的型態，沒有明顯的方向性，且支流很多，同時支、主流以及支流與支流間均呈銳角匯入，有如樹枝。多見於微斜的平原，或地殼比較穩定、岩性比較均一的緩傾岩層分布區。**矩狀水系**（Rectangular Drainage Pattern）中，其主、支流呈直角相交；主要是受兩組直交的斷裂（Fracture）所控制；一般而言，其中一組（同一個方向的群組稱為一組）會發育得比較好，另一組發育得比較弱。有時兩組斷裂不是直交，而是相交約 60°，它是矩狀水系的變形，稱為**菱狀水系**。**籬架狀水系**（**格子狀水系**）（Trellis Drainage Pattern），其支流與主流雖然也是以直角相交，但是互相平行的主流顯然相對的發育得比較長，支流則顯著的短促得多；它的成因主要係受褶皺構造及斷裂裂隙的控制，其主流發育在褶皺的軸部，支流則順著褶皺兩翼的橫裂隙發育。在順向坡發達的地區也常發育出這種水系（見圖 11.12）；其中主流順著岩層的走向發育，顯得又長又平直；支流則分別發育於順向坡面及逆向坡面；順向坡上的水系主要係順著岩層傾斜的方向發育，較逆向坡上所發育的為長、且較順直（請見圖 11.12 及 11.13）；逆向坡上的水系則較短、較曲折，但是還是可以看出，其順著逆向坡的傾斜方向延展的趨勢。不過，在裂隙發達的水平岩層地區也可能發育出典型的籬架狀水系。**輻射狀水系**（Radial Drainage Pattern），或**離心狀水系**（Centrifugal Drainage Pattern）是指水系係從中心部位順著坡面的傾斜方向向四周呈輻射狀外流的型態；主要發生於火山錐上或穹隆構造上；有時侵蝕後遺留下來的孤立山頭，或者圓狀台地的崖坡也會發育出這種放射狀水系。相反的，**向心狀水系**（Centripetal Drainage Pattern）是由輻射狀的水系由四周向中心部位聚集；主要發育於盆地、火山口、構造沉陷區、石灰岩地區的落水洞、採礦區的下陷盆地、或者地層下陷區等。輻射狀水系常由**環狀水系**（Annular Drainage Pattern）加以局部的連結，就像車輪的輪轂（Hub）一樣，將輪輻（Spoke）圈串起來，所以環狀水系其實是與輻射狀水系相共生的。環狀水系顯示侵入岩形成的穹隆（Dome）已受到強力的侵蝕，使得上覆被拱起的沉積岩被揭露，環狀水系便發育在相對軟弱的岩層上（如頁岩）。環狀水系不一定會聯成一氣，其不連串的地方表示堅硬岩層已被橫向斷裂（橫切岩層的走向）所切斷。

　　上述的基本水系型態還可發生許多變型，例如有一種**平行水系**（Parallel Drainage Pattern），指各條河流平行相間，在地形上呈現平行的谷嶺。它們主要受構造及山嶺走勢的控制，例如在平行褶皺或斷層地區，河流常呈現明顯的平行排列。還有一種**羽毛狀水系**（Pinnate Drainage Pattern），其支流短而密集，

與主流呈直角相交的水系，很像羽毛；多發育在斷陷谷中，或斷層崖的一側，或是線狀褶皺地區。一般而言，泥岩或黃土地區也會發育出這種水系。**扇狀水系**（Fan Drainage Pattern）有如扇狀，扇頂常位於河流的出海口、支流與幹流的匯合口，或山谷的谷口等處，扇體則攤開在出口外的開闊而微傾的地面上，其扇緣呈現圓弧形（請見圖 11.14）。水系則以扇頂為支點，並且向扇緣撒開，其水道尚未定位，變化多端，只要來一次洪水或暴雨，水道就會發生遷移、左右擺動。這種水系最常發生於三角洲、沖積扇、或土石流的堆積扇等地，是山坡地常見的一種水系。

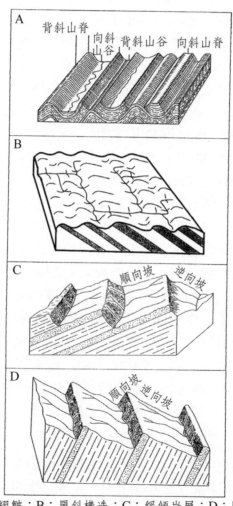

A：平行褶皺；B：單斜構造；C：緩傾岩層；D：陡傾岩層

圖 11.12　順向坡地形發育出籐架（格子）狀水系

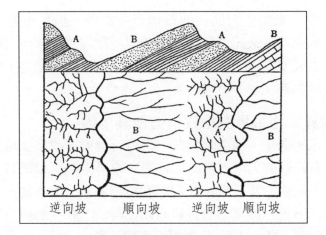

圖 11.13　順向坡與逆向坡上發育出不同的水系

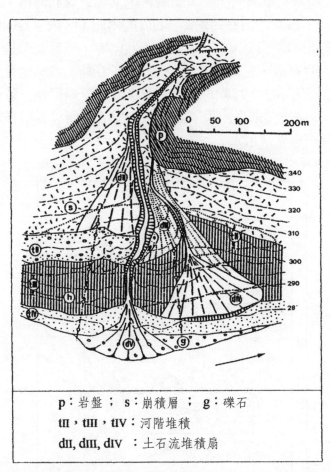

p：岩盤； s：崩積層 ； g：礫石

tⅡ，tⅢ，tⅣ：河階堆積

dⅡ, dⅢ, dⅣ：土石流堆積扇

圖 11.14　扇狀水系與其等高線形狀（Zaruba and Mencl, 1976）

　　當然，雖然說水系型態有助於地質構造的解釋，但是不能作為唯一的依據。例如樹枝狀水系通常被認為發育在微傾的沉積岩層上，但有時也可發育在複雜結構的火成岩或變質岩上。因此，特殊區域的地質構造必須要有輔助的地質資料才能確切的判斷。

11.5.2　根據異常水系推測地質構造及其成因

　　所謂**異常水系**指的是河流突然轉向、河道突然變直或發生轉折、水系型態很不調和等等；有經驗的人很容易就可發覺它的異樣。例如圖11.15A的**同心弧水系**，常常發育在褶皺的傾沒端（即褶皺的迴轉彎），而且其支流則略呈**半放射狀水系**。圖11.15B顯示河流遇到背斜的傾沒端時，就在臨傾沒端的附近發生**壓縮狀的河曲或曲流**（Meander），然後拐到迴轉彎的末端，而且包圍著迴轉彎而流去，如此才能維持原來的比降。斷層帶也常發育**線狀河槽**，或**肘狀河**。例如圖11.16A所示，水系在山脊的兩側（即a的兩側），或主幹(b)的兩側呈現線型排列，或呈線狀河槽（b－d），或呈魚鉤狀(c)等，這都表示是受到斷層的控制。又如圖11.16B顯示，在a處的水流反向山區流動，表示地盤曾受到斷層的傾動；在a處又出現河曲呈180°的迴轉，致水流的流向反逆，這也是因為受到斷層擾動的關係；在b處則也出現了魚鉤狀的支流；所以從很多證據顯示，斷層附近常會出現一些異常水系。

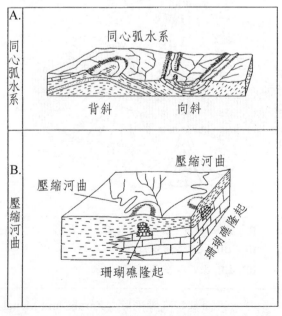

圖11.15　發育於褶皺構造傾沒端的異常水系

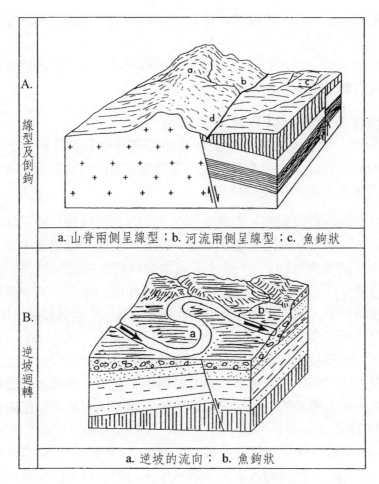

圖 11.16 發育於斷層線上或其附近的異常水系

▌ 11.5.3 根據河谷的地形推測地殼運動

河流的地形、地貌在某種程度上反應了區域性地殼運動的方向及幅度。例如深切的峽谷、河曲、V型的深谷、高位的廢棄河曲（即牛軛湖）、離河床很高的高位階地等異常地形，往往表示新構造運動、地殼上升的證據。

其他的地形異常有：

- 河床中的岩坎及跌水表示受軟硬岩層所控制。
- 谷底的地形平緩開闊，河道蜿蜒彎曲，且只佔谷底的一小部分而已，表示該區域的地殼相對的比較穩定。

- 谷口的扇狀地，其上再覆蓋串珠狀的扇狀地則表示該區域的斷塊抬升或下降。
- 在北緯的地方，河谷的西坡較陡、東坡較緩，呈現不對稱的情形，表示是地球自轉的偏向力所造成。

▌11.5.4　根據等高線形狀分析地貌類型

　　根據地形圖上的等高線形狀判斷地貌類別乃是地形圖分析的主要項目之一。等高線的形狀包括等高線的疏密度、等高線的彎曲形狀及等高線的延伸性等，這都是閱讀地形圖的主要依據。

- 彼此分立的等高線圖形，如果中間部分的等高線稀疏（表示地面平坦或平緩），而其周圍則呈壓縮狀或疏密相間，且呈封閉環狀，表示是台地或方山（請見圖 11.17），是水平或微傾岩層或玄武岩經長期的流水侵蝕的結果；即頂面平緩，崖坡陡峭或陡緩相間的地形，其中邊坡較陡者為堅硬的岩層，邊坡較緩者為相對軟弱的岩層，由**差異侵蝕**（Differential Erosion）所造成。
- 山頂下，不管侵蝕溝或其溝嶺均被坡度較緩和（大約 30 餘度）的堆積物所覆蓋（尤其以溝嶺被掩沒最具特徵），其等高線顯著的變疏，間隔被拉大，與上邊坡的緊密等高線型態極不調和，可能指示是崩積層（請見圖 11.18）。
- 縱向的等高線延伸呈直線狀，僅有小彎曲；而橫向的等高線則疏密相間分布（表示軟、硬岩的互層），表示是平行的嶺谷，由長軸褶皺發育而成。
- 一組等高線延伸一段距離後，出現弧形的迴轉彎，表示是褶皺構造（請見圖 11.19）；如果迴轉彎的夾角較尖銳，且出現向外的撒開狀水系，則為背斜（圖 11.19A 及 E）；如果夾角較圓鈍，且出現向內的聚焦狀水系，則為向斜（圖 11.19D）。如果以等高線的延伸方向為軸，其兩側呈對稱狀，或者雖然不對稱，但是等高線的疏密個數相當，則益加證明其為褶皺。
- 平行排列的脊谷在一線型的兩側彼此錯開、線型延伸的山麓線、沿山麓有直線排列的三角面、線型延伸的陡崖等，都是斷層的地形表現。等高線的疏密度及形狀出現截然不同的型態，且以線狀或波浪狀相接，也是一種斷層的地形表現；逆斷層的斷層線大都呈浪狀或舌狀（請見圖11.20）。

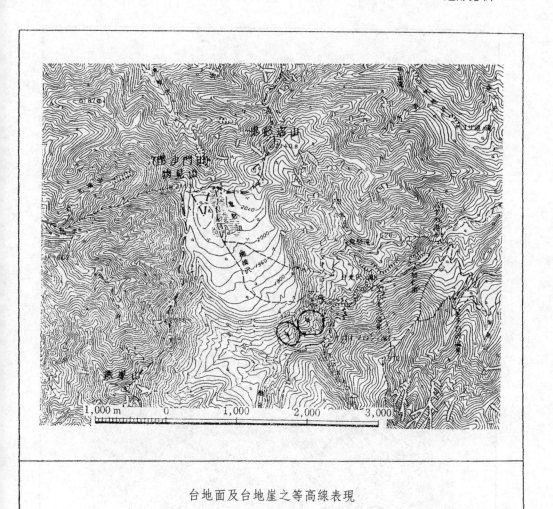

台地面及台地崖之等高線表現

圖 11.17 台地及其崖坡的等高線形狀（今村遼平等，1991）

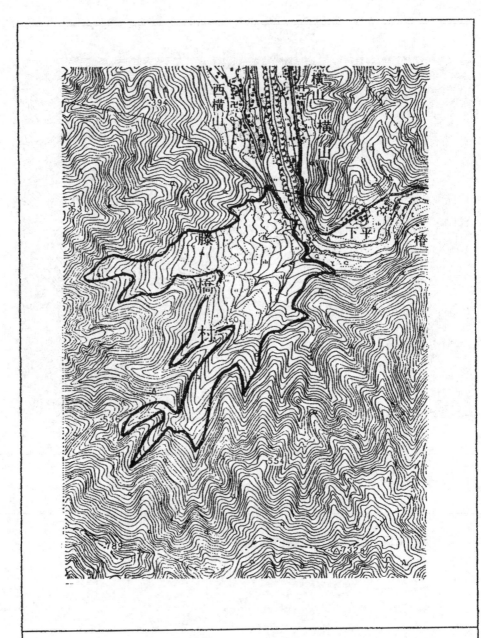

崩積層之等高線表現

圖 11.18　崩積層的等高線形狀（今村遼平等，1991）

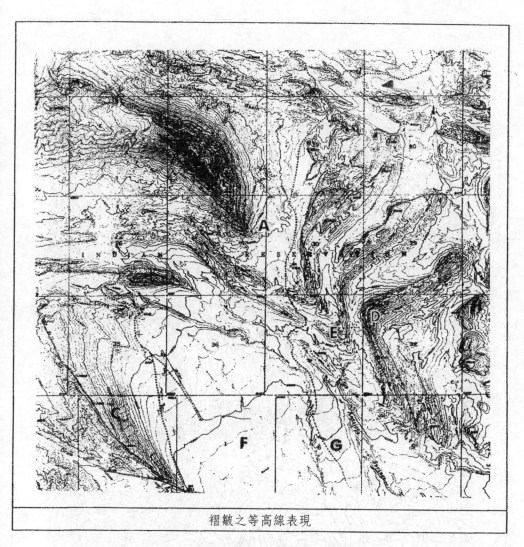

褶皺之等高線表現

圖 11.19　褶皺構造的等高線表現（Sabins, 1996）

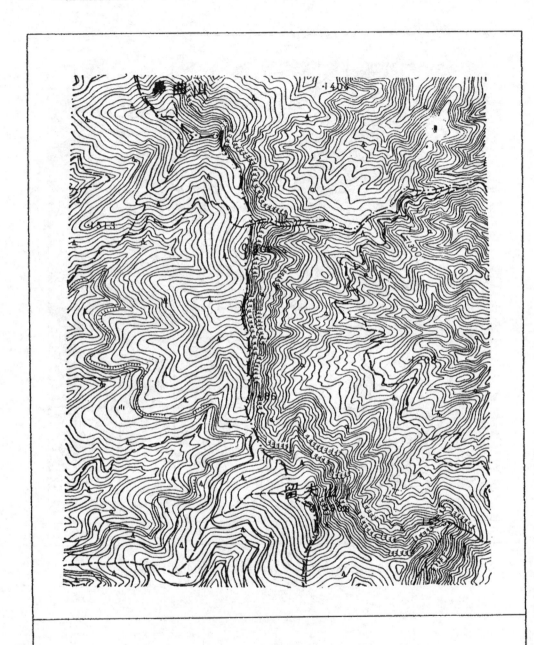

斷層崖之等高線表現

圖 11.20　斷層的等高線形狀（今村遼平等，1991）

- 一群規律的等高線中突然出現不規則的零亂地形,稱為**亂丘地形**(Hummocky Topography),可能是崩塌地。
- 具有畚箕型或馬蹄型的輪廓,其等高線表現上凹下凸的地形(在凹下的部位,等高線會向上坡突出;在凸起的部位,等高線會向下坡突出;好像橡皮筋被分別往上及往下拉伸一樣),表示是弧型的滑動體(請見圖 11.21 上中及右下);在上坡緣,等高線特別密集,且呈弧型,表示是主崩崖的位置;或者等高線很零亂(圖 11.21 右上),毫無規則可尋,且出現聚水凹坑等,也是滑動體的有力證據。左右兩側如果發現有槽溝(稱為**雙溝同源**),表示是一個古滑動體。
- 上坡像一個湯匙頭的匯水窪地,下坡是一個或數個堆積扇,中間好像由臍帶相連,可能是土石流(請見圖 11.22)。湯匙頭及臍帶都比其外圍低凹,堆積扇則比其外圍高凸(低凹部分,等高線會侵入上坡側;高凸部分,等高線會侵入下坡側),且前端呈現圓弧狀或舌狀,扇面的坡度緩和。堆積扇如果位於大河內,很可能被洪水所破壞或摧毀。
- 其他如火山錐、熔岩流、岩溶、砂丘、階地、冰河等地形、地貌,各有其獨特的等高線形狀,在地形圖上很容易辨認其屬性。

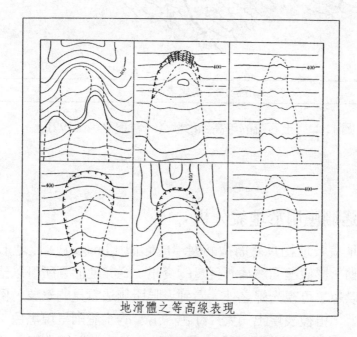

地滑體之等高線表現

圖 11.21　弧型滑動的各種等高線形狀

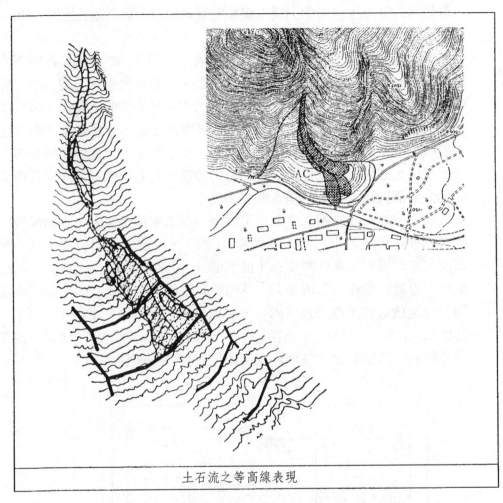

土石流之等高線表現

圖 11.22　土石流的等高線形狀（今村遼平等，1991）

11.6　遙測應用於地貌分析

　　遙測能將地貌及地物具體而微的展現成影像（Image），比地形圖或地貌圖還要逼真生動。影像裡面隱藏著巨量的資訊，絕非地形圖所可以望其項背。遙測的成像可以超乎可視光線之外，看到人眼所無法看見的景象，例如在彩色近紅外線影像上，植被表現出一大片紅色，清潔的水體則呈現黑色；因此，這兩種地球上佔有面積最廣的覆蓋物（Land Cover），在近紅外線影像上凸顯出

極強的顏色對比，在適當的陰影效果之襯托下，具有十足的立體感，所以是研究地形的絕佳資料（潘國梁，民國 95 年）。雷達影像更是研究地形的利器，因為其對地形的表現最為凸出，尤其是將水系的切割及**地形的粗糙度**（Roughness）顯露無遺；雷達影像尚可凸顯斷裂構造。所以如果能將彩色近紅外線影像及雷達影像配合使用，則可以擷取極為豐富的地形資訊。這兩種影像都可以從中央大學的遙測研究中心申購取得。

再者，目前正在發展中的光達（LiDar）更可以取得地面的數值高程模型或數值地形模型 DEM（Digital Elevation Model）資料，它是將植被的高度扣除掉的一種數值地形模型，所以比 DTM 還要精確。中央地質調查所正在進行全台取像的計畫。由此可見，國內具備了研究地形的豐富資料。

衛星遙測還可以定期取得同一地區的衛星影像，幾乎可以達到一天一像的程度，而且其精密度可以維持在數十公分至兩公尺之間。這種週期性的影像最適用於監測地形地物的改變，及其變化的速率與變化的趨勢。雖然大部分的地形不會改變得太快，但是有一小部分地形卻可以突然改變，例如颱風暴雨或災害性地震所觸發的崩塌、土石流、地滑、淹水等，衛星即可以提供準及時的影像以供災情研判之用。我國自主的福爾摩沙 2 號衛星就具備了這種功能。

透過人為的判釋過程，從遙測影像可以識別地形的型態特徵、成因類型、及單元的劃分（請見 15.2 節）。透過綜合分析，還可以從時空兩方面研判地形的發展趨勢及規律。從時間上分析哪些現象是正在發展，或是正遭受破壞；哪些現象是已經停止發展；還可以從多時相的影像，對其發展過程進行動態分析，例如研析一個崩塌地的發生、癒合、擴大或縮小的過程；也可以率定土石流或崩塌地的觸發門檻等等。一個地區的地形地貌與當地的岩性、構造有著密切的關係，遙測影像正好可以提供這一類多因子的互協互制關係的分析素材。

為了進行地形的遙測綜合分析，可以採取下列步驟：

(1)首先從區域地貌著手，先觀察區域地貌的型態特徵，分析區域地貌的形成條件與成因，以及地形的演化過程與結果，並且預測未來的發展趨勢。

(2)根據影像特徵的異同，劃分地形單元。研究每一地形單元的屬性與成因、分析每一地形單元的特性，如坡度、起伏度、切割度、粗糙度、邊坡的穩定度、開發的可適性等。

(3)從正常的地形中識別異常的地形，如異常的水系（請見 11.5.2 節的異常

水系）、線型、線狀物體（如山脊線、山谷、河道、岩性的界線等）是否被截斷等。

(4)圈繪潛在地質災害區，包括崩塌地、地滑地、土石流、落石堆、陡崖、河岸侵蝕段、向源侵蝕區、地表嚴重沖蝕區、淹水區、棄土堆、礦渣堆、活動斷層帶等。

(5)綜合分析各種相關因子的互協互制關係，包括影像特徵與地貌類型的關係、地貌類型與地質的相互關係、剝蝕地形與堆積地形的相互關係、地形個體與整體地貌的相互關係、地質災害與地形地質的相互關係、宏觀與微觀地貌的相互關係等等。

在以往的傳統製圖過程中，對不同比例尺、不同精度的製圖所需資料之蒐集與分析，常常要佔去大量的時間，而且很難保證品質的一致性。另外，利用航照立體對（Stereo Pairs）製圖，其拍攝成本及製圖費用都較高，而且成圖範圍及比例尺都受到一定的限制，週期也很長。如果採用衛星影像，就可直接用來快速的編製地形圖及更新既有的地圖；相對於傳統的製圖，不論在人力、物力、經費、或是時間、速度上都顯示，衛星影像的編圖效果遠勝於傳統的製圖方式。

就舉土地利用的製圖為例，利用衛星影像就可以將效率提高 3、4 倍以上。譬如 1930 年代，英國政府動員了數萬師生，花了 5 年的時間才完成全國的土地利用調查與製圖（一共 22,000 幅），當時所用的比例尺為一萬分之一。1975 年他們利用衛星影像，採取新技術，從資料分析到電腦成圖，僅 4 個人只花費約 9 個月的時間，就完成了全國五萬分之一的土地利用圖。現在遙測技術更進步，影像的精密度也一直在改進，所以相信製圖的速度會更快，而且精確度會更提升。

CHAPTER 12

地質圖分析

12.1　前言

地質圖是反映一個地區的地質情況,將出露於地表的地層岩性及地質構造等地質特徵,按照一定的比例尺,垂直投影到水平面上的一種圖件。一般是以地形圖作為底圖測繪而成的。它既表示了地質資料,又反映了地形地貌特徵。

地質圖通常比地質報告還要有用,因為受過讀圖訓練的人可以從圖上擷取很多寶貴的地質資訊。這是一張經過地質師,或先後不同的地質師累積了多年的野外實地調查及測量之後的結晶。如果我們能夠讀取它的內涵,我們就等於接收了出圖者的調查成果,因此而省卻了很多年的調查時間;所以地質圖的分析乃是所有工程地質調查與評估的先鋒工作。凡是土木、水利、交通、採礦、建築等許多專業的技術人員都要會正確而且熟練的閱讀及運用地質圖。

地質圖的種類很多,一般而言,用於不同目的的地質圖,其反映的地質特徵之偏重點也不同,例如工程地質圖著重於各種工程地質條件的表示,水文地質圖則要突出含水層的分布,及其延伸情形等;但是任何一種應用地質圖均以地層岩性及地質構造的特徵作為基礎。

地質分析的首要工作必須先從蒐集既有的地質資料開始,將前人的調查及研究結果予以吸收及消化;因此,我們可以不必一切從頭開始,這樣可以節省很多調查時間及經費。而首先要消化的就是研讀地質報告及地質圖;我們現在就先從地質圖的分析開始講起。

🧍 **12.2　地質圖的解讀**

　　地質圖（Geologic Map）係將上覆於岩盤之上的植被及土壤剝除（沖積層除外），然後將岩層的分布、岩層的組成、岩層形成的年代及岩層的構造（如岩層的位態、褶皺、斷層等）表示在地形圖上的一種調查成果圖。它是地質師經年累月，從事很多野外調查工作，並且在研究室內進行微觀分析、實驗、鑑定、研判之後，將其結果編繪而成。雖然它不是工程地質的專題圖，但是它卻隱含著許多對建築及土木工程非常具有應用價值的資料。本節即說明如何從中擷取對我們有用的資訊。

▌ 12.2.1　地質圖的內容

　　一幅完整的地質圖，其內容可以分為圖框內及圖框外兩部分。圖框內的資料為地質圖的主體，為我們所要閱讀的主要對象。圖框外的資料主要是輔助讀圖的說明，至少包括圖名、比例尺、北向、圖例、地層柱狀圖、剖面圖等；可以幫助閱讀及理解地質圖。茲將地質圖的內容分別說明如下（請參見圖12.1）：

　　⑴地形資料

　　地質調查的主要工作就是要追蹤地層的延展及分布、測量位態三要素（即走向、傾角、傾向）、並且研判地質構造（主要是褶皺及斷層）的型態。這些在現場所觀察及測量的結果都要精確的定位與記錄，即地質師必須將調查點的位置及調查的結果精確的註記在底圖上。這張底圖一般都是利用地形圖，因為在地形圖上比較容易定位。

　　另外很重要的一點是，地層的分布及構造線的延伸型態與地形具有非常密切的關係，所以地質圖的解讀需要與地形圖共同配合使用。

　　⑵地層的延展與分布

　　在地質學上，地層具有嚴謹的定義，而且要經過地層命名委員會的通過才算數；只要通過了，就可以取得名稱使用的優先權，也就是別人不能另起名字，除非別人有了新發現，再予以重新定義，另外命名；而且新命名也是要通過地層命名委員會的審核才成。可見地層的命名是一件很慎重的事情。

　　地層（Formation）是具有一定層位的一組岩層，所以一般而言，它不是只

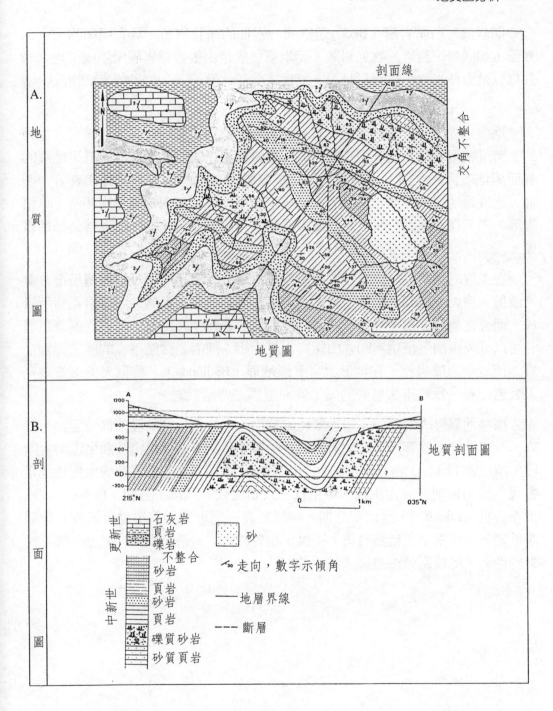

圖 12.1　典型的地質圖及剖面圖

有一個岩層。所謂**岩層**（Bed）是指同一岩性的層狀岩石，具有明顯的上、下界面，如砂岩、頁岩、玄武岩等。而地層一般是由很多種岩層所組成；這套岩層可以是多種岩性，也可以是單一岩性（如錦水頁岩），但是後者的情況非常少。

地層也受上、下界的界定。其界面可以分成很多種，有岩性的、有古生物的、有沉積環境的、也有用不整合的。地質圖上所表示的地層界線就是地層的界面與地表面的交線，俗稱**露頭線**；這條彎彎扭扭的曲線，其實代表著一個面，也就是地層的界面。地層的命名規定要用地名，如南港層、南莊層、卓蘭層等，表示在該地點，該地層的露頭最佳、地層剖面最標準，所以稱為**標準露頭**。

在工程的應用上，以岩性或岩層的劃分法較為實用。但是地層還是很有參考價值。例如一提到卓蘭層，我們馬上就知道它是由疏鬆的砂、頁岩互層所組成，而且在地形上常表現豬背嶺的特徵；又一提起頭嵙山層，我們立刻就想起它可以分成兩個沉積相，即香山相與火炎山相；前者為膠結不良的砂、泥岩互層；後者則為礫岩相，在地形上常呈**惡地形**（Badlands），狀似火炎；如果有人說盧山層，我們不假思索的馬上就知道那主要是板岩。

根據地層形成的順序、岩性變化的特徵、生物演化的階段、構造運動的性質、及古地理環境等因素，地質學家將地質年代劃分為**隱生宙**及**顯生宙**兩大階段（請見表 12.1）。宙以下再細分為**代**（Era）；所以隱生宙又分成太古代及元古代；顯生宙則又分**古生代、中生代、及新生代**。代以下分**紀**（Period），紀以下分**世**（Epoch），世以下分**期**。相應於每一個地質年代單位所形成的地層單位則依序叫做宇（相對於宙）、**界**（相對於代）、**系**（相對於紀）、**統**（相對於世）。這種劃分法是國際統一的。

表 12.1　地質年代表

相對年代				絕對年齡（百萬年）			生物開始出現	
宙	代	紀	世	開始時距今	持續時間	時間佔有率	植物	動物
顯生宙	新生代 Kz	第四紀 Q	全新世 （Q_4）	1 萬年	－ －	0.04%		現代人
			全新世 （Q_3）	12 萬年	11 萬年			
			更新世 （Q_2）	1	88 萬年			古猿
			更新世 （Q_1）	2.5	1.5			
		第三紀 R	新第三紀（N） 上新世（N_2）	13	10.5	1.37%		
			中新世（N_1）	25	12			
			古第三紀（E） 漸新世（E_3）	36	11			
			始新世（E_2）	58	22			
			古新世（E_1）	65	7			
	中生代 Mz	白堊紀 K	晚白堊紀（K_2）	144	79	3.98%	被子植物	哺乳類
			早白堊紀（K_1）					
		侏儸紀 J	晚侏儸紀（J_3）	213	69			
			中侏儸紀（J_2）					
			早侏儸紀（J_1）					
		三疊紀 T	晚三疊紀（T_3）	248	35			
			中三疊紀（T_2）					
			早三疊紀（T_1）					爬蟲類
	古生代 Pz	晚古生代 Pz_2 二疊紀 P	晚二疊紀（P_2）	286	38	7.44%	裸子植物	
			早二疊紀（P_1）					
		石炭紀 C	晚石炭紀（C_3）	360	74			
			中石炭紀（C_2）					
			早石炭紀（C_1）					兩棲類
		泥盆紀 D	晚泥盆紀（D_3）	408	48			
			中泥盆紀（D_2）					
			早泥盆紀（D_1）					魚類

相對年代				絕對年齡（百萬年）			生物開始出現	
宙	代	紀	世	開始時距今	持續時間	時間佔有率	植物	動物
顯生宙	古生代 Pz	早古生代 Pz₁	志留紀 S	晚志留紀（S₃）	438	30		蕨類植物	
				中志留紀（S₂）					
				早志留紀（S₁）					
			奧陶紀 O	晚奧陶紀（O₃）	505	67	7.44%		
				中奧陶紀（O₂）					
				早奧陶紀（O₁）					
			寒武紀 ∈	晚寒武紀（∈₃）	590	85			
				中寒武紀（∈₂）					
				早寒武紀（∈₁）					
隱生宙	元古代 Pt		震旦紀 Z	晚震旦紀（Z₂）	800	210			無脊椎動物
				早震旦紀（Z₁）					
					2,500	1,700	74.13%		
	太古代 Ar				4,000	1,500			
								菌藻類	
地球初期演化時代					4,600	600	13.04%		

　　岩層總是一層一層疊置起來的；它們存在著下面老、上面新的相對年代關係。但是構造運動及岩漿活動的結果，則使不同年代的岩層出現斷裂、錯動及穿插的關係；利用這種關係，我們可以確定這些岩層（或地層）的先後順序及地質年代。如圖 12.2 所示，岩體 2 侵入到岩層 1 之中，表示 2 比 1 新；岩脈 11 穿插於 1～10 的各個地層中，表示岩脈 11 的年代最新。由地層相對年代的新與老，可以判斷幾種地質構造的存在，如：

- 地層的層序如果沒有**倒轉**（Overturned）（老地層覆蓋到新地層之上，稱為倒轉），則地層係從老地層向著新地層的方向傾斜；即老地層位於上傾側（Up-Dip），新地層位於下傾側（Down-Dip）。
- 褶皺的核心部如果為較老的地層時，則為背斜構造；如果為較新的地層時，則為向斜構造。

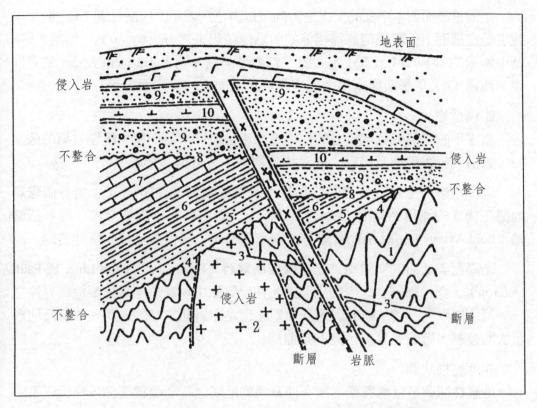

圖 12.2 由岩層及岩體的切割關係確定地層的相對年代

- 在垂直剖面上，如果老地層壓在新地層之上，則有兩種情況：
  (a)地層因為受到褶皺的關係，有一翼的地層被倒轉。
  (b)有一逆斷層存在。
- 在平面圖上，如果有老地層與時代不連續的新地層相接觸，則表示有斷層通過，且老地層的一側（即含著老地層的斷塊）為上升側（Upthrown Side）。

(3)岩層的位態

岩層傾斜的態勢稱為**位態**（Attituide）。它由走向、傾角及傾向三要素所構成（見 7.2.1 節）。在地質圖上以符號 ├ 來表示；其筆劃較長者代表走向，較短者代表傾向，兩者互相垂直；走向符號的方向要與岩層走向的方位角一致，傾角的度數則標示在傾向的附近（請見圖 12.1）；位態符號就放在測量點的圖上位置。

走向是層面與水平面的交線之方向（以方位角表示）（請見圖 7.1 上圖）；或者是在層面上，將任何高程相等的兩點連結起來之方位角（θ），如圖 7.1 下圖中所示的 1M、2M 及 3M 走向線，它們是高程分別為 1m、2m 及 3m 的走向線。傾角（δ）是層面與水平面的夾角，在走向線的垂直面上量之。

(4)構造線

當水平的岩層受到地質力的作用後即產生變形；當作用力超過岩層的強度時，岩層就發生破裂及錯動；前者稱為**褶皺**，後者稱為**斷層**。

同一褶皺面上最大彎曲點的連線稱為**樞紐或轉樞**（Hinge）；由各個岩層的樞紐構成的面稱為**軸面**（Axial Surface）；軸面與水平面的交線，稱為**褶皺軸**（Fold Axis），這就是地質圖上所表示的軸線，它代表褶皺的延伸方向。

斷層面與地面的交線稱為**斷層線或斷層跡**（Fault Trace, Fault Line, 或 Fault Outcrop），它是斷層在地表的出露線。在地質圖中，斷層線是重要地質界線之一。同地層界線一樣，斷層線的延伸型態也受斷層面本身的形狀、位態及地形起伏的控制，有的是直線，有的是曲線。

(5)地層柱狀圖

地層柱狀圖是就地質圖內所有涉及到的地層之新老疊置關係，恢復成原始水平狀態所切出來的一個具有代表性之柱狀圖表（請見圖 12.4）。它反映出一個地區的各時代地層之發育情況，包括岩性、化石、地層厚度及接觸關係等。如果該區有火成岩的侵入，則應在相應的部位加以表示及說明。

地層柱狀圖的比例尺一般比地質圖還要大。如果有些地層的岩性單一，厚度不大，則其地層柱的高度可以不必按照比例繪出，加以部分省略。相反的，一些具有重要意義的岩層或軟弱面（例如工程地質圖上的軟弱夾層、剪裂帶等），即使厚度很小，也必須採用適度的放大，加以表示出來，並加以說明。

(6)地質剖面圖

正式的地質圖上通常會附上一兩個切過圖框內主要構造的垂直剖面圖，以幫助讀圖者能夠迅速的掌握主要構造的輪廓。而剖面的位置則用一條細線或折線表示，且在其兩端註明剖面方向的數字或符號，如 I-I'、A-A'等。

地質圖係將四度空間（地理位置、高程、再加上時間）的地質資料（或條件）以二度空間的圖形來表示。**地質剖面圖**就是用推測的方式，將地層及構造在地表下的情狀勾繪出來的一種示意圖；它通常沒有經過鑽探及地球物理探測

的驗證，但是卻有學理上的根據。由於我們的肉眼只能看到地表面的地形及地物，無法透視地下的情況，所以如果有進一步的地下地質資料時，對剖面圖進行修正是常有的事。

一般而言，地質剖面圖也要按一定的比例尺製作出來。地質剖面圖有水平比例尺及垂直比例尺兩種。作圖時應該儘量使兩種比例尺的大小一致，地層及斷層的位態才不會扭曲變形。除非有絕對的必要，才會將垂直的比例尺放大。

(7)圖例說明

圖例（Legend）是一張地質圖不可或缺的部分。它簡單說明地質圖內所用的各種符號所代表之地質意義，包括地層的圖例（符號、顏色或花紋、界線、時間排序等）及構造的圖例（岩層位態、褶皺、斷層、節理、葉理等）等。

地層的代號一般劃成 0.8cm×1.2cm 的長方形格子，裡面塗上各種顏色，或者採用花紋的方式，在格子的左側再標示地層的年代，而在格子的右旁則註明地層的代號，再加上簡要的岩性說明。地層的圖例通常擺在地質圖框的右邊或下方。地質圖內出露的所有地層都應該有它的圖例；反之，地質圖內沒有出露的地層，圖例中也不該有。閱讀地層的圖例之後，就可以了解區內出露了哪些時代的地層、火成岩及地質構造的類型等等。

(8)其他資訊

其他資訊包括地質圖的名稱（主要是地理位置）、北向（在多數情況下，圖的方位為北上南下、東右西左）、比例尺（最好用縮尺表示，不宜採用數字比例，因為現代的複印技術太發達，地質圖很容易被放大或縮小）、製作單位與出版時間、引用資料說明、繪製人等。

▌12.2.2 讀圖步驟

由於地質圖的線條多、符號複雜，初次閱讀時有一定的困難度，但是如果能按照一定的讀圖步驟，由淺入深，循序漸進，對地質圖進行仔細觀察及全面分析，經過反覆演練，其實讀懂地質圖並不難。

就一幅地質圖而言，其圖框內的資料才是最重要的部分；但是要閱讀及了解其含義，則需先了解圖框外的符號索引。因此，讀圖時，一定要掌握**先圖外後圖內**的原則；首先閱讀圖框外的說明內容，再轉入圖內閱讀。

圖框外的說明一般包括圖名、北向、比例尺、圖例及其說明、地層柱狀圖、地質剖面圖等，已如前述。講究一點的還會顯示製圖單位及相關人員、製

圖日期及資料來源等。

正規的讀圖步驟如下：

(1)先讀圖名及比例尺。

在讀圖之先，我們必須對圖幅內的地區建立一個整體的概念。例如我們可以從圖名得知，圖幅的所在地區之地理位置及範圍，同時知道圖幅的類別及性質；比例尺則說明地形地物的縮小程度。讀圖前必須特別留意，原圖是否曾經被放大、縮小了。一般而言，比例尺常用縮尺的方法表示，也有用文字或比數的方法表示，如五千分之一或 1：5,000。如果地質圖的比例是用縮尺表示的，則不必擔心比例尺的問題，因為不管原圖被放大或縮小多少，縮尺也是等量的被放大或縮小。如果地質圖的比例是用文字表示的，則必須先確認縮尺的可靠度；因為地形圖上一般都有方格，其邊長常為 1,000 公尺，或 500 公尺，所以應該先用量尺測量一下。

(2)閱讀圖的出版時間及引用資料的說明。在我們參閱地質圖時也許還有更新的資料已經出版；雖然更新的資料不一定是最正確，但是至少有更新的發現，或有更新的證據，或者有其他的主題內容，正是我們所需要者。

(3)確定北向是在圖框的哪一邊。

北向一般採用箭頭或箭頭加N字表示；絕大多數情況的定位是北上南下、東右西左。或可根據座標值來判斷，在臺灣是向北及向東增大。此時也要注意一下，真北與磁北的偏角（磁偏角）是幾度，這在野外要用地質羅盤量測方位角時非常需要。

(4)閱讀圖例。

圖例是閱讀地質圖的一把開門的鑰匙。凡是圖內有出現的符號或界線都會在圖例中有所說明。其中最重要的就是地層的符號（有時用顏色顯示）。它通常被放置在圖的右邊或下方，利用各種顏色或用花紋加上英文代號表示圖區出露了哪些時代的地層。有時會再用簡短的文字說明各地層的主要岩性，即地層柱狀圖。看地層圖例時，要特別注意地層之間是否存在著地層缺失的現象。

地層的上下排列順序一定是沉積岩在上、火成岩在中間、變質岩殿後；同時會依照生成的年代，由新而老往下排列（但是在地質的報告內，則是依照由老而新的順序，對地層進行說明及描述）。如果英文代號中附有數字時，則 1 代表較老的，以數字越大表示年代越晚。

在圖例中，地層的符號排好了，接著就會排地層的界線及位態、地質構造線（如背斜軸、向斜軸、斷層、節理、葉理等）等符號，如圖12.3所示。其中對於實測的、推測的及被掩蓋的部分等都要用不同的符號加以區分。實測的採用實線；推測的則採用虛線，虛線的短畫越短，表示資訊越不可信，因此點線是最不可靠的，所以被掩蓋的地質界線都用點線顯示。

(5)閱讀地層柱狀圖。

地層柱狀圖一般係以圖表的方式表示。其最左的一欄通常會顯示地層的生成年代（如果是鑽探資料時，則常顯示深度），其右側則為地層的代號，一般以英文字母表示；再往右則為代表地層的花紋，如圖12.4所示。其右側分別有地層的名稱及其厚度、岩性簡述與所含的化石。這種地層柱狀圖不一定每一張地質圖都會提供。

(6)閱讀地質剖面圖。

正式的地質圖一般都會附上一至兩張切過圖區內主要構造的剖面圖，以幫助讀圖的人，迅速掌握圖區的地層在地表下的延伸情形，以及主要的構造輪廓。切剖面的位置在地質圖上會用一條細線表示，且在其兩端註明代表剖面左右或上下兩側的相對位置，如 A － A'、B － B'、或 A － B 等（請見圖12.1）。

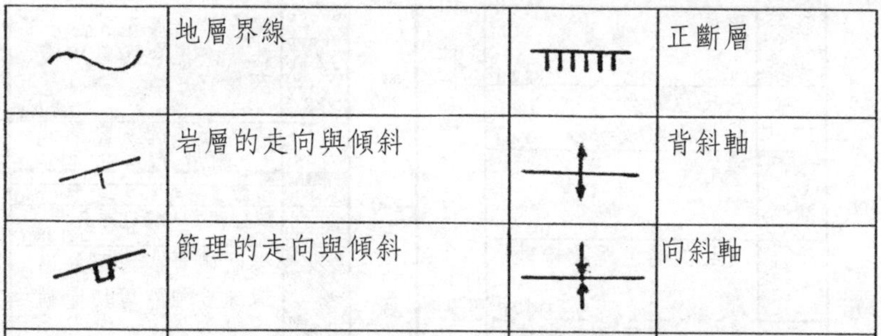

〜	地層界線	⊤⊤⊤⊤⊤⊤	正斷層
	岩層的走向與傾斜		背斜軸
	節理的走向與傾斜		向斜軸
⇌	平移斷層		同斜背斜軸
▼▼▼	逆掩斷層		同斜向斜軸
▽▽▽	逆斷層		

圖12.3　幾種最常用的地質圖例

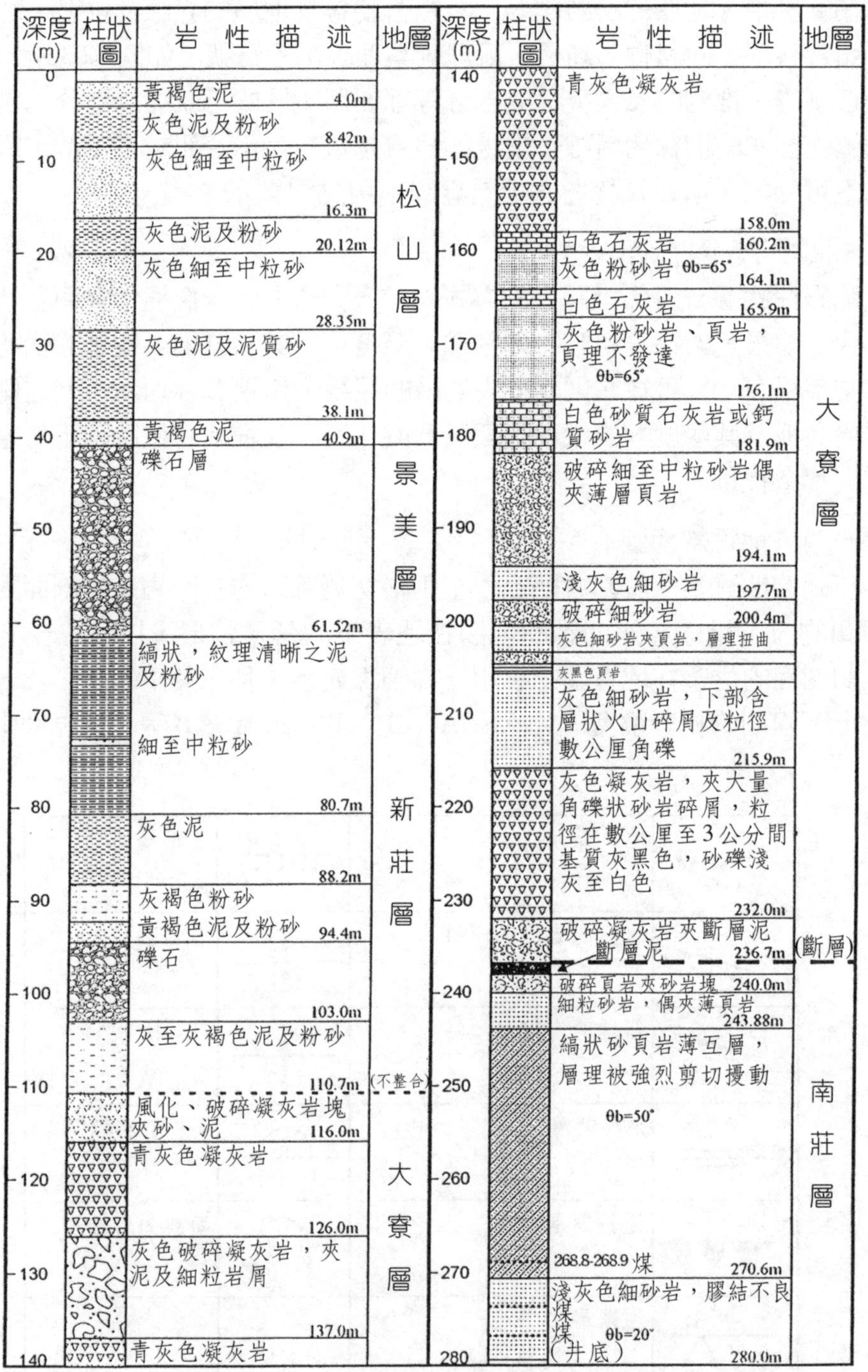

深度(m)	柱狀圖	岩 性 描 述	地層	深度(m)	柱狀圖	岩 性 描 述	地層
0		黃褐色泥 4.0m		140		青灰色凝灰岩	
		灰色泥及粉砂 8.42m		150			
10		灰色細至中粒砂	松				
		16.3m	山			158.0m	
20		灰色泥及粉砂 20.12m	層	160		白色石灰岩 160.2m	
		灰色細至中粒砂				灰色粉砂岩 θb=65° 164.1m	
		28.35m				白色石灰岩 165.9m	
30		灰色泥及泥質砂		170		灰色粉砂岩、頁岩，頁理不發達 θb=65°	大
		38.1m				176.1m	寮
40		黃褐色泥 40.9m	景	180		白色砂質石灰岩或鈣質砂岩 181.9m	層
		礫石層	美			破碎細至中粒砂岩偶夾薄層頁岩	
50			層	190			
						194.1m	
60						淺灰色細砂岩 197.7m	
		61.52m		200		破碎細砂岩 200.4m	
		縞狀，紋理清晰之泥及粉砂				灰色細砂岩夾頁岩，層理扭曲	
70						灰黑色頁岩	
		細至中粒砂		210		灰色細砂岩，下部含層狀火山碎屑及粒徑數公厘角礫	
			新			215.9m	
80		80.7m	莊	220		灰色凝灰岩，夾大量角礫狀砂岩碎屑，粒徑在數公厘至3公分間基質灰黑色，砂礫淺至白色	
		灰色泥	層				
		88.2m		230		232.0m	
90		灰褐色粉砂				破碎凝灰岩夾斷層泥 斷層泥 236.7m	(斷層)
		黃褐色泥及粉砂 94.4m				破碎頁岩夾砂岩塊 240.0m	
		礫石		240		細粒砂岩，偶夾薄頁岩 243.88m	
100		103.0m				縞狀砂頁岩薄互層，層理被強烈剪切擾動 θb=50°	南
		灰至灰褐色泥及粉砂		250			莊
110		110.7m	(不整合)				層
		風化、破碎凝灰岩塊夾砂、泥 116.0m		260			
120		青灰色凝灰岩	大			268.8-268.9 煤 270.6m	
		126.0m	寮	270		淺灰色細砂岩，膠結不良 煤	
130		灰色破碎凝灰岩，夾泥及細粒岩屑	層			煤 θb=20°	
		137.0m		280		(井底) 280.0m	
140		青灰色凝灰岩					

圖 12.4 台北盆地的地層柱狀圖（林朝宗等，民國 87 年）

(7)閱讀地質圖。

讀完上述各種輔助說明之後，即可進入最重要的部分，即地質圖的閱讀。

(a)分析地形

正式讀圖時，首先應該先分析地形，因為地形的高低起伏會影響地質界線的出露形狀；只有結合地形才能深入的進行地質分析。一般可透過地形等高線及河流水系的分布來了解地形特性；山頭及山稜線的走勢也是很好的地形標誌。

(b)掌握岩層的位態

各種位態的岩層或地質界面，因受地形高低起伏的影響，在地質圖上的表現型態非常複雜；其露頭（即層面與地形面的交線）形狀的變化係受到地形起伏及岩層傾角大小及傾向的控制。簡單的說，水平的層面切過複雜的地形面時，其交線會平行於等高線延展（請見圖 7.4）；而垂直的層面則會直切等高線，不受崎嶇不平的地形面所影響（請見圖 7.5）。至於傾斜的層面遇到河谷時則會發生轉折，並且局部形成 V 字；至於 V 是指向上游或下游，則受層面的傾向及傾角與河谷之間的相對關係而定（請見圖 7.6 及圖 7.7）。

傾斜的岩層面或其他地質界面的露頭線，等於是一個傾斜面與地面的交線，它在地質圖上及地面上都是一條與地形等高線相交的曲線，且呈現許多 V 字或 U 字。由於岩層的位態不同，所以 V 字在地質圖上的表現也各不相同；但是我們可以將各種情況歸納之後，得出下列幾條定律：

(i)在地質圖上，岩層切過河谷時，如果岩層的露頭線 V 字指向下游，則岩層確定向下游傾斜（請見圖 7.6）。

(ii)在地質圖上，岩層切過河谷時，如果岩層的露頭線 V 字指向上游，則岩層一般而言是向上游傾斜，但也可能向下游傾斜（請見圖 7.7）；後者發生於岩層的傾角小於河谷的比降時之情況。

在這種兩可的情況下，就要由岩層的走向線來決定其傾斜方向。所謂**走向線**是指將同一個岩層的界面（必須是同一個界面）與某一個高程的等高線之相交點連結起來的線，如圖 12.5 的 ab 或 cd 即為岩層 B 在高程分別為 300 公尺及 200 公尺的走向線。該層面可以與很多條等高線相交，這些不同高程的走向線都會互相平行，如 ab, cd, ef 等在局部地區都應該是互相平形

的。這些互相平行的走向線如果其高程是向上游降低（如圖 12.5），則岩層就是向上游傾斜；反之，則是向下游傾斜。

已知岩層的位態之後，即可推斷岩層的相對年紀（當然也可以從地層的圖例或地層柱狀圖中得知）。在岩層沒有倒轉的情況下，則朝上傾側（Up-Dip）的方向走，岩層逐漸變老；反之，朝下傾側（Down-Dip）的方向走，則岩層逐漸變年輕。

(c)識別褶皺構造

褶皺構造在地質圖上的表現，主要係根據岩層分布的對稱關係，以及新老地層的相對分布來判斷。大部分褶皺於形成之後，地表都已受到了侵蝕，因此構成褶皺的新老地層都有部分露出地表。圖 12.6 所示是一個背斜構造，圖中出現兩條同一地層的露頭帶，一南一北。北邊的一條遇到河谷時，V字指向上游，所以可能是向上游傾，也可能向下游傾；因此，接著就要分析走向線是向什麼方向降低其高程。我們以 b 層最北邊的層面為例（注意：一定要找到同一個層面才行；同一個層面在地質圖上看起來就是一條連續的彎彎曲曲的曲線），找到圖中央的河谷，其 150 公尺走向線偏南，而 130 公尺走向線偏北，所以可以確定該地層係向北傾斜。同樣的，最南邊的露頭帶在河谷的地方，其 V 字指向下游，所以馬上可以確定，該

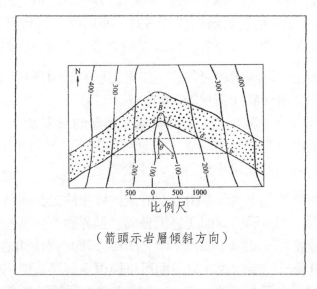

（箭頭示岩層傾斜方向）

圖 12.5　由走向線決定岩層的傾斜方向（向北，即向上游傾斜）

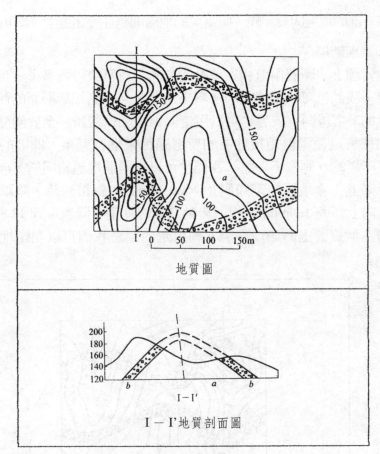

地質圖

I－I'地質剖面圖

圖 12.6　背斜構造在地質圖上的表現（徐九華等，2001）

地層在此處係向下游（即向南）傾斜。因為地層的分布呈對稱狀，而且兩翼的地層係向相反的方向傾斜，所以可以推定這是一個背斜構造。對於一個背斜構造而言，其核心部的地層(a)較老，外圍的地層(b)較年輕，而且越往外越年輕。對於地層的相對老與新之掌握非常重要，因為我們可以根據此項資訊來推斷一個斷層兩盤的相對運動方向。

在同樣的地形上，一個向斜構造則呈現完全不一樣的型態（請見圖12.7）。我們先看北翼的 b 層，其在河谷的地方，V 字指向下游，所以立刻可以判斷，地層在此處係向下游（即向南）傾斜。再看南翼的 b 層，其 V 字指向上游，所以必須分析走向線才能判斷其傾向。我們針對其北層面，其 140公尺走向線偏南，110 公尺走向線偏北，所以該處的地層向北傾斜。由於兩翼的傾向相向，所以可以推定它是一個向斜構造。對於一個向斜而言，

其核心部的地層(a)最年輕,而兩翼的地層則越往外圍越老(即b比a還老)。

(d)識別斷層

在地質圖上,斷層兩盤相對運動的方向常有符號可資參考。但是在缺乏符號時,我們也可以用讀圖的技巧來進行研判。例如斷層面的傾斜方向可用前述的V字規則,或者也可以用走向線法加以判斷。至於兩盤的相對運動方向則可以從兩盤相接地層的新老關係來進行判斷,即老的一側是上升盤,年輕的一側為下降盤。我們也可以從兩盤地層錯開的方向來定上升盤或下降盤:當地層向下傾側(Down- dip)相對錯動時,該斷塊即為上升盤;向上傾側(Up-dip)相對錯動的斷塊就是下降盤。圖12.8表示一個正斷層在地質圖上的表現型態。利用走向線法我們可以判斷地層係向南傾

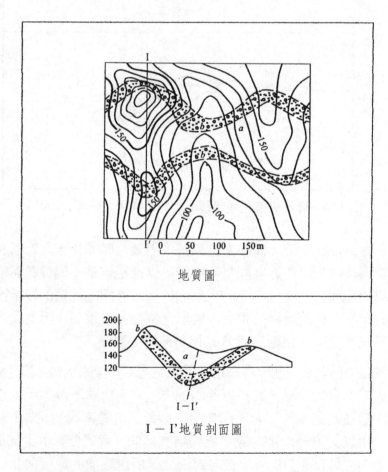

地質圖

I－I'地質剖面圖

圖12.7　向斜構造在地質圖上的表現(徐九華等,2001)

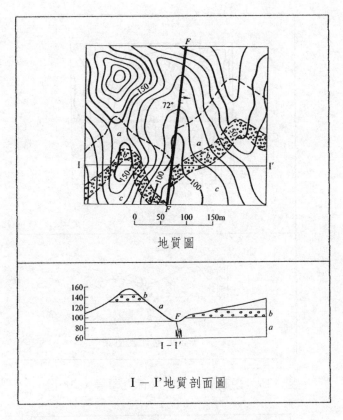

圖 12.8　正斷層的研判（徐九華等，2001）

斜，所以三個地層中，以 a 最老、b 次之、c 最年輕（岩層向 Up-dip 的方向漸老）。接著，我們追蹤 b 地層，發現在河谷的地方被斷層所錯斷，因為東盤的 b 層接觸到西盤較老的 a 層，所以西盤是為上升盤。已知斷層（F － F）面向東傾斜 72°，因此可以判斷這是一條正斷層。

在同樣的地形面上，一個逆斷層的表現則如圖 12.9 所示。同樣的，我們利用走向線法，先確定三個地層的相對年紀，因為南、北兩個斷塊的地層都是向北傾斜，所以 b 層最老、a 層次之、c 層最年輕。接著，我們要追蹤最老的 b 層，從南斷塊先追蹤，b 層的連續性很好，沒有被斷層所錯斷。我們改追蹤北斷塊的 b 層，在 I － I'線的附近，b 層與最年輕的 c 層相接，因此推斷北斷塊是個上升盤。已知斷層（F － F'）面是向北傾斜，所以可以確定這是一條逆斷層。

斷層常將地層界線或構造線切斷，如圖 12.10 所示。當斷層切過褶皺構造

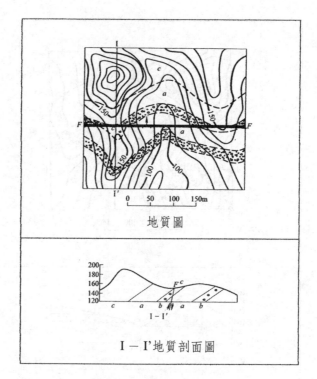

圖 12.9　逆斷層的研判（徐九華等，2001）

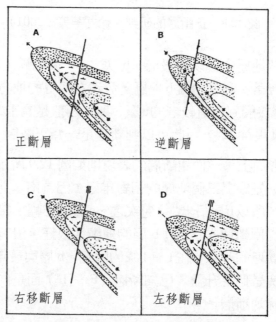

圖 12.10　斷層切過背斜軸時地層之錯開情形

時，如果斷層有一側的地層界線同時向內收縮，則不是正斷層就是逆斷層；主要辨識的方法要看斷層兩側的相鄰地層之相對年紀，老地層的一側就是上升斷塊。或者背斜的內縮側為下降斷塊；向斜的內縮側則為上升斷塊。如果斷層兩側的地層界線沒有收縮及外張的現象，而是向同一個方向錯開，則為平移斷層。

(e)識別不整合

不整合（Unconformity）也是一種不連續面；它代表著岩層在沉積過程中有所中斷，也就是地殼有過上升，使得原來沉積好的岩層被抬升，並且可能被傾動，然後露出地表，遭受侵蝕；之後，地殼發生沉降，新的沉積物覆蓋在侵蝕面上。在這新、老沉積物之間的界面就是所謂的不整合。不整合接觸的兩套岩層之位態可以是一致的，也可以是不一致的；前者稱為**平行不整合**，後者稱為**交角不整合**。新沉積物中首先沉積的很可能是礫岩，稱為**底礫岩**（Basal Conglomerate）；而且新沉積物的層面大都與不整合面平行，這是不整合與斷層最容易辨別的地方（請見圖 12.11A）。在地質圖

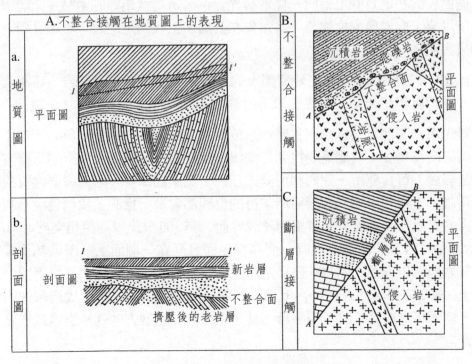

圖 12.11　不整合與斷層的識別

上，不整合面兩側的地層，明顯的表現為兩套完全不同的位態（請見圖12.11Aa），並且有地層的缺失；不整合面會將斷層線、褶皺軸、侵入岩等全部截斷，而且在不整合之上的新地層內不再出現這些構造線或老侵入岩；且新地層的位態與不整合的走向及傾斜極為一致（請見圖12.11B）。

12.2.3　地質圖的簡單計量

　　由岩層的走向及傾斜我們可以圈繪順向坡與逆向坡的範圍，可以設計開挖邊坡的角度，以及評估邊坡的穩定性；可以預測邊坡開挖或地下開鑿（如隧道開挖）可能會遇到什麼岩層；也可以預知打鑽時會在什麼深度遇到什麼岩層等等；更重要的是我們需要知道岩層的位態才能判斷地質構造的型態。可見從地質圖上求取岩層的位態是多麼的重要。

　　要知道岩層的走向與傾斜，以及預測岩層的深度與厚度，我們可以從地質圖上進行一些簡單的計量。現在說明如下。

　　(1)由層面上的走向線求取岩層的位態

　　回憶一下**走向線**的定義（請見圖7.1），它是在一個面上（注意：必須是同一個面，其在地質圖上為同一條地層界線），將高程相等的兩點連結起來的線。所以要求取岩層的位態時，必須先在其層面上找到走向線。現在且用一個實例來說明。

　　圖12.12表示四個岩層在地質圖上的分布，分別是砂岩、頁岩、石灰岩及泥岩。其相對年紀未知，需要先求得位態才能判斷。

　　首先看到四個岩層遇到河谷時均形成V字，所以其位態是傾斜的。為了確定傾斜方向及角度，我們需要找到走向線。現在有三個層面（圖上的三條實曲線都是層面）可資運用，我們利用其中任何一個層面即可，因為只要地質圖的作圖精確，不管利用哪一個層面所求得的位態都會是一樣的。我們就選石灰岩與泥岩的界面（ab曲線）。該層面（或界面）與300公尺等高線相交於a、a_1、a_2、a_3四點。因為此四點都在同一個高程，而且同在一個面上，所以其連線即為石灰岩與泥岩界面上的300公尺走向線。以同樣的方法，我們又找到同一個界面上，200公尺走向線b、b_1、b_2及b_3。在一個小區域內（地質構造單純的區域），這兩條走向線應該互相平行，且呈南北向；這個方向就是岩層或岩層界面的走向。

　　由於200公尺走向線係在300公尺走向線的東側，所以岩層應該是向東傾

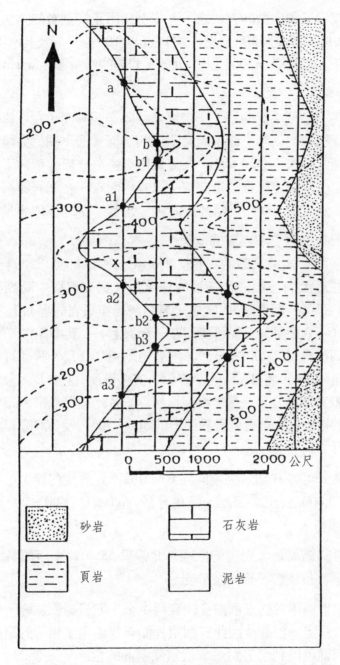

圖 12.12　從層面上的走向線求取岩層的位態

斜。知道了岩層的傾向之後，即可以推斷，岩層是由西向東逐漸年輕，也就是
泥岩最老，接著是石灰岩及頁岩，以砂岩最年輕。至於傾斜角是多少，我們可

以用作圖法，或者三角函數的方法求得。本例採用正切函數的方法，我們需要有該兩條走向線的高程差（300公尺 − 200公尺 = 100公尺）及其水平間距XY。利用比例尺，可以求得XY = 500公尺。因此，岩層的傾角等於arctan（100/500）= 11°20'。

找走向線時，必須注意的是：一定要連結同一個層面（在地質圖上是同一條曲線）上高程相等的兩點；絕不能將不同的層面（即不同的曲線），但相同的高程之兩點連結起來，如將 a 和 c、或 a_3 和 c_1 連在一起就不對了。又在找走向線時，不一定要找固定高程的走向線；以本例而言，在泥岩與石灰岩的界面上也可以找 400 公尺與 200 公尺兩條走向線，由其求得的位態會是一樣的。

⑵由層面上的三點求取岩層的位態

假定在一個面上知道三點的高程，則利用三點法即可以求得走向線及傾斜。其原理是在最大高程與最小高程的連線上找到高程與中間高程相同的點（依比例原則）即可。例如圖 12.13 中，看石灰岩與頁岩的界面上（BCDEA曲線），找到 B、C、A 三點（三點不能同在一直線上），其中 B 的高程最高（600公尺），A 的高程最低（200公尺），兩者相差 400 公尺。我們可以運用比例的原理，首先連結 BA，將 BA 切成四等分，其中間點（C'、D'、及 E'）的高程分別是 500、400 及 300 公尺。然後將高程相等的各點連接起來，即 CC'、DD'、及 EE'，它們分別是石灰岩與頁岩界面上的 500、400、及 300 公尺的走向線，都應該互相平行才對。

傾角的求法，可從 B 劃一條傾向線 BA'（即垂直於走向線），根據比例尺求出其長度為 3,000 公尺；因此，傾角等於 arctan〔（600 − 200）/3000〕= 7° 35'，向東南傾斜。

因此，求得的結果是，岩層的位態為北偏東 55°，向東南傾斜約 8°；且岩層由老至新依序為石灰岩、頁岩及砂岩。

相同的方法也適用於從三個鑽孔的資料中來求取岩層的位態。根據幾何學原理，三點可以決定一個面；因此三個鑽孔如果都鑽遇了相同的層面（如地層的界面），我們就可以利用三點法求取這個層面的位態。

圖 12.14 中，A、B、C 是三個鑽孔的位置，其井口的高程分別為 500、675、及 520 公尺，且 A 孔正好打在砂岩（用點狀花紋表示）與頁岩（白色部分）的交界線上。已知 B 及 C 孔分別在地表下 675 及 320 公尺的深度鑽遇相同的界面。

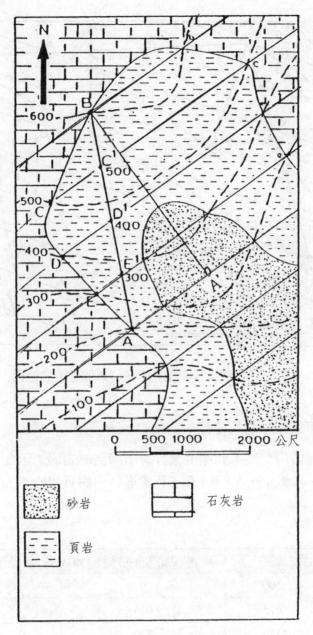

圖 12.13　由層面上的三點求取岩層的位態

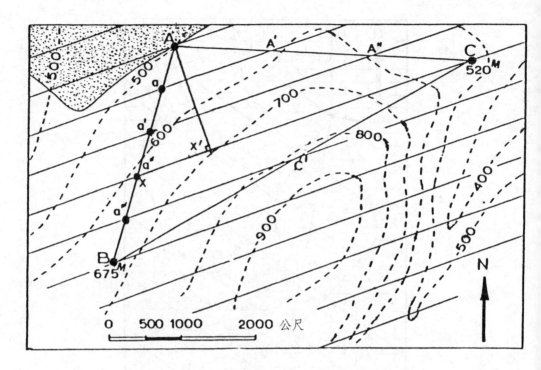

圖 12.14　利用三個鑽孔的資料求取岩層的位態

從以上資料即可求取岩層的位態。

　　鑽探工程習慣用地表下的深度來計算所鑽到的岩層；因此，我們應該將深度轉換成高程。本例中，A、B、C三孔鑽遇砂岩與頁岩的界面之高程（單位均為公尺）為：

孔號	井口高程，m	鑽遇岩層界面的深度，m	岩層界面的高程，m
A	500	0	500
B	675	675	0
C	520	320	200

　　由以上高程的數值可知，砂、頁岩的界面以在 A 點最高，在 B 點最低。因此，我們將 A 與 B 連結起來，然後依據比例原理，只要在 AB 線中找到 200公尺的高程點 X，與 C 相連即為走向線。即

$$\frac{AB}{AX} = \frac{A 點高程 - B 點高程}{A 點高程 - X 點高程} = \frac{500 - 0}{500 - 200}$$

得 AX = 1,890 公尺。找到 X 點之後，連結 C 與 X 兩點即得砂、頁岩界面的 200 公尺高程的走向線。從 A 點劃一條線直交 CX 線於 X'，即可求取傾角，即：

$$傾角 = \arctan \frac{A 點高程 - X' 點高程}{AX' 水平距離} = \arctan \frac{500 - 200}{1500} = 11°20'$$

因此，岩層係從 A 向 X' 方向傾斜，傾角約 11°，而且年輕的頁岩覆蓋在較老的砂岩之上。

更簡單的方法是將 AB 均分成五等分，取 BX=200（或 AX=300），連 XC 即得 200m 走向線。

(3)由地質圖求取岩層在地表下的厚度及深度

有時我們需要從地質圖上推測，在地面上的一個已知點，要多深才能遇到某一個岩層。對於這一類問題，一般我們會用切剖面的方法來求取答案，比較簡易明瞭。

但是切剖面的方向往往需要平行於某路線來切，很少是垂直於走向線而切的（即正剖面）。因此，在這種不是正剖面的斜剖面上，岩層的傾角看起來會比真正的傾角還要小，這個角度就是所謂的**視傾角**（Apparent Dip）。視傾角與真傾角之間可用三角公式予以轉換（請見 7.2.1 節）。我們在斜剖面上需要用視傾角來繪製岩層的界面

如圖 12.15 所示，有一層堅硬的塊狀砂岩出露於向東傾斜 15° 的斜坡上，其走向為 N50°W，向西傾斜 35°。從砂岩的底界 A，向西量到其頂界 B 的斜坡距離為 70 公尺。現在準備在 H 處打一垂直鑽孔，應該在什麼深度會碰到這層砂岩？又需要鑽多長才能貫穿它？

遇到這一類問題，最簡捷的方法就是沿著 ABH 線作一個地質剖面圖（下一節會說明如何製作地質剖面圖），然後從剖面圖上加以計量。

本例中，δ = 35°，β = 90° − 50° = 40°，所以 tanα = tan35° × sin40°；計算後得 α = 24°；意思是說，沿著 ABH 線作地質剖面圖時，岩層的傾角看起來只有 24° 而已。圖 12.15 的下圖就是沿著 ABH 所作的地質剖面圖。

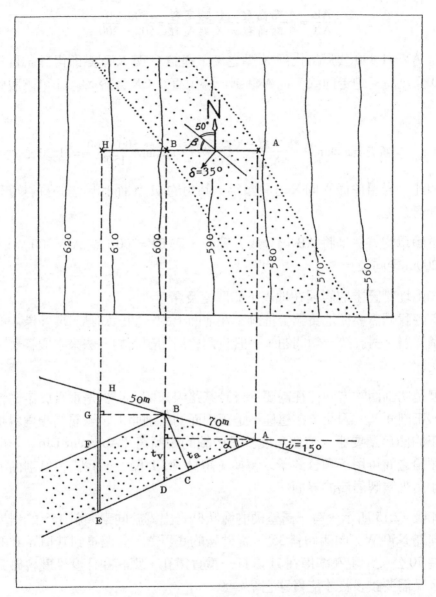

圖 12.15　從地質圖求岩層在地下的厚度與深度

　　現在從 H 處打一垂直孔，在 F 處即可遇到這層塊狀砂岩；從圖上量得 HF ＝34.4，也就是說在地表下 34.4 公尺的地方會遇到砂岩層。又量得 FE＝48，也就是說碰到砂岩後，繼續施鑽 48 公尺即可貫穿它。

　　岩層的厚度係指其頂界至底界的垂直距離（即 BC）。這個距離不能在視

傾角的剖面圖上直接量取。與視傾角的換算一樣，視厚度要換算回去求真厚度，其換算式如下：

$$Tt = Ta \cdot (\cos\delta / \cos\alpha) \quad\cdots\cdots\cdots\cdots\cdots\cdots\quad (12.1)$$

　　式中，Tt ＝岩層的真厚度

　　　　Ta ＝岩層的視厚度

　　　　δ＝真傾角

　　　　α＝視傾角

　　本例中，δ＝35°，α＝24°，Ta＝BC＝44 公尺，代入上式，得 Tt＝39.5 公尺。真厚度比視厚度還要薄！可見在野外的垂直露頭上，我們所看到的岩層厚度其實大都比實際的厚度還要厚！

12.3　地質剖面圖的製作

　　地質剖面圖係按一定的比例尺記錄及揭示地表下的地質狀況之一種圖件。它只代表一個垂直斷面的地質情況；一般都是由地面調查的資料，直接向地下推演的結果，並沒有經過鑽探或其他方法的驗證。地質剖面圖常顯示於地質圖的下方，有時則與地質圖分開。

　　地質剖面圖的編製基本上可分成下列三個步驟：

　　⑴選擇剖面圖的剖面線位置與方向，以揭示最豐富或必要的地質資訊。

　　⑵沿著剖面線作地形剖面，以表現地面的起伏情形，並配合其下的地質狀況，以評估地形與地質之間的關係。

　　⑶根據地層的位態及構造型態，填入地下地質資料，如將地表所調查清楚的地層界線（3D 時為界面）、地質構造型態等資料延伸到地下。

12.3.1　剖面位置的選擇

　　製作剖面圖的目的，主要是要顯示岩層在地下的延伸狀況、其構造、岩層的相互關係，以及各岩層的地形表現等。因此，剖面線（在地質圖上為線，在地下則為直立面）必須選在能夠揭示最多資訊的位置。選線的準則如下：

　　⑴直交於走向線，即平行於傾向線。這種方向可以看到真傾角，即最大的

傾角。

(2)切過多種構造線，如褶皺軸、斷層線、地層界線等。這個方向不一定會
直交於走向線，因此需要用視傾角表示岩層的位態（岩層的傾角看起來
比較緩和），雖然不是真正的傾角，但是卻可以表示岩層非常豐富的構
造現象。

(3)切過主要的地質災害區，或不良的岩土層分布區，如崩塌地、地滑地、
順向坡、土石流、崩積土、崖錐堆積等。這個方向一般是順著邊坡，從
坡頂直切到坡趾部；這樣最容易看出邊坡與地質的關係，適用於評估邊
坡的穩定性。

(4)與工程的路線一致，包括隧道、道路、渠道、壩軸等。這個方向一般是
不會直交於走向線的，但是可以表現沿線的岩層視傾角；最重要的是可
以預測在什麼里程可以遇到什麼岩層或斷層。另外，在重要的地段則要
繪製橫向的（即橫切工程的路線或軸線）剖面；這樣可以評估路線兩側
的地質情況，尤其是隧道。

(5)碰到交角不整合時，因其上、下兩套岩層的位態不一樣，所以儘量考慮
在不整合面之下的老岩層中選剖面線；此因老岩層的傾角較大，而且受
到的褶皺及斷層作用也較深，地質情況複雜得多。

12.3.2　走向線法

地質剖面圖的製作以走向線法比較準確。現在以實例介紹於下：

圖 12.16 表示某一地區的地質圖，圖中的虛線為等高線，實線則為岩層的
界線。岩種中，沉積岩、火成岩及變質岩都有出現。沉積岩的相對年紀示於圖
例的左邊；A、B、C分別表示砂岩、頁岩及石灰岩的底界。茲將繪製方法一步
一步的詳細說明於下：

(1)選定剖面線

在選線之前，我們需要概略的閱覽一下地質圖，以大體了解整個地區的地
質概況。

首先，我們可以先注意沉積岩。因為斷層的兩側或不整合面上、下的岩
層，其位態一般都會有差異，所以通常我們可以以斷層面或不整合面為界，依
據岩層位態的不同，將沉積岩先行分組，然後按照組別來填製剖面圖。

在本例中，主要有兩個不整合面；較新的一個位於地質圖的右上角及中央

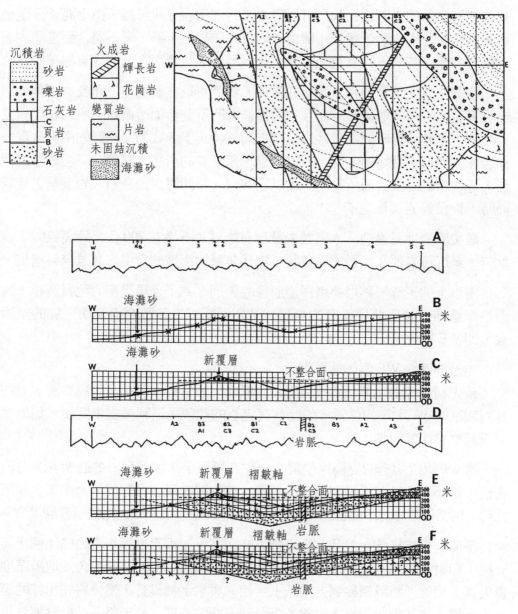

圖 12.16　地質剖面圖的走向線繪製法

部位（眼球狀的部分），分開底礫岩與老沉積岩的地方；因為它與等高線平行，所以我們知道這一個不整合面基本上是水平的。第二個不整合面位於地質圖的左邊，分開老砂岩與片岩及花崗岩的地方；因為它切過等高線，所以我們

知道它是傾斜的。因此，我們可以將本區的沉積岩分成三組，由上而下分別是新不整合面之上的新沉積岩（即新砂岩及底礫岩），新、老不整合面之間的老沉積岩（即石灰岩、頁岩及老砂岩），以及老不整合面之下的片岩與花崗岩。

接著注意一下有沒有火成岩的侵入。我們可以在圖的左上角及右下角分別發現有花崗岩侵入的情形；而且它們都被老的不整合面所截斷，所以它們只侵入片岩，且其活動時間在老砂岩沉積之前就停止了。我們又在圖的中央發現一條岩脈，由於它直切等高線，所以知道它是直立的岩脈；同時它只切過老沉積岩，卻被新的不整合面所截斷，所以它的侵入時間應該是在石灰岩沉積之後或同時，以及礫岩沉積之前。

最後看看地質構造。本區並未發現有斷層；不過在 200 公尺等高線的山谷地帶，老沉積岩都在此形成馬鞍狀，這是典型的褶皺的表現，且是向斜構造。

由以上的了解，再根據選擇剖面線的原則，為了表現豐富的地質資訊，我們最好選擇一條既切過所有的岩層，又切過新、老不整合面及構造線的剖面線，即 WE 切線。

(2)沿剖面線 WE 製作地形剖面

首先利用一張比 WE 切線還要長的紙條，將其邊緣與 WE 切線靠攏，並在其兩端註明 W 及 E 的位置，如此具有定位的功效，以利紙張拿開後，如果要重新歸位會比較迅速。

將 WE 線所切過的等高線位置一一點在紙條上，並且逐一的註明其各自的高程（如圖 12.16A）；遇到特殊的地形，如山頭、深谷、鞍部、火山口、局部凸起、局部低凹等，不妨也註記下來，當要連接地形剖面時，比較不容易混淆。

準備一張方格紙，並且在垂直軸上註明高程；垂直軸與水平軸的比例尺要一樣（即與地質圖的比例尺一樣），否則地質剖面圖上的地層傾角及地層厚度會失真。接著，將紙條移到方格紙上，使其與水平軸靠齊，然後將註記好的等高線高程，依其相對的水平位置，投影到對應的高度，然後將各投影點連結起來，即完成地形的剖面圖（如圖 12.16B）。

(3)首先填入新不整合面之上的新沉積岩

填圖的方法要從最年輕的地層開始，以漸近的方式自地表往下逐層的填入剖面圖內。

　　回到地質圖上，我們發現最年輕的地層是海邊的抬升海砂，它的高程大約在 100 公尺附近，所以很容易就可以填到剖面圖上，如圖 12.16B 及 C 所示。

　　又從地質圖的右上角可見到礫岩（即不整合面之上的底礫岩）及年輕砂岩為水平的岩層，因為它們的界線與等高線平行，所以跟等高線沒有交點，因此也就沒有走向線。圖中央的礫岩也是如此。

　　我們發現，砂岩的底界位於高程約 450 公尺處，礫岩的底界則位於約 350 公尺處，所以很容易就可以填入剖面圖（請見圖 12.16C）。分布於圖中央的礫岩稱為外留體（Outlier），因為它被較老的地層所包圍。礫岩的底界就是一個交角不整合面（Angular Unconformity），其下伏的是傾斜的較老岩層；兩套岩層之間有沉積間斷。

(4)繼之填入新、老不整合面之間的老沉積岩

　　因為我們已知老沉積岩有受過褶皺作用，所以其位態是傾斜的，也就是其岩層界線會與等高線相交，因此我們需要劃走向線。

　　劃走向線的方法，需利用透明膠片，疊覆在地質圖上，並用膠帶黏貼住；然後將所有的地層界線與等高線的交點找出來，並且劃上走向線（如圖 12.16 的地質圖），且註明每一個交點是哪一個層面在什麼高程出露的地方，或是哪一個層面在某高程的走向線（請見地質圖上走向線旁邊的註記），例如 A2 走向線就是表示 A 層面（即老砂岩的底界）的 200 公尺走向線，B3 走向線表示 B 層面（即頁岩的底界）的 300 公尺走向線等等。圖中的 B3 與 A1 合而為一，其實它們並不是同一條線，B3 是在 300 公尺的高程，而 A1 則是在 100 公尺的高程，兩者在垂直方向上是一上一下，但是垂直投影之後，兩條線卻重合在一起。由劃好的走向線得知，這些老沉積岩，其走向線都呈南北向。

　　接著，用一張比 WE 切線還要長的紙條，將其邊緣貼近 WE 切線，並在其兩端註明 W 及 E 的位置，然後將所有走向線的位置點在紙條上，並且註明層面與高程的符號，如 A2、B3/A1、B2/C3 等，如圖 12.16D 所示。

　　然後將註記好的紙條移到剖面圖上，位置對準後即開始將地層及構造線填入剖面圖內。其方法很簡單，首先從左邊開始，將 A2 的註記對準 A2 的位置，然後在 200 公尺的高程處劃 X（請見圖 12.16E），這一點就是 A2 走向線在剖面圖上的位置，呈現為一點，該點就是老砂岩底界上的一點。同樣的，將 B3/A1 的註記對準好之後，即在 300 公尺及 100 公尺的高程處劃兩個 X，一個是

B3 走向線在剖面圖上的對應點，另外一個就是 A1 走向線的對應點；至此，A 走向線已經有兩點了（即 A2 及 A1），將兩點連起來就是老砂岩底界的一部分。依此方法進行，漸漸的即可將剖面圖填滿。

(5)再填入老不整合面之下的結晶岩

結晶岩是沉積岩之對，是火成岩與變質岩的合稱。

從地質圖上的資料，尚不足以判斷片岩與花崗岩在地表下的接觸關係，所以只能用問號表示之（請見圖 12.16F）。我們只知道老不整合面之上為老砂岩，之下為片岩，而花崗岩則侵入片岩內。

以上所介紹的走向線法，其剖面線正好與走向線直交。如果剖面線與走向線斜交時，其填圖的方法極為類似。此時，將所有走向線全部斜投到剖面線；依照同樣的方法，利用紙條，沿著剖面線註明所有走向線的代號及高程；下一步即將紙條移至剖面圖上，且採垂直投影的方式，將紙條的長軸平形於剖面圖的水平線，然後依照高程的不同，分別投影到剖面圖的垂直軸上。

■ 12.3.3　視傾角法

剖面線只要不直交於走向線，則在剖面圖上，岩層的傾角就會小於其真正的傾角，這個較小的傾角即為視傾角。

從真傾角很容易轉換成視傾角，即 tan（視傾角）= tan（真傾角）· sin（剖面線與走向線的夾角）；我們就是利用視傾角，將岩層的界線在剖面圖上，自地表向下沿伸到合理的深度。例如圖 12.16 的地質圖，如果要用視傾角法填製剖面圖時，地質圖右側的老砂岩及結晶岩就不容易劃出來，除非要算出老砂岩的厚度。

用視傾角法係依據一個很大的前題，即岩層的傾角及厚度在地表下保持一定；一般而言，真實情況並不一定如此。

CHAPTER 13

地下水與工程

13.1　前言

存在於地表下的土壤孔隙、岩石孔隙及裂隙中的水，稱為**地下水**（Groundwater）。它的形成及補充主要是由於地面水向地下的土壤及岩石滲透匯集而成。這種滲透現象主要是因為土壤及岩石中有空隙存在的關係。

地下水的分布很廣，與人們的生活、生產及工程活動息息相關。它一方面是飲用、灌溉及工業供水的重要水源之一；是寶貴的天然資源。但是另一方面，它與土石的相互作用，會使土壤及岩石的強度及穩定性降低；產生許多對工程不利的現象，如崩塌、滑動、岩溶、管湧、地基沉陷等；有一些地下水還會腐蝕建築材料。因此，除了土壤與岩石之外，我們對地下水也應該有所了解。

13.2　地下水的賦存

地下水是地球的水圈中最主要的部分。其總量很多；據估計，存在於陸地之下、深度 17 公里以上的地下水就佔了陸地總水量（包括冰河及冰帽）的一半，為地面水的 125 倍。而地下水總量中的一半則貯存於地面以下 1 公里之內的地殼表層。其中有一部分可以以地下逕流及泉等型式流入河、湖、水庫及海洋中；構成水圈大循環的重要一環。

地殼表層十餘公里的範圍內，或多或少都存在著空隙（Void），特別是淺

部的 1、2 公里之內，空隙的分布較為普遍。這就為地下水的賦存（Occurrence）提供了必要的空間條件。

13.2.1　賦存空間

土壤及岩石內可以貯存地下水的空間，可以分成孔隙、裂隙及洞穴三種。

(1)孔隙

土壤、風化殼、及岩盤中，其顆粒之間，或顆粒集合體之間多多少少都存在著孔隙（Pore）。孔隙的數量、大小、形狀、連通情況及分布規律，對地下水的分布、貯量及流動具有重要的影響。

孔隙體積的大小一般用**孔隙率**（Porosity）來度量。它是孔隙體積佔岩石總體積（包含孔隙的體積在內）的百分率。對於地下水的流動而言，並不是所有的孔隙都可以提供通道，讓地下水流通；所以孔隙率可以分成**絕對孔隙率**及**有效孔隙率**兩種性質。有效孔隙率是可連通孔隙的體積佔岩石總體積的百分率；它對地下水的流通較具意義。

一般而言，磨圓度好、淘選性好（級配差）的風成砂之孔隙率可達 40%；而粗細不均的河床砂之孔隙率約為 25%。如果部分孔隙被膠結物所充填，不僅會使大部分的孔隙互不連通，而且孔隙率也將大為降低。表 13.1 顯示各類土壤的孔隙率。通常，鬆散土壤的孔隙大小與分布都比岩石的裂隙要均勻得多，而且連通性也比較好。

表 13.1　各類土壤的孔隙率

土壤類別	礫石	砂	粉砂	黏土
孔隙率，%	25～40	25～50	35～50	40～70

(2)裂隙

固結的堅硬岩盤（包括火成岩、變質岩、及一部分沉積岩），一般不存在或只保留一部分顆粒之間的孔隙，而主要發育各種應力作用下所形成的裂隙（Fissure），包括原生裂隙、次生裂隙及表生裂隙。

岩石裂隙體積的大小一般用**裂隙率**來度量。它是裂隙的體積佔岩石總體積（包含裂隙的體積在內）的百分率。裂隙的多少、方向、寬度、延伸長度、組數及充填情形等，都對地下水的流動具有重要的影響。由於裂隙體積的測定比較困難，所以在實際應用上常以面裂隙率及線裂隙率來表示。

面裂隙率是裂隙面的總面積佔測量面積的百分率，即：

$$n_p = \Sigma \, (b_i \cdot l_i) \, /A \times 100\% \cdots\cdots\cdots\cdots\cdots\cdots\cdots\cdots \quad (13.1)$$

式中，n_p ＝面裂隙率

　　　$b_i \cdot l_i$ ＝每一條裂隙的寬度與長度相乘（即面積）

　　　A ＝測量裂隙率的岩石總面積

線裂隙率為在垂直於裂隙的某一測線上，裂隙寬度的總和佔測線長度的百分率，即：

$$n_l = \Sigma \, (b_i) \, /L \times 100\% \cdots\cdots\cdots\cdots\cdots\cdots\cdots\cdots \quad (13.2)$$

式中，n_l ＝線裂隙率

　　　b_i ＝每一條裂隙的寬度（垂直於測線量測）

　　　L ＝測量裂隙率的測線之長度

　　裂隙的發育程度除了與岩石的受力條件有關之外，還與岩性有關。例如質堅性脆的岩石，如石英岩、塊狀緻密石灰岩等張性裂隙發達，透水性良好；質軟具塑性的岩石，如泥岩、泥質頁岩等具有閉性裂隙，透水性很差，甚至不透水，而成為阻水層。表 13.2 顯示幾種常見岩石的裂隙率。通常，岩石的裂隙，無論其寬度、長度及連通性，差異很大，而且分布也不均勻。

表 13.2　常見岩石的裂隙率

岩石類別	緻密火成岩及變質岩	裂隙火成岩及變質岩	裂隙玄武岩	砂岩	頁岩	石灰岩白雲岩	岩溶化石灰岩
裂隙率，%	0～5	0～5	5～20	5～10	0～3	0～20	5～50

(3)洞穴

　　可溶性的沉積岩，如岩鹽、石膏、石灰岩及白雲岩等，在地下水的溶解作用下會產生空洞，稱為溶穴；其規模相差懸殊，大的寬達數十公尺，高達數十公尺至百餘公尺，長達數公里至幾十公里；而小的僅有幾公釐而已。

　　另外，地下採礦所遺留下來的礦坑及礦室（礦洞）也算是洞穴的一種。

　　一般稱岩土層的空隙中能夠儲存一定量的地下水，並且容易讓地下水透過的，就稱為**含水層**或譯成**富水層**（Aquifer）；如鬆散的砂礫層及裂隙多的岩盤都是良好的含水層。相反的，緻密無空隙，或空隙極其微小的，以及空隙互不連通的岩土層，很難讓地下水透過的，就稱為**阻水層**或**不透水層**（Impervious Layer 或 Aquiclude）；例如黏土的空隙雖多，但不連通，而且孔隙微小，地下水不能透過，所以是一種阻水層。有時候在較大的水頭差（水位差）之情況下，有些岩土層可以允許少量的地下水透過，而成為弱透水層，稱為**難透水層**（Aquitard）。

　　劃分含水層及阻水層的準則，並不在於岩土層是否含水；例如泥岩或黏土層都含有地下水，但是其所含的地下水不能移動，所以被歸類為阻水層。又含水層與阻水層是相對的，並不存在截然不同的界線，或絕對的定量標準。例如泥質粉砂岩如果夾在黏土層中，由於其透水能力比黏土層強，因此在這個特別情況下就被視為是含水層。

　　從透水的性能來看，岩土層常由透水層及不透水層相間疊置，因此在透水層的順層方向是透水的，而在垂直於層面的方向卻不透水；僅在局部發育有切穿整個不透水層的構造裂隙處才是透水的，其餘部分仍是不透水的。所以在實際工作中，須按實際情況去分析岩土層的透水情形，並沒有一定的規則可尋。

　　含水層及阻水層的概念都是針對鬆散的土層建立起來的；地下水在各層的賦存雖然有異，但是在同一層中卻是連續而且均勻成層的。對於岩盤而言，當裂隙的發育良好，而且互相連通時，地下水也可以連續及均勻的分布；此時稱其為裂隙含水層尚無不妥。如果裂隙的發育是局部的，則稱其為**含水帶**，恐怕更恰當。

▌13.2.2　賦存類型

　　地下水依其賦存的狀況可分為非飽和水、棲止水、自由水及受壓水等四種類型。

　　⑴非飽和水

　　存在於未完全被地下水所充滿的孔隙中（稱為**含氣帶**）之地下水為**非飽和水**（請見圖 13.1A）。它是受到顆粒表面的吸附力及孔隙中的毛細張力的雙重作用下，自飽和帶往上升的地下水。因此，其孔隙水壓為負值，其絕對值的大小與含水量成反比；在地下水面之上存在著一層**毛細飽和帶**，其孔隙水壓等於零。

⑵棲止水

在地下水面之上的未飽和帶中，如果存在著一層透鏡狀的阻水層，或者局部的難透水層，則下滲的雨水受其阻擋，乃在其上聚集，形成小規模的水體，稱為**棲止水**（Perched Water）（請見圖 13.1A）。棲止水接近地表，接受大氣降水的補注（Recharge）；雨季時獲得補給，賦存一定的水量；乾季時水量逐漸消失。因此，棲止水的賦存很不穩定。另外，輸水管滲漏也可能形成棲止水，其賦存比較穩定。

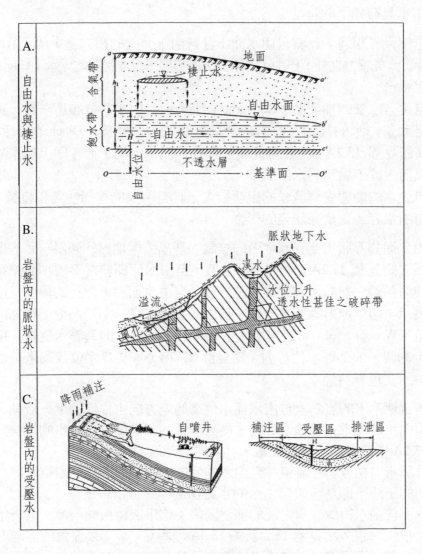

圖 13.1　地下水的賦存類型

棲止水可能影響施工，常會不期然的突然湧入基坑、地下室、地鐵或隧道的開挖面。不過，湧水量卻很快的遞減，在短時間之內即可消失。

(3)自由水

自由水或飽和地下水（Phreatic Water）是賦存於地面以下第一個穩定阻水層的上面，且具有自由水面的飽和地下水（請見圖 13.1A）。自由水主要存在於鬆散的土層中；出露於地表的裂隙岩層中也會有自由水的分布。自由水的水面就稱為**自由水面**（Water Table）。

自由水具有如下的特性：

- 它與大氣相通，具有自由水面；且自由水面上的壓力為 1 個大氣壓。
- 除了大氣壓力之外，自由水為不受限的無壓水或非封閉地下水（Unconfined Water）。
- 自由含水層的補注區（Recharge Area）與自由水的分布區一致，直接接受大氣降水的補給。乾季時常以蒸發的方式排洩（Discharge）回大氣（請見圖 13.2A）。在補注區的井內水壓為上高下低（即上層水的水壓反而大於下層水的水壓）。
- 自由水的動態受到氣候的影響較大，具有明顯的季節性變化特徵。
- 自由水容易受地面汙染的影響。

自由水面的形狀主要受到地形的控制；基本上與地形的傾斜一致，但是比地形平緩（請見圖 13.2A）。在平原地區，自由水面即非常平緩，且微微向河流或排洩區傾斜，並向河流或排洩區排洩。自由水面在平面上的形狀常以等水位線來表示；類似地形等高線一樣。自由水面上任意一點的高程，稱為該點的**自由水位**（Water Level）；將自由水位相等的點連接，即為**等水位線**。用等水位線表示的圖，即為**等水位線圖**（請見圖 13.2B）。從等水位線圖上可以求取下列一些水文地質特性：

- 確定地下水的流向：自由水從水位高的地方向水位低的地方流動，形成自由水流；垂直於等水位線，從高至低的方向即為自由水的流向。如圖 13.2A 中的虛線，稱為**流線**，其箭頭表示流向。
- 計算水力梯度：在流線（自由水的流向）上，取兩點的水位差除以兩點間的距離，即為該段自由水的水力梯度（近似值）。
- 說明自由水與地表水之間的補注關係：如果流線指向河流，則表示自由水補注河水（請見圖 13.2 及圖 13.3Aa 與 C）；如果流線的方向偏離河流，則表示河水補注自由水（圖 13.3Ab）。離心的流線表示地下水的補注區；向心的流線表示排洩區或抽水區（圖 13.2B）。

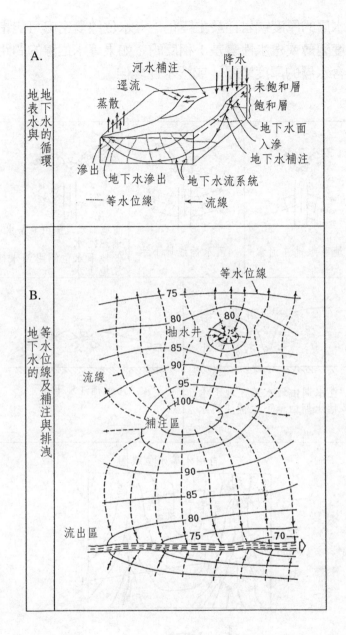

圖 13.2　自由水的循環體系及其等水位線圖

• 確定自由水面的深度：如果等水位線圖上附有地形等高線，則由某一點的高程減去其自由水位，即為該點的水位深度（即從地面至地下水面之深度）。

・推斷含水層的厚度或岩性發生變化：等水位線變密處可能指示該處的含水層厚度變薄或透水性變差；相反的，如果等水位線的間距變疏，則可能指示含水層的厚度變厚，或透水性變佳。

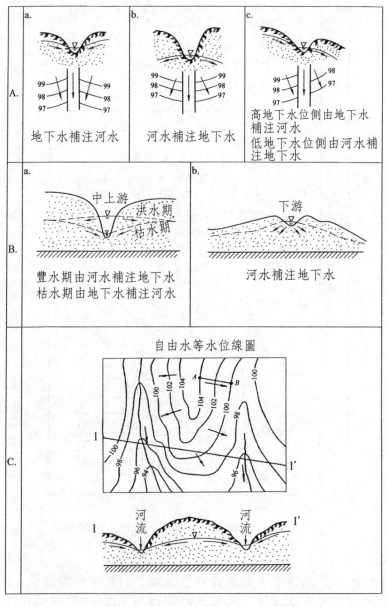

圖 13.3　地表水與地下水的補注關係

(4)受壓水

受壓水是充滿於阻水層之下的含水層之地下水。留住受壓水的含水層，稱為**受壓含水層**（Confined Aquifer）；受壓含水層的上覆阻水層又稱為**限制層**。受壓含水層的天然補注源一般在其出露於地表的區域（這裡的地下水其實是自由水）（請見圖 13.4 及 13.1C）。向斜是最適合形成受壓水的地質構造；單斜構造或原生傾斜的岩土層（如沖積扇）也常具備受壓的條件。

受壓性是受壓水的一個重要特徵。在阻水層之下的地下水全是受壓區；水自身承受著壓力，並且以一定的壓力作用於上阻水層的底盤。如果要證明水是否具有受壓性，只要將鑽孔打入受壓含水層內，孔內的水位將上升到含水層頂盤以上的某一定高度，才會靜止下來。靜止水位高出受壓含水層頂盤的距離就是**測壓水頭**（Piezometric Head）。孔內靜止水位的高程，就是受壓含水層在該點的**測壓水位**。由每一點的測壓水位所形成之曲面，就是**測壓水面或水壓面**（Piezometric Surface）（請見圖 13.4）。測壓水面如果高出地表，鑽孔內的地下水就會噴出地表；稱為**自噴或自流**（Artesian）現象。測壓水面是一個虛擬的面，鑽探打到這個高程是見不到地下水的，必須打到含水層的頂盤才能見到。一般而言，測壓水面不是只有一個，凡是受壓的含水層都各有其自己的測壓水面（請見圖 13.4），除非受壓含水層之間具有連通的關係。

受壓水具有如下的特性：

- 受壓水不具有自由水面，並且承受一定的靜水壓力。其壓力來自補注區的水頭壓力及上覆岩土層的壓力。由於覆岩壓力是一定的，所以受壓水的壓力變動與補注區的水位變化有關。當補注區的水位上升時，水頭壓

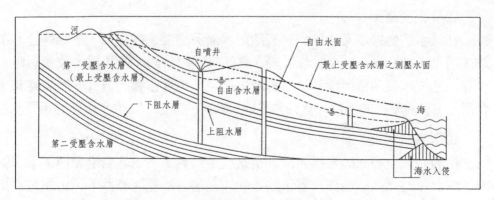

圖 13.4　受壓水的賦存環境及受壓性

力增大，地下水對上覆岩層的浮托力隨之增大；因之，測壓水頭上升。反之，補注區的水位下降，則測壓水頭也隨之下降。

· 受壓含水層的補注區與受壓含水層的分布區不一致；常常是補注區遠小於分布區；一般只有在補注區接受補注。

· 受壓水的動態比較穩定，受氣候的影響較小。

· 受壓水比較不易受到地面汙染。

像等水位線圖一樣，**等測壓線圖**（或稱等水壓線圖）也可以用測壓水位面的等高線來表示。等測壓線圖必須同時附上地形等高線及受壓含水層的頂盤等高線。後者表示鑽探需要鑽到什麼深度才能見到受壓水。從受壓水的等測壓線圖可以判斷受壓水的流向及計算水力梯度，確定測壓水位、水頭及其深度等。

受壓水的水頭壓力可能會引起基坑或地下開挖面突然湧水，釀成災變，所以在調查時應該仔細評估。

13.2.3 地下水在岩盤內的富集

地下水在岩盤內的富集方式可歸納為阻水型、棲止水型、褶皺型、斷層型、接觸型、風化裂隙型、岩溶型及成岩裂隙型等八種類型來說明。

(1)阻水型富集

含水層在下傾側（Down-Dip），或者地下水的流動方向上被不透水的阻水體所橫截，使得水位被抬高；地下水遂富集於阻水體的附近之低窪處，特別是來水方向的一側，其地下水位較淺，常可提供良好的水資源（請見圖 13.5A）。這一類阻水體可以是大型的侵入岩體（圖 13.5Aa）、岩脈（圖 13.5Ab）、以斷層接觸的不透水層（圖 13.5Ac），或者是急傾的不透水層（圖 13.5Ad）。

(2)棲止型富集

在透水的岩層中有水平的透鏡狀阻水層發生滯水的作用，形成棲止水的型態（請見圖 13.5B）。或者含水層的底部有緩傾斜的不透水層，或相對阻水層存在，地下水被滯留而積蓄於不透水層之上。這種富集的方式，一般富集量不會很大，且受季節的影響。常分布在地形較高的部位，為缺水山區的重要水源。

(3)褶皺型富集

由層狀或似層狀的岩層組成的褶皺構造，其不透水的岩層發揮了阻水的功能，而上覆的含水層則作為蓄水的空間；在適宜的補注條件下，也能夠富集地下水。其中以向斜的蓄水能力最佳（請見圖 13.5Ca 及 Cb）。如果向斜含水層

沒有不透水層的覆蓋時，則將形成自由水盆地富集（請見圖 13.5Cb）；如果向斜含水層之上有不透水層的覆蓋時，則將形成受壓水盆地富集（請見圖 13.5Ca）。當含水層的分布較廣、厚度較大時，向斜構造可以形成重要的供水來源。

如果背斜的軸部在地形上形成背斜谷或盆地時，由其張裂帶所提供的蓄水空間，也可以形成很好的地下水富集帶（請見圖 13.5Cc）。另外，在單斜構造中，夾在兩個不透水層之間的含水層，如果在其下傾端發生尖滅，或者透水性變小，形成封閉且受壓的蓄水構造（請見圖 13.Cd）。地下水的循環只發生在有限的深度內。地下水以沿著岩層走向流動為主，向最近的河谷排洩（Discharge）；排洩區附近即為地下水的富集帶，也可以形成重要的水源。

(4)斷層型富集

張性斷層（即正斷層）及剪力張性斷層的斷層角礫岩帶與破碎帶（如圖 13.5Da），以及規模較大的壓性斷層（即逆斷層）及剪力壓性斷層的上、下兩盤（尤其是上盤）之影響帶（請見圖 13.5Db），均以兩盤的完整岩層為相對阻水的邊界；它們都具有含水的空間；其含水帶呈帶狀或脈狀；斷層各部位的富水性不很均一；但地下水受季節變化的影響較小，水量比較穩定；常形成較有價值的水源。

在地塹（圖 13.5Dc）或地壘（圖 13.5Dd）的地方，當兩條斷層之間的斷塊為透水層，而被兩側的相對不透水層所侷限時，兩斷層之間的斷塊及斷層影響帶，即可富集地下水。反過來，如果中間斷塊為相對阻水層，而兩側為強透水層時，則地下水將富集於斷塊兩側的斷層影響帶中。

又斷層作用使得透水層的下傾側被不透水層所阻斷時，也可以產生富水的環境，請見圖 13.5Ac 所示。

(5)接觸型富集

火成岩體或岩脈與圍岩的接觸帶通常會發育很發達的裂隙帶，也能將地下水富集（請見圖 13.5E）；尤其在弱透水層的分布區形成帶狀富集帶，一般可作為中、小型的水源。

(6)風化型富集

以凹地風化殼的裂隙作為富集的地方，類似於自由含水層一樣，以自由水為主；其地下水面隨著地形而緩變（請見圖 13.5Fa）。基岩內的袋狀風化帶也可以成為很好的富集帶（請見圖 13.5Fb）。

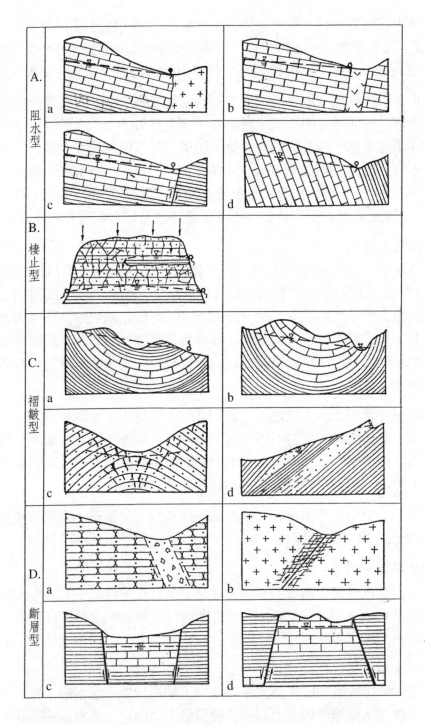

圖 13.5　岩盤內的各種富水構造類型（Singhal and Gupta, 2006）

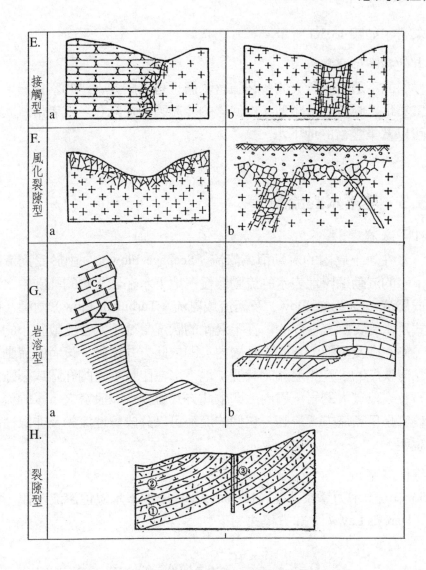

圖 13.5　岩盤內的各種富水構造類型（續）

　　風化殼富集層係以岩盤的風化裂隙作為含水層，而以其下伏的新鮮岩盤作為阻水層；含水層與阻水層的界線並不明顯。風化帶的裂隙水常與其下的基岩之構造裂隙水形成密切的水力聯繫。因為地下水係受降水的補注，所以水位及水量常受氣候的影響。其地下水位不深，水量一般也不大。

(7)岩溶型富集

石灰岩內的裂隙、溶隙或溶孔，在適宜的富集環境下也可以成為很好的地

下水富集帶，如圖 13.5G 所示。

(8)其他裂隙型富集

被傾斜的不透水層所夾的多裂隙含水層也可以成為不錯的富集層。又不整合面的富集也是屬於這一類型。玄武岩的冷凝裂隙及氣孔、或者熔渣狀的玄武岩也都可以蓄集豐富的地下水。

13.3　地下水的流動

13.3.1　滲流

地下水在岩土層內的流動稱為**滲流**（Seepage Flow）。由於受到流路的阻滯，地下水的流動遠比地表水的流動緩慢。地下水在岩土層的孔隙中之流動方式可分成**層流**（Laminar Flow）及**紊流或亂流**（Turbulent Flow）兩種。前者的流動方式是水的質點有秩序的、互不混雜的狀況；地下水在比較狹小的孔隙或裂隙中（如在砂及裂隙不寬的岩土層內）即依此方式流動。後者的流動方式是水的質點無秩序的、互相混雜的狀況；地下水在比較寬大的孔隙或裂隙中（如在卵礫石及裂隙寬大的岩土層內）即依此方式流動。一般言之，水的流速較大時，比較容易呈紊流方式流動。它們的流速可以分成線性流動及非線性流動兩方面來說明。

(1)線性滲流

1856 年法國水力學家達西（H. Darcy）提出地下水線性滲流定律，稱為達西定律（Darcy's Law），其方程式如下：

$$Q = K \cdot \frac{H_1 - H_2}{L} \cdot A = Ki\,A = AV \quad\text{……………………}\quad (13.3)$$

$$V = Ki \quad\text{……………………………………}\quad (13.4)$$

式中，Q = 單位時間內的滲流量，m^3/day

A = 過水斷面的面積，m^2

H_1 = 上游過水斷面的水頭，m

H_2 = 下游過水斷面的水頭，m

L = 滲流距離（上、下游過水斷面的距離），m

K = 導水係數，m/day

　　i＝水力梯度（水頭差除以滲透距離）

　　V＝滲流速度，m/day

　　上式的滲流速度並不是孔隙中的平均實際流速；因為公式中所用的斷面積不是孔隙的斷面積。為了取得地下水在孔隙中的實際平均流速，可用流量除以孔隙所佔的面積（Weight and Sonderegger, 2001），即：

$$U = \frac{Q}{A \cdot n} = \frac{V}{n}　\dotfill　(13.5)$$

　　式中，U＝地下水在孔隙中的實際平均流速，m/day 或 cm/s

　　　　　n＝土層的孔隙率，%

　　　　　Q＝單位時間內的滲流量，m^3/day 或 cm^3/s

　　　　　A＝過水斷面的面積，m^2 或 cm^2

　　　　　V＝滲流速度，m/day 或 cm/s

　　因為 n 小於 100%，所以 U > V；也就是說，地下水在孔隙中的實際平均流速必大於滲流速度。

⑵非線性滲流

　　地下水在較大的孔隙或裂隙中流動時係呈紊流狀態，所以線性滲流的公式並不適用。此時需採用Chezy定律，即滲流速度與水力梯度的平方根成正比，即：

$$V = K \cdot \sqrt{i}　\dotfill　(13.6)$$

　　從 Darcy 及 Chezy 定律都可以看出，導水係數（Hydraulic Conductivity）（K）是很重要的一個參數。它可以定量的說明岩土層的滲透性能。導水係數愈大，岩土層的透水能力愈強；反之，則透水能力愈弱。K值可以從室內的滲透試驗，或在現場進行抽水試驗測定。其大約的數值請參見表 13.3。

　　實際上，流體的滲透能力不僅與岩土層的空隙性質有關，還與液體的黏滯性有關。在相同的岩土層中，流體的黏滯性越大，流動中的摩擦阻力就越大，滲透能力則越差。因此，導水係數如果考慮流體的黏滯性在內，則變成：

表 13.3　岩土層的導水係數參考值（單位為 m/day）

岩土類別	滲透係數	岩土類別	滲透係數
黏土	< 0.005	卵石砂土	$100 \sim 500$
粉砂質黏土	$0.005 \sim 0.1$	無充填物的卵石	$500 \sim 1000$
砂質黏土	$0.1 \sim 0.5$	玄武岩	10^{-9}
黃土／紅土	$0.25 \sim 0.5$	花崗岩	$10^{-4} \sim 10^{-8}$
粉砂土	$0.5 \sim 1.0$	片麻岩	10^{-5}
細砂土	$1.0 \sim 5.0$	頁岩	$10^{-6} \sim 5 \times 10^{-10}$
中砂土	$5.0 \sim 20.0$	石灰岩	$10^{-2} \sim 10^{-10}$
均質中砂土	$35 \sim 50$	砂岩	$3 \sim 8 \times 10^{-5}$
粗砂土	$20 \sim 50$	稍有裂隙的岩層	$20 \sim 60$
圓礫砂土	$50 \sim 100$	裂隙多的岩層	> 60

註：$1m/day = 1.16 \times 10^{-3}$ cm/s

$$\kappa = \frac{K\mu}{\rho g} \quad \cdots\cdots\cdots\cdots\cdots\cdots\cdots\cdots\cdots\cdots\cdots\cdots \quad （13.7）$$

式中，κ＝滲透係數（Permeability）

μ＝流體的黏度

ρ＝流體的密度

　　滲透係數通常用 cm^2 或 darcy 作單位，是為面積的單位；1 darcy 等於 10^{-8} cm^2。在研究地下水流動時，因為水的黏滯性在通常的情況下，其變化不大，所以把導水係數看成單純說明岩土層滲透性能的參數。在特殊的情況下，例如研究油、氣、或地熱時，就要考慮流體的黏滯性對導水係數的影響。

◼ 13.3.2　補注、逕流與排洩

　　地表水與地下水形成一個循環系統，互相交替更換；從地下水的立場來看，它們在交換的過程中，可以分成補注（Recharge）、逕流及排洩（Discharge）三部分來說明。

⑴自由水

　　自由水的補注主要來自大氣降水的滲入。由於地面至自由水面之間沒有阻水層存在，或者只有局部且不連續的阻水層（如透鏡狀的阻水層），所以在自由水的整個分布區幾乎都可以獲得天降水的補注（請見圖 13.1C 及 13.2A）。

地表水也是自由水的補注來源之一（請見圖 13.3B）。再者，受壓水也可以透過導水斷層或上覆的阻水層之尖滅處（稱為**天窗**）向上對自由水進行補注（請見圖 13.6）。當受壓水的水位高於自由水的水位，且自由含水層覆蓋在受壓含水層之上時，也可以發生受壓水補注自由水的現象（請見圖 13.7）。

自由水在重力的作用下由高處向低處流動，形成了地下逕流。其條件的好壞，受到地形及岩土層的滲透特性等因素之制約。一般而言，地面的坡度越大、岩土層的透水性越佳，則逕流條件就越好。

至於自由水的排洩途徑有兩種；一種是逕流在適宜的地形處，透過泉水的方式洩出地表，或者透過滲流的方式流入地表水，如河流，沼澤、湖泊、水庫、海洋等（請見圖 13.2A）。另外一種排洩途徑是以蒸發的方式，成為水氣，並且透過未飽和層向大氣逸出。

(2)受壓水

受壓水的補注來源是多方面的。首先來自大氣的降水，從受壓含水層的露頭處（即補注區）入滲，而獲得補給（請見圖 13.8）。如果補注區有地表水體時（如河流、湖泊、水庫等），也可以成為受壓水的補注來源（圖 13.7B）。自由水可以透過其下伏的阻水層之尖滅處補注受壓水；也可以透過導水斷層向下補注。如果水位差適宜時，淺層的受壓水可以補注深層的受壓水。如果深層受壓水的水壓高於淺層受壓水的水壓時，也可以透過導水斷層或天窗補注淺層受壓水。

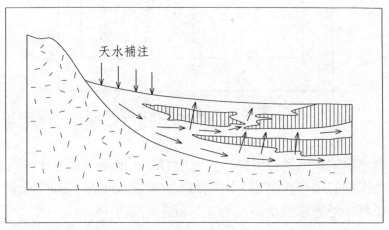

圖 13.6　受壓水透過上覆阻水層的尖滅處（天窗）向上補注自由水

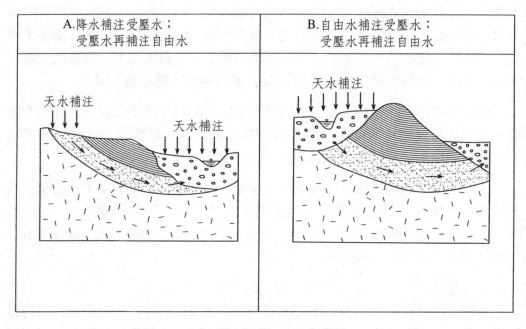

圖 13.7　水壓較高的受壓水向上補注自由水

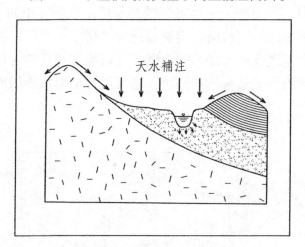

圖 13.8　地表水補注受壓水

　　受壓含水層的逕流是否通暢，主要要看貯水構造的補注及排洩兩個地區的水位差及含水層的透水性而定。兩地的水位差越大，含水層的透水性越佳，則逕流條件越好，地下水與地表水的交替就越順暢。

　　受壓水的排洩管道也是多方面的。例如在含水層下游的露頭處，往往以泉

水成群的方式，流出地表。如果排洩點位於自由含水層或河床底下時，受壓水將直接洩入自由含水層或河水中。如果水系切割到受壓含水層時，受壓水即以泉的方式排出地表。又受壓水也可透過弱透水層，以**越流的**方式（直接滲透岩層），使受壓水與受壓水，或受壓水與自由水進行互相排洩或補注。

13.4 水文地質調查應注意的項目

水文地質調查的重點項目可以分成沖積層地區、岩盤地區及海岸地區三方面來說明；因為它們的水文地質特性並不一樣，所以調查的內容也會有所差異（Weight and Sonderegger, 2001）。

(1)沖積層地區

(a)河谷平原

- 河谷兩側的山區，其地形、地質、及水文地質的情況；山區地下水對河谷平原的地下水之補注作用。
- 河谷類型；河階台地的類型、級數及分布範圍。
- 河谷平原及階地的地層、岩性、厚度及分布情形。
- 河流的變遷史；古河道的分布。
- 水位、水壓、水質、水量、流向及流速的變化規律。
- 地表水與地下水在不同的河谷地段及不同的時期（季節）之相互補注及排洩關係。

(b)山前沖積

- 山區與平原的交接關係；第四紀堆積物的岩性及來源；山區的水系分布與特徵；山區河流對地下水的補注作用。
- 沖積扇的型態及分布範圍；扇頂、扇中及扇緣的區分、顆粒組成、坡度、自噴性等；扇間窪地的分布特徵。
- 多期沖積扇的疊置關係；水平向及垂直向的沉積變化；扇面水系的變化及其對含水層分布的影響。
- 沖積平原不同部位的含水層之層數、厚度、特徵與受壓性；地下水位、水壓、水質、流速及流量的變化規律；地下水由自由水過渡為受壓水，以及自噴的分帶規律。

- 地下水的開發及利用狀況；大量開採所引起的水文地質及工程地質問題。

　(c)沖積平原

- 不同河流的堆積，其分布與特點；含水砂層的富集帶，其平面位置、厚度及富集段的深度變化。
- 不同含水層組的地下水類型，及其水位、水壓、流速、水量、水質的變化，以及它們之間的互相補注及排洩關係；地下水的流向與流速。
- 河流的變遷史；古河道的分布。
- 鹹水體的分布，及其在水平向與垂直向的變化情形；劃分淡水與鹹水的分界。
- 土壤鹽漬化的程度與分布範圍。

(2)岩盤地區

　(a)沉積岩分布區

- 含水層的分布、位態、富水性、受壓性，及其與岩性、地質構造的關係。
- 水位、水壓、水質、水量、流向及流速的變化規律。
- 特別要注意受壓水盆地及受壓水斜層的地質構造及水文地質特徵。
- 利用構造力學的理論，分析在不同構造的架構下，岩石裂隙的發育程度、充填情況、分布規律，及其對含水層富水段的影響。
- 注意石灰岩及泥灰岩夾層，以及富含鈣質的砂岩及礫岩的溶蝕特性及富水性。

　(b)火成岩分布區

- 火成岩與圍岩的接觸帶之類型、寬度、破碎情況、裂隙發育程度，以及富水性。
- 各種岩脈的岩性、產狀、規模、穿插關係；岩脈與圍岩的接觸帶之類型、寬度、破碎情況、裂隙發育程度及富水性。
- 風化帶的性狀、厚度及分布規律，尤其是半風化帶的厚度及分布規律；注意丘陵區具有一定匯水面積的風化裂隙。
- 各期玄武岩的噴發方式及其分布範圍；各次熔岩流之間的接觸帶之性質、分布及其富水性。
- 注意噴出岩的柱狀節理及氣孔構造的發育程度及富水性。
- 火山口的地形特徵；由火山口向外圍的岩性、厚度、富水性及地下水的

水位、受壓性等。

(c)變質岩

- 岩石的變質程度、結構及構造特徵，尤應注意矽質石灰岩、大理岩、白雲岩及變質砂岩、石英岩、脆性頁岩等的裂隙發育程度及富水性。
- 大理岩中溶蝕裂隙的發育程度及其對富水性的影響；岩脈對大理岩中的地下水補注與蓄集之有利與不利影響。
- 對於片麻岩地區，應注意風化帶的性狀、厚度、分布、匯水面積及富水性；有利的地形區之匯水條件及不同地形部位的泉水動態等。

(3)海岸地區

- 潮汐變化對地下水在水平及垂直方向的影響；確定淡、鹹水的分界。
- 海岸砂礫、貝殼及珊瑚礁層中，淡水透鏡體的範圍及厚度，以及水位與水量的動態變化。
- 三角洲的形成及變遷情形；古河口三角洲、砂洲、砂壩中的淡水層之分布規律；海相及陸相堆積物的分布、岩性、厚度，及地下水的水位、水量及水質等特性。
- 地下水與河水、海水的水力聯繫，及互相補注與排洩的關係。
- 淤泥層的分布及其特徵。
- 沿海地區抽水情況，有否因超抽而引起區域性的地下水位下降、地層下陷、海水倒灌、海水入侵、水質惡化等問題。

13.5　地下水對工程的影響

　　雖然地下水對民生而言，是最重要的生存要素之一，但是對工程而言則是有百害而無一利。很多工程災害大多歸咎於地下水的問題；主要原因是水沒有剪力強度，自己無法站立，所以它呈現動態特性；因而對岩土層產生很多不利的物理現象，甚至釀成災變。再者，水是很重要的化學反應劑，它會加速風化作用，使岩土層的強度降低；它與某些特殊土壤發生化學作用而使土壤的體積膨脹；同時，它可以呈現可逆式的三態，當它由液態變成固態時，自己的體積會膨脹 9% 左右；還有它如果含有硫酸根及碳酸根離子到達一定的含量之後，對鋼筋混凝土就具有腐蝕性。現在就分門別類的加以說明。

▋ 13.5.1 毛細現象

土壤孔隙或岩層裂隙裡的毛細水主要存在於直徑為 0.002～0.5mm 大小的空隙中（約相當於粉砂至中砂顆粒的大小）。小於 0.002mm 的空隙中，一般被結合水所充滿，不太可能有毛細水的存在；至於大於 0.5mm 的空隙中，一般只能以毛細邊角水的形式存在於土粒的接觸處（Singhal and Gupta, 2006）。

當地下水位較淺時，由於毛細水的上升，可以助長高山地區的地基土發生凍脹現象；可能使公路的路面產生破壞；它可以使地下室顯得比較潮濕，甚至危害建築物的基礎；它可能促使土壤產生鹽漬化，而腐蝕建築材料。表 13.4 顯示砂質土及黏土內的毛細水之最大上升高度。

表 13.4　土壤內毛細水的最大上升高度

土壤種類	粗砂	中砂	細砂	粉砂	黏土
上升高度，cm	2～5	12～35	35～70	70～150	200～400

毛細壓力的大小可用下式表示：

$$Pc = \frac{4 \cdot \omega \cdot \cos\theta}{d} \quad\cdots\cdots\cdots\cdots\cdots\cdots\cdots\cdots\cdots\cdots\cdots\cdots \text{（13.8）}$$

式中，　Pc = 毛細壓力，kPa

ω = 水的表面張力係數；10℃ 時，ω = 0.073 N/m。

θ = 水浸潤毛細管的管壁之接觸角度；當 θ = 0° 時，毛細管壁為完全浸潤；當 θ < 90° 時，表示水能夠浸潤固體的表面；當 θ > 90° 時，表示水不能浸潤固體的表面。

d = 毛細管的直徑，m

對於砂土而言，特別是細砂及粉砂，由於毛細壓力的作用，使得砂土具有一定的凝聚力（稱為**假凝聚力**）。因此，毛細壓力會促使土壤的強度增高。

▋ 13.5.2 地下水位的升降

地下水位常因氣候、水文、地質、人類的活動等種種因素的影響而發生變化。從地基及基礎的角度來看時，地下水位的變化常引起一些不利的後果。例如，當地下水位的升降只在基礎底面以上某一個範圍之內發生變化時，這種情

況對基礎的影響不大；水位的下降僅僅稍微增加基礎的自重。但是當地下水位在基礎底面以下的壓縮層範圍內變化時，情況就完全不同了；它的後果是能直接影響工程的安全，因為地下水如果在壓縮層的範圍內上升，則地下水將浸潤及軟化岩土層，從而使地基的強度降低，壓縮性增大；有時能夠導致建築物發生嚴重的變形或破壞。反過來，如果地下水是在壓縮層的範圍內下降，則將增加土壤的壓力（因基礎的自重增加），引起基礎的附加沉陷。如果地基的土質不均勻，或者地下水位的下降不是很均勻，而且不是很緩慢的進行，則基礎就會產生不均勻沉陷。此外，膨脹土及黏土等會因失水而發生體積收縮，也能造成建築物的變形或破壞。

地下水位上升後，由於毛細管作用可能導致土壤的鹽漬化，改變岩土體的物理性質，增進岩土及地下水對建築材料發生腐蝕作用；在高山地區則將助長岩土體的凍脹破壞。

地下水位的上升，會使原本乾燥的岩土層被地下水所飽和，因而發生軟化現象，而膨脹土則發生膨脹現象，從而降低岩土層的抗剪強度，可能誘發邊坡及水岸的岩土體發生崩塌、滑移等破壞。地下水位的上升也可能使地下空間淹沒，還可能使建築物（尤其是地下室、地下管線、下水道、地下鐵等）的基礎上浮，而危及安全。

反之，如果地下水位下降，則往往會引起地裂縫、地層下陷、鹽水入侵、水質惡化、地下水資源枯竭等一系列的不良後果。此因地下水位下降後，發生土壤的壓密作用，造成岩土體的體積收縮，並發生垂直及水平運動，於是在外環的部位產生張力現象，因而出現地裂縫。

在未固結或半固結的沖積層分布區，如果大量而且過量的抽水，因為抽水井、抽水時間、以及抽水層過度集中的關係，以致地下水位發生大面積的下降，進而誘使地面也發生廣大範圍的下陷，稱為**地層下陷**（Ground Subsidence）。它的形成機制源自於含水層的地下水被抽取一部分之後，降低了土層中的孔隙水壓，因而增加顆粒間的有效應力；增加的有效應力既作用於含水層，也作用於阻水層，導致含水層及阻水層都發生壓密而產生地面下陷（註：地面上有荷重，稱為**沉陷**（Settlement）；地面上無荷重，稱為**下陷**（Subsidence））。砂層與黏土層的壓密特性不太一樣。首先，黏土層的壓縮性比砂層還大 1～2 個級數，所以黏土層的壓密才是地層下陷的主要原因。再者，黏土層的透水性比砂層小很多，所以釋水壓密要滯延一段時間，不像砂層的瞬時

壓密。第三是，黏土層的釋水壓密為一種塑性變形，屬於永久變形，即使採取人工補注，也不能復原。

臺灣西南沿海地區的地層下陷，就引起了許多工程上的問題，例如有些地區的地面已經下陷到海平面以下，雖然有海堤保護，但是遇雨即淹、暴潮時發生海水倒灌、建築物的基礎經常泡水、交通路線、通訊線路、管溝等則需要不時的維修等。

控制大面積的地層下陷之最好方法是合理的開發地下水，使多年的平均開發量不要超過平均補注量。這樣做就不會使得地下水位產生太大的變化；地層下陷也就不會發生，或是下陷量很小，不至於造成災害。在已經發生嚴重地層下陷的地區進行人工補注，雖然可以使地下水位回升，但是無法讓地面回彈；不過卻可以顯著的遏止地層繼續下陷。

同樣的道理，由於許多土木工程需要進行深開挖，且深及地下水位以下，所以需要人工降低地下水位。如果降水週期長、水位降深大、且土層有足夠的壓密時間，則會導致降水影響範圍內的土層發生壓密沉陷；輕者造成鄰近的建築物、道路、地下管線的不均勻下陷；重則導致建築物傾斜開裂、上、下水道及道路破壞、管線錯斷等危害。地面下陷還會引起地面向下陷中心發生水平移動，使建築物的基礎錯位、橋墩錯動、鐵路及管線拉斷等。人工降低地下水位造成地層下陷，還有一個原因是抽水時如果設計不良，可能將土層中的粉砂及砂粒隨同地下水一起被帶出地面，使降水井周圍的土層很快的發生不均勻沉陷。另外，降水井抽水時，井內的水位下降，井外含水層中的地下水則會形成漏斗狀的彎曲水面，稱為沉降錐（Cone of Depression）。由於沉降錐的範圍內，各點地下水下降的幅度不一致，因此會造成降水井周圍土層的不均勻下陷。

人為局部的改變地下水位也會引起另外一種地面下陷。例如地面水渠或地下輸水管發生滲漏，因而使得地下水位發生局部的上升；又基坑開挖時所實施的降水，則將引起地下水位發生局部下降。由於在短距離之內出現較大的水位差，使得水力梯度變大，因而增強了地下水的淘刷作用，對岩土層進行沖蝕及淘空，結果產生空洞，並且衍生地面的下陷。為杜絕地面塌陷的發生，在重大工程施工時，應嚴禁大幅度的改變地下水位。如果必須降水時，應該降低抽水的速率，使地下水位緩慢的下降（如使用點井的方法），使地下水位不要出現太大的水力梯度。

13.5.3　地下水的浮力

當建築物的基礎底面位於地下水位以下時，地下水即對基礎底面產生一種靜水壓力，即浮力。如果基礎位於粉土、砂土、砂礫土及節理裂隙發育的岩盤上，則可按地下水位100%計算浮力；如果基礎位於節理裂隙不發育的岩盤上，則可按地下水位的 50%計算浮力；如果基礎位於黏性土壤上，則浮力較難確定，這時應結合地區的實際經驗加以考慮。

地下水不僅對建築物的基礎產生浮力，同樣也對地下水位以下的岩土層產生浮力。因此，在確定基礎的承載力時，無論是基礎底面以下土層的天然單位重，或是基礎底面以上土層的加權平均單位重，地下水位以下一律採用有效單位重。

13.5.4　地下水的受壓

如果基坑、隧道、或坑洞的底面之下方有受壓含水層（請見圖 13.9），且所留底板的厚度不足，受不了下方受壓水的壓力作用，其水頭壓力即頂裂或沖破坑洞的底板，而突然湧入坑洞內，令人措手不及，甚至成災。

為了避免這種突湧現象的發生，必須計算底板的安全厚度；一般使用下式求得：

$$H \geq K \cdot (\gamma_w / \gamma) \cdot Ho \cdots\cdots\cdots\cdots\cdots\cdots (13.9)$$

式中，H = 坑洞底板的安全厚度，m
γ_w = 地下水的單位重，kN/m^3
γ = 岩土層的單位重，kN/m^3
Ho = 受壓水的水頭，m
K = 安全係數（一般取 1.5～1.6）

有時候為了施工的需要，坑洞所留底板的厚度必須小於安全厚度時，為了防止突湧的發生，必須對受壓含水層進行預先排水，以降低受壓水的水頭（Ho），則水頭的降深（從原來的測壓水位至實施降水後的新水位之距離）必須滿足下列公式：

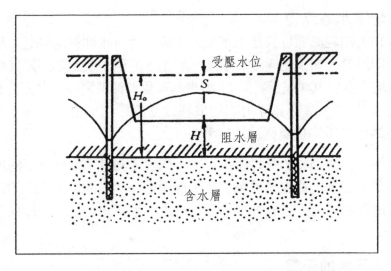

圖 13.9　防止基坑突湧的安全降水深度（S）

$$S \geq Ho - (\gamma/\gamma_w) \cdot H \quad \text{............................（13.10）}$$

式中，　S＝受壓水位的降深，m

　　　　Ho＝受壓水的水頭，m

　　　　　γ＝岩土層的單位重，kN/m³

　　　　γ_w＝地下水的單位重，kN/m³

　　　　H＝坑洞底板所保留的厚度，m

　　　基坑如果位於飽和砂層內時，需要設計抗突湧的設施。根據經驗，突湧一般發生在距離基坑的坑壁大約等於板樁入土深度的一半之範圍內（請見圖 13.10）。根據水、土應力平衡原理，可以求得不會發生突湧的條件如下式：

$$t \geq \frac{(K \cdot h \cdot \gamma_w) - (\gamma \cdot h)}{2\gamma} \quad \text{............................（13.11）}$$

式中 t＝板樁入土的深度，m

　　　h＝地下水位至坑底的距離，m

　　　γ＝土的有效單位重，kN/m³

　　γ_w＝地下水的單位重，kN/m³

　　K＝安全係數（一般取 1.5～1.6）

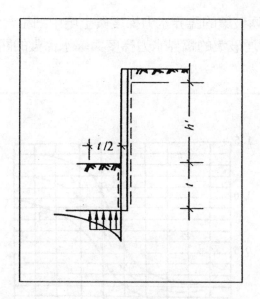

圖 13.10　防止基坑突湧的板樁入土深度（t）

如果坑底以上為透水良好的土層，則γ・h幾乎為零，因此上式可簡化為：

$$t \geqq \frac{K \cdot h}{2} \cdot \frac{\gamma_w}{\gamma} \quad \cdots\cdots\cdots\cdots\cdots\cdots\cdots\cdots\cdots\cdots\cdots\cdots（13.12）$$

13.5.5　地下水的滲流

　　當地下水的動水壓力達到一定值的時候，土層中的一些顆粒，甚至整個土體會隨著發生移動，從而引起土體產生變形或破壞。這種作用稱為**滲透變形**或**滲透破壞**。滲透變形可分成管湧及流砂兩種現象。

　　管湧（Piping）是在滲流的作用下，單個土壤顆粒發生獨立移動的現象；在過程中，細小的顆粒不斷的被沖走，使岩土層的孔隙逐漸增大，最後慢慢形成一種能穿越地基、邊坡或壩體的細管狀的滲流通路，從而淘空地基、邊坡或壩體，或使地基、邊坡或壩體發生變形及失穩。管湧大多發生在級配不均勻的砂礫土壤中，其中細顆粒的物質不斷的從粗粒的骨架孔隙中漸漸的被滲流所攜走。它通常是由於工程活動（如基坑的開挖）所引起；但是在有地下水滲出的斜坡、岸邊，或者有地下水溢出的地表面也會發生。產生管湧的水動力條件比較複雜，一般不採用公式計算其臨界水力梯度；普遍利用圖表，或直接用試驗的方法。

　　圖 13.11 顯示管湧破壞的臨界水力梯度與土壤中細粒含量的關係；當細粒含量小於 35%時，管湧破壞的臨界水力梯度與導水係數的關係請見圖 13.12。

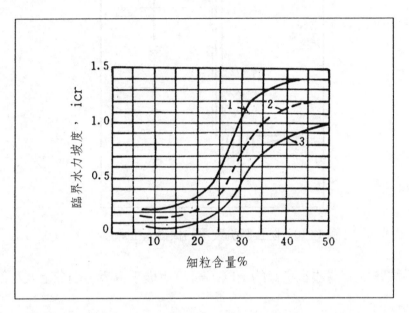

圖 13.11　管湧破壞的臨界水力梯度與土壤中細粒含量之關係
（Weight and Sonderegger, 2001）

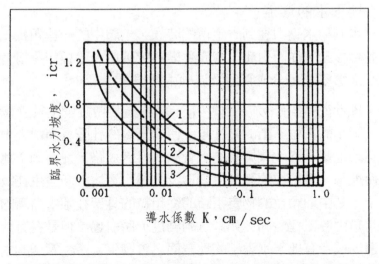

圖 13.12　管湧破壞的臨界水力梯度與導水係數的關係（細粒含量＜ 35%）
（Weight and Sonderegger, 2001）

　　在可能發生管湧的岩土層中興建大壩、擋土牆，或開挖基坑時，為了防止管湧的發生，設計時必須控制地下水溢出帶的水力梯度，使其小於產生管湧的臨界水力梯度。茲將防止管湧最常用的方法簡要說明如下：

- ·人工降低地下水位，使它降至可產生管湧的土層之下，然後才進行開挖。
- ·打設板樁或連續壁，其目的在於強固基坑的坑壁，同時在於改善地下水的逕流條件，即增長滲流的路逕，降低水力梯度及流速，以消弭地下水的沖刷能力。如果能打到不透水層內則效果更佳。
- ·採用水下開挖的施工方法，在基坑的開挖期間，使基坑中始終保持足夠的水頭；儘量避免產生管湧的水頭差，增加坑壁的穩定性。必要時，可向坑內灌水，使坑內水向坑外反向滲流，並且同時進行開挖。
- ·可以採用冰凍法、化學灌漿法、爆破法等，以提高土層的密實度，並減小其滲透性。

　　當滲流作用使得一定體積的土壤同時發生移動的現象，就稱為**流砂**（Quicksand）。其發生機制係因鬆散的細小砂粒被地下水飽和後，在動水壓力（即水頭差）的作用下，所有的顆粒同時從一個近似管狀的通道，以懸浮的流動方式，被滲流水所沖走，故稱為流砂。其結果是使基礎發生滑移、或不均勻下陷、基坑坍塌、基礎懸浮等。流砂多發生在顆粒級配均勻的砂土層或粉土層中；它通常是由於工程活動所引起的。但是，在有地下水出露的斜坡，或有地下水溢出的地表面也可能發生。管湧如果不斷的發展及演化，而且不予遏止，最後常常轉變為流砂或流土，而釀成災變。

　　發生流砂的臨界水力梯度可用下式算出：

$$Icr = (G-1)(1-n) + 0.5n \quad\cdots\cdots\cdots\cdots\cdots\cdots (13.13)$$

式中，Icr = 發生流砂的臨界水力梯度
　　　　G = 土壤的相對密度
　　　　n = 土壤的孔隙率

滲流破壞的型式與土壤的粒級成分之關係詳見於表 13.5。

　　防止流砂最常用的方法與防止管湧的方法是一樣的；主要是控制滲流、降低水力梯度、設置保護層、打設板樁等。

表 13.5 滲流破壞的型式與土壤粒度成分的關係

粒度或級配	數值	滲流破壞型式
細粒 含量 （%）	＞ 35	一般為流砂破壞。
	25～35	可能是流砂，也可能是管湧；取決於土壤密度、粒徑、及形狀等。
	＜ 25	一般為管湧破壞。
粗粒的 d15 細粒的 d85	≦5	可能為流砂破壞；不可能為管湧破壞。
	＞ 5	管湧破壞。
均勻 係數 （Cu）	＜ 10	一般為流砂破壞。
	10～20	可能是流砂，也可能是管湧。
	＞ 20	一般為管湧破壞。

註：(1)細粒係指粒徑＜ 1mm 的顆粒。

(2)先將粗粒與細粒分開，粗粒部分的 15%為 d15，細粒部分的 85%為 d85。

▮ 13.5.6 地下水的化學作用

地下水是引起化學風化作用的主要因素。自然界的水，不論是雨水、地表水或地下水都溶解有多種氣體（如氧、二氧化碳等），以及化合物（如酸、鹼、鹽等）。因此，自然界的水都是屬於水溶液。而水溶液可以經由溶解、水化、水解、碳酸化等方式促使岩石發生化學風化；使岩石的強度逐漸減弱。在高寒地帶，岩石裂隙中的地下水遇冷結冰之後，體積會膨脹 9%，將對裂隙產生很大的膨脹壓力，使裂隙的開口更擴大，且更深入岩體；當冰融化成水時，體積減小，擴大的裂隙又有水滲入；如此年復一年，就會使岩體崩裂成碎塊，為化學風化提供一個很好的作用環境。

蒙脫石黏土礦物遇水後，水分子可以無限的進入它的晶格之間，而產生體積膨脹；失水後體積又回縮。在這樣的脹縮循環過程中，岩土體很容易就龜裂，對輕型結構物造成不良的影響。

水泥與水拌合之後，會生成大量的 $Ca(OH)_2$，它再與空氣中的 CO_2 起作用，就能在混凝土的表面生成一層 $CaCO_3$ 的硬殼，對混凝土產生保護作用，使其內部的 $Ca(OH)_2$ 不會被水所溶解。但是地下水中的 CO_2 卻可以與 $CaCO_3$ 起作用，並生成可溶於水的碳酸氫鈣，其反應式如下：

$$CaCO_3 + H_2O + CO_2 \rightleftharpoons Ca^{++} + 2HCO_3^- \cdots\cdots\cdots\cdots\cdots（13.14）$$

這種能與 $CaCO_3$ 起反應的 CO_2，稱為**侵蝕性二氧化碳**。如果地下水中游離的 CO_2 之含量超過 100mg/l，就會破壞混凝土的外殼，使混凝土中的 $CaCO_3$ 不斷被溶解及侵蝕，稱為**分解型腐蝕**。如果地下水的 pH 值過小，也會對水泥造成有害的腐蝕作用；特別是當反應生成物為易溶於水的氯化物時，對混凝土的分解腐蝕會很強烈；一般而言，當水溶液中氯化物的含量超過 4%時，就會對水泥造成有害的腐蝕作用。

如果地下水中 SO_4^{-2} 離子的含量超過 1%時，將與混凝土中的 $Ca(OH)_2$ 起反應，並生成 $CaSO_4 \cdot 2H_2O$（二水石膏），這種石膏再與水泥中的水化鋁酸鈣成分發生化學反應，生成水化硫鋁酸鈣；這是一種鋁和鈣的複合硫酸鹽，俗稱**水泥桿菌或壁癌**。由於水泥桿菌結合了許多結晶水，因而其體積比化合前增加很多，約為原體積的 222%，於是在混凝土中產生很大的內應力，使混凝土的結構遭受破壞，發生鬆散、剝落、掉皮等現象。這種腐蝕稱為**結晶型腐蝕**。

當地下水中的 NH_4^+、NO_3^-、Cl^-、Mg^{++} 等離子的含量很高時，就會與混凝土中的 $Ca(OH)_2$ 發生反應，例如：

$$MgCl_2 + Ca(OH)_2 \rightarrow Mg(OH)_2 + CaCl_2 \cdots\cdots\cdots\cdots\cdots（13.15）$$

反應生成物，除了 $Mg(OH)_2$ 不易溶解之外，$CaCl_2$ 則易溶於水，並隨之流失。

13.6　工程防水

地下水與土木工程息息相關，互相影響。一方面，地下水對土木工程存在著潛在的危害，如管湧、流砂，突湧、水庫漏水等；另一方面，各種工程活動會誘發地下水的流動，對環境造成衝擊。因此，為了預防災變的發生，以及降低對環境的影響，任何一個工程計畫都應該對地下水的賦存條件進行詳細的了解，然後採取有效的及必要的防水措施。

13.6.1　滲流的防治

滲流對基坑、邊坡、壩基、地下工程等均有直接或潛在的破壞作用，如產生管湧、流砂等。其防治方法有隔滲、排水、降水等幾種。

(1)截水牆

截水牆的功能在於減少滲流量及降低地下水的水力梯度。常用的方法有板椿、壓實的不透水牆、連續壁、灌漿帷幕、泥漿槽、冰凍法等。

為了有效防止在地下水位以下開挖時，發生管湧或隆起，截水牆必須貫入地下相當深度。否則，應該採取補助措施，如降低地下水的水力梯度。對於滲透性隨著深度而降低的岩土層，可採用井點（Well Point）降水；對於滲透性隨著深度而增加的岩土層，則可採用與水平排水管相接的剪壓井進行排水。

(2)排水

排水方法之一是設置排水濾層，俾使地下水能夠自由的通過濾水層，但是又可以防止細粒土砂發生移動（請見圖 13.13A、Ca、及 D）。方法之二是設置排水墊層，俾便在影響區的範圍內進行排水，以使地下水位下降，或降低滲流壓力（請見圖 13.13Ba 及 Cb）。方法之三是設置截流管或截流排水井，以攔截來水方向的地下水（請見圖 13.14）。

(3)降水

降水的目的在於把地下水位降到所要求的水位；一般常用井點法，包括單（多）層輕型井點、噴射井點、深井井點及電滲井點等方法。它的原理是利用許多井孔，布置在基坑的周圍同時抽水，以把地下水位降到基坑底面以下約為 0.5～1.0m 的程度。每根井點管的最大進水量可用下式予以推估：

$$q = \pi \cdot d \cdot L \cdot \sqrt{K/15} \quad\text{..........................}(13.16)$$

式中，q＝每根井點管的最大進水量，m^3/s

　　　d＝濾管的直徑，m

　　　L＝濾管的長度，一般取 1.0～1.7m

　　　K＝土層的導水係數，m/d（$1m/d = 1.16 \times 10^{-3} cm/s$）

輕型井點的平面布置方法需根據基坑的平面形狀、大小、降水深度、地下水流向、岩土層的透水性等，布置成環型、U 型或線型。如果降水深度超過 5 公尺時，則需採用二層，甚至多層井點（請見圖 13.15）。井點距坑邊約為 0.5～1.0m，井點管的間距一般為 0.8～1.6m，不超過 3m。輕型井點適用於導水係數為 1×10^{-4}～$8 \times 10^{-2} cm/s$ 的土壤；使用於 2×10^{-3}～$5 \times 10^{-2} cm/s$ 的土壤更見效果。

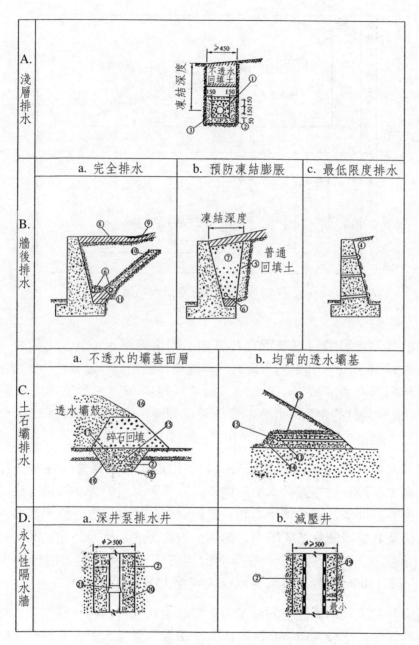

圖 13.13 典型的排水濾層及排水墊層

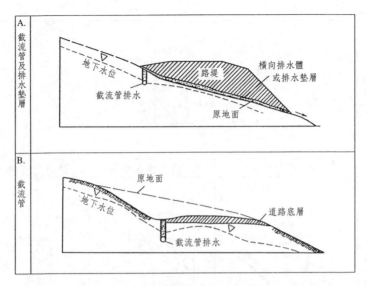

圖 13.14　截流管及排水墊層

　　噴射井點係將噴射器裝置在井管內，利用高壓水（氣）為動力，進行抽水，如圖 13.16 所示。井點的布置方法與輕型井點類似。當基坑的寬度小於 10m 時，可作單排布置；大於 10m 時，則可採雙排布置。井點管的間距一般為 2～3m。噴射井點的優點是井點的安裝迅速簡便，降水深度可達 15 公尺以上，效果良好；適用於導水係數為 $1 \times 10^{-4} \sim 5 \times 10^{-2}$cm/s 的土壤。

　　深井井點係在基坑內或基坑外設井，用潛水泵或深井泵抽水。井點的井數、井徑、井深等需根據含水層的性質、降深、基坑的大小等進行設計。值得注意的是大量抽水及降水將使周圍一定範圍內的地面出現下陷，其對建築物、地下管線及其他設施會造成不利的影響。因此，決定採用此法之前，必須評估環境的承受能力；必要時，可能需要改變方法。深井井點適用於導水係數為 $5 \times 10^{-2} \sim 5 \times 10^{0}$cm/s 的土壤；降水深度可達 15 公尺以上。

　　電滲井點係利用黏性土的電滲現象來達成袪水目的的一種方法。其原理是利用井點管作為陰極，埋在基坑內側的金屬管為陽極，兩者呈並行交錯排列；間距為 0.8～1.0m。通電之後，地下水從坑內向外流入井點管線，然後再從井點管抽水，使地下水位下降（請見圖 13.17）。適用於導水係數小於 1×10^{-4}cm/s 的黏土、淤泥及淤泥質土壤。

　　表 13.6 顯示以上所說的各種方法之適用性。

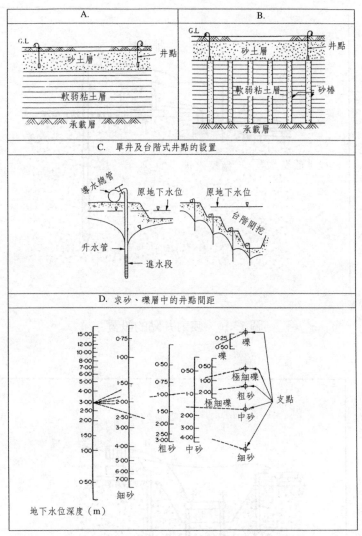

圖 13.15　多層井點的布置及其降水情形

表 13.6　各種井點的適用條件

井點種類	岩土層的導水係數，cm/s	降水深度，m	井點管之間距，m
輕型井點	$1.0 \times 10^{-4} \sim 5.0 \times 10^{-2}$	單層：3～6 多層：6～12	0.8～1.6
噴射井點	$1.0 \times 10^{-4} \sim 5.0 \times 10^{-2}$	8～20	2.0～3.0
深井井點	$5.0 \times 10^{-2} \sim 2.5 \times 10^{0}$	＞15	— —
電滲井點	$1.0 \times 10^{-4} \sim 5.0 \times 10^{-2}$	＜6	0.8～1.0

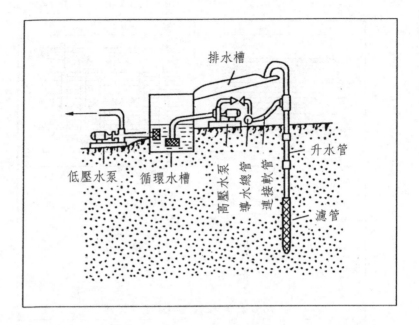

圖 13.16　噴射井點的設置

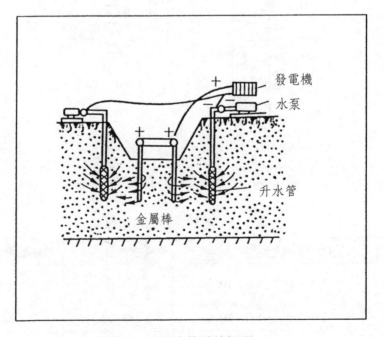

圖 13.17　電滲井點的設置

　　垂直降水法（Vertical Drain）又稱為**砂礫井袪水法**；類似於電滲法的設計，但不通電。它的「電極」是透水性良好的砂礫井或地工織物。施作時先鑽好很多井孔，然後用砂礫回填；即成為地下水聚集的「電極」，如圖 13.15B 所示。此法特別適用於土層中夾有透鏡體含水層的不透水層之袪水。

　　對於破裂岩層的降水，一般以採用抽水的方式較為有效。抽水的設計，首先要先量測節理或裂隙的密度，然後依照圖 13.18 換算成導水係數，再由圖中附表找出相當的土層，即可求出抽水量及決定抽水的方法（Singhal and Gupta, 2006）。

13.6.2　邊坡的地下排水

　　地下水是造成邊坡失穩的最重要因素之一。地下水會對邊坡的岩土層產生軟化或泥化作用，降低岩土體的強度。地下水充滿岩土層的孔隙及裂隙，會產生靜水壓力；如果岩土層受壓，而地下水來不及排洩，或無從排洩，則將發展很大的孔隙水壓，大大削弱岩土體的剪力強度。地下水的滲流，將對邊坡產生動水壓力，使邊坡易滑。對於處在水下的邊坡（如庫岸），地下水將對其產生浮力，使坡體的有效重力降低，從而影響邊坡的穩定性。此外，地下水向坡外滲流，還會產生管湧、流砂等現象，破壞邊坡岩土的結構及減弱其強度，造成邊坡的變形、崩塌及滑移等破壞。因此，邊坡一定要進行排水，以降低體內的孔隙水壓，才能維護其穩定性。

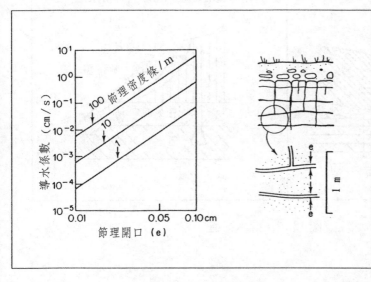

圖 13.18　節理密度與導水係數的關係

(1)防止地表水對地下水的補注

斷掉地下水的來源（即地表水）是最簡單有效的防水方法。主要有截水及排水兩種措施。截水是在可能失穩的邊坡上游處設置截水溝，以防止外圍的地表水流入欠穩定的坡體內。排水則是在坡體的坡面上設置樹枝狀的排水溝，以將地表的逕流集中，並且排出體外。

(2)排除坡體內的地下水

常用的方法有：

• 使用盲溝集水，然後將其排出坡體之外；適用於地下水位很淺的邊坡。
• 使用垂直孔排水；其方法是先打垂直孔，穿透上部含水層及阻水層，並將地下水轉移到下伏的透水層，以降低上部含水層的地下水位。
• 採用集水井，並配合扇狀的水平排水管，先將地下水集中到集水井，再用重力排水的方式或深井泵抽出坡體之外。
• 採用水平排水管，從坡面打斜仰的鑽孔或孔群，利用重力的方式將地下水引出。
• 使用排水廊道，從坡面開鑿排水巷道，以攔截及疏導深層的地下水，如圖 13.19 所示。

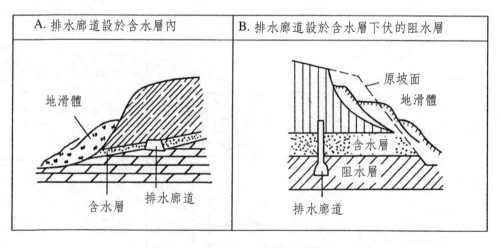

圖 13.19　排水廊道

13.6.3 基坑的防水

基坑工程的施工常位於地下水位之下，所以出事的機會比較大。通常遇到的地下水問題有：

- 地下水流入基坑，淹沒工作面，嚴重影響施工的品質及效率。
- 坑內排水常造成基坑外圍的地面產生不均勻下陷，導致外圍的建築物下沉、傾斜、變形、均裂等破壞。
- 造成管湧、流砂等破壞現象，嚴重威脅基坑工程及其外圍建築物的安全。
- 當基坑底下有受壓地下水時，由於底板被削薄，所以地下水可能產生基坑突湧，沖潰底板，造成基底開裂，並且發生流砂、土沸等突湧現象。
- 增加支撐結構的困難度，不但側壓增大，而且壓力不均衡，很容易發生結構扭曲。

基坑的防水一般採用明溝排水、降水及阻滲等幾種類型。茲說明如下：

(1)明溝排水

在基坑內設置排水溝及集水坑或集水井，再用抽水設備將地下水從集水井內抽走。其排水溝設置於基坑的四周，而集水坑則設置於排水溝內（請見圖 13.20）。溝底一般低於基坑底約 30～40 公分，集水坑底則低於溝底約 40～50 公分。隨著基坑的不斷開挖加深，排水溝及集水坑也要不斷的向下加深。

基坑的外圍必須設置截水溝渠，並加以襯砌，以防止地表水對基坑的坑壁產生沖刷及管湧沖蝕。

明溝排水的方法比較適用於基坑不深，地下水位高出最終坑底不多，且坑壁的土層不容易產生流砂、管湧或坍塌等破壞的情況。

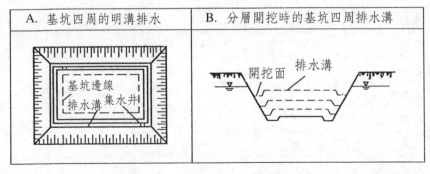

圖 13.20　明溝排水的布置圖

(2)井點降水

井點降水主要是以小規模的局部抽水方式，將地下水位降低；因為每一個井點的洩降錐很小，故其影響範圍不大，斯可避免發生地面下陷（請見圖 13.15）。如果洩降錐的範圍太大，勢將危及基坑外圍的建築物之安全，如產生傾斜、變形及開裂等破壞，所以必須避免。

有關井點降水的方法請見 13.6.1 的第(3)條。

(3)阻滲

阻滲是用工程的方法將地下水的滲流阻斷，以防止其流至基坑的工作地點。常用的方法有側向阻隔及封底阻隔兩種類型。

側向阻隔的方法有截水牆（如板樁、泥漿槽、排樁、連續壁等）、灌漿、截水帷幕、壓縮空氣、及冰凍法等幾種。該法一般需穿過透水層，且應貫入下臥的阻水層一定的深度。如果透水層比較深，或厚度比較大，使用側向阻隔不經濟，或者難度比較高時，則可採用懸掛式的側向阻隔（未穿透透水層），與基坑封底阻滲互相結合的方法。

表 13.7 顯示不同土層的袪水方法之選擇性。對於破裂岩層的袪水，如果使用疏水方式時，則可依據圖 13.18 所示的節理開口與密度，求得導水係數；再參考表 13.7 的原則選擇適當的袪水方法。

表 13.7　地下水的袪水方法

袪水方法		土層種類			
		礫石	砂	粉砂	黏土
疏水	抽水井	•	•		
	井點			•	
	明溝	•	•		
	電滲			•	•
	砂礫井		•	•	
阻水	灌漿	•	•	•（化學漿為主）	
	冰凍	•	•	•	•
	壓縮空氣		•	•	•

13.6.4　地下工程的防水

　　地下工程大都位於地下水位以下，使得地下水對於工程的影響更為顯著；所以無論在調查、規劃、設計、施工，還是正常使用階段，都必須對地下水的賦存及可能危害仔細的予以評估，因為大多數的工程災害都與地下水有關。

　　地下水對於地下工程的影響或危害主要在於以下幾方面：

- 產生靜水壓力，作用於地下坑室的襯砌，增加支撐結構的負擔；造成坑室的圍岩沿著含水的軟弱不連續面發生滑動，造成坑室擠壓、變形。
- 含水層或含水帶被坑室揭穿，產生滲漏、泉湧，甚至突湧；輕者影響施工或運行；重者則產生災變。
- 地下水可能在施工中造成湧水、流砂、湧泥等現象，引起坑室變形、坍塌、沖潰，甚至被泥砂及水所淹沒及堵塞。
- 地下水使岩土軟化，強度減弱，使圍岩中的軟弱夾層泥化，降低層間的摩擦力及剪力強度；還會使得某些礦物（如石膏、岩鹽、黏土礦物等）產生溶解或膨脹，造成坑室變形。根據試驗結果，泥岩或頁岩於浸水後，其體積可以膨脹達 20% 至 30% 以上。

地下工程的防水最好能遵循以下的一些原則：

- 合理的選址及選線，儘可能避開受地下水影響較大的地帶，如河谷、溶洞、廢棄的礦坑、充水的破碎帶等。
- 合理的設計開挖、支撐及排水與阻水的方法；特別是在河、海、湖、水庫，及上覆有富水層或富水帶的地方。
- 設計防水時必須同時注意地下水的靜水壓力及動水壓力，並採取有效的防滲止水措施；其方法可見 13.6.1 節所述。
- 在施工過程中，對於可能發生突然大量湧水、流砂等問題的地段，應採取超前探水及預先放水的預防措施，或者在洞口建立防水牆及防水門（請見圖 13.21），以防止造成災害。
- 防止地表水（如雨水、河水、庫水、湖水等）向地下坑室滲漏；應採取截水溝、防水堤等措施，攔截及引走地表水，以防止其影響到地下工程。
- 對於永久性的地下結構物，應做好防水措施，以防止在使用期間出現滲漏、滴漏等現象，以保證其正常使用及延長其使用壽命。
- 如果發現有滲漏現象時，應立即採取堵水措施，不能放任其擴大及惡

化，以至無法收拾，終至釀成災變，乃至無法修護。

在地下施工時，為了避免開挖到具有很大水壓，或與固定水源有相通的富水層、充水的斷層破碎帶、溶洞、廢棄的礦坑等，形成大量的突湧或湧砂等現象，通常可以採取以下的預防措施：

- **超前探水**：先在工作面施打前探孔，對工作面的頂、底板、旁側及掘進前方的地質構造、富水層、其他坑洞等的具體位置、位態及突水的可能性進行超前探查。根據一般的經驗，其探查方法應該在距離可疑突水的水源 70 公尺之外就要開始打前探孔，其前探的深度應保持在工作面前方的5～20公尺左右；探孔的數目一般不少於3個；孔徑一般小於25mm。
- **預先放水**：對於已經查出來的水源，可利用探水鑽孔進行放水，以疏導及洩除蘊積的水體。
- 建立**防水牆**：如果地下坑室或隧道有可能受到水淹的威脅時，可以選在堅固且不透水的岩層中設立防水牆及防水門，如圖 13.21 所示。防水牆多為混凝土或鋼筋混凝土材質，防水門則為鋼和鑄鐵製成。為了減輕防水牆的來水壓力，可以在防水牆的前部施作錐形槽（短邊靠近來水的一側），以便將水壓傳遞給圍岩。

▌13.6.5　壩基的防水

(1)防滲

在壩基的上游面之地基中，平行於壩軸線施打一排或多排鑽孔，用高壓灌漿等方法，將水泥等漿液灌入岩盤的裂隙、破碎帶、或斷層中，形成一道阻滲屏障。防滲帷幕的深度、厚度及灌漿孔距、排距等，應根據壩基的地質條件、壩的規模、及防滲的要求而定。

屬於鬆散沉積物的壩基，其防滲帷幕宜設於心牆、斜牆或鋪蓋之下（請見圖 13.22）。

(2)防滲牆

如果壩基下的透水層不太厚時，則可挖掘一個梯形槽，再以黏土回填，使其成為截水槽，如圖 13.22B 所示。

如果壩基下的透水層比較厚時，則可用板樁、連續的混凝土排樁，或混凝土防滲牆等垂直防滲設施以截斷滲流，如圖 13.22C 所示。

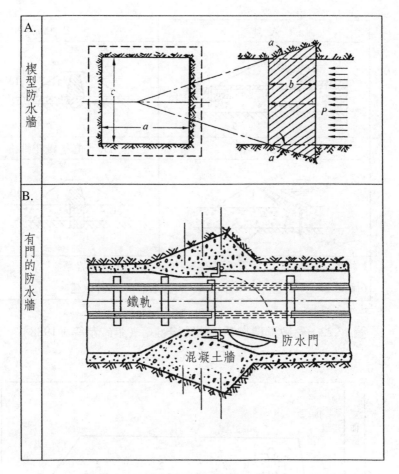

A. 楔型防水牆

B. 有門的防水牆

鐵軌

防水門

混凝土牆

圖 13.21　隧道內的防水牆及防水門

對於防滲要求比較高的土石壩之壩基，可用相互搭接的大直徑鑽孔樁穿越含水層，形成一道連續性的橫河防滲牆，如圖 13.22D 所示。

(3)壩基排水

對於岩盤的壩基，可在防滲帷幕的下游設置一系列的排水孔，以組成主排水幕，用以阻截透過防滲帷幕的滲水，減少壩基的上揚力。在主排水幕的下游則增設 1～3 道的輔助排水幕，並設專門的排水廊道，以供排水孔的觀測及檢修之用。全體組成一個減壓排水的系統，如圖 13.23 所示。

對於鬆散沉積物的壩基，在防滲的同時，常在下游採用排滲溝及減壓井，進一步降低剩餘的水頭壓力差，如圖 13.24 所示。

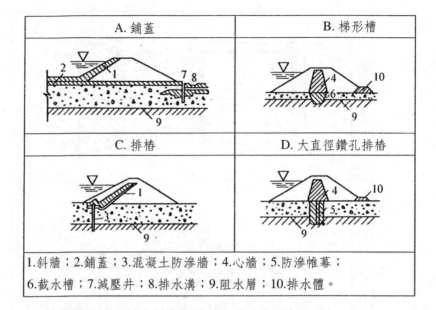

A. 鋪蓋	B. 梯形槽
C. 排樁	D. 大直徑鑽孔排樁

1.斜牆；2.鋪蓋；3.混凝土防滲牆；4.心牆；5.防滲帷幕；
6.截水槽；7.減壓井；8.排水溝；9.阻水層；10.排水體。

圖 13.22　鬆散沉積物壩基的防滲帷幕（張咸恭等，1988）

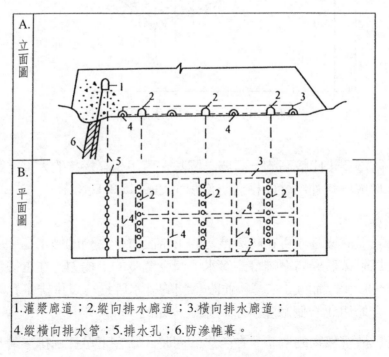

A. 立面圖

B. 平面圖

1.灌漿廊道；2.縱向排水廊道；3.橫向排水廊道；
4.縱橫向排水管；5.排水孔；6.防滲帷幕。

圖 13.23　岩盤壩基的排水減壓系統

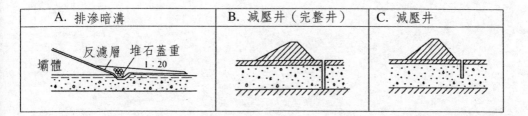

圖 13.24　鬆散沉積物壩基的排水減壓系統

CHAPTER 14

地質災害

14.1　前言

一般所謂災害（Hazard），是破壞（Failure）的機率之意；是發生某一事件（Event）的可能性；它是該事件萬一發生時的一種冒險度（風險度）或危害度。因此，Hazard的正確翻譯法應該是**潛在災害**；因為大家用習慣了，所以將還未發生的災害也直稱為災害；說不定這個潛在災害永遠也不會發生。英文對災害就分得很清楚，例如英文對真正發生的災害就叫做**災變**（Disaster, Catastrophe, Mishap, Accident等都是）。在實際作業上，**破壞機率可以用災害發生的頻率來表示，也就是再現期（Recurrence Interval）的倒數**。

風險（Risk）則是一種期望損失，也就是某一種特定災害如果發生時所造成的期望損失值，包括人命傷亡、財物損失、社經活動的中斷等；它是選擇最適災害管理（即防災方法的選擇）的一個依據。在某一個時段及在某一個區帶內發生某一規模的災害之可能性，就叫做**潛感性**（Susceptibility），不管這個災害是否會傷及人命或財物。評估人或物遭受某一種潛在災害的破壞、損害或喪命的程度，則稱為**受災性**（Vulnerability），其量化尺度可以從 0 至 1 不等，0 表示無損害，1 則表示全損失。災害的**危害度**通常用潛在災害的**破壞力**（一般以體積、面積、能量、強度、規模等來計量）及潛在災害的**活動度**（如變形或位移的速率、再現期等）等來衡量（Bell, 2007b）。

地質災害（Geologic Hazard）乃是天然災害（Natural Hazard）的一種。所謂天然災害是指由天然因素所引起，對人類的生命財產及社經活動可能造成危

害及破壞的潛在事件或過程，如地震、火山爆發、颱風、洪災、旱災、蝗災、森林火災等。而**地質災害則是由地質營力所引起的天然災害，如地震、火山爆發、崩山、土石流、地盤下陷、海水入侵等**。地質災害乃是自從地球存在以來就是與生俱來的，所以它從古至今，以至未來都會一直威脅著人類的生存與安全。**地質營力**則分別來自地球的內部及外部；前者稱為**內營力**，後者稱為**外營力**；其動力來源如表 14.1 所示。

根據動力的來源，我們將地質災害概分為**外營力地質災害**及**內營力地質災害**兩類。前者的動力主要來自地表，如重力、水力、人為動力等；後者則來自地球的內部；如地震力、火山爆發力等。

本章只介紹幾種常見的地質災害，如落石、崩塌、滑動、土石流、地震、活動斷層等。

表 14.1　地質營力的來源

地質作用屬性	地質作用	地質營力
內營力 地質作用	構造運動	水平運動、垂直運動
	岩漿作用（含火山作用）	侵入作用、噴發作用
	地震作用	地震力、活動斷層
	變質作用	區域變質、接觸變質、動力變質
外營力 地質作用	風化作用	物理風化、化學風化、生物風化
	侵蝕作用	地表流水、地下水、湖水（含水庫水）、海洋、風，冰川
	搬運作用	地表流水、地下水、湖水（含水庫水）、海洋、風，冰川
	沉積作用	地表流水、地下水、湖水（含水庫水）、海洋、風，冰川
	膠結成岩作用	膠結、壓密、再結晶
	重力作用（即塊體運動）	落石、崩塌、地滑、土石流、潛移（蠕動）、地盤下陷

14.2　落石

14.2.1　落石的成因

在邊坡的坡緣處，當岩土體被陡傾的不連續面分割或懸空的塊體，或者鬆脫的土壤脫離了母體，並以墜落（自由落體）、跳躍或滾動的方式，向坡腳掉落的現象，稱為落石（Rockfall）；其規模相差懸殊，有非常大規模的，也有小型塊石的崩落。

落石主要發生在坡度超過 60°、坡高大於 30 公尺的高陡邊坡之前緣部位。當堅硬岩層（如石灰岩、砂岩、石英岩、玄武岩、花崗岩等）如果被陡立的張力裂縫所切割，形成開口的分離塊體；或者由礫石與砂土組成的土層（如礫石層、崩積層），因為雨水沖刷或風化的結果，造成礫石的鬆脫；或者是硬岩與軟岩相間的岩層，因為差異侵蝕的關係，形成了凹凸坡，使得凸出而且具有垂直節理的硬岩懸空；在上述的三種狀況下，如果有雨水的滲入、樹根楔入其張力裂縫或樹幹的搖撼作用，或者受到外力的振動等條件的配合，使得已經鬆弛的岩塊在重力的作用下，突然脫離母體而發生墜落。其墜落速度極快，可能打擊到人車，或破壞路面或護欄；位於山腳下的房子也可能會遭殃。

誘發落石的原因很多，如表 14.2 所示。單純與水有關的因素就佔了百分之六十八，如果以地質因素再配合水的作用，則佔了百分之八十五。

表 14.2　不同的誘發因素造成某區域性落石的個數之百分比

誘發因素	落石個數 百分率，%	誘發因素	落石個數 百分率，%
降雨	30	鑿穴動物	2
裂縫水的凍融作用	21	差異侵蝕	1
密集切割的破碎岩體	12	樹根的楔入	0.6
風力的搖撼	12	地下水滲出	0.6
融雪	8	野獸活動	0.3
沖蝕溝的沖刷	7	汽車振動	0.3
平面型滑動	5	風化作用	0.3

　　位於坡緣的陡傾裂縫係屬於張力裂縫；其形成主要來自三種方式；第一是根據坡體應力的分布，坡緣處係位於張力帶內，而且邊坡越陡，張力帶分布得越廣；如果加上有水平剩餘應力的作用，則因為有應力釋放的效應，所以使得陡峭邊坡的坡頂、坡緣及坡面均處於張力狀態之下，其應力（最小主應力）軸的方向係垂直於坡面，因此在平行於坡面的方向就會形成一組張力裂縫。第二種形式是岩體因為受到地質力的作用，所以原來就存在著一組垂直的構造節理。第三種形式則發生在岩層有潛移（Creep）的情況下，在潛移體與母體之間產生了垂直的拉裂縫。在這三種形式中，以第一種最為重要，因為它存在於所有的邊坡，而且邊坡越是高陡，其作用越是明顯。

　　高陡的邊坡被陡立的不連續面密集分割的堅硬岩體是形成落石的有利條件。這些不連續面能使岩體原來的整體性和連續性受到破壞，使岩體的強度降低，並且為雨水及地下水的滲流提供了順暢的通道，使坡體進一步鬆弛，裂縫逐漸擴大，使落石繼續不斷的發生。

　　掉落的岩塊堆積於坡腳處，其稜角非常明顯，原來的不連續面也清晰可辨；其堆積物稱為**落石堆**或**崖錐堆積**，坡度常超過 30°，因為孔隙率大、壓縮性強，而且仍未穩定，所以土地利用價值不高。

　　落石體係以塊狀為主，另外一種落石體則是以板狀為主，稱為**傾翻**（Toppling）（請見圖 14.1）。傾翻的發生係由陡傾或直立的板狀岩體，或柱狀的塊體（如玄武岩的柱狀節理）組成的邊坡，在自重的長期作用之下，從坡體的前緣向臨空的方向首先產生傾斜、彎曲，然後折斷、翻倒，最後以滾落的方式，堆積在坡腳處。傾翻在發生彎曲的過程中，在張開的不連續面兩側，岩板或岩柱會產生錯動的現象，其相對的錯動方向係以上盤向下、下盤向上，類似於正斷層的方式進行。岩板或岩柱的彎曲程度會自坡頂向深處逐漸減小，裂縫深度可達 40 公尺，但是一般不會比坡趾還深。

　　傾翻一般要經過長時間的演變，其變形速度極慢，而且也不會出現大規模的、且突然性的整體崩落。堆積在坡趾部的崖錐堆積會給坡腳施以側向壓力，當坡面逐漸後退時，崩落的岩塊就不斷的往上堆置，使得邊坡越來越矮，最後到了極限時，傾翻就會停止。

　　發生傾翻的必要條件是坡體內需要具備一組平行於或次平行於坡面的陡傾不連續面，且要稍微向坡內傾斜；其中以薄層塑性岩層（如頁岩、板岩、千

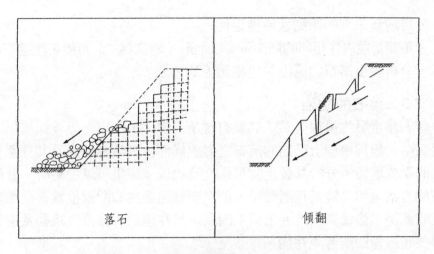

圖 14.1　落石與傾翻的區別示意圖

枚岩等）、具有柱狀節理的玄武岩、或軟硬相間的岩層比較容易具有這種條件。從力學上來看，板狀或柱狀岩塊的重心必須落在其底邊之外才有可能發生傾翻。

14.2.2　落石的調查

　　落石多發生在高陡的邊坡，其岩性堅硬，且被節理密集切割的岩層；或者發生在縱剖面呈凹凸型的邊坡（在砂、頁岩互層的地方，因為差異侵蝕的關係，容易形成這種凹凸坡）；或者是疏鬆的礫石層或崩積層的邊坡。調查落石宜採用 1/500～1/1,000 的比例尺，順著縱剖面（沿著邊坡傾斜的方向）時則可採用 1/200。調查的重點至少應包括下列幾個項目：

- ・落石堆的分布範圍及坡面斜度。
- ・落石堆的體積及底墊的斜度。
- ・落石堆的組成、石塊大小、風化程度。
- ・落石堆的類型、特性、發展過程及活動性（是否目前還在發生）。
- ・落石堆的穩定性。
- ・邊坡的坡度、坡高與坡形。
- ・坡緣（落石的發源地）及邊坡的岩層、結構、不連續面（包括間距、開口、風化、充填、含水量、組數、組合關係、位態等）、地層名稱。
- ・坡緣或坡面是否有危石。
- ・當地的氣象降雨、水文、地震等資料。

・目前及未來的活動性或穩定性。

・預測基地內在相同的條件下（以地形、地質為主）可能發生落石的地帶。

・分析發生落石的原因並建議防治的方法。

▌14.2.3　落石的防治

　　落石常常發生得很突然（其實有跡象可尋），所以一般多採用以防為主的防災策略。根據學理上已知的落石之形成條件，評估基地內及其外圍可能發生落石的點或地段，分析其發生的可能性及規模。如果可以繞避時，就優先採取繞避的方案。如果繞避有困難時，則宜調整建築物的配置位置，遠離落石影響得到的範圍，儘量減少防治工程；因為落石在運動時會發生跳動及滾動，所以記得要將該等距離考慮在內。

　　在設計及施工階段，要避免擾動高陡邊坡的地段，並且要避免大挖猛爆。在岩體鬆散或破碎的地段，不必使用爆破施工。即使必須使用爆破，也要使用平滑爆破工法或光面爆破（Smooth Blasting），不要將原來很完整堅硬的岩體，因爆破失當而弄得更為破碎，反而製造落石的機會。

　　工程上，落石的防治可以分成危岩處理、落石攔截法及落石疏導法等三個主要方法。茲分別說明如下：

　　⑴危岩處理法

　　危岩處理法係在岩坡上直接進行危岩處理，屬於一種原址（In-Situ）處理方法；而且是防止落石發生的一種處理工法。

　　所用的措施有清理法、固定法及支撐法三種（請見圖 14.2）。清理法就是將岩坡上已經鬆脫的岩塊索性將其拔除，以絕後患；而且植生最好也能夠砍除，以防其根系撐開裂縫，或迎風搖撼，形成危石。岩盤上如果有土層覆蓋時（其交界面通常是不整合面，或者是崩積層覆蓋在岩盤上），如果覆蓋層不厚，就全部清理掉；如果覆蓋層太厚，不易全部清除，則應修成緩坡，以達到穩定的程度為止（請見圖 14.2 上圖）。

　　相反的，固定法是將被分割的岩塊就地固定，它目前還沒有到達危岩的程度，但是風化日久之後可能就會轉變成危岩。固定法又分成很多種，例如使用岩栓、岩錨、綴縫釘、灌漿、噴漿等（請見圖 14.2 下圖）。如果採用岩錨固定時，其錨碇角（岩錨與水平線的夾角）應該等於不連續面的摩擦角減去不連續面的傾角；可見岩錨不一定要垂直於不連續面才錨得緊。

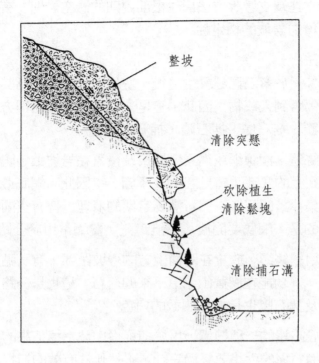

整坡

清除突懸

砍除植生
清除鬆塊

清除捕石溝

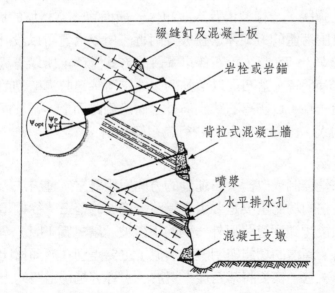

綴縫釘及混凝土板

岩栓或岩錨

背拉式混凝土牆

噴漿

水平排水孔

混凝土支墩

圖 14.2 岩坡上的各種危石處理法（Turner and Schuster, 1996）

　　支撐法係用支柱及支墩等方法頂住根部內凹的懸空岩塊。有時也可以用支牆或扶壁等方式增加岩坡的穩定性。

　　⑵落石攔截法

　　落石攔截法係用於落石已經發生之後，使用工程方法控制其運動距離的一種方法，避免其傷害到人或物。因此，這是一種非原址的處理方法。常用的方法有覆網、捕石籬、捕石堤，捕石牆、捕石溝等。

　　覆網是將鋼絲網、鋼線網或鋼索網懸掛及覆蓋在岩坡上，防止落石飛出，而限制它們掉落到網的底部（請見圖 14.3 下圖）；因此，網底最好還要有捕石溝的設置，以收集掉落的石塊；捕石溝要定期的清理，俾有空間可以容納新的落石。特別注意的是，網底要開放，不能封死。覆網常用於公路邊坡。

　　捕石籬是利用鋼絲網，放置在路面上方的邊坡趾部，有一點類似籬笆（請見圖 14.3 上圖）；其功能在攔截山上滾下來的落石。這也是公路邊坡常用的一種方法。捕石堤及捕石牆也是擔任攔截的角色。

　　捕石溝係設於路邊的一種槽溝，用於捕捉從山坡上掉下來的落石。由於落石有動能，所以捕石溝的大小要經過設計，不然無法有效的捕捉到落石；如果落石在溝內發生彈跳，一樣會傷及人、車。一般而言，當邊坡的坡角大於 75°時，落石係以自由落體的方式掉落在坡趾附近，所以溝寬可以設計得相對窄一點。當坡角介於 55°～75°時，落石係以彈跳的方式墜落，所以溝寬需要最寬。當坡角介於 40°～55°時，落石則以滾動的方式墜落，這時溝壁的前壁（靠近路面）要設計得陡一點，以防落石跳出溝外，而滾到路面上。當坡面不平滑時，槽溝的尺寸要加大，因為這時落石的行為很難預料。

　　⑶落石疏導法

　　落石疏導法是控制或改變落石運動的方向與距離之一種方法。明隧道其實是一種防護棚，它的功能主要是要引導道路上邊坡的落石，從棚頂（即路面的上空）通過，然後傾卸到道路另外一側的下邊坡（請見圖 14.4）。這種方法常見於山區的道路。溜槽的功能與明隧道類似，主要差別在於溜槽比較像槽溝，其橫斷面比較窄；它一樣要將落石從上邊坡，引導它越過道路的上空，然後傾卸到下邊坡；主要用於岩石冰河（Rock Glacier）的疏導。

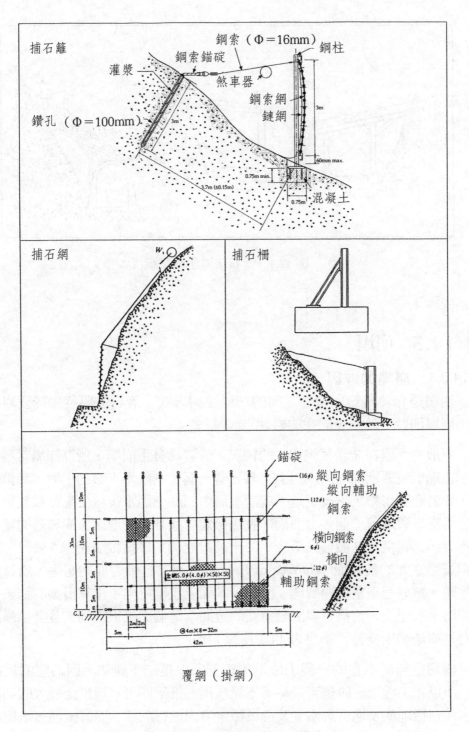

圖 14.3　落石攔截法示意圖

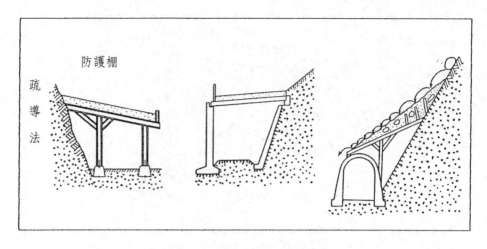

圖 14.4　落石疏導法示意圖

14.3　崩塌

14.3.1　崩塌的成因

　　崩塌是介於落石與滑動之間的一種運動方式。落石主要發生於硬岩的岩性，崩塌則發生於岩土同在的岩性。

　　鬆散的土層在充滿著飽和水的情況下最容易發生崩塌，所以崩塌常發生於雨季或颱風侵襲期間。從成因上來看，當土層受到雨水入滲的影響，其重力增加，或者孔隙水壓來不及消散，或者土層中的黏土遇水後產生膨脹或軟化，結果使得崩塌體沿著一個張力弱面，脫離母體，並且向下崩落。崩塌體的體積一般不大，其寬度常在數公尺至一、二十公尺之間，厚度很少超過 5 公尺。崩塌體與母體之間的**破裂面**（Surface of Rupture）因為是張力面的關係，所以崩塌發生時，這個面是呈張開狀態；因此，其面上粗糙不平，沒有滑動的跡象，看不到磨平、光滑、擦痕等與滑動有關的證據；這個面也很陡峭，且全部露出，沒有被崩塌體所掩蓋（請見表 14.3 及圖 14.5）。

　　崩塌是無所不在的一種山坡地災害，所以是防不勝防。因為它的規模不大，所以在工程上一般是可以略而不見，稍加推平即可；規模比較大的則需在排水（包括地面及地下排水）及邊坡穩定方面進行處理，而其處理方法與處理滑動是一樣的，將在滑動一節說明。

表 14.3 崩塌及滑動的不同

運動體的部位	崩塌	滑動
外形	長條型、眼淚型、彗星型、舌型等	紡錘型、馬蹄型、U 槽型等
長寬比	較大	較小
冠部	不十分明顯	呈同心弧，冠部出現弧形的張力裂縫
主崩崖	淺而不明顯	深且非常明顯
滑動面的出露程度	全部露出	只有在主崩崖處露出，其他部位全部被滑動體所掩蓋
滑動面的陡度	非常陡	比崩塌稍緩
滑動面上的擦痕	滑動面原為張力裂縫，面上無擦痕，粗糙不平	滑動面原為剪力面，滑動體發生剪切滑動，在滑動床上留下明顯的擦痕或階步，可能可以找到具有光澤的摩擦鏡面、剪裂帶或斷層泥等
運動後的滑動體	滑動後潰散碎離，原結構被破壞	滑動後開裂，大體上仍保留著原結構
運動體的後半部	顯現滑動面，全部露出	呈階梯狀，含大塊岩塊，屬於張力部
運動體的前半部	疏鬆及潰散的土體	呈亂丘狀，含有岩塊，屬於壓力部
運動方向	以垂直運動為主	以水平運動為主
運動規模	比較小	比較大
運動機制	坡頂加載或雨水貫入而加重	坡趾部失去支撐

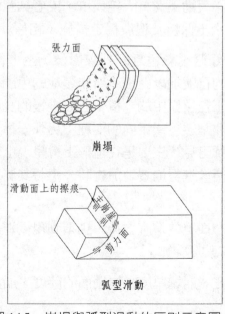

圖 14.5 崩塌與弧型滑動的區別示意圖

■ 14.3.2　崩塌的調查

崩塌在臺灣是到處可見的地質災害，所以應該把它當成是一種面的調查。傳統的路線調查法對面的調查將無法發揮功效。因此，應該考慮使用航空照片或衛星影像判釋的方法。現在的遙測科技非常進步，衛星影像的解像力已經精密到幾十公分至數公尺，例如我國的福衛二號衛星可以取得 2 公尺解像力的影像。一般而言，好的衛星影像可以放大到 1/2,500 的尺寸還不至於出現像元（Pixel）方塊；因此，對於解像力為 1 公尺的衛星影像而言，放大比例尺之後，一個像元在影像上的大小為 0.4 mm，所以不必到兩個像元就可以被肉眼所發覺。因此，利用衛星影像來清查崩塌地是一種相當理想的方法。

根據作者的經驗，崩塌地的分布係隨著時間的不同而不同；只要經過一次嚴重的颱風，就會重新洗牌；崩塌地的再現率（即在同一地點再度發生的比例）不會超過百分之六十。主要是因為崩塌地只是一種地表的擦傷而已，就像人皮輕微的擦傷，即使不敷藥也可以很快的自然痊癒。臺灣大部分的崩塌地就是如此；因為臺灣的土壤深厚、雨量豐富、植生易長，所以崩塌地的復原非常的快。

由於崩塌地的規模很小、土壤被擾亂的體積很小、且容易復原，所以作者認為，除了那些規模較大的、發生頻率很高的崩塌地之外，為了使山坡地能夠善盡其用，倒可以不必大動干戈，大挖大填，或者刻意的避開所有的崩塌地。一般而言，只要做好水土保持及邊坡穩定措施，相信就可以安全過關。

從衛星影像（最好選用彩色近紅外線影像）上進行崩塌地清查時，應將新、老崩塌地以不同的符號加以區別。新崩塌地的色調非常鮮艷。老崩塌地則可分成兩類，一種是正在復原中的，植生已經慢慢的長回來，在影像上仍可看出植生非常稀疏，或非常矮，或不同的樹種；另外一種老崩塌地雖然已經痊癒了，但是疤痕仍然依稀可見，主要是在地形上會呈現上坡凹而下坡凸的典型崩塌地地形。利用多期衛像進行崩塌地清查時，應將其屬性分成復原、再生、增生及新生四種類型。

崩塌地經過衛星影像上的清查之後，仍須到現場進行驗證及原因調查，其項目至少包括下列各項：

- 崩塌面的長與寬、崩塌厚度、崩塌面的陡度、崩塌面的粗糙度或有無擦痕、崩塌體積。

・岩土層的特性：土層厚度、粒徑、含水量、岩土交界、風化程度、岩性、不連續面、軟弱夾層、膨脹性土層、地層名稱等。
・是否位於斷層帶上。
・邊坡的坡度、坡高與坡形。
・植生覆蓋率。
・雨量。
・地震。
・距離河岸的攻擊坡多遠，距離水庫岸邊多遠。
・距離道路的邊坡多遠，是在上邊坡或下邊坡。
・人為活動的影響：土地利用型式、邊坡開挖、採砂石、採礦等。
・目前及未來的活動性或穩定性。
・預測基地內在相同的條件下（以地形、地質為主）可能發生崩塌的地帶。
・分析發生崩塌的原因，並建議防治的方法。

14.4　滑動

14.4.1　滑動的成因

　　滑動的規模比崩塌還大，單一滑動體所牽動的範圍較廣，並且具有明顯的滑動面，滑動體即在滑動面上發生剪切滑動。滑動之後，滑動體即發生變形及解體，但是局部仍可發現岩土層的原來結構；不像崩塌的崩塌體會產生整體潰散（請見圖14.5）。由於滑動是一種常見，又必須妥善處理的地質災害，所以本節將利用較多的篇幅加以介紹。

　　依據滑動面的形狀，滑動可分成弧型滑動及平面型滑動兩種（請見圖14.6）。**弧型滑動**的滑動面，其凹口向上如碗狀，又稱**旋滑型**（Rotational Slide）。它通常發生於均質性較佳的土壤、填土、礦渣，或非常破碎的岩層。**平面型滑動**（Translational Slide）的滑動面為平面或近乎平面，如層面（如砂岩在上、頁岩在下，或硬岩在上、軟岩在下）、節理面、斷層面、葉理面、軟弱夾層、向坡外傾斜的不整合面、岩土介面或風化殼與岩盤的介面，以及兩組不連續面相交而成的**楔型滑動面**（Wedge Failure）等。

　　弧型滑動的最上端在平面上通常也是呈現弧形，有時會出現幾個同心弧，將滑動體的後部（面向滑動方向時，其下坡側稱為前部，上坡側稱為後部）切

割成幾個初月型的斷塊，呈階梯狀排列，非常類似正斷層，表示是在張力狀態下形成；這些同心弧其實就是主滑動面上方的次滑動面，主滑動面與次滑動面不一定會相交。主滑動面只有在**主崩崖**（Main Scarp）的地方露出，其他大部分都被滑動體所覆蓋。主滑動面看起來很陡，寸草不生，即使滑動多年之後仍然光禿明亮，是辨認滑動體最容易，且最肯定的一個部位。

平面型滑動的最上端一般呈線型，通常都是由節理等不連續面所形成；其主崩崖就是不連續面的一部分。原來相接於主崩崖處的岩層，於滑動過後被拉開一段距離，在地形上遂形成一個U型谷（圖14.6），常被誤認為地質構造上的地塹（Graben）。U型谷的谷底就是滑動面露出來的部分；在它的面上常常可以發現滑動過後所留下來的擦痕，或擦槽；而擦痕的方向就是指示滑動的方向。

滑動的形成條件可分成基本條件及觸發條件兩方面來說明。前者是屬於邊坡本身的內在因素，後者則是引起邊坡滑動的外在因素。

(1)基本條件
　(a)岩性

岩性是決定邊坡抗滑力的最根本因素；也就是岩層的c（凝聚力）、Φ（摩擦角）值決定了它的剪力強度。一般而言，c、Φ值較大的堅硬、完整之硬岩類，能形成高陡邊坡而不失其穩定；相反的，c、Φ值較小的軟弱岩層或土壤只能形成低緩的邊坡。岩石的抗剪強度一般要比土壤的大 10 倍至 200 倍；而風化之後的節理面之殘餘強度大約等於一般土壤的抗剪強度而已。

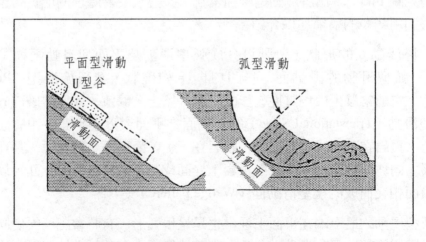

圖 14.6　平面型滑動與弧型滑動的區別

火成岩的邊坡穩定性一般較好，但是原生節理發達、風化較深的地區則常見小型或淺層的崩滑。凝灰岩的強度較低，易風化，崩滑常成群出現。變質岩的邊坡穩定性一般比沉積岩好，尤其是不具片理或板理的片麻岩、石英岩、大理岩等。片岩依其礦物成份的不同，差異極大，例如石英片岩、角閃石片岩的強度高，可以維持高陡坡；滑石片岩、石墨片岩、綠泥石片岩的強度低，常有崩滑之虞。千枚岩、板岩遇水易泥化，性軟弱，最易發生表層的撓曲變形（Flexure）（請見圖14.7）；這是岩層順著板理發生潛移運動，結果產生蠕蟲行走的現象，稱為隆曲或彎曲作用（Buckling）。至於沉積岩中，有膠結的砂岩略優於頁岩及泥岩。礫岩由於透水性佳，內部不易形成孔隙水壓，所以邊坡幾乎可以直立。未膠結的砂層，如沖積層，其凝聚力差，因此邊坡低緩。

(b)不連續面

不連續面，如層面、斷層面、大型的節理面等可能造成平面型滑動，其中以不連續面的位態與自由面的空間關係最具有決定性。在順向的場合（即坡面與不連續面的走向相同或兩者的夾角不超過 20°，而且傾向一致者），當不連續面的傾角小於坡角時最為危險，這是發生順向滑動的必要條件之一。當不連續面與坡面的夾角越大，發生順向滑動的機率就越小，其中以橫交坡的穩定性最佳，而此時不連續面及坡面的傾角大小已不再是主要關鍵。

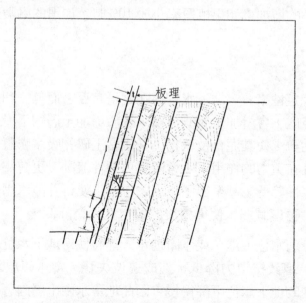

圖 14.7 板岩的撓曲現象（Turner and Schuster,, 1996）

(c)坡度

一般而言，同一種物質的邊坡之穩定性隨著其坡度的增加而降低。如果以地區而論（具有不同岩性），其發生崩滑的頻次，則以 20°～35°（36%～70%）的邊坡最容易發生崩滑。

不管物質是飽水或未飽水，邊坡的坡度增加，其安全係數將快速的下降。從統計資料顯示，發生弧型滑動的最低坡度大約是 7°～18°（12%～32%）；發生土石流的最低坡度大約是 4°～20°（7%～36%）；又有些邊坡緩和到 1.3°（2.5%）即可發生潛移，然而有些邊坡則需要在 25°（47%）才會發生潛移。

(d)植被

植被的樹冠有遮雨的作用，因而可以延遲或阻止土壤的飽水時間，使其不至於馬上飽和；落葉的覆蓋作用則可防止土壤的乾縮龜裂，導致雨水不易下滲至土層內，因而增進邊坡的穩定性。根系的抓緊作用還可提升土層的凝聚力；又根系的吸水作用更可降低地下水位及孔隙水壓。相反的，植被會增加土層的載重，等於增加邊坡下滑的剪應力；同時，植物受風力的搖撼作用會產生拔土的負面影響。但是正負相抵的結果，植被一般可以使得邊坡的安全係數從低於 1.0 增加到 1.5，所以植被對增進邊坡的穩定性具有正面效果。一般而言，植覆率從 100% 降到 90% 時，山崩的處數增加得有限，但是當植覆率小於 90% 時，崩滑的處數驟然的增加；如果植覆率小於 10% 時，崩滑的處數最多可以增加到 4 倍以上。

(e)地下水

從邊坡的穩定性來看，地下水的存在實是有百害而無一利；此因地下水存在於土層的孔隙內，會增加土層的自重，等於增加土層的下滑力；又土壤內的地下水會潤濕黏土，使其泥化及軟化，又使黏土礦物吸水膨脹，大大降低土層的剪力強度；且在重力的作用下，會產生可塑性流動。更有甚者，黏土的膨脹將使土層的透水性降低，甚至起了止水的作用，使得孔隙水壓無法消散，以致土層的剪力強度再度減弱，使得邊坡的穩定性大為降低。

雨水入滲、河水位上漲、或水庫進水，都將使得地下水位上升，使得孔隙水壓跟著提高，導致抗滑力降低，造成邊坡失穩。當水庫放水時，庫水位下降，但是土層內的地下水位下降得慢，因此地下水由土層向著水庫排洩，引起較大的動水壓力，庫岸的崩滑增多。又地下水從邊坡排洩時，由於有一定的水

力梯度，也一樣形成動水壓力，增加了滲流方向的滑動力。再者，地下水會使岩層內的軟弱夾層產生泥化、膨脹，或產生潤滑作用，在在都會降低其抗剪強度。

(2)觸發條件

(a)降雨

降雨是觸發崩滑最重要的外在因素，此因降雨中有一部分會滲入地表下，成為地下水，造成邊坡的穩定性惡化，已如前述；有一部分則形成地表逕流，在地表沖刷坡腳，使邊坡變高、變陡，而降低其穩定度。地表水也可能因為沖刷作用而揭露潛在滑動面，使其見光而發生滑動；或者將老崩塌地或老滑動體的趾部淘空，失去側撐而導致滑動的復活。河水在河彎的凹岸所造成的側蝕作用（Bank Erosion）也會淘空坡腳，造成邊坡變陡，因而每每觸發崩滑；所以崩滑常與河流的凹岸共存，其理在此。

啟動崩滑的降雨臨界值可用下式表示（Selby, 1993）：

$$I = 14.82D^{-0.39} \quad\quad\quad\quad\quad\quad\quad\quad\quad (14.1)$$

式中，I＝啟動崩滑的降雨強度臨界值，mm/hr

　　　　D＝降雨延時，hr

(b)地震

地震是除了降雨之外觸發崩滑的最重要因素之一。許多大型的崩塌或滑動的發生與地震的觸發密切相關，例如 921 集集大地震所引發的草嶺（位於雲林縣草嶺）及九份二山（位於南投縣國姓鄉）大滑動即是。

坡體中由地震或人工爆破所引起的振動力通常以邊坡變形體的重量乘上地震係數（地震加速度與重力加速度之比）表示。一般而言，當地震係數大於 $\sin(\Phi-\beta)$ 時，邊坡就會失穩（註：Φ 為滑動面的摩擦角，β 為邊坡的坡度）。邊坡失穩不但與地震強度有關，也與地震的週期有密切的關係，因此週期短的小震對邊坡的累進性破壞也不可輕視。

振動還可促進坡體中的裂隙擴張；碎裂狀或碎塊狀的坡體甚至可因振動而全體潰散。結構疏鬆的飽水砂土層或敏感的黏土層可能因受振而液化，因而引起上覆的坡體受到牽連而發生滑動。

(c)人類活動

人類對坡體的擾動而引起邊坡的失穩，隨處可見；它與降雨是觸動邊坡崩滑的兩個最主要因素，尤其兩者的協同影響是造成絕大部分崩滑的最重要原因。人為因素對邊坡所造成的影響有：

・改變坡形

為了建築或工程的需要而開挖或填築邊坡，使邊坡變陡或變高；尤其是在坡趾減重（即開挖坡腳），而在坡頂加重，將使邊坡的穩定性迅速惡化。最顯著的例子是將崩積層的坡趾開挖，並且在其坡頂加載，最為危險。

・改變坡體的應力狀態

人工爆破所生成的振動力，增加坡面的張力。

・增加坡體的重量

如在坡頂加載，或將水注入坡體內（如排放水、澆花等），都將增加坡體的重量，即增加坡體的下滑力；尤其是注水還會增加岩土層的孔隙水壓，並且降低其抗剪強度。

・破壞植被

植被有預防雨水沖刷的功用，又其根系對土壤有抓緊及吸水等作用，所以全都有利於邊坡的穩定性。當植被被砍伐之後，邊坡的崩滑數量及頻率都顯著的增加。所以山坡地的超限利用每每引發崩滑，不但使得水土流失，而且衍生土石流，又會淤淺河道，使攔砂壩迅速的淤滿而失去功能，土砂最終流入水庫而縮減水庫的壽命。

▌ 14.4.2　滑動的調查

國際岩石力學協會對地滑地的調查建議了一套量測準則，如圖 14.8 所示。

在平面上：

・Wr = 滑動面的最大寬度（地滑地外圍的最大寬度）
・Wd = 滑動體的最大寬度

在縱剖面上：

・L = 地滑地外圍的最大長度（從冠部至趾部）
・Ld = 滑動體的最大長度
・Lr = 滑動面的最大長度

‧Dd＝滑動體的最大厚度（從滑動體表面至滑動面的深度）
‧Dr＝滑動面的最大深度（從原地面至滑動面的深度）

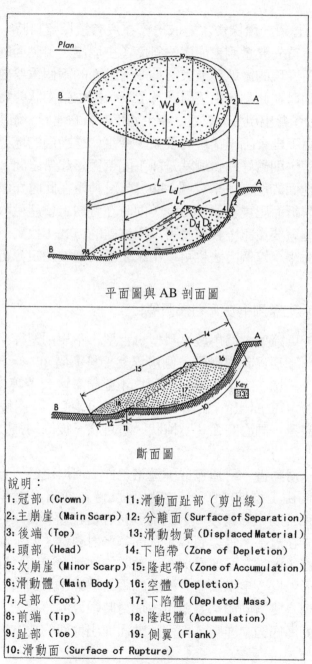

平面圖與 AB 剖面圖

斷面圖

說明：
1：冠部（Crown）　　　11：滑動面趾部（剪出線）
2：主崩崖（Main Scarp）12：分離面（Surface of Separation）
3：後端（Top）　　　　13：滑動物質（Displaced Material）
4：頭部（Head）　　　　14：下陷帶（Zone of Depletion）
5：次崩崖（Minor Scarp）15：隆起帶（Zone of Accumulation）
6：滑動體（Main Body）16：空體（Depletion）
7：足部（Foot）　　　　17：下陷體（Depleted Mass）
8：前端（Tip）　　　　　18：隆起體（Accumulation）
9：趾部（Toe）　　　　　19：側翼（Flank）
10：滑動面（Surface of Rupture）

圖 14.8　描述地滑地的形狀術語

滑動體的體積可由下式求得：

$$V = 1/6 \cdot \pi \cdot Ld \cdot Dd \cdot Wd \quad \cdots\cdots\cdots\cdots\cdots\cdots\cdots\cdots\cdots \quad (14.2)$$

上式中，Dd 必須於鑽探後才能取得。在沒有鑽探資料時，滑動面的深度可以概略的估算，首先要量測主崩崖的斜度（主崩崖是滑動面的唯一露頭）；然後要從滑動體所展現的微地形上大略推測滑動面的兩個重要部位，一個是反曲點的位置；滑動體在此點係由下滑轉為上滑，即由張力狀態轉為擠壓狀態；在張力狀態下滑動體會出現張力裂縫，產生如正斷層的地形（如次崩崖即是）；而在壓應力的作用下則會出現褶皺的現象，產生如逆斷層的地形；如果微地形的表現不十分顯著，則最好的猜測就是抓下陷帶與隆起帶之間。第二個重要的點是滑動面剪出地面的地方（請見圖 14.9），滑動體在此處好像要越過一個尖頂，所以會因為轉折而出現一個小山脊，同時在脊嶺上會產生數條橫向的張力裂縫。根據這三個重要資訊，我們就可以用試誤的方式，找到一個圓心，然後概略的劃出滑動面來。這個方法也可以用來驗證由邊坡穩定分析所模擬出來的滑動面。

地滑的地面調查需側重在下列幾個項目：

- 邊界形狀：馬蹄型、三角型、梨型、舌型、不規則型等；基本上，地界為正斷層、下邊界為逆斷層、側邊界為平移斷層。
- 本體形狀：分塊、台階、亂丘地形、下陷帶、隆起帶等。
- 滑動崖形狀：主崩崖（注意高度、斜度、擦痕、摩擦鏡面等）、次崩崖、台階數量、同心圓弧、圈椅狀、新月狀、後側的張力裂縫等（請見圖 14.9）。
- 趾部形狀：滑動舌、河道包抄、道路包抄、河岸侵蝕、岩層反翹（岩層的傾斜方向由上邊坡的順向，在趾部反轉為逆向；或者由陡傾變為緩傾；如果正常的岩層為逆傾，則滑動後在趾部會變陡）。
- 裂縫系統：在冠部為張力裂縫、趾部為輻射裂縫（向下向外）、兩翼為倒八字裂縫（人站在冠部看，在滑動區的兩側形成雁行排列的裂縫，向外張開，形如反八字；為剪力造成的張力裂縫；滑動體被侵蝕後容易形成雙溝，稱為**雙溝同源**；為鑑定古地滑時很好的證據）、隆起帶有橫張脊嶺（狀如海底的中洋脊，指示滑動面剪出地面的地方，但被滑動物質所掩蓋）。
- 地滑的種類與發生機制。

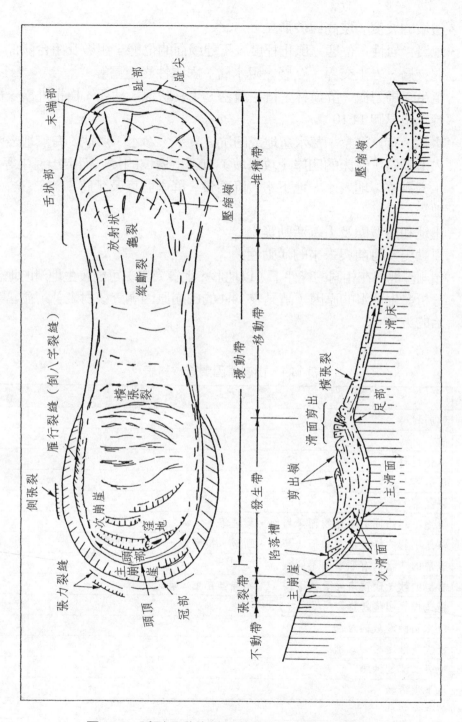

圖 14.9　弧型滑動的變形與破壞（Selby, 1993）

- 邊坡的坡度、坡高與坡形。
- 地質：岩性、位態、風化程度、不連續面的位態、組數及組合關係、軟弱夾層、岩土交界、互層、阻水層、膨脹性岩土層等。
- 植生：馬刀樹、醉漢林、植生疏密、生長狀況、枯死、樹根外露、樹種等（請見圖 14.10）。
- 水系：有無水系、蓄水窪地或凹坑、泉水、滲水、濕地、有無地表水滲入滑動體、河床的凹岸（攻擊坡）有否上邊坡的侵入而突出河中等。
- 水文氣象：地表水、地下水、降雨量、降雨強度及延時。
- 地震。
- 土地利用型態及人為活動等。
- 滑動史及目前與未來的活動性。
- 預測基地內在相同的條件下（以地形、地質為主）可能發生地滑的地帶。
- 分析發生地滑的原因（請見表 14.4 的山崩原因調查核對表），並建議防治的方法。

表 14.4　山崩原因調查核對表

因素	原因	核對
地質因素	軟弱材料	
	敏感材料	
	風化材料	
	剪裂帶	
	裂隙帶	
	位態不利的固有不連續面（層面、葉理等）	
	位態不利的構造不連續面（節理、斷層、接觸面、不整合面等）	
	岩層的透水性有顯著的不同	
	岩層的軟、硬度有顯著的不同（尤其強岩在上，弱岩在下）	
地形因素	構造或火山隆起區	
	流水側蝕邊坡的趾部	
	波浪側蝕邊坡的趾部	
	地表逕流的沖刷	
	地下水溶蝕	
	管湧或流砂	
	坡面或坡頂是否堆積加重	
	植被移除（森林火災、乾旱等）	

因素	原因	核對
物理因素	集中降雨	
	長期降雨	
	水位快速下降（洪水、潮汐等）	
	地震	
	火山爆發	
	地下水的凍融	
	土壤的脹縮	
人為因素	坡面或趾部開挖	
	坡面或坡頂加重	
	地下水位下降（如水庫放水或抽水）	
	伐木或墾山	
	灌溉	
	採礦	
	人為振動（爆破等）	
	管線漏水	

至於正在活動中的地滑，可能會出現下列證據，必須注意觀察：

在地形上：

・上邊坡出現張力裂縫，且不斷的緩慢下陷。
・下邊坡有稍稍隆起的現象。
・滑動面剪出帶的土石逐漸鼓出。

在水文上：

・乾涸的泉水重新出水，且有黃濁現象。
・坡趾附近的濕地，其範圍逐漸擴大。
・大部分雨水有滲入地下的現象。

在植生上：

・坡面樹木逐漸傾斜。
・根系外露，且被拉緊；出現裸露的土壁及 V 型裂縫（見圖 14.10 中）。
・有樹木枯死（請見圖 14.10 右上）。

在人造結構物上：

・擋土牆或駁坎鼓脹或龜裂（牆後的水壓上升之結果）。
・坡趾的蛇籠變形，向外凸出。
・錨頭鬆脫。
・道路逐漸下移。
・道路的路面下陷或龜裂（常呈現弧型）。
・道路的山邊溝被擠緊，或襯砌破裂（請見圖 14.10 下左）。
・門窗被扭曲變形，無法關閉或開啟。
・牆角開裂、磁磚破裂或掉落、門窗的角落呈八字裂開等。

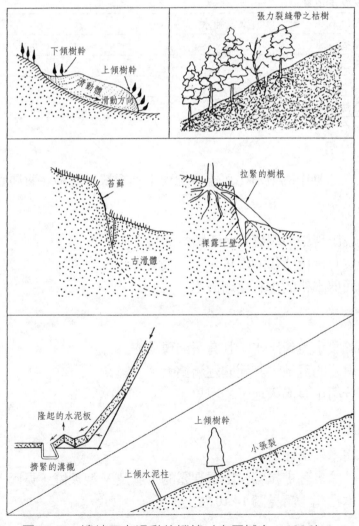

圖 14.10　邊坡正在滑動的證據（奧園誠之，1986）

　　滑動面的精確調查則是地滑防治設計的首要工作，唯有確知滑動面的形狀與深度才能談如何抗滑與止滑。

　　圖 14.11 是對一個大型地滑體進行探測時所布置的探測線。在滑動體的中心（順著滑動方向）必須佈設一條探測線（BB'），其中有一個測點應該佈在主崩崖及張力裂縫的背後（人面向滑動方向），代表不動點（BV-14）。然後在主測線的兩側再布置兩條輔助線（AA'及CC'）；測線的間隔以50公尺為度。鑽孔的間距則以 30 公尺為原則，而鑽深必須要鑽穿滑動面，並且深入不動基盤至少 5 公尺。由圖中可見，鑽探線與物探線是重合的，它們具有互補的作用。在同一條測線上還可以聯合應用不同的探測方法，或裝設監測儀器，以便於分析比較；例如伸張計（用於計量位移量及位移速率）就布置在主崩崖與每一個次崩崖，以及趾部等關鍵性位置（S-1 至 S-5）。傾斜管則是裝設在鑽孔內；但是其中有一個係布置在滑動體外（在左側K-8 的位置），主要是要確定其下有沒有滑動面。表 14.5 顯示不同岩土層內的滑動面之常見斜度；表 14.6 表示不同岩土層內的滑動面之剪力強度；表 14.7 則顯示滑動面在滑動中及靜止期的安全係數。

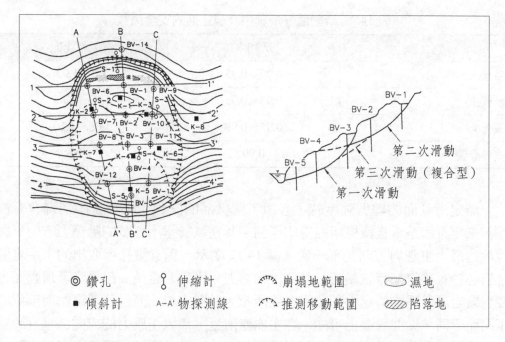

圖 14.11　滑動體的探測線及監測儀器之布置法（左為平面圖，右為剖面圖）

表 14.5 不同岩土層內的滑動面之常見傾斜角度

岩土層	滑動面		
	後部（主崩崖）	中間	前部（剪出帶）
黏性土	35°		
崩積土	40°	30°～50°	0°或 0°～（-15°）
風化岩	45°		
破碎岩盤	50°		

表 14.6 不同岩土層內的滑動面之剪力強度

岩土層		c（ton/m²）	Φ（°）
黏性土		1.0～4.0	5～10
含礫石之砂質土、破碎帶、崩積土		0.5～2.0	15～25
崖錐堆積層	岩塊少，含中等量的黏土	— —	15～20
	岩塊多，含黏土		20～25
	岩塊多，含中等量的砂		25～30

表 14.7 滑動面在滑動中及靜止期的安全係數

岩土層	滑動中	滑動停止期
黏性土	0.90～0.93	1.0～1.03
崩積土	0.93～0.95	1.03～1.05
風化岩	0.95～0.99	1.05～1.10
破碎岩盤	0.99	1.10

　　測定滑動面的剪力強度時，必須了解樣品的試驗結果與實際情況會有偏差，主要原因是垂直鑽探所取得的樣品，其在試驗室所加載的壓應力方向，與現地的最大主應力方向並不一致。圖 14.12 顯示，垂直鑽孔所取出的水平岩層之岩心於實驗室進行試驗時，其測得的剪力強度是為定值；但是沿著滑動面，要剪斷岩層所需的剪應力卻如粗虛線所示，並非定值，而是隨著滑動面部位的不同而不同。從曲線圖上可知，在主崩崖附近，最大主應力的方向係垂直於層面，而且滑動係順重力方向（類似於正斷層），因此要將岩層剪斷尚稱不難。

當最大主應力方向由垂直於岩層逐漸轉為傾斜時，要剪斷岩層更加容易。當最大主應力的方向與層面成 45°角時，即在滑動面的反曲點位置，岩層最容易被剪斷；在此處滑動面係平形於層面。等到滑動面往上翹以後，要剪斷岩層就趨於困難；尤其在剪出線的位置（最大主應力為水平），岩層最難剪斷，因為在此處最大主應力的方向係平行於層面，而且滑動又是反重力方向（類似於逆斷層）。由此可知，在滑動面的下降段至反曲點附近，試驗室所測得的剪力強度都偏高；但是從反曲點附近到剪出線的地方（上升段），試驗室所測得的剪力強度都比實際值偏低。

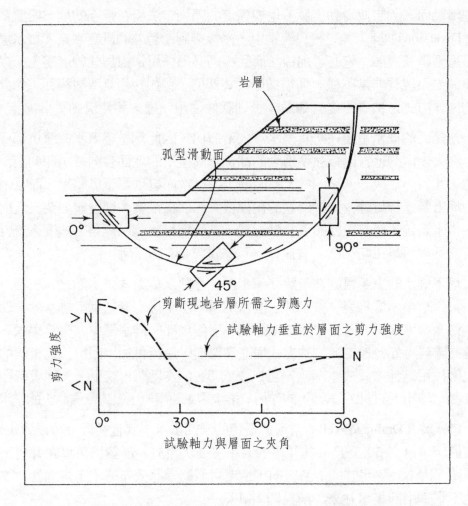

圖 14.12　水平岩層的剪力強度測定值與滑動面的實際剪力強度之偏差

■ 14.4.3 滑動的防治

(1)排水處理法

水（含地表水及地下水）是觸動滑動的最重要因素。因此，水的處理是最普遍被採用的方法；不管採用其他任何方法，永遠需要排水的處理與其配合，否則難逃失敗的命運。地表排水不需要複雜的工程設計，但能夠提供正面的效果，所以通常是最先被考慮的方法。

地表排水又可以分成滑體外及滑體面的排水。滑體外排水是將滑體外的地表逕流或人為注水全部隔絕在外，不能流入滑體內；這些水如果滲入滑體，到達了滑動面，必定使滑動復發。地表逕流的隔絕方法需在冠部的地方設置截水溝（Diversion Ditch），先將逕流集中，然後排到滑體外的既有水系。截水溝呈圓弧型圍繞著冠部；它必須加襯，而且襯砌必須採用鋼線加強的混凝土，以防龜裂。如果邊坡非常不穩，則需採用柔式襯砌，例如採用 U 型塑膠瓦，如疊瓦般的施作方式。襯砌不能有龜裂，否則就像注水一樣，將使滑動更形惡化。

滑體面的排水主要在防止雨水滲入滑體內，因此凡是會聚水的窪坑都要整平。在次崩崖的地方因為弧型滑動的關係，其崖下的地面會向後（即向冠部的方向）傾斜，形成一個聚水的 V 型凹槽，所以次崩崖也要予以整平，而且滑動面的地方要進行封縫。如果滑體的規模很大，面積很廣，則滑體面要設置樹枝狀的排水系統，使其主幹順著長軸配置，支幹則從兩側以銳角方式匯入主幹；有時支幹也可以用暗渠的方式施作，以集排淺部的地下水。

地下排水的主要目的在疏解孔隙水壓，且都以重力式排水為之。主要方法有明渠、暗渠、排水袋、集水井、排水廊道、水平排水管、垂直排水管、礫石樁、截水牆等，不一而足。明暗渠是挖在滑體淺部的排水溝；其中暗渠大多以傳統的濾料再外包地工織物的方式埋在溝渠內，最後再加以回填。擋土牆的背後也常採用這種方式洩水。暗渠可以挖到 5、6 公尺深，或更深；回填時一定要夯實，因而形成榫槽（Key）的作用。排水袋主要用於土堤或軟弱黏土的排水。

集水井（Drainage Well）常用於滑體的深部排水，其直徑最大可以到 4m，深度最深可以到 30 公尺。其井徑的大小主要決定於一部鑽機可以在井內工作的範圍。因為在集水井的上游方向，還要再鑽鑿扇狀分布的水平排水管，才能將地下水集中到集水井來（請見圖 14.13）。

水平排水管（Subhorizontal Drain）是最普遍的一種地下排水方式。它的材

質主要是由 PVC 塑膠管製成。排水管需穿孔,然後還要外包地工織物作為濾層,以將砂與水分離清楚。水平排水管其實並不水平,它的仰角一般採用 10°～15°左右,也有更緩的,但是不要緩於 5°;其管徑由 6 公分至 10 公分不等;深度可以達到 5、60 公尺。排水管的深度主要決定於含水層或滑動面的位置、鑽探的難易度以及排水量的大小等。對於一個大滑體的處理,通常可以打好幾個集水井,如圖 14.14 所示;該地滑體長約 235 公尺,寬約 220 公尺,由 4 個滑動塊組成。為了疏排地下水,一共打了 4 個集水井;每一個集水井分別打了 6 至 7 支的水平排水管;其中,W3 及 W4 所聚集的水就集中到 W1,然

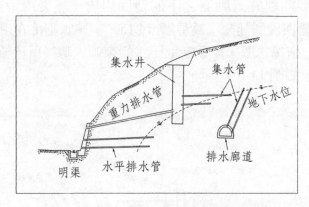

圖 14.13 集水井、排水廊道與水平排水管的排水系統

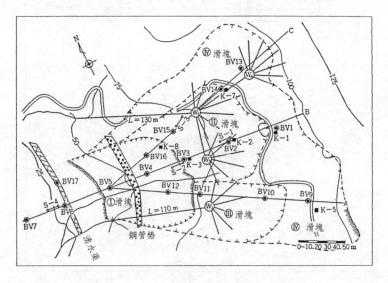

圖 14.14 大滑動體的地下排水措施

後從 W1 用一支長達 130 公尺的大口徑水平集水管,將水排到河裡;W2 則自己獨立一個系統,它也是用另外一支長為 110 公尺的大集水管,將水排到另外一條河裡。另外只是在趾部打了一排鋼管樁而已。要知,地下排水並不一定要把地下水位降到滑動面以下才行;實際上,只要降到安全係數達到要求即可。水平排水管的壽命一般可以達到 3、40 年,但是排水功能還是會逐漸衰退,所以每 5～8 年就要清理一次。

　　排水廊道(Drainage Gallery)其實就是一種坑道,直徑約 2 公尺,剛好夠一個人可以行走;緩緩傾斜大約 5 %。它是用來疏排比集水井還要深的地下水。排水廊道要開鑿在滑動面之下的穩固岩層,然後用垂直孔(Subvertical Drain)或礫石樁與滑體連繫(請見圖 14.15)。截水牆係在滑動體的背後、穩定的岩層內築一道擋水壁,以截斷地下水的來源,牆後所壅積的地下水則以水平排水管導出,如圖 14.16 所示。

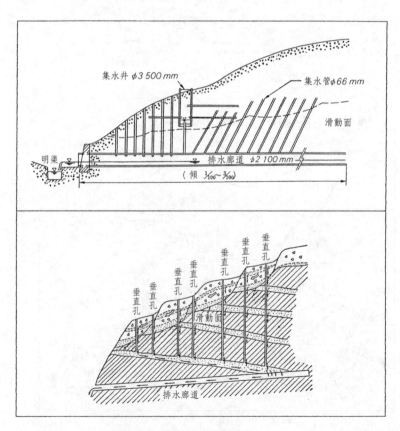

圖 14.15　排水廊道與垂直排水孔

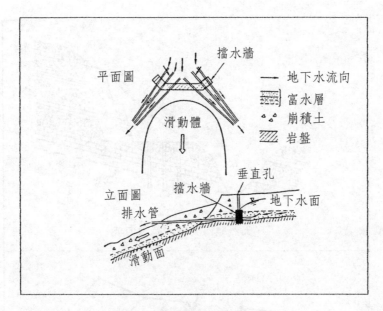

圖 14.16　截水牆與水平排水管

(2)降低下滑力

滑動體的下滑力係來自其重力,所以減重也能達到防治的效果。減重的方法包括挖除、降坡、設階梯坡、採用輕質填土、體內排水等。

如果滑動體的體積很小,則採用挖除法,在某種程度上可以一勞永逸。但是一般很少有這麼理想的情況,所以減重應該是比較實際的做法。減重的大忌是把邊坡修成頭重腳輕;安全的作法應該是相反的,必須挖上坡補下坡,即把上邊坡的土方挖下來去填下邊坡,這就是所謂的降坡,把坡度變緩之意。

輕質填土主要應用於修築路堤時,可以採用輕質材料,如飛灰、爐渣、空心磚、塑膠、輪胎碎片、牡蠣殼等,以減少下滑力。

開挖順向坡時,為了降低它的下滑力,在施工階段,一般可採用跳島式的開挖方法,如圖 14.17 所示,首先要在順向坡的坡面上,順著斜坡進行分帶,其寬度以一台挖土機能夠施作的範圍為度。然後開始隔帶開挖,開挖完成後應隨即進行擋土牆及岩錨的施作。待隔帶開挖及邊坡穩固完成後,再依照同樣的方法,回頭進行其餘一半的施作。這種施工法將讓順向坡的應力來不及調整,也就是失去坡腳的順向坡來不及變形,所以也就不會發生位移了。

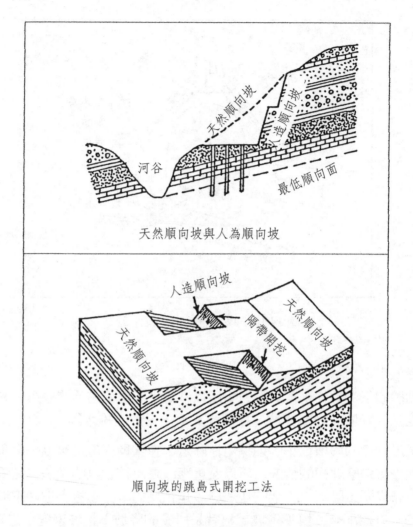

天然順向坡與人為順向坡

順向坡的跳島式開挖工法

圖 14.17 順向坡的跳島式開挖工法

(3)增加抗滑力

增加抗滑力的意思是用工程的方法來抵擋滑動體的下滑力。它與排水措施合併使用，成為處理地滑體最常用的方法；因此，其工法也最多、最多樣、最複雜。

歸納起來，增加抗滑力的方法可以分成擋土牆、地錨、排樁及趾部鎮壓等幾種類別。擋土牆的設計最多型多樣；雖然結構不同，功能則一。它們適用於趾部空間有限的地方，屬於剛性結構，不能允許太多的位移或變形。依據材料

的不同，擋土牆有漿砌卵石、混凝土、鋼筋混凝土、加勁土、蛇籠等。依據結構來分，則有重力式、懸臂式及撓性（圖 14.18）等。擋土牆的優點是結構比較簡單、可以就地取材、而且能夠較快的達到穩定邊坡的作用。表 14.8 表示各式擋土牆的設計高度，一般很少超過 10 米的；一般而言，高擋牆都需要用地錨加以輔助；同時，高擋牆更需要有效的地下排水才行，不容許壅積太高的孔隙水壓（Chen and Lee, 2004）。擋土牆的基礎一定要放置在最低滑動面之下，以避免其本身跟著滑動而失去抗滑作用。通常其基礎底面應該深入堅強的岩盤不小於 0.5 公尺，在穩定的土層內則不小於 1 公尺。因此，設計擋土牆時，也要將地基調查清楚。擋土牆的背後一定要用透水性良好的濾層回填，並將壅積的地下水，利用洩水孔排出體外，以釋放孔隙水壓，並且穩固擋土牆。

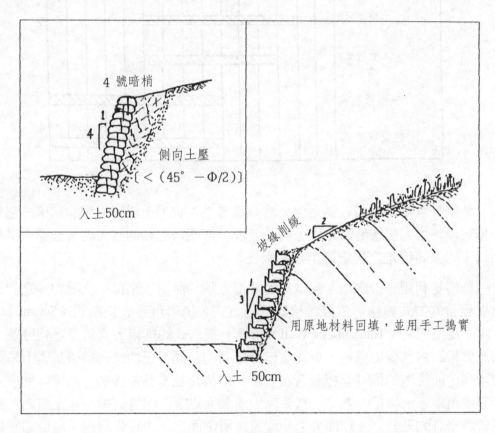

圖 14.18 撓式擋土牆

表 14.8　各式擋土牆的設計高度

型式	擋土牆高度　　　　　　　　　　　(m)
	1 2 3 4 5 6 7 8 9 10 11 12 13 14 15
砌石	▨▨▨▨▨▨ (1–7)
重力式	▨▨ (1–3)
半重力式	▨▨▨▨ (1–5)
倚壁式	▨▨▨▨▨▨▨ (3–10)
懸臂式	▨▨▨▨▨▨ (3–9)
扶壁後扶式	▨▨▨▨▨▨▨▨▨ (6–15)
扶壁前撐式	▨▨▨▨▨▨▨▨▨ (6–15)

　　地錨是近年來常用於穩定邊坡的一種方式；它是土錨與岩錨的統稱。它是一種可以將拉力傳遞到特定岩土層的裝置，俾便藉地錨的拉力將滑動體與滑動面以下的強固穩定之岩土體牢牢的繫住。

　　排樁是利用一排墩樁，類似懸臂式擋土牆的作用，來抵抗土壓力。它們通常以場鑄的方式施作。依據墩樁的排列方式，排樁可分成正割式（Secant Pile Wall）及正切式（Tangent Pile Wall）兩種。正割式的排樁，其樁身互相分離，因此排樁的內側要加梁板，以擋住樁身之間的空間。正切式的排樁基本上是分成兩列，前後列的樁身互相咬合在一起，但樁身並未互相接觸；此種排列方式無需使用梁板。排樁的基礎一樣要深入滑動面以下；根據經驗，在土層內，應將樁身全身的三分之一或四分之一埋置於滑動面之下；在岩層內，則樁端應埋入岩盤達到樁徑的 3～5 倍。

　　趾部鎮壓是緊急處理地滑的一種非常有效的方法。鎮壓的部位要選在滑動

面的剪出線一帶；但是因為剪出線是被滑動物質所掩蓋，所以必須依靠專業的判斷。在微地形上，剪出線類似背斜的樞紐，大體上它是一個對稱性很好的小山脊，脊嶺垂直於滑動方向，且位於剪出線的位置，然後向兩翼慢慢傾斜，其兩翼被許多對稱的、且平行於脊嶺的垂直斷裂（張力斷裂）所切割。

(4)體內強健法

體內強健法就是加強滑動體或潛在滑動體的剪力強度。常用的方法有電滲排水法（Electroosmosis）、烘焙法（Baking）、冷凍法（Ground Freezing）等。電滲排水法對粉砂土及黏性土的排水效果較好（請見 13.6.1 節）；它能使土內含水量降低而提升其抗剪強度，但費用高昂，一般很少採用。烘焙法可用來改良黏性土的性質。它的原理係通過烘焙的方法將滑動體，特別是滑動帶的土燒得像磚塊一樣堅硬，因此可以大大提高其剪力強度。烘焙的部位一般是位於滑動體的趾部，使之成為堅固的天然擋土牆。

對於岩質邊坡的改良可採用灌漿（Grouting）的方式來加固；例如對於有裂縫的岩體，可以採用矽酸鹽水泥或有機合成化學材料固結灌漿，以增強坡體岩石或裂縫的強度，並提高其抗滑力。灌漿孔一般要鑽至滑動面以下 3～5 公尺。

微型樁（Micropile 或 Pin Pile）、根樁（Root Pile）、土釘（Soil Nail）等也可以用來加強岩土體的強度。微型樁是一種場鑄的鋼筋混凝土樁，直徑可以從 7.5 公分至 30 公分不等，長度一般不超過樁徑的 75 倍。小直徑的可用鋼條或鋼管加強；大直徑的則用鋼筋籠加強。

網狀根樁（Reticulated Root Piles）係在坡面上選擇數點，將場鑄樁呈扇狀的分別打入滑體或潛在滑體內，並且深入滑動面之下，組合成一個互相交叉的網狀樁群，以達到強固滑體的目的。

土釘工法一般採用鋼條、鋼棒或鋼管等材料直接壓入土層，或置入鑽孔內再注漿。此法主要應用於安全係數不高，或發現已經在潛移的土層之安定，並不適合於鬆砂、軟土或地下水位很淺的土層中使用。土釘的打設密度一般為每平方公尺約 0.15 支至 1 支為度。

不同的防治工法對於安全係數所能提升的程度不見得一樣；例如要將安全係數提高到 1.2 以上時，需要配合地下水的排洩（請見表 14.9）；尤其要處理大規模的地滑時，更需如此。

表 14.9　地滑防治工法所能提升的目標安全係數及其提升度

工法	大規模地滑		中規模地滑		小規模地滑	
	目標安全係數	提升度	目標安全係數	提升度	目標安全係數	提升度
排水工	1.15～1.20	0.05	1.15～1.20	0.05	> 1.20	0.1
坡趾反壓	1.05～1.10	0.07～0.12	1.10～1.15	0.12～0.20	> 1.20	> 0.2
擋土牆	1.10～1.15	0.05				

14.5　土石流

14.5.1　土石流的成因與特性

土石流是一種含有大量泥、砂及石塊的暫時性急速水流；它是由固態及流態的兩相物質所混合而成的，其中固體量可以超過水體量，前者的含量可以從 30% 到 70% 不等。土石流的流速可以從每秒數十公尺至數百公尺不等。

土石流中的固體，其比重雖然比水重（土石流的單位重介於 $1.3～2.3g/cm^3$ 之間），但是在流動過程中兩者幾乎沒有相對速度存在，它們在運動時形成一種連續體，於垂直斷面上存在著連續之變形速度剖面，具有層流的性質。

土石流係因重力的作用而發生運動，水絕對不是搬運的介質；它是因為雨水加入土體，使土體的重量增加，並使孔隙水壓驟升，剪力強度降低，甚至到達液化的狀態而啟動的。土石流的啟動時機可用**啟動指數**（Mobility Index）來表示；啟動指數為土壤的飽和含水量與土石流啟動時所需的水量之比，通常這個比值等於 0.85（Ellen and Fleming, 1987），也就是說土壤的含水量只要達到其飽和含水量的 1.176 倍之過飽和狀態時，土石流就會開始啟動，此時土壤的安全係數已降到 1.5 以下。

土石流發生時突然爆發、能量巨大、流速極快、挾帶力強、沖蝕力大、破壞力也大；在橫斷面上土石流顯示中央較兩側為高，而且可以高出河岸或是橋面的高度；在縱剖面上，土石流呈波浪狀；在水平面上則呈現一連串的耳狀或鼻狀（請見圖 14.19）。

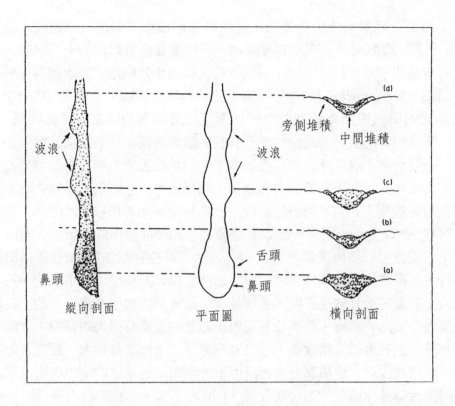

波浪

鼻頭

縱向剖面

波浪

舌頭

鼻頭

平面圖

旁側堆積　中間堆積

(d)

(c)

(b)

(a)

橫向剖面

圖 14.19　土石流的縱橫剖面圖（Selby, 1993）

　　土石流的運動具有直進性及陣流性等特性。當土石流攜帶著大量固體物質，在其流路上常會遇到溝谷轉彎、狹窄化或障礙物等，因流動受阻而暫時停積下來，土石流乃迅速堆積抬高，甚至爬高或超高，進而越過溝岸，截彎取直，並且往前沖出一條新路，向下游宣洩擴散。一般是固體的含量越大，直進性越強，衝擊力越大。土石流幾乎是以相等的時間間距一陣一陣的流動，所以整個過程曲線非常類似正弦曲線。有時一個土石流可以出現幾陣、幾十陣、甚至高達上百陣。每一陣的前坡要比後坡陡峭些（請見圖 14.19 左）；通常前坡表現為高大的土石流龍頭，高達幾十公分至幾公尺，由粗粒組成，最大可至 3～5 公尺；後坡的坡度比較緩和，並且顆粒較細。陣流的形成主要是因為土石流通過溝谷的緊縮段（溝谷的寬深比小於 5 時，土石流的運動即受到限制）、峽谷、急轉彎或有阻礙物（如崩塌體、滑動體）時，土石流的運動受阻，因而停積下來，並且形成天然壩，但是受到壩後逐漸積聚的物質之推擠，壩體潰毀，以致後浪便越過前浪而繼續往下游流動，遂形成陣流。

　　土石流在地形上係由發源部、流通段及堆積部三個部分所組成（請見圖 14.20 上）。**發源部**是土石流的發源地，它既要具備有鬆散的土石材料，又要具備有充分的水量，缺一不可；所以有時又稱為**集水凹地**或**匯水窪地**。它多為三面環山，只留一個缺口的地形特徵；凹地的坡面陡峻，大多呈 30°～60°，常被收斂式的扇狀或鳥爪狀沖蝕溝所切割（向著流通段匯聚）（請見圖 14.20 中），且多崩滑的發育。這樣的地形有利於匯集周圍山坡的逕流及鬆散的固體物質。一般而言，發源部的集水面積愈大、凹地的範圍愈廣、邊坡愈陡及，沖蝕溝的密度愈大，則土石流的集流愈快、規模愈大、且能量愈迅猛強烈。**流通段**為土石流搬運土石與水通過的地段，多為狹窄深切的槽谷或沖蝕溝，其縱向坡度可達 30°以上。土石流一進入流通段之後即發揮極強的沖刷力；有時爆發一次土石流就可以將槽床刷深達 7、8 公尺，同時將槽谷的兩壁側刷得既平直又平行，使得其橫剖面顯得非常陡峻。這些從槽床及槽壁沖刷下來的土石不斷的加入土石流，而且越往下游，累積越多，最後形成規模非常驚人的土石堆積物。流通段縱向的陡緩、曲直及長短對土石流的強度有很大的影響；當縱坡陡且順直時，土石流的流動通暢，可以直瀉而下，所以能量巨大。反之，則容易堵塞、停積或改道。**堆積部**是土石流停積的場所。通常位於山谷口或支流匯入主流的匯合口等開闊的地方（請見圖 14.20 右下），其地形較為平緩，沒有槽溝的限制，霍然開朗。土石流抵達這種地方時，速度突然緩慢下來，再也無力攜帶土石，遂將土石停積下來，並且形成扇狀、錐狀或長條形堆積體，又稱**堆積扇**。堆積扇的扇面常發育良好的發散式扇狀水系型態，此與純粹由水力沖積而成的沖積扇非常類似。然而堆積扇的扇面卻往往坎坷不平，大小石塊混雜，淘選度很差，而且稜角明顯，扇面坡度常大於 11°；這些特徵都很容易與沖積扇有所區別。由於土石流的復發頻繁，故堆積扇會不斷的層層侵淤擴展。

　　土石流的發生有其一定的形成條件，茲說明如下：

　　(1)具有充分的鬆散固體物質

　　土石流的發源部必須具備豐富的、易被水流侵蝕沖刷的鬆散土石材料才有可能產生土石流。這些材料可以來自風化的殘留物質、崩積土、新崩塌、破碎岩層、棄土、棄渣、填土等；而最重要的是與土石流同時發生的新崩塌；嚴格的講，應該是新崩塌觸動了土石流的發生。

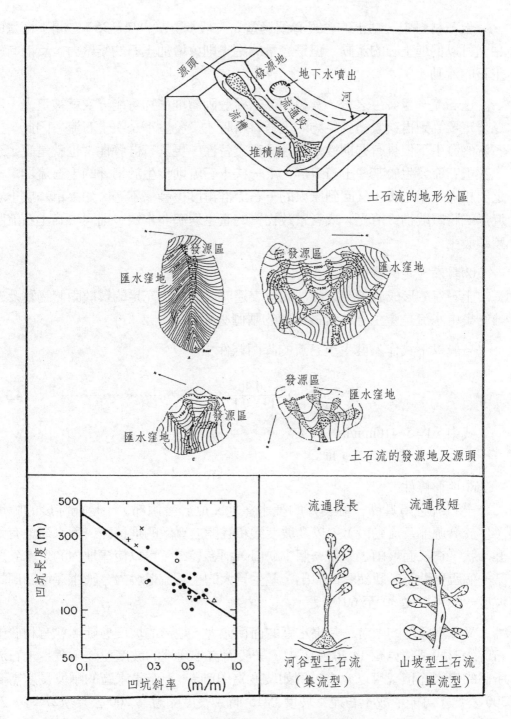

圖 14.20 土石流的地形分區及匯水盆地

　　土石材料中，黏土的含量必須適當，一般要介於 8%～35%之間；適量的黏土可以促進土石的流動，但是過量的黏土則會增加土石的凝聚力，反而有礙土石的流動。

　　土石流一旦發生之後，其發源部的鬆散固體堆積物可能一次就被清光，所以一定要等到再次累積到足夠的土石材料時才又發生下一次土石流。因此，土石流的發生不但具有週期性，而且具有交替性，更具有群發性；也就是說，這一次土石流發生於某些土石流群，下一次土石流則發生於另外的土石流群，一定要相隔多年之後才又回到原來的土石流群再度復發。不過，如果單一次土石流無法將鬆散物質清光，或者鬆散物質的產生速率非常快，則同一條土石流將頻頻發生。

　　⑵具備充足的降雨量

　　土石流的形成必須要有強烈的地表逕流。因此，充足的鬆散固體物質及充分的集中水流是產生土石流最重要的兩個必要條件。

　　一般以下式作為發生土石流的降雨條件：

$$D = \frac{0.90}{I - 0.17} \quad\cdots\cdots\cdots\cdots\cdots\cdots\cdots\cdots\cdots\cdots\quad （14.3）$$

式中，I＝5～10mm/hr

　　　　D＝降雨延時，hr

　　⑶地形條件

　　土石流必須具備一個良好的匯水窪地（位於發源部）、足夠陡度的縱坡（位於發源部及流動段）、以及坡度緩和且開放寬敞的堆積區。匯水窪地有如漏斗狀，它三面環山，只留一個小缺口，稱為袋口，可以使窪地內的聚水到達某一個臨界點時，驟然奪口而出，產生巨大的土石流爆發力。匯水窪地四周的坡度一般可以從30°至60°不等。

　　又匯水窪地的上游，其集水區的面積愈大，地形的坡度愈陡，愈有利於土石流的形成（請見圖 14.20 左下）。一般而言，窪地的坡度愈陡，發生土石流所需的集水面積就可以愈小，例如坡度為 10°時，上游集水區的順坡長度需要300 公尺才可能形成土石流；坡度為 15°時，長度縮短為 200 公尺；27°時，為150 公尺；45°時，則只要 100 公尺就可能發生土石流了。在土石流發生區，溝床的陡度一般都在30°以上。

(4)植被條件

在天然植物稀少，或由於山坡地的超限利用，以致濫砍亂伐等原因，使植被嚴重破壞後，不僅造成加速侵蝕，水土流失，而且也為土石流活動提供充分的鬆散固體物質，以及更多的地表逕流，同時產生大面積的崩塌及滑動。

▌14.5.2 土石流的調查

土石流是長寬比非常大的一種地質災害，其規模大者長可達數公里，而且有很多土石流的發源地都位於深山，人跡無法抵達，所以土石流的調查最好是仰賴衛星影像。

土石流的調查範圍應該從山谷口（堆積扇的地方）開始，溯源而上，追蹤至分水嶺為止；同時不要遺漏自旁支匯入的土石流，及可能受土石流影響的地段（土石流有直進的特性）。調查比例尺，對全流域可用 1/25,000；對單獨的土石流則可採用 1/1,000～1/5,000 的比例尺。調查的內容應包括：

從衛星影像上：

- 土石流的發源部、流通段及堆積部的劃分，包括其位置與範圍；整個發源部的匯水範圍之圈繪與面積的估計。
- 發源部及其母岩的岩性、風化程度與地質構造。
- 發源部的水源類型、匯水條件、山坡坡度等。
- 料源的分布、類別與成因；是否有崩塌地、滑動、崩積土、崖錐堆積或人為堆積（如棄土、礦渣、開路、砍伐森林、山坡地的超限利用、陡坡開挖等）。
- 流通段的地形地貌特性，包括溝槽的發育程度及分割情形。
- 流通段的溝床縱橫坡度、跌水、急彎等特徵；溝床的切深及沖淤變化；溝壁遭受側蝕的程度；溝槽兩側邊坡的坡度及穩定程度。
- 堆積部的堆積扇之分布範圍、表面型態及斜度、不同堆積期的辨認、堆積部形成史的判斷、扇狀水系的變遷情形。

地面調查：

- 對衛星影像的判釋結果進行驗證。
- 堆積物的性質、層次、厚度、一般及最大粒徑、顆粒分布的規律。
- 堆積部的形成史。
- 最大堆積量的估算。

- 流通段的侵蝕及沖淤情形（含溝床及兩側溝壁）、淤積後的縱橫剖面、顆粒分布、陣流及直進情形、鼻頭的分布、跌水、泥痕（歷次土石流遺留下來的痕跡）、沿路破壞情形。
- 源頭部的地形及匯水條件、料源的成因及性質、土地利用型態。
- 源頭部的地質條件。
- 降雨條件：降雨強度、最大降雨量、逕流量。
- 地下水活動情形。
- 土石流發生史：歷次發生時間、週期、規模、形成過程、爆發前的降雨情形、發源部、流通段及堆積部的遺傳性、災害情形。
- 當地土石流的防治措施及工程經驗。
- 分析發生土石流的原因，並建議防治的方法。

　　土石流具有週期性及交替性，所以對古土石流的辨認與清查，其結果對土石流的預測助益很大。古土石流一般會呈現下列特徵，可作為辨識的參考：

- 遺留發源部的地形特徵：像湯匙的匯水盆地，三面環山，只留一個缺口。
- 整體而言，溝槽的兩側幾乎互相平行；但是因為側蝕的結果，所以槽壁常出現上邊坡的塌滑。
- 有明顯的截彎取直現象。
- 溝槽常被大段的大量鬆散固體物質所堵塞，構成跌水。
- 由於週期性的發生，所以不同規模的土石流遂造成多級階段的堆積；在比較寬闊的地段則常常發現長條狀的石堤。
- 如果沒有被破壞（如被大河的河水所沖毀），堆積扇是一個很充分的證據，尤其從衛星影像上非常容易辨識。
- 堆積扇上的水系經常擺動，水道不固定；扇面上常有土堤及舌狀、島狀堆積物呈不規律的分布。
- 堆積物的石塊均具有尖銳的稜角，無方向性，無明顯的淘選層次。

▌14.5.3　土石流的防治

(1)發源地的防災

　　發源地是提供土石材料及聚納地表逕流的地方，其中缺一不可。因此，發源地的防災策略是既要治山，又要治水。

　　所謂治山就是針對發源地的土石材料進行治理，其原則應採取穩固措施，

防止土石的流動，並抑制土石的生產，俾讓它們不至於發生土石流。簡言之，就是減少土石的供應量，以降低土石流的規模及頻率，甚至將之消弭於無形。對於山坡型的土石流（即單條土石流，其發源地位於山坡上，而堆積於山谷口），常用的方法有植樹造林、穩定邊坡、禁止造路等。植樹的目的在於防止地表沖刷及減少逕流量，以抑制土石流的啟動；再者，深根性的樹種，其根系有抓緊土石的作用，避免產生土石流的材料。發源地的坡度一般都很陡，其邊坡的穩定性不足，因此要加以穩固，以避免產生土石料源。

　　對於溪谷型的土石流（即由許多單條土石流匯集而成，且在次級河流形成災害性的土石流），常用的方法有防止溪岸淘刷、固床築壩、整流護岸等。溪谷兩岸的坡趾要善加保護，以防止側蝕作用而製造更多的土石；穩固溪床的目的則在於防止刷深，以避免增加溪床的陡度；溪谷上可以興建攔砂壩或連續壩，以攔擋一部分土石、保護溪床、降低縱坡的陡度，並減緩土石流的流速。

　　充分的土石材料與地表水是發生土石流的兩個必要條件，尤其是水；如果沒有豐富的水源，則很難啟動土石流。因此截水是非常重要的一個手段。前述處理地滑的截水及地表的集排水措施在此都可以應用得上。如果發源地的面積不大，則可以使用拋石的方法，將發源地的凹坑以石塊填滿，這樣也可以發揮一定的阻止土石流啟動的作用。

　　(2)流通段的防災

　　流動段的防災原則主要包括避免土石材料的增量、改善溝槽的輸運功能、維持適宜的流速、調整輸運的路線與方向，以防止漫流與越岸直進，有時可能需要延伸流通段，俾將土石流引導到安全的地方堆積。

　　土石流在輸運的過程中，發揮很大的刷深及側蝕作用，一路上取得更多的新土石，加入原有的土石，使土石流越往下游越兇猛。所以沿途要採用傳統的護岸、固床及攔截土石等工法，一則可以保護溝岸及溝床，免受沖刷，避免土石增量；二則可以攔阻土石、減緩土石流的流速、以降低其破壞力。攔擋壩以採用透過性攔石壩為佳，如梳子壩即是，它主要是要把石塊阻擋下來，只讓較細的顆粒通過；在壩的上游側最好加做能夠降低衝擊力的廢輪胎或其他消能構造物。有時為了減少土石量，如果在流動段遇到有適宜的窪地，也可將部分土石流導到中途的儲淤場，以達到土石減量的效果。

　　調整土石流的路線與方向常用的方法有導流堤、導流牆、導流槽、導流隧

道等。導流堤只是一條土堤，一般呈弧型，主要功能在於保護土石流前方的住家或村莊（請見圖 14.21 左下圖）；適用於土石流在地面上產生漫流的情況；或者土石流雖然侷限在槽溝內，但是碰到轉彎時，流速減慢，因而產生越岸直進（Overtopping）的情形。導流牆就是一面牆，將它橫擺於土石流與住家之間，硬是將土石流阻擋下來，並導向儲淤場，如圖 14.22 所示。導流牆的材料可以採用蛇籠、鋼筋混凝土，或加勁擋土牆等。導流槽則是將土石流的流向及流速限制在流槽內（請見圖 14.21 右下圖），以防止它產生漫流，因為漫流的路徑是非常的不可預測，通常都是多重方向的；或者也可應用於土石流的轉向或改道，以將其導到不會造成危險的溪流或儲淤場。導流隧道則是將土石流利用隧道的方法將其導到隔鄰的溪流，以達到分洪的效果，並降低土石流的破壞性。

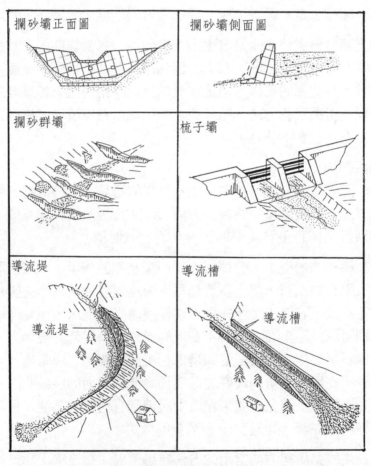

圖 14.21　防治土石流常用的攔、擋、導等工法

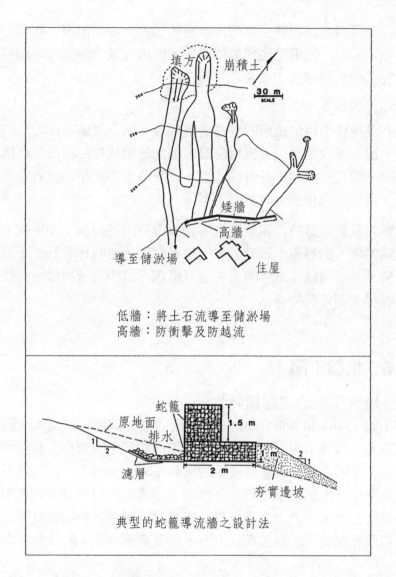

低牆：將土石流導至儲淤場
高牆：防衝擊及防越流

典型的蛇籠導流牆之設計法

圖 14.22 導流牆的設置（Ellen and Fleming, 1987）

　　土石流要維持其適宜的速度，如果太快時將加大其衝擊力及沖刷力，太慢時則將發生停積、溢岸直進及漫流等危險。因此，在整治溝槽或設置導流槽時，一定要儘量維持一定的斷面，儘量不要轉彎，而且要一坡到底。如果需要轉彎時，曲率要加大，不能急轉彎。一般而言，設計排導溝槽時，其寬深比要小於 5（Ellen and Fleming, 1987），而且底面以設計成橢圓形為佳，斯可減小土石流流動時的摩擦力及阻力。

流通段如果遇有涵洞時，其通水斷面要加大，以防淤塞。橋梁的淨空及橋墩跨距也要足夠大；如果是碰到舊橋梁時，則應在其上游側採取攔擋、導流、離槽儲淤等各種可以減少土石量的措施。

(3)堆積區的防災

在土石流災害中以堆積區的災害最為嚴重，因為該區在山坡地的地形上顯示異常的平坦，所以常吸引人建村群聚，因此屢遭埋村的宿命。堆積區的防災原則最重要的就是要限制土石流的通過，以及將土石堆積的位置與範圍往下游地帶延伸，最好是延伸到大河的地方傾瀉。

堆積區如果有聚落時，需要在上游就要導到山谷停積；如果找不到適宜的停積場或儲淤場，則應將土石流延伸，穿過村莊，並將它導到更下游的大河或儲淤場停積。或者可以在聚落的上游進行植栽，以作為緩衝帶，俾使土石流減速，並且提早土石流的停積。

14.6　地盤下陷

14.6.1　地盤下陷的成因與特性

地盤下陷（Ground Subsidence）是地面的垂直破壞，以垂直運動為主，只有少量或基本上沒有水平方向的位移。其變形與破壞的過程非常緩慢，讓人難以察覺。它不是因為地面載重而產生的沉陷（Settlement），而是地表下的岩土層或礦體被開挖後所遺留下來的地下空間，因重力作用而發生的可塑性流動現象。因為發生在地下，所以常被忽略。在臺灣最容易遇到的地盤下陷發生於北部地區（苗栗縣以北）的廢棄煤坑上方，以及南部地區（高雄縣以南）的石灰岩溶洞。

長期存在的地下空間，如果未施作永久支撐，則其周圍岩石會逐漸向此空間移動，以填補它。如果這個空間的尺寸不大，則岩石的變形破壞將侷限在很小的範圍內，不會波及地表。如果空間很大，則其周圍岩石的變形破壞範圍也會很大。在這種情況下，圍岩的變形破壞往往會波及地表，使地表產生裂縫及下陷，形成**下陷盆地**。

下陷盆地的範圍一般比採空區還要大。如果從採空區的邊緣向下陷盆地的邊界劃一條連線，該連線與垂直線的夾角稱為**下陷角**ζ（Angle of Draw）（請見

圖14.23B）；下陷角的大小受很多因素的影響，主要有岩性、地質構造以及開採深度等。一般而言，若採空區的頂盤為砂岩時，下陷角大約是 30°或更小；如為頁岩，則為 35°左右；上覆岩層的強度愈軟弱，下陷角就愈大，也就是說下陷盆地的範圍就會愈大。

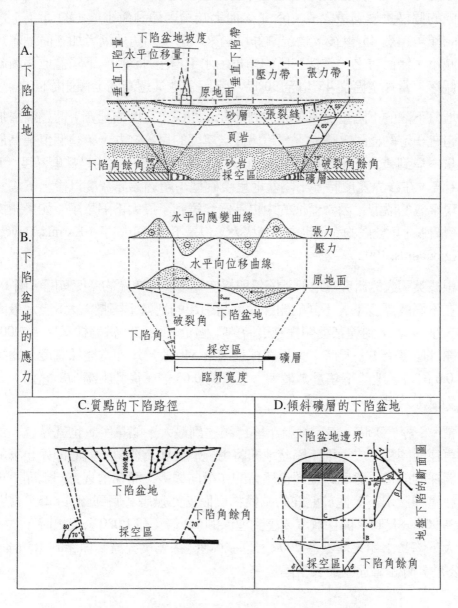

圖 14.23　下陷盆地及其應力與位移情形

　　如果採空區呈傾斜狀時（如傾斜的煤層），則下陷盆地會向傾斜的方向偏移，如圖 14.23D 所示；臺灣的煤礦大都屬於這一類。下陷盆地的偏移量可利用圖 14.24 的方法加以修正；圖 14.24 顯示的是下陷角為 35° 時的偏移角。從圖中可見，當採空區的傾角（α）越增加時，上端角（RISE，ξ_1）就越減小，但是下端角（DIP，ξ_3）卻跟著越增加。當採空區的傾角為 45° 時，下陷盆地向傾斜方向的偏移量達到最大值（65°），而上端角則達到最小值（約 5°）；當採空區的傾角超過 45° 以後，情況剛好反過來，即上端角逐漸增加，而下端角則逐漸減小。總而言之，當採空區的傾角由水平增至 45° 時，下陷盆地逐漸向下傾側偏移；當採空區從 45° 增至 90° 時，下陷盆地又逐漸向上傾側擺回來。

　　地盤下陷的下陷量係隨著開採的進度（即採空寬度的延寬）而逐漸增加，但是它有一定的極限，最大不會超過採空厚度的百分之九十，這個值稱為**最大下陷量**。達到最大下陷量時的開採寬度稱為**臨界寬度**，大約是採礦深度（H）的 1.4 倍。在臨界寬度時，下陷盆地呈現碗型；超過臨界寬度以後，下陷盆地則呈現平底的盤型，因為盆地的中央區已經達到了最大下陷量了；如果開採寬度持續擴張，則盤底的面積也會逐漸擴大，但是不會再下陷了（Karmis, Haycocks and Agioutantis, 1992）。

　　根據英國人的研究，地盤下陷量與採空寬度及採空區的深度有關。圖 14.25 表示在不同的深度下，不同的開採寬度所引起的地盤下陷量；大 S 表示最大下陷量，小 s 表示到達某種開採進度時的下陷量。例如，當開採深度為 900 公尺、開採厚度為 1 公尺時，如果開採進度為 540 公尺，即當開採寬度為開採深度的 0.6 倍時，地盤下陷量為最大下陷量的 0.65 倍（從圖上讀 s/S 之值），即 59 公分（1 公尺 × 0.90 × 0.65）。

　　當 s/S 等於 1 時，表示地盤下陷已經達到最大下陷量了，也就是說，如果繼續再往前開採下去，則下陷盆地即將由碗型發展為盤型，盤底即停止下陷；隨著開採的前進，盤底的範圍也逐漸的作橫向擴張，而在垂直方向上即不再下陷；在這種狀況下，建於盤底的結構物反而安然無恙。回到圖 14.25，當開採深度為 900 公尺時，開採寬度要達到埋深的 1.2 倍（即 1,080 公尺）時，才會達到最大下陷量；如果埋深為 200 公尺時，則開採寬度要達到埋深的 1.5 倍（即 300 公尺）時才會達到最大下陷量。

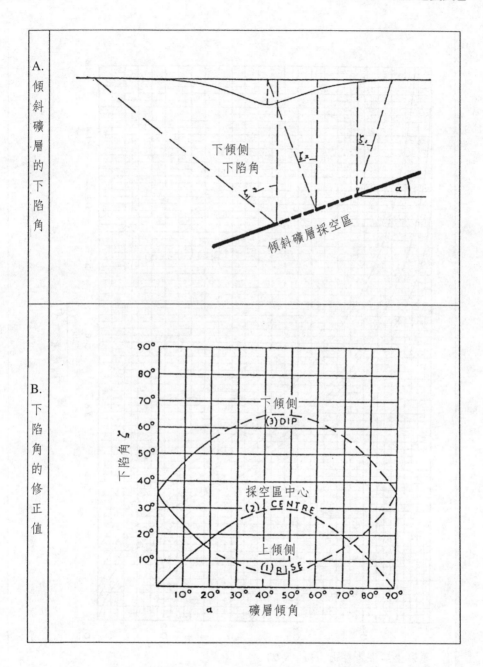

圖 14.24　傾斜採空區下陷盆地隨著傾角的變化而發生偏移的修正方法（National Coal Board, 1975）

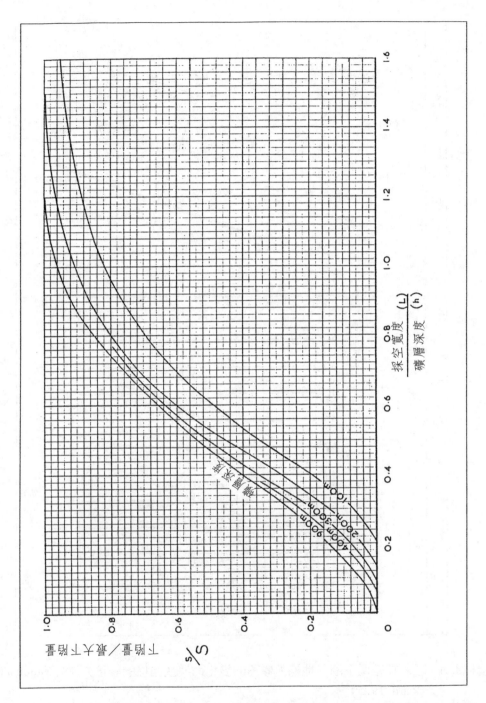

圖 14.25 在不同的開採深度及開採寬度下的地盤下陷量（National Coal Board, 1975）

　　從開採範圍的界線到下陷盆地的邊緣係屬於張力區；在此環帶內，地表會出現張力裂縫。在開採範圍的界線以內則為壓力區，地表會出現擠壓、縮短的現象。在採空區的邊界處，地面的傾斜最嚴重，且水平位移量最大；在下陷盆地的邊界附近則是拉應力最大的地帶。一般而言，如果採空區距離地表很淺（埋深小於開採厚度的10倍），則下陷盆地的中心區會出現岩層破碎的情形，其外圍則會出現明顯的張裂。如果採空區再深一點（埋深介於開採厚度的10～100倍），則地表會出現大量的裂縫。如果採空區非常的深（埋深大於開採厚度的100倍），則地表只會出現下陷盆地，很少會出現裂縫。

▌14.6.2　地盤下陷的調查

　　為了礦場保安的目的，我國礦業法有明文規定：在地表下100公尺以淺的岩覆不準開採。但是國人的守法觀念不足，加上從地面至地下開採區必須要有斜坑作為連通，以便人與物可以進出；還有礦坑需要透過一個通風孔，從礦坑通至地表，俾便將廢氣排至地面；以上所述的這些與地表相連的孔洞或坑道都有可能造成地盤下陷或發生突然陷落的情形。

　　一般而言，採礦是有相當經濟風險的產業，所以在決定開採之前，都已進行過詳細的調查與評估；同時，依照規定，採礦公司要定期向礦業主管機關（即礦務局）報告採礦進度，所以礦公司都要定期從事詳細礦坑測量。因此，有關煤礦的調查及開採資料是相當豐富的。這些資料的種類及用途如下：

- 各種地質圖：了解岩層的構成、位態、構造，以及地下水條件等。
- 礦床分布圖：了解煤層的分布、層數、厚度、深度等。
- 採礦相關圖說：了解採空區的位置與範圍、開採時間、開採方法（臺灣都採用長壁法，且沒有回填）；斜坑的尺寸、支撐方法（臺灣大都採用相思樹的樹幹作支撐）、進口位置、延伸方向、斜度、深度等；大小巷道的尺寸及布置方法；通風口的位置等等。
- 礦坑的抽水方法及抽水量等。

現場的調查則需側重於以下幾項：

- 斜坑的進口及沿線的塌陷情形。
- 通風口的位置及塌陷的情形。
- 地表裂縫的分布、形狀、寬度、深度，以及地表陷坑、陷落台階等；評估它們與開採邊界及開採方向的關係。

- 建築物的變形及龜裂的情形。
- 下陷盆地的特徵，劃分均勻下陷區、壓力區及張力區。
- 觀測線的布置法如下：
　—分別平行及直交煤層的走向線，其長度應該超過下陷盆地的邊界。
　—平行於煤層走向線的測線應有一條布置於最大下陷量的位置。
　—直交於煤層走向線的測線一般不應少於兩條。
- 礦渣的棄置方法、原地面的地形及斜度；棄渣的範圍、長度、寬度、厚度、邊坡的斜度、沖蝕及塌滑的情形等。

14.6.3　地盤下陷的處理

地盤下陷的處理一般採取回填、灌漿、基樁等處理方法；另外，就是採用特殊的基礎設計。開挖回填只適用於極淺的礦坑，深一點的話就非常不經濟。因為礦坑已被落盤阻塞，人無法進入，所以必須採用灌漿的方法，將漿液灌入地下，以填實空隙，並且提升地基的強度。而灌漿法就是最常使用的方法。

用於廢礦坑回填的漿液，其強度不需要很大，一般以 28 天的壓碎強度只要能達到 10kg/cm^{2}就已經合乎標準。最便宜的漿液是採用以水泥強化的飛灰，或砂。不過，砂漿的流動性較差，可能會發生沉澱的現象。在工程作業上，鑽孔係採取棋盤式布置，間隔約 3～5 公尺，孔徑約 75～100mm。至於必須處理的範圍，以從建築物的基礎起算，向外擴張到礦坑深度的 0.75 倍為止。由於臺灣的煤礦都是傾斜的，所以上述的處理範圍應該分配多一點給下傾側（Down-Dip）；此因下傾側受到偏壓的緣故。下偏的程度以煤礦深度的一半為度。

使用樁基或墩基時，其支承端要打到廢礦的下方為止；當深度超過 30 公尺時，採用深基礎就不划算了。這時可以採用格式筏基（Cellular Raft），有如火柴盒疊起來一樣。

對於石灰岩溶洞的處理除了採用挖填、灌漿及基樁的方法之外，還可使用跨越的方法，即採用鋼筋混凝土板跨越它們；或用剛性較大的平板基礎加以覆蓋，但是其次支承點必須選擇較穩定堅固的洞緣。

14.7　活動斷層

14.7.1　活動斷層的成因與特性

活動斷層幾乎是與地震共生在一起的。一般認為目前正在活動，或者近期曾有過活動，而且不久的將來也可能重新活動的斷層為**活動斷層**。因此，活動斷層是一種很年輕的斷層。例如車籠埔斷層於 1999 年又復活，所以確定是一條活動斷層。至於活動斷層為什麼要以年紀來定義呢？主要原因是基於一個很大的假設，但是卻具有統計的意義，即愈近發生的斷層，其復發的機率愈大。

在工程上，對於「近期」的定義常視工程的重要性而有所不同。對於一般建築物而言，「近期」定義在 10,000 年（全新世開始的年代），也就是距今 10,000 年間所發生的斷層就是活動斷層。對於重大工程，如大壩、核能電廠、海域工程等而言，「近期」則定義在 35,000 年，這是碳十四同位素定年的可靠上限；因此，後者是一種比較嚴格的定義。至於「不久的將來」，一般指的是工程的壽命年限，最好取 100 年為宜。

活動斷層一般是沿著已有的斷層或其附近進行活動。而活動的方式有兩種，一種是連續緩慢的潛移（Creeping），稱為**蠕動斷層**；另外一種是突然的錯動，稱為**發震斷層**。後者才是產生震害的斷層。活動斷層對於建築物及工程體的影響主要有三方面，一種是**地面的錯動**，那是所有結構體都無法抵擋的破壞；第二種是錯動過程中在地表所伴生的**地表變形與地裂**，一般會將結構體拱起及破壞；第三種就是發震斷層所產生的地震波，對大範圍的建築物發生影響，並且附伴**二次災害**，如邊坡破壞、土壤振密、土壤液化、地下孔洞的塌陷等。

一般而言，發震斷層係發生於堅硬的基岩內。當基岩發生斷層作用時，其上覆的土層具有吸收變形與位移的能力，即地表的位移要比基岩的位移小。當覆蓋層增厚時，地表下的發震斷層於往上伸展時可能會被覆蓋層所吸收，也就是地震斷層不一定會穿出地表；這種地下斷層稱為**盲斷層**。盲斷層上方的地表有時會出現土壤液化，或噴砂、噴水的現象呈線狀排列；或者地裂（屬於張力裂縫）或撓曲呈現雁行排列。

根據中央地質調查所的整理（林啟文等，民國 89 年），臺灣地區共有 12 條活動斷層發生於距今 10,000 年間（全新世），稱為第一類活動斷層；共有 11

條發生於距今 10,000～100,000 年間（更新世晚期），稱為第二類活動斷層。它們多數分布於人口密集的西部及東部。

▌ 14.7.2　活動斷層的調查

　　活動斷層的調查除了要確定它的位置及變形與變位之外，還需評估它的活動度，如活動速率及活動週期（再現期）等。一般斷層的證據在活動斷層的調查仍可適用，但是因為活動斷層的生成年代較新，或者還在活動中，所以容易顯現一些新鮮的證據。

　　地形上的證據調查：

- 深切的直線形水系（請見圖 14.26）。
- 肘狀水系向同一個方向錯開。
- 線型兩側的地形單元及水系型態完全不同。
- 三角面呈一字排列。
- 一系列的崩塌地或地滑成排分布。
- 直線型的山前有一系列沖積扇成排分布。
- 平原與山地的交界處出現一排窪地、水塘、跌水、泉水、溫泉等。
- 山脊、山谷、階地及沖積扇被截斷或錯開。
- 山脊與山谷突然相接（山脊堵住山谷），並在山谷形成堰塞湖。

　　地質上的證據調查：

- 錯動全新世的地層。
- 全新世的地層與更老的地層成斷層接觸。
- 老地層騎在全新世的地層之上。
- 線型兩側的全新世地層之岩性不同。
- 新地層的沉積物嵌入老地層之內。
- 斷層破碎帶尚未膠結（這一點不能當作唯一的證據，因為少數老斷層也可能完全沒有膠結）。
- 沿著斷層帶出現地震斷層的斷裂及地裂縫。

　　槽溝調查：

　　槽溝調查（Trenching）幾乎是活動斷層的必備調查。由槽溝調查可以獲取一些防災的設計參數，尤其是確切的斷層位置、寬度、錯動距離、錯動關係，及求得再現期（Recurrence Interval）。

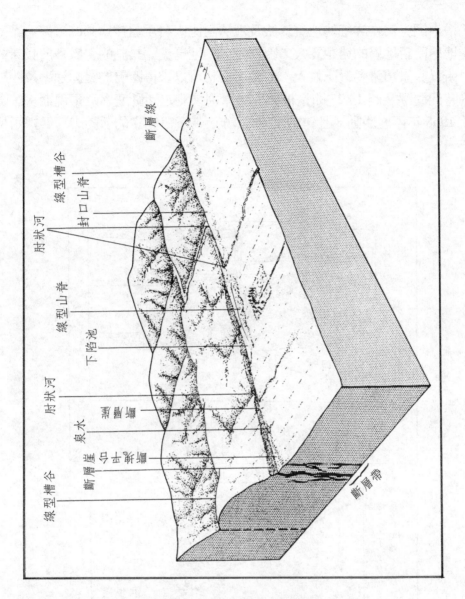

圖 14.26 活動斷層的地形證據

　　槽溝一般橫跨斷層開挖，深約 2～4 公尺（必須要在地下水位之上），為了維持溝壁的穩定，有時需加橫撐，或者採用台階式開挖法。槽溝調查的重點在於詳細觀察橫跨斷層的最新沉積物是否被斷層所錯動，及其錯動距離；同時要想辦法採取地層或斷層帶內的含碳物質樣品，以便確定活動斷層的錯動時間（活動斷層的錯動時間比被錯斷的地層之沉積年代還要晚）。

　　槽溝調查需作詳細的地質測繪及地層對比，發現重複錯動的證據，譬如較老的地層比新地層的錯距要大，因為較老的地層受到錯動的次數多於較新的地層，所以其累積錯動量比較大；由此項資料可以求得斷層的錯動速率及間歇錯動的時間間隔。圖 14.27 即是根據這個原則來測定活動速率及再現期。該斷層曾於 1968 年再度活動，且錯動了 10 公分。為了研究它的活動史，乃採用槽溝調查。

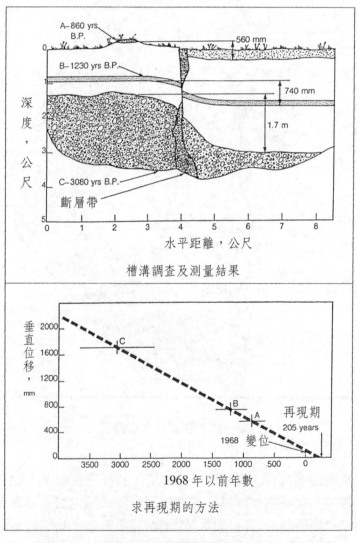

圖 14.27　槽溝調查及求取活動斷層再現期的方法
（Clark, Grantz and Meyer, 1972）

上圖表示槽溝開挖後，經過仔細測繪而成的地質剖面圖。從圖中可見，剖面上有三個重要的指準層，從上至下，分別稱為 A、B、C 三層。經過同位素定年及精確的測量結果，已知 A 層形成於 860 年前（B.P.表示 Before Present，距今多少年的意思），且被錯開 56 公分；B 層沉積於 1,230 年前，且被錯開 74 公分；C 層則沉積於 3,080 年前，且被錯開 170 公分。現在以年代為橫軸，錯距為縱軸，將上述三點，加上 1968 年的一次，一共四點，分別標示在圖上，它們可以很漂亮的連成一條直線，表示該條斷層的活動速率是非常均勻的。該直線交於橫軸，其交點距離 0 年為 205 年（以 1968 年錯動的那一年為 0 年）；表示從 1968 年開始，如果維持原來斷層的活動速率，經過了 205 年，該斷層將重新復活，使其縱軸的位移量歸零。因此，這個 205 年就是該斷層的再現期。從上圖中可見到，A 層在下降盤的沉積厚度比較大；而且在斷層帶內，A地層的沉積物墜入老地層之中；這些都是活動斷層的有力證據。

14.7.3 活動斷層的工程措施

國內外的建築法規都會要求，在活動斷層的兩側必須退縮一段距離，以作為禁建緩衝帶。至於退縮的距離必須因斷層類型的不同而有異。對於平移斷層而言，因為斷層面甚陡，而且是水平錯動，所以穿出地表的斷層帶最窄，因此退縮距離最小；同時，它穿出地表的位置是在基岩斷層的正上方（即垂直投影的位置），而不是斷層面的延伸方向，這一點必須特別小心（請見圖 14.28 左）。

對於逆斷層而言，當它從基岩穿入覆蓋層時，即開始分叉，而且在上盤的破裂寬度要比下盤的還要寬（即BD > BD'）（請見圖 14.28 右）；因之，上盤的退縮距離一般要比下盤的退縮距離還要寬。至於正斷層，因為是在張力狀態下發生的，所以破裂帶產生於上盤，下盤幾乎不受斷層作用的影響（請見圖14.28 中）；因此，退縮距離只要設置於上盤即可，而且可以比逆斷層的退縮距離還要小。美國對於平移斷層的退縮距離為斷層兩側各 15 公尺；如果斷層的確實位置未能確定，則需各退 30 公尺。

發震斷層對於鐵、公路的影響表現在地表的錯動及變形，因此選線時應該儘量避開；如果難以繞避時，則應選擇斷層帶較窄的地方，以簡單的路基工程，且以大交角的方式通過；對於一般的建築物，則宜從結構上加以防備，例如在斷層兩側可以採用相互分離的獨立結構，且在連結處允許產生垂直及水平的變位。如果空間上許可，應該將建築物安置在下盤。

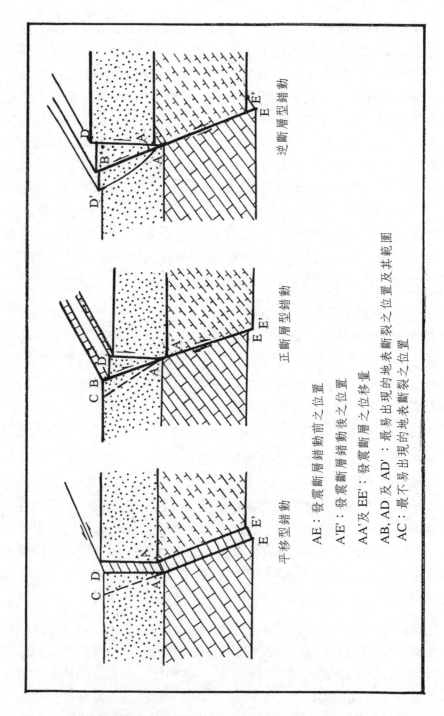

圖 14.28　地震斷層穿出地表的位置與寬度（Wang and Law, 1994）

14.8　地震

14.8.1　地震的成因

　　地震是地球，特別是地球的岩石圈之快速振動；這種振動通常在幾秒鐘，最多幾分鐘之內即行停止。強烈地震瞬時之間使得很大的區域淪為廢墟，是一種破壞性很大的天然災害；還好它的發生頻率不如山崩那麼頻繁，所以以累積損害而論，它的傷害不如山崩的大。地震可能造成二次災害，例如它能引起大區域的土壤液化、觸發大型的山崩；如果地震震央位於海洋，可能還會引起海嘯。

　　地震是因為岩體沿著破裂面（即發震斷層）急遽錯動時所產生的一種波動；是先在岩體內累積能量（一般是板塊移動及擠壓所造成的），然後突然釋放的結果。地震雖然發生於一瞬之間，但是孕育時間卻是漫長的。引起地震的斷裂大多發生在地殼的深部，這種地震斷層不一定在地面上看得到；這種斷層稱為**盲斷層**。

　　地震的發生必須具備一些條件，這些條件包括岩性、地質構造及現場應力；現在分別說明如下。

　　(1)岩性條件

　　一般認為，硬脆的岩性才能積聚很大的彈性應變能，而當應變能一旦超過了岩石的極限強度時，就會發生突然的脆性斷裂，釋出大量的應變能而產生強烈的地震。軟塑的岩性在應力作用下多以塑性變形來調節，應變能是以漸近的方式慢慢釋放，所以不可能產生強震。

　　(2)構造條件

　　國內外的地震都顯示，大部分的地震都發生在活動斷層的某一個部位，也就是發生在活動斷層上地應力高度集中的部位，包括斷層的兩端、彎曲部、轉折部、兩組斷裂的交匯部、斷層的分岔部等；這些部位稱為活動斷層的鎖固段，就是蓄積應變能的部位。鎖固段的岩石強度特別強，兩側岩盤互相黏結在一起。當應力累積到一定的程度時，潛移段的某個點無法承受，乃突然斷裂，並發生地震。因此，活動斷層的鎖固段就成為控制震源的所在。

(3)現場應力條件

地震的孕育與發生，受制於現代的現場應力；而現地應力的狀態與板塊運動具有密切的關聯性。所以對於活動斷層的監測，包括區域性的最大、最小主應力的方向，以及其大小、斷層的鎖固段及潛移段、以及潛移的速率等，對地震的預測具有特別重要的意義。

14.8.2　震害與地質的關係

震害的大小與工址的地質特性具有密切的關係，茲分別說明於下。

(1)岩土層的堅實度

一般說來，建於岩盤上的建築物之破壞遠較鬆散堆積物上的為輕；此因震波進入鬆散堆積物時，傳播的速度減慢、振幅顯著的增大、週期變長、加速度也被放大，因此振動得更強、更厲害（請見圖 14.29）。

(2)鬆散堆積物的厚度

隨著堆積物厚度的增加，房屋的破壞會更加嚴重。在中等厚度的鬆散堆積物上，一般的房屋破壞得比高層建築物還嚴重；但是在很厚的鬆散堆積物上，高層建築物破壞得最嚴重。此因地震波的週期與土層的厚度成正比，而變長的週期正好接近於高層建築物的振動週期，也就是兩者產生共振現象。因此，低加速度的遠震可以使巨厚的鬆散堆積物上的高樓大廈遭到破壞。建築物的振動週期與其高度成正比。根據統計，1、2 層的建築物約為 0.2 秒；4、5 層者約為 0.4 秒；11、12 層者約為 1 秒。

(3)土層的性質

一般而言，震害的程度係按堅硬岩盤、砂礫石、緻密黏性土、飽和粉砂、淤泥、沼澤土、人工填土的順序而變得更嚴重。疏鬆的砂土由於強烈的振動而壓密而發生沉陷，特殊的砂土（例如飽和、均粒的粉砂）也因振動而液化。

岩土層的層序也會影響震害的程度；例如軟弱土層如果位於地表，則基礎的抗震能力很差；但是如果軟弱土層被一層較堅實的土層所覆蓋，則基礎的抗震性能就提升很多。在多層岩土層的情況下，工址的抗震能力主要取決於軟弱土層的位置與厚度；一般而言，軟弱土層愈淺、厚度愈大，震害也就愈重。

同時，土質越軟弱、且土層越厚，則地震的持續時間也會越長；一般而言，軟弱土層要比堅硬土層的振動時間長數秒至 10 多秒。地震的持續時間拉長，建築物的破壞就會比較嚴重。

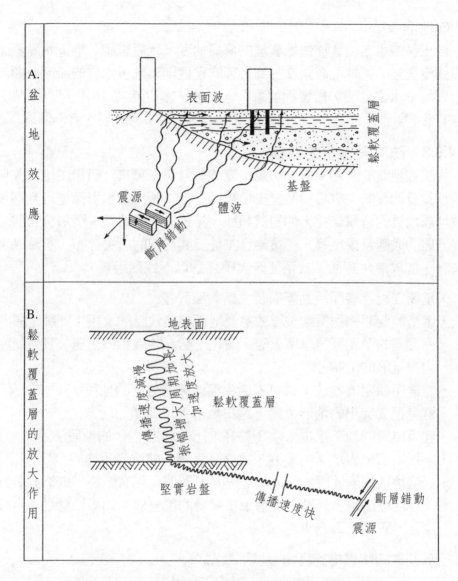

圖 14.29　鬆軟覆蓋層對地震波的放大作用

(4)地形

　　地形對震害的影響很大。突出的孤立地形常使地震動加強；低窪的山谷則使地震動減弱。一般而言，山頂上的地震動持續時間顯著的增長、放大效應顯著。山頂上的地震加速度大於平坦的地面，山底及山腳的地震加速度小於平坦的地面；因此，位於山頂的建築物之破壞要嚴重得多。

(5)地下水

　　岩土層飽水之後會加快地震波的傳播速度。總體來說，地下水將使工址的地震強度變強；但是地震強度受到影響的程度則與地下水位的深度有關。一般而言，地下水位愈淺，影響程度愈大。當地下水位低於 10 公尺以下時，則影響程度就不顯著了。地下水位在地表下 1～5 公尺的範圍內時，其影響最為顯著。

▌14.8.3　防震與選址的關係

　　從工程地質的觀點來看，防震措施的研擬需先蒐集及研析工址及其周圍的有關地質及地震的文獻資料及歷史地震的記錄；利用衛星影像進行判釋，了解區域地震地質的背景條件，如岩盤類型、年代、構造特徵、斷層分布狀況、第四紀岩層的成因及厚度等。然後結合工址及其周圍的震央分布、震源深度及震度資料，加以綜合評估。於選址時，應注意以下幾點因素：

- ・重要工程應避開活動斷層及大斷裂破碎帶。
- ・儘可能避開強烈振動破壞效應及地面破壞效應的地段；此種地段包括強烈沉陷的淤泥層、厚填土層、液化潛勢高的飽和砂土層，及可能產生不均勻沉陷的地基。
- ・避開不穩定的斜坡，或可能產生邊坡破壞效應的地段。
- ・避免孤立突出的地形位置，選擇地形平坦開闊的地方。
- ・儘可能避開地下水位太淺（約在地下 10m 以內）的地段。
- ・應提防石灰岩地區的溶洞，或廢棄煤礦的礦坑發生塌陷。
- ・岩盤地區的岩性應該堅硬均一，且無斷裂；如有斷裂，則需與發震斷層（或活動斷層）無關；或者上覆較薄的覆蓋層；如果岩盤之上有較厚的覆蓋層，則應為密實者。

　　至於基礎的防震措施應注意以下幾點：

- ・基礎要放置於堅硬、密實的地基上；避免鬆軟的地基。
- ・基礎的砌置深度要大些，以防止地震時建築物發生傾倒。
- ・同一建築物不要併用不同型式的基礎。
- ・同一建築物的基礎不要分別坐落在性質顯著不同，或厚度變化很大的地基上。
- ・建築物的基礎要以剛性強的聯結梁連成堅強的整體。

📖 14.9 流水侵蝕

河流由於地球自轉而形成的偏轉力，即**科里奧力**（Coriolis）的效應，它會使北半球運動中的物體漸漸向右偏轉，在南半球的則會向左偏轉。因此，在北緯的地方，即使原為直行的河道，最後也會形成河曲（河彎）。例如河水向西流，往往會向北形成河彎；如果河水向東流，則會向南形成河彎。

河道中只要有一個哪怕是微小的彎曲存在，流水就會在慣性及離心力的作用下湧向凹岸處或外側，不斷對凹岸進行沖蝕與磨蝕，淘空坡腳，形成深潭，其上邊坡的岩土層失去支撐而滑塌；凹岸不斷的向外側及下游方向推移。在凹岸侵蝕後的產物則被帶到流速較慢的凸岸處或內側沉積下來，使凸岸不斷增寬，形成淺灘，並向下游逐漸推移。這樣使得河道的曲率漸漸增大而形成河曲。這種地質作用稱為**河岸侵蝕**（Bank Erosion 或 Lateral Erosion）。

由於河岸有侵蝕及淤積的問題，因此河岸建築應注意下列工程地質課題：

- 必須了解河流的最高洪水位，應避免在洪水淹沒區建築。
- 應注意河岸的穩定性，不要在有崩塌、滑動之虞的不穩定地區建築；如果必須建築，則應該進行穩固措施。
- 河流的凹岸（反弓位）受流水沖刷，特別是鬆散堆積物構成的河岸更容易被侵蝕而後退；如果要建築時，除了要防沖刷之外，還得預留適當的安全距離。
- 河岸侵蝕的防治方法可分為河岸加固及改變沖刷段的水流方向與速度兩種措施。前者可採用拋石、鋼筋混凝土沉排、平鋪蛇籠沉排、漿砌護坦、護岸牆、植草、砌石護坡等方法；後者則可採用導流堤、丁壩等導流結構，次平行於河岸，且斜向下游，俾使凹岸形成沉積的環境。
- 河流的凸岸（古人稱為汭位）是沉積區，一般可以建築，但可能存在淤積的問題。因此，河岸建築最好選在平直的地段較佳。
- 應注意沖積層的垂直向及水平向的分布及變化，因為沖積層中可能有黏性土的透鏡體，或尖滅消失，使建築物產生不均勻沉陷。
- 河階台地如果有古河道或牛軛湖的沉積物時，應注意它們的分布、厚度、及工程地質性質；可能存在有軟弱夾層。
- 沖積層中常富含地下水，可作為可靠的水資源；但是地下水多、水位

高，施工時排水比較困難；另外，地下水會朝河道排洩，可能發生管湧（Piping）現象，影響河岸或階地崖的穩定性。

河岸侵蝕的防護可以從塌岸部位、護岸工程、及約束水流等三方面再加以說明如下：

(1)塌岸部位

河流的主流線切到河岸時，河岸就會發生塌岸（請見圖 14.30）。由於河床的類型不同，主流線切岸的位置也會不同。如果以河曲的頂點為界，在河曲的上半段，主流線靠近凸岸的上游，然後沖向凹岸的頂點；在河曲的下半段，主流線靠向凹岸的下游。所以在河曲的凸岸邊灘之上游，凹岸頂點之下游，通常都是塌岸的部位（請見圖 14.30a）。

在順直的河床上，深槽與邊灘往往成犬牙交錯的分布（請見圖 14.30b）。在深槽處，主流線比較靠近河岸，所以就成為順直河岸的塌岸部位。在被心灘所分隔的分叉河床（請見圖 14.30c）上，灘頭上游的河岸常常就是塌岸的部位。

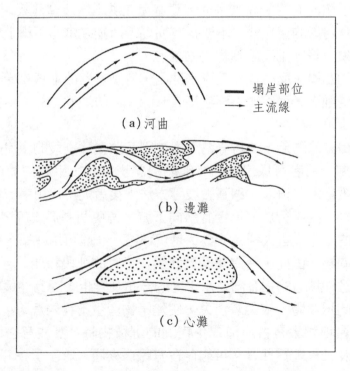

圖 14.30　不同類型的河床與不同的塌岸部位

(2)護岸工程

護岸有拋石護岸及砌石護岸兩種。前者係在岸坡砌築石塊（或拋石），以消減水流的能量，保護岸坡不受水流直接沖刷。石塊的大小以不被河水沖走為原則，可按下式確定：

$$d \geq v^2 / 25 \quad\cdots\cdots\cdots\cdots\cdots\cdots\cdots\cdots\cdots\cdots\cdots\cdots\cdots \quad (14.4)$$

式中，d＝石塊的平均直徑，cm

　　　v＝拋石附近的平均流速，m/s

拋石體的水下坡度一般不宜超過 1：1；當流速較大時，可以放緩到 1：3。石塊應選擇未風化、且耐磨、又遇水不崩解的岩石。拋石體之下應鋪設墊層。

砌石護坡則用於受強烈沖刷的河岸，可分為大石板護坡、漿砌石護坡等；在岸腳部位可用鋼筋混凝土沉排、平鋪蛇籠沉排、漿砌護坦等方式加固。護岸牆則用於保護陡岸。

(3)約束水流

為了防止水流直接沖刷河岸，常將丁壩及順壩布置在凹岸，以約束水流，使主流線偏離受沖刷的凹岸。丁壩常斜向下游（請見圖 14.31），與岸邊的夾角呈 60°～70°；它可使水流的沖刷強度降低 10%～15%。順壩又稱導流壩，係改變主流線方向的導流結構物。導流筏則斜浮於沖刷岸之前，隨著河水位的漲落，促使水流改變方向。

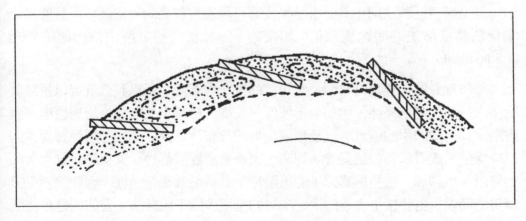

圖 14.31　丁壩的佈設

在河流的上游以及山區的河流，由於河床的縱坡比降大，因此流速大、搬運力強，對河底岩層的磨蝕及沖蝕強烈，故以下蝕為主。這種下蝕作用使得河床不斷加深，常常形成深而窄的谷溝，因而引發前端不斷的向上游延伸；這種現象稱為向源侵蝕（Headward Erosion）。

向源侵蝕一方面使河流伸長，另一方面也使河流的上游分支越來越多。台地或高原的邊緣最容易發生向源侵蝕，以致台地面越來越縮小，八卦山台地即是一例。向源侵蝕也常淘蝕山區公路或邊坡的基趾，如果不予重視及處理，常使問題惡化，甚而導致無法處理。常用的處理方法有截斷地表水的匯注、加固源頭、鋪砌溝床、設置跌水、及加固溝壁等。

14.10　地質災害的分析

環境地質分析的目的在於評估一地或一區發生地質災害的機率；其方法有很多種，如數理統計法、力學分析法、工程地質類比法等；或可概略分為定量分析法及定性分析法兩種。其中定量法比較客觀，而定性法則比較主觀。由於影響地質災害發生機率的因素太多，多到很難選擇，而且有些因素又很難量化；這些因素非常複雜，有的相協，也有的相剋，加上岩土體並非均勻體，所以測量所得的因子數值恐怕不具代表性，或者有偏差，或者沒有真正找到關鍵性的因子等等原因，因之常常可以見到不同的分析者可以找出不同的因子組合，更甚者是因子權重的排序非常的矛盾。可見定量法雖然客觀，但是分析的結果卻可以因時因地因人而異；所以本質上也是非常的主觀。定性法雖然主觀，但是遵循經驗法則，其分析結果反而可以獲得較高的可信度。一般而言，定量法將欲解決的問題複雜化；相反的，定性法則將欲解決的問題平滑化（Smoothed）。

環境地質圖上標定有各類地質災害的分布與範圍，所以我們就可以量測其範圍內的一些基本條件，例如地形坡度、坡高、植覆率、岩性、岩層位態、距離斷層或河彎凹岸的遠近，以及舊崩塌地的分布等等，以建立各種地質災害的形成條件，或者稱為控制因子。同時，還得考慮觸發條件（又稱誘發條件），如降雨、地震等。這些影響因子的重要性不見得每個都是一樣，因此就產生了權重的問題。對於權重大小的決定，有的是用多因子統計法，有的則是根據經驗法則。

　　接著應就未知區所具備的條件與此形成條件相比，其符合度越高的，發生災害的機率就越高；其符合度很低的，則發生災害的機率就很低。這種分析方法就稱為**地質災害的潛感性分析**（Susceptibility Analysis）。地質災害的**潛感性**（Susceptibility）及**受害性**（Vulnerability）是災害分析的兩項最重要的工作。受害性是針對地質災害對生命財產的損害程度之評估，不在本書的討論範圍內。我們要對潛感性的分析原理在此稍加說明。

　　經驗法則的作法一般係採用半定量的評分法，即先將所有的形成條件各自分成不同的級距，且不同的級距給予不等的分數；然後針對每一個條件，將每一個坵塊（或網格）的調查分析結果，歸屬於其應屬的級距，並取得其應有的分數；最後將該坵塊得自所有自然條件的分數相加，就可以得到它應得的總分，稱為**潛感值**。每一坵塊的寬度可取 5m，10m，20m 或 25m 等。由於不同的形成條件有輕重之分，我們就用權重來凸顯它們的不同重要性。潛感值也是分成等級，其等級越低者（總分越低的），發生災害的潛感性越低；等級越高者（總越高的），發生災害的潛感性就越高。像這種賦予分數的作法也是有些主觀，給分可能因人而異，所以採用這種方法時，經驗非常重要。

　　檢驗得分的可靠度，可以在每次豪雨或颱風後，利用衛星影像的判釋方法，將此次豪雨所生的地質災害之分布予以圈繪；再利用網格的方式（等於地面上的坵塊），計數每一個崩塌的範圍落入不同潛感性的網格數，然後製作一張潛感性分析可靠度一覽表，如表 14.10 所示。如果崩塌地大多落在高潛感區，則表示給分可靠；如果有很多落在低潛感區，則分數要進行調整（或調整因字的級距）；如果大多落在中潛感區，則分數需作微調。這樣經過幾次調整之後，假以時日即可逐漸接近真實。這種評分法會因地而異，絕沒有一種給分法就可以適用於整個臺灣地區。

　　從事山崩潛感性分析時，有兩點必須注意：一個是在圈繪崩塌地的分布時，必須分出由某一事件（如豪雨或地震）所造成的，以及非由該次事件所造成的（即老崩塌地）兩大部分；前者可以用於率定分析，前者與後者的總合則可用於潛感性的分析。**每一次事件所造成的崩塌，其分布都是不同的**；就其分布的位置，我們可以將之分成**遺傳**的（即新、舊崩塌地大略在同一位置）、**癒合（復原）**的（新、舊崩塌地有部分重疊時，其舊疤的部分）、**再生**的（新、舊崩塌地有部分重疊時，其重疊的部分）、**增生**的（新、舊崩塌地有部分重疊時，其未重疊的新生部分）、**新生**的（在新的地方發生的）。這些分析過程唯

表 14.10　地質災害潛感性分析的可靠度一覽表

潛感性	高	中高	中低	低	合計
原分析之潛感性網格數（個）	S_1	S_2	S_3	S_4	St
潛感性網格數百分率（％）	SP_1	SP_2	SP_3	SP_4	100
暴雨後之崩塌網格數（個）	L_1	L_2	L_3	L_4	Lt
正確率 I（％）	L_1/Lt	——	——	——	——
正確率 II（％）	$(L_1+L_2)/Lt$		—— ——		
確發率（％）	$(L_1+L_2)/(S_1+S_2)$		—— ——		
個別誤差率（％）	——	L_2/Lt	L_3/Lt	L_4/Lt	——
總誤差率（％）	——		$(Lt-L_1)/Lt$		

有依賴衛星影像，必須從衛星影像上進行判釋才能辦到。第二個要注意的是，在從事潛感性分析時，不能只利用一次歷史崩塌地的分布資料就要進行分析。因為許多高潛感的邊坡雖然現在不發生崩塌，但是這並不表示它永遠都不會發生，只是時辰未到而已，所以我們必須利用長期的崩塌地清查結果來做分析；而且監測的時間越久，分析的結果將越精確。理論上，如果山崩潛感性的分析模式是正確的，則山崩潛感性的相對高低應該是不變的；絕不是來一次豪雨或地震，因為崩塌地的分布有變，所以就要重新評估一次山崩潛感性。不過，潛感性的分級或界線卻是可變的，主要決定於發展的需求及政策的需要。

以下就舉出幾個半定量的分析方法。

落石的發生與坡度及坡高的關係非常密切，也與地質及水文等條件有關，所以我們設計一個落石潛勢評估表，如表 14.11 所示。其分數級距採用等比級數，用以凸顯不同等級之間的差異（Pierson, Davis and van Vickle, 1990）。發生條件之間的權重雖然沒有明示，但是箇理一個條件就佔了四項，也就相當於設定了 4 倍的權重。至於潛感值的分級更是主觀性的；其界線一般可用機率的大小來設定；譬如發生落石的機率很大，其潛感性就很高；發生機率小潛感性就小。機率一般係以週期的倒數定之，如一年一遇，其機率就是 1；5 年一遇，其機率就是 0.2。

落石、崩塌、地滑、土石流等突發性地質災害，係屬於隨機性事件；在不同的條件下，它們發生的機率及成災的程度也不同。前面已經提及，災害的形

成條件越充分，發生災害的可能性就越大，出現的機會就越高，造成的破壞及損失就越嚴重。因為地質災害具有重複性及週期性等特點；它們常在類似的地區一再的發生，不會發生一次災害之後就永遠停歇；所以我們乃採用災害發生的再現期作為災害活動的機率，如表 14.12 所示。

表 14.11　落石潛感性評估表及潛感性分級法

形成條件	形成條件的等級與分數			
	3 分	6 分	12 分	24 分
坡度	< 45°	45°～60°	60°～75°	75°～90°
坡高（公尺）	< 7.5	7.5～15	15～25	> 25
節理連續性	不連續	不連續	不連續	連續
節理位態	有利	發育不規則	不利	不利
節理間距（公尺）	> 1.0	0.6～1.0	0.3～0.6	< 0.3
節理面特徵	粗糙、不規則	波狀起伏	平面	黏土充填、或有擦痕
差異侵蝕	很少	偶爾	顯著	極顯著
落石堆體積（立方公尺）	< 3	3～6	6～9	> 9
年降雨量	小至中	中	大	很大
邊坡滲水	無	間歇有水	連續有滲水	連續有滴水
落石發生頻率	少發生	偶而發生	常發生	持續發生

潛感性	潛感值	發生機率
低潛感	< 40	< 0.1
中低潛感	40～120	0.1～0.2
中高潛感	120～200	0.2～0.3
高潛感	> 200	> 0.3

表 14.12　突發性地質災害的發生機率

災害頻度	發生災害的潛感度	再現期	發生機率
很高	很高	每年一次或多次	1
高	高	每 1～3 年一次	1～0.3
中高	中高	每 3～5 年一次	0.3～0.2
中低	中低	每 5～10 年一次	0.2～0.1
低	低	每 10～20 年一次	0.1～0.05
很低	很低	> 20 年一次	< 0.05

利用再現期的長短來訂潛感度有一個缺點是，臺灣地區尚未建立各種地質災害在特定地區的再現期。這項工作應該列為政府現階段推動防災工作的重點。由於資源探測專屬的衛星影像自從 1972 年開始就問世了（即美國的 LANDSAT）；如果解像力要更進一級的則自從 1986 年就有了（即法國的 SPOT 衛星，其解像力從早期的 20 公尺，到現在的 5 公尺）；如果要更精密的，則可以考慮民間發射的衛星，如 IKONOS（2001 年開始）、QUICKBIRD（2002 年開始），它們的解像力都在 1 公尺左右或更細。我國自主的福衛二號則自從 2005 年開始就將影像提供給國內外的用戶了，其解像力為 2 公尺。以上這些影像足夠讓我們初步定出相對再現期；因為最早的衛星影像已經有 35 年歷史了。

根據某地所具有的自然條件與地質災害形成條件的吻合或充分程度來評分，然後訂出其發生災害的潛感性大小，也可以應用於山崩與土石流的分析，如表 14.13 所示。

這裡再介紹一種半定量圖解法。我們知道，對於岩質邊坡的破壞，利用力學分析方法難以解決問題；如果使用**赤平投影法（見 9.2.2 節）**，反而更為適宜。利用赤平投影法可以將複雜的三維空間問題簡化為二維的平面問題，大大的簡化了計算步驟。赤平投影法不但可以分析邊坡的可能破壞模式，還可以分析邊坡的穩定性。茲分別說明如下：

• 邊坡的可能破壞模式

首先要量測各種不連續面（包括層面、斷層、節理、葉理、裂隙、接觸面等）的位態、條數、間距、開口、連續性、充填物、粗糙度、起伏差、地下水活動特性等。然後將所有的位態數據，利用極點法繪製於史密特網上（請見

表 14.13 山崩與土石流潛感性分析的因子與評分表

評估因子		條件的充分程度及分數				
		特別充分	很充分	尚充分	不很充分	不充分
		0 分	1 分	3 分	6 分	10 分
山崩	地形	坡度	20°～30°	15°～20° 30°～35°	10°～15° 35°～45°	45°～60°	< 10° > 60°
		水系密度	很密	密	中等	疏	很疏
	地質	岩性或地層	軟弱岩性；利吉層	軟岩；卓蘭層及年輕地層	頁岩、板岩、泥岩、凝灰岩	膠結良好	堅硬岩性、石英岩
		不連續面	密集切割；不利的位態	切割中等；不利的位態	切割少；節理連續	發育不規則；節理連續不佳	節理不連續；有利的位態
		離斷層線距離（公尺）	< 50	50～100	100～200	200～500	> 500
		河岸侵蝕，離攻擊岸距離（公尺）	< 50	50～100	100～200	200～500	> 500
	植被	植覆率（%）	20	20～40	40～60	60～80	> 80
	氣象	年降雨量（mm）	> 2,500	2,000～2,500	1,500～2,000	1,000～1,500	< 1,000
		年暴雨頻率	暴雨頻發	暴雨次數多	暴雨次數中	暴雨次數少	無暴雨
	崩塌史	崩塌率（老崩塌地密度）（ha／ha）	> 0.5	0.1～0.5	0.05～0.1	0.01～0.05	0～0.01
		老崩塌地最大寬度（m）	> 100	50～100	30～50	10～30	< 10
	人為活動	離道路或水庫岸邊距離（m）	< 50	50～100	100～200	200～500	> 500

		評估因子	條件的充分程度及分數				
			特別充分	很充分	尚充分	不很充分	不充分
			0分	1分	3分	6分	10分
土石流	地形	匯水窪地的有無	極明顯	明顯	尚稱明顯	不明顯	無
		匯水窪地的寬度（m）	＞500	300～500	100～300	＜100	無
		匯水窪地的集水面積（ha）	＞5	3～5	＜3	＜3	無
		發源地的坡度	＞45°	35°～45°	25°～35°	15°～25°	＜15°
		流通段的比降	＞18%	12～18%	6～12%	3～6%	＜3%
	地質	岩性	板岩、泥岩、頁岩	片岩、千枚岩、凝灰岩	容易風化	不易風化	岩性堅強
		不連續面	發達，切割密集	切割中等	切割少	發育不規則	不發育
	料源	鬆散物質的有無	崩積土量多、崩塌地多	風化殘留土厚、坡積物多	有鬆散物質，但不很豐富	源頭稍破碎	源頭無破碎、或無鬆散物質
	植被	植覆率（%）	＜10	10～20	20～30	30～50	＞50
	老土石流	堆積扇寬度（m）	＞100	50～100	20～50	＜20	0
	氣象	年降雨量（mm）	＞3,000	2,500～3,000	2,000～2,500	1,500～2,000	＜1,500
		年暴雨頻率（次）	＞2	1～2	1	0.5次	很少

註：暴雨為 12 小時的累積降雨量大於 150mm。

9.2.2 節），以確定優勢不連續面組數及其位態。再將邊坡的位態疊繪在史密特網上。根據相對的分布型態，即可確定邊坡的可能破壞模式，如圖 14.32 所示。基本上邊坡要發生破壞，不連續面或兩組不連續面的交線之傾向要與邊坡的傾向一致，且其傾角要小於坡角（不連續面見光的必要條件）。

・邊坡的穩定性

利用赤平投影法評估邊坡的穩定性，首先要繪製邊坡的大圓及摩擦圓（請

見圖 14.33）；摩擦圓與大圓所包圍的範圍（陰影部分）即為危險區。此時，不連續面或兩組不連續面的交線之傾角（β_2），如果小於坡角（β_1），但是大於摩擦角（Φ）（即不連續面的大圓之頂點或兩組不連續面大圓之交點落入危險區），則邊坡將有滑動之虞。

如果有數組不連續面，則可繪製極點圖。根據數個優勢極點中心，分別評估單組不連續面的穩定性；或者評估任何兩組不連續面的大圓交點是否落入危險區，從而確定哪幾組不連續面所組合而成的楔型體具有滑動之虞。

在進行赤平投影圖解法進行邊坡穩定分析時，應注意貫通性好的軟弱不連續面（如泥化夾層、斷層泥等）；即便是單獨的幾條，也應該分開評估。

圖 14.32　由赤平投影圖評估邊坡的破壞模式（Hoek and Bray,1981）

A. 邊坡的投影圖及摩擦圓	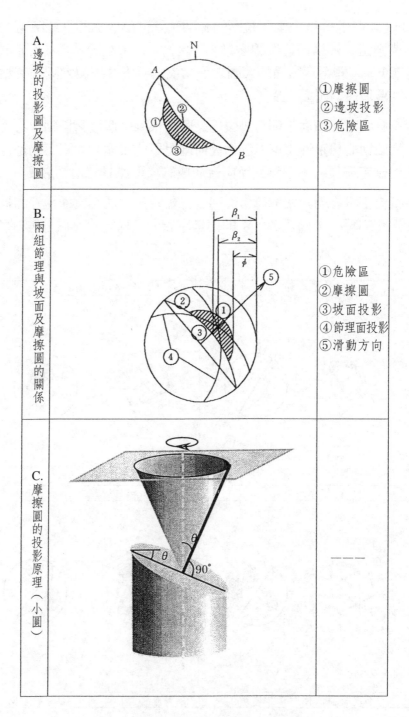	①摩擦圓 ②邊坡投影 ③危險區
B. 兩組節理與坡面及摩擦圓的關係		①危險區 ②摩擦圓 ③坡面投影 ④節理面投影 ⑤滑動方向
C. 摩擦圓的投影原理（小圓）		────

圖 14.33　邊坡穩定性的赤平投影分析法

CHAPTER 15

工址調查

15.1　前言

　　因為工程必須以地球表殼為基礎，且以地球表殼的地質條件作為基礎設計的依據，所以工程地質是為了服務工程而存在的。而地球表殼的地質條件必須透過工址調查的程序才能取得。因此，工址調查乃是工程規劃與設計的先鋒工作。

　　工址調查的目的主要是要調查清楚預定工址或預定路線的工程地質條件、分析其潛在的工程地質問題、並提出工程上應避免或應處理的地質問題。因為工程一般分成可行性分析、規劃、設計、施工、維護等數個階段，所以工址調查將會按照不同的階段，其調查內容、調查重點及調查精度，也隨之改變。因此，工址調查絕對不是調查一次就夠了，它也分成幾個不同的階段，循序而進，其調查範圍越來越縮小，而調查程度則越來越深入。表 15.1 顯示施工前不同階段之工址調查內容；表 15.2 則顯示工址的主要調查方法及調查內容。

15.2　衛星影像判釋

15.2.1　遙測的原理

　　地面調查僅能做到點的調查，頂多做到路線的調查。後者是沿著一些選擇的路線，穿越調查區，並將沿線所觀察到的岩層、位態、構造、地質災害、水文地質、地形界線等填繪在地形圖上；然後將兩條路線之間的相應資料或界線連結起來，以達到全面調查的需求。由於臺灣的植被濃密、風化劇烈，所以岩

表 15.1　工程不同階段所需的地質資料與精度

工程階段	調查目的	調查內容	調查範圍	調查精度
可行性分析	・選址及選線 ・工址的穩定性及適宜性 ・選取最優方案	・環境地質資料 ・潛在的地質災害 ・地盤的穩定性 ・軟弱的岩土層 ・少數的鑽探及物探	凡是可以影響到預定基地的範圍，可遠至土石流的源頭。	1/5,000～1/25,000
規劃階段	・確定工址及路線 ・確定建物的布置方式 ・少數工程設計參數	・地質問題點的評估 ・工程地質資料 ・鑽探及物探 ・室內試驗 ・建立長期的監測網	・基地範圍為主，必要時需延伸至潛在災害的源頭； ・重要的既有及潛在地質災害區帶等。	1/1,000～1/5,000
設計階段	・取得工程設計參數 ・解決施工中的工程地質問題	・詳細的工程地質資料 ・地質問題點的詳查 ・詳細的鑽探及物探 ・大量的試驗	開挖處、填土處、基礎、邊坡、崩塌地、地滑地、活動斷層、地質改良區等。	1/100～1/1,000

表 15.2　工址的主要調查方法及調查內容

調查方法	調查項目
資料蒐集	・地圖類　・地質圖　・環境地質圖　・土石流危險溪流　・航照 ・衛星影像・地震資料・地下水資料・土壤資料・鑽探報告　・採礦報告
遙測影像判釋	・地形　・水系　・岩性及地層　・地質構造・線型構造　・地質災害 ・土地利用　・交通系統　・工址或路線可適性　・土石材料來源 ・棄土場址・地質災害演變史　・影響工址可適性的因素之互協互制關係
地表調查	・現場踏勘　・地表地質調查　・不連續面調查　・試坑調查・槽溝調查 ・地質災害調查　・指數試驗（點載重試驗、史密特錘試驗）
地下勘查	・地物檢層　・地物探勘　・鑽探及取樣　・孔壁觀察　・橫坑調查
孔內試驗	・標準貫入試驗　・載重試驗　・孔內變形試驗　・孔內剪力試驗 ・地下水位觀測　・孔隙水壓測量　・透水試驗　・抽水試驗
室內試驗	・物理性質試驗　・力學試驗　・抗風化試驗　・超音波速度計測 ・磨損試驗
資料解析	・地質模型　・岩頂地形　・水文地質模式　・地質可適性評估 ・地質問題點的對策　・地質危險性的警告　・邊坡穩定性評估 ・場地布置的建議・土石材料的性質及可採量　・挖填方工程的建議 ・地質改良的建議　・承載層　・基礎型式

層的露頭極少；利用路線調查法，其效果很差，而且調查結果並不十分可靠。同時，很多地質現象呈現面狀的分布型態，例如崩塌地及土石流，傳統的路線調查法很難達到全面調查的目的。

　　所幸現在的遙測科技發達，衛星影像已經精密到接近 50 公分的地面解像力（Ground Resolution）之程度；所以衛星影像的用途，比起航空照片已經有過之而無不及。再者，衛星影像的取得比航照容易得多；同時，衛星影像能夠週期性的產出同一地區的影像，現在已經可以達到一日一像的頻率。這些多時相的影像有利於追縱地質現象的演變，例如河彎及海岸的侵蝕速率、河道的變遷、崩塌地的癒合、再生、增生及新生等。最重要的是衛星影像可以達到全面調查的目的。如果將衛星影像判釋，配合地面的重點查證，則調查效率會明顯的提升，而且調查結果會比較精確。

　　遙測（Remote Sensing）的原理是因為自然界的任何物體只要其溫度大於絕對零度，就能放射具有能量的電磁波；而由物體所放射出來的電磁波，其主要波長則因物體的不同而異，變化範圍很大；但總是集中在某一個波段。例如由太陽放射出來的電磁波有百分之四十五的能量是落在可見光的範圍內，而有百分之三十五的能量則落在近紅外線波段。然而，地球上的物體所放射出來的電磁波能量則主要落在中紅外線及遠紅外線的範圍內，它們都不是肉眼所能察覺得到的，必須依賴人造的感知器才能看到。但是在白天的時候，我們為什麼用肉眼卻可以看得到物體呢？這主要是因為物體反射太陽光的關係，我們所看到的並不是物體自身放射出來的電磁波，而是物體選擇性的反射太陽光所致。

　　職是之故，遙測系統的自然光源主要有兩種，一種是太陽光，這需要靠反射作用才能察覺得到物體，而且需要在白天才能感知，晚上則需依賴燈光；另外一種是物體本身的電磁波輻射，由肉眼無法察覺，必須靠儀器的感知，而且不論白天或夜晚都可以察覺得到，不需要依賴太陽光。另外還有第三種光源，就是人造光源，如雷達及**光達**（Lidar）等是。

　　遙測所用的**感測器**（Sensor）有很多種；而每一種只能對不同波長的電磁波產生感應作用。因為電磁波具有能量，所以從目標物輻射或反射出來的光能，經由感測器轉變成微弱的電壓信號，再經過放大之後將之記錄下來。現在這種資料都已經透過類比/數化轉換器（A/D），變成數值化的資料；經過電腦的修正及**顯揚**（Enhanced）之後，再以影像的方式展現。我們就是利用這些影像，靠人腦的直接判讀及邏輯思考而擷取我們所需要的資訊。

15.2.2 衛星影像的判釋方法

衛星影像的判釋方法可以分成直接判釋、比對判釋及推理判釋等三種基本方法。直接判釋是判釋人員幾乎可以不假思索，馬上可以辨認出來影像上的物體或現象；其主要判釋依據係來自生活的經驗與體認；例如我們一看影像馬上就可以識別山峰、山谷、河流、水庫、海岸、城鎮鄉村、機場、道路等等。它們的形狀都是我們生活上所熟悉的。

比對判釋就需要預先建立一套地物的影像特徵，並且編製成標準圖樣，然後根據標準圖樣再去跟未知的東西比對，凡是影像特徵類似者就可以歸為同一類；一般而言，植物種類的區分，或者岩種岩性的識別都採取這種判釋方法。

所謂推理判釋是需要一點邏輯的思考與判斷，利用物體的相關性或人類行為的習慣性，間接推測。例如海岸的大煙囪可能是屬於一座電廠的；廣大面積的水體，其最下游的橫河線狀邊界就是大壩的位置；道路突然中斷，隔一段距離之後又出現，可能是遇到隧道；河流兩側均有小路通至岸邊時，可能表示該處為渡口處或涉水處；當發現兩岸的渡口連線是與河流直交、遙遙相對時，表示水流的速度較小；如果與河流斜交時，表示流速較大，而且越偏斜表示流速越大；又如山頂上的鐵塔可能是雷達站、微波中繼站或廣播天線等；非常順直的線狀物、或非常規矩的幾何形狀物體一般都是人造物體；河流突然轉折成直角或形成肘狀，或者數條平行的水系向同一個方向錯開，可能就是斷層的其中一段；又如水系非常密集的地帶可能是細粒土壤（黏土）或泥岩或頁岩所分布的地方等等。

推理判釋是遙測影像判釋最主要的方法。在方法上，推理判釋是有一些線索或竅門可循，以下就說明衛星影像的判釋要素（Interpretation Elements）：

(1)顏色

衛星影像通常都用彩色影像展示，此因彩色比黑白可以看出更多的東西。由於臺灣氣候潮濕，植生覆蓋濃密，所以如果使用天然彩色影像時，整張影像會呈現一片深綠色，顏色對比很差，很難分辨及確認物體；因此，作為專業應用時最好使用近紅外線的假色影像。近紅外線彩色影像上的植被呈現一片紅色，而且影像非常清晰，顏色對比很強，地形的細節可以充分的顯露；利用近紅外線彩色影像可以大為提高判讀的速度與精度。更重要的一點是清潔的水體在近紅外線彩色影像上是黑色的，其與紅色的植被正好形成強烈的色彩對比。

這兩種物體是自然界分布最廣的東西。它們在天然彩色影像上都是深暗色的，所以很難發覺與區分。岩層的界線（即不同岩性的交界線）通常可由其兩側顏色的不同而在衛星影像上連續追蹤十餘公里至百餘公里以上，由此凸顯衛星影像對大區域調查研究的優越性與高效率。

(2)形狀

　　顏色及色調常用於發覺物體，而形狀（Shape）則是鑑別物體最重要的索引之一。形狀是研判地形及地質的主要線索，尤其對於堆積物的判釋更是重要，如沖積扇、河階臺地、三角洲、沙丘、火山等，只要看其形狀，便立刻可以辨認（請見圖 15.1）。影像上如果有寬度不等的條帶狀分布，不但呈對稱延展，而且形成弧形迴轉時，通常指示著它是一個沉積岩的褶皺構造；如圖 15.2 所示，影像中央是一個被褶成三角形的向斜構造，其底邊偏右的岩層被一組共軛斷層所剪斷，並且發生內擠，使兩翼的岩層幾乎緊靠在一起。條帶狀的岩層如果突然被一條線形所切斷或錯開，則可能就是一條斷層；如圖 15.3 所示，影像中左邊三分之一的部分為不整合之上的年輕地層，之下的老地層則受到嚴重的褶皺，且背斜與向斜平行羅列，並與主要斷層（F 的地方）斜交；表示褶皺的形成是受到剪切應力的作用。

　　傾斜的岩層被溪谷橫切時，在溪谷內會局部形成 V 字型轉折；在兩谷之間的谷間夾塊則形成三角面；而由其形狀及姿態就可判斷岩層的傾斜方向；再由岩層傾斜方向的分布就可研判地質構造。例如圖 15.4 所示，中間是一個狹長的雙傾沒褶皺，其左右兩翼呈現很多岩層三角面（順向坡）及 V 字轉折，根據 V 字的指向即可以推定岩層是分別向兩翼的外側傾斜的，所以是一個背斜構造。

　　崩塌地、地滑及土石流在遙測影像上也會顯示出特殊的形狀。如崩塌地常出現眼淚狀、彗星狀、或不規則狀的異常地形；地滑地則呈現馬蹄形、梨形、舌形等特殊形狀（請見圖 15.5）。土石流則在地形上可分成三段：其源頭是一個三面環山的凹形或畚箕形匯水凹地；其缺口就有一條比較長的流通道，流通道的兩側被土石流側蝕成兩條平行線，其寬度幾乎保持不變；其前端則位於山谷的出口、地形突然開闊平坦的地方；土石流在此地失去了動力而堆積成扇狀地，其形狀非常顯著易認（請見圖 15.6）。遙測影像應用於廣域地質災害（Geologic Hazard）的清查及分類是非常有效、快速及正確的。

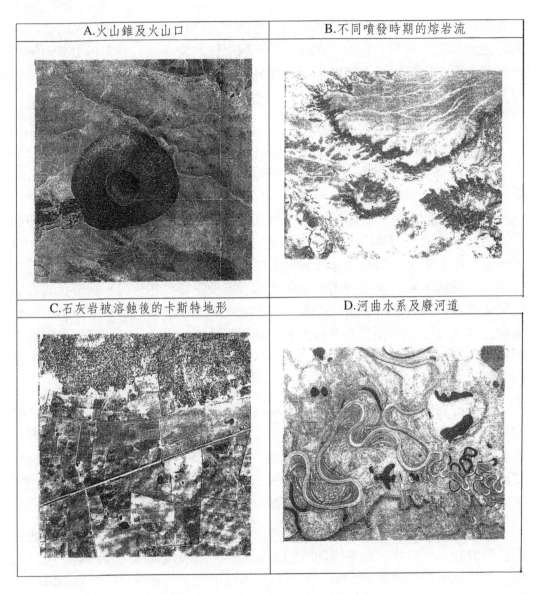

| A.火山錐及火山口 | B.不同噴發時期的熔岩流 |
| C.石灰岩被溶蝕後的卡斯特地形 | D.河曲水系及廢河道 |

圖 15.1 從形狀辨認不同的地形

| E.山谷口的沖積扇組合成沖積群 | F.河川入海後形成的三角洲 |
| G.沙源豐富時所形成的川字型沙丘 | H.沙源不足時所形成的新月型沙丘 |

圖 15.1 從形狀辨認不同的地形（續）

I.由沙塵暴堆積而成的黃土台地	J.陡傾與緩傾的沉積岩顯示三角面及 V 型轉折（右下方）

K.沉積岩被褶皺成絲帶狀，且顯示翼部被錯斷的情形	L.活動斷層（縱貫影像中央）兩側的不協調地形，同時可見肘狀河及無頭谷
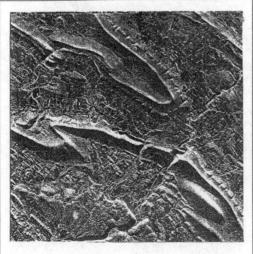	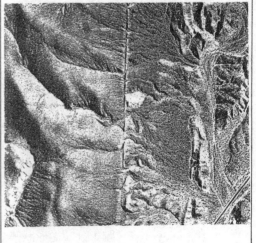

圖 15.1　從形狀辨認不同的地形（續）

M.傾斜的岩盤被水平的覆蓋層所掩蓋（其界面即為不整合面）	N.砂岩被密集的節理所切割

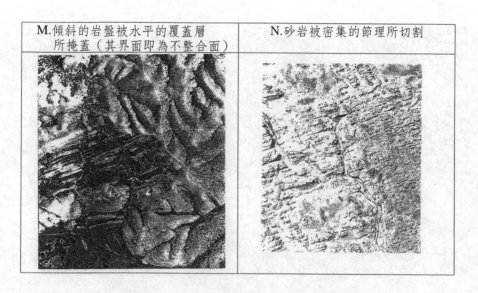

圖 15.1　從形狀辨認不同的地形（續）

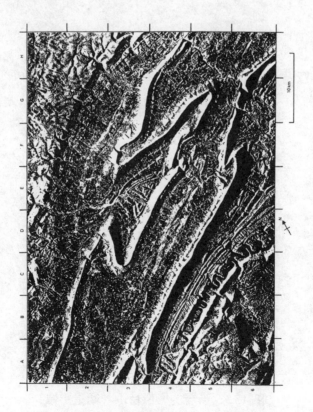

圖 15.2　褶皺構造的影像特徵（雷達影像）

圖 15.3　斷層的影像特徵（衛星影像）

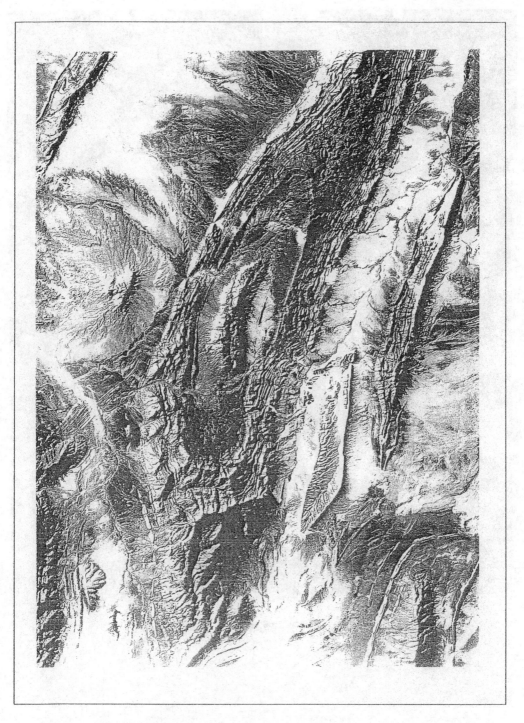

圖 15.4　傾斜岩層橫過河谷時所呈現的 V 型轉折及三角面（衛星影像）

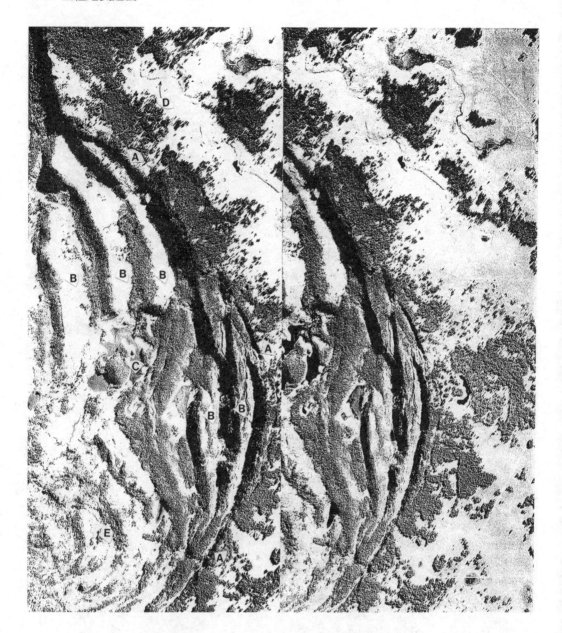

圖 15.5　圓弧型地滑的影像特徵（航照立體對）

圖 15.6 土石流的影像特徵（航照立體對）

(3)型態

型態（Pattern）是指同一個形狀重複出現以後所組成的規律。在衛星影像上常出現的型態有線型及水系型態。

線型（Linear）是指互相平行的直線或弧線成群成組出現的型態。線型不一定只出現一組，通常是好幾組同時出現，而且很有規律的相交在一起。它們的交角一般是受到地質力及斷裂理論的制約。直線狀線型常代表斷裂（Fracture）、節理（Joint）或變質岩的葉理（Foliation）。岩層受到同一個力場的作用後所產生的節理組，通常會出線兩組（即兩個方向），而且呈共軛（Conjugate）相交，其交角需視岩性而定，可以從60°至90°都有（或者等於90°－Φ，Φ為岩層的內摩擦角）；其銳角的角平分線就是指示著地質力的最大主應力方向，這通常也就是板塊擠壓的方向。由於地質體在地質歷史上受到不只一次的造山或地殼運動的作用，所以斷裂或節理的組數非常的多、非常錯綜複雜，影像判釋者要儘量將其發生的時間分出先後（後來者會切斷先前者），所以這是一種很複雜的分析。**斷裂分析**除了在地質上的應用之外，常用於地下水的探測；理論上，斷裂越密集的地帶，儲水的可能性就越大。再者，在活動斷層附近，斷裂越密集，尤其在斷裂相交的地方，可能就是未來的震央位置。斷裂就是一種不連續帶，其岩性破碎或較弱，容易受侵蝕，所以水系常發育其上，因此線型常以凹槽的型態呈現，對影像判釋頗有助益。

水系型態可以參考 11.5.1 及 11.5.2 節的說明。

(4)共存

自然界有很多現像是共生的，例如火山與熔岩流、河口與三角洲、谷口與沖積扇、褶皺與斷層、河谷與河階、河岸侵蝕與崩塌、河道與沿河山路等。人文方面也有許多共存關係，例如公路連結城鎮、學校與運動場（操場）、機場與跑道、山頭與雷達站或微波站、海岸與發電廠或工業區、水庫與發電廠等等，不勝枚舉。

(5)位置

一般在從事影像判釋之前都會先蒐集調查地區的既有報告，並且預先研讀及了解調查區的自然條件與人文資料，這種做法絕對有助於增進判釋的效率及正確性。為了證明這一點的重要性，我們且舉一例加以說明：臺灣的地層非常單調，所以我們找不到有什麼顯著的地層（稱為指準層，Key Bed）在衛星影像上可以立刻被指認出來；但是如果我們知道臺灣的地層分布是可以以中央山

脈為界,在中央山脈的東翼變質度較高,係以片麻岩、片岩及大理岩為主,西翼及山脊線的變質度較輕,都為板岩的分布;丘陵地則是未變質的沉積岩分布。只要我們知道調查區是位於什麼地理位置,就可以立刻將調查位置、可能的岩性及岩層在衛星影像的特徵一起聯結起來,因之可以增進判釋的效率與準確度。

15.3 環境地質調查

15.3.1 調查目的

環境地質調查是運用地質、環境地質及工程地質的理論及其他調查技術方法,為土地規劃及土地開發的目的提供地質資訊、地質條件、地質限制及防災等用途而進行的調查研究工作。它是土地利用規劃及工程建設的先行工作。

環境地質調查的首要目的在於預測與預防災害的發生,及指引防災避險之道。總體而言,就是為土地利用規劃、工程選址及選線、水土保持、坡地防災、環境影響評估、土地總量管制、資源永續利用等提供可靠的地質依據,以便充分利用有利的地質因素,避開或改造不利的地質環境,以保證土地利用的穩定安全、經濟合理及正常使用。

環境地質調查的內容基本上包括:

⑴調查指定地區的環境地質條件。

⑵選擇環境地質條件優越的地帶,根據該地帶的環境地質條件,配合工程建設的特性,提出合理的建物配置,並符合工程體在安全與正常使用時所應注意的地質要求。

⑶為擬定改善與防治不良環境地質條件的措施方案提供地質依據。

⑷預測工程興建後對地質環境的影響,並提出保護地質環境的措施。

15.3.2 基本調查

環境地質調查主要以地表調查為主,鑽探及物探的工作量在此階段應該減至最少。茲將調查的項目列出如下:

⑴岩盤地質

　(a)岩層

　—岩性

—岩層的類別

—岩層的延伸與分布

—岩層的物理性質：顏色、粒徑、結構、膠結、層理、葉理等。

—風化程度、風化袋（Pocket）

—軟弱夾層、交錯層等

—地形特徵

—受地質作用的影響：落石、傾翻、崩塌、滑動、沖蝕等。

—地層名稱（地質上的地層名稱，如頭嵙山層、卓蘭層等）

(b)構造

—位態

—不連續面：間距、位態、延伸性、開口程度、充填情形、粗糙度等。

—剪裂帶

—斷層：類別、斷層帶、錯動規模、活動性等。

—褶皺

(2)表層地質

—類別：沖積層、堆積扇（土石流）、崖錐堆積、崩積土、崩塌地、地滑地、人工填土、棄土、礦渣、砂丘等。

—物質組成

—產狀、分布、厚度等

—物理性質：顏色、粒徑、堅實度、膠結性、凝聚性、含水量、膨脹性、張力裂縫等。

—地形表現

—與岩盤的接觸情形：漸近式、急變式、不整合、水平狀、傾斜狀、起伏狀。

—受地質作用的影響：沖蝕、壓密、下陷、潛移、崩塌、滑動等。

(3)水文地質

—水系分布：河川、水池、沼澤、泉水、滲水、地下水等。

—特殊水系：線型、肘狀、矩狀、籬架狀、輻射狀、向心狀等。

—地下水與地質的關係：含水層、阻水層、受壓性、補注區、通水斷裂、阻水斷裂等。

—水位或水壓隨著時間的變化情形

15.3.3　地質災害調查

　　地質災害調查是環境地質調查的核心部分。主要調查項目包括既生地質災害的圈繪與清查、潛在地質災害的評估與預測，以及邊坡的穩定性、土壤的受蝕性、膨脹性與液化可能性、河道的遷移性等各項的評估。再者，預測地質作用對土地利用及工程建設的可能危害也是非常重要的項目；但是不要遺忘了，土地利用也可能造成一些人為災害問題。

　　對於已經發生的地質災害應該標示其位置與範圍（請見圖 15.7），並且分析其原因以及加以歸類。分析時應根據岩性、地質構造、地形、水文地質、植被及氣候等因素綜合評估。各種地質災害的調查方法請見地質災害一章。

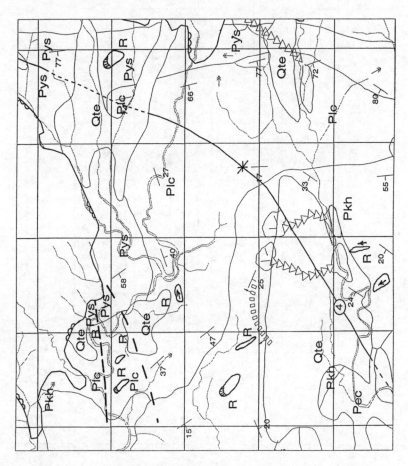

圖 15.7　一般常見的環境地質圖（潘國梁，民國 88 年）

坡地地質環境圖例

圖例	說明	圖例	說明	圖例	說明
	山坡地界線		不整合	R	岩土滑動區
	地層界線		箭頭示落石方向		土石流區
	推定地層界線		斷崖（梳齒示崖坡）		河岸侵蝕
C	特殊岩性（煤層）	DS∠45	天然順向坡，數字示地層傾角		向源侵蝕
∠60	地層位態		向斜軸		煤坑範圍
	背斜軸				填土區
	正斷層，鈍鋸齒示上磐（降側），虛線示掩蓋		逆斷層，銳鋸齒示上磐（升側），虛線示掩蓋		滑走斷層，箭頭示移位方向，虛線示掩蓋

圖 15.7　一般常見的環境地質圖（潘國梁，民國 88 年）（續）

15.3.4 環境地質調查報告

環境地質調查報告並沒有標準格式，也沒有任何規定予以規範；以下即列出一般可被接受的報告內容。

摘要：5 頁以內

1.前言

　—說明緣起、目的、工作內容、調查方法、限制與精度
　—調查時間、調查人員
　—簡述前人的調查與研究

2.人文地理

　—調查區的地理位置與範圍
　—交通的可及性（Accessibility）
　—土地利用型態

3.自然條件

　—地形
　—區域地質
　—氣象與水文
　—植被與植覆率
　—生態

4.限制條件

　4.1 限制發展區

　—森林區
　—重要水庫集水區
　—水源水質水量保護區
　—自來水淨水廠取水口上游
　—新市鎮特定區邊界 5 公里範圍內
　—坡度陡峭地區及其他
　—地質敏感區

　4.2 山坡地限建區

—坡度陡峭

—地質結構不良、地層破碎、活動斷層或順向坡有滑動之虞

—現有礦場、廢土堆、坑道及其周圍有危害安全之虞

—河岸侵蝕或向源侵蝕有危及基地安全

—有崩塌及洪患之虞

—有害文化景觀

—依其他法律規定不得建築

4.3 其他限建區

—活動斷層

—生態敏感區

—文化景觀敏感區

—資源生產敏感區

—天然災害敏感區

・特定水土保持區

・洪患區

・地質災害區

・地盤下陷區

・國土保安林區

—其他法律規定

5.區域地質

—地層

—構造

6.基地地質

6.1 岩盤地質

—岩層及岩性

—相對年紀

—岩層之地形表現

—構造：褶皺與斷層

—不連續面

6.2 地表地質

—第四紀岩土層：沖積層、風成土、崖錐堆積、崩積土、崩塌地、扇狀地、棄填土等。

—粒徑、分布、厚度、側向變化、地形表現

—含水量、透水性

—潛在問題：受蝕性、液化性、膨脹性、鹽漬性、潛移性、壓縮性、管湧性、有機土、泥炭土、汙染土

6.3 水文地質

—水體：池塘、沼澤、水庫、湖泊

—水系：水系密度、水系型態、異常水系

—地下水位：自由地下水、棲止水、受壓水、泉水、季節性變化

—地下水流向、補注區、排洩區

—水質、汙染源

6.4 地震地質

—大地構造

—活動斷層：簡述與地震的關係

—歷年震央分布、規模、強度、震源深度

6.5 地質災害

—落石、崩塌、地滑、土石流

—地表沖刷、河岸侵蝕、向源侵蝕、淤積、淹水、高地下水位

—火山：地熱、溫泉、有害氣體

—地盤下陷：廢棄煤礦、石灰岩溶洞

—活動斷層：需詳細調查

—歷史災害的發生原因與機制、及防治方法

—受基地外災害影響的範圍（如泥流、土石流等）

7.地質適宜性評估

—必須避開的地段

—建築物如何配置的建議

—開發密度的建議

　　　　—地形、地質對選址與使用目的的影響

　　　　—地質作用的影響：過去、現在與未來

　　　　—地下水的影響

　8.建議

　　　　—對防災的建議

　　　　—對工程地質應加強調查的建議

　9.參考資料

　10.附件

15.4   工程地質調查

15.4.1   調查目的與精度

　　根據環境地質調查的結果，地質的良窳已知，對於一般的建築或工程，其工址或路線殆可於焉確定；對於比較重大的工程，則可選出幾個替代（比選）方案，俾於工程地質調查階段進行更進一層的調查。

　　工程地質調查的目的就是要確定建築物的具體位置、取得設計參數、決定結構及基礎型式及規模，以及各相關建築物的布置方式，還要考慮施工及經費預算。因此，這個階段需要從事地下勘查（如鑽探及物探）、取樣、試驗及分析等繁重的工作；但是由於地點已經選定，所以地下勘查的範圍已經大為縮小，一般只限於工址及穩固工程（如擋土牆、切坡、大填方、防災工程、地質改良等）的所在地而已。此時的地面調查工作也只集中於地質條件比較複雜、工程較為重要及巨大的地帶；測繪比例尺比環境地質調查時還要大，精度要求也比較高。

　　地質調查的精度係指在調查時對地質條件或現象觀察或描述的詳細程度。為了保證品質，調查的精細度必須與成圖比例尺相呼應。精度的認定通常是以調查範圍內觀測點的數量及密度來衡量。一般而言，不論成圖的比例尺有多大，在圖面上平均係以每一平方公分內有一個觀測點為原則（註：1/5,000 的圖為地面 50 公尺一點，1/1,000 的圖為地面 10 公尺一點）。當然觀測點最好能夠均勻的分布，不能集中在一些路線上或區塊上；但是有一個例外，就是關鍵的地點要密一些，如斷層帶、軟弱帶、邊坡破壞處、滲水處、岩性變化處等。如

果天然的露頭數量不足,有時需要以人造露頭來補充,例如清山壁、剝覆土、挖探坑、掘探溝等等。

　　由於臺灣的地形複雜、岩層風化深、又被濃密的植被所覆蓋,要取得完整的面的調查資料確實有些困難,但是因為現在遙測技術已經非常進步,其精細度已經到了約 60 公分至 1 公尺的程度,所以可以善加利用。

　　至於填圖的仔細程度,一般應該將在圖上大於 2mm 的一切地質體都要反映出來。而對工程有重要影響的地質體或地質現象(如崩塌地、軟弱夾層、斷層帶等),即使在圖上不足 2mm 時,也應放大比例尺加以表示,並且註明真實數據;或用特別符號予以顯示。

15.4.2　調查重點

　　工程地質的調查項目其實與環境地質的調查項目差別不大;主要的區別在於偏重的項目、調查的範圍、以及調查的精度。在環境地質調查的階段需要全面進行調查,再選定(Pinpoint)工程體的布置位置(Siting);這個位置可以稱為場址(Site)。所以到了工程地質調查的階段,便有了特定的調查地點,即場址。這個後期的調查,其重點偏重在確定工程體的承載層,以及其承載力與沉陷量,並且要評估場址是否存在著不利的地質條件等等。所以本期必須要有鑽探及地球物理探測的配合,也就是說本期不但有地表調查,而且也需要作地下勘查;同時還得求取力學設計所需的參數。以下即列出本期的調查重點。

　　(1)地質因素的評估:
　　　　—地形及邊坡對場址的影響。
　　　　—邊坡的穩定性。
　　　　—軟弱夾層。
　　　　—侵蝕及沖積對場址的影響。
　　　　—遠處的地質因素對場址的影響(如土石流、陡坡邊緣、河彎侵蝕、向源侵蝕、海岸侵蝕、活動斷層等)。
　　　　—地下水的影響。
　　　　—潛在災害的地段及解決對策。
　　　　—潛在地質災害對場址的危害度。

　　(2)整地時應注意事項:
　　　　—邊坡開挖將遇到的岩土性質、岩層位態、岩土交界、不整合面、風化

殼、崩積土、不利的節理面、地下水、邊坡的穩定性等。

—開挖方向是否需要改變？

—邊坡的橫向排水及縱向排水。

—邊坡的防蝕措施。

—岩坡的落石防治。

—挖方作為夯實填土材料的可適性。

—填方的位置（山谷填方或山邊填方）、填方體的基座之處理（清除植生、剝土、堅固層的位置、階梯的切削、榫槽的位置、地下排水設施等）。

(3)地基及邊坡：

—岩層分布。

—岩土層的接觸情形。

—地下水情況。

—設計用的岩土層參數。

—軟弱岩層。

—不均勻沉陷的可能性。

—地下空洞或廢棄礦坑。

—基礎型式。

—地基的承載力及沉陷量分析。

—基礎開挖可能遇到的問題。

—邊坡的穩定措施。

—擋土牆的貫入深度及穩定性分析。

—地質改良的需要性。

15.4.3 工程地質調查報告

　　與環境地質調查報告一樣，工程地質調查報告也沒有標準版，或一定的規範可以遵行。作者建議下列項目宜包含在報告內。

　　摘要：在5頁之內。

　　1.前言

　　—說明緣起、目的、工作內容、調查方法、限制與精度

　　—調查時間、調查人員

　　—簡述前人的調查與研究

2.人文地理

　　—調查區的地理位置與範圍
　　—交通的可及性（Accessibility）
　　—土地利用型態

3.環境地質概述

　　—歷史地質災害：過去曾發生過的地質災害
　　—潛在的地質災害
　　—歷史及潛在地質災害對建築及工程的影響

4.區域地質

　　—地層與岩性
　　—構造：褶皺、斷層

5.工址或路線地質：包括主體工程及附屬工程（如擋土牆、道路、地下管線）的基礎及邊坡。

　5.1 工程地質圖的測繪

　　—岩層的垂向及側向分布（含相對年代）
　　—軟弱夾層
　　—風化等級
　　—不連續面調查與邊坡穩定性評估
　　—岩體分類
　　—構造線的確切定位
　　—問題土壤
　　—地下孔洞
　　—棄土的位置與範圍

　5.2 地下地質

　　—物探報告
　　—鑽探報告

　5.3 工程地質分析

—岩層的層次及有問題的岩層（尤其是軟弱夾層、泥化夾層、剪裂帶、破碎帶）對工程的影響

—潛移層（Creep）的厚度及其對基礎深度的影響

—問題土壤對工程的影響及其可處理性

—岩層風化及不連續面的發育對岩層強度、基礎深度及邊坡穩定性的影響

—岩土交界，及風化殼與岩盤界面的起伏情況

—崩積層擾動對邊坡穩定性的評估

—地下孔洞的位置與其對工程的影響

—地質構造對工程的影響

—活動斷層對工程的影響

—既有地質災害對工程的影響及可處理性

—地下水位、水壓及其季節性的變化對工程的影響

6.大地工程分析

—岩土層的設計參數

—承載層、承載力、沉陷量（尤其要重視差異沉陷）

—基礎深度、基礎型式

—樁基的承載層及承載力

—邊坡穩定分析

—擋土結構的型式及貫入深度

—地質改良的工法

—防災的工法

—地下排水的工法

7.整地的建議

—開挖時可能遇到的岩土層及地質構造。

—開挖時特別注意點：地質構造、不連續面、軟弱夾層、岩土交界面、順向坡、崩積土、邊坡穩定性、地下水滲出或湧出、落石、坍方、棄土問題。

—開挖時可能遇到的突發問題，如遭遇非常硬的岩層、非常破碎的岩層、邊坡突然坍垮，或地下水突然湧出。

—是否需要改變開挖地點、開挖方向或降低坡度等。

—山溝填土或山邊填土的評估。

　　—挖方作為填土材料的可適性。

　　—填方體基座的剝土厚度、榫槽（Key）位置及地下排水。

　　—地表及地下排水。

8.特別建議

　　—不宜擾動的保留區
　　—崩塌地及崩積土的處理
　　—防洪措施
　　—地下水問題的處理
　　—活動斷層的退縮寬度
　　—斷崖邊緣的退縮距離

9.補充調查的建議

　　—調查方法
　　—調查位置、密度與精度
　　—試驗項目（含室內及現場試驗）

10.參考資料

11.附件

15.5　地球物理探勘

　　地球物理探勘簡稱**物探**；係以專門儀器來探測地殼表層的各種地質體之物理特性，用以進行地層劃分、判斷地質構造、水文地質狀況及各種地質物理現象的一種地下探測方法。

　　物探可以簡便而且迅速的探測地下地質情況，所以它可以與工程地質調查互相配合；它又可以為鑽探工作指出佈孔的位置；但是物探的結果具有多解性，常常需要由鑽探結果來證實。因此，三者實在沒有孰優孰劣的問題，而是具有互補的關係；只是在工程進行的階段中，相對的工作量會有不同而已。一般而言，工程地質的地面調查總是走在前鋒，且由物探加以配合。鑽探主要用來驗證物探結果及取得基本剖面。隨著工程的進階，為了取得工程的設計參數，鑽探的工作份量才逐漸加重；而物探與鑽探的角色於焉互換，此時物探成為鑽探的輔助；物探可以將鑽孔與鑽孔之間的資料連結起來。

　　物探的方法很多，但是應用在工程地質上的主要有電探及震測兩種；新發展的透地雷達及聲測技術也值得在此一提。本節僅將這三種方法作一個簡單的介紹。

▌ 15.5.1　電探法

　　利用天然或人工的直流或交流電場來探查地下地質情況的方法，就是**電探法**。它又可分成很多種方法，而在工程地質上應用最廣的是電阻率法。

　　電阻率法又分成電測深法及電剖面法兩種。**電測深法**又稱為電阻率垂向測深法；它是研究指定地點近乎水平的岩層沿垂直方向的分布情況之電阻率法。在對地面上某一點進行探測時，原則上將測量電極距保持不變，而將供電電極距不斷的擴大，稱為 **Schlumberger 擺設法**（請見圖 15.8A）。當供電電極距加大時，即可以增加探測的深度。因此，在同一測點不斷加大供電電極距所測出的電阻率的變化，就反應該測點由淺到深的電阻率有差異的岩層，在不同深度的地方之分布情形。

　　電測深法主要可以應用於下列幾個項目：

- 確定不同的岩性，進行地層岩性的劃分。
- 調查褶皺的型態、尋找斷層破碎帶等。
- 調覆蓋層的厚度、岩頂（Rockhead）的起伏及風化層的厚度。
- 調查地下水面位置、含水層的分布情形、厚度及埋深。
- 調查通水裂隙或通水斷層的方向。
- 圈定鹹水與淡水的分布範圍。
- 尋找古河道。
- 調查河床覆蓋層中的砂、礫石透鏡體。
- 調查滑動面。
- 調查借土區或骨材，圈定其分布範圍，估計其儲量。
- 調查地下溶洞及人工洞穴等（Dobecki and Upchurch , 2006）。

　　電剖面法的特點是供電電極距及測量電極距之間的相對位置保持不變，整個裝置沿著測量剖面線移動，逐點觀測沿剖面的電阻率之變化，稱為 **Wenner 擺設法**（請見圖 15.8B）。由於電極距不變，探測深度就保持在同一個範圍內，因此分析電阻率沿剖面的變化，便可以了解某一個深度下，沿著測線的水平方向上，不同電性地質體的分布情形。

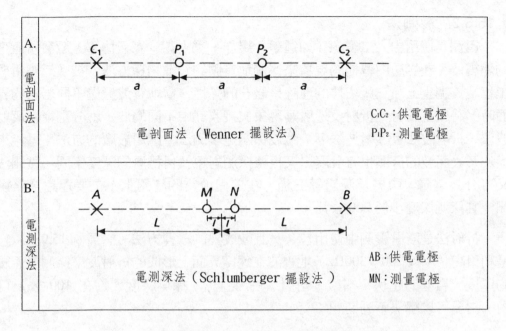

圖 15.8 電測深法（Schlumberger Configuration）及
電剖面法（Wenner Configuration）的電極佈設

電剖面法主要用於探測陡傾的層狀或脈狀岩層、劃分陡立的岩體接觸帶、探索斷層破碎帶、地下暗河等。

- 確定含水破碎帶。
- 判斷斷層破碎帶的傾向。
- 估計良導電地質體頂端的埋深及厚度。
- 確立陡立岩體接觸界面。
- 探索古河道。
- 探查岩溶的發育帶及裂隙水。
- 確立基岩的起伏狀況。
- 探測地裂縫。

一般而言，如果有正確的測量布置及解釋，電測深法可以獲得比電剖面法更為豐富及準確的地質資訊。

▌ 15.5.2　震測法

震測是使用由人工震源（如錘擊、爆炸、電火花、空氣槍等）激發所產生的地震波，在岩層內傳播的現象來探測地質體的一種物探方法；被廣泛應用於工程地質調查上。它所依據的理論是岩石的彈性。當地震波通過不同岩石的界面時，將產生反射、折射及透射等現象。接收其中不同的波，就分別稱為反射波法、折射波法及透射波法等。縱波探測是震測法中應用最廣的方法；近年來橫波及表面波的探測也有發展。又根據探測對象及目標層的深度不同，震測法又可分為淺層、中層及深層等三種。在工程地質的應用上，主要運用淺層震測，其探測深度小於 200 公尺。

折射法是淺層震測中使用較久，且較成熟的一種方法（請見圖 15.9）。它是利用高頻（< 200～300Hz）地震波在速度界面上形成的折射波來探測覆蓋層的厚度、岩盤的起伏、褶皺、斷層、古河道等。探測深度大約在 100 公尺以內。主要可以解決下列問題：

- ·測定覆蓋層的厚度。
- ·確定基岩的深度及起伏變化。
- ·探查斷層破碎帶及破裂密集帶。
- ·研究岩石的彈性性質，即測定岩石的動態彈性模數及動態蒲松比。
- ·測定風化層的厚度及新鮮基岩的起伏變化。
- ·劃分岩層的風化帶。
- ·探測河床的覆蓋層厚度及岩盤面的起伏形狀。

中頻（< 50～60Hz）地震波一般用於探測深度大於 100 公尺的淺層地質體，如越嶺隧道即是。而低頻（< 15～20Hz）地震波則主要用於探測大區域的深部構造，即用於評估區域穩定性的問題。

反射法（中層及深層）是石油探勘使用已久的一種主要震測法，而淺層反射法是近年才發展起來的新技術。與傳統的折射法相比，淺層反射法具有所需震源能量較小、探測場地要求較少、不受地層速度倒轉的限制、分層能力較強、探測精度較高等多項優點。但是淺層反射法所受的干擾因素較多，如較強的表面波、折射波初達區的干擾、近地表不均勻性的影響等，使反射波難予識別；而且其資料處理也遠較折射波複雜。近年來因為硬體的進步，加上電腦軟體的研發，所以淺層反射法才引起更多的關注與興趣。

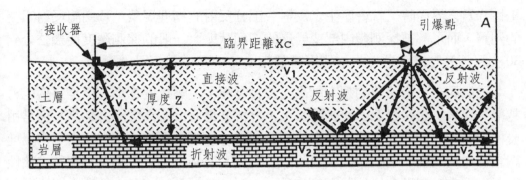

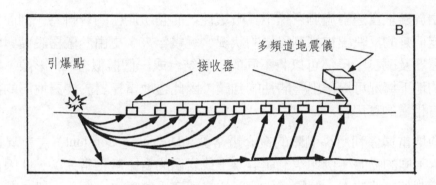

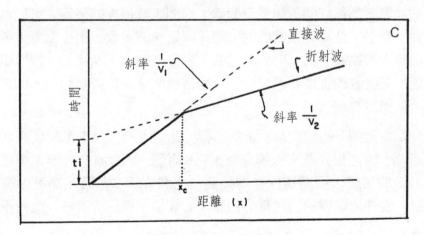

圖 15.9 折射震測法的原理

15.5.3 透地雷達

透地雷達檢測技術（Ground Penetrating Radar，簡稱GPR），係利用電磁波（俗稱雷達波），以 80MHz～2.5GHz 之頻率射入地下或被探測體，遇到不同

電性介質之界面時,就會產生全反射或部分反射的物理現象;藉由對反射訊號的判讀,而了解被探測體內部或岩層的剖面狀態。一般的探測深度從幾公分到 30 公尺不等;其受地下水位的影響甚鉅。

一般而言,雷達波的頻率越高(波長越短),解析度越高,但是穿透能力越低;反之,頻率越低(波長越長),解析度越低,而穿透能力越高。通常用於極淺層的地質調查、管線調查、鋼筋調查、空洞及廢礦坑調查、廢棄物場址調查、古蹟調查、道碴調查、道路鋪設調查、混凝土完整性調查、襯砌完整性與厚度調查、襯砌背後的狀況調查等。

由於透地雷達對施測目標不具破壞性,而且所測得的資料為一剖面影像,所以能清楚的反映出被探測目標的狀況。近幾年來,更由於儀器設備與軟體的不斷發展及改良,已經可以將不同的剖面結合成一個擬似 3D 的影像,對於該地區的地下情況可以作出整體性的判讀;因此透地雷達對於淺層地層的探測已經具有相當的實用性。

透地雷達係利用探測體的複介電常數(Dielectric Constant)之差異性大小來分辨不同的物體(例如空氣與混凝土或岩層的對比就相當大),此因複介電常數控制著雷達波對一個物體的反射能量與穿入能量之比例。一般具有高複介電常數的物體,為很好的雷達波反射體;它們吸收很少的雷達波,如水就是屬於這一類。反之,低複介電常數的物體,將雷達波吸收,很少反射。所以,複介電常數越大的物體,其反射能力越強,影像就越亮。相反的,複介電常數越小的物體,其吸收的雷達波就越多,以致雷達波穿入該物體越深,因之反射能力越弱,影像就越暗。

複介電常數顯著的受到含水量的影響,此因水的複介電常數高達 80,而乾燥的岩石及土壤之複介電常數卻只有 3 到 8 而已。因此水分是非常敏感的一個因素。一般的情況,探測體內含有蜂窩、空洞、或水分時,都可以被偵測出來。不過,當透地雷達遇到鐵質的物體(如螺栓、鋼筋等)時,比較不利於判釋。

▌15.5.4 聲測法

聲測或**聲波探測**是藉聲波在岩體內的傳播特徵來研究岩體性質及完整性的一種物探方法。與地震波相類似,聲測也是以彈性波理論為基礎。兩者的主要區別在於工作頻率範圍的不同。聲波所採用的信號頻率要大大高於地震波的頻

率（聲波通常可以達到 $n \times 10^3 \sim n \times 10^6 Hz$），因此具備較高的分辨率。但是在另外一方面，由於聲源激發，其能量一般不大，而且岩石對其吸收作用大，因此傳播的距離較小；一般只適用在小範圍內，對岩體進行較細緻的研究。因為聲波具有簡便、快速及對岩石沒有破壞作用等優點，目前已經成為測定工程地質特性不可或缺的一種方法。

岩體的聲測可分為主動式及被動式兩種方法。主動式測定法所用的聲波是由聲波儀的發射系統，或錘擊等聲源所激發；而被動式測定法所用的聲波則是來自岩體遭受到自然界或其他作用力時，在變形或破壞過程中，由它自身所產生的。因此，兩種探測的應用範圍也不相同。

目前聲測主要應用於下列各方面：

・根據波速等聲學參數的變化規律進行岩體分類。
・根據波速隨著應力狀態的變化，圈定開挖（如隧道開鑿）造成的圍岩鬆弛帶；為確定合理的襯砌厚度及岩栓之長度提供依據。
・測定岩體或岩石樣品的力學參數，如楊氏彈性模數、剪切模數及蒲松比等。
・利用聲速及聲幅在岩體內的變化規律，評估岩體邊坡或地下坑洞圍岩的穩定性。
・探測斷層、溶洞的位置及規模，張開裂隙的延伸方向及長度等。
・調查岩體風化層的分布。
・工程灌漿後的品質檢測。
・天然地震及地壓等災害的預測。

研究和解決上述問題，為工程計畫及時而準確的提供設計及施工所需的資料，對於縮短工期、降低造價、提高安全性等都非常重要。

一般而言，岩體（包含不連續面的岩層）新鮮、完整、堅硬、緻密時，其聲波速度就高；反之，岩體破碎、不連續面密集、風化程度深時，其聲波速度就會慢。因之，利用聲波速度的不同，我們可以進行岩體的分類。以下就介紹幾個參數：

(1)完整性係數

$$Ki = (Vpr / Vps)^2 \quad\cdots\cdots\cdots\cdots\cdots\cdots\cdots\cdots\cdots\cdots\cdots\quad (15.1)$$

式中，Ki＝岩體的完整性係數

Vpr＝岩體的縱波速度

Vps＝岩石樣品的縱波速度

(2)切割係數

$$Fd = (Vps^2 - Vpr^2) / Vps^2 \quad\cdots\cdots\cdots\cdots\cdots\cdots\quad (15.2)$$

式中，Fd＝岩體的切割係數

(3)風化係數

$$Kw = (Vpf - Vpw) / Vpf \quad\cdots\cdots\cdots\cdots\cdots\quad (15.3)$$

式中，Kw＝岩體的風化係數

Vpf＝新鮮岩體的縱波速度

Vpw＝風化岩體的縱波速度

根據上述各種參數進行綜合評估，我們可以將岩體分成五大類，如表 15.3 所示。

由表 15.3 的參數值顯示，A 級岩體係屬於新鮮、完整、堅硬的岩層；B 級岩體呈塊狀、不連續面稍微發育、極少張開、沿節理稍微風化、岩塊內部新鮮堅硬；C 級岩體呈碎裂狀、不連續面發育、風化程度中等；D 級岩體則為鬆散狀、不連續面很發達、風化程度深（強風化）；E 級岩體也呈鬆散狀、不連續面極為發達、且嚴重風化、岩體強度顯著弱化。

表 15.3　根據岩體的完整性與切割情形之簡略分類法

符號	岩質	Vp（km/s）	Vp/Vs	完整性係數	切割係數	風化係數	RQD（%）
A	極佳	4.0～6.0	1.7	＞0.75	＜0.25	＜0.1	90～100
B	佳	3.0～4.0	2.0～2.5	0.50～0.75	0.25～0.50	0.1～0.2	75～90
C	尚可	2.0～3.0	2.5～3.0	0.35～0.50	0.50～0.65	0.2～0.4	50～75
D	差	1.0～2.0	＞3.0	0.20～0.35	0.65～0.80	0.4～0.6	25～50
E	極差	＜1.0	＞3.0	＜0.20	＞0.80	0.6～1.0	0～25

註：一般稱硬岩 Vp＞3km/s；中硬岩 Vp＝2～4km/s；軟岩 Vp＝0.7～2.8 km/s；

土壤的 Vp＝0.3～0.8km/s。

15.6　挖探

利用人工或機械的方式挖掘探坑（試坑）、平坑（橫坑）、槽溝、探井、豎井等，以便直接觀測岩土層的天然狀態，不連續面、軟弱帶以及各層之間的接觸關係（請見圖 15.10）；常用於重大工程的探勘。

探坑是垂直向下挖掘的土坑，淺者稱為**試坑**；其深度一般為 1～2m，形狀不一。深者則稱為**探井**；在山區經常採用探井來查明地表以下的地質及地下水等情況，其深度都大於 3m，但一般不大於 15m；其橫斷面形狀有方型的（1m×1m、1.5m×1.5m）、矩型的（1m×1.2m），及圓型的（直徑一般為 0.6～1.25m）。探井在挖掘過程中一般要採取支護的措施，特別是在表土不甚穩固、易坍塌的岩土層中挖掘。小圓井一般用於較堅實穩固的岩土層中；採用小圓井時，一般不用支護；這是由於井壁的岩土層穩固，且圓形斷面可以承受較大的壓力。探坑的方法適用於不含水或地下水微少的較穩固岩層。主要用來查明覆蓋層的厚度及性質、滑動面、斷層、地下水位以及採取不擾動土樣等。

槽溝呈狹長的槽形，其兩壁常為傾斜的上寬下窄之溝槽；其斷面有梯形及階梯形兩種。當深度較大時，常用階梯形的；否則，槽溝的兩壁要進行支護。槽溝的寬度一般為 0.6～1.0m，長度則視需要而定；深度通常小於 2m，但也有深及 4、5m 者，這時需要採用台階開挖，而且槽底必須位於地下水面之上。槽

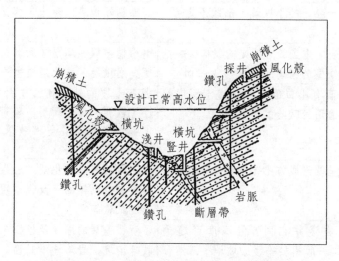

圖 15.10　壩址的挖探及鑽探布置圖

溝適用於岩盤的覆蓋層不厚之處（覆土層小於 3m 厚），常用於追查構造線（尤其是活動斷層）、斷層破碎帶的寬度及地層界線等；查明崩積層或殘留層的厚度及性質，揭露岩層的層序等。槽溝常垂直於岩層走向或構造線布置。

平坑（或稱橫坑）適用於較陡的岩坡，用於查明壩底的地質結構（請見圖 15.10）；尤其是在岩層傾向河谷，並有軟弱夾層；或有層間滑動跡象、斷裂較發育的地方，可以獲得較好的效果；對於河流兩岸的岩層風化、解壓裂隙的發育及邊坡的變形破壞等，更能觀察清楚。在平坑內還可以進行大型的現場試驗。**斜坑**則用於邊坡比較和緩的地方，也是用來了解地下一定深度的地質情況及取樣。

豎井用於平緩的山坡、河灘地、河階台地；目的在於了解覆蓋層的厚度及性質、構造線、斷層破碎帶、岩溶現象、地滑等；以岩層的傾角較緩時，效果較佳。豎井一般採用方型井口，鉛直掘進，在破碎的井段需進行井壁支護。掘進中即隨時蒐集地質資料，並繪製豎井展示圖或柱狀圖。

採用挖探的方法還能對軟弱帶進行處理。該法的特點是探勘人員可以直接觀察地質的細節，既準確又可靠；對於調查風化帶、岩土交界、軟弱夾層、斷層破碎帶、滑動面等特別有利。其主要缺點則是可達的深度比較淺。各種挖探的特點及用途示於表 15.4。

表 15.4　挖探的類型及用途

類型	方法	用途
探坑（試坑）	深數十公分的小探坑，形狀不定。	局部剝除地表的覆土，揭露岩盤；採取未擾動樣品。
槽溝	在地表，垂直於岩層走向或構造線挖掘長條型的槽溝，深度約 3～5m。	追蹤構造線、斷層（尤其是活動斷層）；探查崩積層、風化層或岩土交界。
平坑（橫坑）	在地面有出口的水平坑道；深度較大；適用於較陡的岩盤坡面。	調查邊坡的地質構造；對於查明地層岩性、軟弱夾層、斷層破碎帶、滑動面、風化殼、岩土交界等，效果良好；還可取樣，或從事現場試驗。
淺井	斷面呈圓形或方形，深約 5～15m。	確定覆蓋層及風化殼的岩性及厚度；還可取得未擾動樣品，及從事現場載重試驗、滲透試驗等。
豎井	形狀與淺井相同，但深度可超過 20m；一般用於平緩的坡地、河階台地、河灘地等，有時需支護。	了解覆蓋層的厚度及性質、構造線、岩石破碎情況、岩溶、滑動面等；對於岩層傾角較緩時，效果較好。

　　挖探在進行中，必須繪製地質展開圖。比例尺一般採用 1：50～1：200；而且水平比例尺與垂直比例尺應該一致，岩層、不連續面、滑動面等的位態，以及岩土層的交界面才不至於被扭曲。對於一些規模較小的特殊地質災害，應將比例尺適度的放大，如 1：1～1：50。地質展示圖上除了要詳細表現出地質現象之外，應該還要包含工程名稱、工程座標及方位角、比例尺、採樣位置及編號、圖例、調查者、校核者、日期等。

　　槽溝的地質展示通常係沿其側壁及槽底進行，完成一壁一底的展示圖，如圖 15.11 所示。在這個展示圖上，因為槽壁及槽底的切面方向幾成 90°，所以岩層的視傾角會呈現不同；展示圖必須據實加以顯示。

　　矩型的淺井則從工程的起點（A）開始（請見圖 15.12A），四壁即按著順時針的方向，一一並立展開；依序為 AB、BC、CD、及 DA，如圖 15.12B 所示。如果需要做井底測繪時，則可以將井底的地質情況繪在第一展開面的底下（即A'B'C'D'）。對於圓型淺井的展開圖，則採用正方形的展開法，如圖 15.12C

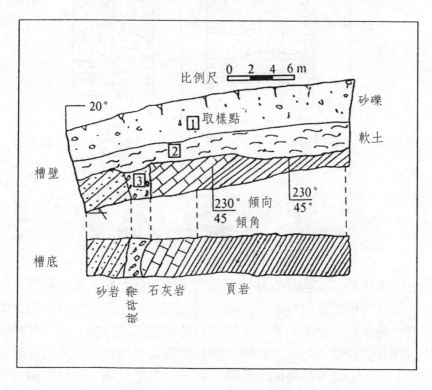

圖 15.11　槽溝的地質展示圖

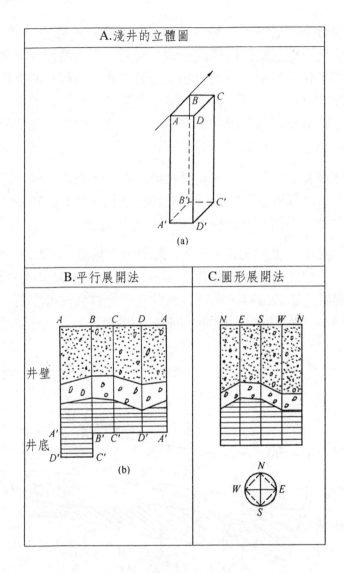

圖 15.12　矩型及圓型淺井的地質展示圖

所示。它的做法是，在圓井的井口平面上，取兩條互相垂直的直徑（相當於十字絲），連接相鄰的直徑端點，形成一個正方形；在選擇正方形的方位時，應使其中的一邊垂直於岩層的走向，或垂直於構造線的方向。正方形的四邊可以視同矩型淺井的四壁；然後將四壁所對應的圓弧之地質情況分別投影到四個假想的井壁上。如果需要精確的測繪時，則可拉起尼龍繩，將尼龍繩沿著正方形的四個角（或直徑的四個端點），向下釘在井壁上；必要時，尚可在橫向上加

釘尼龍繩，使其成為方格狀；然後按照方格的位置一一填繪。此外，還有一種方法稱為剖面法，即沿著圓井中平行於探勘線，或垂直於岩層的走向之直徑作一剖面，將圓弧壁上的地質情況投影到剖面上來。這種方法在實際工作中較為簡便。

平坑或橫坑的地質調查則有很多種變化，如展示圖、斷面圖、橫剖面圖、縱剖面圖等。橫坑的展示圖係採用三壁展開的方式，其步驟如下：

- 在坑口設立測繪基樁，並測其位置及高程。
- 以基樁為準，在橫坑的兩壁用油漆標示兩條水平基線，並記錄其在坑內的深度（里程）。如果是斜坑的話，則在基線的前進方向上，於接觸到坑底之前，將基線升高 1～2m，使其在坑壁上呈階梯狀延伸，並記錄其高程。
- 以基線為準，勾繪出坑頂及坑底的輪廓線。
- 按照比例，將地質情況描繪在輪廓線之內（如圖 15.13 所示）；距離或長度則需要用尺丈量
- 坑頂的部分，首先繪出坑頂的中心線，將其所切過的地質情況按比例繪出，並使其與左、右壁相應的地質情況連結起來；其完成圖如圖 15.13 所示。

至於橫坑的縱剖面圖之繪製法如下：

- 在坑頂的中心設立測繪基樁，並測其位置及高程。
- 以基樁為起點，用油漆標定坑頂及坑底的中心線，並測定兩條中心線在坑內的深度（里程）。
- 按照中心線上所標示的深度，依比例尺（一般為 1:50～1:200），將坑頂及坑底中心線所遇到的岩層及不連續面的位態，以及地質情況（主要為岩層界線、斷層、破碎帶、剪裂帶、滑動面、軟弱夾層、溶洞、湧水或出水的位置等），按照比例，繪製成圖，如圖 15.14A 所示。
- 分段描述工程地質及水文地質特徵。

為了說明地質情況在橫向上的變化，可以每隔一段的距離，即選擇代表性的切面，繪製地質橫剖面圖（請見圖 15.14B）。其方法是在選定的橫斷面上，按照比例，首先測定橫斷面的開挖輪廓，再繪坑周輪廓線上所遇到的地質情況，按照岩層或不連續面的位態，繪製成圖。

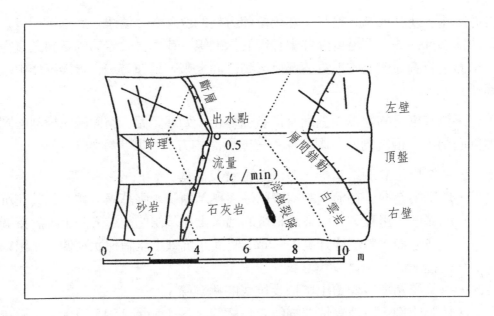

圖 15.13　橫坑的地質展示圖

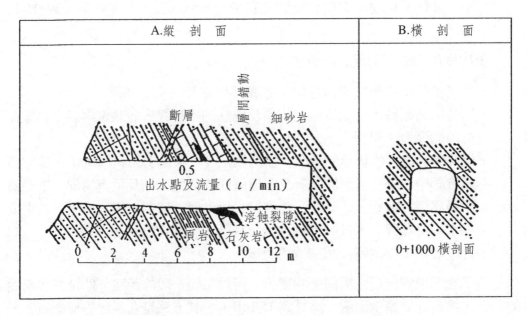

圖 15.14　橫坑的縱向及橫向地質剖面圖

15.7 鑽探

15.7.1 鑽探的目的

鑽探是最常用的地下探測方法。它的目的在於：

- 探查土層與岩層的層次與分布。
- 查證地質構造。
- 查證地球物理的探測結果。
- 取樣俾便進行物理性質及力學試驗。
- 觀測地下水位及從事抽水試驗。
- 現場試驗。
- 裝設監測儀器。
- 特殊目的的探查，如
  —崩塌地調查
  —滑動面調查
  —邊坡穩定分析
  —附屬工程的基礎探查
  —骨材調查
  —岩頂面探查
  —地下坑洞探查
  —地下排水
- 地質改良，如灌漿、深基礎施作等。

15.7.2 佈孔的原則

工程地質鑽探必須遵照一定的規範施作，其結果才能進行比對。它具有如下的幾種特點：

- 孔位的布置不僅要考慮地質條件，還需結合工程及建築的類型與特性，如隧道或大壩需按其軸線布置，建築物則需按其輪廓線布置。
- 鑽探都具有綜合的目的，例如一個鑽孔除了要調查岩土層及其特性、地質構造、不連續面、地下水等，還需取樣、從事現場試驗（如標準貫入試驗）、裝設觀測儀器（如水位觀測管）等。
- 它必須依照規範行事，每一個動作及每一個程序都非常嚴謹，絕不允許偷工減料；連設備及取樣器等都有一定的規格。

　　鑽探的佈孔方式很難作一個硬性的規定；例如我國建築技術規則明文規定，建築基地每 600 平方公尺或建築物基礎所涵蓋的面積每 300 平方公尺，應設置一個鑽孔；但是基地面積超過 6,000 平方公尺及建築物基礎所涵蓋的面積超過 3,000 平方公尺的部分，得視基地的地形、地層複雜性及建築物結構設計的需求，決定鑽孔的孔數。同時又規定，同一個基地的孔數不得少於兩孔，且當兩孔的探查結果有明顯的差異時，應該視實際需要而增設孔數。表 15.5 顯示不同工程的佈孔及鑽深之一般原則。

表 15.5　不同工程的佈孔及鑽深之一般原則

工程性質	佈孔間距	鑽深
廣大的新址	• 初期以 50～150m 的間距為原則；任何相鄰四孔所圍的面積，約佔全區的 10%（約分成 3 格×3 格）。 • 詳勘期以獲得最有用的地質剖面為原則。	—
壓縮性的軟岩	• 候選場址採用 30～60m 的間距。 • 定址後於舊鑽孔間加入新鑽孔。	—
使用窄距的基腳之大型建物	• 在長、寬方向各採 15m 的間距，必須含蓋機械的位址或電梯坑；或以獲得最有用的地質剖面為原則。	• 垂直應力小於荷重的 10% 之深度。 • 一般需要鑽到基腳底面以下至少 10m 的深度。
低載重的倉庫	• 至少在四角各佈 1 孔，並在中間的基腳位置補鑽數孔，以了解土層的剖面為原則。	—
堅固的地基，面積 30m×30m～60m×60m	• 圍繞著周邊至少 3 孔；根據鑽探結果，必要時再在中間補孔。	• 垂直應力小於荷重的 10% 之深度。 • 一般需要鑽到基腳底面以下至少 10m 的深度。
堅固的地基，面積小於 30m×30m	• 在對角處佈兩孔；如果土層延展不規則時，再在中間補孔。	—
濱海的建物，如碼頭、船塢等	• 不超過 15m 的間距；在重要位置需再補孔。	• 鑽至挖掘深度以下約為離水牆高的 0.75～1.5 倍之深度；若遇軟層，則應鑽入堅固層為止。

工程性質	佈孔間距	鑽深
長的隔離壁或泊船碼頭	• 初期沿著壁面採 60m 的間距。 • 必要時再補中間孔，孔距約 15m。 • 在壁內及壁外應布置數孔以了解壁趾部及壁後主動楔體的土層結構。	—
邊坡穩定分析、深開挖、高土堤	• 在關鍵的方向布置 3～5 孔，繪製地質剖面，以供分析；對於滑動中的邊坡，應在滑動體外的上邊坡至少佈 1 孔。 • 必要時，應該多切幾條地質剖面。	• 鑽至滑動面以下 5m，或其下的穩定岩土層為止。 • 對於深開挖，應鑽至坑底以下 1～3m；若鑽遇地下水，則應鑽穿含水層。 • 對於高土堤，應鑽至邊坡的水平寬度之 0.5～1.25 倍為止。若遇軟層，則應鑽入堅固層為止。
壩、滯水結構	• 在地基區，初期採用 60m 的間距。 • 在壩軸上補孔，採用 30m 的間距。 • 在壩肩、溢洪道等關鍵處也應佈孔。	• 對於土石壩，需鑽至底寬的 0.5 倍深度。 • 對於小型混凝土壩，需鑽至壩高的 1～1.5 倍深度。 • 或鑽入很厚的堅硬不透水層 3～6m 為止。 • 研究壩基滲流或地下水的浮托力時，應鑽至不透水層，或水庫滿水位時水深之兩倍。
鐵路、公路	• 初期採用 300m 間距。 • 遇複雜地質時，採 30～50m 間距。	• 中心線：5～10m。 • 橋墩：大於 25～30m。 • 研究河水的刷深時，應鑽至河床下 5～10m，或河水位最大變化量的 4 倍。

以上這些佈孔原則比較適用於平地，而且也只是為了要求一個最低的品質要求而已。在山坡地上，地層的分布型態，以及受到地層位態及地形的合併影響，情況複雜許多。一般而言，在合理的情況下，孔數越多，歸根結底，反而是越經濟、而且越安全；此因孔數多，對岩土層的了解也就越多，不期然遇到

問題土壤的機會就越少；因此，可以設計出更經濟以及更安全的基礎型式。

山坡地的佈孔，以最少的鑽孔要取得最多、最充分的地質資料或最有用的地質剖面為要求。因此根據這項要求，山坡地的鑽探應該考慮下列原則：

- 根據地表地質調查及地球物理探勘（簡稱物探）的成果，在關鍵的位置佈孔，其目的在填補上述調查的空缺，及驗證上述調查的結果。因為鑽探的花費很大，所以在程序上應該由花費較少的地表調查及物探先行，再由其探查結果來定井位。
- 鑽孔的布置也要呼應工程的進階，採取不同的佈孔階段與佈孔方法。一般而言，鑽孔的布置方式應該由鑽探點，到鑽探線，再到鑽探網；佈孔範圍應該由大而小；佈孔密度應該由疏到密。
- 鑽孔的前期布置之主要依據，應視工程地質情況的複雜程度而定。單純者疏而少，複雜者密且多。
- 鑽孔的前期布置應該同時考慮地質、地形、水文地質等狀況，沿著其變化最大的方向布置鑽探線；鑽探線上的孔位不應該平均分布，其間距應以了解工程地質各項條件為最主要的目的（請見圖 15.15）。
- 鑽孔的後期布置應隨著建築物的類型及規模而異。一般需視基礎輪廓來布置，常呈長方型、工字型及丁字型；建築物規模越大、越重要者，孔數就要越多、越密。

圖 15.15 說明為了了解工程地質狀況的前期佈孔原則。首先選定走向線，然後垂直於走向線佈下鑽探線；這種佈線法可以用最少的孔數鑽遇最多的岩層。鑽探的順序最好採取上傾向（Up—Dip）的方式，由年輕的岩層打到年老的岩層，如圖上按照 1 至 4 的順序為之。打好第 1 孔之後，從其孔底劃一平行於層面的斜線，交於地面，該交點即為第 2 孔的孔位。依照同樣的程序，直到斜線跑出基地的界線外為止。從圖中可見，第 4 孔的左邊就不需再佈孔了，因為加佈的孔中有一部分岩層已經由第 4 孔所揭穿了；如果說左邊界有不良的地質狀況，才值得再加佈一孔，否則就浪費了。

山坡地開發常會遇到要探測斷層帶寬度的情形。其佈孔原理，理論上只要在上盤的位置佈設兩孔相近的鑽孔即可（孔 1 及孔 2），如圖 15.16 所示。利用地層對比的方法，觀察兩孔的岩心，其岩層無法對比起來的段落就是斷層帶的位置（即 ab 段）。把鑽孔佈在上盤的主要原因是一個鑽孔可以同時鑽穿斷層面的上、下兩個斷塊。

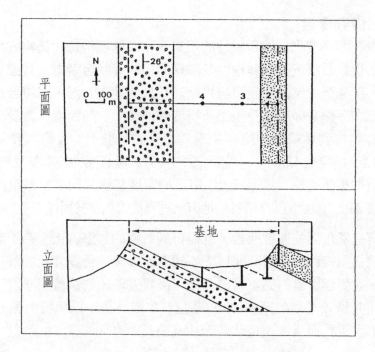

圖 15.15　山坡地鑽探的前期佈孔原則

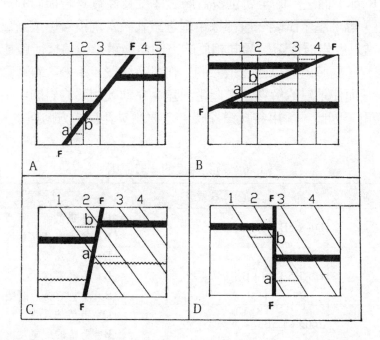

圖 15.16　探測斷層帶的佈孔原理（立面圖）（ab為斷層段；兩孔的岩層無法在此段對
　　　　　比，ab 之外即恢復可以對比）

15.7.3 鑽孔深度

至於鑽孔的深度也無法作硬性的規定，一般需要根據建築物的類型、工程的進階、工程地質狀況的複雜程度及鑽探的目的等綜合考慮。我國的建築技術規則規定，鑽深至少應該達到可據以確認基地的地層狀況，以符合基礎構造設計規範所定的有關基礎設計及施工所需要的深度。一般而言，對於建築物的基地，鑽孔必須打到承載層的頂界（或基礎底面）以下，大約大於基腳寬度的1.5倍之深度（請見表15.6）；在該深度的地方，垂直應力約為基底應力的1/5。如果是採用群樁基礎時，則應從2/3樁長的深度起算，向下再鑽至群樁寬度的1.5倍之深度為止；此因在2/3樁長的地方，垂直應力相當於同樣寬度的筏基一樣。

對於研究風化層的厚度而言，就需打到新鮮的岩層為止；為了調查滑動面的深度，就必須打到最低滑動面以下；調查斷層破碎帶寬度及性質，鑽孔需穿過斷層帶，並到達下盤的完整岩層為止；又探查河床的覆蓋層厚度，則需穿過覆蓋層，並且進入基岩內至少 3 公尺左右才能終止，以免將大孤石誤認為基岩；對於重大工程而言，更應入岩至少 6 公尺。

鑽探一般都採用垂直鑽孔，適於調查緩傾斜的岩層及斷層、風化層厚度、基岩（Bed Rock）面之上的全新世覆蓋層之厚度及性質、岩頂面的形狀（高低起伏的情形）等。壓水試驗一般都採用垂直鑽孔。當沉積岩層或斷層的傾角大於 60°時，常以與岩層或斷層傾向相反的方向斜向鑽進；這樣比較能夠取得更多的地質資料，同時還可以節省鑽探的工作量及經費。不過，斜孔鑽探常易發生孔身偏斜，而使地質的解釋工作產生誤差；在軟硬相間的岩層中鑽進，這種現象尤為嚴重；因此，採用斜孔鑽探時一定要測量孔身的方向與進尺。

表 15.6　鑽孔深度的一般原則

工程類別	鑽孔深度	備註
獨立基腳／筏基	D＋1.5B	D＝基礎底面之深度 B＝基腳或伐基的寬度
條型基礎	D＋1.5〔2S＋B〕	D＝基底深度 B＝基礎寬度 S＝條型基礎的間距
群樁	2/3D＋1.5B	D＝群樁的深度 B＝群樁的總寬度
地錨／岩錨	遇到堅固岩層後，再加深6～15m。	

15.7.4 岩心的鑑定

工程地質鑽探對岩心的採取率之要求很高；一般而言，岩層部分不得低於80%；對重要工程或建築物的探測，即使含有軟弱夾層、破碎泥化夾層、風化夾層或斷層破碎帶，也不能低於60%。遇到後者的情況，一般要採用雙層或三層岩心管，並且要降低鑽速，縮短鑽程，或者先採用化學樹脂予以膠黏，然後再行施鑽。

鑽探工作耗費資金較大，所以應該儘可能的詳細觀察、計測、及描述鑽探的結果。鑽探結果應該對岩心進行鑑定，描述其顏色、礦物組成、顆粒大小及紋理、岩層的傾角大小、節理的切割情形、及作正確的屬性命名；必要時得採取樣品，回到實驗室內進行岩礦鑑定。

對於節理要量測其傾角、間距，確定其類型、組別、延續性、風化程度、充填情形，並進行節理統計（即RQD的測定）（請見9.2.2節的節理面調查）。判斷節理時應該注意，不要與被鑽頭扭斷的斷面混淆在一起。一般而言，節理面都切得很整齊，兩壁也都有風化現象；反觀鑽探過程中被扭斷的岩心斷面大都很新鮮，而且凹凸不平，或者呈貝殼狀。這種被人為折斷的斷面應該算是連續岩心，必須加入 RQD 的計算。對於風化岩石，應將岩心按風化程度進行分帶及描述。對於疏鬆的砂、礫、泥性土壤則應觀察其緻密程度。岩心的採取率、RQD 及節理的間距等三個定量指標可反應岩石的堅硬及完整程度；岩石愈堅硬、完整，其數值愈高；而愈軟弱、破碎的岩石，則其數值愈低。

岩心如果有任何微細的特徵都應該詳細的記錄下來，如岩心含有化石或特殊的礦物，或者具有其他特殊的性狀等；如果岩屑呈現擦痕或鏡面反射，很可能是斷層或滑動所造成的。

鑽探工作結束後，要將上述的觀測結果加以整理，並且製作成**鑽孔柱狀圖**，如圖 15.17 及圖 15.18。將孔內的岩土層狀況，按一定的比例尺編製而成。除了要作成分及性質的描述之外，還要歸類，並且應該在相應的深度標示岩心採取率、RQD、節理間距或Jd、地下水位、岩石風化分帶、代表性的岩土物理及力學性質指標，以及取樣位置及項目等。如果在孔內有作過現場試驗（如SPT），則應將試驗深度及成果也在相應深度上標明。取樣的位置及水壓計的埋設深度也應確實的標示出來。

計畫名稱：新星大廈新建工程基礎鑽探　斜孔方位：—　傾角：90°

孔號：D-13　座標：N 2774330 m　E 306753 m　地面高程：El.3.5m　方法：沖鑽法

開始日期：80.10.17　完成日期：80.10.20　地下水位：3.5 m　領班：張三　督導人：李四

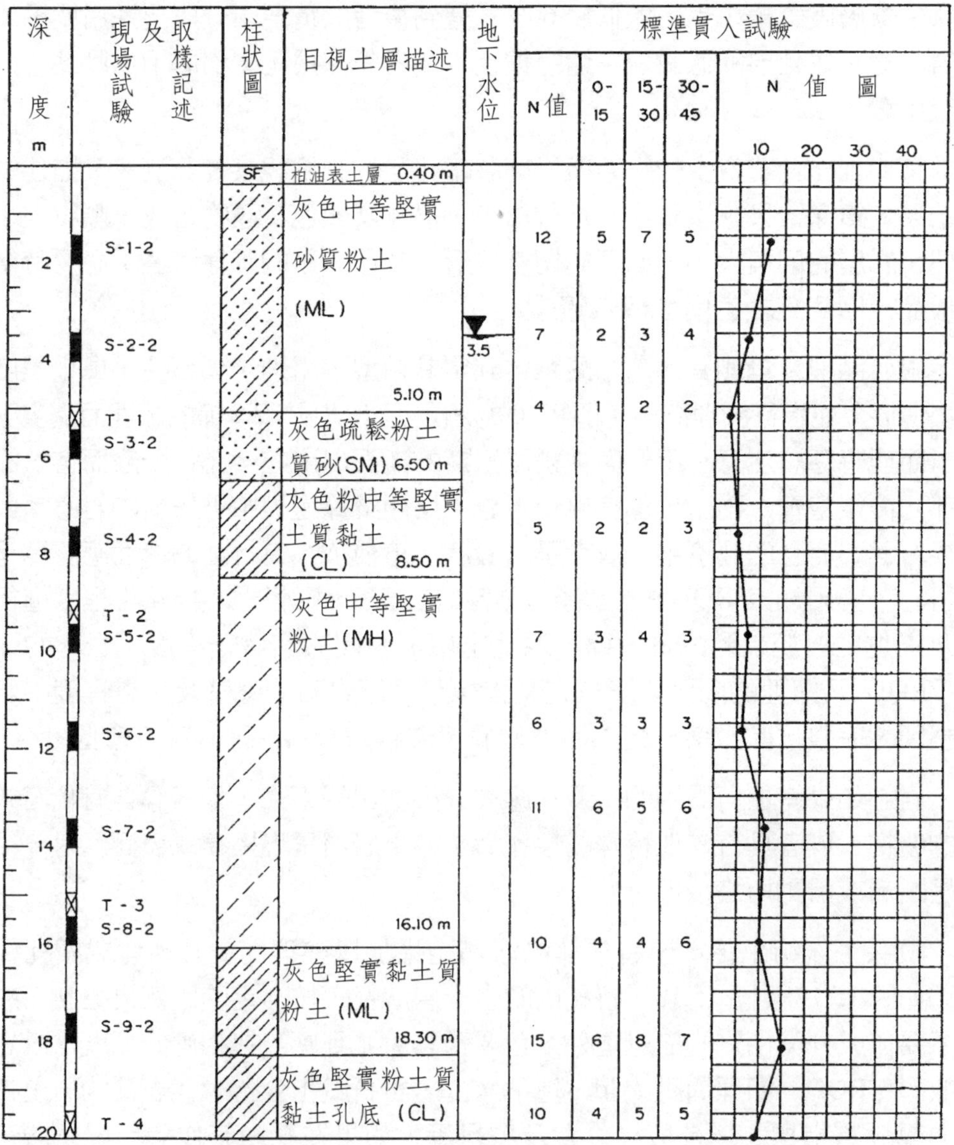

深度 m	現場試驗 及 取樣記述	柱狀圖	目視土層描述	地下水位	標準貫入試驗 N值	0-15	15-30	30-45	N 值 圖
		SF	柏油表土層 0.40 m						
2	S-1-2		灰色中等堅實 砂質粉土 (ML)		12	5	7	5	
4	S-2-2			▼ 3.5	7	2	3	4	
			5.10 m		4	1	2	2	
6	T-1 S-3-2		灰色疏鬆粉土質砂(SM) 6.50 m						
8	S-4-2		灰色粉中等堅實土質黏土 (CL) 8.50 m		5	2	2	3	
10	T-2 S-5-2		灰色中等堅實粉土(MH)		7	3	4	3	
12	S-6-2				6	3	3	3	
14	S-7-2				11	6	5	6	
16	T-3 S-8-2		16.10 m		10	4	4	6	
18	S-9-2		灰色堅實黏土質粉土 (ML) 18.30 m		15	6	8	7	
20	T-4		灰色堅實粉土質黏土孔底 (CL)		10	4	5	5	

N 值 圖 刻度：10　20　30　40

第 1 頁共 1 頁

▽ ：完孔後24小時水位

▼ ：觀測井或水壓計觀測兩週後水位

圖 15.17　土壤的鑽孔柱狀圖（中國土木水利工程學會，民國 82 年）

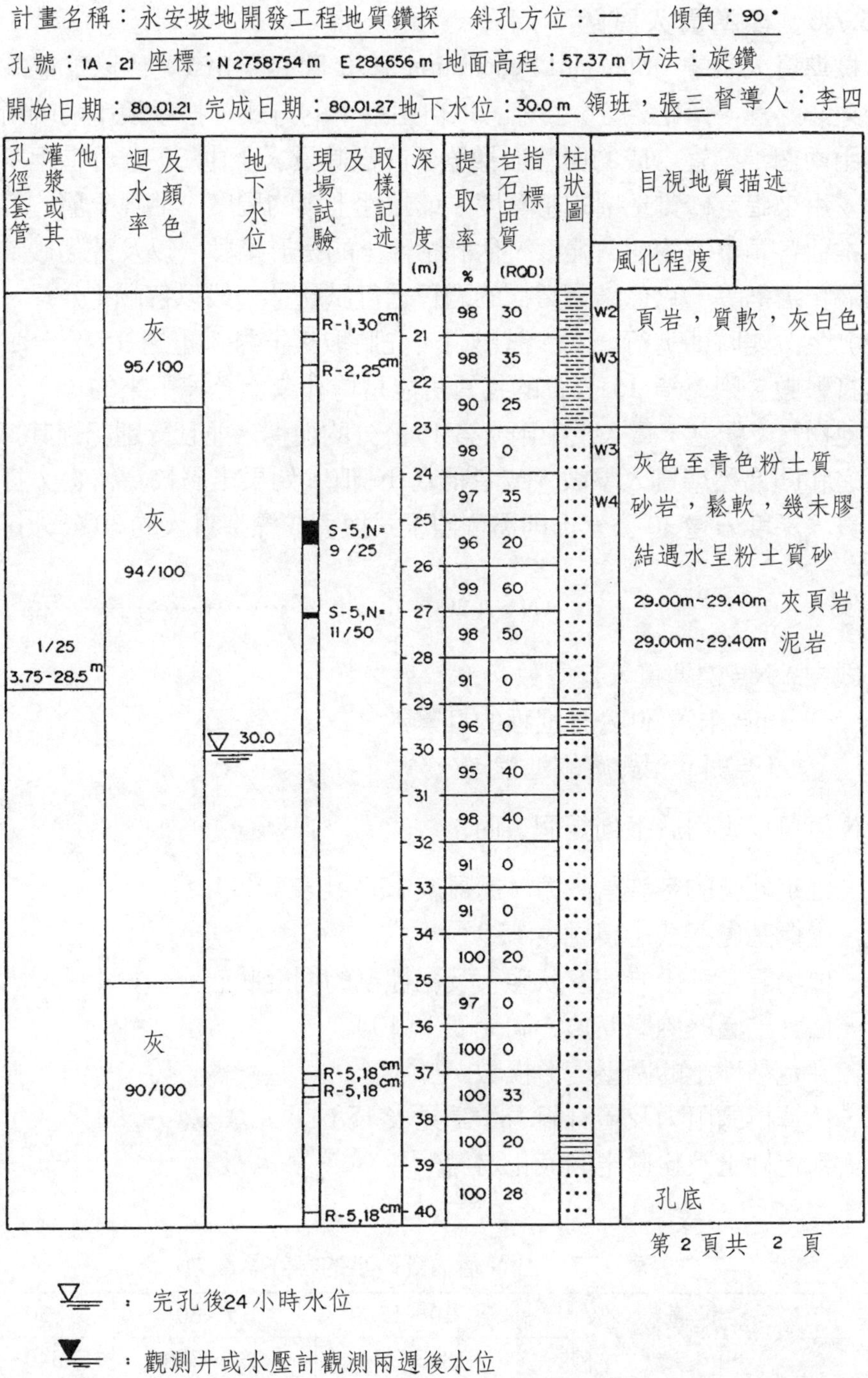

計畫名稱：永安坡地開發工程地質鑽探　斜孔方位：——　傾角：90°

孔號：1A-21　座標：N 2758754 m　E 284656 m　地面高程：57.37 m　方法：旋鑽

開始日期：80.01.21　完成日期：80.01.27　地下水位：30.0 m　領班，張三　督導人：李四

孔徑套管	灌漿或其他	迴水率 及顏色	地下水位	現場試驗及取樣記述	深度 (m)	提取率 %	岩石品質指標 (ROD)	柱狀圖	目視地質描述 風化程度
		灰 95/100		R-1,30cm	21	98	30	W2	頁岩，質軟，灰白色
				R-2,25cm	22	98	35	W3	
					23	90	25		
					24	98	0	W3	灰色至青色粉土質
		灰 94/100		S-5,N= 9/25	25	97	35	W4	砂岩，鬆軟，幾未膠
					26	96	20		結遇水呈粉土質砂
				S-5,N= 11/50	27	99	60		29.00m~29.40m 夾頁岩
1/25 3.75-28.5 m					28	98	50		29.00m~29.40m 泥岩
					29	91	0		
			▽ 30.0		30	96	0		
					31	95	40		
					32	98	40		
					33	91	0		
					34	91	0		
					35	100	20		
		灰 90/100			36	97	0		
				R-5,18cm	37	100	0		
				R-5,18cm	38	100	33		
					39	100	20		
				R-5,18cm	40	100	28		孔底

第 2 頁共　2 頁

▽ ：完孔後24小時水位

▼ ：觀測井或水壓計觀測兩週後水位

圖 15.18　岩石的鑽孔柱狀圖（中國土木水利工程學會，民國 82 年）

◾ 15.7.5　標準貫入試驗

標準貫入試驗（Standard Penetration Test, 簡寫為 SPT）係以重量為 63.5 公斤的穿心落錘，落距為 76 公分，以自由落下的方式，打擊鑽串前端所裝置的一個由兩個半圓管合成的劈管取樣器，計數其貫入土中 30 公分進程所需的打擊數，用來確定砂質土壤的密實度，或黏性土壤的稠度、估算土層的容許承載力、推估各類土壤的剪力強度、估計黏性土的變形模數，以及評估砂質土壤的振動液化潛勢等。它係結合鑽探的過程進行試驗；一般以每隔 1 公尺，或土層性質發生改變時即進行一次。試驗時，先將取樣器打入土層 15 公分，但不記錄其打擊數，因為這 15 公分的物質可能是垮孔或崩孔掉下來的，不屬於孔底的原地物質；繼之，貫入土中兩次各 15 公分的進程，並且分別記錄其打擊數，兩者之和即為**標準貫入擊數**，或者稱為 **N** 值。如果土層較為密實，打擊數較大，貫入深度未達 30 公分，則需依照下式換算成標準貫入的 30 公分打擊數。

$$N = （30 \cdot n）/ L \quad\cdots\cdots\cdots\cdots\cdots\cdots\cdots\cdots\cdots\cdots \quad（15.4）$$

式中，N＝標準貫入打擊數
　　　 n＝未達 30 公分進程的打擊數
　　　 L＝與 n 相對應的進程，公分

N 值可以應用於下列幾個方面：

- 確定地基的容許承載力（請見表 15.7 及表 15.8）。
- 選擇基礎型式（請見表 15.9）。
- 現場評定砂土的緊密狀態，及黏性土的稠度狀態。
- 估計土層的內摩擦角（請見表 15.10）。
- 評定黏性土的圍壓變形模數。
- 估算樁頭阻力及樁身阻力（請見表 15.11）。
- 判定砂土及粉砂土的液化潛勢。

表 15.7　由 N 值估計砂土的容許承載力

砂土 N 值		10～15	15～30	30～50
容許承載力，kPa	粗、中砂	180～250	250～340	340～500
	細、粉砂	140～180	180～250	250～340

註：1kPa＝0.01kg／cm²

表 15.8 由 N 值估計黏性土的容許承載力及凝聚力

黏性土 N 值	3	5	7	9	11	13	15	17	19	21	23
容許承載力，kPa	105	145	190	235	280	325	370	430	515	600	680
c 值，kPa	17	36	49	59	62	72	78	82	87	92	95

註：(1) 1kPa＝0.01kg/cm^2

(2)黏性土的不排水強度 Cu（kPa）＝（6～10）・N

表 15.9 由洪積黏土的 N 值選擇基礎型式

N 值	低層（2F）	中層（5F）	高層（6F 以上）
N < 2	直接、樁	樁	樁
5 > N≧2	直接	直接、樁	直接、樁
10 > N≧5	直接	直接	直接、樁
N≧10	直接	直接	直接

表 15.10 由 N 值估計砂土的內摩擦角（Φ）

砂土 N 值		< 4	4～10	10～30	30～50	> 50
提出者	Peck	< 28.5°	28.5°～30°	30°～36°	36°～41°	> 41°
	Meyerhof	< 30°	30°～35°	35°～40°	40°～45°	> 45°

註：粉砂的Φ角可將表中的角度減去 5°；粗砂及砂礫的Φ角則需加上 5°。

表 15.11 由 N 值估計樁頭及樁身的阻力

土壤類別	q_c/N（kPa）	摩阻比 （fs/q_c）（%）	樁頭阻力， q_c（kPa）	樁身阻力， fs（kPa×10^3）
各種密度的淨砂	375	0.60	203・N	34.24・N
粉土、粉砂、及砂的混合、粉砂、泥炭土	214	2.00	428・N	17.12・N
可塑性黏土	107	5.00	535・N	7.49・N
含貝殼的砂、軟石灰岩等	428	0.25	107・N	38.52・N
淤泥、軟黏土	—	＞6	≦600	—
黏土	—	4～8	＞3,000	—
粉質黏土				
粉土	—	2～4	＞3,000	—
砂土	—	＜2	＞3,000	—

註：(1)該表係應用於預鑄混凝土單樁。

(2)應用範圍為 N=5～60；當 N＜5，N 取 5；當 N＞60，N 取 60。

15.7.6 地下水監測

鑽探完成後，常需選定幾個鑽孔來裝置水位計或水壓計。因為地下水位的動態變化，對計算土層的容許承載力、邊坡穩定分析、地下排水問題、施工的安全性等都有重大的影響，所以必須在施工前就要預先進行長期觀測。一般而言，如果有下列情況發生時，就應該從事地下水的監測：

• 當地下水位的升降會影響岩土層的穩定時。
• 當地下水位的上升對建物產生浮托力，或對地下室及地下結構物的防潮、防水產生較大的影響時。
• 當施工排水對工程有較大的影響時。
• 當施工排水可能引起附近地區發生地盤下陷時。
• 當施工或環境改變所造成的孔隙水壓、地下水壓的變化對大地工程有較大的影響時。

地下水的監測內容包括：

・地下水位的升降、變化幅度及其與降雨的關係之動態觀測。

・對基坑開挖、隧道掘進、邊坡滑動、或地質改良等進行地下水位及孔隙
水壓的監測。

・工程袪水對區域地下水的影響。

・管湧現象（Piping）及基坑突湧對工程的影響。

・當工程材料受到腐蝕時，對地下水進行水質監測。

　　水位觀測計其實只是一根開口的塑膠管，直徑 1～2 公分，在其下端打了
孔眼，以讓地下水能進入管內；稱為豎管（Standpipe）（見圖15.19）。管子豎
立於鑽孔內，管子與孔壁之環狀空間則用砂或細礫回填；接近地表面時，則用

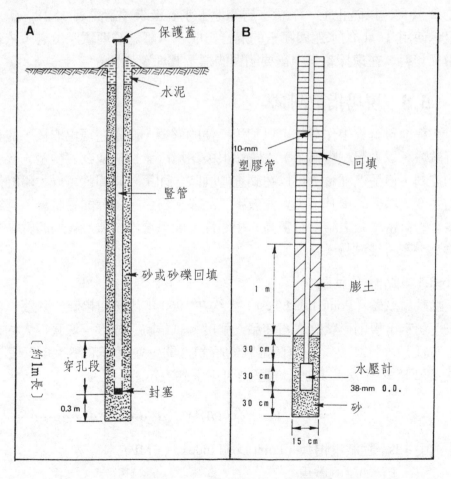

圖 15.19　水位豎管（左）與水壓計（右）的埋設方法

水泥或夯實黏土加以封填，以防止地表水滲入。測量水位時，可用捲尺或電子式浸尺；後者於浸尺碰到水面時就會發生聲響。豎管非常簡陋，其缺點是不能測量特定深度，或特定含水層的水壓；因此，它比較適合於計量未受壓含水層（自由含水層）的水位，或者地下水沒有發生上、下垂直流通的情況。為了補救這項缺陷，乃有水壓計的設計。

豎管水壓計（Standpipe Piezometer）是最簡單但卻是最可靠的水壓計。它的構造與豎管很類似，也是由一根直徑 1～2 公分的塑膠管所組成，在它前端裝了一個透水性非常好的陶瓷濾器，孔眼只有 50～60μm 而已。豎管水壓計也是豎立於鑽孔內；將濾器下到所欲測量水壓的岩層或破碎帶的旁邊，將其周圍或含水層的段落，用砂或礫回填，但在其上、下則以水泥漿或膨土球封填，各厚約 2 公尺，以防止上、下含水層的地下水混進來（請見圖 15.19）。水泥漿一般係使用 1：1 的水泥與膨土的混合組成。水壓計的埋置深度必須依賴準確的鑽探資料，在鑽探報告中需要明顯的標示其埋置位置。

15.8　現場指數測試

工程地質調查工作有時可以利用輕便的儀器，直接在現場取樣，並且馬上進行試驗（以力學試驗為主）；雖然很多環境因素無法像在實驗室一樣可以嚴格的控制，但是這種做法可以在調查的同時，即第一時間就可以大略的知道岩石的強度，顯著的提升了調查的效率及品質。再者，這種簡易試驗，其結果與實驗室的精密試驗之結果有蠻高的相關性。簡易現場試驗最普遍的就是點載重試驗及施密特錘試驗。

15.8.1　點載重試驗

點載重試驗（Point Load Test）大約在 1960 年代初期起源於蘇俄；它是用來快速測定不規則形狀的岩石樣品之強度。試驗時，先取一塊直徑大約 5 公分的岩石樣品，將其放置在兩個錐狀的咬齒之間，並壓下油壓手扳，使其破裂（請見圖 15.20 上）。其加壓的壓力可用下式表示：

$$Is = \kappa \cdot (P/D^2) \quad\dots\dots\dots\dots\dots\dots\dots\dots\dots\quad (15.5)$$

式中，Is＝點載重指數（Point Load Index），MPa

　　　P＝加壓的載重

　　　D＝樣品的直徑

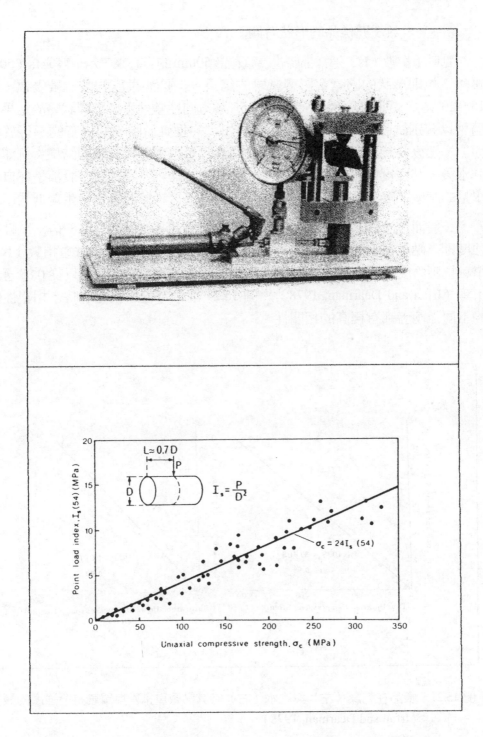

圖 15.20　點載重指數與單軸抗壓強度的關係（Broch and Franklin, 1972）

κ＝常數（與樣品的形狀有關）

　　點載重指數（Is）通常都歸化為直徑為50mm的岩心來表示，寫成Is（50）。雖然不規則形狀的因素會影響試驗的結果，但是如果能夠多試驗幾次（例如15～20次），則其誤差將不會超過15%。方向性當然也會影響試驗的結果，不過可以分別試驗不同方向的樣品（例如有的垂直於斷裂面，有的平行於斷裂面），然後取其平均值。再者，樣品的含水量也會影響試驗的結果；例如砂岩飽水後，其強度會比乾燥時降低 20 到 30%。雖然現場試驗一般都是在自然含水量的狀態下實施，但是要注意的是，剛下雨後試驗結果會發生偏低的事實。

　　一般而言，岩石的抗張強度大約是點載重指數（Is）的 0.8 倍；單軸抗壓強度則為點載重指數（Is）的 20～24 倍。圖 15.20 下顯示點載重指數（Is）與單軸抗壓強度之間具有非常高相關的線性關係，其相關係數可以從0.88至0.95不等（Irfan and Dearman, 1978）。圖 15.21 則顯示乾燥與飽水時，相關性曲線的不同；兩者都有極高的相關性。

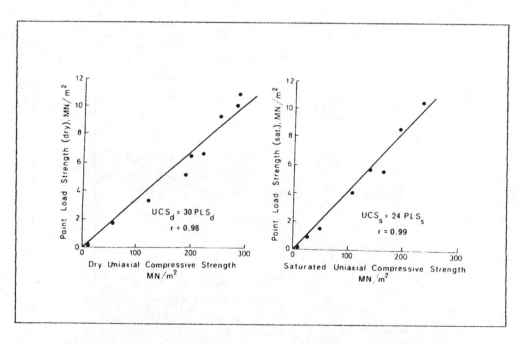

圖 15.21　樣品在乾燥（左）與飽水（右）時其點載重指數與單軸抗壓強度的關係
　　　　　（Irfan and Dearman, 1978）

▊ 15.8.2 施密特錘試驗

施密特錘在 1948 年就已經問世了。測試時先用手頂住錘的末梢,再以緩慢的下壓方式讓錘尖頂住測試面,並壓縮內部的彈簧,等待達到一定緊縮程度時,彈簧就會放開錘心鋼棒,而直接擊打測試面,由錘心之回彈程度,即可測出試體的強度。這個數值與物體表面的硬度有關,而硬度則與強度有關。

施密特錘大約只有 2.3 公斤重,很容易攜帶,也很容易使用。不過,它在測試時,對不連續面非常敏感,即使一點點像髮絲大小的凹凸不平,都可以使它的讀數降低 10 點(稱為 R 值)。同時,它對含水量也很敏感。因此,使用施密特錘時,測試點最好要離開節理或石壁的邊緣 6 公分以上;同時,其表面一定要平坦而且乾淨。因為每一個施密特錘的特性都不太一樣,所以經常需要利用一塊鐵砧板加以校對;同時,在現場的記錄紙上記得要將儀具的編號註明清楚。

進行施密特錘試驗時,同一個點要測試 5 次以上,然後取其最高的讀數,而通常就是最後一次的讀數。而同一面(大約 2 平方公尺)則要測試 20 次至 50 次;以岩性越複雜,次數要越多。嚴謹一點時,先將讀數較低的百分之二十的部分捨棄,並將其餘的平均;後續的測試值如果沒有偏離平均值±3 點時,才算完成。

圖 15.22 顯示樣品在乾燥與飽水時,其施密特錘讀數(R 值)與單軸抗壓強度的關係。圖 15.23 則顯示在不同的岩石單位重之情況下,施密特錘讀數(R 值)與單軸抗壓強度的關係,同時顯示岩石單軸抗壓強度的離散情形。

點載重指數與施密特錘讀數也可以用來作岩體的簡略分類,如表 15.12 所示。其中施密特錘讀數(R)無需換算成抗壓強度,因為它的指數本身就可以作為分類之用。

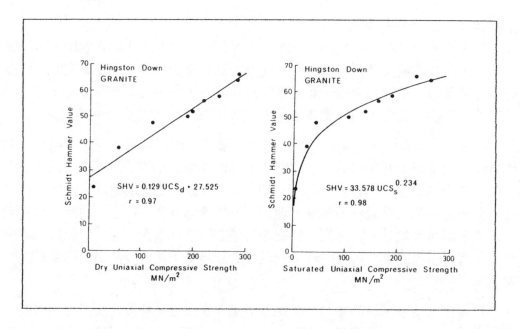

圖 15.22 岩石在乾燥（左）與飽水（右）時，其施密特錘讀數（R 值）與單軸抗壓強度的關係（Irfan and Dearman, 1978）

表 15.12 根據點載重指數與施密特錘讀數之簡略岩體分類法

岩質或 土質	點載重指數 （MPa）	施密特錘 讀數（R）	單軸抗壓強度 （MPa）	特性
極軟土	－	－	＜ 0.04	用手易模塑，易留下腳印。
軟土	－	－	0.04～0.08	可用力模塑，只留下模糊的腳印。
密實土	－	－	0.08～0.15	用手難模塑，指甲可刮，鏟子難鏟。
硬土	－	－	0.15～0.60	無法用手模塑，需用十字鎬才能挖掘。
極硬土	0.02～0.04	－	0.60～1.0	堅硬，無法用手挖掘，需用空壓鑿挖掘。
極弱岩	0.04～1.0	10～35	1.0～25	用地質鎚尖頭敲擊可碎，小刀可刮。
弱岩	1.0～1.5	35～40	25～50	用地質鎚尖頭敲擊可見深痕，小刀難刮。
中等強岩	1.5～4.0	40～50	50～100	用地質鎚尖頭敲擊只見淺痕，小刀不能刮。
強岩	4.0～10.0	50～60	100～200	用地質鎚尖頭敲擊樣品一次可破裂。
極強岩	＞ 10	＞ 60	＞ 200	用地質鎚尖頭敲擊樣品多次才能破裂。

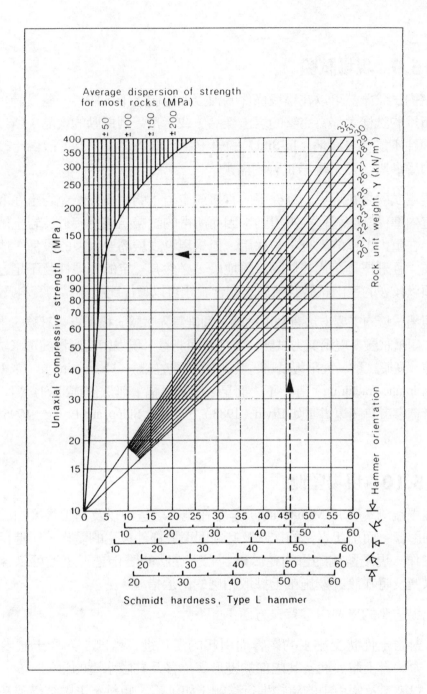

圖 15.23　施密特錘讀數（R 值）與單軸抗壓強度的關係（Hoek and Bray, 1981）

15.9　現場試驗

　　室內試驗雖然可以在環境條件的模擬與控制之下，取得一些設計參數，但是其所用的試樣大都為完整的岩土樣品，或者是受到擾動的樣品，所以其試驗結果往往不能代表原地（In-Situ）的岩土體。職是之故，為了取得比較準確可靠的力學參數，乃有現場試驗的需求。

　　現場試驗是在現場的條件下，直接測定岩土的性質，避免岩土在取樣、運輸及室內準備試驗過程中被擾動；因而所得的試驗結果更接近於岩土體的天然狀態；在重大工程的調查常被採用。但是現場試驗需要大型的設備，成本高，歷時長；且選擇具有代表性的試驗地段，必然有一定的侷限性及不足之處；所以必須以較多的室內試驗結果與其配合，才可以獲得比較可靠的資料及參數。

　　現場試驗的主要方法有載重試驗、圓錐貫入試驗、標準貫入試驗、十字片剪試驗、側壓試驗、現場剪力試驗、彈性波速測量、現場密度測量、透水試驗、抽水試驗、灌漿試驗、大平鈑試驗、套孔應力釋放試驗（Overcoring）、水壓破裂試驗（Hydraulic Fracturing）等，不一而足。限於篇幅，無法作詳細的介紹。有興趣的讀者請參考有關專書，如 Ervin（1983）、Clarke, Skipp, and Erwig（1996）等。

15.10　現場監測

　　現場監測（Field Monitoring）是指在施工過程中以及完工後，由於施工及營運的影響，而引起岩土的性狀及其周圍環境條件發生的變化，所進行的各種觀測工作。現場監測的目的在於研判岩土性狀的變化是否超過可以容忍的程度，以便及時在設計及施工上採取相應的防治措施。

　　現場監測的主要內容有三方面：

- 對岩土性狀受施工的影響而引起的變化進行監測；如岩土體內部的應力、岩土體表面及其內部的變形與位移及孔隙水壓的量測。
- 對施工及使用中的建物進行監測；如沉陷、傾斜、主體結構及基坑開挖的支撐結構之監測。
- 對環境條件進行監測；如工程地質及水文地質條件的變化之監測等。

茲將有關的監測方法歸納成表 15.13。

表 15.13　現場監測的方法

監測主體	監測項目	觀測重點	
岩土體	物理及力學性質	土壤密度、含水量、壓密係數、N 值、圓錐貫入阻力	
	變形及位移	地表位移及沉陷	袪水；地基擠出；基坑變形；地基淘空；礦洞、溶洞下陷；隧道收斂。
		岩土體內部變形	地層下陷；填方沉陷；土壤壓密；地滑；地震振密；土壤液化；噴砂、噴水。
	應力	基礎底面與地基土層的接觸壓力；填方與底座的接觸壓力；擋土牆後的土壓力等。	
建物	建物的沉陷	沉陷；傾斜；建物龜裂；鄰近範圍的地下水位及孔隙水壓發生變化；基坑滲漏、冒水、管湧、沖刷等。	
	基坑支撐的變形	支撐構件的受力及變形；基坑變形；地面變形、沉陷、傾斜、出現張力裂縫。	
周遭環境	工程地質	岩土層非預期的變化；不連續面、斷層面、滑動面或軟弱夾層的揭露；順向坡的失撐。	
	水文地質	地下水位；孔隙水壓；水質。	

15.11　長期監測

長期監測在工址調查中也是一件重要的工作。長期監測的目的在於：

· 監測地質作用及其影響因素隨著時間的動態變化規律。
· 準確的預測地質災害之發生。
· 為防災所採取的措施提供可靠的工程地質依據。
· 檢查防災措施的有效性。

常需長期監測的主要項目有：

· 地下水的動態監測。
· 潛在地質災害的長期監測。
· 建築物完成後與周圍地質環境的相互作用及動態變化之長期監測。

為了有效監測目標物在空間及時間上的變化規律，必須正確的布置觀測點。一般係按觀測線，或觀測網的方式進行佈設。觀測線的方向應與地形地物的變化程度最大之方向一致。例如監測地滑的發展變化時，其觀測線應順著滑動方向布置；為了檢測防止壩基滲透而設置的壩下游排水減壓效果，應該在垂直於壩軸線的方向上布置水文地質觀測孔。對於隨著時間的推移而發生地形地物的改變現象，一般要設立標樁，而且必須在鄰近的穩定區設立基準樁，以供比較之用。

長期監測的頻率應該仔細的選擇，俾便正確的顯示觀測對象的變化與時間的關係。選擇時應充分考慮觀測對象的變化之強烈程度，當變化相對強烈時，應該增加觀測頻率。例如，地滑在雨季時滑移會加速，所以應該及時增加觀測的次數。

CHAPTER 16

宏觀地質與工程

16.1　地球的形狀

　　地球除了繞著太陽公轉之外，自己也會自轉。從人造衛星上看地球，它確實是一個球狀體。它的赤道半徑稍為長一點，約 6,378 公里；兩極半徑稍微短一點，約 6,357 公里；兩者相差 21 公里。地球的表面積達 5.1 億平方公里，其中陸地面積只佔 29%，其他 71% 都是海洋。大陸的高程相差很大，最高為 8,848 公尺（喜瑪拉雅山朱穆朗瑪峰），最低為海平面以下 11,033 公尺（太平洋中馬利亞納群島附近的海溝）；兩者相差幾近 20 公里。但是，地球的平均高度卻只有 860 公尺而已。

16.2　地球的內部結構

　　依據地球內部放射性元素的蛻變速度，地球的年齡大約是 46 億年。在這漫長的時間裡，地球的內部與外部一直在演化；它一直處於動態平衡的狀態中。

　　由於地球的內部物質不斷的發生**分異作用**（Differentiation），使地球內部分成不同的**層圈構造**。目前，地球內部的分層構造主要是根據地震波的資料而推斷的；地震波之對於地球，就相當於χ射線之對於人體。地球內部存在著兩個分界面（請見表 16.1），淺的一個位於地表下 33 公里（屬於大陸地殼）處，地震波的速度，由淺而深，縱波從 6.8km/s 增加到 8.1km/s；橫波從 3.9km/s 增加到 4.5km/s；這個界面稱為**莫霍面或莫氏不連續面**（Mohorovicic），它是地殼

的下界面，或者是地殼與地函的分界。較深的一個位於地表下 2,891 公里處，由淺而深，縱波的速度從 13.7km/s 突然下降到 8.0km/s，而橫波則不能通過此面，表示此面的組成物質是液態的，這個面稱為**古登堡面**（Gutenburg）。

由上述兩個界面將地球分成三個層圈，由淺而深，分別稱為地殼（Crust）、地函（Mantle）及地核（Core）。**人類的工程行為雖然只能及於地殼的極淺部，但是卻可能受到地函及地核的地質作用（Geologic Process）之影響。**

整個地球的地殼平均厚度為 18 公里，但是大陸地殼較厚，平均約 33 公里（從 20～80 公里都有）；海洋的地殼很薄，平均只有 7 公里，但是厚度較為均勻。地函介於莫霍面及古登堡面之間。根據波速，在地表下 400 公里及 670 公里處存在著兩個低速面，將地函再細分為上地函、過渡層，及下地函三個次層。在上地函中，在地表下 60～150 公里處，是一個低速帶；咸信是由地函的物質因部分熔融而造成的；它成為**岩漿的發源地**，也是**岩石圈與軟流圈**的界面。谷登堡面之下即為地核；它也可以再細分成三個次層，即外核、過渡層及內核。內核主要由鐵所組成，可能含有少量的鎳。外核呈液態，橫波無法通過；因其密度較內核為小，所以除了鐵、鎳之外，可能還含有一些輕元素，如矽及硫之類的。

表 16.1　地球內部的層圈劃分表（深度未按比例）

層圈名稱			Vp（km/s）	Vs（km/s）	密度（g/cm³）	底界深度（km）	特徵
岩石圈	地殼	上地殼	5.8	3.2	2.65	15	固態，中夾低速層
		下地殼	6.8	3.9	2.90	33（洋殼為7），莫霍面	
軟流圈	地函	上地函	8.1	4.5	3.37	400	
中間圈		過渡層	9.1	4.9	3.72	670	
		下地函	13.7	7.3	5.55	2,891，古登堡面	
內圈	地核	外核	8.0	0	9.90	4,771	液態
		過渡層	10.2	0	12.06	5,150	
		內核	11.0	3.5	12.77	6,371	固態

地球內部各層圈的物質運動，是產生各種地質現象的內動力源泉。例如地殼之下的上地函，其組成物質的運動，就可以引起地殼的運動（如板塊移動），及形成岩漿。

16.3　地球內部的溫度與壓力

地球內部的溫度主要來自放射性元素的蛻變所產生的熱，以及元素化學反應所釋放的熱能，但是以前者最為重要。

目前根據世界各地的鑽探資料顯示，地球上大部分地區的地溫，從地表的常溫，向下每加深 100 公尺，溫度即升高 3°C 左右（稱為**地溫梯度**）。或者說，每加深 33 公尺，地溫即升高 1°C（稱為**增溫深度**）。這個增溫規律只適用於地表以下 20 公里的範圍內。再往下，地溫的增加速率將大為減慢，此因地球深部的導熱率大增的關係。一般推測，地心的溫度大約在 3,000～5,000°C 之間。

由於各地的地質構造（斷層帶的地溫較高）、岩石的導熱性能、岩漿活動（火成岩體附近的的地溫較高）、放射性元素的特別集中，及水文地質等因素的差異，不同地區的地溫梯度是不同的。隧道工程或深開挖設計時必須考慮到這些異常因素。臺灣有很多地熱區，其地溫梯度是表現異常的。

根據牛頓萬有引力定律，計算得出地球的質量為 5.98×10^{27} g，將其除以地球的體積，可得地球的平均密度為 5.52g/cm³；地殼的岩石密度介於 1.5～3.3 g/cm³，平均為 2.7～2.8g/cm³。隨著地球深部密度的遞增，以及上覆岩層重量的影響，地球內部的壓力也會隨著深度的增加而增大。根據地震波的推測，各深度的壓力如表 16.2 所示：

表 16.2　地球深部的壓力分布

深度（公尺）	100	500	1,000	5,000	10,000
壓力（kg/cm²）	27	135	270	1,350	2,700

16.4　地質作用

地球自形成以來，在漫長的歷史中，其成分、構造、外表等一直在演化，從未停歇；不管是過去、現在及未來，都不曾停頓。這是工程師們在雕塑地球時，必不能忘的鐵律。例如，過去的大海經過長期的演變而成陸地、高山；陸地上的岩石經過長期的日曬、風吹、雨淋，逐漸破壞粉碎，脫離原岩，而被流水攜帶到低窪的地方沉積下來，結果高山逐漸被夷為平地。像這種引起地球的演變，使地殼面貌發生變化的自然作用，統稱為**地質作用**（Geologic Process）。引起這些變化的自然動力，就稱為**地質營力**（Geologic Force）。

在自然界有一些地質作用進行得很快、很激烈，如地震、山崩、火山噴發等，可以在瞬間發生，造成災害。但是也有一些地質作用進行得很緩慢，很難被人們所發覺，如風化作用、地層下陷等。

根據發生作用的部位，或地質營力來源的不同，地質作用可分為**內營地質作用**及**外營地質作用**兩個基本類型。內營地質作用係指由於地球自轉，及放射性元素蛻變等能量，產生於地殼深處的動力，對地球內部及地表所造成的作用稱之。如地殼運動、岩漿活動、地震、變質作用等。它將使地殼內部的構造複雜化，而且將加大地表的起伏及高差。至於外營作用則是由於大氣、水及生物等，在太陽能輻射、重力、日月引力等的影響下所產生的動力，對地表所進行的作用。如風化、侵蝕、搬運、沉積等等；它將縮小地表的起伏，及夷平地表的高差。

16.5　地殼運動

地殼運動是內營地質作用的一種。指的是由地球內力所引起的地殼隆起、下降以及水平的運動。由很多地質的證據顯示（如珊瑚礁、河階台地的抬升，海岸線的沉降等），地殼總是在不停的運動著；不過有時強烈，有時和緩。按地殼運動的方向，可分為**升降運動**及**水平運動**兩種類型。

(1)升降運動

這是地殼演變過程中，表現得比較緩和的一種運動。在同一時期內，地殼在某一地區表現為上升隆起，而在相鄰地區則表現為下降沉陷。隆起區與沉降區相間排列，此起彼伏，相互更替。因為它的運動速度非常緩慢，所以對工程體的影響不大。

臺灣的地殼上升率是世界上最高者之一。利用上升珊瑚礁的放射性定年來推論，在過去一萬年內，恆春半島、台南及海岸山脈等地，平均上升率高達每年 0.5 公分（Peng and others, 1977）；其值可與喜瑪拉雅山脈目前的上升率（每年 0.4～0.5 公分）相當。臺灣北部海岸地區，上升速率趨緩，且比較小，大約每年在 0.2 公分（1,500～5,500 年前）到每年 0.53 公分（5,500～8,500 年前）之間；此與琉球群島很相近。臺灣東部地區的上升率很高。余水倍及劉啟清（Yu and Liu, 1989）利用三邊網測量法，於 1983 年至 1988 年間，偵測到花東縱谷斷層附近的快速地殼垂直運動，斷層的東側（即海岸山脈）相對於斷層的西側（即中央山脈），穩定且持續的上升，每年高達 1～2 公分。最大上升率發生於花蓮縣的富里附近，並向南北兩端逐漸減小。花蓮的美崙台地每年也可以上升 0.9 公分。根據核分裂飛跡法定年的結果顯示，中央山脈自約 300 萬年前以來，就急速的隆起；最近 60 萬年的平均上升率為每年 0.8 公分（Liu, 1982）；此一速率似為世界上已知造山帶中之最高者。

地殼上升將加速地表的剝蝕，根據李遠輝（Li, 1976）的研究指出，中央山脈的平均侵蝕率為每年 0.55 公分，顯然比上升率還小。因此，臺灣山區的土壤剝蝕以及河川的刷深，將會持續不斷。這一點值得水土保持工作者作為參考。

(2)水平運動

這是地殼演變過程中，相對的表現得比較強烈的一種運動；也是當前被認為形成地殼表層各種構造型態的主要原因。

地球是一個急速旋轉的橢圓球體，當其高速旋轉時，將產生巨大的離心力。離心力與重力都在對地殼產生作用；它們互相抵消後，還產生一種指向赤道的水平方向的擠壓力。當地球自轉的角速度變化時，這些力的大小、方向也會隨著改變，同時產生一種與變化方向相反的慣性力。所有這些力都在對地殼施加影響。

大約 100 年前，地質學家即已注意到，全球的地震及火山的分布，呈帶狀

且集中在幾個特定的區域內，如圖 16.1A 所示。後來佐以許多地球物理及地球化學的證據，於 1960 年代末期，地質學家乃提出**板塊構造學說**（Plate Tectonics）來解釋這些現象。

根據該學說，整個地球的岩石圈一共分裂成七大塊，稱為板塊（請見圖 16.1B）；分別稱為歐亞、非洲、北美、南美、印澳、南極及太平洋。此後，不少學者再提出一些修正，將小板塊也納入，於是共劃分出 12 個大小板塊；臺灣所處的菲律賓海板塊就是其中的一個小板塊。

以上所說的板塊邊界很明顯的都為地震帶所代表（請見圖 16.1A）。板塊的接縫處及邊緣並不穩定，它們是發生造山運動、構造運動、變質作用、岩漿運動（尤其是火山作用）、地震的主要地帶。同時，板塊是活動的，並以水平移動為主；在地質歷史上，可以發生數千公里的大規模水平位移。板塊與板塊之間，或分裂散開、或碰撞聚合、或平移錯動。這些不同的相互運動造成了地球的主要地質現象，並控制每一個地區的工程與環境地質條件，以及地質災害的發生。這就是宏觀地質條件對工程的重要影響；尤其在臺灣的工程師，必須**了解臺灣正是位於板塊的接縫處，即歐亞板塊與菲律賓海板塊的碰撞帶上。**

在上地函中，深度約 60～150 公里的地方，其縱波及橫波速度都比在上覆及下伏層中為低；該層的底界深度為 200 公里，甚至可達 350 公里。這一層低速層就叫做**軟流圈**（Asthenosphere）；它的塑性大，但剪力強度低。軟流圈之上即為**岩石圈**（Lithosphere）；它剛而脆性，剪力強度比軟流圈大；是大多數地震產生的地方。板塊即是由岩石圈所構成，其厚度約 100 公里。板塊就是在軟流圈之上發生水平運動的。

地函物質由於熱量的增加，密度減小，遂形成熱流上升，達到岩石圈的下界，再向反方向分別流動；隨著溫度的下降，又轉向地球的內部運動，形成對流作用；其過程非常緩慢，對流一次恐怕需要幾千萬年，甚至幾億年的時間。一般咸認，地函對流是板塊運動的主要驅動機制。

(3)板塊邊界的地質條件

板塊可分成分離（Divergent）、聚合（Convergent）及平移（Strike-Slip）三種接觸關係（請見圖 16.1C）。其顯現的地質特徵及地質條件完全不同。現在說明如下：

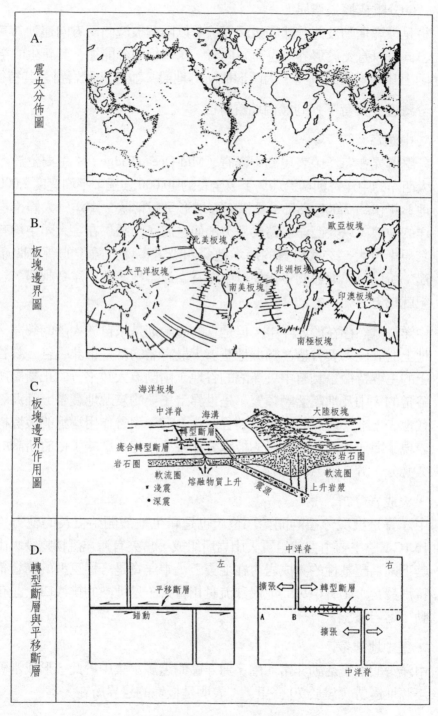

圖 16.1　全球的地震分布與板塊邊界的作用

　　(a)分離或擴張邊界

這是板塊運動彼此分離的接觸界線；以兩個板塊向反方向運動為其特徵；運動方向可以直交於邊界，也有斜向者。兩個板塊分開後，其新生的空間就由從地函上升的岩漿來填補，因而形成新的地殼，並以**玄武岩質**為其特徵。

分離邊界具有下列的幾個地質特徵：

・中洋脊系統

分離邊界在海洋中表現為**中洋脊**（Mid-Ocean Ridge）；主要位於海洋（但大西洋的中洋脊則切過冰島），全長約40,000公里，平均寬度2,000公里，地形起伏約2,000公尺；其橫斷面地形呈對稱狀。中洋脊大體上是沿著大洋的中線（以大西洋最為典型）延伸之海底山脈；在各大洋中均有發育，其規模巨大。玄武岩質的海洋地殼即沿著板塊分離後的新空間產生新地殼；所以海洋地殼的年代係以中洋脊為最年輕，離中洋脊越遠，岩石的年紀就越老。

中洋脊雖然存在於大洋中，但是它的起始則是來自於大陸的裂開。其在陸地上的表現為**裂谷帶**（類似地塹），最有名的就是東非裂谷。裂谷在地形上的主要特徵是具有中央深陷的谷地，兩側為大致平行的正斷層所限。裂谷帶的火山及地震活動頻繁，是世界上主要的淺源地震帶。紅海裂谷是現代地表上唯一能反映出大陸裂谷演化為海洋裂谷作用過程的板塊構造；它表現了海洋張開初始階段的板塊分離現象。這正應驗了俗語所謂的天下合久必分，分久必合的過程。

・火成岩分布

中洋脊是板塊分裂的開始部位，也是新生地殼開始生長的地方（請見圖16.1C）。主要由玄武岩質火山岩所組成，常夾有海洋沉積物及火山岩脈，其下則為超基性的火成岩。在地質上，中洋脊是一種巨型的構造帶，斷裂特別發育；山脊中央的地殼熱流量相當大，是地熱的排洩口，並有火山活動，熔岩溢出。

・集中地震帶

中洋脊的地震活動非常活躍。海洋區的震源都集中於此，形成沿著脊部的淺源地震帶（淺於70公里）；表明是板塊的邊界所在。

(b)聚合邊界

會聚邊界是兩個板塊運動時彼此會合的邊界線。在此地必須要有板塊消亡，才能抵消在分離邊界所新生的岩石圈。其中較重的板塊（如海洋地殼板塊隱沒，其密度為 2.9g/cm³）必須在此隱沒（Subduct）到較輕的板塊（如大陸地殼板塊，其密度為2.67～2.77g/cm³）之下；其隱沒部分就稱為隱沒帶（Subduction Zone）（請見圖 16.1C）。如果兩個板塊一樣重，則兩者必須在此互相推擠、縮短及增厚，並且形成縫合線（Suture）；其推擠部分就稱為碰撞帶（Collision Zone）。

一般而言，板塊內部的應力可以用下式來表示，即：

$$\sigma_H = 0.0215 \cdot H + 4 \quad\cdots\cdots\cdots\cdots\cdots\cdots\cdots（16.1）$$
$$\sigma_V = 0.0226 \cdot H \quad\cdots\cdots\cdots\cdots\cdots\cdots\cdots（16.2）$$

式中，σ_H = 水平應力，MPa

σ_V = 垂直應力，MPa

H = 從地表以下的地殼深度，m

大約在 0～100m 的深度內，σ_H/σ_V 的比值約為 2.5～4；從 500m 以深，σ_H 與 σ_V 就非常接近了。兩個板塊碰撞的壓力可以達到 20～30MPa；而隱沒板塊所產生的張應力可以從 0 到 50MPa 不等；其彎折應力卻可以達到 1,000MPa 以上。

在 0～4,000m 的地殼內，板塊內部的斷裂面，其所受的剪應力可用 Byerlee's Law 來表示，即：

$$\tau = 0.85 \cdot \sigma_n \quad（適用於 3MPa < \sigma_n < 200MPa）\quad\cdots\cdots（16.3）$$
$$或\, \tau = 0.6 \cdot \sigma_n + 60 \,（適用於 \sigma_n > 200MPa）\quad\cdots\cdots\cdots\cdots（16.4）$$

式中，τ = 斷裂面上的剪應力

σ_n = 斷裂面上的法向壓力

對於軟岩而言，其剪應力的增加率為 38MPa/km；對於硬岩而言，其剪應力的增加率為 6.6MPa/km。

碰撞作用可以由兩個大陸地殼、兩個海洋地殼，或大陸與島弧相碰撞來完成。它們是以褶皺作用及壓縮作用，使岩石圈變成狹窄的、線狀的活動帶之方式實現的。在板塊碰撞的過程，沉積在大陸邊緣的沉積物都會被壓縮成一系列

的緊密褶皺及逆衝斷層。最典型的就是喜瑪拉雅山脈;它是中生代時期,印澳板塊和歐亞板塊相碰的結果;其陸殼在推擠帶增厚成兩倍;代表海洋地殼的**蛇綠岩**(Ophiolite)則沿著縫合線被推擠到地表上來。臺灣島的例子則是歐亞板塊與菲律賓海板塊(大陸與島弧)碰撞的結果。

聚合邊界顯示以下幾個典型的地質特徵:

· 島弧系統

當海洋板塊與海洋板塊互相聚會時,其中有一個板塊會隱沒到另外一個板塊之下(請見圖 16.1C),並且深入地函之內。此一隱沒的板塊因往下增溫而部分熔融,混合著海底沉積物而產生**安山岩質岩漿**,噴發上來後,即在上浮的板塊上形成火山島弧,其弧線凹向隱沒的方向(即大陸的方向),而臺灣是唯一的例外,因為臺灣是凹向太平洋。島弧系統的最佳例子位於西太平洋,它北從阿留申群島開始,向南一直沿伸,經過庫頁島、日本、琉球群島、臺灣、菲律賓、而至所羅門群島止(請見圖 16.1A 及 B)。

· 大陸邊緣山脈系統

當大陸板塊與海洋板塊,或者大陸板塊與大陸板塊相聚合時,即形成大陸邊緣的山脈系統。該系統常呈現一種區域性的應變特徵,以褶皺、斷層、斷裂、變質、葉理等型式表示出來。同時還顯示一種熱效應的特徵,以火山岩、侵入岩及變質岩的結果表示出來。最佳的例子就是南美洲的安底斯山脈(南美板塊與太平洋板塊聚合的結果)、歐亞大陸的阿爾卑斯山脈及喜瑪拉雅山脈(非洲板塊與印澳板塊衝撞歐亞板塊的結果)。

· 班氏帶

班氏帶(Benioff Zone)是隱沒的板塊於局部破裂後所產生的震源分布帶;震源的深度可以從淺於 20 公里,一直到 700 公里深處都有。班氏帶呈現傾斜狀,其斜度由緩變陡,平均傾角約為 45°,向著大陸或島弧的方向傾斜;震源深度也是向著同一個方向逐漸加深;因此,證明這是由隱沒的板塊因局部斷裂而造成的(請見圖 16.1C)。

· 海溝

海溝(Trench)是海洋板塊在隱沒時,因發生轉折而與大陸地殼所圍成的一種 V 字型渠狀深淵;它是班氏帶在地表的出露線(請見圖 16.1C)。主要分布在環太平洋帶上;一個是沿著太平洋西邊的島弧地帶;另一個是沿著太平

洋東岸，美洲的海岸山脈地帶。海溝的規模都很大，通常長達數千公里，寬約 100 公里，大部分水深超過 4,000 公尺；最深的馬利安納海溝竟達 11,000 公尺以上。海溝的橫斷面多呈不對稱的 V 字型，陸側的坡度較陡，洋側則較緩。根據深潛的觀察得知，海溝軸線附近為一系列的平行台階，是一些斷距不大的正斷層，屬於現代的活動斷層。海溝地帶是地球上地震活動最活躍的地方。幾乎所有的大地震，特別是深震，都發生在這個地帶上。

・岩漿活動

當海洋板塊攜帶著富含水分的海洋沉積物，沿班氏帶插入上地函時，由於高溫、高壓的條件，使得含水岩石脫水，並向上部擴散，在有水的條件下，促使班氏帶以上的地函部分熔融而形成安山岩質的岩漿。根據地化分析的結果，這些噴發上來的岩漿，其含鹼量（K_2O+Na_2O），特別是 K_2O，向著板塊傾沒的方向逐漸增高。在岩漿噴發帶（靠陸側），被侵入的岩石常呈現**高溫低壓**的區域變質或接觸變質，其地溫梯度高達每公里 25℃，與靠洋側的**高壓低溫**變質帶的每公里 10℃ 顯然有很大的區別。

・成雙變質帶

當兩個板塊相向移動，互相撞擊的地方，向下傾沒的板塊插入深部時，壓力迅速增加，但還來不及熱透，因此產生了高壓低溫變質；其特徵礦物為藍閃石，構成藍閃石片岩。當隱沒板塊插入地函重熔而產生岩漿及揮發份，攜帶大量熱量上升，使上浮板塊的地殼溫度增高，在地下較深處造成高溫低壓變質，在地表則以火山活動呈現。高壓變質岩產生在隱沒板塊一定深度的部位，當板塊停止傾沒後，原來下插的部分由於重力均衡的影響，迅速回升隆起，並且遭受剝蝕，才使這些變質岩露出地表。因此，這些岩石在地表的出現，表示那裡就是古板塊的隱沒帶。在日本列島上就有三對雙變質帶。

・混同層

當兩個板塊相向移動，彼此前緣相碰時，隱沒板塊上邊的海床沉積物被刮下來，堆積在接觸帶上。同時，上浮板塊上也有破碎的岩塊滑落到堆積物中，形成雜亂無章的混雜堆積。有時候，隱沒板塊向下傾沒時，由於上浮板塊的阻力，致使其下部的岩層翻轉上來，混雜於上部較新岩層之中，從而形成在較新岩層中混雜有許多外來老岩層岩塊的混雜堆積；甚至更有從隱沒板塊的上部被刨下來的海洋地殼之碎塊也混入其中。以上的混雜堆積物都名為**混同**

層（Melange）；台東附近的**利吉層**及恆春半島的**墾丁層**就是一種混同岩層。

混同岩的特質是在充滿著剪裂面的基質（大都為泥質）中，混雜著大小懸殊、數量不一的各種外來岩塊，其岩性有輝長岩、蛇紋岩、安山角礫岩，甚至是砂岩、頁岩等。混同岩層在工程上常造成困擾。因為外來岩塊比較堅硬，而且分布不均，所以不容易開挖；其泥質基質可能具有膨脹性，不易處理；利吉層即表現顯著的膨脹性。

· 蛇綠岩系

蛇綠岩系（Ophiolite）是一種按著一定的岩性順序疊置而成的海洋地殼之岩石；其上常被特殊的遠海沉積物所覆蓋。它是一種含有綠泥石及蛇紋石等帶綠色的岩石。其完整剖面，自下而上，分別為底部橄欖岩、輝長岩侵入體、玄武岩熔岩，及遠海沉積物。一般相信蛇綠岩系是兩個板塊聚合時被擠到陸上來的洋殼碎塊。

(c)平移邊界

平移邊界是兩個板塊發生平移錯動的剪切接縫；板塊在此相互作側向滑動；地殼既不增生，也不消滅。其主要的地質特徵如下：

· 轉型斷層

轉形斷層（Transform Fault）是板塊運動模式中最重要的特點之一（請見圖 16.1D）。中洋脊並不是連續的，而是被一系列直交於脊線的平行斷層所切割。中洋脊沿著斷層發生了水平錯動；但是這種斷層並不是簡單的平移斷層，而是由於**海底擴張**（Sea Floor Spreading），致使沿著斷層的水平位移轉換了性質。這種斷層有三個特點，一個是水平錯動僅發生在兩段中洋脊的脊頂之間（請見圖 16.1D）；在其外側，則是早期斷層的遺跡；現在不再活動。這可由震源的分布得到證實，因為地震只發生在兩個互相錯開的脊頂之間，在其外側則很少。第二個特點是轉型斷層的水平位移方向，與兩段中洋脊的水平錯開方向正好相反；此與平移斷層有很大的區別。第三個特點是轉型斷層的長度很少變化，也就是兩個錯開的中洋脊之脊頂，其間距保持不變。很顯然的，沿著斷層兩盤的位移主要是由於洋脊線上，新生地殼不斷的產生，且兩個斷塊（即板塊）不斷的向反方向錯動的關係。

· 淺震

發生於轉形斷層上的地震，其震源主要是淺於 50 公里的淺震；一般不伴有火山活動。

🎐 **16.6　臺灣地區的板塊運動**

　　臺灣係位於歐亞板塊與菲律賓海板塊相互擠壓的碰撞帶上（請見圖 16.2A 及 B）；並以花東縱谷為界，西邊為中央山脈及以西的臺灣主島（位於歐亞板塊的邊緣），東邊則為海岸山脈（屬於菲律賓海板塊呂宋島弧的一部分）。在這兩個板塊的運動下，使臺灣成為一個非常特殊的板塊聚合帶，**不但有板塊的隱沒作用，也有板塊的碰撞作用**（呂宋島弧與歐亞板塊的碰撞）。

　　從地震資料顯示，臺灣島的東北及西南海域各有一個班氏帶（板塊隱沒帶）。**在東北方的班氏帶**是由菲律賓海板塊隱沒到歐亞板塊之下所造成（請見圖 16.2B）；在此區域，菲律賓海板塊在花蓮附近（沿著琉球海溝）以 45 度的俯角開始向北隱沒，到 150 公里的深度，則轉增為 60 度，然後再一直隱沒到 300 公里深的地方。在位置上，這個隱沒板塊被抵擋而止於東經 121.5 度，再往西即進入大陸板塊的範圍。另外，宜蘭外海存在著一個東西向的線型地震帶，大多屬於淺震（深度少於 30 公里），此與板塊的下插無關，應該是由沖繩海槽的張裂作用所引起的。

　　在**西南方的班氏帶**則是歐亞板塊（或稱中國南海海洋板塊）沿著馬尼拉海溝隱沒到菲律賓海板塊與歐亞大陸板塊互相作用所產生的島弧之下（圖 16.2B）。這個班氏帶大約從潮州斷層的附近開始，過了經度 120 度（台東附近）以後，即以 45 度的俯角向下隱沒。至於沿著綠島及蘭嶼的南北向線型，則都為淺震，代表島弧系統火成活動的一部分。而在臺灣島上則是由菲律賓海板塊上的島弧（即呂宋島弧）仰衝到歐亞板塊之上（板塊界限為菲律賓海板塊與歐亞板塊之間，向東南傾斜約 50° 的花東縱谷逆衝斷層所構成）。這個碰撞作用在 500 萬年前就已經開始，目前仍在進行中。如今在臺灣中部及南部，呂宋島弧仍在推擠著歐亞板塊的大陸邊緣，並且不斷的往南延伸。**這種推擠作用在北 50° 西的方向上造成每年 7 至 8 公分的地殼縮短**（王乾盈，民國 92 年）。

　　弧陸碰撞對岩層的影響就如同鏟雪一樣；海岸山脈可以視為是鏟子，中央山脈則可看成是雪堆。當鏟子往前推進時，前方的雪會剪裂成花瓣似的，不斷的切入雪堆的底部；雪堆的中央只是不斷的抬高而已；這種現象稱為**鏟雪原理**。可見變形最為劇烈的部位是位於雪堆的前端及底部。由此例可以證明，臺灣岩盤的變形及破裂將特別集中在中央山脈的前端（即西側）、底部及弧陸碰撞的花東縱谷一帶。

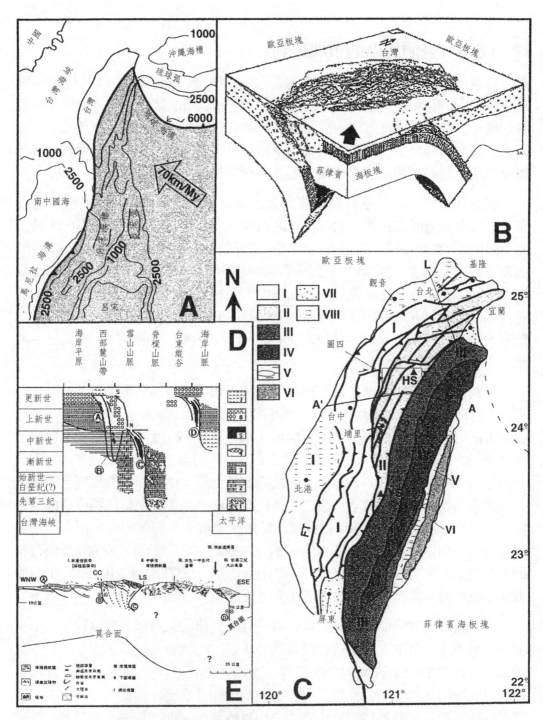

圖 16.2　臺灣的板塊模式（朱傚祖等，民國 85 年）

16.7　臺灣的地震分布

由地震的分布可以解釋板塊的運動模式。其實，**板塊運動是因，地震才是果**；所以地震的分布型態是受到板塊運動的制約的。

根據板塊模式，臺灣係位於歐亞板塊與菲律賓海板塊的交會處，即在東部的花蓮至台東地區，花東縱谷被認為是該兩個板塊的縫合帶。這兩個板塊除了發生碰撞作用外，在臺灣東北部及南部分別有向北及向東的板塊隱沒作用。由於這兩個板塊的碰撞與隱沒作用，臺灣地區的岩石承受著極大的地應力，使得岩石容易變形，進而斷裂錯動，以致引發地震。因此臺灣地區的地震是相當頻繁而激烈的。

根據臺灣的地震分布資料顯示，深源地震大多數發生在臺灣東北部的陸上及海域，有些則發生在臺灣的東南海域。臺灣東部從蘭嶼以北經台東、花蓮到宜蘭，包括陸上及近海地區的淺源地震則相當頻繁，其中以花蓮至宜蘭一段尤為活躍。

大體而言，我們可以將臺灣的地震區分為**東北部地震帶、東部地震帶及西部地震帶**等三個帶（Tsai, Teng, Chiu, and Liu, 1977）。其中東北地震帶包括北緯 24 度以北，東經 121.5 度以東的地區。這個地震帶的震源，依其深度可分為二類，一個是接近地面 20 公里以內的淺源地震，另一個則是構成北緯 24 度逐漸向北傾斜加深的班氏帶,其震源深度可達 300 公里。這些地震應是由於菲律賓海板塊向北隱沒於臺灣東北部及琉球群島之下所引起的。

東部地震帶包括北緯 24 度以南，花東縱谷東側及台東至而鵝鑾鼻海岸以東的地區。這個地震帶的震源深度大多在 50 公里以內，屬於淺源地震。地震的成因可能是由於菲律賓海板塊不停的向西北方向移動，但是因為被臺灣島所阻擋，而使其西部邊緣地帶受到推擠的應力作用所引起的。在臺灣東南海域地區，有深度約達 180 公里的地震發生過，但是發生地震的原因，由於資料還不是十分充足，所以目前無法具體的推斷。

西部地震帶包括東經 121.5 度及花東縱谷以西的臺灣本島，以及其西南附近的海域地區。本地震帶的大部分震源深度約在 35 公里以內的地殼中，屬於淺源地震。過去曾有多次大地震，其地震斷層穿越覆蓋層而露出地表。這地區的地震一般認為是因為地殼受到菲律賓海板塊不停擠壓的效應，就像用鏟子推雪的機制一樣。

如果將地震的分布與地質條件對應起來，則可發現，中央山脈東部的變質岩地帶，其地震活動度很低。在雪山山脈一帶，地震活動則可以達到地表下 100 公

里，這是十分奇特的現象。至於東北部頻繁的地震活動可能有兩種原因，其中，中深層的地震是由於菲律賓海板塊的隱沒作用所造成；而淺層地震則來自於琉球海槽在此地的擴張作用。臺灣北部的大屯火山群一帶，其地震活動反而不明顯。西部麓山帶的褶皺衝斷地帶，其地震活動則相當頻繁；這就是因為鏟雪的原理所引起的。西部海岸平原及台地部分，除了嘉南一帶以外，地震活動度亦低。台南的外海有一個小範圍的高活動帶，這與當地的海底構造可能有密切的關係。

一般我們稱地震分布密度很疏的地區為**地震空白區**（Seismic Gap）。臺灣島也有這種地區，如中央山脈-雪山山脈變質岩地帶、桃園一帶的觀音高區、彰雲一帶的北港高區等；它們都代表比較穩定的地塊；而即使有地震發生，也會分布在其周緣的地帶。

根據史料分析，臺灣在裝置現代化地震儀（西元 1897 年）以前，最大的歷史地震發生於清光緒 19 年 3 月 26 日（西元 1892 年 4 月 22 日），其震央位於台南安平附近，規模達 7.5。所幸這次大地震沒有造成重大的災害。造成最大傷亡的歷史地震則是清同治 6 年 11 月 13 日（西元 1167 年 12 月 18 日）的基隆外海大地震，這次地震引起了一次大**海嘯**，造成數百人死亡（徐明同，民國 72 年）。

自從 1897 年以來到 1999 年為止，臺灣地區共發生約一百多次災害性的地震；平均每年約有一次多。其中災害較大的共約 11 次，如表 16.3 所示：

表 16.3　1897 年以來臺灣地區的災害性地震統計表

時間	地點	規模	死亡	受傷	房屋全倒	房屋損壞	備註
1904.11.06	嘉義北港溪下游	6.3	145	158	661	3179	地裂、噴砂
1906.3.17	嘉義梅山、民雄	7.1	1258	2385	6769	14218	梅山地震，造成梅山斷層
1906.4.15	台北附近	7.3	9	51	122	1050	
1916.8.24	濁水溪上游	6.4	16	159	614	4885	
1935.4.21	卓蘭、苗栗附近	7.1	3276	12053	17907	36781	新竹-台中地震，引起獅潭及屯子腳斷層
1941.12.17	嘉義草嶺	7.1	358	733	4520	11086	草嶺山崩
1946.12.5	台南新化	6.5	74	482	1954	2084	新化地震，造成新化斷層
1951.10.22	花蓮	7.3	68	856	（未分類）	2382	山崩、地裂

時間	地點	規模	死亡	受傷	房屋全倒	房屋損壞	備註
1951.11.25	玉里	7.3	17	326	1016	582	玉里地震，山崩、地裂
1964.1.18	台南白河	6.5	106	650	10502	25818	白河地震，山崩、地裂、噴砂
1986.11.15	花蓮	7.0	15	62	35	32	山崩、地裂
1999.9.21	集集	7.3	3,276	12,053	20,815	17,978	山崩、地裂、噴砂、液化

16.8　臺灣的活動斷層分布

活動斷層（Active Fault）是指在過去某一段時間內曾經發生過錯動，而且未來可能還會再度錯動的斷層。對於一般建築而言，在距今 **11,000** 年內發生的斷層，就是活動斷層；對於重大工程而言（如核能設施、發電廠、大壩、海域工程等），這段時間定為**距今 35,000** 年。我國對於活動斷層的全盤清查，起步時間較晚，所以還沒有足夠的資料可以斷定許多可疑的活動斷層，因此乃將活動斷層分為三類：

(1)第一類活動斷層：全新世（距今 10,000 年內）以來曾經發生錯動的斷層；或者錯移現代沖積層的斷層。

(2)第二類活動斷層：更新世晚期（距今約 100,000 年內）以來曾經發生錯動的斷層；或者錯移階地堆積層或台地堆積層的斷層。

(3)存疑性活動斷層：有可能為活動斷層的斷層，但是目前對其存在性、活動年代或再活動性等尚未獲得確切證據。

活動斷層是地震斷層從地下往上切穿覆蓋層，並且使地表產生錯動的斷層，所以與地震的關係非常密切。地震斷層都發生在堅硬的岩石內，因為只有堅硬的岩石才能蓄積應變能，到了不能忍受的程度時，才以斷裂及錯動的方式，將累積的能量釋放出來，並且發出地震波。地震斷層不一定都會出現在地表；即使出露在地表，也不一定就是地震斷層的全段；其未出露的部分常以噴水、噴砂、液化、地面撓曲、雁行張裂等型式表現出來。根據統計資料顯示，越近發生的活動斷層，其復發的機率越大，所以活動斷層才會用年代來定義。又 35,000 年的來由，乃是因為它是碳十四定年的可靠上限而已。

臺灣島上一共有 **42** 條地表長度超過 **5** 公里的活動斷層（其中有 **18** 條是存疑性活動斷層）。它們主要分布於兩個狹長地帶：一個位於與西部平原（或盆地）鄰接的丘陵與麓山地帶，另一個則位於東部的花東縱谷地帶（圖 16.3）。茲將這 42 條活動斷層列於表 16.4；詳細描述請參考林啟文等（民國 89 年）。但在經濟部中央地質調查所公布的 2010 年版臺灣活動斷層則調整為 33 條。

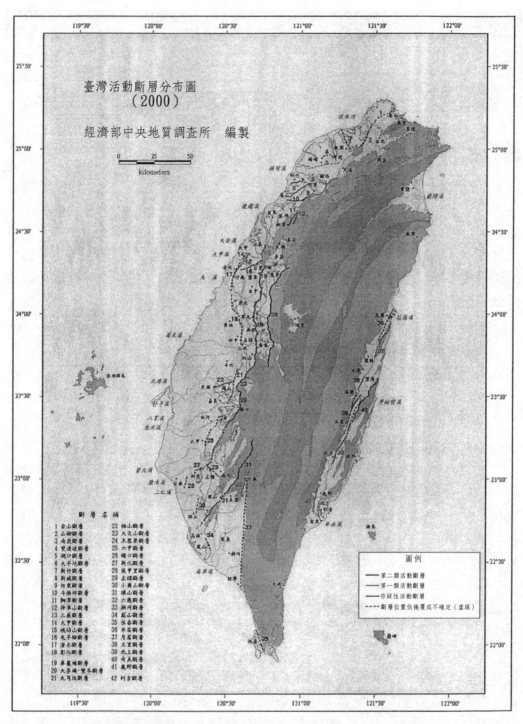

圖 16.3　臺灣的活動斷層分布圖（林啟文等，民國 89 年）（請看原著大圖）

表 16.4　臺灣島活動斷層統計表

地區	編號	活動斷層名稱			地表長度，公里	斷層性質	通過的縣市轄區
		第一類	第二類	存疑性			
臺灣北部	1			金山	34	逆移	台北市、台北縣，桃園縣
	2		山腳		11	正移（盲）	台北縣
	3			南崁	14	正移	桃園縣
	4			雙連坡	10	逆移	桃園縣
	5		湖口		23	逆移	桃園縣、新竹縣
	6		大平地		29	逆移	桃園縣、新竹縣
	7			新竹	9	逆移	新竹市、縣
	8		新城		28	逆移	新竹縣、苗栗縣
	9			竹東	18	逆移	新竹縣、苗栗縣
	10			斗煥坪	> 11	右移兼逆移	新竹縣、苗栗縣
臺灣中部	11	獅潭			15	逆移	苗栗縣
	12	神卓山			5	逆移	苗栗縣
	13		三義		19	逆移	苗栗縣、台中縣
	14		大甲		7	逆移（盲）	台中縣
	15		鐵砧山		15	逆移	台中縣
	16	屯子腳			14	右移	台中縣
	17			清水	22	逆移（盲）	台中縣
	18	彰化			32	逆移（盲）	彰化縣
	19	車籠埔			> 80	逆移	苗栗縣、台中市縣、南投縣
	20			大茅埔-雙冬	55	逆移	台中縣、南投縣
臺灣西南部	21			九芎坑	23	逆移兼右移	雲林縣、嘉義縣
	22	梅山			13	右移	嘉義縣
	23	大尖山			25	逆移	南投縣、雲林縣、嘉義縣
	24			木屐寮	7	逆移	台南縣
	25			六甲	10	逆移	台南縣
	26	觸口			67	逆移	嘉義縣、台南縣
	27	新化			6	右移	台南縣
	28			後甲里	11	正移	台南市、台南縣
	29			左鎮	10	左移	台南縣

地區	編號	活動斷層名稱			地表長度，公里	斷層性質	通過的縣市轄區
		第一類	第二類	存疑性			
臺灣南部	30			小崗山	8	逆移	高雄縣
	31			旗山	65	左移兼逆移	高雄縣
	32		六龜		18	左移	高雄縣
	33			潮州	85	逆移兼左移	高雄縣、屏東縣
	34			鳳山	11	逆移	高雄縣
	35			恆春	16	逆移	屏東縣
臺灣東部	36	米崙			25	逆移兼左移	花蓮縣
	37		月眉		23	逆移兼左移	花蓮縣
	38	玉里			37	逆移兼左移	花蓮縣
	39	池上			47	逆移兼左移	花蓮縣、台東縣
	40	奇美			18	逆移兼左移	花蓮縣
	41		鹿野		24	逆移	台東縣
	42		利吉		13	逆移	台東縣
統計	北	0	4	6	10		
	中	5	3	2	10		
	西南	4	0	5	9		
	南	0	1	5	6		
	東	4	3	0	7		
	合計	**13**	**11**	**18**	**42**		

註：（盲）表示盲斷層

16.9　臺灣的火山岩分布

臺灣的火山依其活動年代的先後，大致可分為三大類：

- 最古老的火山活動是在中生代的初期（大約 2 億 3 千萬年前）。火山岩主要分布於中央山脈的東翼；這些火山岩因為歷經造山運動及變質作用，如今已經面目全非，絕大多數變質成了綠色片岩或角閃岩等。

- 新生代的早期至中期（大約 1 千 3 百萬年至 6 千 3 百萬年前）的火山活動。主要分布於中央山脈西側的麓山地帶以及臺灣西部，包括台北、新竹、桃園、嘉義等地的同時代之沉積岩中，以及東部外海的火山島嶼，如綠島、蘭嶼等。這些火山產物雖然仍保留著火山岩的面貌，但大多數夾雜於沉積岩中，其火山型態已不復見。其中以存在於中新世的沉積岩中較為多見；這些火山噴出岩大部分屬於玄武岩質，而且以火山碎屑岩多於火山岩流。在臺灣的北部及中北部，西部麓山帶內各中新世沉積岩中，或多或少幾乎都可以在若干地點發現火山岩露頭。

- 臺灣最近的火山活動發生在新生代晚期的上新世——更新世（約 2 百萬年前）。這時期的火山活動侷限於臺灣北部，如大屯火山群、基隆火山群、基隆外島的花瓶嶼、基隆嶼、棉花嶼、彭佳嶼、龜山島等，均以**安山岩**質的火山型態噴發。另外就是澎湖群島的高原式**玄武岩**之噴發，其岩流分布甚廣；屬於**裂縫噴發**的型態，與臺灣北部的**中心噴發**型態不同。這時期的火山產物由於年代較新，所以雖然已經是死火山，但是火山的型態依然清晰可辨。

茲將對工程影響比較大的火山岩略加說明於下：

(1)公館凝灰岩

公館凝灰岩是中新世火山噴發活動中，分布最廣泛的火山岩；由臺灣北部海濱向西南延伸，直到桃園縣與新竹縣交界的大漢溪角板山一帶為止。它存在於木山層及大寮層兩個地層內；一般以產於大寮層的底部比較多，但是多數的凝灰岩體仍舊散佈在大寮層或其下伏的木山層的地層中間，形成不規則且不連續的岩體，它們並沒有固定的層位。公館凝灰岩體以各種不同的幾何外型，或以引長的凸鏡體，或以時分時合的薄層，或以扁莢體呈現。其最大厚度可達 200 公尺以上，位於台北縣中和市的南勢角（清水坑背斜構造中）；薄者則不及 1 公尺；其延展長度從數公尺到數公里都有（何春蓀，民國 75 年）。

公館凝灰岩係由玄武岩碎屑岩或熔岩流及凝灰質沉積岩所組成；它是由火山口噴出的火山塵及火山灰（粒度在 2mm 以下者）膠結而成的。凝灰岩風化後容易形成黏土礦物，其中如果蒙脫石的含量太高時，土壤可能即具有膨脹性；這是工程上必須注意的。

(2)大屯火山群

大屯火山群位於台北市的北郊,由約 20 個火山體及其寄生火山所組成。其火山產物以**安山岩**為主,並有少量的玄武岩。

大屯火山群中以七星山(1,190 公尺)為最高,而且噴發時代最新;其火山口的原形已不甚明顯(其山頂有七座圓頂小峰,因而得名);該火山富含噴氣孔,其爆裂火山口仍不斷吐出硫氣濃煙。大屯火山群的西南方有帽狀的紗帽寄生火山丘(643 公尺);其西方為另一高峰,即大屯火山(1,090 公尺),其火山口壁有四個小山頭圍繞著舊火山口;北方則有菜公坑寄生火山丘。七星、大屯兩個雄峰之間,有小觀音山(1,022 公尺),其舊火山口直徑 1,200 公尺,深 300 公尺,是為火山臼。本火山群由三巨峰鼎立,四周更為竹子、大尖後、磺嘴、丁火朽及觀音等六大火山所環繞。觀音山(611.5 公尺)則是大屯火山群中單獨的火山體,以淡水河與本火山群的主體分離。

大屯火山群由安山岩流、火山灰,及粗粒火山碎屑噴發物的連續交替噴發所構成;主要火山種類屬於**層狀火山**,噴發時覆蓋在時代不同的中新世沉積岩之上。本火山群共有熔岩流 15 層以上,並夾有至少 3 層凝灰角礫岩(陳肇夏、吳永助,1971)。火山熔岩流多分布於大屯火山地帶之中央部分,構成火山之主體。其岩流的分布地帶常在海拔高度 200 公尺以上的地區。熔岩有灰、黑、紫、淺紅等各種顏色。在底部之熔岩含輝石較為顯著,向上則以角閃石漸多。熔岩的厚度隨處而異,大部分都在數十公尺,最厚者可達 300 公尺以上。陳肇夏與吳永助(1971)按照鐵鎂礦物相對含量之多寡,將大屯火山岩分為下列九種:玄武岩、含橄欖石角閃石兩輝安山岩、兩輝安山岩、含角閃石兩輝安山岩、角閃石兩輝安山岩、兩輝角閃石安山岩、紫蘇輝石角閃石安山岩、普通輝石角閃石安山岩及角閃石安山岩。觀音山地區的安山岩熔岩流,則以兩輝安山岩及紫蘇輝石安山岩為最多,此外也有發現少數的普通輝石橄欖石玄武岩。一般認為大屯火山群及下一節要講的基隆火山群都是菲律賓海板塊攜帶著海底沉積物,下沉到歐亞板塊之下,發生局部熔融所產生的岩漿,向地表噴發的結果。

本火山群內有許多地區出現地熱、溫泉、噴氣孔、硫氣孔等現象,特別是在金山斷層的東南側一帶最盛。這些火山後期的噴發氣體,非常酸質,具有強烈的腐蝕性,對工程材料的維護非常不利。

(3)基隆火山群

基隆火山群位於臺灣東北海岸、基隆港東面的九份,金瓜石一帶;其岩性

以石英安山岩為主，由火山岩流及火山碎屑岩所構成。

本火山群的火山岩體有基隆山九份、牡丹山、金瓜石本山、草山及雞母嶺等；其中只有草山及雞母嶺曾噴出地表，它們的噴口現在還保存得很好。其他的岩體都是岩漿侵入地下的岩層凝固而成；後來受了剝蝕作用，才露出地表的；現在出露的石英安山岩體共有 6 個。其中盛產黃金的九份火山體則尚未露出地面。九份，金瓜石的金銅礦床與火山活動有極密切的關係。

基隆山火山體，坐落於基隆火山群的最北端，呈橢圓形，分布範圍廣達2.47 平方公里，其北端在水湳洞附近伸入海中。此火山體的外形類似雞籠，故俗稱「雞籠山」，嗣後才改稱基隆山（588.5 公尺）。金瓜石本山火山體位於本火山群的心臟地帶，此火山體之頂部有一瓜狀的富含金礦之岩體，故俗稱「大金瓜」，而金瓜石之地名也因此而來。草山及雞母嶺火山體，位於本山火山體的東南側，呈現南北三個鐘狀的火山丘；其中兩個在草山，一個在雞母嶺。草山北火山丘中由北至西南方有四個爆裂火山口，草山南火山丘的西北部則有一個完整的爆裂火山口，其東南也有一個稍明顯的火山口，但尚未發現雞母嶺火山丘是否有火山口。

(4)澎湖群島的玄武岩

澎湖群島係由 64 個大小島嶼與多數岩礁所組成；其最大的高度約在海平面上 50 公尺。澎湖群島的火山岩質以玄武岩為主。因為噴發物中含有的凝灰岩及火山灰很少，所以火山爆發並不算猛烈。澎湖火山的噴出口有大型的數個或數十個之多，呈北北東——南南西之排列方向；是屬於裂縫式噴發的火山作用。整體看起來，澎湖群島原來是一個規模很大的玄武岩方山（mesa）。後來因為地盤上升而露出海面，再受陸地上的侵蝕作用而呈現高低不平，然後地盤再沉降而分離成許多島嶼。

玄武岩流大致上為海底火山的噴出物，並挾有數層含海化石或炭化木碎片的沉積岩層。熔岩噴出的次數甚多；連續噴發的岩流大致上可分成 9 層。中國石油公司曾在白沙島西端的通梁打了一口深井，結果發現 320 公尺厚的玄武岩流噴出覆蓋在厚約 200 公尺的新第三紀沉積物之上，更下則是堅硬的中生代基盤，主要由矽質頁岩及石英岩所構成。

澎湖群島的玄武岩屬於橄欖石玄武岩；呈緻密狀或多孔狀。當玄武岩流在地表上冷卻凝固後，體積會收縮，然後形成柱狀節理，其長軸垂直於地表（或冷卻面），有如石柱，其橫切面則呈現漂亮的六角形。這種節理在工程上會造

成兩個不利的條件，第一個是石柱一般呈直立狀，所以坡面（尤其是海崖）上的石柱容易發生傾翻，使得邊坡逐漸後退；第二個是節理的開口容易讓水及空氣侵入，所以風化殼會特別的深厚；再者，站在水資源的立場來看，這種岩石的結構不易儲水，所以澎湖群島無法做水庫，而且缺乏可飲用（即淡水）的地下水。另一方面，當玄武岩流噴發到地表上後，因為圍壓變小，所以氣體會逸出而留下氣孔。這些氣孔隨後被地下水所帶來的礦物質沉澱結晶，狀似杏仁，所以稱為**杏仁結構**。充填氣孔的礦物以霰石佔大多數，當地稱為**文石**；它是一種寶石，現在已被採盡。再者，玄武岩風化後常見**球狀構造**，形成鐵褐色的團塊。玄武岩的表層也常被風化成紅土。

(5)海岸山脈的火山岩

海岸山脈是一個島弧的地質體，其火山岩可以分成兩個主要的岩石地層單位來說明：一個是以輝綠岩和安山岩熔岩流為主的奇美火成雜岩，另外一個是以火山碎屑岩和石灰岩為主的都鑾山層。

奇美火成雜岩分布於海岸山脈的奇美地區（即海岸山脈中段的秀姑巒溪下游），面積大約有 22 平方公里；另外還有一個小的單獨露頭，位於奇美南邊的樟原附近。這個火山岩體的岩性以安山岩質的岩流及火山碎屑岩為主所組成，但也包括侵入的輝綠岩，玄武岩質安山岩及玄武岩的岩脈，同時還含有薄層的頁岩。由於受到最少三期強烈的熱水換質作用，使得整體構造不易辨識。根據定年的結果，奇美火山活動可能從漸新世晚期或中新世早期就已經開始，一直到上新世早期才結束。

在台東外海的兩個島嶼，即綠島與蘭嶼，其生成年代也與奇美火成雜岩相當。綠島幾乎全為安山岩質集塊岩所覆蓋，也有少量的安山岩流散佈在各地，後者以含角閃石安山岩為主。蘭嶼位於綠島的南方；全島由安山岩流及集塊岩所構成。安山岩流出現在島的中央部位，四周為火山碎屑岩所覆蓋。含角閃石安山岩仍然是安山岩流的主要岩性。集塊岩則有玄武岩質及安山岩質之別，其他還有輝長岩、閃長岩、及蛇紋岩的岩塊。

都鑾山層是一個巨厚的火山岩層，直接覆蓋在火成岩體（即奇美火成雜岩），或與火成岩體共存。都鑾山層的岩性以火山角礫岩、火山礫岩、凝灰岩、礫岩、凝灰質砂岩和石灰岩為主，偶夾有薄層的熔岩流。其成因顯然與奇美火成雜岩的火山活動有關，它們同屬一個火山島弧的產物；但是都鑾山層含有少量的玄武岩及石英安山岩。都鑾山層分布的範圍不到海岸山脈的二分之

一，但卻是構成海岸山脈的脊梁部分。其厚度各地變化相當大，平均約為 400 到 500 公尺之間，局部地區厚度可達 1,000 公尺以上。

奇美火成雜岩及都巒山層的形成都與呂宋火山島弧有關。大約在中新世早期或更早的時候，由於歐亞板塊與菲律賓海板塊的碰撞，大規模的海底火山爆發，大量的安山岩流及一些火山碎屑岩在現今的海岸山脈地區噴出，形成了奇美火成雜岩及綠島與蘭嶼等火山島；這是屬於第一期的火山活動。都巒山層則是第二期火山活動的產物。

16.10　臺灣的混同岩層分布

混同岩層的分布乃是板塊聚合的表徵。它是當板塊下沉時，兩個板塊互相刮削，且將海床的沉積物及板塊的碎塊（一般稱之為外來岩塊）混雜在一起而形成的。由於它形成於海溝深淵，所以沉積物均以細粒的泥質為主；又由於兩個板塊發生剪切運動，所以沉積物都呈現明顯的、且密集的剪裂面。這些都是混同岩層的重要特徵。因為工程上混同岩層不易開挖，而且雨水沖刷嚴重，同時還具有膨脹性，所以知道它們的分布位置及範圍非常重要。

臺灣的混同岩層分布在兩個地方（請見圖 16.4），一個分布於台東至玉里之間的狹長帶上，稱為利吉層；另外一個則位於墾丁與車城之間，稱為墾丁層。

利吉層最顯著的特徵是它形成一層厚度超過 1,000 公尺的灰色泥岩，在其內部夾雜著許多種類繁多、而且大小不一的外來岩塊；這完全符合典型的混同岩層的特徵；在野外非常容易辨識。利吉層分布於海岸山脈南半段的西翼及南端；南自台東縣卑南鄉的利吉村起，沿著海岸山脈的西緣，向北延伸到花蓮縣玉里鎮東方的樂合聚落，長約 70 公里，寬約 1 至 3 公里，沿縱谷東望，十分壯觀（請見圖 16.4 右）。因為沖刷嚴重，常形成惡地形；而外來岩塊則能夠耐侵蝕，所以常呈孤立的小山丘。泥岩因為受到兩個板塊反向移動所造成的擾亂作用，所以常呈現混亂狀態，缺乏明顯的層理；同時兩個板塊因剪切運動所造成的剪力作用，使泥岩產生密集的剪裂面。所有不連續面的位態常隨地而異，但是傾角一般都很陡，而且略呈南北走向。外來岩塊大部分為砂岩及蛇綠岩，還有少量的粉砂岩、頁岩及泥岩碎片，但是都是屬於小岩塊。此外，有極少數的岩塊為石灰岩、礫岩、及安山岩質集塊岩。大部分外來岩塊的直徑只有數公尺，有些小的甚至只有豆子一般大。但是也有少數幾個巨大的岩塊，例如孤立在台東的沖積平原上之貓山，它就是一塊孤立的石灰岩塊，其平面面積可以廣達 1 平方

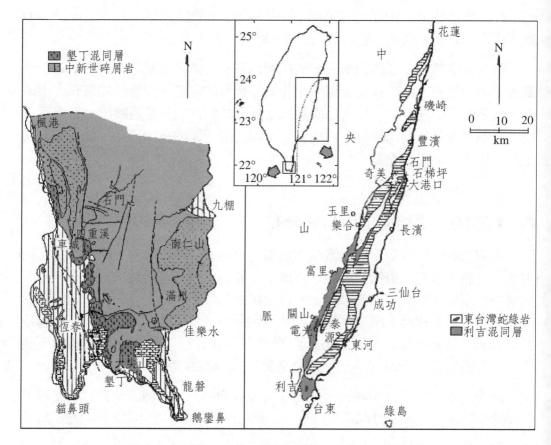

圖 16.4　利吉層（右）與墾丁層（左）的分布範圍

公里以上。利吉層的堆積時代在上新世中期以後，或上新世晚期。**蛇綠岩系**（Ophiolite）被認為是來自海洋地殼，因為被對方的大陸板塊刮下來而混入深海沉積物中。最大的蛇綠岩露頭出現在關山附近，長約 3.5 公里，寬度大於 1公里。

　　出露在恆春半島的**墾丁層**是另外一個混同層。它也是由雜亂而層理不明的深灰色泥質至粉砂質沉積物所組成，其中含有大小不等的外來岩塊。泥質沉積物也出現緊密的剪裂面，常呈光滑的鏡面及擦痕。墾丁層的外來岩塊，其直徑可以從數公分到 1 公里左右，依其出現的頻度，從大到小，主要有粉砂岩、砂岩、粉砂岩及砂岩的互層、礫岩、枕狀熔岩（海底噴發的）、火山角礫岩及橄欖岩等；其中以粉砂岩及砂岩的數量最多。礫岩質砂岩因為抗風化的能力強，所以常形成巨大的孤立岩塊，地形上至為明顯，如大、小尖山、門馬羅山、大

圓山等。墾丁層呈西北方向分布，出露範圍北自竹坑，南至墾丁海岸入海，南北長約 25 公里，東西寬約 5 公里（請見圖 16.4 左）。形成時間自中新世晚期至更新世早期，約距今 7～1 百萬年間。

16.11　臺灣的成雙變質帶分布

板塊聚合邊界的另外一項地質特徵是在板塊邊緣會形成成雙變質帶，靠洋側的為高壓低溫變質帶，靠陸側的則為高溫低壓變質帶。臺灣的中央山脈東翼也可以找到這種成雙變質帶；其靠洋側的為**玉里帶**（又稱為**外變質帶**），靠陸側的則為**太魯閣帶**（又稱為**內變質帶**）（請見圖 16.5）。

玉里帶由單調的泥質黑色片岩夾少量的綠色片岩所組成；還包含有大量的已變質之外來岩塊（海洋地殼）；並有代表高壓環境的**藍閃石片岩**。這一整套岩層代表著更早期的板塊碰撞所形成的混同岩層，屬於隱沒帶的變質作用；惟其生成時間不明，可能是在中生代晚期。

太魯閣帶係由泥質片岩、片麻岩、混合岩、變質石灰岩（大理岩）、綠色片岩、矽質片岩及角閃岩所構成。片麻岩的存在表示有岩漿的侵入，這在玉里帶是沒有的。太魯閣帶的大部分岩石曾受高度**綠色片岩相**的變質作用；尤其發現有矽線石礦物，證明曾受較強的變質作用，為屬於岩漿弧的變質作用。

玉里帶與太魯閣帶之間被一條界限斷層（即壽豐斷層）所分隔，請見圖 16.5 的虛線部分。

16.12　臺灣的地質概述

要在一個小章節裡將臺灣地質講清楚幾乎是不可能；所以本節只能做一個歸納，詳細內容請參閱何春蓀（民國 75 年）及陳培源（民國 95 年）。

何春蓀先生（民國 75 年）將臺灣分成七個地質區，及兩個地質亞區（請見表 16.5 及圖 16.6）。因為它是以地理位置做為分區的依據，所以一般人會比較習慣，而且這種分區法容易與衛星影像配合，因此本書乃加以沿用。茲將各區的地質條件由西而東略述於下（地質學的規矩則要依岩層的生成年代，由老而新的順序描述）。

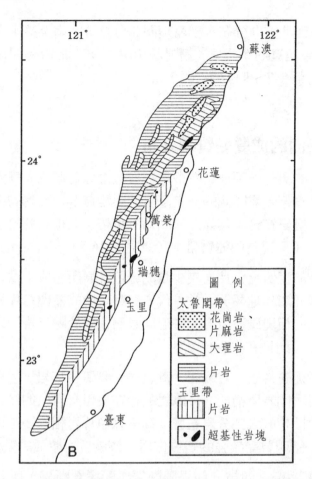

圖 16.5　中央山脈東翼的成雙變質帶（虛線為壽豐斷層）（陳培源，民國 95 年）

表 16.5　臺灣的地質分區表（何春蓀，民國 75 年）

區號	區名	分區或分帶	主要岩性
I	澎湖群島	－－－	洪流式玄武岩
II	濱海平原	－－－	沖積層
III	西部麓山地質區	－－－	新第三紀沉積岩為主
IV	中央山脈西翼地質區	IVa：雪山山脈帶	中新世至古第三紀硬頁岩及板岩系
		IVb：脊梁山脈帶	
V	中央山脈東翼地質區	Va：太魯閣帶	先第三紀變質雜岩
		Vb：玉里帶	
VI	東部縱谷	－－－	（縫合帶）
VII	海岸山脈地質區	－－－	新第三紀火山質及濁流式沉積岩覆蓋的火山弧

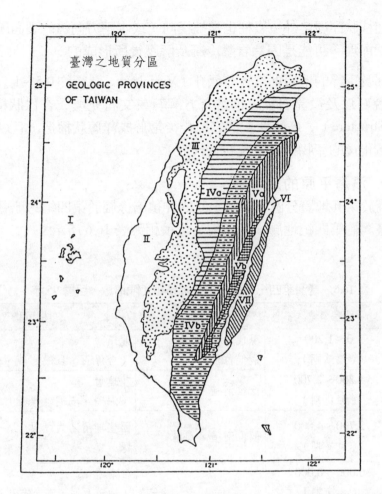

圖 16.6　臺灣地質分區圖（分區的代號請參閱表 16.5）（何春蓀，民國 75 年）

16.12.1　澎湖的玄武岩

　　本區屬於第 I 地質分區。澎湖群島乃是中新世的火山活動所造成的裂縫噴發；玄武岩熔岩流（Lava Flow）覆蓋了整個澎湖群島（最西的花嶼島除外），形成**平頂台地**（Caprock），其最大高度約在海平面以上 50 公尺。它的發生可能與中國南海的海底擴張有關；大約可分成四次噴發（陳培源，民國 95 年）。

　　玄武岩的顏色自濃黑、灰黑至微褐灰色都有；結晶較粗的玄武岩風化後呈褐灰色，多孔狀的玄武岩風化後則呈灰紅色或紫色。玄武岩體的結構，其最大特徵是被許多**柱狀節理**（Columnar Joint）所切割，岩柱甚為粗大，以 30～60 公分最多見；大部分的岩柱為直立狀，但也有平臥的、傾斜的、彎曲的，甚至放

射狀的。在柱狀節理之外，岩柱也常被橫向（或水平方向）的裂面所橫斷，有人稱為**板狀節理**，可能是因為岩漿冷凝及解壓後所形成的。

在中部及下部的熔岩則常含有氣孔（Vesicle），孔徑約 0.5～1 公分；孔壁上常有蒙脫石以及微晶石英，也常有方解石或文石充填成**杏仁狀構造**（Amygdaloidal Structure）。多孔狀玄武岩風化後常形成**洋蔥狀構造**，且以柱狀節理為界；而風化後的產物則以蒙脫石為代表。

16.12.2 濱海平原的沖積層

本區屬於第 II 地質分區。濱海平原的沖積層係屬於第四紀的地層中最年輕的地層。臺灣的第四紀地層，其名稱及沉積相如表 16.6 所示：

表 16.6 臺灣第四紀地層名稱及沉積相（陳培源，民國 95 年）

地質時代	距今年數	陸相沉積	海相沉積
最新 全新世	0～1,200 （北濱期）	現代沖積層 最低位河階	北濱層 （含浮石、貝殼。砂、泥）
	1,200～2,700 （彰化期）	低位河階	花蓮層 （海砂、珊瑚礁礫層）
晚 全新世	2,700～4,000 （美崙期）	低位河階／海階	國聖埔層／大湖貝 塚　　　　　　　米崙礫岩
早至中 全新世	6,000～8,000 （台南期）		台南層 （海砂及泥，富含有孔蟲及貝類）
早 全新世	6,500～8,500 （龍港期）	低位河階	龍港層 （砂、礫、泥、珊瑚礁）
	8,500～10,000 （北勢期）	低位河階之泥、砂、礫	北勢層 （砂、礫、泥）
晚至中 更新世	林口期 （店子湖 期）　　大南灣期	林口層（泰山相） （紅土台地礫石層）	大南灣層 （海砂、礫、泥） 北：寶斗厝相 南：高位珊瑚礁
	不整合		
中至早 更新世	頭料山期	通宵層，魚池相 （砂、礫、泥、泥煤）	通宵層寶山相 （香山砂岩）

　　沖積層廣泛的分布於西部海岸平原、屏東平原、宜蘭平原、花東縱谷、較大的盆地等地。為黏土、粉砂、砂、礫石等所組成。

▌ 16.12.3　西部台地的紅土礫石層

　　本區屬於第Ⅲ地質分區的一部分。紅土礫石層廣泛的分布於西部丘陵、海岸台地或河階台地上，自北往南，如林口台地、桃園台地、中壢台地、楊梅台地、湖口台地、苗栗縣的火炎山、台中縣的鐵砧山及大肚山、彰化縣的八卦山、南投縣的凍頂台地及雲林縣的觸口台地以及高雄縣的嶺口台地等；再向南，還可發現於恆春半島及鵝鑾鼻台地。另外，埔里盆地、魚池盆地、台中-南投盆地等也有分布。在東部則出現於花東縱谷（何春蓀，民國 75 年）。

　　紅土礫石層大多由未膠結的礫石，及夾在其中的平緩的砂質，或粉砂質凸鏡體所組成；其層理及淘選度都很差。礫石的大小可以從幾毫米到一、兩米都有；礫石通常以中粒砂岩及石英質砂岩為主。在紅土台地堆積層內，紅土總是發育在礫石層的頂部。台地堆積層的厚度可以從數十公尺到 200 公尺以上；紅土只是一層很薄的表土，其厚度可以從數公尺到 10 公尺之間。在垂直方向上，紅土向下漸變為礫石間的紅色黏土填充物，再向下就變為未受風化的礫石層。

　　平緩的台地堆積層與其下的頭嵙山層，或更老的地層形成非常明顯的**交角不整合**（Angular Unconformity）；這是在臺灣所能觀察到的最清楚的不整合現象。

　　紅土礫石層又可細分為以下幾層：

　　⑴內柵層（全新世早期）

　　分布於桃園大溪一帶，為陸相低位河階堆積，約有 3～4 階，以礫石及砂、泥組成，無紅色及黃褐色的表土；厚度不大；僅是河階之表面而已。

　　⑵中壢層（更新世晚期）

　　為高位河階；構成數段階地。各階段的紅土礫石層厚約 12～50 公尺，但以 20～30 公尺居多。**中壢層**主要由紅土與礫石所構成。礫石主要為矽質砂岩，其中混有矽質黑色頁岩，膠結物為砂與泥，有時被鐵質溶液所浸染；紅土呈現紅色或黃棕色。

　　⑶店子湖層（更新世早期）

　　為紅土台地礫石堆積，又稱**林口層**；以下部的礫石層及上部的紅土層所組成。分布於西北部沿海以南至西部許多和緩起伏，或平坦的台地面。礫石層厚

度約二、三十公尺，以中粒的砂岩礫石及石英質礫石為主（在觀音山火山體附近的本層，偶有安山岩及玄武岩的圓礫）；礫石的淘選度很差；礫石層上面是厚度零至數公尺的紅土層。

店子湖層所含的紅土為現地原生紅土化所致；**中壢層**的紅土則由較老的岩層及店子湖層的紅土經過再侵蝕、搬運及堆積而成，故其外觀多為紅土與礫石交雜；此點可作為店子湖層與中壢層在野外區分的依據。

▌16.12.4　西部丘陵的頭嵙山層

頭嵙山層的層名來自豐原東南方的頭嵙山；它廣泛分布於西部麓山帶中，時代是更新世的初期，它整合在上新世卓蘭層之上。其分布地區由台北縣觀音火山的基盤（觀音山砂岩）開始，向南延伸，沿途經過西海岸的各紅土礫石台地，構成其底部基岩；及苗栗—台中一帶的丘陵地，再到濁水溪以南，構成西南部平原東側各丘陵地，包括台南—高雄之關廟、旗山一帶之丘陵。與頭嵙山層相當的地層也見於南投縣的埔里盆地，以及東部海岸山脈及澎湖群島的小部分地區（陳培源，民國95年）。

本岩層的主要出露地區在地形上常發育成為鋸齒狀的山峰及比較高的台地。雖然礫岩層是頭嵙山層中一個很特殊的岩段（**火炎山相**），但是只有在臺灣中部的大甲溪與西螺溪之間有良好的發育，尤以沿著烏溪及西螺溪最為巨厚；在其他地方頭嵙山層大部分是以砂岩、頁岩和泥岩的互層為主，但夾有礫岩薄層（**香山相**）。

臺灣中部及中南部頭嵙山層中的礫岩相及砂岩與頁岩互層相都有很好的發育；前者通常覆蓋在後者的上面。本層的下部以塊狀、淡青灰色至淡灰色、細粒或粉砂質的砂岩為主。砂岩的膠結疏鬆，部分具有交錯層，偶含漂木碎塊，而且常常夾有青灰色頁岩的互層；砂岩常夾有礫岩薄層或凸鏡體，出現的層位不定。巨厚塊狀的礫岩在頭嵙山層的上部比較發達，常形成峻峭懸崖及鋸齒狀的山嶺。礫岩的厚度在數百公尺至 1,000 公尺之間。礫石以沉積岩為主，其中石英岩及堅硬的砂岩約佔一半。礫石的直徑在數公分到 1 公尺都有。礫石的膠結物大多為細砂，間或含有鈣質或鐵質。礫岩的淘選度通常不佳。

頭嵙山層在臺灣北部只有出現香山相，礫岩相並不發達，一般只有少數礫石薄層夾在砂岩及泥岩之間。因此，出現許多不同的地層名稱，例如在新竹縣及苗栗縣分別被稱為**楊梅層**及**通宵層**。在臺灣北端則可與**觀音山層**對比；在臺

灣中南部的相當地層，從下而上，有**崁下寮層**、**二重溪層**及**六雙層**，出露於新營以東的曾文溪流域。另外，高雄縣六龜鄉荖濃溪西岸出露的**六龜層**或**六龜礫岩**，位於六雙層之下，主要由厚礫岩、粗粒砂岩、砂質頁岩及泥岩組成；可以與頭嵙山層的礫岩段對比；但是六龜礫岩的膠結度比頭嵙山礫岩堅密得多。

▌ 16.12.5　台北盆地的地層

台北盆地面積約為 150 平方公里，外型略成三角形，為第四紀的沉積盆地。盆地的東南緣為西部麓山帶，以褶曲的第三紀沉積岩為主；北緣為大屯火山，以第三紀的沉積岩為基盤，上覆安山岩質熔岩流、火山灰及粗粒碎屑噴發物；西緣則為林口台地，由更新世的礫石層及紅土層所組成。

台北盆地係以第三紀沉積岩為基盤，上覆水平或呈原始傾斜，且以第四紀為主的河、湖相未固結沉積物；主要由砂、黏土及礫石所組成。由於基盤係由東南向西北傾斜，所以沉積物也是由東南向西北的方向，厚度變厚、岩相變細、且沉積相變深。

目前通用的地層劃分，由上而下可以分為**松山層**（晚更新世至全新世）、**景美層**（晚更新世）、**五股層**（中更新世）、及**板橋層**（中更新世）等四個地層（鄧屬予等，民國 83 年）；鄧屬予（民國 88 年）將更新世的地層，即景美層、五股層及板橋層合稱為**新莊群**。

松山層為半鹹水的湖相沉積，其岩性以河、湖相的砂、黏土及其互層為主，夾有薄層小礫；黏土層中常含藍鐵礦、貝殼及有孔蟲化石（鄧屬予，民國 88 年）；礫石以石英岩及砂礫岩為主，間夾火山礫；全層厚度自數十公尺到近百公尺；且以松山一帶為中心。為了深開挖的需要，松山層尚可再細分為 6 個次層；從上而下，第六、四、二次層為黏性土層，又稱為**台北沉泥**，色暗黑、灰白、乃至青灰；第五、三、一次層則為砂質土層。一般而言，越接近基隆河，則黏性土層越厚，砂質土層幾乎尖滅；相反的，越接近淡水河，則砂質土層越厚，而黏性土層幾乎尖滅。典型的松山層，其平均厚度約為 50 至 60 公尺，但有厚達 100 公尺以上的，例如上塔悠一帶就厚達 110 公尺以上。

景美層則以沖積扇相的厚層紅土礫石層為主，間夾河相的青灰色礫石；在盆地的東南部多大礫，且以石英岩礫為主，砂岩次之，偶而有火山岩礫；在盆地的西北部則以中、小礫居多；整層厚度可達 50 公尺以上；屬於景美溪的沖積扇沉積。再下的**五股層**，為河相的砂層及礫石層、河湖相的黏土層，以及沖

積扇相的紅土礫石層；在盆地的東南部，以紅土礫石為主；在盆地的西北部，則以砂、黏土及小礫居多；整層厚度可達 160 公尺以上。最下一層為**板橋層**，為河、湖相的砂泥層、河相的小礫，以及沖積扇相的紅土礫石；上段以黏土層居多，且常呈現紋泥構造，並含有火山碎屑；下段則多礫石及砂層；整層厚度可達 120 公尺以上。

■ 16.12.6　西部麓山帶的新第三紀地層

本區屬於第Ⅲ地質區的主要部分。就岩性而言，臺灣的新第三紀地層（上新世及中新世的合稱）係以未變質的碎屑沉積岩（砂岩與頁岩）之連續沉積為主；其時代從漸新世晚期即已開始，經中新世而延續到上新世；分布於西部麓山帶；其年代由東往西漸新，地層的厚度則往南方而漸厚，沉積物的粒徑也隨之而漸細。另外，在脊梁山脈的西斜面之**盧山層**則是以受過輕度變質的硬泥岩至板岩為主，其時代為中新世或包含一部分的漸新世地層。

西部麓山帶的新第三紀碎屑沉積物及輕度變質的盧山層都是屬於同一個地槽內的沉積，分別代表近濱及遠濱的沉積相。唯靠近東邊的泥質沉積物因為受到後期的板塊運動之擠壓，而發生輕度變質。但是靠近西側的沉積物受到多次海侵及海退的循環影響，因而在西北部出現了三次的循環沉積；每一個循環從代表海退的含煤地層開始，及至一個代表海侵的含海棲化石的海相地層為止。

新第三紀地層西薄而東厚，在澎湖地區大約是 500 公尺左右，至西部平原之地下約近 1,500 公尺，但在南部的嘉義阿里山一帶，厚度可逾 4、5,000 公尺。阿里山地區因受構造推擠，新第三紀地層被高高抬升，目前高達 2,600 公尺以上，是未經變質的中新世地層中露出最高的地點。

表 16.7 是西部麓山帶沉積岩地層的對比表。限於篇幅的關係，本書無法一一敘述，詳細的介紹請參閱何春蓀（民國 75 年）及陳培源（民國 95 年）。

本地質區的最上一層地層（**卓蘭層**）整合在頭料山層之下；它是由砂岩、粉砂岩、泥岩及頁岩所構成。由於砂岩及頁岩的抗蝕力不同，所以在互層出露的地區常形成**單面山**（Cuesta）或**豬背嶺**（Hogback Ridge），成為本地層的重要特徵。工程開挖容易引起順向坡滑動。

臺灣的中新世地層中有三個含煤地層，曾有開採記錄，目前雖然已經廢棄，但是其開採後所遺留的礦坑可能影響地下工程的施作，甚至造成地表的下陷，所以在此稍微說明一下。

表 16.7 台灣西部麓山帶未變質沉積岩的地層對比表（何春蓀，民國 75 年）

區域 時代	臺灣北部 基隆、臺北、桃園	臺灣中北部 新竹、苗栗	臺灣中部 臺中、彰化、南投	臺灣中南部 嘉義、臺南	臺灣南部 臺南、高雄	臺灣南部 高雄、屏東	臺灣最南端 恆春半島
更新世	讀科山層（觀音山層）	通霄（楊梅）層	頭嵙山層	六雙層 二重溪層 坑下寮層	玉井頁岩	六龜層 六龜礫岩 雙犄層	恆春石灰岩
上新世	卓蘭層	卓蘭層	卓蘭層	六重溪層 澐水溪層	北寮頁岩 竹頭崎層	古亭坑層（狹義） 古亭坑層 南勢崙砂岩 盖子寮頁岩	馬鞍山層
	錦水頁岩	錦水頁岩	錦水頁岩		芎埔頁岩 隘寮腳層 鹽水坑頁岩		墾丁層
中新世 晚期	二鬮層	桂竹林層	魚藤坪砂岩 十六份岩 關刀山砂岩	鳥嘴層 中寮層	糖恩山層 長枝坑層 紅花子層 三民頁岩	鳥山層	樂水層（砂岩為主）
	大埔層			糖恩山層			
	南莊層（五堵）層	上福基砂岩 東坑層 觀音山砂岩 打鹿頁岩 北寮砂岩	南莊層	南莊層			
中新世 中期	南港層 南莊砂岩 溪含層	出磺坑層	水裡坑層	達邦層			長樂層（頁岩為主）及砂礫岩
	石底層	碧靈頁岩	大坑層				
中新世 早期	大寮層 凝灰岩 木山層	汶水層	粗坑層				
漸新世	五指山層 蚊子坑層						

三峽群　瑞芳群　野柳群

　　最上的含煤地層為**南莊層**；它在三個含煤地層中，分布最廣，可以從北部海岸向南延伸到嘉義縣的阿里山。一般而言，南莊層在新竹縣及苗栗縣是煤層發育最好的地區，最多有五層的煤可以開採。在台北縣及桃園縣，南莊層沒有重要的煤層，只有在本層的下部有兩層薄而不規則的煤層，可以局部開採，但是很快就變薄或尖滅，所以煤礦規模都很小。在新竹縣及苗栗縣，本層的上段含有七至八層煤層，但多半沒有連續性，只有一到兩層當厚度到達 30 公分以上時才值得開採。但是獅頭山煤田是唯一的例外，在這裡有三到四層可以開採，每層厚度為 30～40 公分，最厚可以達到 80 公分。在苗栗縣的後龍溪以南及台中縣，南莊層沒有具有延續性的可採煤層。然而到了更南的南投縣及嘉義縣阿里山，南莊層出現凸鏡狀的煤層，雖然有過試採，但成效不彰。從阿里山以南，南莊層全部變為海相地層，即不再含煤。

　　臺灣西部的三個含煤地層中（從新到老為南莊層、石底層及木山層），以**石底層**最為重要。在基隆市、台北縣及桃園縣一帶，石底層以及它所含的煤層發育得特別好；向南到了新竹縣及苗栗縣，石底層內出現幾條重要的煤帶；更南到了台中縣及南投縣，石底層就漸漸變為海相沉積，煤層消失了。石底層的上部及下部都含有煤層或煤線；然而可以開採的大都位於上部，平均的煤層厚度約 30～60 公分。在臺灣最北部的石底層，其下部只有一層可採煤層；上部則有五個可採煤層，其最厚的主煤層可達到 1 公尺厚。向南在台北縣、桃園縣及新竹縣的大部分地區，雖然仍可見到五層煤，但是只有 1～3 層可以開採。到了苗栗縣的南莊煤田，它是臺灣非常出名的焦煤產地，就是產自石底層，其煤層平均厚約 25 公分。

　　木山層是臺灣北部三個含煤地層中的最下一個地層。在臺灣的最北部，木山層含有三個可採煤層，多位於上部，每一煤層的厚度自數公分到 60 公分不等，局部的脹縮很普遍。在不同的煤田內，煤層的厚度及可採性也變化很大。在臺灣的北部，本層只有兩層，乃至只有一層可以開採，煤層厚度大約只有 20～40 公分。在桃園縣及新竹縣，木山層的下部有一層質劣而不純的煤層，厚約 10～30 公分，但是沒有開採價值。在苗栗縣雖然可見薄而不規則的煤層，但也不值得開採。

▋16.12.7　雪山山脈及脊梁山脈的第三紀亞變質岩

　　本區屬於第IV地質區。由經過輕度變質的第三紀巨厚泥質沉積岩所組成；它成為中央山脈東翼的變質基盤之**蓋層**，又稱為中央山脈的硬頁岩及板岩帶。

　　本地質區全長約 350 公里，最寬達 50 公里；佔了臺灣山地面積幾乎一半。本區又可分成雪山山脈帶（第 IVa 地質分區）及脊梁山脈帶（第 IVb 地質分區）兩個分帶。**雪山山脈帶**起自北海岸的福隆，向南經過烏來、雪山、埔里及日月潭，到達玉山山脈南邊荖濃溪的上游為止（請見圖 16.7）；全長約 200 公里，平均寬度約 20 至 25 公里。臺灣最高的玉山山嶺及第二高的雪山都位於本分帶之內。**脊梁山脈帶**位於雪山山脈帶的東邊及南邊，包括所有的脊梁山脈最高山嶺，以及中央山脈的南部，及玉山山脈以南的所有高山；中央山脈東側從玉里到台東的一條狹長板岩及千枚岩帶也屬於這個分帶。這兩個分帶的中間係以**梨山斷層**相隔；而本地質區的西邊則以屈尺斷層（北部）、水長流斷層、沙里仙溪斷層（中部）及荖濃溪斷層（又稱潮州斷層）（南部）與西部麓山地質區（第 III 地質區）分隔。類似這種縱長的斷層，區隔主要地質區或岩相構造帶者，稱之為**界限斷層**（Boundary Fault）。也就是說，**屈尺斷層**及其南延斷層區隔了新第三紀的沉積岩與古第三紀的輕度變質岩；**梨山斷層**則分隔了雪山山脈地質分區及脊梁山脈地質分區；同樣的，**花東縱谷斷層**既是界限斷層又是板塊的縫合帶，它分隔了中央山脈與海岸山脈。

　　雪山山脈帶可以分成兩個顯著的岩相，一個是硬頁岩及板岩相；另外一個則是炭質砂岩相。其中，炭質砂岩相以厚層至中層白色或灰色的砂岩為代表，局部含有薄層凸鏡狀煤層及炭質頁岩，幾乎不夾石灰質凸鏡體。其中比較有名的有**四稜砂岩**（雪山隧道開鑿時遇到湧水及坍塌最嚴重的地段）及**白冷層**，它們都是石英岩質砂岩，是臺灣最堅硬的岩層。硬頁岩（變堅的頁岩）及板岩相很少發現到礫岩，火山碎屑岩則在本帶的北部及中部比較多一點。

　　脊梁山脈帶的變質度較強，其頁岩已經變質成板岩及千枚岩；偶夾有泥灰質或石灰質的結核，以及粉砂岩、砂岩及礫岩夾層。板岩有時與薄層到中層的石英砂岩形成緊密的互層，但是沒有厚層的粗粒白色石英岩相及炭質岩層；火山碎屑岩則多在脊梁山脈的中部及南部出現。

　　表 16.8 顯示本地質區的地層名稱及對比。

▊ 16.12.8　中央山脈東翼先第三紀變質雜岩

　　中央山脈東翼是屬於第 V 地質區。它是臺灣最古老的地質單元，其南北長 240 公里，北段寬 30 公里，中段減至 20 公里，到台東附近只剩下 10 公里而已（請見圖 16.5）。

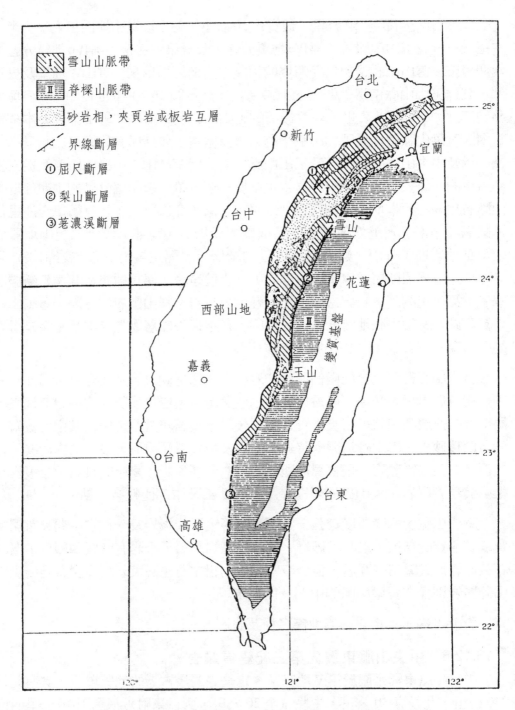

圖 16.7 雪山山脈及脊梁山脈地質分區的分布圖（何春蓀，民國 75 年）

表 16.8　雪山山脈帶及脊梁山脈帶的地層分層與其對比表（何春蓀，民國 75 年）

地質時代	西部山地	雪山山脈帶北部	雪山山脈帶中部及南部		脊梁山脈帶
中新世	南港層 石底層 大寮層	蘇樂層			廬山層
中新—漸新世	木山層	澳底層			禮觀層（？）
漸新世	五指山層	大桶山層 （粗窟砂岩） 乾溝層	水長流層		（地層間斷）
		四稜砂岩	眉溪砂岩	白冷層	
漸新—始新世		西村層	佳陽層		畢祿山層 （新高層）
始新世			達見砂岩 十八重溪層		

　　這個變質雜岩系主要由原來的沉積岩及火山岩經過高度的區域變質作用而造成的各種片岩及變質石灰岩（大理岩）所構成，其中並夾有少量的片麻岩、混合岩、角閃岩、變質基性火成岩及蛇紋岩等，統稱為**大南澳片岩**。

　　大南澳片岩因受變質較劇，以致其所含的化石遭受破壞而不易辨認，加上地質構造複雜而不易分辨層序，所以造成地層分層的高困難度。根據現有的資料，將本地質區的地層簡述如下：

⑴天祥層

　　本層以灰色至灰黑色片岩為主，間夾綠色片岩。灰黑色片岩多由石英、絹雲母片岩及黑色千枚岩或含碳質千枚岩質片岩交間成層而成。有些地方也有變質砂岩、礫岩、石英片岩或再結晶燧石層。

　　綠色片岩的成份以綠泥石、絹雲母和綠簾石為主，也有間夾塊狀綠色岩；此外也常有大理岩的夾層，其厚度從數公尺至十餘公尺不等；或者大理岩與片岩成薄層相間。

　　本層中常見小型褶皺及石英脈。在天祥稚暉橋下的河灘上出露之片岩中含有許多被壓扁的外來岩塊，包括砂岩和大理岩等。

(2)長春層

本層主要由顏色深淺不一，呈層帶狀（banded）的薄層大理岩與鈣質石英片岩或矽質大理岩交間組成。本層中也常夾有數十公分以至數公尺的白雲岩或變質燧石，以及數公尺以至一、二十公尺厚的綠色片岩和灰黑色片岩（陳培源，民國95年）。

鈣質石英岩大多由石英細晶所組成，在其間隙中常被方解石細晶所充填，也有石英和方解石分別成極薄層，相間而成條紋狀者。其中含有黃鐵礦細晶者，風化之後多顯現黃褐色，含綠泥石者則呈現灰綠色。大理岩多白色與灰黑色。

在本層底部有些地方層見有一、二公尺至數十公分厚之硬綠泥石岩（含硬綠泥石在50%以上），呈莢狀之夾層，連續分布。在中部橫貫公路的長春橋附近（隧道079-080之間）也發現有這種岩石的露頭。岩石呈黑綠色，石質緻密而沉重（比重較大），因為常含有黃鐵礦，所以風化面常有鐵銹色的皮層。

本層的岩石除呈層狀之外，也常有複雜的小型褶皺為其特徵；並顯示有經二次以上的褶皺作用之現象。像這種表現出複雜的小型褶皺的現象，與該層的薄層狀岩性有關，它代表著一種**弱質岩層**（incompetent bed）的可塑性變形。

(3)玉里層

以石英絹雲母片岩，或綠泥石絹雲母石墨片岩為主，偶夾綠色片岩及蛇紋岩體，含甚多曲皺的石英脈，其中也見有斑點片岩（即黑色片岩與綠色片岩）。

(4)九曲大理岩

本層以厚層至塊狀的大理岩為主，呈灰色或白色，也常有黑白相間的層帶或斑紋。層理並不顯著，欠缺平整的裂開面。岩石由中粒或細粒的方解石晶粒所集成。本層很少見到片岩的夾層。

在九曲洞以東的地區常有層理明顯而平整的平板狀大理岩，其顏色灰黑至白色，每層厚度多在50公分以下。有些層面可能由於石灰岩的**縫合線構造**（stylolitic structure）而出現槽脊相間的**線理**（lineation）。此段大理岩可視為九曲大理岩的上部，或介於長春層與九曲大理岩之間的另個一地層（陳培源，民國95年）。

(5)溪畔片麻岩

溪畔片麻岩呈灰色，風化後表層顯現鐵銹色。岩石構造呈粗糙片麻岩，以

至近於塊狀（等粒變晶狀），部分也有顯示較薄的葉理者。部分片麻岩含有擄獲的圍岩石塊。岩石結晶中粒至細粒，局部也有粗粒結構。組成礦物以石英、酸性斜長石與褐色黑雲母為主，此外也有少數的白雲母，局部地方含有微斜長石。岩石的副成份有綠簾石、黝簾石、石榴子石、榍石、磷灰石、碴石等。在成份上屬於花崗閃長片麻岩至石英閃長岩質片麻岩。

燕子口的片麻岩成份與溪畔相似，但含有較多的細晶石英，而長石則較少；且岩石的葉理較為發達。

⑹開南岡片麻岩

開南岡片麻岩出露於立霧溪口的兩岸，具有明顯的葉理，淺色與暗色的層次呈現較為規則的相間排列，容易劈開。岩石有小型褶皺，多石英脈，有呈**腸狀構造**（ptygmatic fold）者。礦物成份以石英最多，此外有酸性至中性斜長石、絹雲母或白雲母、綠色和褐色黑雲母（前者佔多數），還有綠色角閃石。副成份包括綠簾石、黃鐵礦、碴石、方解石、磷灰石等。

■ 16.12.9　海岸山脈的新第三紀火山弧

東部海岸山脈屬於第Ⅶ地質區；其南北長約 180 公里，最大寬度在中段，約 10 公里，到了南北兩端則窄化為 3 公里。海岸山脈阻擋了來自中央山脈的水系，只有一條秀姑巒溪橫貫其中部，其他都順著花東縱谷，分向兩端洩至太平洋。

海岸山脈是菲律賓海板塊西緣的一個新第三紀島弧；其中軸係由安山岩質島弧岩漿凝結而成；覆蓋在其上的則是中新世、上新世及更新世的岩層。山脈的中部被奇美斷層（約略從豐濱至瑞穗）所斜切，分成南北兩段。根據測量的結果顯示，北段逐年向東北移動，而南段則向西北移動；且南段的抬升率比北段還快。

海岸山脈的地質發展史其實就是一部板塊的隱沒與碰撞史。其地層分類在第 16.9 及 16.10 節已經稍微提及。從上而下，可以分為卑南山礫岩、利吉層、八里灣層、蕃薯寮層、港口石灰岩、都巒山層、及奇美火成雜岩。

卑南山礫岩是海岸山脈最新的地層單位，出露於卑南大溪，台東市以北 7～15 公里間。其礫石直徑為 5～15 公分，為來自於中央山脈的沖積扇堆積物；生成年代可能在更新世中期或晚期。**利吉層**主要以青灰色或黑灰色泥岩為主，並夾有大小不一的外來岩塊，其中超基性的蛇綠岩常成為泥岩地帶的突出山

頭。因為泥岩具有緻密的鱗片狀剪裂面，故利吉層被認為是一種**混同岩**。其實，整個利吉混同層不但是隱沒性質（當中新世早期南中國海板塊隱沒到菲律賓海板塊之下時）的混同層，而且也是後期弧陸碰撞時，在縫合帶中產生的混同雜岩體（陳培源，民國95年）；詳情請見16.10節。

八里灣層（八里灣今名豐濱）是屬於深海的沖積扇濁流岩岩相。所謂**濁流岩**（Turbidite 或 Turbidite Deposits）是濁流沉積作用所形成的沉積物。**濁流**（Turbidity Current）乃是一種富含懸浮固體顆粒的高密度水流，其密度大於周圍海水，在重力的驅動下順著斜坡向下流動；常受地震、滑動、暴風浪等因素所觸發。濁流層的上部顆粒較細，向下漸粗，形成黏土→粉砂→砂→礫的層序。礫及粗砂的分布範圍較小，集中於**濁積扇**的扇頂；細粒碎屑物則可擴展到很大的範圍。濁流常週期性的反覆發作；細粒沉積物就是濁流活動的間歇期之產物。因此，每個濁流層的底面與下伏的細粒泥層之間常呈突變的接觸關係；而濁流層的頂部，則逐漸過渡為泥質層。在濁流岩中常可發現旋捲層、流槽鑄型、重荷鑄型、槽鑄型及其他的底痕構造。八里灣層就是屬於濁流層；在濁流的扇頂，以礫岩及厚層砂岩為主；在扇中及扇緣則以砂岩、頁岩的互層為主。其砂岩則主要為岩屑，如板岩和變質砂岩。砂質岩層可以分為兩種來源：一種是來自古亞洲大陸的碎屑岩層，即組成八里灣層；另外一種則是來自火山弧，多含火山碎屑物，即組成**蕃薯寮層**。蕃薯寮層是泥岩與砂岩、頁岩互層的濁流岩。早期將八里灣層與蕃薯寮層合稱為**大港口層**。早於大港口層的**港口石灰岩**，其特徵為由生物或生物碎屑堆積而成的石灰岩，以透鏡狀體覆蓋在部分地區的都巒山層火山岩之上。都巒山層及奇美火成雜岩已於16.9節有所說明。

海岸山脈的地質自成一個體系，其與西部的地層對比如表16.9所示。

■ 16.12.10　恆春半島的新第三紀火山弧

恆春半島的岩性及岩相與西部麓山帶並不相同，且其地層中有一層叫做墾丁層係與海岸山脈的利吉層同屬混同層，所以有必要分開加以敘述。

恆春半島為脊梁山脈南端的延伸，其西南方為馬尼拉海溝的最北端，其東側則有呂宋海槽及呂宋島弧；因此恆春半島乃是位於南中國海板塊隱沒到菲律賓海板塊之下的地方。

恆春半島的地質可以以**楓港斷層**與其北側略受變質的廬山層相隔。恆春半島的地層主要由未經變質的中新世地層所組成，在中新世地層之上則局部覆蓋

表 16.9　臺灣地層對比表（陳培源，民國 95 年）

地質時代		沉積	北部	中西部	南部及恆春半島	東部	岩漿活動	地殼運動
第四紀	全新世	卓蘭沉積循環	沖積層　內柵層（低位河階堆積）松山層　中壢層（高位河階堆積）林口層	北濱層　龍港層　北勢層　缺　店子湖層	北濱層　阿公店珊瑚礁　楓港珊瑚礁　網紗珊瑚石灰岩　台南層 鵝鑾鼻石灰岩　鵝鑾鼻礫岩層	北濱層　沙丘及沖積層　花蓮層　米崙層　都蘭鼻層　紅土礫石層	大屯山火山活動	基隆山火山活動　花蓮幕　花東幕　台南幕　台北幕 東寧造山運動　蓮萊幕
	更新世		大南灣層　火炎山層　通霄層	缺　不整合　頭料山層　火炎山層　通霄層	鼓山珊瑚石灰岩（高位隆起珊瑚礁）六龜礫岩　六雙層　二重溪層	缺　恆春礫頁岩　四溝頁岩　恆春石灰岩　馬鞍山層　米崙山礫岩　卑南山礫岩		
新第三紀	上新世	南莊沉積循環	卓蘭層　錦水頁岩　二鬮層　大埔砂岩　五堵層	卓蘭層　錦水頁岩　魚藤坪砂岩　十六分頁岩　關刀山砂岩　上福基砂岩　東坑層	古亭坑層　桂竹林層　竹頭崎層 茅埔頁岩 隘寮腳層 鹽水坑頁岩 糖恩山層　長枝坑層（石內層）南莊層	樂水層　大港口層　利吉層	澎湖火山活動 角板山期基性活動　都巒山期中性活動　上坪火山活動　公館期基性活動	東台灣蛇綠岩系形成期
	中新世	石底沉積循環　木山沉積循環	南港砂岩　湊合層　石底層　大寮層　公館凝灰岩　木山層（五指山層）斷層　澳底層	觀音山砂岩　打鹿頁岩　北寮層 南港層　出磺坑層　碧靈頁層（大坑層）汶水層	水裡坑層（逢邦層）廬山層　（N 礫）　缺	長樂層　缺	奇美及蘭嶼火山活動	埔里運動
古第三紀	漸新世	四稜沉積循環　西村中嶺循環	水長流層　四稜砂岩（青潭層）西村層　中嶺層	水長流層　白冷層（粗坑層）	缺　佳陽層	丹路層　缺		
	始新世	畢祿碧候循環	畢祿山層（E 礫岩）	大禹嶺層	檜谷層		北港期酸性活動	太平運動
	古新世?		碧候層（M 礫岩）	利稻層				南澳運動
中生代	白堊紀　侏羅紀　三疊紀	大南澳變質作用	大南澳片岩	北港群（地下未出露地層）缺	缺		大南澳期活動	
古生代	二疊紀　石炭紀			缺		玉里層　太魯閣層　開南岡層　三錐層		

著上新-更新世及全新世的沉積物。現在從上到下，分成隆起珊瑚礁、鵝鑾鼻層、恆春石灰岩、四溝層、馬鞍山層、墾丁層、樂水層、長樂層的順序分別簡述於下。

恆春半島的東、西海岸（東海岸從旭海以南、西海岸則從楓港以南）分布著**隆起的珊瑚礁**，其主要岩性由生物岩、珊瑚礁、及砂、礫等沉積物所組成；一般都有數公尺厚；在低潮時可以高出海平面 2～5 公尺，但是最高的珊瑚礁很少超出海平面 20 公尺者。其隆起的速率約為每年 3.3～3.5 毫米（海岸山脈可達 4.7～5.3mm/yr）（Wang and Burrett，1990）。**鵝鑾鼻層**是一層紅土含有砂礫，紅土夾有石灰岩碎屑，礫石都位於底部；該層為一陸相沉積，它在部分地區覆蓋在恆春石灰岩之上。**恆春石灰岩**可分為珊瑚或石灰藻生物岩、珊瑚碎塊、紅藻球泥質礫岩、生物泥質砂岩、有孔蟲砂岩及石灰質礫岩等岩類。其厚度因地而異，一般在數公尺至數十公尺之間，也有達到 100 公尺者。恆春石灰岩呈灰色至乳白色，緻密塊狀，但也有多孔隙者，如蜂巢狀，有些地區還有溶穴。恆春石灰岩係不整合在馬鞍山層之上。**四溝層**與恆春石灰岩為同時異相的沉積物，兩者呈犬牙交錯的接觸關係。四溝層出露於小溪溝或侵蝕強烈的山坡上；由疏鬆脆弱的粉砂岩、頁岩、細粒砂岩及礫石的凸鏡體，或不規則體所組成；礫石凸鏡體大多位於本層的下部。

馬鞍山層的下部由塊狀泥岩所組成，上部漸變為粉砂岩與頁岩的互層；到了頂部則顆粒變粗，甚至含有石灰岩的碎屑。墾丁層在 16.10 節已有描述，在此不再贅述。

樂水層主要由灰色砂岩、深灰色頁岩，及砂岩與頁岩的互層所組成，常夾有礫岩凸鏡體。分布於東邊的佳樂水及西邊的里龍山一帶。樂水層常發現有生痕化石、流痕、重荷鑄型等沉積構造，所以屬於濁流沉積。**長樂層**的上部主要由頁岩及砂岩的互層所組成；含有大量的基性、超基性以及酸性火成岩物質，其產狀或呈厚層槽狀礫岩，或呈崩移岩塊，或組成綠色砂岩互層。長樂層的下部以灰黑色頁岩及粉砂岩為主，夾有數公分至數十公分厚的薄層砂岩。本層分布於恆春半島中央一大片地方，及其最高點。

恆春半島與西恆春台地之間係以**恆春斷層**為界；該斷層縱切恆春縱谷平原，向北可能銜接潮州斷層或荖濃斷層。

PART 3

實務篇

CHAPTER 17

建築基地的主要工程地質課題

17.1　前言

依據建築物用途的不同，其基地可以分成一般建築、廠房及高層建築等三種類型來說明。

一般建築的特點是跨度適中、結構簡單、基礎的荷重較小、且以靜荷重為主；很少考慮到動荷重及偏心荷重；基礎的深度不大，以淺基礎為主。在土基中，輕型建築物一般採用的深度為 0.5～2.5 公尺的淺基礎。對於重型建築物則多採用深度大於 5 公尺的深基礎。

廠房的特點是跨度大，一般為 9～12 公尺，大者達到 30 公尺；其邊牆的高度也高，一般可達 20～30 公尺，甚至高達 40 公尺。其基礎的荷重大，承重牆、柱、及地板的靜荷重都很大。其基礎的深度較深，常以深基礎為主。

高層建築指的是高於 50 層的建築，或高度超過 50 公尺的重要建築物（如衛星地面接收站），或者是高度超過 100 公尺以上的高聳建築物，如電視塔、鐵塔、煙囪、水塔等。高層建築的結構不但承受豎向荷重，而且還承受很大的水平荷重（主要為風力及地震力）。其特點是重心高、荷重大、且水平荷重非常突出，基礎的尺寸大，而且埋置很深。因此，它對地基的要求主要是岩土層的岩性要單一而均勻、岩石結構完整且堅硬、地質構造簡單、承載層的厚度要大、而且延展性要好；其下臥層中最好沒有軟弱土層，地基的承載力要大。此外，由於高層建築的高寬比很大，所以對地基不允許產生太大的沉陷量以及不均勻的沉陷。

　　一般對於重要的建築物，或在軟土上的多層建築物，常在施工開始時就在工地的四周埋設沉陷樁及傾斜盤，以監測施工過程中地基的變形，以及工程完工後（待沉陷穩定）的沉陷量，作為反饋分析的資料，有助於以後工程的設計，或者當做發生異常變形時，能夠及時採取補救措施。

　　由於上述三種建築物的特性不完全一樣，所以其相關的工程地質課題也不盡相同。因此，分別說明於下。

17.2　共同的工程地質課題

　　三種建築物的共同工程地質課題是屬於宏觀性的課題；因為這些宏觀性的課題將會影響到工址或廠址的可適性。

　　(1)地形的課題

　　一般而言，地形越平坦、廣闊，越適合於布置一般的建築物；但是緩坡（5%～20%）（3°～11°）則有利於排水。按照地形的特徵，工址或廠址的地形可分成下列五種類型：

- 開闊的平原：對建築物的興建很有利；但是要注意淹水的可能性及防洪工程的條件及標準。
- 河谷階地：一般都在洪水位之上，所以可以免遭洪害；但是要注意河水對河岸的側蝕，及從山谷沖出的土石流埋村之可能性。
- 山前的古堆積扇：坡度及幅員都很適中，可以滿足大型建築的需求；但是土層的側向連續性不佳，常常夾有透鏡狀土層；而且垂向厚度的變化很快，常有尖滅的現象；加上扇面上的水系常發生變遷，有時還會遭受新土石流的侵襲。
- 山坡地：地形坡度大，場地較狹窄，挖填方大、開發的限制條件比較多；常發生沖刷、落石、崩塌、地滑、土石流等災害。
- 地形切割的場地：如台地面，因為遭受水系的切割，平地及谷地相間，所以常需大量填實凹谷；如果夯壓不實以及地下排水沒有處理好，則常發生差異沉陷及管湧淘空的現象。

　　(2)區域穩定性的課題

　　區域穩定性問題是選址時應該要評估的首要課題。影響區域穩定性的主要

因素是地震；它對工址或廠址的危害性一般由地震強度，或地表加速度來衡量。因為地震活動往往是突發性的，常給建築物帶來嚴重的破壞及損害。因此，如果預定的工址或廠址非常接近於震央或活動斷層時，則需對其危害性進行詳細的評估。很多國家的建築法都禁止在活動斷層的附近從事建築。

一般在選址時，就應了解地震及活動斷層的特性及其延伸情形、強震的構造條件、以及可能發生的地震最大震度等。此外，應該利用衛星影像，對大區域的岩性及地質構造進行判釋與了解。還應該注意蒐集歷年的震央分布圖、地震調查報告、地應力、歷史地震資料、以及現今的地震及活動斷層之活動情形等資料，進行評估及趨勢分析。

在強震區內要進行地震危害度分區，及地震影響小區劃。對於重大工程則需進行地震反應分析；評估工程抗震設計的課題。同時，應該查明斷層的分布、位置、規模、活動性及其性質。重點應該查明活動斷層的特性、類型、規模、錯動速率、及其對工程可能造成的危害。

(3)潛在地質災害的課題

地表到處潛伏著地質災害。因為地質災害具有週期再生的特性，所以從宏觀上，應該清查大區域的既生及潛在地質災害；其調查範圍必須擴及災害的發源地，尤其是土石流的發源地常位於數公里至十餘公里之外的山區。

地質災害的類別除了應包括活動斷層之外，還要包含各種類型及規模的落石、崩塌、及地滑，土石流，地下溶洞，廢棄礦坑，河岸侵蝕，向源侵蝕，地下水超抽所造成的地層下陷及其衍生的鹽水入侵，災害性土壤（如液化土、膨脹土、鹽漬土、軟弱土、沖填土、棄土等），地下水及土壤汙染等。對於這些潛在的災害，其規模大、難處理、且危害性高者最好以採取迴避為上策；其規模較小、可以處理的則應妥善的處理。

有些地區由於地下水位上升，造成地下結構物上浮、地下室漏水、地基的承載力降低，引起基礎不穩、沉陷劇增等問題，應查明其原因，並尋求對策。

(4)地基穩定性的課題

地基穩定性的課題一直是選址及規劃階段的主要課題。在宏觀上，地基的穩定性指的是地基中岩土層的分布、層厚的變化，以及地下是否隱藏著軟弱的岩土層等。

按照岩土層的工程地質特性，我們可以將岩土層分為硬岩、半硬岩、軟岩

及鬆散土等四大類。其中，岩盤除了存在有不利的連續面之外，大多能滿足多層或高層建築物的需求；而鬆散土層的條件則比較複雜，必須更仔細的評估；根據其分布及延伸的情況，我們可以將它再分成下列三種類型：

- 均一的地基：土層的側向延展比較均勻；可以是鬆散的砂、礫質，也可以是黏土質。砂、礫質的土層在鬆散時，會在振動荷載下發生振陷。此外，細砂或粉砂、粉土質的地基在地下水飽和的情況下，容易產生流砂；在地震時，發生液化；因而降低其承載能力。硬塑黏土雖然有較高的承載能力，但是會隨著含水量的增加而降低。
- 層厚穩定的地基：層厚穩定但是岩性有差異的地基需注意承載層的深度及沉陷量；如果夾有壓縮性高的土層比較不利。
- 層厚不等且有透鏡狀夾層的地基：這是最不利的情況。建築物容易產生不均勻沉陷；為此需做特殊的處理，如採用深基礎，或採用墊層的方式。

(5)水文地質的課題

在進行選址及分區時，應該充分考慮到水文地質的條件，包括地下水位的絕對高程、深度、季節性的水位升降幅度、受壓含水層的深度、受壓水的水頭高度、以及地下水的化學成分及其腐蝕性。考慮地下水的課題時可將預定工址分成低水位的（水位距離地表大於 5 公尺）、高水位的（水位距離地表小於 5 公尺），及水文地質條件複雜的等三種。

17.3　一般建築的工程地質課題

一般建築物的選址應考慮環境地質課題、地基穩定性課題、邊坡穩定性課題、建築物的合理配置課題、地下水的腐蝕性課題，以及地基的施工條件課題等。茲分別說明如下。

17.3.1　環境地質課題

選址的首要課題就是要清查建築基地內的既生以及潛在的地質災害，例如崩塌、落石、地滑、土石流、地下空洞、廢棄礦坑、棄碴、河岸侵蝕、向源侵蝕、活動斷層等等。因為地質災害有每隔一段時間就會重複發生的特性，所以對於規模比較大的既生災害之分布地帶應以避開為宜。又有些地區的地形、地質，及水文條件等都非常符合地質災害的成因條件之高潛感性地帶，亦應避免

加以利用；由於其發生災變的可能性很高，只是發生的時間很難預測，所以使用起來風險性極高；說不定一經擾動就誘發成災了。

又對於建築基地的環境地質評估，絕對不能只著眼於基地的小範圍內。很多類型的災害可以從遠處發生，然後影響到基地的內部來。土石流就是一個顯著的例子；它可以遠從幾公里、甚至十幾公里之外的發源地開始，然後順著溝槽，或採取直進的方式沖到基地來。另外，有一些災害則是逐漸演化，並以蠶蝕的方式逐漸逼近基地；例如河岸侵蝕、向源侵蝕及海岸侵蝕就是屬於此類；它們在建築物剛興建時，可能距離基礎還有一大段；但是假以時日，可能很快就接近基礎，並且淘空基礎。因此，環境地質評估的範圍應該擴大到整個集水區，或災害可能影響的範圍。使用衛星影像進行大範圍的評估將是不二的選擇。

17.3.2　邊坡穩定性課題

邊坡穩定性課題可以說是環境地質課題裡最重要的一個課題。大體而言，邊坡可以分成天然邊坡及人工挖填的邊坡；它們都具有一定的坡度及高度，在重力及地質營力的作用下有失去穩定性的可能。自然的邊坡如山坡、谷坡、河岸、海岸等是；常見的人造邊坡則有路塹、渠道壁、溢洪道邊坡、整地的邊坡、基坑開挖的邊坡、擋土牆上方的修坡、露天採礦（含砂石開採、露天採石等）的坑壁、道路的土堤、防洪的河堤及海堤等，不一而足。

建築計畫為了取得最大的建築空間，以及為了方便建築物的布置，或者開挖基坑的需要，必然要經過以挖填方工程為主的整地階段；其中尤以挖方工程密切牽涉到邊坡穩定性的問題。在這個階段，對於邊坡的穩定性必須進行個別的力學分析。一般在建築物預定位址的附近，如果有高陡的邊坡，有崩積土覆蓋的邊坡，或準備大規模削坡的地帶，或準備施作擋土牆的地方，以及既生的深層滑動體等，都需要從事邊坡穩定分析。根據岩土的性質及其組合關係，我們可以分成沖積層、崩積層、岩土相疊、及岩盤等四種邊坡來討論。

(1)沖積層

沖積層都位於平坦的地區；因此，它的邊坡問題主要存在於基坑的開挖。如果暫時不考慮地下水的影響，則有些土壤可以高陡的站立一段很久的時間，但是有些土壤則辦不到。在砂質土壤裡，直立邊坡經常會塌到一個穩定的角度；但是膠結的砂、粉砂或黏土的垂直開挖，則可以達到相當的高度之後才會垮掉。

沖積層作垂直開挖時，其暫時站立的高度可以由下式概略的推估：

$$臨時的垂直站立高度 = \frac{2 \cdot 凝聚力}{單位重} \quad\cdots\cdots\cdots\cdots\cdots\cdots \quad (17.1)$$

表 17.1 為在各類沖積層裡進行開挖時，其坑壁的暫時穩定站立角度及深度。本表僅供概略性參考，無意取代力學分析。一般而言，沖積層的開挖都需要採用支撐；同時在地下水位以下開挖時，還需設置連續壁，以保護坑壁。

(2)崩積層

崩積層的縱剖面（平行於斜坡方向切）呈錐狀；大都為近期堆積，其表面坡度接近於其組成物質在較乾燥狀態下的天然休止角，一般介於 25°～45°之間；浸水後容易發生局部或整體的滑動。表 17.2 顯示由不同岩石組成的崩積層之天然休止角參考值。

表 17.1　沖積層開挖時暫時站立之穩定斜度及高度

土壤類型	暫時站立的穩定斜度及高度（公尺）					
	垂直	1V：1/2H	1V：3/4H	1V：1H	1V：1.5H	1V：4H
砂、礫質砂	－	－	－	潮濕時	乾燥時	很濕時
膠結的砂	3	6	＞6	－	－	－
硬粉土、硬黏土	3	6	9	＞9	－	很濕時
中等粉土、中等黏土	2	3	6	＞6	－	很濕時
軟粉土、軟黏土	1	2	3	－	＞3	很濕時
淤泥	－	－	－	－	－	＜（1V：6H）

表 17.2　由不同岩石組成的崩積層之天然休止角

碎岩塊的組成	天然休止角	碎岩塊的組成	天然休止角
花崗岩	37°	砂岩	32°～33°
頁岩	38°	石灰岩	32°～36.5°
砂頁岩	35°	片麻岩	34°
鈣質砂岩	34°～35°	雲母片岩	30°

崩積層的內部具有向外傾斜的粗略層理，其傾角與天然休止角相近似；在外力（如地震或加載）的作用下，或在坡腳的開挖，很容易發生淺層或層間的滑動。又由於雨水從崩積層的底座（即崩積層與岩盤的界面）灌入，將潤滑接觸面而削弱崩積層底面的摩擦阻力，如果稍受外力的作用（如在坡腳開挖或在坡頂加載），很可能引起整個崩積體的滑移。

(3)岩土相疊

岩土相疊可以分成移積土與岩盤相疊，或殘留土（即風化殼的上部）與岩盤相疊；其中以前者的危險性高於後者。

岩土相疊的界面是地下水的滯水帶，其剪力強度比較弱。如果界面是傾向坡外，只要稍加擾動，導致界面被揭露出來，則其發生滑動的可能性將非常高，尤其是有雨水滲入時，其機會更大。如果土層較厚，則可能就在土體內發生弧型滑動，而其滑動面則與岩盤相切。

(4)岩坡

岩坡的穩定性可分成順向坡、逆向坡及斜交坡三種類型來評估；其中以斜交坡的問題比較少，除非有節理或其他不連續面具有不利的位態（例如節理面傾向坡外，並且出露於坡外）。順向坡的最大問題是可能產生順向滑動（或稱順層滑動）；而逆向坡的坡緣則很可能發生落石，其坡腳則可能有崩積土的問題。

▉ 17.3.3 地基穩定性課題

地基穩定性包括地基強度及地基變形兩部分。地基強度是指地基所能承受的，放置在其上的全部載重之能力。它有一定的承載能力，如果超過它所能負荷的，則地基將產生變形，甚至滑動破壞，而影響到其上的建築物，使建築物出現裂縫、傾斜、以至倒塌。因此，地基的穩定性必須同時滿足強度及變形兩方面的要求；而地基的強度及變形卻與承載層的特性息息相關。

(1)承載層

確定承載層除了要考慮它的強度及變形特性之外，不要忽略它的地下水位之升降範圍以及膨脹性或凍脹性。

- 考慮土層隨著季節而變化的膨脹性或凍脹性、活動帶的深度範圍，以及地基的脹縮對建築物的破壞性。
- 考慮土層的液化潛勢。

- 承載層的深度一般不小於 0.5m；但是對於岩盤的地基則不受此限。
- 同一土層，對於載重小的基礎，可能是很好的承載層；但是對於載重大的基礎，則可能不適宜作為承載層。
- 如果上層的土層較好時，一般宜選取上層作為承載層；如果下層土層的承載力大於上層時，則應進行評估比較，再選定適宜的承載層。
- 如果土層在水平方向的延續性不佳（如呈透鏡狀或尖滅），必要時，同一建築物的基礎可以分段採取不同的埋置深度，以調整基礎的不均勻沉陷，使之減小到可允許的範圍內。
- 承受較大水平荷重的基礎，應找尋較深的承載層，以保證有足夠的穩定性；例如高層建築由於受風力及地震力等水平荷重，其承載層的深度一般不少於 1/8 至 1/12 的地面上高度。
- 有些承受上拔力的基礎，如輸配電鐵塔的基礎，往往需要較深的承載層，以保證有足夠的抗拔力。
- 在遇到地下水時，原則上應儘量找尋較淺的承載層，俾便將基礎放在地下水位以上，以避免施工排水的麻煩；如果必須將基礎放在地下水位以下，則施工時應該進行排水，保護地基不受擾動。
- 對於有侵蝕性的地下水，應找地下水位以上的承載層；否則，應採取防止基礎遭受侵蝕的措施。
- 當基礎係位於河岸邊時，承載層應選在流水的刷深作用所及之深度以下。
- 有些新近沉積的軟弱土層、鬆散的填土，以及年代較少且未經處理的棄土或沖填土，其承載力很低，不應作為承載層。
- 如果遇到旁有鄰房時，一般宜使基礎淺於或等於鄰房的基礎深度；當必須埋置更深時，則應使兩個基礎之間保持一定的淨距；根據載重的大小及土質的情況，這個距離約為相鄰基礎底面高差的 1 至 2 倍；否則需要打板樁或施作連續壁，以避免在開挖基坑時，使鄰房的基礎鬆動。
- 通盤來說，承載層以深厚的堅硬岩層或緻密的土層為最佳，其承載力高、變形小；但是如果是高層建築或是位於斜坡地帶，則需注意偏壓、沖刷、及邊坡穩定的課題。
- 如果是很厚的黏土層（如塑性黏土、淤泥質黏土等），而採用筏基解決承載力不足的問題時，則常發生較大的沉陷量，且可能發生建築物的傾斜及開裂。為了減少地基的沉陷，對於這種地基，常使用樁基，或用地基處理方法。

- 如果上覆有軟弱的土層，而在不深處遇到堅實的岩土層，則可用短樁或沉箱，將基礎埋置在堅實的岩土裡。對於堅硬土層之上有可能液化的粉細砂、粉土層也可以用同樣的方法。
- 如果下伏的堅硬岩土層之界面起伏很大，或者上覆的軟弱土層之層厚變化很大，則很可能引起不均勻沉陷。因為地下勘查很難精確的定出岩頂的地形，所以要設置預鑄樁便很困難，使得各樁的長度很不好確定。因此，遇到這種情形，有時需要增補很多鑽探的孔數；有時則需改變樁型，如採用沉管混凝土樁、鑽掘樁或挖掘樁。

(2)地基的強度

地基的強度通常以容許承載力來表示。一般稱**良好的地基**就是指容許承載力大於 150kPa（1.5kg/cm^2）的地基。地基強度的大小分別受到地基參數及基礎參數兩方面的控制。其細目如下：

- **地基參數**：岩土層的成因、類型、層次、位態、分布及延伸情況、形成年代、結構特徵、各層的物理及力學性質、水文地質條件等。
- **基礎參數**：基礎的類型、大小、形狀、埋置深度、上部結構的特點等。

對於堅硬及半堅硬的岩體，必須查明岩土層的界面形狀（即岩頂的地形）、岩土層的層次及位態、岩盤的風化程度及不連續面的發育情形，以及地下是否藏有空洞等。對於劇烈風化的岩體及軟岩，必要時需從事現場試驗，以確定其強度。至於岩盤的承載力主要決定於岩體的工程地質性質，尤其是岩石的風化程度、結構特徵、各種不連續面的組數、特性、空間交叉關係及不利的位態等，還有水文地質條件。表 17.3 表示一般岩體的容許承載力，必須從其飽和單軸抗壓強度予以折減（即岩體的容許承載力等於岩石的飽和單軸抗壓強度乘上表列的百分率）。根據不同的風化程度，岩石的容許承載力則如表 17.4 所示，可作為初步概估之用。為了比較，表 17.5 顯示碎石土的容許承載力參考值；表17.6 則為淤泥的容許承載力。

表 17.3 岩體容許承載力的折減係數（%）

岩石類型	不連續面的發育程度		
	裂隙極發育，破碎，呈碎石狀	裂隙中等發育，閉合呈塊石狀	岩石完整，稍有裂隙
軟質岩石	5～6	6～10	10～17
硬質岩石	9～10	10～14	14～20

表17.4　岩石的容許承載力（kPa）

岩石類型	風 化 程 度		
	強風化	中等風化	微風化
硬質岩石	500～1,000	1,500～2,500	>4,000
軟質岩石	200～500	700～1,200	1,500～2,000

註：(1)對於微風化的硬質岩石，如果取大於4,000kPa時，其確實承載力應由試驗確定。
　　(2)對於強風化的岩石，如果與殘留土難以區別時，則按土壤考慮。

表17.5　碎石土的容許承載力（kPa）

碎石種類	密 實 度		
	稍密	中密	密實
卵石	300～500	500～800	800～1,000
碎石	250～400	400～700	700～900
圓礫	200～300	300～500	500～700
角礫	200～250	250～400	400～600

註：(1)表中數值適用於礫間孔隙為中砂、粗砂、或硬塑、堅硬狀態的黏性土所充填。
　　(2)當礫石為中等風化或強風化時，可按照風化程度的不同適度的調低容許承載力；如果
　　　顆粒間呈半膠結狀態時，則可適度的調高容許承載力。

表17.6　淤泥及淤泥質土壤的容許承載力（kPa）

天然含水量（％）	75	65	55	50	45	40	35
容許承載力（kPa）	40	50	60	70	80	90	100

(3)地基的變形

　　地基在建築物的載重下，土層被壓縮而產生相應的變形。如果地基的變形量太大，將會影響建築物的正常使用，甚至危及它的安全。因此，在壓縮量比較大的軟弱土層上蓋建築物時，地基的變形與地基的容許承載力是同等重要的。

　　地基的土壤在垂向及側向上的變化很快，例如在垂向上往往呈現厚薄及土質都不一樣的層次互相交疊，或在中間夾著土質不同的透鏡體，或者土質不一樣的土層呈犬牙交錯的接觸關係；而在水平的延伸方向上，則常發現土層有尖滅的現象，在短距離之內即發生很大的變化。因此，地基的變形有時顯出較大

的不均勻性；而不均勻變形往往導致建築物產生開裂，甚至造成破壞；尤其建在軟弱土層上的建築物，其沉陷量不只很大，而且不均勻，且沉陷的過程非常長，很容易造成事故。例如，地基中相距不遠的兩點，它們的最終沉陷量也許相同或相近，但是由於土質不同，其沉陷速率相差懸殊，因此而使得建築物也會產生破壞。

　　基礎的形狀、尺寸不同，其荷重不同，或砌置在不同的岩土上，或者地基中的土層厚度不同或土質極不相同等等，都是造成不均勻沉陷的主要原因。不均勻沉陷使得建築物各不同部位底下的地基，產生程度各不相同的沉陷變形，即不同的部位將出現相對的變形或沉陷差，以及傾斜。它們都不應大於地基的容許變形值。例如，中等壓縮性黏土的地基，在其上的煙囪基礎之沉陷量一般不得超過 20cm；高壓縮性黏土的地基，其相鄰的柱基之沉陷量不得超過柱距（中心間距）的 0.003 倍等。如果基礎的總沉陷量小於或等於地基的容許變形值，則認為該地基已符合設計的要求。反之，則需改變設計方案，或採用工程措施來改善地基的變形條件。

▌17.3.4　建築物的合理配置課題

　　工程地質條件是建築物配置的主要決定因素。一般在從事配置之前，必須先對承載層及其物理與力學性質，以及合適的基礎類型及其埋置深度等有一個通盤的了解，才可能進行最適宜的配置。這樣才能保證建築物的安全穩定、經濟合理及正常使用。有時必須把建築物安置在潛伏的地質災害區；遇到這種情況時，必須提出詳細的工程地質資料，並且建議工程處理的對策。

　　原則上，只要能滿足地基的容許承載力及沉陷量，基礎的埋置深度不宜過大，否則將會提高工程的造價。但是一般都把基礎放在不淺於地表以下 0.5m 深的良好土層上。

　　基礎的埋置深度主要決定於下列五項因素：

- ‧預定承載層的工程地質及水文地質特性。
- ‧預定承載層是否下臥空洞或軟弱土層。
- ‧預定承載層的膨脹性及凍脹性。
- ‧地下水及土壤的腐蝕性。
- ‧建築物的結構、荷重及其相鄰建築物的基礎深度。

　　至於承載層的選擇必須考慮下列標準：

　　　　‧岩性均一、結構緻密
　　　　‧層厚大、分布均勻
　　　　‧強度高、壓縮性小
　　　　‧在凍脹土或膨脹土之下
　　　　‧最好位於地下水位之上

17.3.5　地下水的腐蝕性課題

　　鋼筋混凝土是建築常用的材料。當混凝土製的基礎位於地下水位以下時，必須評估地下水對混凝土產生腐蝕的可能性。如果地下水中含有過量的 HCO_3^-、SO_4^{2-}、Cl^-、CO_2、及弱鹽基硫酸陰離子時，就可能具有腐蝕性。所以工址調查時也應採取地下水樣品進行腐蝕性分析。

　　上述具有腐蝕性的水質主要源自於地下水及土壤受到汙染；而汙染源可能來自天然的土質，或是工業的汙染。如果工址周圍或其上游發現有下列情況時，即應注意地下水受到汙染的可能性：

　　　　‧土壤中含有石膏。
　　　　‧土壤受到鹽漬化，或有海水入侵的情況。
　　　　‧有來自硫化礦或煤礦的廢水滲入。
　　　　‧強透水層中含有泥炭、淤泥、或含有大量有機質的地下水滲入。
　　　　‧有工業廢水滲入。

17.3.6　地基的施工條件課題

　　在基礎類型及基礎埋置深度決定之後，即要考慮基坑開挖的施工條件。不同的地基設計方案，其施工的地質條件也不盡相同。

　　(1)基坑的開挖條件

　　對於不太深的基礎，或是岩土層的性質比較好，基坑四周又沒有重要的建築物，一般可用大開挖的方式，但要確定合理的坑壁斜度。不過，對於有發生流砂的可能性（如粉細砂、粉土、受壓水等），或者遇到土質很軟的土壤時，則就應採取適當的預防措施。如果遇到容易風化的岩土層時則要採用保護措施，如敷設保護層；或者採用快速澆注混凝土。

　　對於深開挖的基坑，如果在河床地段就要設計圍堰或打鋼板樁。在都市裡，基坑的圍護及支撐的設計很重要；設計不良，將使施工發生困難；如果支撐倒塌，將對周圍鄰房造成危害。基坑圍護的方法很多，臺灣最常用的是採用

連續壁的方式；有的還用背拉錨加強。也可以使用樁柱圍護，如預鑄樁、鑽掘樁、鋼管樁、鋼板樁等。

(2)降水及排水

基坑開挖特別要注意基坑的降水及排水，以保證基坑土體的穩定。當基坑是在地下水毛細帶的影響範圍以上開挖時，即要考慮坑壁的穩定斜度，是否需要支撐，以及坑底以下是否存在有受壓水，坑底是否會發生隆起，或被受壓水沖潰等。如果基坑開挖到地下水位以下時，就要考慮到坑壁變形及流砂等問題。尤其是基坑底面位於地下水位較深的深度時，需要預測基坑的排水流量，以便於設計人工降水、選擇適宜的排水方法及排水設備。如井點排水（用於粉細砂及粉土）、電滲排水（用於軟黏土）或深井排水（用於透水性良好的砂、礫層）等。為了有效的降低地下水位（特別是受壓水位），必要時，需要進行抽水試驗，以測定土層的透水性質。

降水及排水是基坑開挖工程的重要項目之一。探勘及試驗時要提供含水層的厚度、導水係數、地下水位（含各層的受壓水位）。有時為了防止基坑周圍的地面產生不均勻下陷，在基坑外圍需要設置地下水補注井。

17.4　廠房的工程地質課題

廠址的選擇，其所應考慮的因素比一般建築物還要多。除了基本的地形、地質、水文、水資源等資料之外，還要蒐集及評估氣象、交通、能源、經濟、勞工的來源等等資料。其中工程地質條件是選址過程中非常重要的一環。

從工程地質條件的複雜性，我們可以把廠址分成山地型及平地型兩種基本類型來討論。一般言之，平地型廠址比較單純，但是也有例外。

山地型的廠址，地形的起伏大、挖填的土方量多、建築物的配置比較困難。其岩頂（Rockhead）面高低不平；上覆的土層，其成因及類型複雜（如殘留土或崩積土），厚薄不一，甚至岩盤直接出露。岩盤的強度雖大，但是因為受到節理的切割及風化作用的弱化，造成地基的不均勻性。崩塌、落石、地滑，及土石流等潛在災害的威脅大，甚至遇到溶洞或廢礦坑等，有時難以整治。

平地型的廠址，地形平坦，土層厚度大，一般問題比較少。但是有時地基中可能會遇到不同成因類型的軟弱土層，或位於地層下陷區；或者遇到特殊的

問題土壤，如膨脹土、液化土、鹽漬土等；可能造成廠址的不可適性。

　　預定廠址如果遇到有下列的不良條件時，最好能夠避開，不然就應該深入評估後再做決定：

- ・位於多震區或活動斷層的附近；地基由破碎的岩體所組成。
- ・地基中有飽和的鬆砂、淤泥、淤泥質土壤或棄土等。
- ・地表以下 30m 的深度內有溶洞或廢礦坑。
- ・潛在的地質災害密佈，且難以整治或者對廠址的安全性有直接危害。
- ・洪水或地下水對廠址有威脅性。
- ・沖積扇的地下水溢出帶；該處的地下水位接近地表，甚至會自噴。

17.5　高層建築的工程地質課題

　　與一般建築物相比，高層建築物的顯著特點是向高空發展，所以其總重量很大，而且重心很高。也由於其高度很高，所以水平力也就成為結構設計上的主要控制因素。水平力包括地震力（為動力荷重）及風力（包括靜力荷重及動力荷重兩部分）兩種。

17.5.1　地震力

　　地震對建築物的破壞作用，主要是由於地震波在岩土層中傳播引起強烈的地面運動所造成的。對於高層建築的抗震設計而言，最需注意的是地面的水平加速度及垂直加速度；後者一般比前者還小；但是根據民國 88 年集集大地震的資料顯示，垂直加速度在局部地區也可能大於水平加速度。一般而言，接近震央的地方，垂直方向的振動比較強烈，所以主要考慮垂直地震力對建築物的破壞作用。在其他地區，主要是由於水平地震力的影響。地面運動對高層建築物的影響與地面運動的加速度峰值、速度、位移、頻譜特性、強震的歷時等都有關係。現在都以地面運動的加速度峰值作為反應地震破壞力的主要參數。

　　地震波在地表的土層中傳播時，由於在不同性質的界面發生多次反射的結果，某個週期的地震波之強度會得到增強，也就是土層對地震波產生了放大作用；這種波的週期就稱為該土層的**卓越週期**（或稱**優勢週期**）。卓越週期在頻譜上的出現次數最多。不同的土層，其卓越週期也不相同。例如硬土層的卓越週期短而顯著；軟土層的卓越週期則較長。地基土層由硬至軟將反映震害由輕

到重的趨勢；而且岩盤由淺變深也反映震害由輕到重的規律性。地震發生時，如果建築物的自振週期與地基的卓越週期一致或相近時，兩者就會發生**共振**現象；使得振幅及振動力大為增加，導致建築物的破壞。因此，建在軟土地基上的高層建築物，比建在硬土層或岩盤上的震害要嚴重一些。

地震波在不同的土層中之傳遞特性不同，使建築物產生不同的地震反應；有時候，在同一次地震中，且同一個基地上，不同的建築物，其震害會相差很大。地震還可能使某些土層發生液化，及某些邊坡發生坍滑。職是之故，為了預防地震破壞，選址時應考慮下列各項：

- 避開活動斷層與沉寂或非活動斷層交匯的附近。
- 避開非岩質的陡坡、河岸，及邊坡的坡緣或坡腳處。
- 不要選擇承載層在水平方向的分布呈軟硬不均的地基。
- 不要選擇含有飽和鬆砂、淤泥、淤泥質土壤、沖填土、軟塑的黏土，以及其他鬆軟的人工填土等地段。
- 岩盤、砂礫土或堅實均勻的黏性土對抗震比較有利。
- 選擇開闊平坦的地形比孤立的山頂有利。

對於軟土的地基，在設計時要合理的加大基礎的深度，以增加地基土對建築物的限制作用，從而減小建築物的振幅；一般可以結合地下室的建造來滿足加深基礎的要求。同時要選擇合理的地基承載力，以使基底的壓力不要過大。還應該增加上部結構的剛度，以減少由於沉陷及不均勻沉陷對構件產生太大的附加應力，因為附加壓力較大時，往往會使地基發生剪切破壞，導致土層向基礎的兩側擠出，使得建築物產生大量沉陷及傾斜，乃至倒塌。對於這一類地基土，最好採用筏式基礎，或箱型基礎、鋼筋混凝土條型基礎、樁基礎（支承端必須在非液化土層內）等；它們都有較佳的抗震效果。

振動將使土壤的抗剪強度降低，從而導致主動土壓力增大，而被動土壓力減小。因此，地震時作用在基坑的連續壁上之土壓力應做適當的調整，如下式所示：

$$E' = (1 \pm 3K) \cdot E \quad\quad\quad\quad (17.2)$$

式中，E' = 地震時作用於壁背的土壓力

　　　E = 無地震時的土壓力

　　　　K＝水平地震係數（地表最大水平加速度與重力加速度之比）

　　上式中，正號用於計算主動土壓力，負號則用於計算被動土壓力。而 E' 係作用於連續壁頂部以下 3/5 的位置。

▌17.5.2　基礎深度

　　高層建築的地基變形，其影響深度較深，其範圍不僅包括地表下的鬆散土層，而且還延伸到土體之下的岩盤之風化帶。因此，基礎的穩定性除了受到密實而厚度大的承載層之控制外，其下臥層的配合作用也不可忽視。

　　高層建築物的基礎深度關係到上部結構的地震反應，以及增加建築物的整體穩定性；同時也關係到建築物的安全、正常使用、施工期限及工程造價。

　　在非地震區，如果地基的條件良好，建築物的層數不多（如不足 10 層），又無地下室的要求時，一般可將基礎埋置得淺一點。

　　通常高層建築的設計都設置多層地下室（尤其在地震區），所以其基礎都埋置得比較深。一般而言，地下部分的深度宜為地上部分高度的 1/8～1/20。對於軟土地基，雖然可以考慮採用筏式基礎或箱型基礎，但是它們均不宜埋置於可能液化的土層上；此時可將它們支承在樁基上面，而成為筏式基礎或箱型基礎加樁的複合式基礎；其埋置深度便不能按照單純的用筏式基礎或箱型基礎來確定，而應將基樁穿越液化土層，直至其下臥的良好土層中。

　　選擇承載層時可以參考下列的原則：

・當表層為硬土層，而且厚度大，層數在 10 層以下（高度不超過 30m）、無地下室要求，或只要求半地下室時，因為硬土層的承載力高，沉陷量小，所以可以考慮選擇寬基淺埋的條型基礎。

・如果能滿足深開挖（有地下室）的要求，且基礎底面以下仍有足夠厚度的黏土層（厚度超過 5m）時，則首先可以考慮採用箱型基礎。

・深開挖後，上部黏土層所剩的厚度不足 5 公尺，則可考慮採用樁基，或箱型加基樁的複合式基礎，並以更深的砂層為承載層。

・位於地震區，淺部又有潛在的液化土層時，宜採用樁基礎，將基樁穿越液化土層，並承支在非液化土層中。

・上部的黏性土層很厚，且夾有薄層的細砂或粉砂，但是地下水位淺，開挖基坑時降水有困難，坑壁又不易穩定，則宜採用樁基礎，或採用連續

壁施工。

• 上部的黏性土層厚薄不均勻，且相差很大，有發生不均勻沉陷之虞時，以選擇樁基礎或樁的複合基礎為宜。

• 如果上部為砂層，其下臥的為低壓縮性的黏性土層，且可作為承載層時，則可選擇樁基礎、箱型基礎或其複合型基礎。

• 對於砂層及黏土層的互層，且各層的厚度又不大的地基，基礎類型的選擇，主要取決於承載層的深度（如緊密的粗、中、細粒砂層，以及低壓縮性黏土層、其厚度大於 5m 者，均可作為承載層）；如果承載層的深度大，則以選擇樁基礎為宜。

• 如果土層的厚度不大，岩盤離地面很淺，則應選擇樁基或墩基，以岩盤為承載層。

• 如果地基為軟土時，一般優先考慮採用箱型基礎；如果有地下室時，則應考慮以連續壁施工。如果軟土不能滿足承載力及沉陷量的要求時，則需進行基礎改良，常用的方法有摩擦樁、振衝碎石樁、擠壓砂樁、灌漿、深層水泥或石灰攪拌法等。

▌ 17.5.3 基礎類型

高層建築所採用的基礎類型，在鬆散土層上主要有箱基、樁基及其複合型式；在岩盤上則使用錨樁及墩基。

箱型基礎的特點是底面積大、埋置深、抗彎剛度大、整體性佳。如果地基中的土層軟弱，以及不均勻時，使用箱型基礎不但可以使建築物的不均勻沉陷大為降低，而且還可以利用基礎的中空部分作為地下室。通常高層建築往往設有 1～3 層地下室；有些超高程建築，其地下部分可以設到 6 層。再者，箱型基礎的基坑體積很大，可以利用挖空的土重來抵銷一部分建築物的外加荷重，以減少或完全補償基底的靜壓力；這樣也可以使得沉陷量相應減小。使用箱型基礎，其允許的偏斜度，豎向的高差為建築物高度的 0.2～0.4%，水平的最大偏斜不宜大於 12cm。為了減少採用箱型基礎的高層建築物可能產生整體傾斜、傾覆、或基底發生剪切滑動，箱型基礎的埋深（地表以下至基底）不宜小於建築物高度的 1/10；在強震地區還要適度的加深，儘量降低建築物的重心，以提高建築物的穩定性。

樁基礎包括現場灌注樁、預鑄樁、鋼管樁或墩基等。它們的承載力高、沉陷速度緩慢、沉陷量小而均勻、又能抵抗上拔力等，而且不會有基坑的坑壁穩

定性及開挖基坑的排水等問題。它們適用於上覆較厚的軟弱土層之地基，或者地基的上部為季節性變化的膨脹性或凍脹性土層，或者存在有可能液化的土層等。樁基需要坐落在適宜的深度存在著承載力較大的承載層。

當單獨採用上述任一種基礎型式都不能滿足需求時（如對地基的強度及變形之要求），或不夠經濟或施工有困難時，則可採用箱基下加樁基的複合式基礎。這種基礎型式不但具有箱型基礎可作為地下室等優點，而且也兼差容樁基的承載力高、變形小的特點。不過，其施工複雜、造價較高。

在岩盤上，通常採用的錨樁或墩基，主要是利用鋼管、混凝土，或水泥砂漿及岩錨或岩栓將鋼筋混凝土基礎錨碇在堅固的岩盤上。其特點是整體性好、強度大、變形量非常小、抗震性佳、穩定性可靠。

▌17.5.4　深開挖的穩定性

基坑工程對周圍的環境常造成一些影響，例如因為施工而引起地下水位的變動，使得鄰近的生活用水或工業用水受到影響；或發生地面下陷，造成鄰房的傾斜破壞等。在基坑的本身則有坑壁的穩定、坑底的剪切破壞及隆起、板樁內移等等。茲分別說明如下：

(1)坑壁的穩定

高層建築的基坑面積一般均在數千平方公尺以上，基坑又深，有可能使坑壁發生滑動；特別在軟土內開挖深基坑時，事先應該估算坑壁的穩定性。

坑壁穩定性的估算可採用圓弧滑動的分析法，假定幾個可能的滑動面，分別求出其安全係數；其中最小的安全係數所對應的滑動面就是最危險的滑動面。臺灣都以地下連續壁作為擋土及阻水之用。

在深基坑開挖中降低地下水位很重要。降水措施如果設計不良時，除了影響坑壁的穩定性之外，還可能引起其他的問題，諸如流砂、突湧等。另外，與坑底的塑性流動及隆起等都有關係。

(2)坑底的剪切破壞

深基礎開挖除了要設置坑壁圍護系統（如板樁或連續壁）之外，還必須排除坑底的土體發生剪切破壞，並向坑內發生塑性流動。

隨著基坑的開挖，在坑底的水平面上，圍護系統內外之土層側壓，差距不斷增大；當開挖到一定的深度時，基坑底下的土體會因剪切面向內擠出，致使

坑底隆起；坑外的地面則隨之下陷。如果基坑鄰近有建築物時，更容易發生坑底的剪切破壞。

為了防止坑底的土體發生剪切破壞，一方面是加大板樁或連續壁的貫入深度；也可以採用人工的方法降低地下水位，以提高土體的抗剪強度，減小動水壓力。但是如果坑底下是深厚的軟土層時，上述對策也是無濟於事，尤其要在軟土中大幅降低地下水位，困難度很高。所以要想避免坑底的剪切破壞，就得限制基坑的開挖深度。其容許開挖深度可由下式加以推估：

$$Da = \frac{\dfrac{5.7 \cdot Scu}{K} - q_o}{\gamma} \quad\quad\quad\quad (17.3)$$

式中，Da = 基坑容許開挖深度（m）

　　　Scu = 土體的安全抗剪強度（MPa）

　　　q_o = 地面的超載（MPa）

　　　γ = 土體的單位重（MN/m³）

　　　K = 安全係數，一般取 2

(3)坑底隆起

基坑的開挖將釋放坑底以下的土體中之一部分自重應力，使得土體發生膨脹，坑底因而產生彈性隆起（回彈）。當放置基礎及其上部的結構時，土體發生壓縮，因而出現沉降；即使荷重等於挖掉的土重，沉降量總是比隆起量大得多；隆起量一般是最終沉陷量的 10%～20%。

如果隨著基坑開挖，伴有黏土礦物的膨脹，此時坑底的土體發生減壓，水分子乃進入黏土礦物的晶體內。如果基坑長期不加荷重，或泡水數日，則因黏土礦物的膨脹所引起之附加隆起，將相當強烈。

此外，由於人工降水，使得靠近坑底的土體發生向上的滲流力，促進坑底土體的解壓加大；而基坑的外側則發生向下的滲流，使得外側土體的有效應力增加，引起鄰近建物的沉陷。

因此，基坑開挖應採取有效的措施來控制基坑的隆起，如在開挖過程中採用設計良好的降水、凍結法，或在基坑開挖後立即澆注相等重量的混凝土，以使基坑的隆起量儘可能減小。

(4)基底水的浮力

在地下水位較淺的地段開挖基坑，通常需要採用井點抽水，以降低地下水位，使其降到設計坑底以下 0.5m，以便基坑的開挖工作可以順利的進行。待基坑開挖完成，停止抽水後，地下水位便逐漸回升，因而使箱型基礎產生整體上浮。因此，在地下水位很淺、而土壤的透水性能又好的地段，對於基坑較深的箱型基礎，在完成基坑的開挖，停止抽水的同時，應該採取向箱基內注水等加載措施，以抵銷地下水的上浮力。

(5)板樁內移

開挖基坑時，在解除豎向自重應力的同時，水平的自重應力也會相應的有所解除。坑底以上的土體，因受到具有較大水平應力的外側土壓之擠壓，便產生水平壓縮，於是板樁內移（請見圖 17.1），並出現坑外的地面下陷。此外，人工降水將增大坑外土體內的豎向及水平向之自重應力，造成更大的坑外下陷及板樁的內移。根據台北盆地由深開挖所取得的數據顯示，連續壁施工所引致的最大地面下陷量為基坑深度的 0.15%。一般而言，地面下陷體呈三角錐型，且地面下陷的影響範圍為基坑深度的兩倍，但是其中大部分都發生在距離坑壁的 0.3Ht 之範圍內（Ht 為基坑深度）。

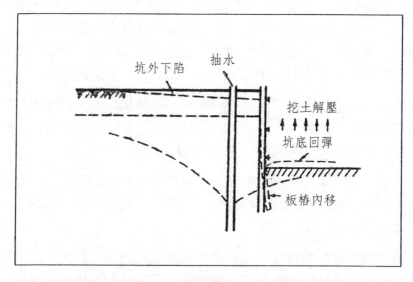

圖 17.1   板樁內移及坑外的地面下陷

板樁內移可能會破壞坑壁的圍護系統，而且使得基坑的尺寸縮小；基坑外圍的地面下陷則危及鄰房的安全。如果內移量太大，則將毀壞基坑的支撐系統。為了減少板樁的側向位移，可以加大板樁的入土深度，以及板樁的抗彎剛度。

17.6 高層建築的探查要點

17.6.1 鑽探要領

高層建築物的預定工址，其鑽探要領應足以**評估岩土層的不均勻性**為目的。每幢建築物的鑽孔數不得少於 5 孔；其中 4 孔應布置在基地的四角。所有的鑽孔應儘量的布置成網格狀，俾便製成立體透視圖，以能清晰反映地基的岩土層之分布、厚度變化、工程地質特性、地下水情況及動態的變化等為主要目標。

孔距一般不得超過 35m，最好是 20～35m。使用支承樁時，孔距應縮短為 12～24m；如果是重要的建築物或超高層的建築物時，則甚至每樁需要布置 1 孔。一般言之，如果從相鄰鑽孔的資料得知，承載層的傾斜度大於 10%（約 6°）時，也應該縮短孔距。對於連續壁而言，鑽孔係沿著牆體布置，其間距一般不超過 20m。

對於箱型或筏式基礎而言，鑽孔的深度應從其底面算起；如果未發現黏性土，則取 1 倍的 B（B 為基礎的寬度）；遇黏性土時，取（1.5～2.0）B。如果遇到岩盤或厚層的硬土層時，則孔深可以適當的減小；但是遇到特殊土時，則應該適當的加深。

對於樁基而言，鑽孔的深度應該從預定樁底算起，再往下鑽到群樁下實體基礎寬度的0.5～2倍。但是如果樁底的承載層為厚的硬土層，或砂、礫石層，其下又無軟土層時，原則上可以鑽至承載層頂界以下 2m（對砂、礫層而言）至 3m（對硬土層而言）深。

對於岩盤而言，鑽孔的深度決定於上覆土層的厚度、基樁嵌入岩盤的深度、以及壓力球根的擴展深度而定。原則上，鑽孔應打穿強風化層，宜鑽入微風化帶不小於 5 倍樁徑的深度；在岩溶地區，鑽孔宜深入微風化層 10m。為了連續壁的設計，鑽入岩土層的深度應不小於（3.0～5.0）B。

▌17.6.2 評估要項

高層建築對地基的要求，遠非一般建築物對地基的要求可比。對高層建築的地基之評估應該結合地基的特性、承載層、基礎型式，及上部結構等視為一個整體。從調查、規劃、設計、施工、使用等綜合起來考慮。所以除了前面所述的工程地質課題之外，還得對下列項目提出評估：

(a)筏式基礎及箱型基礎

・預測地基發生液化、流砂、突湧、隆起等的可能性。
・基坑深度係採全部補償或部分補償；及其相應的地基承載力。
・連續壁的側向土壓力、穩定性、內移量及下陷錐。
・基礎的沉陷量及傾斜；以及必要的預防及糾正措施。
・降水及排水的方案；及其對鄰房的影響。
・基坑的坑壁與坑底的穩定性；及如何防患於未然。
・地下水位、地面下陷及鄰房傾斜的監測；以及資料的解析與預警。
・施工過程中引起的地基土層性質的變化，以及可能產生的後果與預防措施。

(b)樁基及墩基

・確定承載層；評估打樁時貫穿各土層的可能性。
・提供可能採用的樁（或墩）之類型、樁長、樁徑及單樁（或墩）的承載力。
・對群樁的承載力、沉陷量、不均勻沉陷量，及預測可能產生的負磨擦阻力及其後果等。

CHAPTER 18
道路及橋梁的主要工程地質課題

18.1　前言

　　道路是陸地交通的大動脈,它是由公路及鐵路所組成的綿密運輸網絡。臺灣因為受到南北走向的中央山脈的阻隔,所以道路建設幾乎都以縱貫方向為主。雖然近年來政府完成了十餘條東西向快速公路的建設,但是它們仍然侷限於西部平原地區。連絡東、西部的快速公路仍付闕如;所以未來我們將面臨更為艱鉅的公路建設。因此,本章即以公路建設的說明為主。

　　我國將公路分為國道、省道、縣道、及鄉道等四級。如果依照運輸的功能加以分類,則可分為高速公路、快速公路、主要公路、次要公路及地區公路等五類。

　　高速公路為幹線公路中屬於標準最高者;其出入口完全受到管制,僅能依賴交流道進出。其斷面的佈設須為雙向,且單向的車道數要在雙車道以上。這種公路是易行性最高,但是可及性最低的公路。**快速公路**是幹線公路中屬於標準次高者;其出入口有完全管制與部分管制兩種。它與主要公路相交時,設置有交流道或簡易的進出匝道;在與次要公路或地方道路相交時,則使用號誌加以管制。它的斷面佈設為雙向,且單向的車道數也在雙車道以上。**主要公路**為縣市、鄉鎮間或都會區內的交通幹線。它一般不設交流道;當幹道與幹道相交時,除使用號誌管制外,有時則採用立體交叉。它的斷面佈設為雙向,且單向為雙車道,並設有機慢車道為原則;但是也有低於這個標準的。**次要道路**為連接一般市鎮通往次要地方中心或次要地方中心間的連絡線;在都會區內,也可

做為主要公路的連絡道。它的斷面佈設，以不設中央分隔島居多；它的車道多屬雙向道，並附設有路肩；與其他公路以平面相交，且利用號誌加以管制。**地區公路**是提供地區性的出入次要公路或集匯公路的一種公路；一般都屬於鄉鎮與村里間的連絡線；它的易行性最低，但是可及性卻最高。

以上各類公路有其不同的設計標準，如表 18.1 所示。

表 18.1　各級公路的設計標準

公路等級	地形或地區分類	最高設計速率（公里／小時）	最大縱坡（%）	功能路別	行政路別
一級路	平原區	120	3	高速公路	國道 省道
	丘陵區	100			
	山岳區	80	5		
	都市計畫區	80	3		
二級路	平原區	100	4	高速公路 快速公路	國道 省道 縣道
	丘陵區	80			
	山岳區	60	6		
	都市計畫區	60	4		
三級路	平原區	80	5	快速公路 主要幹道	國道 省道 縣道
	丘陵區	60			
	山岳區	50	7		
	都市計畫區	50	5		
四級路	平原區	60	6	主要幹道 次要幹道	省道 縣道 鄉道
	丘陵區	50			
	山岳區	40	8		
	都市計畫區	50	6		
五級路	平原區	50	6	主要幹道 次要幹道 集匯公路	省道 縣道 鄉道 專用公路
	丘陵區	40			
	山岳區	30	9		
	都市計畫區	40	6		
六級路	平原區	40	6	集匯公路 地區公路	縣道 鄉道 專用公路
	丘陵區	30			
	山岳區	30	9		

18.2　公路的選線

公路選線係在路線的起點及終點之間，根據功能或行政的需求，結合路廊的自然條件，從幾條候選的路線中，經過評比，然後選定一條，確定其中線位置，並且進行測量及設計。一般而言，一條好的路線除了要滿足使用的要求之外，還應該符合規定的技術標準，以保證行車的安全、舒適及順暢。

18.2.1　選線的要求

選線一般在技術上要考慮以下一些因素：

- 工程量小、造價低、營運及維護費用省。
- 充分利用地形及地質的特性，做到平面短捷順適、縱坡平緩均衡、橫向穩定經濟的原則。
- 線形應考慮行車的安全舒適、駕駛人的視覺及心理反應、並與當地的環境相調適，不宜大挖大填。
- 儘量避開落石、崩塌、地滑、土石流、崩積土、泥沼或排水不良的低窪地等地段；選擇地質穩定及水文地質條件較好的地帶通過，以保證路基穩定，不出現後遺症。
- 橋位原則上要順著路線的總方向，不應單純強調橋位而使得路線過多迂迴曲折，或者使得橋頭的接線不合理，而常出車禍；當然也不能只顧路線，而使橋位不合理，或施工不易。因此，橋位及路線應該綜合考慮。
- 幹線應該儘可能避免穿過市中心的繁華地帶、工業區及較密集的群落；一般可採用支線的方式予以連結；同時，也不宜太靠近學校及醫院，以避免產生噪音。
- 選線應注意少佔良好的耕地、少拆房屋；還應注意不要損壞歷史文物，尤其是不要通過考古地區。

初步選定路廊時，要先確定路線的基本走向，例如固定幾個關鍵點，包括起點、終點及中間必須經過的幾個據點。首先確定一些大控制點，將之連結起來，就形成了路線的走向。然後再逐段加密小控制點；此時即應結合地形、地質、水文、氣候等基本條件，選擇問題比較少、安全性比較高，及造價比較低的有利線段。這些工作的進行，除了可以利用遙測技術之外，還得從事沿線踏勘。

　　踏勘前要先準備一些與路線有關的基本資料，如地形圖、衛星影像、環境地質圖等，將它們帶到野外，以便一面踏勘，一面可以參考。踏勘的重點包括以下各項：

- 初步確定路線的起點、控制點及終點的具體位置；查明有無干擾或技術上的困難。
- 沿著路廊觀察地形及地質情況；查明有無嚴重的既生或潛在之地質災害；有無通過土石流，如果有，是通過土石流的哪一部分（發源地、流通段或堆積扇）；是否通過大型的崩積錐；未來是否會遭受河岸或向源侵蝕的威脅等等；考慮如何繞線或如何通過潛在危險地帶。
- 暫定橋位及隧道出入口的位置。
- 沿線築路材料的來源。
- 對於沿河的路線，要觀察河的兩岸，以便選擇要走哪一岸，或者是只走一岸或往返跨河；並應注意洪水位、落石、崩積錐、土石流及河岸侵蝕等現象。
- 對於越嶺的路線，應量測各個啞口的高度（利用氣壓計），及上嶺與下嶺的相對高差；選用平均縱坡，估算展線的長度，並且在地形圖上標示出來；必要時，可考慮採用隧道的方案。
- 分段估算工程量，如路基的土石方、擋土牆、路面、橋涵、隧道等。
- 查明沿線的土地利用狀況及土地所有權人的歸屬。

18.2.2　平原區的選線

　　平原區的特性是地面起伏不大，大多為寬闊的農田、城鄉的分布比較密、各種道路及溝渠縱橫交錯，及管線交叉頻繁等。由於地勢比較平坦，所以路線受到高差及坡度的限制比較少；但是常常要遷就地物的阻攔。

　　選線時應先把總方向內的大控制點掌握住，例如城鎮、工業區、農場、遊樂區、旅遊區、觀光景點、歷史文物的展示點等。然後在大控制點之間進行實地踏勘。了解農田的優劣、地物的分布狀況；注意線路需要繞行的位置及範圍；選擇中間控制點，如大片建築物、水電設施、橋位、池塘、水庫等。

　　對於路線的障礙物，除了軍事基地之外，是否應該繞行完全決定於經濟及技術條件。一般而言，對於交通量比較大的高級公路，以穿過障礙物，縮短路線為宜。對於交通量比較小的次級公路，則以繞行為宜，以減少工程費用比較

合理。

當路線遇到水塘或低地時，如果採用穿越的方式，則應調查淤泥的厚度及池底的地形；路線最好選在最窄、最淺及基底的坡面較平緩的地方通過。山谷平原的地質及水文地質條件之變化大，且比較複雜；容易影響路基的穩定性。當路線與分水嶺的走向基本上一致時，應儘可能貼近分水嶺，找地勢較高的位置佈線，因為該處的土壤比較乾燥，且地下水位比較低。從工程的觀點看，這種地方的路基比較穩定、借土方便、崩積土比較少、河流的寬度比較窄、河道比較穩定、而且橋涵的工程量也比較少。

▌ 18.2.3　丘陵區的選線

丘陵介於平原與山岳之間；其特徵是山勢比較低矮，山坡比較緩和，山丘呈連綿狀，且分水嶺比較多；其啞口寬闊、不高；不管選哪一個啞口通過，都無優劣之分。

丘陵區的路線，一般情況應該按照地形的大勢來決定其走向。合理的方案往往不是最直、最短的路線；因為丘陵區的路線對平、橫、縱向的限制比較嚴。路線短而直會造成切深填高、工程量大、破壞自然景觀及生態平衡等不利的影響。但是也不能不挖不填，因而造成路線過份曲折，且縱坡起伏不定，使得行車條件變得很惡劣。職是之故，丘陵區的選線必須掌握好路線總方向中，必須經過的主要控制點之地形情況。首先必須在地形圖或衛星影像上，順著總方向的兩側，試著尋找幾條可能的路線，看它們可能通過的山溝、山梁及啞口；了解其地形的變化。然後進行現場踏勘，了解土地利用、土壤地質、建築物分布、及地方人士對築路的意見及要求等。最後選擇幾個比較可行的方案進行評估與比較；確定路線最好走哪一個山溝、翻越哪一個山梁、穿過哪一個啞口；在什麼位置跨河，靠近哪一個鄉鎮等。

對於等級高的公路一般要強調線形的平順；路線只要與地形大致相適應即可，不必遷就微地形的變化。然而對於等級比較低的公路，則應多考慮微地形，且要遷就微地形，以節省工程費。但是兩者都要注意縱向的土石方之平衡，以減少借方及棄方。對於公路的橫斷面，在橫坡比較平緩的地段，可採用半挖半填，或填多於挖的路基。在橫坡比較陡峭的地段，則宜採用全挖，或挖多於填的路基。

路線通過平坦地帶時，如果沒有地質及地物障礙物的影響，則可按照平原

區的佈線原則，以直線的方式布置。如果遇到障礙物，則應加設中間控制點；在相鄰的控制點之間，仍以直線相連。在路線的轉彎處，應設置與地形協調的長而緩的曲線。

在具有較陡的橫坡之地段，於兩個已經確定的控制點之間，如果沒有地形、地質及地物上的障礙，則路線應該沿著勻坡線布置（請見圖18.1）；所謂**勻坡線**是在兩點之間，順著自然地形，以均勻坡度所定的線，即儘量使切割的等高線間距相等。如果兩個控制點之間有障礙，則可以在障礙處加設控制點；相鄰的控制點之間則仍沿著勻坡線布置。

在具有較緩的橫坡之地段，如果走直線，則縱坡太大，勢必大挖大填；如果走勻坡線，則路線過多迂迴，里程加長，並不合理。因此，必須在直線與勻坡線之間，選擇平面順適、縱坡均衡的地段通過比較適宜；一般是高級公路可以選擇比較接近直線段的位置布置（請見圖18.2AI）；次級公路則可選擇比較遠離直線段的位置布置（請見圖18.2AII）。

在具有較陡的橫坡之地段（如侵蝕溝的兩側），因為兩側邊坡的坡度不同，所以一般由坡度較陡的一側來決定；同時，採取梁頂挖深及谷底填高來確定路線的平面位置。如圖18.2B所示，AB間為一山谷，其中以A側的谷坡較陡，因此可以在梁頂（A處）多切，而在谷底（D處）多填，結果形成ADB路線；如果A處少切，且C處少填時，則得ACB路線。

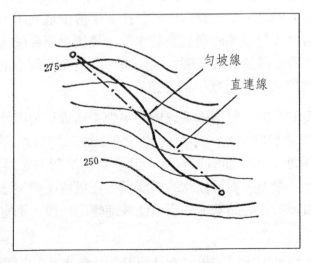

圖18.1　勻坡線的劃法

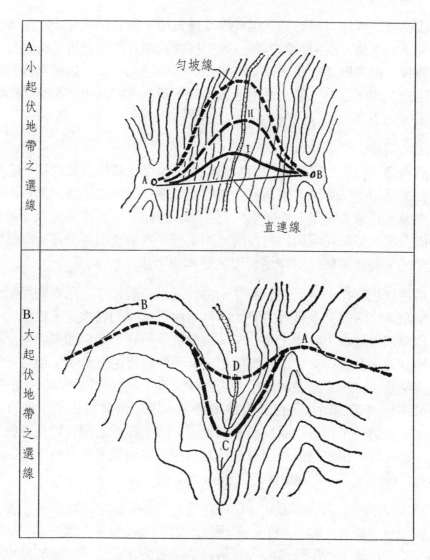

圖 18.2 橫坡起伏不同的佈線方法

18.2.4 山岳區的選線

山岳區的地形陡峭，谷窄溝深。在地質方面，則殘留土層薄，崩積土層厚，且不連續面多而複雜；同時，岩層的位態與地形的關係可能對岩坡的穩定性不利。在水文氣象方面，山區暴雨多，地表沖刷嚴重，且土石流多，洪水急，河水位的變幅大；另外，也不能忽略高山區的凍害或路面結冰對行車安全所造成的影響。以上種種特性，造成山岳區選線的複雜性。

　　山岳區的選線可粗略分為縱貫線及橫貫線。前者的路線走向基本上與山稜線走勢、分水嶺、或河谷的方向一致；根據其在谷坡的位置，又可分為**沿河線**及**山脊線**。後者則與它們呈橫交的關係，即切過山稜線；以**越嶺線**為代表。在一條比較長的路線中，通常是由上述三種不同型式的路線互相交替所構成。茲分別說明如下：

(1)沿河線

　　沿河線是沿著山谷溪流的兩岸佈設的路線；比較接近於河面。它是山區公路比較常見的一種線形。因為河谷的地面縱坡一般比較平緩；河谷內有豐富的砂石來源，且水源充足、便於施工及養護。因此，沿河線常成為山區選線的優先考慮方案。但是在深切的河谷內，如果兩岸的張性裂隙發育，高陡的山坡處於極限的平衡狀態時，選擇沿河線就應慎重考慮。

　　沿河線也存在一些不利的條件。由於河谷一般較窄，兩岸的河階台地常被支流所截斷；河流又多具有曲流的特性，曲流兩岸的橫坡並不對稱，一般是凹岸（攻擊或侵蝕坡）較陡，而凸岸（堆積坡）較緩；所以如果沿同一岸佈線，則將遇到陡岸及緩岸交替出現的情形。又平常河流的流量小，但是一遇暴雨，山洪突然暴發；洪流挾帶泥砂，沖刷兩岸，淘空坡腳，常造成公路的路基被摧毀。又由於河谷的兩岸係位於谷坡的趾部，所以常會遭受潛在地質災害的威脅；加上築路時，常會挖到崩積土的趾部，或者路線必須布置在不穩定的崩積土上，在在增加穩定邊坡的困難度。又發生於支流的集水區內之土石流常常越過路面，掩埋道路，再傾瀉到主流的河道內。

　　沿河線以河流為遵循方向，所以路線的基本走向非常明確。主要需要考慮的是路線應該設置在哪一岸，一般應以河階台地較發育、潛在地質災害的威脅較輕、及工程施工的困難度較少等條件為主要的考量；又路線的高度應該定在哪一級階地，使路基免受洪水的威脅；此外，路線在河谷斷面上的適宜位置，以及對地質問題的處理，都是沿河線必須慎重考慮的問題。以下針對上述這些課題再分別說明於下：

(a)河岸的選擇

選擇河岸的原則應該考慮下列幾項：

・谷坡較寬
・支流較少

- 地質條件較好，潛在地質災害的威脅較小
- 有適宜佈線的平台（即河階台地）
- 無淹水之虞及無河岸侵蝕
- 施工的困難度小等

對於地質不良或施工困難度較高的地段，以避讓為原則（請見圖 18.3）。其對策包括：

- 及早提升路線的高程，並從陡崖的頂端通過。
- 從支脊的啞口穿過。
- 繞走對岸。

從崖頂通過，需要崖頂有適宜的佈線地形才行；否則要從支脊的啞口通過。這兩種方案都需要將路線由河谷上升到崖頂或啞口，然後又下降到河谷。因此，有無這種升降的地形條件，必須預先查明。

如果是採取繞走對岸的對策，則需選擇適宜的橋位。這種跨河繞到對岸的方法，將使路線形成急轉彎。因此，橋位的選擇除了要求河床要穩定、河面較狹窄、地質條件較好之外，還要求橋頭的接線要順適。其方法是將橋位選擇在河彎的下游段，中、小橋可以考慮用斜交的方式過河（請見圖 18.4A 及 B）；大橋則需在橋頭的位置拓展更大的空間，以加大轉彎半徑，然後以直交的方式過河。在適當的情況下，也可以利用壩頂繞到對岸（請見圖 18.4C）。

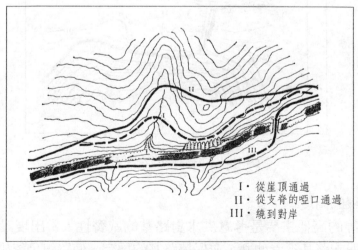

I・從崖頂通過
II・從支脊的啞口通過
III・繞到對岸

圖 18.3　避讓地質不良或施工困難度較高地段的方法

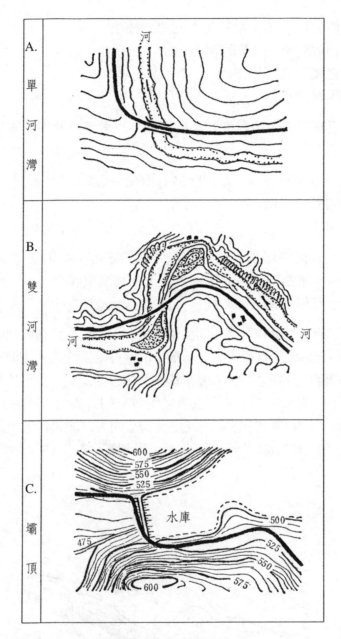

圖 18.4　沿河線的跨河方法

(b)路線的高度

選擇路線的高低主要是考慮洪水對路基的威脅性。當出現設計洪水水位時，應保證路基不受沖刷，並保持路基的穩定，使路線仍能暢通無阻。以

下分成低線及高線兩方面來討論。

低線是指路基高出設計水位（包括浪高加安全高度）不多的路線。其優點是比較平，縱向的線形較順，土石方量較少，路基的邊坡比較穩定，便於利用有利的地形及避讓不利的地形、地質，且便於直跨支流，必須跨越主流時也比較容易。但是最大的缺點是可能受洪水的威脅，防護工程較多。

高線指的是路基高出設計水位很多；不會受洪水威脅的路線。其優點是免除洪水的威脅，可節省防洪工程，路基比較穩定。缺點則是可用的有利地形不多，其間或有深溝相間，或有山埡阻隔，路線必須隨著山勢彎繞，線形較差；另外是邊坡的缺口多，路基所需的擋土牆數量多，跨越侵蝕溝的橋涵數量也多。此外，高線如果要避讓潛在地質災害段以及跨越河流換岸時，都較低線困難。

(c)通過潛在地質災害段的對策

沿河線常見的地質災害以崩積土的破壞、滑動及土石流等為主。崩積土是山區中分布最廣的鬆散堆積物。對於不穩定的崩積土以繞避為宜。路線通過崩積土時，宜在其下方用擋土牆及路堤的形式（請見圖18.5IA），以不擾動崩積土為宜。對於已經穩定的崩積土（崩積土的表面已長滿草木，無新鮮岩塊，且膠結密實者），可採用淺路塹的方式自坡胸通過，且在路基的上、下側均應設置擋土牆，以增加穩定性（請見圖18.5IB）。

一般而言，路線如果以淺路塹開挖的方式，自滑動體的上方通過（請見圖18.5IIA），將可減輕滑動體上方的土壓力。如果以路堤加擋土牆的方式，從滑動體的趾部或下方通過（請見圖18.5IIB），則可增加滑動體的穩定性。

路線遇到土石流時，一般以繞線方式避開堆積扇，從較窄的流通段通過為宜。如果無法繞線時，則可用單孔橋（圖18.5IIIA）、或以地下道的方式橫過導流槽的下方（請見圖18.5IIIB），或用過水路面配合小橋涵等方式通過（圖18.5IIIC）。

(2)山脊線

山脊線大體上沿着山脊佈設。連續而又平直的山脊通常很少見，所以山脊線一般路程較短，並且是作為越嶺線的中間連接段而已。

採用山脊線的條件是分水嶺的位置及方向不能偏離總方向太遠；另外應選山脊順直平緩，起伏不大，山嶺肥大寬闊的理想地形，使路線大部分或全部設在分水嶺上。佈設時，大都沿著分水嶺的山腰位置，在許多控制啞口之間穿行。

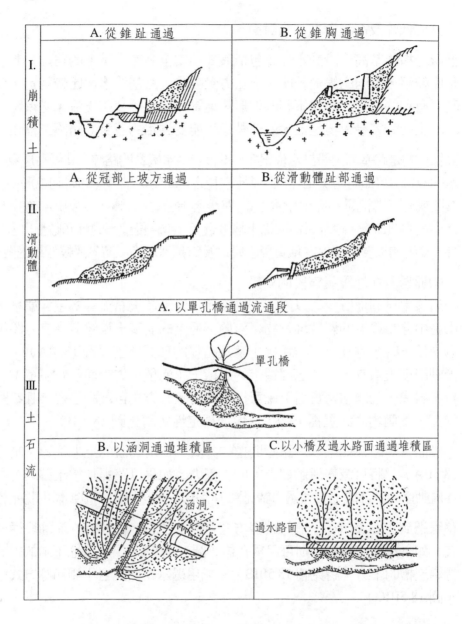

圖 18.5　道路通過崩積土、滑動體、及土石流的方法

　　山脊上每一組控制啞口代表著一個山脊線方案。當分水嶺的方向順直,而且起伏不大時,各啞口均可考慮作為控制點;如果起伏較大,則可以捨去高啞口,而留下低啞口作為控制點。啞口的選擇應與兩側山坡的佈線條件一起考

慮。接近分水嶺的山坡為山脊線的主要佈線地帶。一般以選擇坡面整齊、橫坡平緩、路線短捷、地質穩定、無支脈橫隔的向陽山坡佈線比較理想。如圖 18.6 所示，假定 A 及 D 兩個啞口為選定的兩個固定控制點；它們之間共有三個啞口（B、C、E）可供選擇，也就是說有甲、乙、丙三種走法。由於C啞口的高程比較高，使乙線一上一下的，起伏很大，可以不予考慮。甲線的路程較短，平面順直，可是橫坡很陡，且要穿過一個陡崖及跨越一個深谷，所以不是很理想。丙線雖然繞線較長，平面線形稍差，但是縱坡平緩，橫坡也不太陡，所以比較理想。

　　山脊線具有土石方量少、水文地質條件好、橋涵構造物少、邊坡穩定性佳等優點。但是缺點是位置太高，離居民點較遠，水源及築路材料缺乏，以及高山的氣候條件不利於行車等。

(3)越嶺線

　　當路線的兩個主要控制點係位於山脊線的兩側，路線需要從一側的山坡翻山越嶺才能到達另外一側的山坡；這種路線就稱為**越嶺線**。由於山脊與山麓之間具有一定的高差；山脊兩側山坡的坡度遠大於行車的最大縱坡，因此路線必須延長，才能降低行車的坡度。

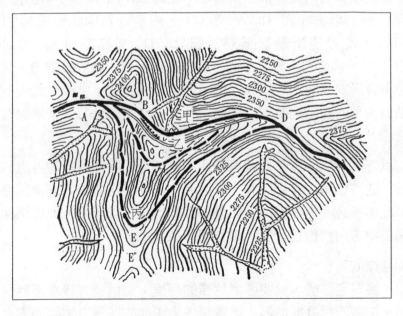

圖 18.6　山脊線方案的選擇（以丙線較理想）

　　因為路線的平均縱坡等於兩個控制點的高差除以路線的長度，所以當平均縱坡一定時，降低兩點的高差，就可以縮短路程。因之，選線時，應該選擇高程較低的啞口，或者要將啞口下切一定的深度，以降低其高程。也就是選擇越嶺線的主要課題在於克服高差，因此佈線要以縱斷面的設計為主，而以橫斷面的設計為輔。其基本步驟是首先選定一個合適的越嶺啞口及確定適宜的越嶺高程，然後按照啞口兩側的山坡地形、及地質條件進行路線的佈設。

　　(a)啞口的選擇

選擇啞口控制點時，可利用 1：10,000 或 1：25,000 的地形圖，或者衛星影像（包括雷達影像），在符合路線總方向的範圍內，與展線兩側的山坡地形結合在一起，共同考慮。

最理想的啞口是：越嶺的高差較小、地質條件穩定、展線降坡後能夠與山麓的控制點直接銜接者。如果啞口的高程雖然很低，但是地質條件不好（例如是斷層帶通過或者切挖路塹時有危險等），或者兩側山坡不適合展線，或展線後與山麓的控制點銜接不順，則應在稍微偏離總方向上另行尋找。有時為了防止凍害，或者獲得良好的行車及養護條件，需要適當的偏離路線的總方向尋找低啞口通過。

啞口常是地質上的破碎帶或軟弱帶；如圖 18.7 所示，它可能是比較軟弱的岩層通過的地方（圖 18.7A 及 C），或是背斜中比較破碎的軸部（圖 18.7B），或者是斷層破碎帶（圖 18.7D）或斷層地塹（Graben）（圖 18.7E）。一般而言，如果是岩性軟弱帶或是背斜軸的破碎帶，只要切削路塹時不會形成危險的人工順向坡，則路線通過並不會產生太大的問題。對於斷層帶型的啞口則能避之則避之。如果必須通過時，則應進行適當的工程處理。

啞口以下的兩側山坡線是越嶺線的主要部分。展線時最需考慮的是地形及地質；陡坡懸崖、深溝切割、有崩塌、滑動之虞者都不適合佈線；遇到這種情況，勢必要另擇啞口。如果另外的啞口，其地形、地質條件良好，即使偏離總方向稍微遠一些，還是可以接受的。

　　(b)越嶺的高程

啞口一經選定之後，就要考慮越嶺的高程；這個將直接牽涉到啞口的切深問題。切深的程度與地形、地質條件，兩側的展線方案等因素息息相關。

從地形及地質的條件來看，一般是山脊比較肥、地質條件比較差的就要少切，以淺挖低填的方式通過為宜。如果山脊比較瘦、地質條件比較好的就可以多切；切深以不危及路基及邊坡的穩定為度；最大的切深根據岩性及地質構造而異，一般有達 20 公尺者。但是深切啞口必須要有良好的地質條件相配合，而且需要處理大量的棄方，而影響工期；因此，這是方案評選時需要慎重考慮的。

如果從兩側的佈線方案來看，切得越深，當然所需的展線長度就越短；不同的切深將需要不同的展線方式。當啞口切深超過 20 公尺，而又不宜做路塹或山坡的展線有困難時，則可考慮用隧道的方式通過。採用隧道的方式具有路線短、線形佳、路線隱蔽、及路基穩定等多項優點；而且在高寒山區降低了海拔，不受冰凍積雪的影響，有利於行車條件的提升。

(c)展線的形式

在啞口兩側佈線時，可根據啞口至山麓的各個中間控制點之間的地形、地質情況來布置；一般採用**自然展線**、**迴轉展線**及**螺旋展線**等三種型式。

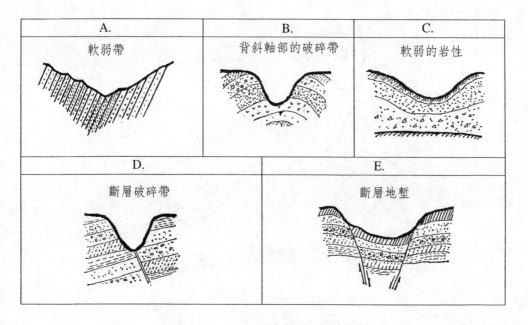

圖 18.7　產生啞口的不同地質條件

當啞口的一側有比較整齊的長段山坡，且地質穩定，又無較大切割地形時，則可採用**自然展線**的方式（請見圖 18.8）；它是以適當的坡度，順著山坡的自然地形，繞著山嘴及側溝，來延展路線長度及克服高差。其優點是可以符合路線的基本方向，縱坡均勻，路線短，線形好；缺點是比較不容易避讓艱鉅工程或潛在地質災害的地段，因而常被其他的展線方式所替代。

當兩個控制點之間的高差較大，採用自然展線無法取得所需的展線長度來克服高差，或因地形、地質條件不允許採用自然展線方式時，則可利用適於佈設迴轉曲線的地形進行展線。**迴轉曲線**的來回兩段可以設置在同一個平面上，也可以不在同一個平面上；或者可以在同一個山坡上，也可以不在同一個山坡上。在同一個山坡而不在同一個平面上布置迴轉彎時，因為路基是上切下填，工程量大，易遭破壞，對施工、養護、及行車都不利。迴轉彎的曲線半徑一般不大（約 20～30m）；所以需要利用較小的縱坡才有利於行車。

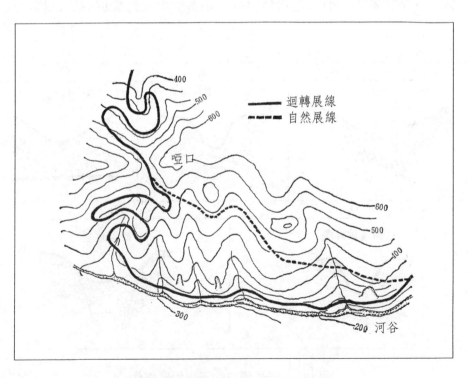

圖 18.8　自然展線及迴轉展線的區別

繞山包是佈設迴轉彎的有利地形，因為利用山包延展路線，分開成兩段路線，可以降低縱坡，但缺點是視距差，有礙行車。利用山脊的平坦台地或平緩坡地布置迴轉彎也是不錯的，因為上線的挖方不深，而下線的填方不高，故路基穩定。地形比較開闊、橫坡比較緩和的山溝或山窪，無不良的水文地質情況時，作為迴轉彎的設置，不僅節省工程量，而且視距良好；缺點是排水及涵洞工程較多。陡峻的山坡，或者兩個相鄰的迴轉彎太擠的地形都不宜布置迴轉彎。還有利用一面山坡連續迴轉佈線也是不宜，因為上、下線重疊並列，對施工、養護及行車都不利。

如果路線受到地形的限制，需要在某處集中提高或降低某一高度，才能符合縱坡的需求時，就需要採用**螺旋展線**的方式（請見圖18.9）。它是利用地形上具有瓶頸形的支谷或圓形山包進行佈線。路線首先環繞谷坡或山包一周之後，又回到環繞起點處的上面或下面，用跨越橋或隧道的方法，與原路線形成立體交叉，以達成升坡或降坡的目的。

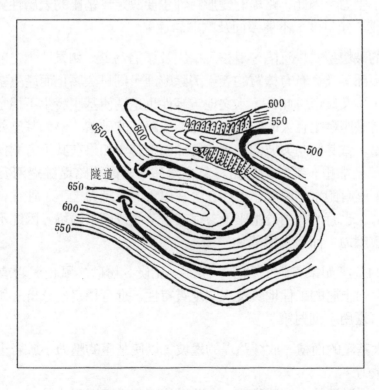

圖 18.9　山包處的螺旋式展線

18.3　道路的主要工程地質課題

道路（含公路及鐵路）係由三類工程所構成，包括路基工程、橋隧工程及附屬工程，如邊坡工程及排水工程等。其中鐵路比公路對地形及地質的要求更高。以下僅就一般課題提出說明。

18.3.1　路基基座的穩定性

路基是行車部分的基礎。路基的上面再鋪築單層或多層的堅硬材料，稱為**路面**；其目的在於提供一定的強度、平整度及粗糙度，以利行車。道路的路基可分成**路堤**、**路塹**及**半路堤半路塹**（半挖半填）等三種型式。其工程量一般很大，往往需要高填或深挖才能滿足路線的設計需求。

路基的穩定性大多發生於路堤填方的地段。**填方路堤**需要有一個穩定且具有足夠承載力的基座；它不僅要承受車子在行車時的動態荷重，而且還要承受很大的填土壓力。因此，路堤的變形特性主要決定於基座的表層性質、岩土層的力學性質、傾斜度、不連續面及軟弱岩性。

路堤的破壞型式以沉陷、滑移、擠出及塌陷為主。如果填土之前未將基座的植被、根部，及含有有機質的表土清除乾淨，則日久腐化而產生空隙，將引起路堤的沉陷及破壞。此外，水文地質條件也是誘使基座發生不穩定的因素；它往往使得基座發生巨大的塑性變形而造成路基的破壞。例如基座如果有軟弱的泥質夾層，當其傾向與坡向一致（即順向）時，如果在其下方開挖取土，或在其上方填土加重，都將引起路堤整個滑移。當高填路堤經過河谷沖積平原時，如果基座有飽水的厚層淤泥存在，在厚重的土壓力之下，往往會使基座產生擠出變形。也有的是由於基座下方存在著溶洞或廢棄礦坑，因經不起路堤及行車的雙重壓力，而發生塌陷。

路堤的基座如果有軟弱黏土、淤泥、泥炭、粉砂、風化泥岩或軟弱夾層時，應結合岩土層的工程地質及水文地質特性，進行穩定性分析。如果發現不穩定時，可選用下列對策：

- 擴大基座的面積，放緩路堤的邊坡，以使基座的壓力小於岩土層的容許承載力。
- 於通過淤泥軟土的地段時，在路堤的兩側設置反壓的護道，以防止軟土

擠出。

- 將基座的軟弱土層挖除，再用良好的材料回填；或在其上加上墊層。
- 採用砂井（樁）排除軟弱土層中的地下水，以提高其強度。
- 架橋通過。
- 改線繞避。

18.3.2　邊坡的穩定性

　　道路的邊坡如果以修築的方式來分，可分成**天然邊坡**、人工開挖的**路塹邊坡**，及單側傍山的**半挖半填邊坡**等三種。如果以土質來分，則可分成**土質邊坡**、**岩質邊坡**及**岩土質邊坡**等三種。它們共通的破壞方式則以落石、崩塌及滑動等最為常見。

　　土質邊坡的變形及破壞主要決定於土層的剪力強度、黏土礦物含量及含水量。在地下水的作用下，土層的孔隙水壓增加，同時使得黏土礦物的體積膨脹；兩項因素都引起剪力強度的降低，加速邊坡的變形及破壞。影響土質邊坡穩定性的因素，除了邊坡坡度、地質及水文地質等因子之外，施工的方法是否正確也是很重要的。例如，如果違反開挖順序，或在邊坡上方加載，或在其坡腳處過度開挖等，都可能引起邊坡的滑動。

　　岩質邊坡的變形及破壞主要取決於岩體中各種不連續面的位態及組合關係。在人工切坡所形成的自由面上，如果有不連續面向坡外傾斜，且切穿而露出自由面，則非常容易發生順層（即順著不連續面）滑動。此外，岩石的風化、地表水的沖刷、地下水的滲流、溫差的變化、乾濕的交替、裂隙充填物的吸水膨脹等作用、坡體上的加載、地震及工程活動等都能觸發邊坡的變形，乃至破壞。

　　岩土質邊坡使得岩層與土層的交界面揭露出來；如果這個交界面是傾向坡外，則發生滑動的可能性將大為增加。此因岩土層交界面乃是一個阻水的界面；因為岩土層的透水性相差懸殊，所以滲入土層的雨水受阻於岩盤上，於是在岩土的交界面上發展出較大的孔隙水壓，地下水復使得交界面的土壤泥化，進而弱化，且使黏土礦物膨脹，地下水又產生了潤滑作用，在在都將引起岩土交界面的剪力強度顯著的降低，因此土層極易沿著交界面發生滑動。

　　路塹邊坡如果縱切在單斜構造上（即路塹邊坡平行於岩層走向），則有一側會形成人工順向坡（請見圖 18.10A、B、及 F）；此時，切坡的坡度與岩層

的傾角之間的關係將決定路塹的穩定性，如果切坡的角度小於岩層的傾角，則邊坡可以保持穩定；反之，如果切坡的角度大於岩層的傾角，則岩層將切出坡面而見光，使得邊坡的穩定性最差。為了避免發生這種最不利的情況，道路的佈線以直交或以大交角的方式（路線方向與岩層走向的交角要大於 40°～50°）橫切過岩層的走向線為宜。路塹如果縱切在背斜的軸部上（請見圖 18.10C），則路塹兩側都會形成人工順向坡，使得兩側邊坡的穩定性都不利；同時，邊坡兩側岩層的地下水還會流向地塹；致使邊坡的穩定性更加惡化；因此，這種切坡法宜避免之。路線如果縱切在背斜谷上（請見圖 18.10G），則危險性不大。路塹如果縱切在向斜的軸部上（請見圖 18.10D），則路塹兩側的邊坡要產生滑動的可能性也都不大，除非有不利的節理傾向路塹內；但是因為褶皺軸部的岩層比較破碎，所以可能有落石之虞。路塹如果縱切斷層破碎帶（請見圖 18.10E），則邊坡的穩定性要視路塹與斷層破碎帶的寬度比而定；如果路塹的寬度小於斷層帶的寬度，則路塹可能兩側都在破碎帶內，或者一側為破碎帶，另一側為岩坡。反過來，如果路塹較寬，則兩側都應切在堅固的岩層內。一般而言，破碎帶的一側，坡度宜緩；岩層的一側，坡度可以陡一點，但是可能也會遇到人工順向坡的問題，需視岩層的位態而定。

　　路塹及傍山邊坡不但可能產生滑動，而且在一定的條件下，還可能引起古滑動體的復活，或因擾動崩積土而發生無從整治的大患。由於古滑動體或者已經趨於穩定的崩積土之生成時間比較長，在各種外營力的長期作用下，其外表型態早已不復見，而且又被濃密的植生所掩蓋，所以如果不注意觀察，或者未用遙測影像（包括高精密的衛星影像及航空照片）進行整體辨識，很容易就被忽略掉。因此，當施工開挖時才將滑動面揭露出來，或者將崩積土的坡腳給移除，遂產生頭重腳輕的危險態勢，很容易就引起邊坡再度滑動，尤其是在雨季的時候。

　　人工邊坡一經開挖，有的立即發生變形，並且威脅到施工的安全；但是也有的是需要一段很長的時間才會發生顯著的變化，使得鐵、公路的正常營運受到影響。所以對於處於穩定邊緣的邊坡需要埋設儀器進行長期的監測。特別要注意岩土層遭受風化及侵蝕後，其性質不斷劣化的情形，尤其是受到水（包括地表水及地下水）的影響之後的結果；有時從地形或結構物的變形或均裂的情形也可以及早得到警訊。

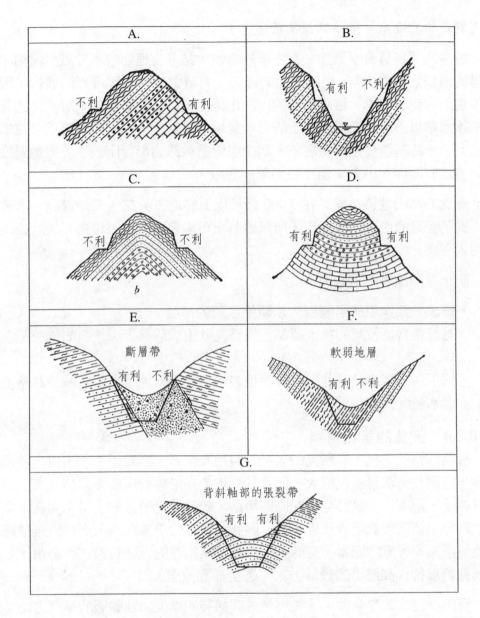

圖 18.10　路塹縱切構造線所引起的邊坡穩定性問題

18.3.3　凍害

　　道路的凍害包括路基土體在冬季因為結凍作用而引起路面的凍脹；或者在春季因為融化作用而使路基產生翻漿的情形。兩種作用都會使路基發生變形和破壞，甚至形成顯著的不均勻凍脹，且使路基的強度發生很大的弱化，結果將

危害到行車的安全及道路的正常營運。

　　道路的凍害具有季節性。在冬季的時候，路基土裡面的水分發生凍結，使土體的體積膨脹約 9%，造成路面的隆起；有時會使隧道變得無法通行（因淨空不足）。到了春季，接近地面的冰融化得比較早，而下層仍未解凍；因此上層的冰水難以下滲，致使上層土的含水量增加而軟化，強度顯著降低；在車子的載重下，路基遂發生翻漿現象。翻漿現象對鐵路的影響比較小，但是對公路的危害比較明顯，因為交通比較頻繁的緣故。

　　臺灣的高山地區（標高在 3,000 公尺以上的地方）在冬天的夜晚，水會結冰；到了翌日的白天冰又融化，所以路基土可能會發生凍脹現象；設計公路時宜列入考慮。

　　防止道路凍害的措施有：

- 鋪設毛細作用的阻隔層，以斷絕水源的補給。
- 將細粒含量較高的粉土或黏土換質為砂土或砂礫土；後者的抗凍脹性較強。
- 採用縱橫盲溝及豎井，以排除地表水，及降低地下水位，減少路基土的含水量。

▊ 18.3.4　天然的築路材料

　　道路的路基工程，其所需的天然材料種類很多，例如道渣、土料、砂及碎石等。它們的需求量不但很大，而且其產地要在沿線的兩側零散的分布，不限於只有一、兩處。一般而言，在山區築路，較缺路堤所需的土料；而在平原區及軟岩分布區則較缺道渣及碎石等。因此，尋找合乎要求的天然材料是道路選線時一項必須考慮的因素。有時候因為找不到築路的天然材料，而必須被迫採用高架橋以替代高路堤的設計方案；甚至需要改道。

　　築路材料的賦存條件，首先應考慮開採層的厚度與剝離層的厚度之比；它直接影響開採的難易度及經濟的合理性。一般認為兩者的比值大於 4：1 時，則在經濟上是可行的。開採層的厚度最好不小於 3 公尺；太薄就不容易開採，也不經濟。其次，應考慮水文地質條件；一般在地下水位以下開採非常困難，而且開採成本也會大為提高。再者，天然材料的處理需要用水，因此，開採的場地與取水的地方必須配合良好。又運輸條件更是不容忽略，必須考慮的不但包括運輸距離的遠近，而且還得考慮運輸的方式。

　　天然築路材料的調查可以先查閱地質圖；它們大多分布於地質圖上被歸類為第四紀沖積層的地區，在圖上以黃色及Q字為代表。另一方面，應該利用航空照片及衛星影像的大範圍鳥瞰之優勢來尋找產地；判讀影像時應該沿河谷進行；如果河谷是垂直於岩層的走向發育者最為理想。因為沖積層在地形上非常平緩，所以在山區只要根據其地形表現就可以很容易的加以辨認。一旦發現了可能產地，即可將其分布範圍圈繪出來，然後研判其地形條件及開採條件，以及產地與使用地的距離及運輸的方式。

▌ 18.3.5　棄土

　　雖然道路工程的環境影響評估要求挖填方要儘量平衡，但是通常還是有棄方會產生；尤其遇到隧道比較多或比較長，或者挖方的土質或岩質不適合作為填土材料時，常常就要預先規劃好棄土場。

　　棄土場的選址必須考慮下列的幾項因素：

- 運距要短：由棄方的產地到棄土場的距離必須儘可能的短，才能符合經濟原則。
- 運輸方便：小規模的棄方可利用現有的道路；大規模的運輸（指幾十萬立方公尺以上的棄方）則可能需要新建運輸棄方的專用道路。
- 運輸道路沿途的環境衝擊要少：棄方的運輸道路，其沿途的住家越少越好、車輛越少越佳、交叉路越少越好；且應迴避商業區及公共設施區，如學校、醫院、車站等。
- 棄土場的容量要夠：棄土場必須要有足夠的容量可以容納所需棄置的土方。
- 土地取得要方便：棄土場的使用必須徵求土地所有權人的同意；不管是購買或租用都需要簽署協議文件；且需事先說明改變後的地形、防災的措施以及未來的用途。
- 施工要容易：場地的整理、場地的調車、及填築疊置時都需具備方便性；另外，設置擋土及排水措施的可行性及安全性都要高。

　　棄土場的位置一般選在山谷、傍山、河岸或平坦的地帶。**山谷棄土場**係選在低窪的山谷內，地形較為平坦的地方。其上游集水區的面積以不超過 20 公頃為原則。開始棄土之前，應將谷底及谷壁的草木先行清除，連根部都要拔除乾淨；然後在棄土場的下游側需先設置擋土牆或土石壩；上游側則應有截水措

施，以阻止上游的地表逕流滲入棄土體內。在兩側的谷壁應設台階，一則可以增加棄土體與谷壁的摩擦力，二則可以使棄方體的重量可以垂直的作用在谷壁上，以消弭傾斜方向的作用力。在谷底應設置暗渠、蛇籠或排水袋，以排除滲入地下的雨水或其他地表水，並降低作用在擋土牆或土石壩的孔隙水壓。一切基本設施都完成後才能開始填土。填土過程中需要稍作壓實。填土完成後，頂層應加蓋一層透水性較差的黏土，然後再植栽；表面應設置排水設施，棄土場的周圍則設截水溝。

　　傍山棄土場係利用山腹或山腳處，選擇較為平坦的邊坡作為棄土的所在。類似於山谷棄土場，首先仍應將棄土場基座的草木清除乾淨，達到連根拔除的程度；然後設置台階。在坡趾或坡腹處則建置擋土牆。擋土牆的基礎應坐落在堅固的岩土層上（最好是岩盤），絕不能放在表層或潛移層上。在棄土之前，應先在底面鋪上一層透水性良好的砂層作為墊層或濾層，其功能類似於山谷棄土場底下的蛇籠；然後才開始填土。以後每填高 5 公尺即應再鋪上砂層。在緊臨砂層的下方應設水平排水管，以收集及排除從砂層滲出的地下水。最後完成的邊坡不宜超過 1V：1.5H。如果棄土體的高度太大，則應採台階式的堆置方式；原則上每填高 5 公尺，即應設置 1.5～2 公尺寬的平台。棄土體的頂面需向後傾斜至少 2%，以避免地表的逕流順著邊坡流下，而產生沖刷作用。為慎重起見，坡趾部可用蛇籠加強；一方面可以穩定邊坡，另一方面可以保護坡趾。坡面仍應設置地面排水設施及植栽。一般而言，傍山棄土場的安定性相對較差；如果擋土牆垮掉，下游將遭受嚴重的土石流災害。棄土體內部的有效排水是提升其穩定性的關鍵所在。

　　河岸棄土場一般都選在曲流的凸岸（即堆積岸）；此處有砂洲，比較寬闊，水流也比較緩和，而且是個堆積岸。當然，設置地點以不影響排洪及防洪工程的安全為標準。施設時，在與河水接觸的一側應設置堤防或擋土設施，其高度必須在設計洪水線之上。圖 18.11 顯示河岸棄土場及野溪整治的配合工程。因河岸棄土場的設置，同時也完成了野溪的整治。這種棄土場一般設在山區道路迴轉彎的下游側。

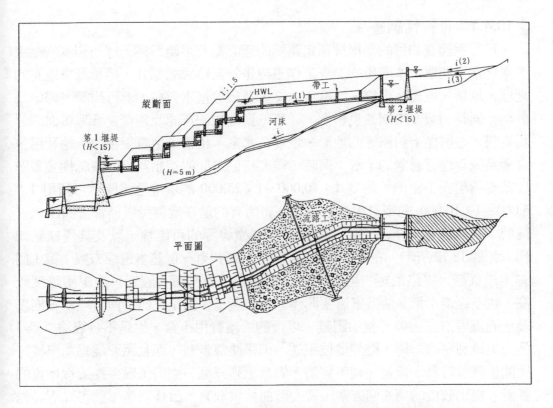

圖 18.11　河岸棄土場的設置圖（日本土質工學會，1990）

18.4　道路的工程地質調查

道路往往要穿過不同地質條件的地區，常會遇到各種地質問題，如崩積土、軟弱土、崩塌、地滑、土石流、活動斷層等。

為了維持道路的縱坡，在通過地形複雜的地段常有大量的填方（高路堤）及挖方（路塹），所以人工邊坡的穩定性乃成為主要的工程地質課題需要進行分析。道路要構築很多橋梁、涵洞、隧道、擋土牆等，也會遇到種種地質問題。本節將侷限於說明道路本身的調查要項；有關橋梁及隧道的調查將予分開說明。

道路調查需要配合工程營建的階段性而分成可行性調查、初步調查，及詳細調查三個階段。現在分別說明如下：

▌18.4.1 可行性調查

可行性調查的目的是根據預定路廊的起訖點及可能路徑，解決初步的路線方案之選擇問題。本階段的調查工作主要是針對路廊的部分，儘量蒐集既有的地理、地權、地形、地質、地震、水文、氣象等基本資料，進行研讀、歸納及分析。同時，還要申購衛星影像，從事地形地物的辨認及判釋。參考書面的分析資料，在影像上對路廊的地形、地質、水系、植被、地質災害、土地利用、交通系統等進行通盤的了解；同時，研究它們之間的互制互協的關聯性。本階段就應繪製一張比例尺約為 1：10,000～1：25,000 的環境地質圖（可利用 1：5,000～1：10,000 的衛星影像製作），將所有的潛在地質災害區都圈繪出來。同時，初步評估一下沿河線、山脊線、越嶺線等的可能性，以及其優缺點如何。如圖 18.12 所示，在 A、B 兩個控制點之間共有三個基本選線方案；第 1 個方案最直接，線路最短，但是需要興建兩座橋及一個長隧道，施工困難度較高，也不經濟；第 2 個方案需要興建一個短隧道，但是在西半段有地滑、崩塌及土石流等潛在災害，整治困難，以後的維護費用不貲，也是不合經濟；第 3 個方案繞到河的對岸，雖然縱坡平緩，但是路線較長，而且還要經過兩座橋，比開鑿隧道容易，但是一樣不經濟。綜合上述三個方案的優點，從工程地質的觀點，提出較優的第 4 個方案，將大河曲截彎取直，改移河道，就可以不必越河，而改用路堤通過，使路線既平直，又可以避開潛在地質災害的地段，其東半段則連結第 2 方案的沿河線。這一條路線的工程條件較好，施工方便，維護費用少。以上這些評估，在衛星影像或航空照片上作業會更為逼真，就好像坐著飛機飛臨上空進行一樣，它是屬於一種面的調查方式，比起地面的線的調查方式，既宏觀又快速，而且更精確。

雖然採用遙測影像的判釋方式有許多優點，但是還需利用地面調查予以配合。在這個階段的地面調查需要沿著各個可能路線的兩側約 2.5～5 公里的狹長帶內，進行重點式的驗證或釋疑；把焦點放在跨越大分水嶺處、啞口處、長隧道、跨越大河處、大規模的潛在地質災害區等各個關鍵性地段，調查它們的工程地質條件，並提供有關地震、天然築路材料，及供水水源等相關資料。經過綜合評估之後，最終挑出幾條比較好的候選方案，且為選線提供工程地質資料，同時提出各候選路線的優缺點。

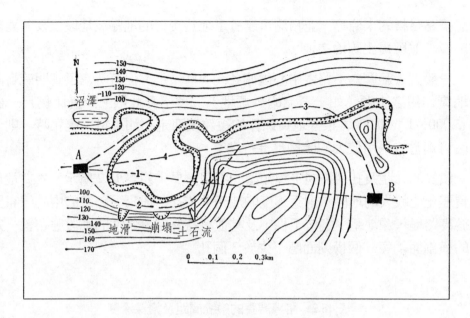

圖 18.12　從遙測影像上進行選線評估

18.4.2　定線調查

　　定線調查的目的是在可行性調查階段已經初步確定了的路線方案之基礎上，與設計部門共同選出一條技術可行而且經濟合理的最佳路線方案，為線路的設計提供可靠的工程地質資料。

　　定線調查可分成路線調查及路基調查兩部分。

⑴路線調查

　　路線調查的主要工作是對已經確定的所有候選路線之範圍內，進行調查評估與比對，然後選出一條最佳路線。全面查明最佳路線沿線的工程地質條件。同時，還要對路線方案具有控制作用的重大而複雜的地點或地段，進行較詳細的工程地質探查，提供設計所需的全部工程地質資料。

　　路線調查階段是非常關鍵性的階段。其要求全面性的調查（包括探查），所以地質工作量很大。首先要針對各個候選路線進行調查；如果候選路線相隔較遠（約 3～5 公里），則應分別對候選路線進行單獨調查；如果各路線相距不遠，則可聯合起來，形成一條路廊，同時調查，以提高效率。調查內容應包括沿線的地形、地質、潛在地質災害、特殊或不良的岩土類型、性質及分布、

天然築路材料的來源等，並預測可能發生地質災害的地點或地段，及其對施工的影響，並應提出防治之道。

一般調查範圍為沿路線中心兩側各約 500 公尺；但有時為了查明威脅路線的地質作用之來源（如土石流的發源地），可不受此限。調查比例尺一般為 1：5,000～1：10,000；根據地質條件的複雜度而定。如果特別複雜時，則個別地段可適當的採用較大的比例尺進行調查。

鑽探的孔距及孔深需視工程類型的不同而異，如表 18.2 所示。對於地形及地質變化比較大的地段，則應適度的加密。佈孔一般沿著路線的中心線布置。對於高路堤、深地塹、邊坡不穩，及其他有特殊地質條件的地段應布置一定數量的橫剖面；每一個橫剖面應不少於 3 個孔。

表 18.2　路線調查的鑽孔間距及鑽探深度

地基類別	鑽孔的間距（m）	鑽孔的深度（m）
高度大於 10m 的路堤	100～200	3～4
深度大於 10m 的路塹	50～150	路塹底面以下 1～2
沼澤或軟弱土層	50～100	一般：4～6 高路堤：8～12

(2)路基調查

對於一般路基，應查明與地基及邊坡穩定，及設計有關的地質條件，包括岩層的類型、厚度、風化程度、分布及性質，特別注意有否軟弱夾層的存在；還有岩層及不連續面的位態、它們在空間上的組合關係，以及它們的位態與邊坡的關係，是否有順向或順層滑動的疑慮。對於土層則應查明其類別、密實程度、含水狀態等，特別注意岩土層交界面的情形，以及有否軟弱土層及崩積土的存在。對於高路堤的地段，調查的重點包括岩土層的層位、層厚、土質類別，查明地下水位的深度，確定土層的承載能力、抗剪強度及壓縮性；判定在路堤的載重下，地基的沉陷及滑移的可能性等。

18.4.3 補充調查

補充調查的目的是根據初步設計的方案，對各種類型的工程建築物（如大開挖、路塹、高路堤、大滑動體、厚崩積層、橋梁、隧道、休息站等）之位置進行詳細的調查。其主要工作是查明與各類建築物有關的工程地質條件，及可能遇到的工程地質問題；提供設計所需的數據及參數。此外，對路線需要局部改善的地段，也需要查明其工程地質條件，及應注意事項。

在這個階段，其調查範圍約為沿線兩側各寬 150～200 公尺的狹長帶內，調查比例尺一般需大於 1：1,000。針對路基特殊設計階段，如高填路堤、深挖路塹、高陡邊坡、浸水等地段，以及需要進行防治的潛在地質災害區，則需繪製更大比例尺的工程地質圖（1：100～1：500），以及詳細的物探及鑽探工作，俾便選擇通過這些地段的最佳路徑。

18.4.4 施工中調查

施工中調查的目的主要有二：一是繪製露頭地質圖及既有地質圖的修正；二是預防地質災害的發生及協助解決已發生的地質災害。工程進行中，揭露了岩土層的產狀，可做近距離的直接觀察，所以可以繪製非常精準的路線地質圖；這項工作在隧道工程中使用最多。以前所製作的地質圖，因為是在露頭不佳的情況下所為，所以很多資料是用推測的方法填製而成的，既然是推論的資料，由於證據不夠充分，所以難免出錯。因此，可以藉此機會，將錯誤的地質資料修正過來；這是非常寶貴的資料，可在未來的工程中使用，或為學術研究所引用。

在施工過程中，因為擾亂了岩土層的應力狀態，所以有時會遇到危險的狀況發生，例如邊坡有失穩現象、高路堤發生潛移、或者崩積層或崩塌體可能復活等。遇到這種情形，最好是能夠防患於未然；如果發生了，就需要趕快針對原因尋找解決對策；不要讓事態擴大，而導致一發不可收拾。

18.5 橋梁的選址與調查

當道路跨越河流、山谷、危險地帶或與其他交通路線交叉時，就要樹立橋梁。它在道路工程中也是很重要的部分。

橋梁工程是由正橋、引橋及導流等工程所組成。正橋是橋梁的主體，位於

河流兩岸的橋台之間，其橋墩均位於河槽中；引橋是連結正橋與原線的結構，常位於階地之上；導流工程包括護岸、護坡、導流堤、丁壩等，是保護橋梁的附屬工程。

18.5.1 橋梁的主要工程地質課題

(1)橋台的偏壓

橋台除了承受垂直壓力之外，還承受來自河岸的側向主動土壓力。如果河岸又有滑動傾向時，還受到滑動體的水平推力，使橋台總是處於偏壓的狀態下。

橋墩也會受到偏壓的作用，主要是由於車輛在橋梁上行駛，突然中斷而產生的；其對橋墩的穩定性產生很大的影響，必須慎重考慮。

(2)橋墩地基的穩定性

橋墩地基的穩定性主要決定於橋墩地基中岩土層的承載力；它是橋梁設計中最重要的參數之一。它對於選擇橋梁的基礎，及確定橋梁的結構型式有決定性的作用；它也會影響橋梁的造價。

雖然橋墩的基底面積不大，但是在河床中經常會遇到沖積層的厚度不一，地基的強度不同，或者軟弱層或軟硬不均的現象，嚴重的影響橋墩的穩定性；有時還會遇到強度很低的淤泥及淤泥質軟土層，尤其位於古後背濕地、古河彎或古牛軛湖等地帶。有時則遇到斷層破碎帶、風化深槽、囊狀風化帶、岩盤面的高低不均、軟硬懸殊的界面、軟弱夾層、有液化潛勢的細砂層，或深埋的古土石流等。均將使橋墩產生過大的沉陷或不均勻沉陷；甚至造成整體滑動。

(3)橋墩的沖刷

橋台及橋墩的建造使原來的河槽之過水斷面縮小，局部增加了河水的流速，改變了流態，對橋墩的地基產生強烈的沖刷；有時可以把河床中的鬆散沉積物局部或全部予以沖走，使得橋墩的基礎直接受到流水的沖刷，而暴露出來，因而威脅到橋墩的安全。所以橋墩基礎的埋深，除了要顧及到承載層的深度之外，還應考慮河水的沖刷深度；尤其在臺灣，於暴雨或颱風季節，河水高漲，發揮了驚人的沖刷力量；以往即常有橋墩被沖垮而傾倒的例子。

沖刷可以分成平行於水流的刷深，以及過水斷面縮小後所造成的刷深兩類。當高水位時，流速加大，如果超過河床沉積物的允許流速，即產生沖刷；其刷深的程度可用下列公式估計：

$$h = H \cdot \left[(V_p/V_m)^n - 1 \right] \quad\cdots\cdots\cdots\cdots\cdots\cdots\cdots\cdots \quad (18.1)$$

式中，h = 由於流速增加所引起的沖刷深度，m

　　　H = 設計水位時的最大水深，m

　　　V_p = 洪水時的流速，m/s

　　V_m = 水深為 H 時，沖積層開始沖刷的流速，m/s

　　　　（對於黏土而言，當 H = 1m 時，V_m = 0.85～1.2m/s；當 H = 2m 時，V_m = 0.95～1.40m/s；當 $H \geqq$ 3m 時，V_m = 1.10～1.50m/s；土層越密實，V_m 越大）

　　n = 係數

　　　　（對於半流線型的橋墩，n = 1/4；對於非流線型的橋墩，n = 1/3；如果是斜沖，且交角 = 10°～20°時，n = 1/2；如果交角 = 20°～45°時，n = 2/3）

當構築橋墩或橋台，使得過水斷面縮小，水流被擠壓，即產生沖刷。此時的沖刷深度可用下式估計：

$$h = \Delta A / B \quad\cdots\cdots\cdots\cdots\cdots\cdots\cdots\cdots\cdots \quad (18.2)$$

式中，h = 河流的平均刷深，m

　　ΔA = 未擠壓前的水流斷面積與擠壓後的水流斷面積之差，m²

　　B = 過水的寬度，m

為了防止沖刷造成橋墩的傾斜，可參考以下的橋墩埋深原則：

‧在沒有沖刷的地方，除了遇到堅硬的岩盤，橋墩的埋深應該超過 1 公尺。

‧在有沖刷的地方，應埋置於最大沖刷深度以下 2～4 公尺。

‧基礎位於不耐沖刷的岩土層之上時（如頁岩、泥岩、板岩、千枚岩等），基礎應再適當的加深。

(4)橋墩的基礎型式

椿基、墩基、沉箱、群椿等是目前橋梁基礎的主要型式。如果上覆軟土層的厚度不大，而其下臥的為緻密的土層時，可採用椿基。主要適用於小型的橋梁（橋長小於 30 公尺）。如果上覆的軟土層厚度大於 8m，其中又沒有飽和且處於軟塑流態的土層、巨石、殘留的廢基礎，或樹根等障礙物，其下則有堅硬的承載層時，則可採用沉箱。沉箱多用於一般的橋梁；其優點是可以下到很深的地方；但是如果河床下的岩盤面，其坡度太陡，或起伏很大時，就不適用。

群樁可適用的地質條件非常廣泛；現在興建大型（橋長大於 100 公尺，但小於 500 公尺）及特大型（橋長大於 500 公尺）橋梁時，幾乎都採用這種樁型。群樁的直徑一般為 1.5～3.6m，最大可達 5.6m。它的優點是不僅可以穿過各種鬆散的沖積層、膠結的卵礫石、大孤石等，而且在同一個橋基中，每一根樁都可以參差的進入基岩，遇到地下孔洞時，也可以將樁下到堅實的岩盤。此外，群樁的施工可以在水上作業、施工簡便、效率很高。

對於建在岩盤上的大橋，如果河流沖刷很厲害，則橋墩基礎應該嵌入岩盤一定的深度，或採用錨碇的方法，使基礎與岩層連成一體。

▌ 18.5.2　橋位的選擇

橋位的選擇除了要考慮水文及工程地質條件之外，最重要的就是要顧及其與路線的協調與搭配。一般的選址原則如下：

- 應選在河床較窄、河道順直、水流平穩、河道變遷不大的河段。
- 橋台位置的地勢要高且穩定、空間夠大、施工方便。
- 避免具有遷移性（如強烈沖刷、淤積、或經常改道）的河床、曲流或主支流的匯合處。
- 選擇沖積層比較薄、且河床底下為堅硬完整的岩體。
- 如果沖積層太厚，則應選在無淤泥層及泥炭的地段，且應避免液化潛勢高、尖滅層發育、或非均質土層分布的地帶。
- 選擇區域穩定性條件良好的地段，必須遠離活動斷層帶。
- 橋墩及橋台不置於斷層破碎帶及褶皺軸上。
- 橋線的方向應與主要構造線垂直，或以大交角通過。
- 儘可能避開地滑、崩塌、落石、土石流等比較發育的地段。
- 在山區的狹谷最好採取單孔跨越。
- 在較寬的山谷，應選擇兩岸較低、岩質堅硬、地形稍寬的地方通過。

▌ 18.5.3　橋位的調查

橋梁是道路工程的附屬建築物。除非是特大型或重要的橋梁，一般而言，橋位的調查是與路線調查一起實施的。

在可行性調查階段，橋位調查的目的在於選擇幾條橋線，全面查明各橋線方案的一般工程地質條件，為選擇一條最佳的橋線提供工程地質條件的優劣。各橋線的調查可在軸線兩側各 200～300 公尺的寬度內進行。如果各線的間隔

很小，則可以聯合成較大的寬度，同時進行。成圖比例尺一般為 1：500～1：1,000。調查重點在於查明河谷地段的地形特徵、河流的變遷及兩岸的沖刷情形、橋位兩岸邊坡的穩定性、潛在地質災害、抗震的地質條件（含可能液化的土層）、各橋墩處的沖積層厚度、分布及性質；岩盤的岩性、風化情形、不連續面切割、岩頂（Rock Head）的地形等；水文地質條件及地下水的侵蝕性；基坑發生湧水及流砂的可能性；天然建築材料的來源、儲量、開採及運輸條件等。

鑽探線應沿著橋線的中軸線布置；原則上每一個橋墩都要布置一孔。當遇到下列情況時，則應加密鑽孔的佈設：

- 一個橋墩的地基在水平方向上由兩種以上的土層所組成。
- 河床的沖刷深度發現有突變的局部地段。
- 岩盤面的坡度較大。
- 橋墩建在斜坡上。
- 斷層破碎帶或河床下有溶洞或廢礦坑。

對於鑽探深度的要求，在無軟弱土層分布的情況下，一般的沖積層可鑽至基礎底面以下相當於基底寬度的 1.0～1.5 倍，或參考表 18.3 所示的深度。如果岩盤很淺，則鑽孔應穿過風化帶，且深入堅固的基岩面以下 2～4m。當風化層很厚時，則可參考 18.3 所示的深度。如果懷疑河床下可能有孔洞時，則應鑽至基岩面以下 10～15m；在此深度內如果遇到孔洞，則應鑽至孔洞以下不少於10m 的深度。

到了定線階段，主要工作是在已選定的最佳橋線上，進一步加強鑽探；調查工作著重於各別橋墩的特殊工程地質問題；且為最佳的橋位及基礎類型的選擇，以及施工方法等提供必要的工程地質資料。

表 18.3　大、中型橋位的鑽探深度（單位：公尺）

基礎類型	土　壤　類　別	
	黏土、粉砂、細砂	砂、礫、卵石
打入樁	20～30	15～25
場鑄樁	25～35	20～30
擴座基樁	12～18	10～15

CHAPTER 19

隧道的主要工程地質課題

19.1 前言

隧道是道路工程的一部分；因為它所牽涉的工程地質及水文地質上之課題特別多，又特別複雜，所以我們另立一章來說明。

一般單線隧道高 7～8m，寬 5～6m，斷面約 40m²；雙線隧道寬 9～10m，斷面大於 60m²。隧道的長度則差別很大；如日本大清水隧道長達 22.23km，是目前世界上最長的鐵路隧道。瑞士開鑿的聖哥達隧道，長達 16.918km，則是目前世界上最長的公路隧道。我國的雪山隧道長 12.9km，為目前世界上第三長、東南亞第一長的公路隧道。還有穿越海底的日本青函隧道，長達 53.85km，其海底部分就有 23.3km，這是目前世界上最長的水底鐵路隧道。另外，長為 50.5km 的英吉利海峽隧道，僅次於青函隧道，但是它的海底部分卻長達 39 公里，是全球最長的海底隧道。

由於地應力的存在，隧道開挖勢必打破原來岩（土）體的自然平衡狀態，引起隧道周圍一定範圍內，岩（土）體的應力重新調整，產生變形、位移、甚至破壞，直到出現新的應力平衡為止。工程上將開挖後，隧道周圍發生應力重新分布的岩（土）體稱為**圍岩**；狹義上，圍岩約相當於 3 倍隧道直徑的範圍。它的穩定性是隧道能否正常營運的關鍵。

19.2 圍岩的應力

根據彈性力學理論，地下有一圓形隧道（直徑為 a）受到原始垂直地應力 p 及原始水平地應力 $\lambda \cdot p$ 的作用，在圍岩內任一點 (r, θ) 的應力可分解為徑向應力 σ_r、切向應力 σ_θ，及剪應力 $\tau_{r\theta}$，如圖 19.1 所示。

當 $\lambda = 1$，即垂直地應力等於水平地應力時，則：

$$\sigma_r = p \cdot (1 - a^2 / r^2) \quad \cdots\cdots\cdots\cdots\cdots\cdots \quad (19.1)$$
$$\sigma_\theta = p \cdot (1 + a^2 / r^2) \quad \cdots\cdots\cdots\cdots\cdots\cdots \quad (19.2)$$
$$\tau_{r\theta} = 0$$

從上式關係可以得知，在沒有襯砌時，圍岩的應力分布有如下的特徵：

· 在隧道的側壁，沒有徑向壓應力（$\sigma_r = 0$）；隨著 r 的增大，徑向壓應力也跟著逐漸增加，並且在無限遠處趨近於原始壓應力 p（請見圖 19.2A）。

· 在隧道的側壁，切向壓應力最大，等於兩倍的原始應力；稱為**壓應力集中**。隨著 r 的增大，切向壓應力卻逐漸減小，並且在無限遠處趨近於原始壓應力 p。

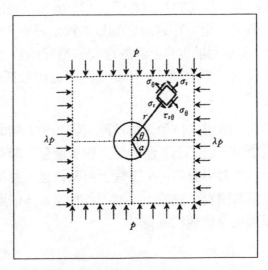

（p 為原始垂直地應力，λp 為原始水平地應力）

圖 19.1　隧道周圍的應力狀態

- 如果水平地應力等於垂直地應力時，隧道的周邊不會出現拉應力。當水平地應力小於垂直地應力時（即 σ_1 為垂直），在隧道的頂拱附近，不管是徑向應力或是切向應力，都會出現拉應力（徑向拉應力大於切向拉應力）；但是當水平地應力大於垂直地應力時（即 σ_1 為水平），則最大的拉應力發生在側壁；且水平地應力越大，拉應力就越大。像這種出現拉應力的情形，稱為**拉應力集中**。

- 由於 $\tau_{r\theta}=0$，所以 σ_r 及 σ_θ 都是主應力；且在隧道的周邊，主應力之差最大，因此在側壁某一斜截面上所衍生的剪應力也是最大。如果岩體屬於受拉破壞，則是從周邊先行破壞，因為拉應力也是在周邊最大。所以隧道開挖後總是先從周邊開始破壞，然後沿著半徑方向，向岩體的內部發展。

- 從圖 19.2A 直接可以看出，只有在距隧道周邊無限遠處，應力才會恢復到原岩的應力狀態；也就是說，開挖擾動對岩體的影響是無限遠的；但是從工程的觀點，當應力變化不超過 5% 時，其影響就可以忽略。

- 按照公式計算，當 r＝5a 時，$\sigma_r=0.96p$，$\sigma_\theta=1.04p$；它們的大小與原岩應力只差 4% 而已；所以一般認為**隧道開挖的影響範圍為其半徑的 5 倍，或約為直徑的 3 倍；稱為鬆動圈**。

　　如果 $\lambda=0$，即沒有原始水平地應力時，則隧道的應力分布如圖 19.2B 所示。由圖中的曲線可以明顯的看出，位於隧道水平軸的遠側，切向應力 σ_θ 產生了較大的應力集中現象。位於垂直軸的遠側之切向應力則為負值（拉應力）。因此，在隧道設計時，對於隧道邊界上這兩個部位需要特別加以注意。

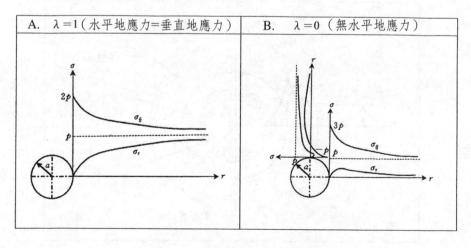

圖 19.2　隧道圍岩的應力分布

　　一般而言，隧道開挖後，部分周邊的應力狀態超過圍岩的強度時，首先會在周邊產生塑性區，隨後塑性區逐漸破壞，使得塑性區不斷的向圍岩的外圍轉移。這種動態的變化會一直發展到圍岩的應力達到新的平衡為止。這樣圍岩就會出現如圖 19.3 所示的圈狀應變分區，即由隧道邊界開始，從破壞圈向外依次變成塑性圈及彈性圈；彈性圈之外則為原岩應力區。如果隧道沒有支撐時，鬆動圈的半徑會擴大。必須注意的是，圈狀變形只能出現於均質的岩體，以及水平原始地應力等於垂直原始地應力的情況下。實際情形，隧道的周邊很難出現等厚的鬆動圈。

　　從圍岩的應力分布來看，切向應力在隧道邊界為零（破壞後應力已釋放），往圍岩的深部極速增加，而在塑、彈性圈的交界處突然陡升，然後再往圍岩深部緩緩下降，直到恢復為原始地應力為止。

19.3　圍岩的外水壓力

　　隧道一般都是在地下水位以下開挖，因此地下水會施加靜水壓力在襯砌上；這種壓力就稱為**外水壓力**。外水壓力有時候會超過圍岩壓力。此外，地下水常會突然大量的湧入隧道，還會使岩體內的軟弱夾層之強度降低、砂層沖潰、泥岩膨脹，造成隧道的變形及破壞。

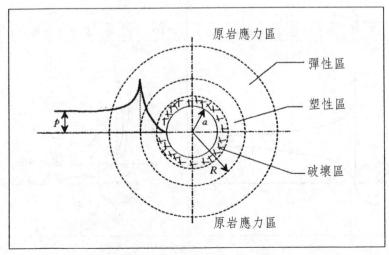

圖 19.3　隧道圍岩的圈狀應變區及切向應力分布

外水壓力是作用在襯砌上的加載,所以如果隧道的覆岩很厚時,地下水的水層也變得很厚,它對襯砌的型式及厚度的設計,就會發生很大的影響。但是外水壓力是隧道工程中比較難以估計的一種荷載,目前只能用粗略的概估。

隧道工程設計時,過去都用頂拱至最高地下水位之間的水柱高度來估算外水壓力,但是實際上,作用在襯砌上的外水壓力,並不是都等於外水的全部水柱高度,常常只有它的一部分而已,甚至等於零。因此,設計時應根據實際的水文地質條件做適當的修正,一般是乘以相應的折減係數 β,即

$$Pw = \beta \cdot \gamma_w \cdot H \quad\quad\quad\quad\quad\quad（19.3）$$

式中,Pw = 外水壓力
　　　　β = 折減係數
　　　　γ_w = 水的單位重
　　　　H = 地下水的水頭

折減係數一般約為 0.25～1.0。它的選擇不是一件容易的事;既要考慮水文地質條件,又要考慮工程設施及工程運轉。岩體中地下水是地表水沿著裂隙及孔隙滲入地下的;同時,地下水的深度又與含水層的厚度、阻水層的位置,以及地下水的補注與排洩的條件有關。

火成岩及變質岩中的地下水,主要沿著裂隙滲入及滲流;而其裂隙的分布極不均勻,所以地下水的分布也很複雜。裂隙會隨著深度而變少及變小,所以地下水便越深越少。不少距離地表 100～200 公尺深的隧道,已很少出水;只有局部的大斷層帶或岩脈的接觸帶,才有較大的滲水。斷層破碎帶附近,襯砌表面承受的地下水壓力,幾乎與襯砌表面以上的地下水水頭相等。所以,從安全的角度來看,破碎帶的地段,其折減係數應該取 1.0。如果襯砌具有一定的透水能力時,裂隙帶的折減係數可以取 0.2～0.4,甚至更小。如果有適當的排水措施,則折減係數可以取 0。

沉積岩地區的問題更複雜。孔隙水形成統一的含水層,作用於襯砌上的外水壓力便是地下水的水頭。設計時,折減係數應選擇大一點。從安全的角度看,折減係數可採用 1.0。如果隧道高程以上存在有阻水層,則應評估含水層之間的水力連通性。如果不相連通,則可以採用下層水的水頭計算外水壓力。如果是連通的,則應採用上層自由水面計算外水壓力。對於礫岩、砂岩及頁岩

互層的岩體，地下水沿著裂隙運動，逕流條件與火成岩及變質岩類似，則折減係數可以酌量減小。

地下水位與地下水的補注與排洩條件有關，所以保守一點，應該採用最高的地下水位來計算外水壓力。新建的水庫蓄水後引起地下水位上升，應選擇蓄水後的最高庫水位來估算外水壓力。

計算外水壓力還應考慮工程條件，例如隧道開挖後，地下水自隧道排掉，地下水位便逐漸下降，外水壓力也跟著逐漸減小，甚至等於零。因此，在隧道尚未襯砌的階段，主要考慮的是湧水，而不考慮外水壓力。當隧道襯砌後，地下水位逐漸升高，則應考慮外水壓力。

選擇折減係數時，還應考慮襯砌的品質。如果襯砌會滲水，會消耗一部分水量，減小地下水的水頭，所以折減係數可以取得小一點。不易滲水的襯砌，折減係數則應該取得大一點。襯砌完全不滲水（如鋼板襯砌），折減係數等於1.0，即外水壓力等於該處地下水的全水頭。

19.4　圍岩的變形及破壞

隧道開挖後，地下形成了自由空間，原來處於擠壓狀態的圍岩，由於解除束縛而向隧道空間鬆動變形。這種變形如果超過圍岩本身所能承受的能力，就會發生破壞，從母岩中分離、脫落，形成落盤、滑動、隆起、岩爆等種種現象。

19.4.1　圍岩的變形

圍岩的變形可分成彈性變形、塑性變形及破壞三個階段。彈性變形的速度快、變形量小；是隨著開挖過程幾乎同時完成的，一般不易察覺。當應力超過圍岩的彈性限度時，圍岩就會出現塑性變形，發生壓碎、拉裂或剪破；如果超過圍岩的強度時，就會產生破壞。塑性變形的延續時間最長，變形量最大，是圍岩變形的最主要部分。

如果圍岩的節理及其他不連續面發育時，則它們之間的相互錯位、滑動，及裂隙張開或壓縮變形等劇烈鬆動將會佔據主導的地位；而岩塊本身的變形則退居次要地位。此外，圍岩長期處於一種動態變化的高應力作用之中，流變也是圍岩變形不可忽略的部分。

對於一些淺埋或傍山隧道，因為隧道頂拱的鬆散堆積物沿著底拱的傾斜面潛移（請見圖 19.4A），或因岩層滑動而形成的圍壓都是**偏壓**；或者岩體沿著軟弱夾層，或充填有軟弱物質的不連續面發生潛移，也會對位於其下傾側（Down-Dip）的隧道造成偏壓（請見圖 19.4B）；結果都有可能使得受偏壓的一側之洞壁產生變形，甚至破壞。表 19.1 提供傍山淺埋隧道的最小覆蓋厚度之參考值。

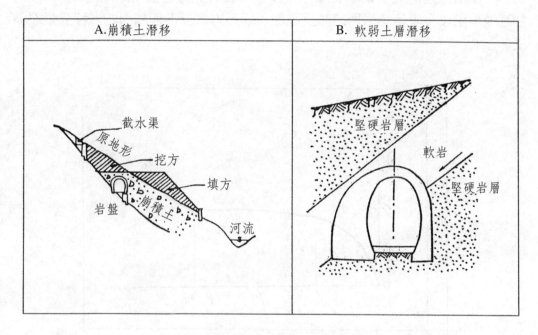

圖 19.4　隧道所受的偏壓及其處理對策

表 19.1　傍山淺埋隧道的最小覆蓋厚度

岩體分類	最小覆蓋厚度（公尺）	
	單線	雙線
強岩	11～20	15～30
中強岩	7～10	10～15
中弱岩	4～6	7～9

　　如果從隧道邊界的變形與時間之關係來看，一個典型（既不是特別堅硬，也不是太軟弱的岩體，或者沒有軟弱的夾層或不連續面）的變形曲線就如同圖19.5A 所示；它的形狀與岩石的蠕變曲線很類似。OA 段表示圍岩開挖初期的變形關係；它主要是彈性變形及部分的塑性變形。這一段時間一般為半個月至一個月。AB 段為圍岩應力調整期的變形階段；主要屬於塑性變形；時間大約一個月或更長。BC 段為圍岩的穩定期；這個階段基本上沒有變形，時間可長可短。由於隧道絕大多數都會施作支撐，一般可保持在使用期間內。CD 段為加速變形階段，表示圍岩即將產生破壞；變形方式以不連續面的滑移及張裂為主。

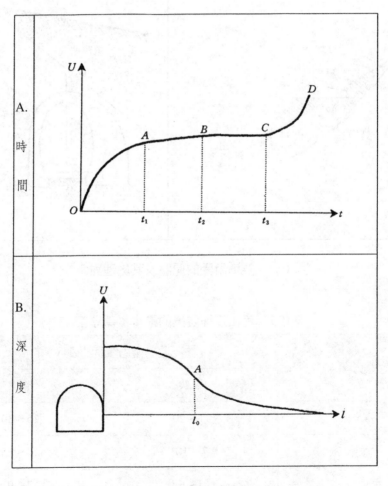

19.5　圍岩變形與時間及深度的關係示意圖

如果從圍岩的變形與圍岩的深度之關係來看，一個典型的變形曲線如圖19.5B 所示。變形量的大小以隧道的邊界為最大，隨著深度的加深，變形將趨於零。曲線上的 A 點為彈性圈與塑形圈的分界點。

19.4.2 圍岩的破壞

隧道開挖後，當圍岩的應力超過岩體的強度時，便會產生失穩破壞；有的突然而顯著（如岩爆），有的變形與破壞不易截然劃分。圍岩的變形與破壞是持續的發展過程。對於彈脆型的岩石，其變形量小，發展速度快，不易由肉眼察覺；而一旦失穩，則突然破壞。對於彈塑型的岩石，其變形量大，甚至堵塞整個隧道，但其發展速度緩慢；而破壞型式有時很難與變形區別。

一般而言，按照發生部位的不同，圍岩的破壞可分成**頂拱懸垂與坍落、側壁突出與滑移、底拱鼓脹與隆破**及**岩爆**。

(1)頂拱懸垂、剝落與坍墜

隧道開挖時，頂拱除了發生瞬時的彈性變形之外，還可逐漸產生塑性變形及其他原因而繼續變形，但是仍可保持其穩定狀態。最典型的就是水平岩層的變形，如圖 19.6A所示。經過進一步的變形，使得圍岩中的原有不連續面，或因為應力重新分布的作用下而新生的局部裂隙，不斷發展擴大；它們因互相匯合交錯，而構成數量眾多、形狀各異、大小不等的碎解體，在重力的作用下遂脫離母體，突然坍落，終至形成頂拱的超「挖」現象（請見圖 19.7）。**頂拱坍墜**最容易發生於不連續面發育的所有堅硬岩石、砂質頁岩、泥質砂岩、鈣質頁

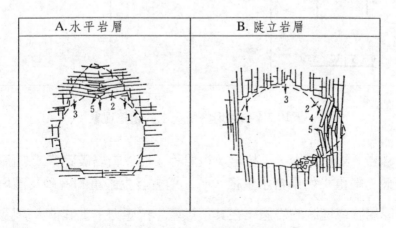

圖 19.6 層狀岩層的圍岩變形

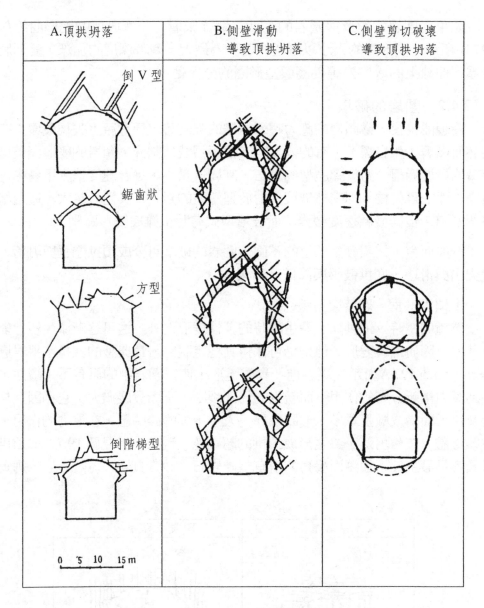

圖 19.7　頂拱坍墜所產生的超挖現象

岩、鈣質砂岩、雲母片岩、千枚岩、板岩等。而以斷層破碎帶或裂隙密集帶的
頂拱坍墜最為嚴重；如果含水量很大時，還會發生嚴重的流砂及溜坍。

　　對於厚層狀或塊狀的岩體，在其頂拱產生拉應力，當其值大於圍岩的抗拉
強度時，就會發生張裂破壞，尤其當頂拱發育有近乎垂直的節理時，即使產生

的拉應力很小，也可以使岩體拉開而產生垂直的張性裂縫。被垂直裂縫所切割的岩體在自重的作用下變得很不穩定，特別是當有近乎水平的軟弱不連續面發育，岩體在垂直方向的抗拉強度較低時，往往也會造成頂拱的坍落。

在有些情況下，例如當傍河隧道平行於河谷的解壓節理帶時（同時也是處於偏壓狀態），或者當越嶺隧道的進出口段的地形地質條件有利於側向解壓作用的發展時（例如兩側為溝谷所切割），頂拱也常發生嚴重的張裂坍落；有時甚至一直坍到地表。因此，傍河隧道應儘量靠向山裡，避開解壓影響帶。對於越嶺隧道，則應儘可能將進出口選擇在側向解壓影響小、岩體較為穩定的地段。

過大的切向壓應力使得圍岩的表層發生平行於隧道周邊的破裂。這些平行的破裂將圍岩切成厚度由幾公分至數十公分的薄片，沿著壁面**剝落**（Ravelling）。破裂的深度一般不超過半跨。這種開裂剝落多發生於塊狀厚層的岩體內；它們可以發生於頂拱，也可以發生於側壁上。

隧道掘進，在頂拱遇到斷層時，首先產生小量的滑移，結果牽動其他不連續面也發生擠壓、剪切位移或壓碎作用，最後造成圍岩的鬆動解脫現象，如（圖 19.8）所示。

對於鬆散狀或碎裂狀的岩體，或者軟化的黏性土層，開挖後由於圍岩應力的釋放，即產生塑性變形及破壞，往往表現為坍頂、洞壁擠出、底拱鼓脹、洞徑縮小等複雜的綜合型破壞（請見圖 19.9）；其變形的時間效應比較明顯。有些含蒙脫石或硬石膏的岩層或不連續面，於吸水後膨脹，並向隧道擠出；這也是屬於同一類的塑性變形。

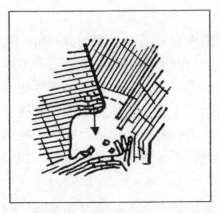

圖 19.8　斷層滑移作用牽引了圍岩的鬆動解脫現象

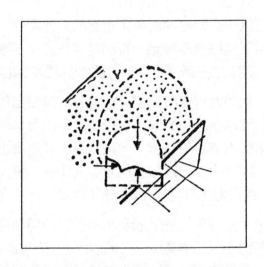

圖 19.9　塑性變形造成的縮徑綜合現象

(2)側壁突出、擠出、鼓出與滑移

隧道開挖時，除了頂拱可能發生懸垂之外，側壁也可能發生突出而不產生破壞的現象；這在陡立的岩層中最常見（請見圖 19.6B）；因為壓力釋放，在回彈應力的作用下，薄層狀圍岩發生彎曲、拉裂及折斷，最終擠入隧道內；稱為**屈折突出**。一些局部構造條件，有時也有利於這一類的變形破壞，如圖 19.10所示，平行於隧道側壁的斷層，使側壁與斷層之間的薄層岩體內的應力集中有所增高，因此側壁附近的切向應力將高於正常情況之下的平均值，而薄層的抗彎能力又比較差，所以很容易造成屈折內鼓破壞。如果斷層或其他不連續面是傾向隧道內，即可能在邊牆發生剪切滑移，尤其當垂直地應力大於水平地應力時，更容易發生。

由此可知，隧道軸線垂直於最大主應力方向時，其穩定性遠低於平行於最大主應力方向者。這是因為在隧道軸線垂直於最大主應力的條件下，當隧道平行或近乎平行的通過陡傾岩層時，強烈的應力釋放使得垂直於最大主應力方向的側壁發生嚴重的彎折內鼓；但是，當隧道通過平緩岩層時，高度的應力集中又會使得平行於最大主應力的隧道之頂拱及底拱，特別是頂拱，因為彎折內鼓的發展而嚴重坍墜。而對於不連續面發育的岩體，如果有向隧道傾斜者，即形成順向滑動的條件。

在塑性的圍岩內，當圍岩的應力超過其強度時，軟弱的塑性物質就會沿著

最大應力梯度的方向，向解除了阻力的自由空間擠出，稱為**軟塑擠出**（Squee-zing）（請見圖 19.11）。在一般的情況下，比較容易被擠出的物質有：

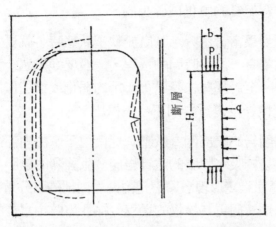

圖 19.10　有利於產生彎折內鼓的構造條件

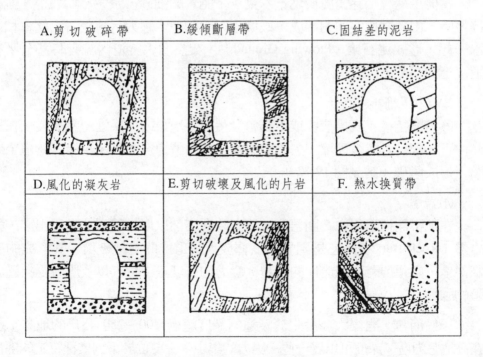

圖 19.11　幾種容易發生軟塑擠出的地質條件（Bell, 2007a）

- 壓密程度較差的泥岩、頁岩等。
- 各種富含泥質的沉積岩及變質岩（如泥岩、頁岩、板岩、千枚岩等）中的擠壓或剪切破碎帶。
- 火成岩中富含泥質的風化破碎夾層。

以上這些物質如果富含水分，且處於軟塑狀態時，就更容易被擠出。其擠出變形的發展通常都有一段長時間的過程，一般要好幾週，甚至幾個月之後才能達到穩定的狀態。至於那些未經風化作用的弱化或構造作用的擾動，且壓密程度較高的泥質沉積岩及變質岩則不易被擠出。

隧道開挖後，圍岩的表部因為減壓，促使地下水由內部高應力區向隧道轉移，結果常使某些易於吸水膨脹的泥質岩層發生強烈的膨脹，而發生**鼓脹擠出**（Swelling）。這種膨脹變形現象顯然是由圍岩內部的水分重新分布所造成的。與擠出相比，鼓出是一個更為緩慢的過程；往往需要相當長的時間才能達到穩定。

當開挖過程揭穿了處於地下水位以下飽水的細砂、淤泥、斷裂帶、斷層破碎帶時，由於開挖空間的形成，破壞了原始的靜水壓力，這些岩土就會和地下水一起，形成泥石漿（Flowing Ground），突然湧入隧道內，有時甚至堵塞隧道，造成事故。

(3)底拱鼓脹與隆破

隧道開挖後，底拱或多或少都會發生鼓脹現象。如果進一步發展，在適當條件下，底拱可能被破壞，失去完整性，擠向隧道空間，甚至堵塞隧道全部空間，形成隆破（請見圖 19.12）。

(4)岩爆

在地下開挖過程中，圍岩的破壞有時會突然以爆炸的型式表現出來，稱為**岩爆**（Rock Burst）。它是圍岩突然釋放大量潛能的脆性破壞。其形成的必要條件是，必須要有高儲能性的岩體，應力的高度集中帶，以及應力要接近於岩體的強度。

一般而言，岩爆大多發生於隧道的深度超過 200～250 公尺的地方；但是在高地應力區，深度可以淺一些。應力的集中帶主要位於下列幾種特定的部位：

- 圍岩表部的應力高度集中帶（請見圖 19.13A）。
- 夾於軟岩中的堅硬岩體（請見圖 19.13B）。

‧斷層、剪裂帶或軟弱破碎岩脈的附近（請見圖 19.13C）。

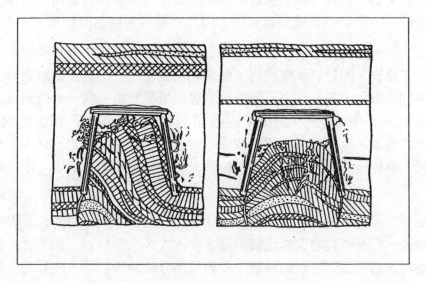

圖 19.12　底拱隆破（張咸恭等，1988）

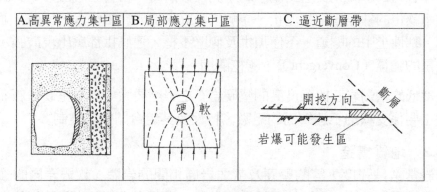

圖 19.13　容易產生岩爆的高度應力集中區

 ## 19.5　隧道的工程地質課題

　　隧道的選址及選線之前，要先了解該區帶的地質狀況，並分析圍岩的穩定性因素，才能使施工災害降至最低，以及未來的營運能夠順暢。以下說明隧道工程應該考慮的工程地質課題。

▌ 19.5.1　岩石的特性

堅硬完整的岩石一般對圍岩的穩定性較佳；而軟弱岩層則由於強度低、遇水容易軟化，所以容易變形及破壞，因此對圍岩的穩定性較差。

火成岩及變質岩中，大部分的岩石均是堅硬完整的，如火成岩中的新鮮未風化之花崗岩、閃長岩、輝長岩、緻密的玄武岩、安山岩及流紋岩等，以及變質岩中的片麻岩、石英片岩及變質礫岩等都是屬於這一類。一般而言，如果深度不超過 300～500 公尺，跨度不超過 10 公尺，這一類岩石的強度都能滿足圍岩穩定的要求。至於有一些相對軟弱的岩石，如黏土質片岩、綠泥石片岩、石墨片岩、千枚岩、板岩等，其強度較弱，開挖隧道時容易坍塌，或只能短期穩定。

沉積岩則比較複雜，其強度比火成岩及變質岩要差。除了膠結較好的砂岩、礫岩、石灰岩及白雲岩比較堅硬之外，大多比較軟弱，如泥岩、頁岩、石膏、鹽岩，還有膠結不良的砂岩、礫岩及部分的凝灰岩等。疏鬆的土層則強度更低，容易變形。如果沒有採用特殊的工法，要在其中開鑿大跨度的隧道，並不是一件容易的事；尤其遇到飽水的淤泥及砂層時，常會出現流砂。對於黏性土或遇水軟化的黏土，常易泥化、崩解或膨脹，造成施工很大的困難，並且拖延工期。黏性土中的隧道，不僅頂拱及側壁不穩，連底拱都會出現鼓脹，甚至引起嚴重的縮徑（Convergent），隨挖隨縮。

強度低的軟弱岩石比強度高的堅硬岩石之岩壓要大。對於堅硬岩石而言，其強度主要係受軟弱不連續面的組數、特性及其組合關係之控制。

▌ 19.5.2　地質構造

圍岩常常是強度不等的堅硬及軟弱岩層相間的岩體。軟弱岩層的強度較低，容易變形及破壞。由於地質構造的作用，岩層常沿著硬岩與軟岩的交界面發生層間滑動，而形成厚度不等的層間破碎帶，使岩體的完整性遭受破壞。隧道通過層間破碎帶時，容易發生坍落。如果隧道的軸線與岩層的走向近乎直交，則隧道通過層間破碎帶的長度較短；如果隧道軸線與岩層的走向近乎平行，而且不能完全布置在堅硬的岩層內，斷面必須通過不同的岩層時，則應該適當的調整隧道的高程，或者左右移動軸線的位置，使隧道儘量布置在堅硬的岩層內，如圖 19.14 所示；或者儘量把硬岩作為頂拱。

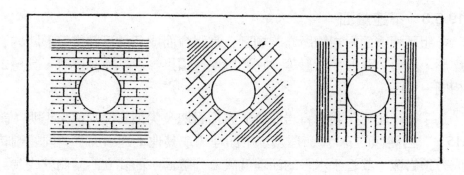

圖 19.14　將隧道布置在堅硬的岩層內

　　褶皺的軸線與隧道的軸線，其交角不同，圍岩的穩定性也不同。一般而言，隧道的軸線與褶皺的軸線直交，對圍岩的穩定性比較有利。由於受到擠壓的關係，背斜的軸部常被倒八字型的兩組節理所切割。因此，隧道沿著背斜軸通過時，頂拱向兩側傾斜，由於拱的作用，所以有利於頂拱的穩定；但是軸部的岩層較破碎，卻不利於頂拱的穩定。向斜正好與背斜相反，其兩側岩層傾向隧道內，並因頂拱存在著兩組正八字型節理，所以對圍岩的穩定極為不利。另外，向斜軸部容易蓄積地下水，且多為受壓水，因此更增加圍岩的不穩定性，甚至災害性。

　　隧道通過斷層時，當斷層帶的寬度越大，且斷層的走向與隧道軸的交角越小，則斷層在隧道內的出露便越長，對圍岩的穩定性就越差。斷層帶內的破碎物質之性質及其膠結程度也會影響圍岩的穩定性。破碎物質如為堅硬碎塊，且擠壓緊密或已膠結，便比軟弱的斷層泥及組織疏鬆的糜稜岩或未膠結的壓碎岩要穩定些。斷層帶如果為砂粒大小的細碎物質所組成，而且又在地下水面以下時，則很可能產生流砂災害。隧道如果有一小段遇到膨脹性黏土時，很可能對支撐及襯砌施加膨脹壓力，且使其發生變形或破壞。再者，在斷層的下盤開挖時，當頂拱切到斷層帶時，則將毫無預警的發生楔形落盤。

　　斷層帶的地下水更需特別小心調查及評估。斷層帶的透水性差別很大，地下水在其內及其鄰近的流動方式及富集情況也各異。對地下水而言，斷層可分成**導水斷層**及**阻水斷層**兩種。它們都使斷層兩側的水文地質條件產生不對稱；所以當開挖方向是從較低水位的一盤向較高水位的一盤前進時，一旦穿過斷層帶，即產生災害性的湧水。因此，隧道施工中當快遇到斷層時，都應該利用前探孔的方法探查斷層帶對面的地下水情況。

■ 19.5.3 不連續面

多組不連續面對岩體所作的切割，常組合而成各種不同幾何形狀的岩塊；如楔形、錐形、菱形、方形等。它們出現在頂拱、底拱及側壁時，其穩定性並不相同。

為了簡化起見，我們將岩塊分成**方頂岩塊**及**尖頂岩塊**兩種來說明（請見圖19.15）。由陡傾的 X 型節理及水平節理（或其他不連續面）共同切割時，就形成**方頂岩塊**。其近乎水平的節理就成為分離面，而陡立的兩側就成為可能的滑動面。這種分離體的穩定度完全要看節理的密度、滑動面的摩擦力（特別是有無夾泥），以及分離體與隧道軸之間的方位關係而定。一般而言，水平節理越密（如形成平鋪的板狀體），越容易坍墜；比柱狀分離體的穩定性還要差。相對於隧道軸線，分離體的方位對圍岩的穩定性也有相當的影響。例如由圖19.16 所示，隧道 a 比隧道 b 的穩定性差；前者可能坍墜的分離體之面積比後者要大得多，而滑動面的面積又小得多（摩擦力較小）。

尖頂岩塊是由兩組走向平行但是傾向相反的節理，以及另一組與其走向垂直或斜交的陡傾節理所切割而成的分離體。傾斜的側面，其強度要比陡立的側面要小。

隧道的側壁也有上述兩種典型的分離體。如果其底面（即滑動面）的傾角小於其摩擦角，一般是穩定的。

不過，以下的不連續面位態可能會造成不穩：

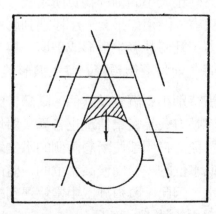

圖 19.15　方頂岩塊與尖頂岩塊的區別

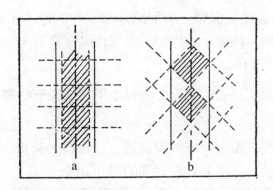

圖 19.16　分離體的方位與隧道軸線的關係（a 的穩定性比 b 差）

- 被節理切割的岩層，其走向次平行於隧道軸線，則傾向隧道的一壁，且傾角大於 30°時，可能不穩。
- 水平的節理可能造成落盤。
- 走向垂直於隧道軸線，傾角小於 15°時，可能發生落盤。
- 不管走向如何，傾角只要小於 15°，都可能造成不穩。
- 走向平行於隧道軸線，傾角大於 45°時，非常不穩。
- 密集節理於浸水風化後所形成的夾泥，很可能被擠出。
- 黏土夾層於吸水膨脹後，很可能造成隧道變形。

19.5.4　地下水

地下水是造成隧道變形及破壞的重要原因。它且以靜水壓力的型式作用在隧道的襯砌上。

隧道只要通過含水層，便成為排水的通道，改變了原來地下水的動力條件。裂隙水常以管狀或脈狀的方式匯入隧道內。較大的斷層破碎帶，或延伸較遠的張性裂隙，常見有大量的地下水湧流。隧道切到古河道也常發生水害。

隧道通過向斜的軸部時，一般可見豐富的地下水湧出，且常以受壓水的型式出現，流量很大，水頭很高，沖力很大。隧道施工遇到溶洞或廢棄礦坑將突然大量湧水；如果規劃設計階段沒有調查清楚，施工時很容易發生災變。

地下水通過斷層、裂隙、破碎帶或裂隙密集帶流向隧道內，水力梯度有時很大，可能產生侵蝕，嚴重者形成流砂，由水及泥石一起湧向隧道。地下水還使軟弱夾層軟化或泥化，降低強度，使其上的岩塊發生潛移，甚至滑動。地下

水會使一些特殊岩層產生膨脹、崩解或溶解；有的地下水會對混凝土產生腐蝕，特別是含有硫酸、碳酸、硫化氫、二氧化碳等有害化合物；它們都將影響到圍岩的穩定及隧道的施工。

地下水常成為隧道災害的禍首，所以地下水的調查特別要注意下列幾個重點：

- 正確的估算流入預定隧道的總流量，以及最大流量。
- 分段計算流量，以及流量與時間的變化關係。
- 一系列的封塞試驗（Packer Test）對選擇最適宜的開鑿高程可能會有所幫助。
- 正確的標定水文地質的邊界；詳細調查富含地下水的岩層、帶或空洞。
- 確實監測地下水位及其隨著時間的起落變化情形。
- 測定水壓，更應注意受壓水可能具有很大的壓力。
- 分析水質，特別注意含硫酸根的地下水對混凝土會產生腐蝕；而硫酸根離子一般來自黃鐵礦（Pyrite）、石膏及無水石膏等礦物。

▌19.5.5 地應力的方向

地應力具有明顯的方向性；它可以控制圍岩的穩定性。在隧道的佈線上，如果最大主應力很大時，一般要將隧道的軸線擺成與其方向一致，側壁才不會產生嚴重的變形及破壞。

當最大主壓應力為水平或近乎水平，且垂直於隧道軸的情況下，將使頂拱及底拱不會出現拉應力，所以它對頂拱及底拱的穩定有利。這種應力較大時，加大隧道的跨度，可能增大頂拱的穩定度。

▌19.5.6 有害氣體、岩爆及高溫

在隧道施工中常會遇到各種對人體有害的、易於燃燒的、具有爆炸性的地下氣體；特別是當隧道通過煤層附近、或含油、含瓦斯、含瀝青或含炭等岩土層時，遇到地下氣體的機會更多。一般常遇的有害氣體有甲烷（沼氣）、二氧化碳、一氧化碳、硫化氫、二氧化硫等。盆地（如台北盆地及埔里盆地）中的岩土層，如果含有腐化的有機物時，常生沼氣，一遇火花即爆炸，對地下施工是個很大的威脅。因此，掘進時應該採取通風的措施。

岩爆與有害氣體一樣，只存在於某些個別的岩層中，並非普遍現象。岩爆大多發生於區域性的大斷裂附近，或位於比較深的矽質硬脆性岩層之中。在掘

進時，可以打一定數量的超前鑽孔，事先釋放部分地應力，以減少岩爆的發生。

隧道掘進中如果遇到地熱區，或者高地溫梯度帶（正常的地溫梯度為 33m 左右升高 1℃），會降低施工效率，給施工帶來很大的困難。如果是在潮濕的地下，儘管有強力的通風，地溫達到 40℃～50℃ 時，人們便無法正常工作。一般除了採用通風降溫的方法之外，在某些特殊的情況下，必要時就得採用冷氣空調系統；南非開採金礦時，就曾經利用這種降溫的方法。

19.6　隧道的選址及選線

根據上述影響圍岩的穩定性之因素，我們可以歸納一下，選擇隧道的位置及軸線方位之原則如下：

(1)岩性條件

從岩性條件選擇隧道的位置及方向時，應特別注意岩體的均一性及強度的選擇。岩體的強度常常不是由岩石本身的強度來決定，而主要是受不連續面及各種軟弱面的控制。因此，軟弱薄層狀的圍岩最容易產生變形及破壞（請見圖 19.6），所以應該儘量避免。不良的岩性主要有鬆散土、破碎岩、具有膨脹性或軟化性的岩層，尤其是遇到地下水時穩定性最差的。

一般而言，岩性的選擇要儘量挑選岩性均一、層位穩定、整體塊狀、風化輕微、抗壓及抗剪強度較大的岩層。

(2)地質構造條件

對於緩傾或水平的岩層，垂直壓力大，對頂拱不利；而側壓力小，對側壁有利。如果岩層薄、層間凝聚力差，則頂拱常發生坍落掉塊。因此，隧道應該選在岩層堅固、層厚較大、層間的凝聚力佳、不連續面不發育的岩層內。

一般而言，隧道軸線應與區域構造線、岩層及主要節理的走向垂直，或呈大角度相交。

對於單斜岩層，如果平行於走向布置，有一側洞壁將受到很大的偏壓，結構需加強。例如圖 19.17A 所示，隧道 B 的頂拱正好鑿進軟岩內，因為頂拱受到偏壓，所以常會被擠扁；隧道 A 則鑿在塊狀的硬岩內，單側受到偏壓，但是問題比較少。如果隧道是垂直於岩層的走向布置，則是一種最好的佈線方式（請見圖 19.17B）；岩層在頂拱會形成自然拱，穩定性好；但是通過軟岩段

時，需注意軟岩擠出的可能性。

在褶皺地區，應儘量不要沿著向斜的軸部布置隧道軸線（請見圖 19.17C），因為隧道的兩個側壁都會受到極大的偏壓、且岩層比較破碎、又容易發生突發性的湧水。向斜的軸部岩層於受彎後，即在下側開裂，形成上窄下寬的楔塊（即正八字型）；這種楔塊在重力的作用下，極易脫離母體而墜落，對工程產生不利的影響。背斜的軸部則要好一些，其軸部的岩層受彎後雖然也出現了開裂，但是其岩塊卻形成上寬下窄的楔塊（即倒八字型），在兩側鄰塊的挾持之下，楔塊的重量完全由鄰塊所分擔，所以不致於發生坍落。

較大的斷層破碎帶、裂隙密集帶等軟弱帶，對圍岩的穩定性影響非常大；在施工中還可能發生突發性的湧水。因此，一般應予以繞避。如果不能繞避，則應儘量使隧道軸線與軟弱帶的走向呈 45°～65°的夾角為宜；絕不能互相平行，特別是軟弱帶比較寬的地方（請見圖 19.17E 及 F）。原則上，遇到斷層時，最好選擇受到斷層作用影響比較小的下盤通過。當隧道同時通過幾條斷層時（請見圖 19.18），應考慮圍岩壓力沿著隧道軸線可能重新分布；斷層形成上寬下窄的楔體，可將其自重傳遞給相鄰的岩體，使它們的岩層壓力增加（圖 19.18 的 2 及 3）；造成不利的條件。

隧道也要儘量避開潛在地質災害區，如崩積層內（圖 19.17G）、滑動面的附近（圖 19.17H）、落石打擊區（圖 19.17I）、溶洞或礦坑的附近（圖 19.17J）、河流或水庫的側蝕作用可能引起的塌岸範圍內（圖 19.17K 及 L）。

(3)水文地質條件

從水文地質的條件選址時，應該儘量避開鬆散飽水的岩層及富水的斷層破碎帶或裂隙密集帶；且避免在沖蝕溝或山窪等地表水及地下水匯集的地段通過。

(4)地應力的方向

在一般情況下（最大水平主應力不大時），隧道軸線應與最大水平主應力（σ_1）垂直；以改善隧道周邊的應力狀態。但是在高地應力的地區，其 σ_1 很大，軸線最好與之平行，以保證側壁的穩定；如果採取垂直方向的佈線，則隧道很可能被縮緊，以致無法使用。

(5)洞口的位置

一般而言，隧道在進洞之前，總要有一段引線的路塹。當路塹深度達到一定程度時才開始進洞。因此，決定洞口的位置，實際上就是決定從引線路塹轉

為隧道最適宜的轉換點。

　　洞口應儘可能的設在路線與地形等高線互相垂直的方向，使隧道正面進入山體；洞門結構物不至於受到偏側壓力。傍山隧道限於地形，無法符合上述要求，只能斜交進洞時，也應使交角不要太小，而且也要有相當的補救措施，例如採用斜洞門或台階式洞門。切忌隧道中線與地形等高線平行或近乎平行。

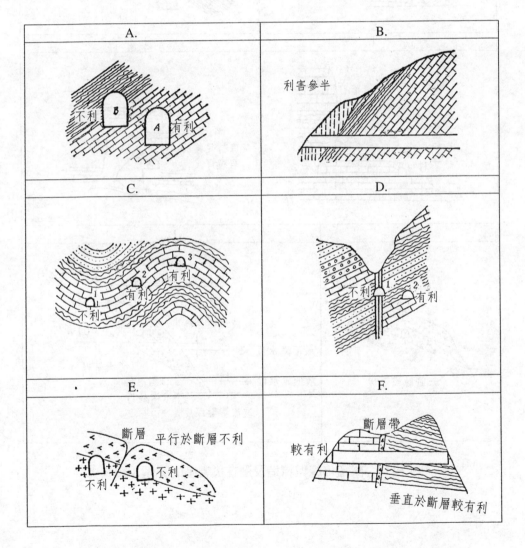

圖 19.17　隧道佈線與構造及潛在災害區的關係（張咸恭等，1988）

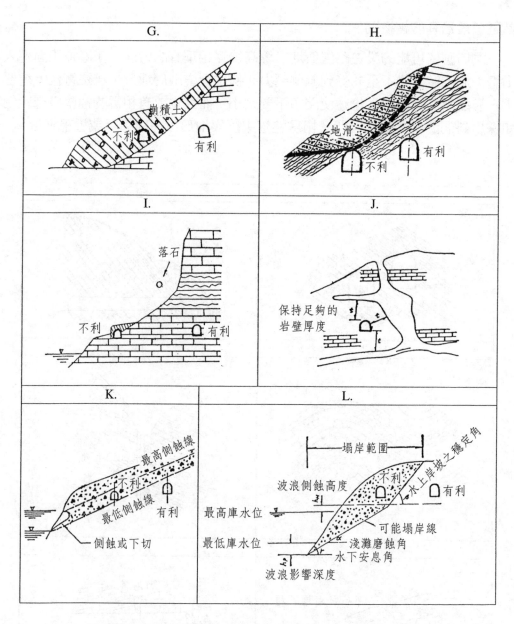

圖 19.17　隧道佈線與構造及潛在災害區的關係（續）

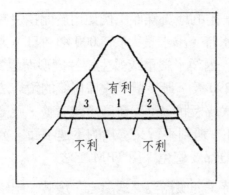

圖 19.18　數條斷層造成圍岩壓力的變化

　　對於隧道（尤其是傍山隧道）的洞口位置之選擇，應特別注意邊坡的穩定性，避免將洞口布置在有崩積層覆蓋、有解壓節理發育、風化層很厚、褶皺軸部、斷層帶、存在有不利的不連續面以及可能會發生滑動的岩體內，而應儘可能布置在邊坡較陡的一面（坡度大於 30°），且覆蓋層較薄、岩層完整、新鮮、裸露的堅硬岩盤中。為了保證洞口的穩定及安全，邊坡及仰坡均不宜開挖過高；不要使山體受擾動太甚，也不要使新開挖的面暴露太大。洞口的仰坡與一般邊坡不同，由於仰坡的坡趾部受橫向挖空，所以上部的岩體所處的應力場非常複雜。在一般易發生變形的地段，仰坡也多發生變形，特別是第四紀鬆散堆積物較厚的地區，洞口仰坡更容易發生變形。因此，洞口應該早進晚出，而避免用深塹的方式進出；這樣才能保證洞口的穩定性。

　　在地形上還應保證雨季時地表逕流不會聚水，且倒灌進洞；洞口底的高程一般應高於洪水位以上 0.5～1.0m 的位置（百年或千年頻率的洪水位）。洞口如果很接近谷底，則比較容易聚集有害的氣體，而且有被土石流淹沒的可能性。選擇隧道的洞口時，還得考慮是否有足夠的施工空間。

19.7　施工方法的選擇

　　山岳隧道的施工方法以隧道掘進機的**全斷面掘進法**及傳統的**鑽炸法**兩種為最普遍。隧道掘進機（Tunnel Boring Machine, 簡稱 TBM）在國外的應用已經非常廣泛，很多歐美國家就用過直徑為 10～15m 的掘進機。隧道掘進機具有掘進速度快、超挖小、圍岩鬆動小、施工條件好、對周遭的環境影響少等多項優

點。但是它目前僅適用在一定的地質條件；例如用於開挖沒有塑性變形及湧水的中等堅硬的岩石；有湧水時（出水量大於 3,000 噸／日），施工就有困難，例如我國雪山隧道的開挖，因湧水嚴重或發生塑性變形而經過 10 次的受困；其單次工期的延誤最長達 290 天。最後還是改採傳統的鑽炸法才加以貫通。除了湧水的問題之外，呈片狀或板狀、堅硬難磨，或者軟、硬變換很快的岩層也不利於 TBM 的施工；另外，遇到平行又密集的不連續面、寬厚的斷層帶，或者容易發生塑性擠出的岩盤都要避免採用 TBM 工法。

鑽炸法在岩石中掘進時，一般需要經過鑿岩、爆破、出碴等程序，對圍岩的完整性，影響較大。為了保證圍岩的穩定及施工的安全，往往將斷面較大的隧道分成幾塊逐步開挖，以減少影響範圍。襯砌常常不能及時的制止圍岩的早期變形。其改進方法，一是減少掘進對圍岩的破壞（如採用預裂爆破法，或稱光面爆破法），二是採用噴凝土方法等。

全斷面機械掘進法及鑽炸法比較，都各有所長。對於中斷面（6m 直徑）的隧道，對掘進機有利。反之，對於大斷面隧道（9m 直徑），則機械掘進法不如鑽炸法。鑽炸法能適應各類地層，而機械掘進法對地質條件十分敏感；在良好的岩層中月進尺也許可以達到 500～600 公尺，在破碎岩層中也許只有 100 公尺左右；在坍落、湧水等地段，甚至毫無用武之地。

19.8　隧道調查

隧道的調查可以分成可行性分析階段、規劃階段、設計階段及施工階段等四個階段來說明。每一個階段的調查目的、調查內容及調查精度都不相同。

19.8.1　可行性階段

本階段的調查目的在於配合數個比選的路線方案進行評選，然後比較各候選路線所對應的隧道之優劣點。因此，本階段的主要工作是根據擬建的隧道之地下深度，首先推測圍岩的岩性、地質構造、線型（從遙測影像上分析），及水文地質條件等進行評估。重點項目包括：

- 推估切過隧道的區域性斷裂及活動斷層、圍岩厚度、可能穿過的岩層、地質構造的特性、地下水的情形（裂隙水、孔隙水、受壓性）、流動條件、以及與地表水之間的水力聯繫。

- 對隧道的穩定及施工安全有影響的不利地質因素，如活動斷層、易溶岩、膨脹岩、泥化性或軟化性岩、地熱異常、有害氣體，以及可能造成隧道大量湧水、流砂、塑性變形、坍落的水文地質條件等。
- 位於洞口處，邊坡的坡度、地形、覆蓋層厚度、岩盤風化深度、岩體的不連續面特性、地塹開挖的穩定性、可能的洪害或土石流等。

　　本階段的工作以工程地質製圖為主，比例尺約為 1：5,000～1：10,000；鑽探及物探數量不多。

19.8.2　規劃階段

　　配合選定的路線之對應隧道進行概略的地質分段及圍岩分類（即岩體分類，請見 10.7 節）；提出各分段的圍岩壓力、圍岩的力學性質，及外水壓力等建議數據。重點項目包括：

- 研究規模較大的斷層破碎帶及有可能產生大湧水、坍落等地段的安全及穩定問題。
- 預測洞口邊坡及隧道側壁的變化趨勢，並對施工方法提出具體的建議。
- 對洞口段、淺埋段、深埋段、偏壓段及工程地質條件複雜段，補充進行 1：1,000～1：5,000 的詳細工程地質調查。
- 對覆蓋層或風化層較厚，及工程地質條件複雜的地段布置適當數量的鑽孔及平坑進行近距離調查。
- 在接近隧道軸線高程的部位做孔內壓水試驗。
- 在平坑內進行現場試驗（如剪力試驗或大平鈑試驗等）。

19.8.3　設計階段

- 進行詳細的工程地質分段及圍岩分類（請見 10.7 節）。
- 對各分段的圍岩壓力、外水壓力及圍岩的力學性質提出具體的數據。
- 對大規模的湧水段、坍落段、軟弱不連續面等進行深入研究。
- 對側壁的不連續面之組合情況，及產生坍落的邊界條件提出定量分析。
- 增加必要的鑽探、平坑或前導坑。

19.8.4　施工階段

　　施工階段的工程地質調查是很重要的工作。其目的在驗證、校核及修訂以前的工程地質調查資料，並對已經被揭露出來的地質現象、岩體結構等做詳細的測繪，並且進行分析。還有一件同等重要的工作是將開挖地段或將要開挖的

地段，可能遇到的潛在災害做出超前預報，以防患於未然。茲逐項說明如下：

(1)地質測繪

施工前的準備工作，需要修築施工道路及清理工地及洞口，因而揭露了更多的岩層露頭出來，所以應該趁此機會，修正及補充先前完成的工程地質圖。把重點放在斷層破碎帶的位態及分布，以及與隧道工程的關係。分析節理的分布狀況、地下水活動對圍岩穩定性的影響等。

進行洞口部位的仰坡及其兩側邊坡（即路塹部分）的工程地質調查，注意岩體風化帶的厚度，岩層、節理、斷層的位態，及其與洞口位置的關係，可能危及洞口岩體穩定的不利不連續面之特徵等。

對於隧道內的地質測繪，應繪製頂拱及兩個側壁的地質展開圖，特別注意不良地質條件的位置及其延伸，包括岩層界線、軟弱夾層、顯著節理、剪裂帶、斷層帶及斷層帶的性質、岩脈及地下水溢出點及水量等。圖上要註明橫斷面、節理調查點、現場試驗點、取樣點、前探孔等等的位置。同時要完成圍岩的風化分帶、實際開挖斷面圖、節理面統計圖、爆破鬆動帶及爆破裂隙圖等。最好也能編製不同高程的地質切面圖及地質縱剖面圖（即沿著隧道軸所切的縱剖面圖）。以上各種圖件的精度要求如表 19.2 所示。

(2)取樣及試驗

樣品的取得可以分成兩種，一種是在繪製地質圖時，為了取得標本，以作為存檔之用，乃在各隧道段及斷層帶選擇代表性的岩石樣本，加以採集。另外一種是為了補充試驗，乃採集代表性的樣品，從事力學試驗，項目包括圍岩的彈性模數測試、抗剪試驗、單壓試驗、圍岩應力試驗、鬆動範圍的確定、岩錨拉拔試驗、透水性試驗、水質分析等。

表 19.2　施工期間地質測繪的精度需求

地質圖種類	調查對象	
	洞口及兩側邊坡	隧道
地質平面圖	1：200～1：500	—
地質展開圖	1：100～1：500	1：50～1：200
地質縱剖面圖	1：100～1：500	1：100～1：1000
地質橫剖面圖	1：100～1：500	1：50～1：200
不同高程之地質切面圖	—	1：100～1：1000

⑶災害預測

施工過程中應同時對岩體的變形及特殊地段的圍岩壓力、地應力、漏水、地溫或有害氣體的含量進行監測。對於可能危及施工安全的坍墜、岩爆、湧水、有害氣體等應該做好預測及預警的工作。主要包括：

(a)圍岩變形

在開挖段上應注意觀測圍岩變形及破壞的型式，如岩層的塑性擠出、流砂、潛移及開裂、裂隙加寬及鬆動的發展等。必要時應裝設監測儀器進行觀測。

(b)湧水

注意觀測突然湧水現象的發生、發展及變化，尤其應該注意湧水量的變化。注意出水的濁度，如果呈混濁的顏色，表示有淘空現象。

(c)開挖預警

在有導坑的情況下，可以利用在導坑中所蒐集的地質資料，預測主坑開挖的前方或擴大斷面時，可能遭遇的問題；並且建議預防的方法。如果沒有導坑，則可利用前探孔的方式進行預警的工作。主要的前探技術如下：

- 施鑽長水平前探孔。
- 每一輪進，從工作面向不同的方向施鑽前探孔；其鑽深約 30m，孔徑 45mm，約 2～5 孔。如果工作面的前方 10m 內，湧水量大於 6 ι / min. 時，即應灌漿止水；孔徑採用 45mm，孔深 18m，灌注壓力約 40bars.。
- 對於極困難的岩盤，可以從工作面施鑽錐狀（向前向外）前探孔，深度約 10～30m。
- 從頂拱向上，以及從側壁向前施鑽前探孔，以探測可能的異常狀況，如斷層破碎帶、剪裂帶、軟弱夾層、古河道、溶洞、廢棄煤坑等。
- 孔內照相。
- 雷達波探測（透地雷達）。
- 電磁波探測。
- 熱紅外線掃瞄。

CHAPTER 20
大壩及水庫的主要工程地質課題

20.1　前言

　　水是人類及所有生物所賴以維生的基本資源之一。由於生活程度的提升，所以我們對於水資源的需求，正日漸捉襟見肘。在時間上及空間上，臺灣的降雨量分布得極不均勻。一般而言，五月至十月的雨量約佔全年的78%，所以枯水期長達六個月；再加上河川坡陡流急、腹地狹隘，因此被攔蓄利用的逕流量僅有 178 億立方公尺，約佔年總逕流量的 18%而已，其餘的均奔流入海，形成水資源的浪費。

　　面對未來水量不足的窘境，目前可行的方法有：提倡節約用水、研究如何回收再利用、研究如何降低海水淡化的成本，以及興建水庫等。在這些方法中，仍以興建水庫的儲蓄量最大。不過目前在臺灣要想尋找理想的壩址，已極為困難，因為可建的壩址幾乎都已經變成了水庫。要尋找新壩址，不是有困難（包括當地居民的反對），就是技術難度比較高。

　　興建一座水庫，從調查、規劃、設計、評估、籌資、到施工等程序，均需要很長的時間，以及許多人共同的合作與努力才能完成。臺灣地區現在已有大小型水庫共有 66 座，水庫集水區所涵蓋的面積非常遼闊，廣達 5,000 平方公里，約佔了臺灣地區總面積之 12.6%，可見密度相當高。再者，因為臺灣的河谷狹窄，水庫的庫容均不大；又在複雜的地質條件之限制下，所以興建水庫的挑戰性非常高。

　　從技術的觀點來看，大壩的受力主要來自庫水的壓力，這是與其他工程很

不同的地方；水壓力才是確定大壩各部分尺寸的主要依據。又由於庫水的水頭很高，很可能會從壩底及壩肩發生滲漏，所以防漏是建壩的另一特色。為了抵擋庫水的強大壓力，必須建立巨大的壩體；因此大壩勢必在其地基上施加很重的荷載；所以地基必須要有足夠的強度及剛度；這就要求工程地質調查的充分與深入。根據世界大壩出事原因的統計，可以歸咎於地質因素的就佔了 40%，屬於第一位。例如美國 Teton 壩的潰決，即是由於該土石壩的心牆底部與齒槽（岩盤）的相接處，因為岩體裂隙漏水引起沖刷及管湧所致。法國的 Malpasset 薄拱壩（壩高 66m、底寬 6.26m、頂寬 1.5m）的潰決則是由於堅硬、具有微裂隙的片麻岩地基中，因有兩個斷裂面承受很大的滲透壓力而導致破壞的。還有很有名的義大利之 Vaiont 大壩，它是一個雙曲拱壩，高 261.6m；在接近大壩的地方，其左岸邊坡因為開始蓄水而引起地下水位上升，結果造成高速、巨大的順向坡滑動（兩億多土石方）滑入庫內，使得庫水位驟然壅高（比壩頂還要超高 140m），向下游沖走了擁有 2,000 人口的村莊，然而壩體卻安然無恙。這個水庫在蓄水之前就已經出現持續三年的潛移變形，卻沒有引起重視，真是匪夷所思。

20.2　大壩類型與其對工程地質條件的要求

如果依據材料及結構的不同來分，大壩大體上可以分成**土壩**、**重力壩**及**拱壩**三種基本類型來說明。

(1)土壩

土壩是利用當地的土料堆築而成；是國內最廣泛採用的壩型。最重要的就是要使壩體不透水。如果借土區是黏性土的地區，則可興建均質的土壩；在砂、礫豐富的地區，可以做成砂殼黏土心牆壩，或者斜牆式（不透水黏土）砂礫壩，如圖 20.1 所示。土壩有很多優點，例如可以就地取材、結構簡單、施工技術容易、抗震性能強，而且對地質條件的要求是各類壩型中最低的。土壩對工程地質條件的要求如下：

(a)壩基要有足夠的強度

由於土壩的壩體允許產生較大的變形，所以它可以在土壤地基上興建。但是它也是靠自身的重力來抵擋庫水的推力，以維持壩體的穩定。因此，它的體積必須很大，將荷重分布在廣大的壩基上，所以壩基必須具有相當的

承載能力及抗剪強度。選擇壩址時，應避免淤泥質軟土、具有膨脹性、崩解性、易溶性或有液化潛勢的土層。土壤使用多年後會產生裂隙，應及時灌漿處理。

(b)壩址兩岸的邊坡要穩定

雖然土壩不像拱壩一樣需要靠壩肩來承擔庫水的推力，但是兩岸的邊坡仍然需要非常穩定；尤其當有垂直於壩軸方向的不連續面或軟弱夾層存在時，可能無法承受庫水的推力，而發生滑動，因而牽涉到土壩的穩定。在河水的常水位時，邊坡可能相安無事，但是一旦水庫蓄水，地下水位上升，邊坡的穩定性隨之降低；於是使得壩體處於非常危險的情境。

又在大壩的上游面如果發生大規模的塌滑，使得庫水壅升，也會危及大壩的安全；尤其當庫水超過壩頂，對壩頂產生沒頂沖刷，對壩體的危險性更大。大壩的下游面如果發生塌滑，使得壩體變薄，庫水將趁隙滲漏，終至沖潰。

(c)壩基的透水性要小

壩基如果是透水性強的土層，如古河道、深厚的砂、礫石層或易溶性的石灰岩等，則不僅會產生嚴重的滲漏，影響水庫的蓄水效力，而且可能發生滲透穩定的問題。高雄的鳳山水庫即因有珊瑚礁石灰岩通至庫底，所以發生嚴重的滲漏，無法滿蓄。

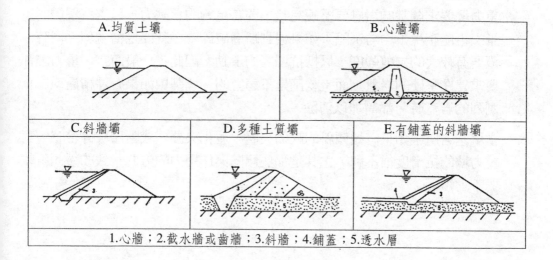

1.心牆；2.截水牆或齒牆；3.斜牆；4.鋪蓋；5.透水層

圖 20.1　土壩的類型

(d)要有足夠的築壩材料

壩址附近要有數量足夠及品質合乎要求的築壩材料，包括一般的堆填料及防滲用的黏土料。它們直接影響建壩的經濟條件及壩體品質。

(e)要有合適的構建溢洪道之地形、地質條件

構建溢洪道是土壩的一大特點。在挑選壩址時就必須考慮有無興建溢洪道的有利地形及地質條件，否則將會增加工程布置的複雜性及工程費。

(2)重力壩

重力壩也是常用的壩型；它有混凝土重力壩及漿砌石重力壩之分；重力壩也有做成空腹的。由於它的結構簡單，施工可靠，對地形的適應性良好，所以在各種壩型中，其數量僅次於土壩。

重力壩的特點是重量大；依靠其自身的重力與地基之間的摩擦力來抵抗庫水的水平堆力，並保持壩體的穩定。同時還利用其自重在上游面所產生的壓應力，來抵銷庫水在壩體內及壩基接觸面上所產生的拉應力，使壩體不致發生拉張破壞。重力壩在滿足抗滑穩定及無拉應力的兩個主要條件的同時，因為底面積很大，所以壩體內的壓應力其實是不高的。例如一座高達 70 公尺的重力壩，其壩體的最大壓應力一般不會超過 $2MN/m^2$；所以材料的強度並未充分被利用。

重力壩對工程地質條件的要求如下：

(a)壩基岩石的強度要高

重力壩要求壩基的岩層要堅硬完整，要有足夠的承載力，以支持壩體的重量；不能產生不均勻沉陷；如果遇到斷層破碎帶，就要挖槽處理。同時，還要有較大的抗剪強度，以抵抗壩底的滑動。因此，一般而言，重力壩都要求建在堅硬的岩盤上面；軟基是不適宜的。壩基中如果有沖積層或風化劇烈的岩盤時，都需加以清除。

當壩基岩層中如果有緩傾斜的軟弱夾層、泥化夾層、或斷層破碎帶時，對重力壩的抗滑度很不利，尤其是那些傾向與作用力的方向一致的緩傾斜軟弱不連續面。

(b)壩基岩石的透水性要低

壩基岩層中的裂隙會產生滲漏及揚壓力，對水庫的蓄水效力及壩基的抗滑能力都不利；特別是遇到易溶性的石灰岩或珊瑚礁石灰岩，或是順河的斷層破碎帶，最容易漏水，選壩址時應避開這一類情形；對它們的處理會很複雜，而且很困難；有時不見得有效。一般而言，壩基要通過孔內壓水試驗，且以單位透水率（ω）的標準來確定灌漿帷幕的厚度及範圍，一般的標準為 $0.01\sim0.05\iota/min.m.m$。對於透水良好的砂、礫層，有時要做不透水的地下連續壁防滲牆；或排樁連續牆。

(c)要有足夠的築壩材料

壩址附近應該要有足夠的，且合乎品質要求的砂、礫石及碎石等混凝土骨材；它往往是決定能否興建重力壩的一個重要因素。

(3)拱壩

拱壩在平面上呈圓弧形，凸向上游，拱端支撐於河谷兩岸。作用於壩體上的庫水壓力，藉助於拱的推力傳遞給兩側拱端的岩體，並且依靠岩體的強度來支撐壩體的穩定。典型的薄拱壩，比起相同高度的重力壩可以節省混凝土量達80%。因此，拱壩是一種經濟的壩型，但是它的施工技術要求很高。

拱壩對工程地質條件的要求非常高，茲分別說明如下：

(a)壩址應為高寬比很大的峽谷地形

拱壩最重要的支撐點就在兩側壩肩的岩體。所以除了岩體要夠強之外，就是河谷的高寬比要大；而且它的比值越大，越有利於發揮拱壩的推力結構作用。

(b)壩址兩側的邊坡地形要對稱

在對稱的邊坡上，兩側壩端的荷載才會對稱，不至於產生偏心；如果邊坡不對稱，則需開挖，或採取結構措施使其對稱。

(c)壩基及壩端應有堅硬完整、新鮮均一的岩盤

壩址上、下游的岸坡，以及拱端的岩體要穩定，而且沒有與推力方向一致的軟弱不連續面存在。對於壩基除了要測其強度之外，還要測定岩體的彈性模數，因為拱壩地基的變形對拱的應力之影響很大。

20.3 壩基的滲漏問題

當水庫蓄水後，在大壩上、下游面的水頭差之作用下，庫水可以透過壩下及壩肩的部位，從透水的岩土層發生滲漏；前者稱為**壩基滲漏**，後者稱為**壩肩滲漏**。

壩基及壩肩滲漏除了將降低水庫蓄水的效力之外，滲流所產生的壓力會對壩體的穩定性帶來不利的影響，如發生揚壓力及動水壓力。**揚壓力**將減小重力壩的有效應力，而降低壩底的抗滑能力。**動水壓力**則對岩土層產生沖刷，招致壩基的滲透變形，也不利於壩體的穩定性。此外，滲漏還可能引起下游地區岩土層的浸泡，及邊坡失穩等現象。這一類工程地質課題對土壤尤為凸顯。

20.3.1 鬆散土層

(1)鬆散土層滲漏的條件

不同成因所形成的鬆散土層，其透水性有明顯的差異性。對粗粒土層來說，以沖積成因的土層，其透水性最強。洪積、土石流或冰積的次之。

河流的上游段位於山區，河谷較窄，由於洪水期的流速很大，大卵石及粗礫都可堆積在河床中，其滲透性很強，但沉積物較薄，建壩時，容易清除。在中、下游的河段，尤其在山口附近，由於流速頓減，自上游推移下來的粗粒物質（如礫石、粗砂）就堆積下來，其厚度較大，在河床中形成強透水層。因此，在山口附近建壩，勢必產生嚴重的滲漏。下游平原區的河流，沉積物的顆粒變細，河床中分布著中至弱透水性的中、細砂層；兩岸則由粉細砂及黏性土所組成；河道變遷頻繁，常有古河道的埋藏，土層在垂直向及水平向的變化非常快；其單層的厚度小，但總厚度卻很大；與中、下游的土層比較，其滲漏條件更具特殊性。

(2)鬆散土層滲漏的穩定問題

由鬆散土層所組成的壩基，其滲漏是不可避免的，但是必須加以控制，否則會危及壩體的穩定。據美國的統計資料顯示，發生土壩崩潰的原因中，有40%是由於壩基或壩體發生滲漏所造成的。

壩基滲漏將發生管湧及流土的現象。**管湧**的發生，是因為單個土壤顆粒在滲透作用下發生獨立移動的現象；它一般發生在級配良好的砂、礫層內。當壩

基土層的粗粒孔隙中能被攜走的細顆粒含量較少時，並不影響壩體的穩定。而當壩基的細粒物質不斷的被滲流從粗粒孔隙中攜走後，形成管道狀的孔洞（稱為**流土現象**），土體的結構及強度遭到破壞，造成壩體塌陷時，就會危及壩體的安全。

流土的發生是一定體積的土顆粒在滲流作用下，同時發生移動的現象；在粉砂及凝聚力弱的細砂中最為常見。在大壩下游的坡腳滲漏處，當動水壓力超過土體的自重時，即可產生流土。

一般而言，如果壩基是單一岩性，而且又是砂、礫石層時，則以管湧型的滲透變形居多；而其嚴重程度則視細顆粒的含量而定。如果細顆粒的含量多，且能被滲流不斷的攜走，則往往會發生強烈的流土現象。

在多層的土層結構下，是否發生滲流破壞，就要看上層的黏土層之厚度及完整程度而定。如果黏土層厚而且完整，又剪力強度較大，則即使下層砂、礫石層的水頭梯度較大，其發生管湧的機會很小。如果黏土層較薄或不完整，則在壩的下游當土層的某些部位之自重小於滲流的動水壓力時，黏土層即被頂破，產生裂縫，乃至沖潰、浮動，並且發生流土現象。如果砂、礫石層的厚度向下游變厚，由於過水面積變大而削減了動水壓力，所以不利於滲透變形的發生。相反的，如果砂、礫石層的厚度向下游變薄，甚至尖滅，因為動水壓力逐漸增大，所以有利於滲透變形的發生。此時，上覆黏土層的自重壓力與動水壓力的大小關係，決定了滲透變形是否發生。

(3)鬆散土層滲漏的防治

鬆散土層的壩基滲漏及滲透變形必須加以妥善預防或處理，否則將有發生潰壩之虞。一般的防治方法可分為垂直截滲、水平鋪蓋、排水減壓及反濾蓋重等幾種。

(a)垂直截滲

垂直截滲是在垂直的方向上，在可能發生滲流的土層內施作截滲措施；它比較適用於透水層不太厚的地方。常用的方法有黏土截滲槽、灌漿帷幕、及混凝土防滲牆。

黏土截滲槽常用於最上阻水層比較淺的上覆砂、礫石層之壩基內（請見圖20.1B 及 D）；截水槽一定要做到下伏的阻水層中，才能形成一個封閉系統。**灌漿帷幕**適用於大多數的鬆散土層之壩基內。砂、礫石壩基可採用水

泥及黏土的混合漿液，灌注效果較好。對於中、細粒砂層則必須採用化學漿液。因為使用的灌漿壓力較大，所以這種方法最好用於透水層比較厚的地方比較保險。**混凝土防滲牆**適用於最上阻水層位於較深的地方。當壩基為上細下粗的深厚砂、礫石層時，則上部可以採用此法，而下部則採用灌漿帷幕，效果較好。

(b)水平鋪蓋

如果透水層很厚，垂直截滲難以施作，而且效果不佳時，則可採用**水平鋪蓋**的方法。即在壩的上游鋪設一層黏土，並與壩體的防滲斜牆搭接起來（請見圖 20.1E）。這種方法只能延長滲流的流程而減小水力梯度而已；它並不能完全截斷滲流，所以必須在壩的下游側設置相應的排水減壓設施，以防止滲透變形的發生。

鋪蓋的長度一般需為大壩上、下游的水頭差之 5～10 倍；其厚度在上游末端為 0.5～1m，在與防滲斜牆的搭接處則以 2.5～3m 為宜。

(c)排水減壓

在無法完全截斷壩基或壩體的滲流情況下，必須在下游側設置**排水減壓**的措施。常用的方法有排水溝及減壓井。它們的作用是吸收滲流，及減小滲流逸出段的水力梯度。

如果壩基為單一的薄透水層，或者透水層之上只是一層薄黏土層，則可以在下游面的坡腳附近開挖排水溝，使之與透水層連通；如果上覆黏土層很厚，則應設置減壓井及排水溝的組合方式（請見圖 20.2）。在不影響壩體邊坡的穩定性之下，減壓井的位置應儘量靠近壩腳，並且要與壩軸線平行。井距一般採用 15～30m，井徑約 20～30cm；井外應設置反濾層。井深以穿入透水層厚度的 1/2 以上為宜。

(d)反濾蓋重

反濾蓋重的方法係在滲流逸出段的地方鋪設幾層粒徑不同的砂、礫石層；其界面應與滲流的方向正交，且沿著滲流的方向粒徑由細變粗；一般常設三層，稱為**反濾層**。它設於壩後，並且用土或碎石填壓，以增加土體的自重，以防止滲透變形的發生。

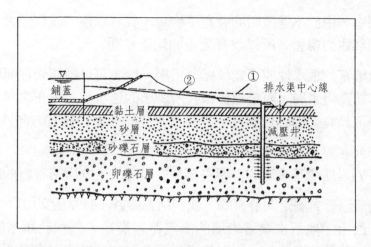

圖 20.2　壩後設置減壓井及排水溝的情形（張咸恭等，1988）

20.3.2　岩盤

與鬆散土層的壩基相比，岩盤壩基的最大特點是強度高、剛性大，因此在其上適宜興建各種類型的壩。但是岩盤內具有複雜的不連續面，也有滲漏及揚壓力等問題。

⑴岩盤滲漏的條件

揚壓力乃是在壩底由於滲流作用所產生的；它是由浮托力及滲透壓力（或是孔隙水壓）兩部分所組成，都是上抬的靜水壓力，將抵銷一部分的法向壓力，因而不利於壩基的穩定。

岩盤壩基的滲漏主要受到河谷地段的岩性、不連續面以及它們的透水性能之影響。

(a)岩性及不連續面

一般而岩，厚層、硬脆性的岩層，受構造應力的作用之後，容易產生各種破裂的不連續面，其延伸長而張開性較好，所以透水性較強，如石灰岩、石英砂岩等。薄層、軟塑性的岩層所產生的破裂不連續面，則往往短而閉合，所以透水性較差，如頁岩、泥岩、凝灰岩等。可溶岩的岩溶發育，使岩層的透水性變得更強，且異向性更明顯。

當岩層的不連續面發育得比較均勻、張開、連通條件好，同時未被充填或膠結時，其充水及透水性能較好；反之，充水及透水性能就較差。同一個

岩層中，由於不連續面的發育不均勻，其透水性的差別很大；且不同的裂隙間無水力聯繫，所以沒有統一的地下水面。

岩盤壩基的透水性並不能像鬆散土層一樣，可以根據岩性而明確的劃分出透水層及阻水層，而是根據鑽孔所測出的透水性之分布來界定的。裂隙水的滲流具有明顯的方向性，且其透水性的強弱也具有方向性。

(b)河谷與岩層走向的關係

河谷對岩盤壩基滲漏的影響主要在於岩層的走向與河谷方向之間的關係。

當河流沿著岩層走向發育的，我們稱為**縱谷**（請見圖 20.3I）。在其河谷的縱剖面上，地下水順著岩層的滲流路徑最短，有利於庫水的入滲與排洩（即容易發生滲漏）。而在其橫剖面上，有一岸的入滲條件良好，但排洩的條件差；另一岸則反之。

當河流與岩層的走向垂直，我們稱為**橫谷**（請見圖 20.3III）。在其縱剖面上，地下水順著岩層的滲流路徑最長，所以入滲及排洩條件都很差。當岩層傾向上游時，發生壩基滲漏的可能性最低。在橫剖面上，兩岸的入滲及排洩條件相同。

當河流與岩層的走向斜交時，我們稱為**斜谷**（請見圖 20.3II）。在縱剖面上，地下水順著岩層的滲流路徑長短介於縱谷與橫谷之間；當岩層傾向下游時，緩傾至中傾者對入滲及排洩均有利（即容易發生滲漏）；陡傾者對入滲有利，但對排洩不利。在橫剖面上，與縱谷相似。

岩性及不連續面的發育，是岩盤壩基發生滲漏的最主要因素；其次才是河谷與岩層走向之間的關係。

(2)岩盤滲漏的防治

岩盤壩基的防漏也是採用傳統的方法；最常用的是灌漿帷幕及排水孔。此外，在特殊的地形地質條件下，還可使用開挖回填、斜牆鋪蓋等措施。

(a)灌漿帷幕

岩盤壩基的灌漿帷幕是沿著壩軸線的方向，在壩體灌漿廊道內每隔一段距離即布置一個灌漿孔，灌入水泥漿或化學漿液，以膠合裂隙、空洞，使其透水性降低到某一標準以下，形成一個防滲帷幕帶。此帷幕必須離壩趾（0.05～0.1）H，一般不小於4～5m。灌漿孔可依需要而布置成 1、2 排，或 3～6 排。

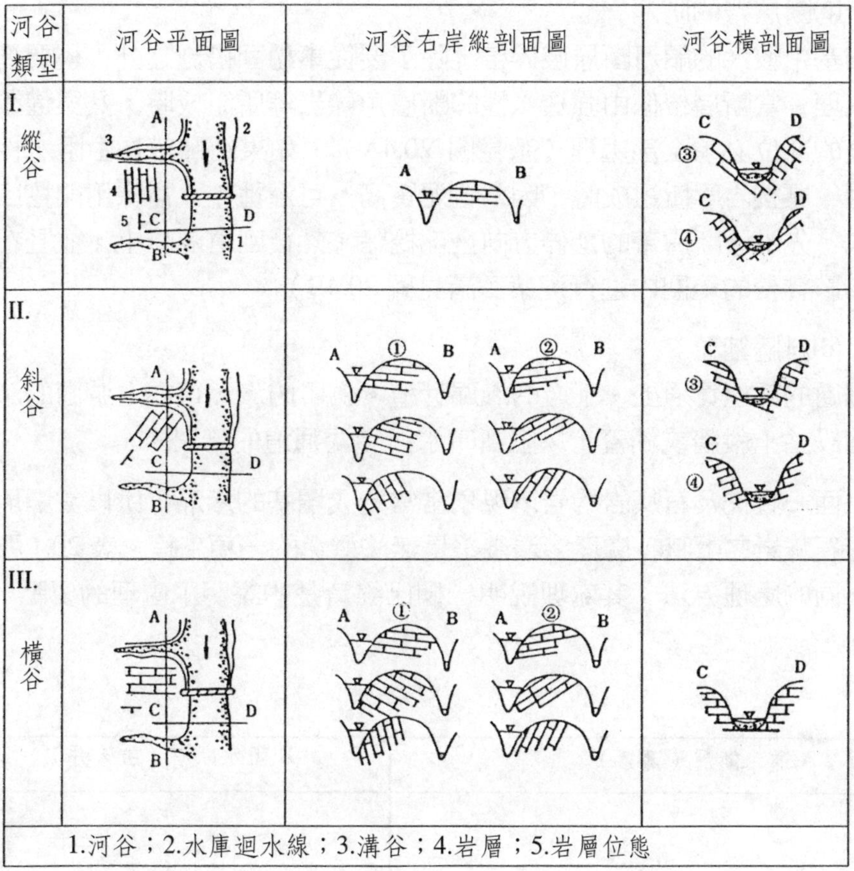

河谷類型	河谷平面圖	河谷右岸縱剖面圖	河谷橫剖面圖
I. 縱谷			
II. 斜谷			
III. 橫谷			
1.河谷；2.水庫迴水線；3.溝谷；4.岩層；5.岩層位態			

圖 20.3　河谷與岩層走向之間的關係與庫水的滲漏（張咸恭等，1988）

一般而言，對大型工程而言，當鑽孔壓水試驗（Lungent Test）所求得的單位漏水量（ω）大於 0.01ι/min.-m-m 時，就需要設置帷幕；對於中、小型工程，當 ω>0.03～0.05ι/min.-m-m 時才需要設置。如果阻水層較淺，則應使帷幕插入其中，構成封閉式帷幕。如果阻水層比較深，則可考慮施作**懸掛式帷幕**。帷幕的長度則按壩基防滲帶的長度加上壩肩防滲帶的長度來確定。

(b)排水孔

為了進一步削減壩基的揚壓力，一般的混凝土重力壩在灌漿帷幕下游一定距離內，在壩體內設置排水廊道，在其中打一排或多排排水孔，達到岩體內一定的深度，以排除地下水，降低滲壓水頭。排水孔距離壩趾要（0.1～0.15）H。

(c)斷層帶的防漏

壩基中較大的順河斷層破碎帶，除了要從事穩固措施之外，還要進行防滲處理。當斷層帶係由強透水性的斷層角礫岩等所組成時，其與灌漿帷幕相交的部位必須全部處理（請見圖 20.4A）。如果斷層帶是由阻水性的斷層泥、糜稜岩等所組成時，因為含泥質高，可灌性差，需採用開挖回填的方式，先沿著斷層帶的延伸方向全部挖除，然後回填混凝土，並且在其兩側的影響帶的範圍內進行灌漿（請見圖 20.4B）。

(d)斜牆鋪蓋

壩肩的部位貫通上、下游的滲漏管道。為了防滲，可在上游面的滲漏位置鋪設黏土斜牆或鋪蓋，以阻斷庫水與滲漏通道的聯繫。

上面一直提及石灰岩的岩溶現象常常造成壩基的滲漏，所以當壩址必須選在石灰岩之上時，處理滲漏幾乎是無法避免的一項工程。表 20.1 顯示各種不同的處理方法；其處理說明一欄已經清楚的說明了處理的要點。

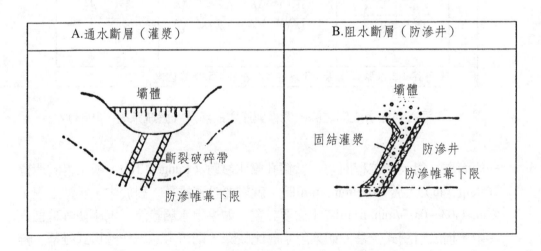

圖 20.4　斷層破碎帶的防漏處理

表 20.1　石灰岩壩基的滲漏處理方法

處理方法	主要類型	示意圖	處理說明
帷幕灌漿	全帷幕		壩下防滲帷幕灌至可靠阻水層
	弱帷幕		壩下防滲帷幕灌至相對阻水層
	懸帷幕		壩下帷幕只能灌至弱透水層
鋪蓋	粘土鋪蓋		在庫底或庫岸之滲漏處以粘土或地工織物鋪蓋
	混凝土鋪蓋		以混凝土或鋼筋混凝土鋪蓋
堵塞	混凝土堵牆		在河床或庫岸之漏水管道用混凝土堵塞
	級配料堵體		用多種級配料包括反濾料將溶洞堵塞，再結合粘土鋪蓋
截水牆	河床截水牆		以混凝土截水牆堵截河床之滲漏通道
	庫岸截水牆		以混凝土或漿砌卵石截水牆堵塞庫岸之漏水通道，需安裝排氣管
圍隔	河床圍牆／圍井		用混凝土或漿砌卵石圍牆或圍井將河床之漏水通道包圍
	庫岸隔壩		為了防止庫水流入下游之岩溶窪地而在地表庫岸設隔壩
帷幕及排水	壩內排水		在壩下防滲帷幕後面再設排水孔以防管湧或滲漏揚壓力
	壩下游排水		在壩下游設排水孔

🧍 **20.4　壩基的滑移問題**

土壤及混凝土重力壩都是依靠其自身的重量來抵抗庫水的水平推力，以維持穩定的。所以我們對於壩基的滑移問題需要進一步的認識。

▌ **20.4.1　壩基滑動破壞的類型**

興建在岩盤上面的剛性大壩，其壩基的可能滑動破壞類型可以分成**表層滑動、淺部滑動、深部滑動**及其**混合型式**。茲分別說明如下：

(1)表層滑動

壩底與岩盤的接觸面之間所發生的平面剪切滑動之謂（請見圖 20.5A）。它主要受到接觸面的剪力強度的控制。當壩基岩層堅硬完整、又沒有產生滑移的軟弱不連續面之存在，且岩層的強度遠大於混凝土與岩盤接觸面的抗剪強度時，就有可能發生表層滑動。接觸面的摩擦角是控制壩體穩定的重要指標；一般是根據現場剪力試驗求得；其值大多介於 27°～37°之間。

(2)淺部滑動

當壩基淺部岩層的抗剪強度既低於混凝土與岩盤接觸面的強度，又小於深部岩層的抗剪強度時，就可能發生淺部滑動。發生淺部滑動的條件是，壩基淺部的岩層破碎、裂隙非常發育、抗剪強度低，不足以抵抗庫水的推力。這種類型的破壞面往往呈參差狀（請見圖 20.5B）。

(3)深部滑動

如果在壩基岩層的一定深度內存在著軟弱不連續面，受到外力的作用而形成危險的滑動體，稱為深部滑動（請見圖 20.5C、D、E、F）。岩層的強度主要由岩層中抗剪強度最低的軟弱不連續面所控制；一般它們都是緩傾斜的軟弱不連續面，稱為**滑移控制面**。

(4)混合式滑動

當壩基岩層的岩性不均、強度高低不一，或局部地段存在著可能發生深部滑動的軟弱不連續面時，地基的滑動破壞可能部分在壩基的接觸面上，部分在深部的軟弱不連續面上發生，即為混合式滑動。

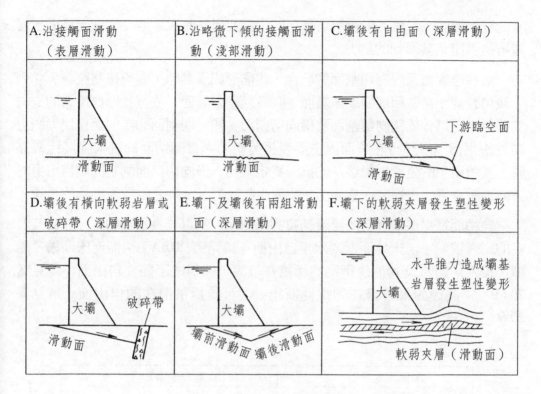

圖 20.5　壩基滑動破壞的類型

20.4.2　壩基滑動的地質因素

深部滑動除了需要一個滑移控制面之外，還要有側向及橫向切割面以及自由面的存在。

滑移控制面就是壩基岩體沿其滑移的滑動面。通常由平緩的（＜30°）的軟弱不連續面構成，如岩層的層面、片理面、原生節理面、壓性斷裂面、河底的解壓裂隙，及泥化軟弱夾層等。如果這些不連續面性質軟弱、延續性良好、且又不太深，則發生壩基滑移的可能性會比較高。其中尤以泥化軟弱夾層是最危險的滑移控制面；其摩擦角大多只有11°至16°而已（請見圖20.5及20.6C）。

滑移控制面可分成**單滑面**及**雙滑面**兩種類型。單滑面有可分為上傾（傾向上游）及下傾（傾向下游）兩種。上傾滑移面的滑動體以大壩下游的河床地面為其自由面。雙滑面也大致可分為滑移面與作用力方向一致，及與作用力方向垂直兩種情況。滑移面一般是兩個互為反傾的軟弱不連續面。走向與作用力垂

直的雙滑面體，當壩基滑動體沿著上游滑動面滑移時，下游反傾向滑移面上岩體可提供阻止其滑動的抗力。

　　滑移控制面需要有切割面的配合，才能形成滑動體，並與母體脫離。它們的傾角較陡，常為節理面或斷層面，有時候是岩層面。依照其與作用力的方向之關係，可以分成**側向切割面**及**橫向切割面**。側向切割面的走向與作用力的方向近乎平行；滑移時在該面上主要產生剪應力。當側切面的抗剪強度比較高時，其所產生的阻滑力對壩基的抗滑穩定有利。橫向切割面的走向與作用力的方向近乎垂直；滑移時在該面上主要產生拉應力。一般它位於滑動體的後緣。

　　自由面是提供滑移空間給滑動體的一個面；又可分為水平的、陡立的及潛在的三種情況。河床地面即為**水平自由面**（請見圖 20.6A）；而河床深槽、深潭、後池、廠房及其他建築物的深挖基坑等，都構成了**陡立自由面**（請見圖 20.6B）；壩後如果有潛在的塑性擠出，則可能提供**潛在的自由面**（請見圖 20.6C）。

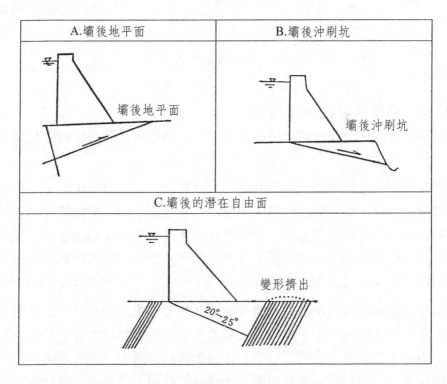

圖 20.6　滑動體的自由面之類型

從整個滑動體來看，當平緩的層狀岩體（傾角小於 30°），其層面常成為滑移控制面。特別是剛柔相間的岩層，如砂、頁岩互層中黏土質夾層、厚層石灰岩中的泥岩夾層等，由於夾層的力學強度低、抗風化的能力弱，成為岩體中最薄弱、最易發生滑動破壞的部位。只要它們有其他切割面配合，無論岩層是傾向上游或下游，壩基的抗滑穩定性是最差的。總而言之，岩性不均一的平緩層狀岩體，其壩基的抗滑穩定問題最多。

如果岩層的傾角為 30°～50°左右，往往嵌入壩基深處，穩定條件較好。只有壩基下方有軟弱夾層及其他不連續面的配合，才能構成滑移面，例如層面與反傾向的斷裂組合而成的雙滑面就是。當反傾向的斷裂之傾角較小，抗剪強度較低時，對壩基的抗滑穩定不利。

對於傾角大於 60°、甚至倒轉的陡立層狀岩體，層面及層間軟弱夾層不至於成為滑移控制面；只能擔任切割面的角色。應該注意的倒是，比較平緩，且延續性比較好的反傾向斷裂；在橫谷的情況下，可能會出現兩種滑移面：一種是反傾向的斷裂可能成為滑移控制面，並由層面及其他不連續面配合組成滑動體；另外一種是X型斷裂，由於岩層陡立的關係而與其正交，在共軛的組合情況下也可能成為滑移面，並具有側向切斷面的作用，層面則成為橫向切割面。

對於塊狀岩體而言（出現於火成岩及部分變質岩），其平緩的不連續面以原生節理及一部分構造節理為主。斷裂的傾角一般都很陡，在構造作用比較強烈時，才會出現少量的緩傾斜斷裂。所以原生節理及平緩的斷裂可以成為滑移面，而其他陡立的不連續面則成為切割面。但是要發生深部滑移的可能性不大。一般而言，塊狀岩體的壩基滑移主要由混凝土與岩盤的接觸面所控制。

▌20.4.3　壩基滑動的防治

壩基的抗滑原則就是要針對壩基的滑動原因，提出對策，以解除或降低不利的因素，就可以達到抗滑的目的

⑴清基露岩

為了使壩體坐落在新鮮完整的岩盤上，壩基表部的風化破碎岩體及淺層滑動體，一般均應徹底清除。高壩（壩高 70m 以上）應開挖至新鮮或微風化的岩層；中、低壩則可利用弱風化帶作壩基。

⑵地質改良

岩層如果很破碎，或裂隙發育，則可用灌漿的方法，將裂隙膠結起來。一

般用於處理壩基表層的裂隙，以加強岩盤的完整性，提高其承載力及彈性模數；處理的深度小於 15m。斷層破碎帶（已開挖回填）兩側的影響帶也可以這樣處理。

為了處理滑移控制面，可以利用鑽孔穿過弱面，而且深入到下層的完整岩層內；再利用預力鋼腱，將它錨碇起來，即可增加其抗剪強度。對於位於深處的軟弱夾層、風化夾層或陡傾的斷層帶等，通常可利用槽、井、洞的方式，將一定範圍的軟弱破碎物質清除，然後用混凝土回填，以增強地基的穩定性及防滲能力。混凝土鍵是處理軟弱夾層或緩傾的滑移控制面之有效方法（請見圖 8.28G）。

(3)防滲排水

在壩基內設置灌漿帷幕及排水孔，以降低揚壓力。

(4)改變結構

如果壩基岩層的抗滑能力較差，而清除不良岩層又有困難時，則可以改變結構設計的方式，來增強壩基的抗滑性能。

- 增大壩底的面積，以降低壩基岩層的壓應力。
- 將壩基整修成向庫內傾斜的斜面或台階面，或設置齒槽（榫槽）等。
- 改變壩型。

20.5　壩肩的抗滑問題

不同的壩型對壩肩的穩定性之要求不同。土壩及重力壩只要求將壩肩嵌入到岩體內一定深度，以滿足防滲的要求及一定的連結能力；不要求核算壩肩的抗滑穩定性。

拱壩的條件與土壩及重力壩有本質上的區別。在庫水的推力作用下，壩體內將產生複雜的應力分布，而且主要以軸向壓力的方式將荷重傳遞到河谷兩岸的岩體上。因此，拱端的岩體必須具有足夠的強度及剛度。如果拱端的岩體軟弱破碎，尤其當存在著與拱端推力方向一致的軟弱不連續面時，將對拱壩的穩定性帶來很大的威脅。同時，河谷的岸坡岩體常會出現很多解壓節理及風化的夾層，所以更加重威脅性。

20.5.1　壩肩滑動的地質因素

對於壩肩岩體的抗滑穩定性而言，特別要注意各種不同型態的陡立自由面；它們成為壩肩滑動岩體的伸展空間，如圖 20.7 所示。按照其與河流流向的關係，我們可以將其分為**縱向自由面**及**橫向自由面**。河谷的岸坡即為縱向的自由面（圖 20.7A 及 B）；而大壩下游的河流瓶頸、河流急轉彎及與河流直交的支流或溝谷等，則為橫向自由面（圖 20.7C 及 D）；它們對壩肩的抗滑穩定性非常不利。此外，大壩下游的橫向斷裂破碎帶、軟弱岩層、或溶洞等，都有可能成為潛在的橫向自由面（圖 20.7E）。

滑移控制面一般為向下游傾斜，而且偏河床方向的平緩或傾斜的軟弱不連續面。當下游存在橫向自由面時，向上游傾斜，而且傾角甚為平緩的不連續面也可成為滑移控制面。滑移面可以是單一的，也可以是雙面相交的。

至於切割面也可以分為側向的及橫向的兩種。側向切割面與河流的流向近乎平行，且傾向河谷，傾角一般較陡；它其實也有滑移控制面的作用。平行於谷岸的解壓節理就是屬於側向切割面；它常為夾泥所充填，抗剪強度較低，需特別注意。橫向切割面位於滑動體的後緣；它與河流大致直交。

壩肩岩體的滑動大多數發生在平緩的層狀岩層；它以層間的軟弱不連續面為滑移控制面，以解壓節理及構造不連續面為切割面。其中以尖端指向下游的滑動體最為危險。對於中度傾斜的岩層，不管是上傾或者下傾，其層間的軟弱夾層或不連續面可為滑移控制面。如果岩層上傾或下傾，且偏向岸坡內，則反傾向的斷裂可以成為滑移面。對於陡立的岩層而言，一般以反傾向，且緩傾斜的斷裂作為滑移控制面；但是此類岩層的滑移情形較少。

20.5.2　壩肩滑動的防治

對於壩肩岩體的處理原則與重力壩的壩基處理是一樣的；常用的方法有灌漿及排水減壓，但是要求更嚴格。另外，還可採取下列措施：

(1)為了使壩肩能夠與岸坡牢固的銜接，應將壩端嵌入岩盤有一定的深度；同時，接頭處的岩盤一定要新鮮、堅硬、完整。

(2)壩肩岩體中的易滑不連續面（帶）或夾層必須嚴格的處理，其方法有：

・開挖回填：以多層平巷或豎井將軟弱層或破碎帶挖除，然後用混凝土回填（請見圖 20.8Aa）。

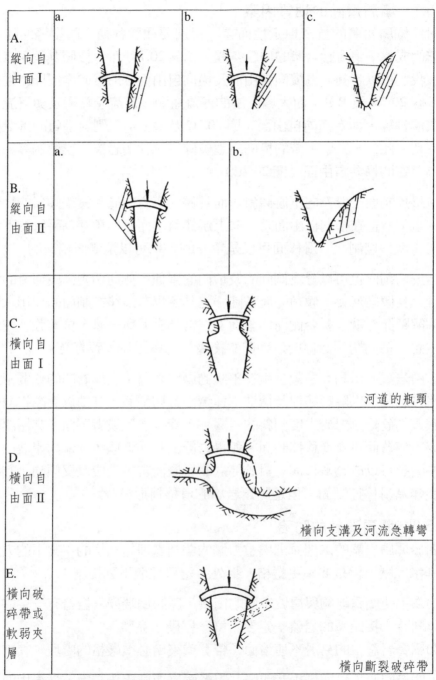

Aa、Ab、Ac：岸坡的不連續面或解壓節理。

Ba、Bb：岸坡有兩組不連續面。

圖 20.7　壩肩滑移的各種自由面（張咸恭等，1988）

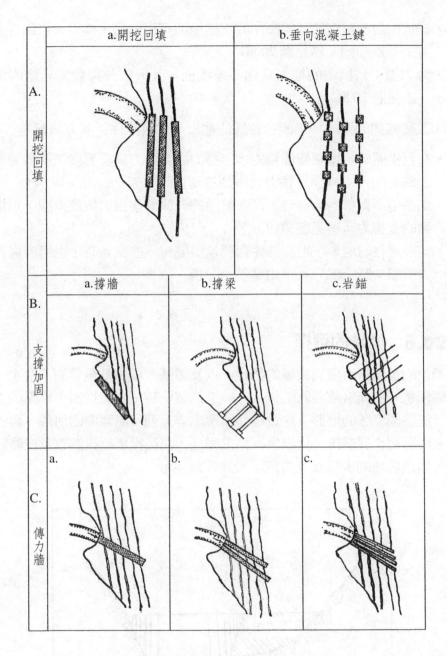

圖 20.8　各種壩肩強固法（張咸恭等，1988）

・混凝土鍵：以多層平巷或豎井的方式，將局部的軟弱層或破碎帶清除，
然後用混凝土回填（請見圖 20.8Ab）。

・支擋：對於解壓節理或順岸的不連續面可用擋牆、撐梁或岩錨等支擋的方式予以強固（請見圖 20.8B）。
・傳力牆：將拱端的推力穿過不連續面，且大部分傳遞到岩體的深部去（請見圖 20.8C）。

(3)改變結構的方式，以配合特殊的地形、地質條件；其方法有：

・布置拱圈時，儘量使壩體的水平推力之合力方向垂直於主要軟弱不連續面的走向，以減少滑移力而增加抗滑力。
・如果是不對稱的地形時，可在較矮的一側興建重力墩或撐牆，以增加壩肩的支撐力（請見圖 20.9）。
・如果河谷的地形、地質條件對興建拱壩有不盡完滿時，也可考慮興建重力拱壩；將一部分載重由壩基來分攤。

📖 20.6　壩址的選擇

　　壩址的選擇需考慮到大壩的穩定，以及壩基、壩肩及壩體的不漏水。所以選擇壩址是一項非常重要的工作。一般選擇壩址時，應該從面中求點的方式，首先了解整個流域的地形、地質條件，選出一系列可能建壩的河段，再縮小到壩段。經過初步評選後，找出幾個候選壩址。然後從事地質調查及概略設計，比較各候選壩址的工程量及造價，最後才能定址。

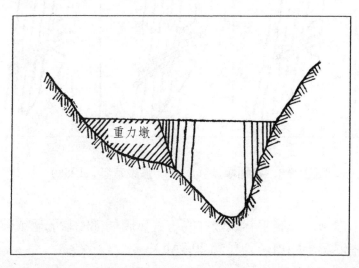

圖 20.9　對於不對稱河谷地形之結構替代法（張咸恭等，1988）

工程地質對壩址評選的工作，主要的考慮面有岩性、地形、構造地質、水文地質、潛在地質災害、岩石的物理及力學性質等；還應預計建壩可能衍生的工程地質問題，並應提出對策方案。

(1)岩性

壩基的岩性是決定壩基的穩定、正常營運及工程造價的重要因素。例如混凝土高壩就要選擇堅硬、均一、完整、難透水、不軟化的岩石所組成的河段為壩址。其中可將火成岩、片麻岩、石英砂岩、砂岩等列入考慮；易變形軟化的頁岩及千枚岩等則不宜；石灰岩因為容易受岩溶作用而生成孔洞，變數最多。

火成岩一般強度高、壓縮性低、不溶於水、不易軟化，可作為很好的壩址。但是因其形成條件不同，性質也有差別。深成火成岩的岩體分布廣、岩性均一、單軸抗壓強度一般在 150MPa 以上，抗剪強度亦高，常為良好的壩基。缺點是常沿著裂隙風化，如花崗岩的風化深度有時可達數十公尺；甚至還發生囊狀風化及球狀風化。淺成火成岩的單軸抗壓強度一般較高，但是原生節理多。緻密的噴出岩，其抗壓強度有的可達 250MPa 以上，抗水性能良好；但是常有柱狀節理及氣孔構造，反成漏水通道。噴出岩常係多次噴發，因而形成堅硬塊狀的熔岩與集塊岩、凝灰岩的互層；凝灰岩容易風化，常生成蒙脫石黏土礦物，具有吸水膨脹、失水收縮的特性，對壩體的穩定不利；凝灰岩夾層遇水容易泥化，構成壩體的滑移控制面。

變質岩有含葉理及不含葉理之分。一般呈塊狀的石英岩、大理岩等，其強度高，壓縮性及軟化性都很小，可以成為良好的壩基。但是大理岩與石灰岩一樣，具有溶蝕現象，有時反而不可作為壩基；所以變數很大，一定要深入調查及評選。具有片麻理的片麻岩，其工程地質性質良好，抗壓強度多在 150MPa 以上，但是有時風化深度較大。各類片岩一般沿片理方向的剪力強度較低。由石英及長石等礦物所組成的片岩，性質較好；由雲母或綠泥石等礦物所組成的片岩，對壩基的抗滑穩定性不利。板岩及千枚岩的岩質軟弱，常構成軟弱夾層。

沉積岩具有層狀構造，在岩性均一的要求下，壩址宜選在厚層的岩層上，但是一般這是可遇不可求。碎屑岩類如礫岩、砂岩等，其強度與膠結的程度及膠結物的類型有關。矽質膠結的強度最高；鐵質及鈣質膠結的強度雖高，但是容易風化，且鈣質膠結物容易被溶解。石膏膠結的碎屑岩，性質最差，強度低，遇水易軟化、溶解及膨脹，其溶解速率比方解石還要快 100 倍以上。硬石膏吸水後體積可膨脹 33%。黏土膠結的碎屑岩，其性質也不佳，強度低，易風

化；遇水易軟化及崩解。黏土岩的強度低、易變形、易風化、且易軟化。堅硬的沉積岩常夾有黏土岩，對壩基的抗滑穩定性非常不利。石灰岩及白雲岩的性質變化很大，如果沒有溶蝕現象，其強度一般可以滿足建壩的要求，但是裂隙發達；如果發現有溶蝕現象，則不宜作為壩址，因為溶洞非常難以處理。

疏鬆的覆蓋層，其厚度、組成及結構，在選擇壩址時，成為非常關鍵的因素。覆蓋層的強度遠低於岩盤，透水性則高於岩盤。剛性的混凝土高壩及拱壩需挖除覆蓋層，建於岩盤上。疏鬆覆蓋層越厚，挖方越多，壩體向地面以下延伸得越深，工程量就越多。覆蓋層如果有較厚的粉砂或細砂，開挖時往往發生流砂。以上這些條件在選址時都需要列入考慮。

(2)地形

狹窄的河谷，其谷岸的岩石往往比較新鮮，強度也較高，適合興建混凝土壩或砌石壩。寬敞的河谷，其谷岸的岩石一般風化較深，覆蓋層較厚，一般適於興建土壩。

在河彎處建壩有其優越性，但是河間地塊往往是地質上的薄弱地帶，常常存在著滲漏及穩定性問題（請見圖 20.10）。有些河彎的形成常與軟弱岩層、斷層帶、邊坡滑動的存在有關。

古河道常引起大量的滲漏。谷中谷則對滲漏及穩定性的影響很大（請見圖 20.11）。河階堆積及河谷堆積物的沉積相之變化很大，非常複雜，對壩型及壩基處理的影響很大，因此要特別注意調查其厚度、岩性及分布變化。

兩側的谷坡是大壩的接頭部位，其穩定性及水密性對大壩的影響很大。谷岸常有解壓節理。高陡的岸坡要注意重力及風化作用所形成的岩體鬆動帶。

(3)地質構造

地質構造是選擇壩址的決定性因素之一。山區河谷的發育受到地質構造的控制最為明顯。

對於由水平或近乎水平的岩層所構成的壩址，其岩性均一、完整，其岩層越厚，築壩條件越佳；壩基的承載力在水平方向比較均勻。再者，平緩的岩層所受的構造變形不顯著；斷層一般不發育，但應注意滲漏及抗滑穩定的問題，特別注意層面的結合情況及軟弱夾層的分布。

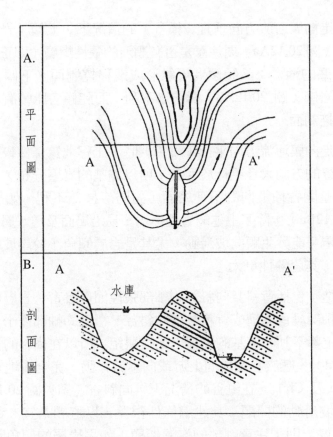

圖 20.10　河間地塊的薄弱及滲漏條件

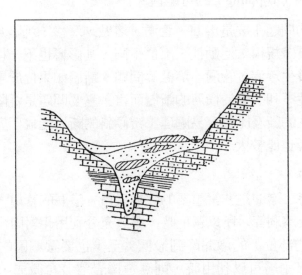

圖 20.11　谷中谷及古河道中的複雜沉積相

　　岩層的走向與河流方向垂直（橫谷）的情況下，上傾（岩層向上游傾斜）的單斜岩層（圖 20.12Aa）要注意是否有順河的張性斷層（即正斷層）之發育，因為那是滲漏的通道；又緩傾者可能形成滑移控制面。下傾（岩層向下游傾斜）的單斜岩層（圖 20.12Ab）對防滲不利；而陡傾者比較有利；但緩傾者可能形成滑移控制面。

　　岩層的走向與河流方向平行（縱谷）時，工程地質條件較差。主要原因是層面及構造線的方向大多平行於河流，所以壩基的岩層分布，其岩性的均一性差，且無法避開各種縱向的不連續面，對防滲極為不利。如果岩層是單斜時（請見圖 20.12Ba），除了上述的岩性不均，易沿層面及透水層發生滲漏之外，其中有一岸還可能發生順向坡滑動，尤其是岩層傾角小於岸坡的陡度，且在庫水的浸泡下，其危險性更大。

　　褶皺構造（包括背斜及向斜）的軸部張性節理發育，岩層破碎，所以很多河流都沿著軸部發育，構成背斜谷或向斜谷。褶皺的軸部多十分破碎，對防滲及壩體的穩定都不利；清基的工程也比較艱鉅；所以在橫谷的情況下（請見圖 20.12Ac 及 Ad），應該將壩址向上游或向下游移動，完全視地質條件而定（請見圖 20.12Ca 及 Cb）。在縱谷的情況下，向斜谷（請見圖 20.12Bc）的兩個岸坡都有順向坡滑動的問題；其建壩條件很差，以避開為宜。背斜谷（請見圖 20.12Bb）的壩址則需注意軸部的滲漏問題；如果岩層的傾角陡峻時，則需慎防岩層發生傾翻（Toppling）的可能性。

　　壩基斷層的問題主要是滲漏、管湧、溶蝕、滑移、沉陷及承載力不足等。由於斷層的性質、規模、活動性、部位不同，其影響也不一樣。對於順河的斷層而言，容易發生滲漏、管湧、溶蝕等問題。斷層如果位於壩肩處，則對岸坡及壩端的穩定性不利。對於橫河的斷層而言，主要問題是沉陷、承載力、及抗滑穩定等。陡立的斷層比較容易處理；緩傾斜的斷層比較不容易處理，對穩定性及防滲的影響也比較大。

(4)水文地質

　　選擇壩址時，滲漏是非常重要的評估項目。滲漏的管道一般有透水性高的岩層、破碎帶及溶洞等。所以選址時，應該充分利用相對阻水層，使壩區（包括壩基及壩肩的部位）的滲漏降到最低；至少也要讓壩區的防滲工程容易施作。如果沒有阻水層可以利用時，則應選擇岩溶發育微弱、岩層的滲透性不強、沒有嚴重的破碎帶之地帶作為壩址。如圖 20.13 所示，在石灰岩地區，因

為有岩溶現象的顧慮，所以就選擇夾在厚層石灰岩之間的不透水頁岩作為防滲牆。在這個例子裡，頁岩的傾角大小非常關鍵；如果傾角平緩（一般小於30°），不管是上傾或下傾，都有可能形成滑移控制面。

⑸潛在地質災害

壩址絕對避免選擇在活動斷層上。例如台中縣的石岡壩因為橫跨車籠埔斷層，於民國 88 年毀於集集大地震中，其左岸被抬升了 10m 高，以致庫底露出地面，使得庫水壅向上游。現在雖然修復了，但是我們都知道，活動斷層有重複活動的特性，所以石岡壩仍然處於可能再被錯斷的威脅中。

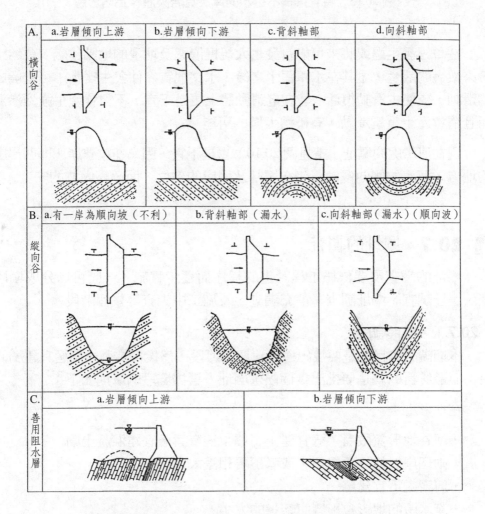

圖 20.12　壩址與地質構造的關係（張咸恭等，1988）

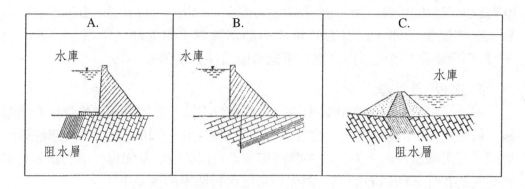

圖 20.13　特意選擇不透水的厚層頁岩夾層作為防滲牆

　　在曾經發生過或將來可能會發生大規模崩塌及地滑的地點建壩，會給工程帶來很大的威脅。尤其在水庫蓄水之後，水文地質條件發生變化，可能觸動新的滑動，或使古滑動復活。建在老滑動體上更是不宜，不但會產生強烈滲漏，而且還會產生重新滑動，有破壞大壩的可能。

　　選在河灣處的壩址（請見圖 20.10）也是不宜，因為在攻擊岸（即凹岸處）的地方，河水的側向侵蝕將淘空壩基及壩肩的部位，而危害大壩的安全。

20.7　壩址的調查

　　壩址的調查需要依據工程計畫的程序而逐步實施，一般可以分成壩段調查、選址調查、壩址調查、補充調查、及施工中調查等幾個階段。

20.7.1　壩段調查

　　本期調查的目的是要找出適宜建壩的河段，然後再挑選幾個適宜建壩的壩段；而最終目的就是要挑出幾個候選壩址。選擇壩段的原則如下：

在地形上：

- ・河谷地形寬敞者，適宜建土石壩；狹窄者適宜建混凝土壩。
- ・兩個岸坡最好要對稱，或者不要相差太大。
- ・河彎處不宜建壩。
- ・淹水區的地形會影響庫容量的大小。

・要具有可及性。

在地質上：

・兩岸岩體要堅硬且新鮮；解壓節理不發育。
・兩側岸坡要穩定，不要有崩塌、滑動的顧慮。
・壩基要有足夠的承載力及抗剪強度。
・岩土層的水密性要夠，避免高透水性的礫岩及有岩溶現象的石灰岩及大理岩。
・查明谷中谷的現象，注意古河道的滲漏。
・壩基的岩性最好是均一、完整的。
・壩基的岩層要避免緩傾斜（不管上傾或下傾）的軟弱夾層、泥化夾層、斷層破碎帶、剪裂面等；它們對抗滑不利。
・壩基不應有活動斷層、大的順河斷層、巨厚的強透水層、溶洞、膨脹性岩土、壓縮性大的軟塑淤泥層、可液化土層等。
・在橫谷中，岩層傾向上游為佳，但需要注意順河的張性裂隙。
・在橫谷中，岩層傾向下游時，對防滲不利；但陡傾時不受影響。
・在縱谷中，容易發生滲漏；且岩層傾向河中時，條件最差。
・壩軸線避免布置在褶皺的軸部，因為那裡最破碎。
・地下水要不具腐蝕性。
・要有合適的興建溢洪道之地形、地質條件（對於土石壩特別重要）。
・就近要有品質及數量都合乎需求的天然建壩材料。

　　在方法上，首先要蒐集及研究流域的地質資料；再利用衛星影像判釋整個流域的地形、地質、水系、水文地質、植被、土地利用、潛在地質災害（尤其是整個流域的崩塌地及土石流分布，與未來水庫的維護具有密切的關係）、建壩天然材料的位置及分布等；可以從同一張影像上取得上述的綜合資訊，對於適宜建壩的河段及壩段已經有了譜。然後配合規劃設計人員進行踏勘；經過討論及綜合大家的看法之後，即可確定幾個可能的壩段。

　　接著就可以開始進行區域工程地質的測繪。使用比例尺約為1：50,000～1：100,000；著重於了解岩性的分布、區域地質構造及河谷地貌。測繪的範圍，除了應根據地質條件及要求之外，還應包括可能的滲漏段，及跨流域的開發段。從調查結果即可以挑出幾個比較可行的壩段。

　　下一步就要針對這幾個壩段進行更詳細的調查，比例尺約為 1：5,000～1：25,000。著重於查明各壩段的河谷地質、水文地質情況，以及岸坡的穩定性。再在主要壩段，選擇幾個代表性的壩址布置探勘線，結合河谷地質及地形單元布置鑽孔；一般不少於 3 孔；深度至少應入岩盤 15～20 公尺。目的在了解覆蓋層及風化層的厚度，以及軟弱夾層及地質構造。基岩孔應該進行孔內壓水試驗。對代表性的壩址，應該取幾個代表性的樣品，進行室內試驗。另外，應該布置幾條地物探勘的測線，測製縱、橫剖面，以了解覆蓋層的厚度、古河道、岩盤的風化程度、軟弱夾層、重要的斷層、岩溶發育情況，以及其他可能滲漏的管道。

　　根據調查的結果，選擇幾個可能的壩址（稱為候選壩址）方案，俾便進行下一步的選址調查。

20.7.2　選址調查

　　經過壩段調查之後，就可以挑選出來幾個候選壩址。本期的工作內容即是針對這幾個候選壩址進行更進一步的調查，其最終目的在於真正選出一個確定的壩址。

　　選址調查階段應該查明各候選壩址的工程地質及水文地質條件，進行評估比較，為壩址的選定提供地質的依據。該階段的工程地質調查仍然很重要；調查精度為 1：1,000～1：5,000。調查內容應包括詳細調查及研究所有候選壩址的岩性及地質構造；特別注意軟弱夾層及透水層的分布、性質、厚度、位態、成因及連續性，以及它們與不連續面的切斷關係。注意主要斷層破碎帶及節理的組數、性質、規模、位態、充填物質、分布及延伸情況，尤應注意緩傾斜的斷裂之發育情況。同時，要注意岸坡的崩積土厚度，及岸坡的穩定性，有無大規模的滑動體、崩塌、落石及傾翻等現象，更應仔細調查解壓節理的發育情況。在石灰岩或大理岩地區要研究岩溶及溶隙的發育情形，分析其對壩基及壩肩的穩定性之影響，及對滲漏的危害程度。

　　為了詳細查明覆蓋層及風化層、水文地質條件、河谷地形，並且初步判定施工條件，在各候選壩址應該布置兩條以上的鑽探剖面，孔距約 100～200 公尺；孔位需能控制各主要地形、地質單元。對於堅硬的岩層，孔深應為壩高的 1～1.5 倍；對於鬆散的土層，則應適當的加深。在正常高水位以下的範圍，岩盤的鑽孔應全部從事壓水試驗；在覆蓋層部分則進行抽水試驗。各候選壩址要有系統的分層取樣，並且在室內測定各層岩、土層的物理及力學性質。

選擇具有代表性的鑽孔進行長期監測。同時，對滑動體、崩塌體或岸坡的解壓節理之穩定性也可以進行長期的觀察及儀器監測。在本階段，平巷的勘查不多，僅對重要工程的地點依據地形地質條件而適當的採用。

經過上述詳細調查的結果，對各候選壩址進行評比，針對地形、地質、水文地質、壩體的穩定性及水密性、天然材料的來源、清基及地質改良、施工條件等方面作一個綜合的評選，最後選定一個確定的壩址。

20.7.3　壩址調查

確定了壩址之後，即進入最重要的壩址調查階段。本期應全面查明選定壩址的工程地質條件，為確定壩軸線、壩型、樞紐布置等，提供地質資料及數據。同時，應該對地質不良的項目提出處理的原則。

在選定的壩址上圍繞幾條可能的壩線，詳細調查及研究其工程地質條件，以及找出各種不利的條件。測繪比例尺約為 1：100～1：1,000。對每一條可能壩線，布置一條主探勘剖面及若干輔助剖面；其孔距可視壩型而定。主探勘剖面上，峽谷區為 50～100 公尺；平原區為 100～200 公尺；依據地質條件的複雜度及建造物的部位與規模，斟酌調整。本期以鑽探為主，孔深如選址調查階段。同時，也可視需要而開挖一定數量的平巷探坑。

岩盤範圍要進行孔內壓水試驗；嚴重的漏水段及鬆散土層段則應實施單孔抽水試驗。岩、土層的物理及力學試驗仍以室內為主；但可按壩型從事幾個現場試驗。堅硬的岩石可進行大型的剪力試驗；疏鬆的土層則可進行壓縮及抗剪試驗。必要時，可進行少數的灌漿試驗，以判定灌漿的可能性及效果。

20.7.4　補充調查

當工程計畫進入詳細設計階段時，為了設計的需要，應該進一步查明設計時所缺少的地質資料，以及解答工程師所提出的工程地質問題。

此期可能需要充分利用各種開挖面及平坑進行近距離觀察。必要時應重點布置平坑、豎井、大口徑鑽孔，以及大型試驗，繼續進行各項長期監測。

20.7.5　施工中調查

施工中調查的主要工作是編製開挖面的地質圖及地質剖面圖；並應與開挖前的推測情況相核對，進行修正及補充。

另一項工作重點是向施工單位預報可能出現的地質危險狀況，並且採取預

防措施，或者建議施工方法及設計的改變。對清基、壩肩處理及地質改良等工作，檢驗其施工品質，以及處理的效果，並且檢核有無遺留下來需要進一步處理的問題等等。

20.8 水庫的主要工程地質課題

水庫於蓄水之後，其周圍的水文地質條件發生了很大的變化；因為地下水位的上升，形成很大的水頭差，所以常見的工程地質問題有**水庫滲漏、庫岸失穩、庫外浸泡、水庫淤積、誘發地震**等。茲分別說明於下。

20.8.1 水庫滲漏

滲漏是水庫蓄水後最嚴重的問題。只要有漏水的管道切穿庫岸或庫底即會發生滲漏。由於大量滲漏而影響水庫的蓄水效益，甚至完全喪失功能的，國內外所在都有。國內最有名的就是高雄縣的鳳山水庫（它是一座離槽水庫），因為在其庫底有容易透水的珊瑚礁石灰岩之出露，所以庫水即順著該層滲漏，以致庫水不容易蓄積。

(1)水庫滲漏的途徑

水庫可以透過以下三種地形途徑發生滲漏：

· 透過分水嶺向鄰谷滲漏（請見圖 20.14A）。
· 透過河彎向下游的河谷滲漏（請見圖 20.14B）。
· 透過庫岸及庫底向低窪排洩區滲漏（請見圖 20.14C）。

水庫滲漏也可以透過以下的幾種地質途徑：

· 透水性良好的岩、土層：如未膠結或膠結不良的砂、礫石層、砂層、礫岩、砂岩、強烈風化帶等（請見圖 20.15A）。
· 破碎性或裂隙性透水帶：如斷層破碎帶、裂隙密集帶、解壓裂隙、層間錯動帶、柱狀節理等（請見圖 20.15B）。
· 洞穴：如溶洞、溶隙、落水洞、暗河等（請見圖 20.15B）。
· 古河道（請見圖 20.15C）。

(2)滲漏的條件

水庫滲漏的條件可分成地形、地質及水文地質三方面來說明。

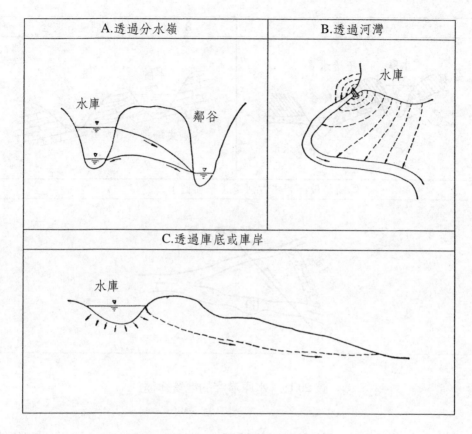

圖 20.14　水庫滲漏的地形途逕

(a)地形

水庫附近的水系之深度及密度對庫水的滲漏有很大的影響。如果鄰谷的切割很深，既低於庫水位，其分水嶺又很薄，則由於滲透途徑短、水力梯度大，所以有利於庫水的滲漏。特別是庫周的水系很密、溝谷又深，造成分水嶺變得很薄，於是形成水庫產生滲漏的極佳條件。

山區的河流多曲流，蜿蜒曲折，如果在急轉彎的河彎處建壩，就會在大壩下游的河彎與水庫之間形成一個極薄的河間地塊（Interfluve）；其水力梯度大，所以就從水庫向壩下的河谷發生滲漏。

在比較順直的河谷段，應注意分水嶺上的啞口。其兩側或一側的山坡，如果發育有侵蝕溝，使山體變薄，便造成庫水向外滲漏的良好條件。同時，山區的啞口又往往是地質上的軟弱地帶，可能是庫水外漏的隱患所在。

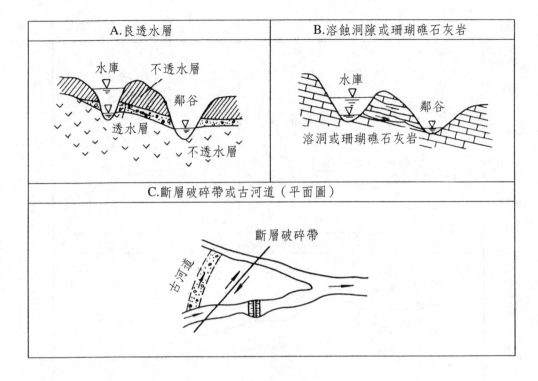

圖 20.15　水庫滲漏的地質途徑

河流多次改道所形成的古河道如果通向庫外時，庫水就會沿著由卵礫石或砂層所充填的古河道漏失。如果古河道與鄰谷相連，則庫水便會向鄰谷滲漏，如圖 20.15C 及 20.16 所示。

(b)地質

通過庫區的岩層及地質構造，在合適的條件下也會形成庫水的滲漏管道。庫水要通過地下管道向庫外滲漏的首要條件是水庫的周邊要有透水層存在。就岩性來說，未膠結的砂、礫石層，及碳酸鹽岩（如石灰岩、白雲岩、大理岩等）都是非常容易漏水的岩、土層。當它們勾通水庫的內、外部時，便可能產生大量的滲漏。碳酸鹽岩的岩溶洞穴及暗河如果與水庫相通時，常構成最嚴重的滲漏管道。前述的鳳山水庫即屬於這一類滲漏型態。所以在碳酸鹽岩地區建壩時，通常都需要考慮滲漏的問題。當然，碳酸鹽岩地區並不一定都會發生嚴重的滲漏；其關鍵在於岩溶化的程度。如果近期地殼發生快速的上升，則河床以下的岩溶化反而較弱，因此有利於

建壩。在岩溶化強烈的地區建壩,則應充分利用相對阻水層的阻水作用。

透水的岩、土層要能夠成為滲漏通道,必須要有一定的地質構造條件。首先,透水層必須出露於水庫的庫底或庫岸之正常高水位以下,才能形成滲入區(即相當於補注區)。其次,滲入區與排洩區之間不能有不透水層的隔絕,庫水才可以不斷的滲漏。我們可以將滲漏的構造條件分成順走向排洩及順傾向排洩兩類。而依據地形條件,每一類又可以分成排向鄰谷、排向下游河彎、及排向下游支谷等三種情況。

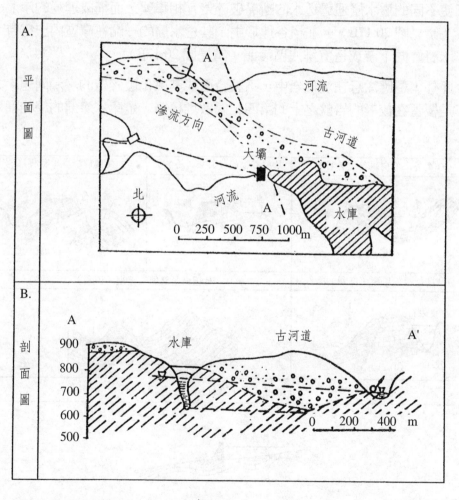

圖 20.16　古河道的滲漏途徑(Zaruba and Mencl, 1976)

地質構造對水庫的滲漏也有很大的影響。當寬大而膠結較差的斷層破碎帶切過分水嶺，通向鄰谷時，就有可能形成滲漏管道，使庫水向鄰谷滲漏。如果河谷地段有岩溶化岩層及阻水層的分布時，不同的構造條件對水庫的滲漏會造成不同的影響。縱谷上的向斜谷一般不會發生水庫滲漏（請見圖20.17A）。縱谷上的背斜谷，則其庫水有可能向鄰谷發生滲漏（請見圖20.17B）。不過，當岩層的傾角較大時，無論向斜谷或背斜谷，水庫滲漏的可能性將降低（請見圖20.17C）。當縱谷斷層切斷滲漏通道時，往往可以阻斷滲漏的發生（請見圖20.17D）。不過，斷層也可以將阻水層錯開，使不同的透水層通過透水的斷層破碎帶互相聯繫，而構成連通的滲漏通道（請見圖20.17E）。在橫谷地形中，其透水層的一端在庫區內出露時，庫水將會向下游或遠處排洩區滲漏（請見圖20.17F）。

此外，還應注意在沉積岩中，不整合面或其風化破碎帶的滲漏問題；尤其是覆蓋在較老的岩盤之上的第四紀鬆散堆積層，是庫水滲漏的絕佳通道。

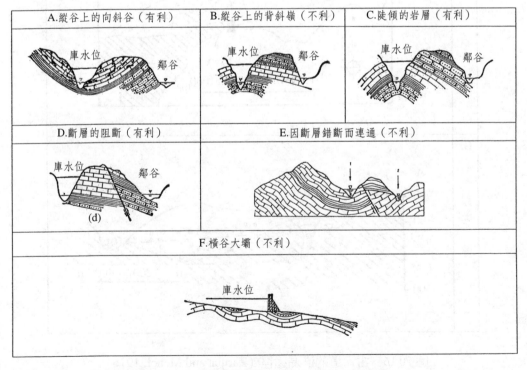

圖 22.17　各種地質構造對水庫滲漏的影響

(c)水文地質

上述的地形及地質條件是決定水庫滲漏的必要條件。判定水庫是否會產生永久性的滲漏，還必須考慮水文地質條件。

在預測水庫是否會發生滲漏時，最重要的是要弄清楚庫周是否有地下分水嶺，以及分水嶺的高程與庫水位的關係。

- 當地下分水嶺高於水庫正常高水位，則不會發生滲漏（請見圖20.18A）。
- 當地下分水嶺低於水庫正常高水位，蓄水後，地下分水嶺消失，可能發生滲漏（請見圖20.18B）。
- 蓄水前，庫區河谷的水流即向鄰谷滲流，即無地下分水嶺，則蓄水後，水力梯度變大，滲漏將會很嚴重（請見圖20.18C）。
- 蓄水前，鄰谷的河水流向未來庫區的河流，也無地下分水嶺；當蓄水後，鄰谷水位低於水庫的正常高水位，則仍有可能發生滲漏（請見圖20.18D）。
- 蓄水前，鄰谷的河水流向未來庫區的河流，也無地下分水嶺；當蓄水後，鄰谷水位仍高於水庫的正常高水位，則不會發生滲漏（請見圖20.18E）。

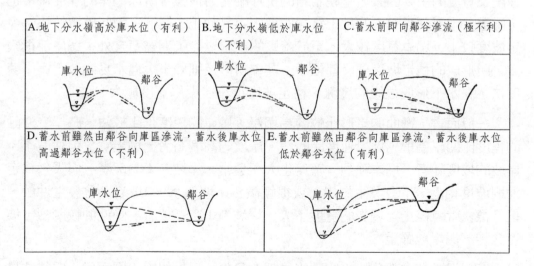

圖 20.18　庫水位與鄰谷水位的相對關係對水庫滲漏的影響

有些水庫滲漏，排洩區的出水點很明顯；其流量動態與庫水位有密切的關係。由於水庫滲漏，鄰谷的村莊、農田的地下水位顯著提高，土壤濕潤難乾。但是也有另一種滲漏，排洩區的出水點很不明顯。一般這是由於水庫建在透水層上，且透水層很厚，庫水滲至地下深處，成為區域性含水層的補注來源。

20.8.2　庫岸失穩

水庫蓄水後，引起庫岸的水文地質條件之劇變，包括：

- 庫水位浸潤的範圍內，土壤因浸濕而經常處於飽和狀態，c、Φ值下降。
- 庫岸遭受水庫波浪的侵蝕淘刷，比原來的河流侵蝕更為強烈。
- 庫水位經常發生變化；當水位快速下降時，原來壅高的地下水位不能同步降低，因而增加庫岸岩土層內地下水的動水壓力，降低了庫岸邊坡的穩定性。

庫岸的岩土層在波浪及水位變化等作用下發生坍塌，岸線逐漸後退的現象稱為**塌岸**。塌岸作用一般在水庫蓄水的最初幾年內最強烈。隨著時間延續，水下淺灘逐步形成而慢慢減弱。

庫岸的岩土類型及性質，以及岩土的抗波浪沖蝕能力，是決定水庫塌岸的速度及寬度的主要因素。堅硬岩石的抗沖刷能力很強，所以塌岸的速度慢，也不嚴重。半堅硬岩石中的黏土質岩石遇水容易軟化、崩解，因此破壞較快，穩定坡度較小，塌岸寬度較大。至於疏鬆的土壤，除了卵礫石之外，塌岸都很嚴重，所形成的穩定坡度一般都很小；其中粉砂及細砂土，遇水易鬆散，塌岸速度快，在水下形成很緩的淺灘，穩定坡度很小，塌岸寬度極大。

一般而言，彎曲的岸形比較容易塌岸，塌岸的速度也比較快。凸岸受沖蝕的程度比凹岸為重，塌岸速度比較快。岸坡的高度高者，塌岸寬，但速度小。岸坡的坡度陡者，塌岸強烈，寬度也大。通常，岸坡為 1°～5°者，與天然穩定沖刷坡度相近，不會發生塌岸，或很輕微。岸坡為 5°～10°者，會發生沖蝕，但是很快就會停止，塌岸的寬度不大。岸坡為 10°～90°者，受沖蝕較劇烈，坡度愈陡，塌岸愈嚴重。

庫岸滑動在大部分的水庫蓄水後都會發生，只是規模不同而已。它往往是岸坡發生潛移後的發展結果。由於其危害較大，對於山區水庫，需要分析近壩的庫岸滑動，同時應估算湧浪的高度，並預估其危害程度。

20.8.3　庫外浸泡

　　水庫蓄水後地下水位上升，因而引起水庫周邊岩土層的地下水壅高。當水庫的正常高水位很接近地面，甚至高出地面時，岩土層就會浸泡在水裡。

　　庫外浸泡將造成建築物的地基強度降低，甚至破壞；道路破裂、翻漿或沉陷；低窪地淹沒；平地潮濕或鹽漬化（請見圖 20.19）。庫外浸泡還可能造成房屋牆裂、傾斜、倒塌；地下室潮濕、滲水或破壞；下水道浮起或失效。

　　低矮的丘陵、山間盆地或沖積平原，由於局部地勢低平，所以最容易發生浸泡現象；且其影響範圍較大。可能產生浸泡的地帶如下：

- 受到庫水滲漏所影響的鄰谷及窪地（稱為**滲漏浸泡**）。
- 地形標高接近或低於庫水位的庫外地段（稱為**壅水浸泡**）。
- 第四紀鬆散堆積物中的黏性土及粉砂質土，由於毛細現象較強，容易發生浸泡。
- 地下水位很淺、地表水及地下水的排洩不暢、補注量大於排洩量的庫外周邊。
- 強透水層向低透水層過渡的接觸帶。
- 庫岸岩土層的上部透水性小、下部透水性大的地段。

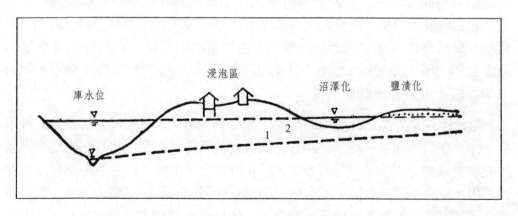

圖 20.19　庫外浸泡的不同類型

20.8.4　水庫淤積

　　水庫為人工形成的靜水域，也是地區性的侵蝕基準面（最低的侵蝕面），

所以成為地區性的沉積場所。水庫沉積時，粗粒的沉積物堆積於上游，細粒的部分則堆積於下游。隨著時間的推移，沉積物逐漸向壩前延展。

沉積物的來源有集水區的崩塌、地滑、土石流、裸地的沖蝕、沖蝕溝及河水的侵蝕、庫岸的坍塌等等。大量的淤積將使水深變淺，因而減小庫容，降低水庫的效率，並且減短其使用壽命。

水庫淤積的防治一定要正本清源，首先找出沉積物的來源，然後想辦法要防止沉積物的產生。尋找沉積物的來源最有效且最快速的方法就是利用衛星影像，從影像中判釋可能產生沉積物的地帶，如崩塌地、地滑地、土石流、工程開挖、採石、農耕、山坡地超限利用，以及沖蝕溝的向源侵蝕及河岸與庫岸的侵蝕等等，一目瞭然。找到來源之後，即可採取水土保持、崩塌地及沖蝕溝整治、設置攔砂壩及沉砂池、植樹種草、河岸及庫岸保護、禁止山坡地過度開發等各種軟硬體措施，以減少庫內的淤積。

20.8.5　誘發地震

水庫蓄水會誘發地震是已知的事實。主要是因為庫水的載重及孔隙水壓的效應所引發的。

庫水的重壓對岩盤產生了附加的垂向壓力及附加剪應力，以致引起基岩的沉陷及撓曲變形。在天然地應力場之下已接近臨界狀態的陡傾斷裂，其應力狀態因而發生變化，兩側斷塊失去平衡，遂而發生傾向滑動而誘發地震。常見的水庫誘發地震即是正斷層的類型。由於垂向附加壓力的影響深度會隨著載重面積的增大而加深，因此只有水面廣闊、水深較深的水庫才有可能對深部的岩體產生影響而誘發地震。

當地下深部岩體的孔隙或裂隙與地表水相連通時，就會產生一定的孔隙水壓，作用在裂隙面上。在某些深井中所測得的孔隙水壓要比水柱壓力還高，且接近於岩柱壓力；大約是水柱壓力的 2.6 倍以上。由於岩體裂隙中有孔隙水壓的作用，使得作用在裂隙上的有效應力降低，因而降低了其剪力強度。當孔隙水壓足夠高時，即使在緩傾斜的斷裂上之斷塊也有可能產生傾向滑移，或產生逆傾向錯動，因而誘發地震。水庫蓄水後，水體載重對基岩的附加應力是及時出現的；而孔隙水壓的效應，則需要一段時間才會發生。這種時間上的延滯性可以讓我們區別誘發地震機制的不同。

CHAPTER 21

衛生掩埋場的主要工程地質課題

21.1　前言

人類的生活及生產造成了很多廢棄物；它有廢氣、廢液及固體廢棄物之分。本章所要討論的對象僅限於固體廢棄物而已。

隨著人口的不斷增加、城鄉的都市化、生活水準的提升、現代化的農、工生產及各種經濟活動的活躍，其所產生的廢棄物數量也以極大的速度在增長。固體廢棄物在一定的條件下會發生化學、物理或生物的轉化，對周圍的環境產生一定的影響。固體廢棄物如果不妥善處置，其衍生的有害物質可能經過空氣、地表水、地下水、土壤、食物鏈等途徑汙染環境，以及危害人類的健康及安全。因此，我們應採取一切必要的措施，使固體廢棄物轉化為類似於地殼的組成物質，或者使固體廢棄物與人類的生活環境隔離，使它不會汙染環境。

近幾十年來，世界各國對固體廢棄物都採用許多不同的方法加以**處置**（Disposal），例如鼓勵資源回收、廢物再利用、垃圾減量、焚化、壓縮、淺埋、深埋、高溫堆肥等；或者將其資源化，先轉化為無害的物質，再加以利用。本章將把課題侷限在**土地掩埋法**（Landfill），因為它與工程地質的關係最為密切；同時，它又是目前採用最多的方法；即使採用焚化法，其所產生的灰燼還是要用土埋法加以處置。

在 1970 年代早期，衛生掩埋場的設計觀念有兩種，一種稱為**自然衰減式掩埋場**（Natural Attenuation Type Landfill）；另外一種稱為**包封式掩埋場**（Containment Type Landfill）。前者允許滲出水（Leachate）加入地下水系統，也就

是掩埋場的底部直接與土壤接觸，以便讓土壤自然的將滲出水淨化；後者則需採用**底襯**（Lining），也就是掩埋場的底部必須與土壤隔絕，滲出水不但不能加入地下水系統，而且還需使用收集管將它先行聚集，然後再引出場外，以便進行進一步的處理。

現在已經證明，土壤並沒有足夠的能力可以將滲出水予以淨化，所以現在已經禁止使用自然衰減式的掩埋場。包封式掩埋已經成為主流，而且要求也越來越嚴。原來只要一層底襯的，現在卻要求需要設置雙層。

21.2　掩埋場的構造

21.2.1　構造單元

包封式掩埋場的設計概念係基於限制滲出水滲漏到土壤，以防汙染到土壤及地下水。為了符合這項需求，在場基之上必須鋪上一層人造的不透水物質（一般稱為地工合成物，Geosynthetics），或是由人工鋪設的天然物質，如難透水的黏土；或者是兩者混合使用，以加強其防水性；稱為**底襯**（Lining）。

掩埋場所用的地工合成物稱為**阻水布**（Geomembrane）；它的導水係數一般介於 $10^{-14} \sim 10^{-13}$ cm/sec 之間，所以算是難透水。其材質一般有高密度聚乙烯 HDPE（High Density Polyethylene）、聚氯乙烯 PVC（Polyvinyl Chloride），及氯磺化聚乙烯 CSPE（Chlorosulfonated Polyethylene）等幾種。一般而言，阻水布較不易滲漏，但是比較容易破裂或穿刺；而黏土則正好相反。雖然阻水布及黏土可以隔開鋪設，但是比較保險的作法應該是將兩者重疊在一起（阻水布在上、黏土在下），稱為**疊合**（Composite）；這種疊合法除了對防漏有雙重保障之外，阻水布鋪在黏土層之上比較不容易被刺破。

受到底襯的阻隔，滲漏水就無法滲入土壤內。但是滲漏水不能一直貯蓄在底襯上，因為其水位會不斷的上升，如果不予排除，就會滿溢到掩埋場之外，反而造成更大的汙染；所以在底襯之上要布置一套滲出水的收集及排除系統，俾便將它引出掩埋場之外，再予處理，才不至於壅高而發生溢流。因此，**底襯及滲出水的收除系統就構成了掩埋場的基本單元**；由它們不同的組合方式就衍生出很多種設計型態。

襯砌有**單襯**及**雙襯**之分。又根據地下水位的深淺不同，底襯有放在地下水

面之上，也有放在地下水面之下者；後者受到地下水的上浮力，比較不穩定，也不容易設計。

21.2.2　底襯系統

底襯系統可分成**單襯**及**雙襯**兩大類。依據組合方式的不同，雙襯系統又可分為**布黏雙襯**（Synthetic/Clay Double Liner System）、**布疊雙襯**（Synthetic/Composite Double Liner System）、**疊疊雙襯**（Composite/Composite Double Liner System）等不同的組合法。現在分別說明如下：

(1)單襯系統

單襯系統只用一層底襯，一般就是使用阻水布（請見圖 21.1）；再在其上鋪上一層只能讓滲漏水透過的濾層（一般使用砂），在濾層內則需埋設收除滲漏水用的集水管及排水管；然後垃圾即堆填在濾層上。單襯系統的構造簡單，容易設計；但是它的問題是阻水布一旦被穿刺，就沒有緩衝帶（Buffer Zone）可以使滲出水滯流，所以就會直接汙染土壤及地下水。因此，單襯系統只能適用於無毒及無害的廢棄物之掩埋。

(2)布黏雙襯系統

布黏雙襯系統主要是以阻水布作為阻斷滲出水的第一道防線（稱為**上阻水層**）；在阻水布之上為滲漏水的收除系統，由砂層及埋在其內的集水管與排水管所組成（稱為**上收除系統**）；最上面再鋪設一層濾層。阻水布的設計壽命為 30 年。

為了防備阻水布失去阻水的功能時，掩埋場仍能阻止滲出水滲入土壤而汙染地下水，所以就在阻水布的下方再鋪上一層夯實的黏土層，以作為第二道防線（稱為**下阻水層**）（請見圖 21.2A）。當然，在黏土層之上也要安裝收除系統（稱為**下收除系統**），以排除從阻水布滲漏下來的滲出水。所以達到 2 層阻水的保障。一般而言，如果阻水布的功能正常時，下收除系統是乾涸的；如果下收除系統出水了，那就表示阻水布已失去功效；可見下收除系統其實也是掩埋場的預警系統。

至於黏土層的厚度至少要 1 公尺；實際的設計厚度則需視滲出水的滲流速度而定，一般以滲透時間為 30 年作為設計標準。

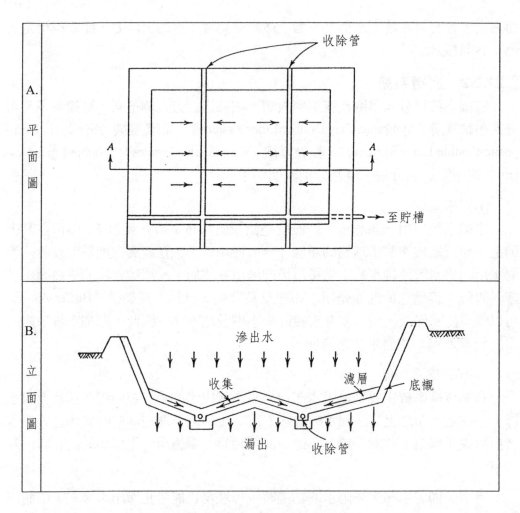

圖 21.1　典型的單襯掩埋場系統

(3)布疊雙襯系統

布疊雙襯系統係以阻水布為上阻水層，而以布黏相疊作為下阻水層（請見圖 21.2B）；在上阻水布之上、下一樣要安置滲漏水收除系統。所以達到了 3 層阻水的保障。

(4)疊疊雙襯系統

疊疊雙襯系統則分別以相同的布黏相疊作為上、下阻水層。因此就達到 4 層阻水的保障（請見圖 21.2C）。這一類型的掩埋場比較適合於有毒害性的廢棄物掩埋。

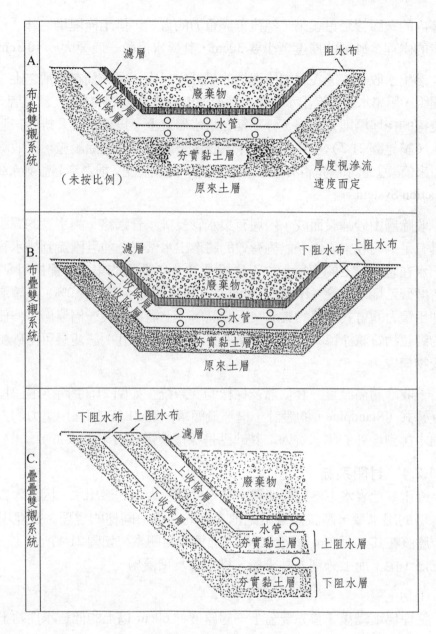

圖 21.2　掩埋場的不同雙底襯系統（Bagchi, 1989）

▍21.2.3　滲出水收除系統

　　滲出水收除系統（Leachate Collection/Removal System），簡稱 LCR 系統。
它是將那些被阻水層所阻隔的滲出水，透過導水係數比較高的砂層，先由埋在

砂層內的塑膠管聚集起來，然後再靠重力的方式，排出掩埋場之外，以便做進一步的處理。砂層的厚度至少要 30cm，其導水係數一般要大於 10^{-2}cm/sec。

　　滲出水收除系統在單襯掩埋場的設計中只設一層，鋪在底襯之上；於適當的間距，用集水管將滲出水收集，然後匯集到排水管加以排除（請見圖 21.1）。在雙襯的掩埋場則有兩層，分別鋪在阻水層之上，以便搜集及排除被阻絕的滲出水（請見圖 21.2）。其中上收除系統才是最重要的收除設施。下收除系統只是用來偵察上阻水層是否發生滲漏；所以下收除系統又稱為滲漏監測系統（Leak Detection System）。

　　收除層由砂鋪設而成，內埋有集水管及排水管網絡。集水管的間距必須保證具有足夠的收集能力，能夠有效的將滲出水聚集，並且匯流到排水管；致使滲出水在阻水層上的壅積水位不會超過 30cm。典型的集水管都採用 8"～10"的高密度聚乙烯塑膠管（HDPE）材質；其最終斜度不能小於 2%，以讓滲出水可以利用重力的方式順暢的集流。上收除層之上需再鋪設一層濾層，俾便將廢棄物的細粒物質濾除掉，以防止其堵塞集水管的滲水孔。該濾層可由砂粒或地工合成物構成。

　　下收除層需設置一套偵漏及採樣的次系統，如圖 21.3 所示。圖 21.3A 係採用豎管式（Standpipe）的設計，構造最簡單。圖 21.3B 則採用重力的方式，將滲漏水排到場外的集水坑內；其缺點是採樣管需穿破下阻水布。

▌21.2.4　封閉系統

　　降水或地表水下滲到掩埋場內時，會產生大量的滲出水。因此，為了減少阻水層的出水量，應該儘量阻絕地表水的入滲。同樣的道理，掩埋場於填滿後，應該在其上面加以覆蓋或封閉。典型的封閉系統如圖 21.4 所示，一般可分成三層，由下而上分別為黏土層、排水層及頂蓋層。

(1)黏土層

掩埋場填滿後，首先要蓋上一層厚度約 60cm 以上的低透水性黏土層，或者是下為 60cm 厚的黏土層與上為 20mil（0.5mm）厚的阻水布之疊合層。黏土層的導水係數一般要求要小於 10^{-7}cm/sec。

(2)排水層

排水層夾於頂蓋層與阻水層之間。其功能主要要收集並排除透過頂蓋層的滲流水。排水層係由砂所構成，厚度約為 30cm，導水係數要大於 10^{-2}cm/sec；

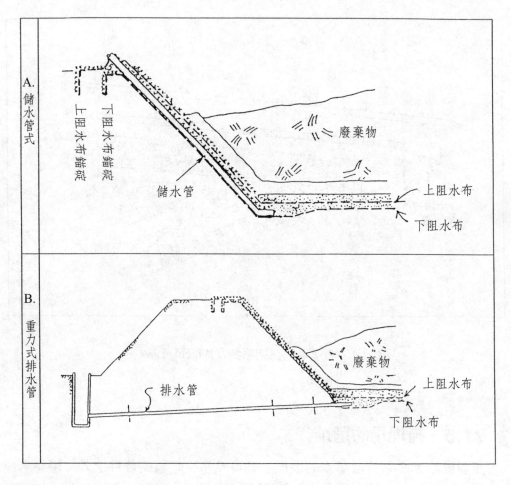

圖 21.3　下收除層的偵漏及採樣系統

其底部的最終斜度至少要 2%，以讓滲流水可以用重力的方式排除。排水層之上一般再鋪設一層濾層，以免細顆粒阻塞排水層的孔隙。

⑶頂蓋層

頂蓋層是掩埋場最外面的一層封蓋；其材料可採用粉砂質砂 SM、黏土質砂 SC 或粉砂 ML 之類的土壤；厚度約 60cm，一般不加以夯實，以讓植生的根系容易伸展。其最終的地表斜度約為 3%～5%。最上面要植栽，以防雨水及地表水沖刷。最後必須樹立告示牌，說明掩埋場的結構及內容，以及使用期間。對於無毒害的掩埋場，其填出來的空間尚可作二次利用。常用的方法有停車場、倉庫、花園、公園、運動公園、娛樂場所等。

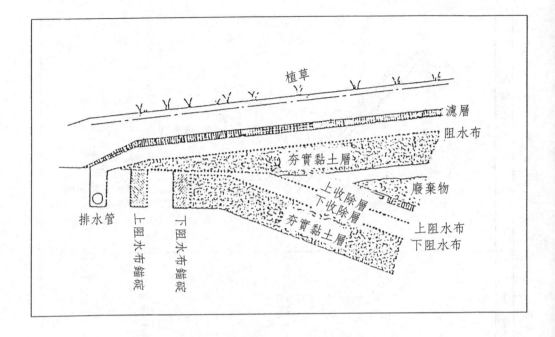

圖 21.4　掩埋場的封閉系統（Bagchi, 1989）

21.3　掩埋場的選址

掩埋場除了必須符合基本的地形、地質及水文地質的條件之外，還應考慮當地的人口密度、交通、土地資源等因素，更重要的一點是要說服當地的民眾支持，至少不要出現劇烈的抗爭；所以敦親睦鄰以及實質的回饋等非技術性的措施都要使用上。以下僅就自然條件提出說明。

21.3.1　基本原則

衛生掩埋場的選址，其基本原則著重在環保及經濟上的考量。重點如下：

- 水文地質條件要符合環保的需求，不能汙染地下水。
- 垃圾的集運距離不能太遠。
- 離流動或靜止的水體必須要有一段安全距離。
- 距離住宅區至少要 200m 以外。
- 聯外及進出容易，且與現有的交通系統要接上，但不得干擾其正常運作。
- 就近要有水源及電源；附近即有排汙設施或汙水處理廠。

- 覆蓋的土料來源不虞匱乏。
- 要有足夠的容量（即足夠的壽命）。

　　其實自然界很難找到完全符合上述所有條件的理想場址；所以一般都要尋找至少兩個以上的候選場址，以作比較。

　　從環境地質的觀點，一個理想的場址一般要求要符合以下一些條件：

- 自由地下水位應較深，最好能低於掩埋場的底部 10～15m。
- 未飽和帶的岩性以透水性較差的細粒土壤為佳。
- 場基的岩盤，裂隙不發育；場基不存在斷裂、地滑、崩塌、土石流等潛在地質災害。
- 掩埋場的淺層地下水之流向不至於造成附近的水源被汙染。
- 在地勢選擇上，場址的地形應稍高，排水條件良好。
- 宜選擇黏土或緻密的頁岩為場址；如果在岩盤中填埋，則岩頂之上必須有 10m 以上厚度的黏土層或頁岩。
- 在廢棄的採石坑及表土層很薄的岩盤地區，應禁止作為場址。
- 下列地區必須排除：活動斷層帶、淹水區、洪水路線、侵蝕性海岸區、侵蝕性河彎地、低窪的濕地、地下水補注區、潛在地質災害區等。

　　為了環保及美觀的需求，更具體的隔離距離可以參考下列指標（Bagchi, 1989）：

- 場址需距離水庫、湖泊、池塘等水體至少 300m。
- 場址需距離河流至少 90m。
- 場址不能位於 100 年頻率的洪水平原內。
- 為了美觀的需求，場址需距離主要公路至少 300m；如果有行樹或土堤的遮擋，則距離可以適當的縮短。
- 場址需距離公園至少 300m；如果有遮擋，則距離可以適當的縮短。
- 場址需距離機場至少 3,000m（考慮飛鳥影響飛機的起降）。
- 場址需距離水井至少 360m；尤其更要遠離下游井。
- 場址不准設置於野生動物保護區內。
- 場址不准設於濕地內。
- 場址不准設於地下水的補注區及排洩區
- 為了確定與掩埋場接觸過的地表逕流是否受到汙染，需有完備的地表水

監測計畫。

- 掩埋場應有籬笆隔離，進出口應設門鎖，禁止非工作人員進入。

▎21.3.2　場址調查

場址調查一般可依照下列步驟進行：

(1)資料蒐集及室內研究

選擇場址之前，可先蒐集既有資料及衛星影像。在衛星影像上，並配合地形圖，以廢棄物的集運中心，或數個村里的中心為圓心，以運送的距離為半徑，劃一圓；稱為**搜索半徑**（Search Radius），挑選可能的候選場址。如果在搜索半徑內找不到合適的候選場址，則將搜索半徑逐漸擴大。

從衛星影像可以判斷低地、地表水的水系、洪水平原及濕地等不准設置掩埋場的地帶。同時，還可以判釋岩性、斷裂、地滑、崩塌、土石流、侵蝕性海岸區、侵蝕性河彎地及地下水補注區等。衛星影像可以同時提供地形、水系、水體分布、植生、土地利用、交通系統、地質、水文地質及地質災害等寶貴的資料；由於以上的資料都是整體顯示在一張影像上，所以有利於評估各項因素之間的互制及互協關係。因此，衛星影像是挑選候選場址最有效的工具。

土地使用分區圖及交通網絡圖是很好的參考資料。一般而言，土地使用分區圖常顯示一個地區的土地使用分類，也會標示限制使用的類別。交通網絡圖除了顯示公路網之外，還有鐵路、機場、港口等標示。對於標定候選場址都是必備的參考資料。

地質圖是必須的；從地層分布的資料大略可以判斷岩性及土壤的類型。同時，還可以了解黏土借土區的位置與範圍。也可以研判水文地質的區域特徵。構造線的位置則可以配合衛星影像進行追蹤，對候選場址的定位，有相當的幫助。

水文地質的資料比較不容易蒐集。因此，在候選場址挑好之後，即應對這些場址的水文地質條件作一評估，特別注意水井的分布、水資源的供應與利用、富水層的分布、地下水位、地下水流向、地下水的補注區及排洩區等。

(2)廢棄物的特性調查

衛生掩埋場的場址選擇，除了要符合定位的準則，又需具備良好的自然條件之外，還需考慮其容積以及廢棄物的特性。

　　調查廢棄物的特性，首先要確定它是有害或無害。一般而言，有害廢棄物的掩埋，其設計標準比較嚴格。如果廢棄物是無害性的，則需區別其為生活廢棄物或工業廢棄物。其中，生活廢棄物的種類非常複雜，而工業廢棄物的種類則比較單純，也許只有一種，或者兩、三種而已。

　　廢棄物的特性調查將影響廢棄物的處置及掩埋場的設計方式。以下列舉的廢棄物就不能直接採用掩埋法：

- 廢棄物與水起化學作用而產生毒氣者。
- 廢棄物的發火點超過 60℃ 者。
- 廢棄物含有很高的有機揮發成分者。
- 廢棄物含有很高的芳香族、鹵素及非鹵素化合物者。
- 廢棄物含有很多廢金屬者，尤其是砷、鎘、鉛、汞、及硒等。
- 廢棄物含有很多氰化物或硫化物者。
- 粉狀的有害廢棄物，掩埋時會引起粉塵飛揚者。
- 廢棄物的剪力強度甚低者（即流動性甚高者）。
- 廢棄物含有很多液態物質者（可能產生很多滲出水）。

(3)掩埋場的壽命估計

　　廢棄物的體積將決定掩埋場的壽命。其估計方法是將每年廢棄物的產出量除以其總單位重量（Bulk Unit Weight）。對於生活廢棄物而言，每人每天的產出量大約是 0.9～1.8 公斤，其總單位重量大約是 $650～815 kg/m^3$。工業廢棄物的產出量可以從過去的記錄作一估計。對其總單位重量的估計，則需在實驗室內測定。

　　估計掩埋場的壽命，除了需要知道廢棄物每年的產出量之外，不能忽略覆蓋土每日及最後封蓋時的需求量。估計覆蓋土的每日需求量，可以依據廢棄物與覆蓋土的比例求得；它們的比例一般為 4：1～5：1。其最終的封蓋量可從厚度及面積的大小去估算。

(4)民意的評估

　　民意的接受或抗爭，事關掩埋場設置的成敗。因此，一旦候選場址挑選出來之後，即應立即調查及評估當地民眾的接受意願。這件工作要越早進行越好。如果等到場址確定之後，再來進行說服工作，則反彈的力量將非常大，可能使得計畫胎死腹中；就像挑選核廢料的掩埋場址一樣。即使計畫勉強成立

了，也會把時間拖得非常長，而且回饋金會接近天文數字。

　　說服工作需要有科學的數據作依據，以及可靠的技術作後盾。因此，知識的灌輸、科學的保證、國內外的成功例子作示範、監測系統的完善，以及事先的溝通等等都是值得採行的方法。

　　⑸候選場址的提出

　　配合場址的定位準則，以及根據上述的調查及評估結果，將可能的候選場址，依據民意的反應，依序排列出來。起先也許可以選擇遇到阻力比較小的三個或以上的初選場址，經過初步的地質及大地工程調查評估之後，再選出兩個（或兩個以上）為選定的候選場址。接著進行環境影響評估，以及概念設計。

　　⑹最後評選

　　最後評選的階段是以環境及工程地質調查為主。其中包括兩項調查：一個是候選場址調查；另一個是借土區調查。

　　⒜候選場址調查

　　候選場址調查的目的在於勾繪出土層順序、其工程特性及地下水狀況。比較重要且必須測定的土層特性有：土層的層次及其厚度、岩土層的界面、土壤的粒徑分布、阿太堡極限、透水性、強度、壓縮性、岩盤的裂隙等等。

　　土壤的透水性是非常重要的一個測定項目；分別從現場及室內都需要測定，而且水平方向及垂直方向的透水性同等重要。根據經驗，未擾動黏土的透水性，其水平方向與垂直方向之比，可以從小於 1 到 7（Mitchell, 1956）。黏土層的自然含水量及飽和度也是重要的參數；從此參數可以推測黏土層內的地下水面；同時還可幫助地下水監測井的設計。

　　為了研究土層及地下水的情況，鑽孔的布置及深度可參考下列原則：

・鑽探的涵蓋面積要大於預定的掩埋場面積之 25%以上。
・剛開始的兩公頃需要布置 5 孔，以後每增加 1 公頃即增加 2 孔；孔位可以依據需要而分布在調查範圍內，但是不一定要平均分布。
・鑽探深度要達到掩埋場底部以下 10m。
・至少要有 1 孔深入富水層，或岩盤內 3m 以上。
・如果地質情況複雜，則應增加孔數。

地下水的調查要著重於自由地下水面的深度、受壓含水層的分布，以及測壓水面（Piezometric Surface）的探測等。同時，要調查清楚岩土層的界面、土壤的分層及其透水性等。探測井的分布以每公頃兩孔為原則。地下水面至少要連續觀測一年以上，以觀其變化。每個井至少要取 4～8 個水樣，以分析其水質，作為背景值。

　　(b)借土區調查

衛生掩埋場需要利用難透水的黏土作為阻水層的材料，同時也要用到易透水的砂作為濾層或收除層的材料。因此，對於這兩種材料的產地也要進行調查。黏土的規格雖然沒有嚴格的要求，但是夯實後的導水係數最好要小於 1×10^{-7}cm/sec，液限在 20%～30% 之間，塑性指數介於 10%～20% 之間，細料（小於 200 目）的含量高於 50%，黏土（粒徑小於 0.002mm）的含量高於 25%（Bagchi, 1989）。粒徑分布曲線最好呈反 S 型。對於其夯實度與最佳含水量的關係，以及各種不同夯實度與含水量之下的導水係數，應該在實驗室內仔細的測定。一般而言，在濕側情況下夯實，比在乾側情況下夯實，比較容易獲得低導水係數。每一種試驗所需的樣品數，原則上最初的 4 公頃為 5 個，以後每增加兩公頃則增加一個樣品。進行探勘時，至少需要 5 個鑽孔，以及 5 個試坑；每一個土層都要詳細的描述。厚度在 1.5m 以下的土層，一般即不予採用。

砂層因為要作內部排水用，所以導水係數要高；一般要求要高於 1×10^{-2} ～1×10^{-3}cm/sec。淨砂的細料（小於 200 目）含量如果小於 5%，即可達到上述要求。經過洗選後的粗砂也可以採用。砂的試驗較黏土簡單，一般只要做粒徑分析，以及 80%～90% 相對密度的導水係數即可。夯實度對砂的透水性能並無顯著的影響。

掩埋場最後要封閉時，其頂部需要蓋一層厚約 60～90cm 的粉砂質黏土層，以保護其下的黏土蓋層，使其免於脹縮或乾裂（裂縫將增加地表水的入滲）。目前尚無粉砂質黏土的規格要求。一般而言，粉砂質壤土應該就能適用了。

(7)書面報告

　　選址調查的結果應該作成書面報告，以為設計及申請建造執照之用。報告的型式雖無統一，但是應該包含下列幾項：

　　(a)工程地質

詳述場址的地質情況，岩盤的深度，土層的層序及厚度的變化，每一層的

工程性質等。底圖宜採用 20～50cm 的等高線間距。

(b)水文地質

指出地下水面的深度，地下水的流向，垂直及水平方向的導水係數及水力梯度，第一層（最上一層）富水層的深度與分布，以及地下水的邊界（如湖泊、水庫、河川、斷層等）。地下水的水質也應顯示出來，以作為未進行掩埋前的背景值。

(c)環境影響評估

衛生掩埋場的設置，對周遭的環境會產生一些不利的影響。如何使這些不良的影響減至最低，便是從事環境影響評估的最主要目的。因此，要將動物、植物、地表水、地下水、空氣品質、及景觀等受影響最大的項目仔細的評估，並提出減輕的策略及方法。

(d)概念設計

報告書內應大略說明概念性的設計樣式。應考慮的項目包括掩埋場的體積，底襯的材料與厚度，滲出水收集系統的設計，封閉後的形狀，最後封閉的設計，地表水的排水系統，滲出水的處理（在場內或場外），掩埋場的最後用途等。

(e)意外事故的處理

報告書內對於滲出水萬一發生滲漏，而且汙染到土壤及地下水時，應該如何處理，提出建議。這種事故對有害廢棄物的掩埋場尤其重要。如果分析的結果顯示，救濟行動非常昂貴或者技術上不可行，則可能需要設計更緊密的阻水層，或者更好的滲出水收除系統。如果這樣做仍然不可行，則只好放棄預定的場址。

21.4　滲漏水的監測

衛生掩埋場是否能夠發揮其無汙染的功能，一個很重要的評估指標就是對其周遭的地下水進行監測，將水質分析的結果與背景值作一比較，就可以看出是否有滲漏水汙染到地下水。滲漏水汙染的監測需要建立一套完善的監測井網，以從事長期的監測。

21.4.1　監測網的規劃

監測井網的規劃，第一步需要對場址進行詳細的水文地質調查；在概念上要特別注意汙染物的遷移是三維的。因此，監測井的定位及其埋置深度顯得非常重要。

監測網的水平布置主要取決於三個因素：汙染物的化學性質（與廢棄物的種類有關）、掩埋場的設計方式（尤其是阻水層的設計），以及場址的水文地質特性。汙染物在土層內的遷移性取決於汙染物在地下水中的溶解度、擴散性、及其與岩土層的作用。例如輕而嫌水性的汙染物會浮在地下水面之上；但是重而親水性的汙染物則會加入地下水的內部，其流動性與其黏度及密度有關。與岩土層不起作用的汙染物（如氯離子、低分子量的有機物），遷移性很高。重金屬及高分子量的有機物，遷移性低。

總而言之，布置監測井網時，需考慮滲漏水的化學成分，以及不同汙染物的衰減機制。有關水文地質的特性，除了需要弄清楚地下水的流速及流向之外，最重要的是要注意其均質性。一般而言，異質性才是常態，所以富水層與不透水層間的層序與三度空間的關係要調查清楚後，才能規劃出一個有效的監測網。關鍵的監測井都要布置在汙染物可能的流路上才行。

21.4.2　連續夾層的監測

在很厚的良透水砂層中，如果夾有側向連續性很好的難透水黏土層（請見圖 21.5），地下水在上砂層（自由富水層）及下砂層（受壓富水層）的流向可能有所不同；同時，水平及垂直方向的水力梯度也可能互有不同。在大多數情況下，上砂層都存在有垂直方向的水力梯度。因此，在此類土層中布置監測井網，需要仔細調查地下水的流向，以及水平與垂直方向的水力梯度。

圖 21.5 中顯示三口背景井（布置於掩埋場的上游側者）分別埋置在上砂層、黏土層及下砂層中的情形；而更多的監測井則分散在掩埋場的下游側及兩側；其深度也要分布到三個土層內。原則上，在靠近掩埋場的內圍，有些井一定要下到下砂層內；越往外圍，則深井就可以少一點；但是在地下水的流向上，仍然要布置深井（即下砂層的井）。

如果汙染物中有輕而嫌水性的物質，則在地下水面附近也要佈設一些監測井。

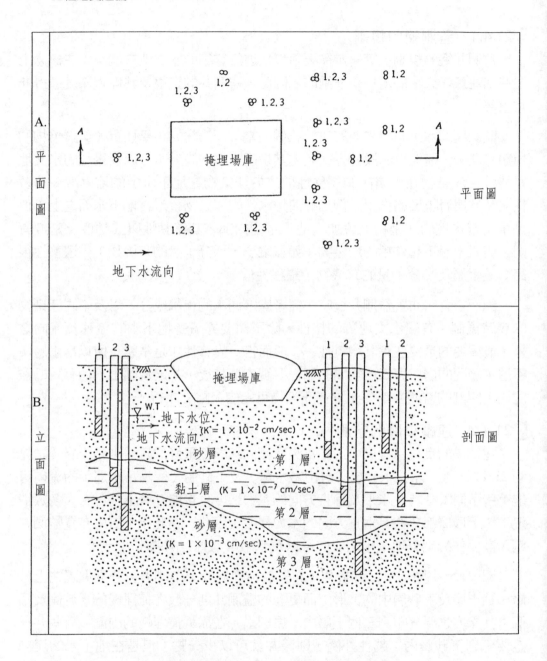

圖 21.5　夾有連續黏土層的監測井網之布置（Bagchi, 1989）

21.4.3 不連續夾層的監測

在厚層的砂層中，如果夾有透鏡狀的黏土層，則監測井的埋設方法會略有差異，如圖 21.6 所示。在這種情況下，就要確定不透水的透鏡體黏土層之位置與分布；有時需要查明是否有棲止水的存在。

圖 21.6 中顯示，在掩埋場的上游側，黏土層透鏡體很小，所以背景井只設置兩口，一深一淺；透鏡體很大時才需要在其體內也設置一口。監測井的埋設完全要看地質情況及汙染羽（Pollution Plume）的形狀於定；但是汙染羽的形狀卻是最難模擬的。

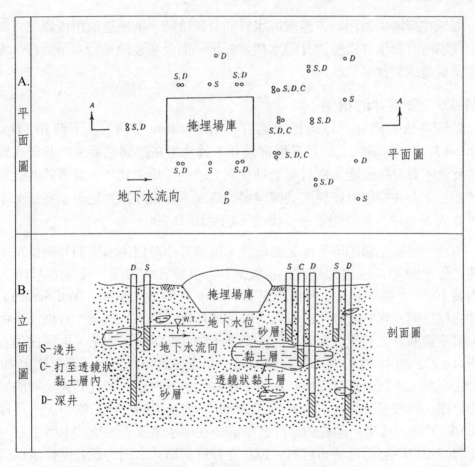

圖 21.6　夾有透鏡體黏土層的監測井網之布置（Bagchi, 1989）

▌21.4.4　監測的頻率

根據廢棄物的種類、掩埋場的設計及大小，及富水層的特性等因素之不同，地下水汙染的監測週期可以分成每季、每半年及每年。通常的情況，需要每季監測一次，只有小掩埋場，以及遠離重要地下水源地區的掩埋場才可以每年監測一次。

在化驗的程序上，於取樣前，取樣瓶一定要清理乾淨，以免受到其他來源的汙染或**互相汙染**（Cross Contamination）。取了樣之後，應隨即量測地下水位的深度，以便在進行資料解釋時作有力的根據。而在取樣的現場就應馬上計量水溫、比導電、pH 值、顏色、氣味及濁度等。

如果在掩埋場啟用前未能取得水質的背景值時，則應在啟用後每個月或每一季採取所有背景井與監測井的水樣並分析，而且要連續進行 8 個回合，才能建立背景值的數據。

▌21.4.5　監測井的構造

監測井依其用途可以分成**上游井**（Up-Gradient Well）及**下游井**（Down-Gradient Well）兩種。上游井又稱**背景井**，其功用在監測地下水的背景水質。如果背景水質有所改變，極有可能是受到上游的汙染；此時，背景井的孔數即需增加。下游井的埋設在於監測掩埋場的滲漏水是否汙染到地下水系統。不管上游井或下游井，其構造都是一樣的（請見圖 21.7）。

不過，根據土層的地下水之受壓性，監測井卻有**自由水監測井與受壓水監測井**之分。圖 21.7 左邊即是自由水監測井，其鑽孔的口徑一般採用 15cm，然後內裝 10cm 直徑的井管；其前端裝有 3～5m 長的進水濾網（Well Screen）。井管的材質則視水質而定；PVC 管一般用於無機汙染物的監測；有機汙染物則需採用不鏽鋼管或其他合金管。對於淺井（井深在 30m 以內），則可採用直徑為 5cm（2"）的 40 號 PVC 管。對於深井（井深在 30m 以上），則需使用 80 號 PVC 管。進水濾網也需選用與汙染物不發生反應的材質。網孔的大小取決於土壤的粒徑，一般可採用 0.15mm 或 0.25mm。對於粗砂及礫石的情況，可採用 0.5mm 的網孔。通常，開孔的合計面積必須在進水濾管表面積的 10% 左右。進水濾網的外表不必用過濾布包裹，但是在井管與鑽孔之間的環孔則需填以過濾填料（Filter Pack）。在砂層的情況，常以單一粒徑的中粒至粗粒之淨砂，或者豆礫為填料。在黏土層的情況，則可採用細粒的淨砂為填料。過濾填料要填到超過濾網的頂部 90～150cm 的高度。過濾填料的上方環孔則採用水泥漿或聚合

物等不透水物質加以密封。在井口附近，在地表淺部約 1m 的段落則使用膨土及混凝土加以封填及強固，同時可以防止地面逕流灌入。

　　圖 21.7 右邊是一個受壓水監測井。其與自由水監測井的構造大體相似，但有兩點稍有不同。

・受壓水監測井的進水濾網比較短，通常只有 60～150cm 而已。
・受壓水監測井的過濾填料之上方環孔，需用膨土填滿約 1m 高，以保證上方土層的地下水不會下滲到過濾網內。

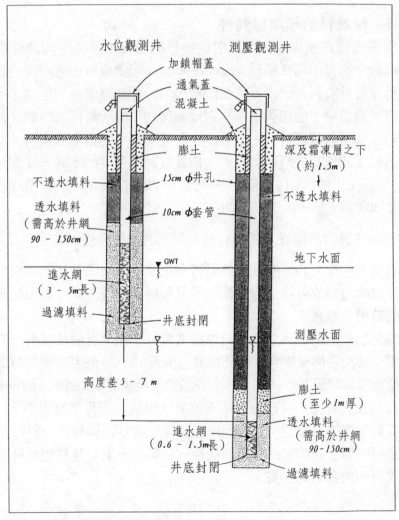

左：自由水監測井；右：受壓水監測井

圖 21.7　地下水汙染的監測井構造

監測井的構造（不管是背景井或監測井）及其他資料必須詳細記載，包括井的編號、井位、高程、孔徑、埋設日期、井管的型式及直徑、井管頂端的標高、進水濾網頂端的標高、進水濾網的長度及材質、井底的深度、井的種類（是自由水井或受壓水井）等。這些資料都是在解釋分析結果時所必須依據的參考資料。

21.5 核廢料的處置

21.5.1 核廢料的種類與特性

核廢料是指在處理或操作放射性物料的過程中所產生的具有放射性的廢料。核廢料主要有用過核燃料（Spent Fuel）、超鈾廢料、處理後的高放射性廢料、中低放射性廢料、已退役的核設施廢料、鈾礦選礦廠的尾渣，及氣體放射性廢料等。國際原子能總署根據放射性強度的不同，將核廢料劃分為低強度放射性廢料（簡稱**低放廢料**）、中強度放射性廢料（簡稱**中放廢料**），及高強度放射性廢料（簡稱**高放廢料**）三類。依據放射性強度的不同，其劃分標準依次為 $\leq 10^{-5}$ Bq／L、$10^{-5} \sim 10^{-2}$ Bq／L、及 $\geq 10^{-2}$ Bq／L，其溫度分別達 0℃、50℃、及 200℃ 以上。

從安全處置的角度看，核廢料具有以下的主要特性：

- 具有不同程度的放射性：核廢料中化學元素的原子核能衰變，放出具有穿透能力的放射線，對人體的過量輻射會危害健康；目前尚無法根除它的放射性危害。
- 潛在的危害期很長：核廢料中通常含有多種半衰期長短不一的放射性元素；要使它們衰變到無害的程度至少要 10～20 個半衰期的時間，即中、低放廢料需要 300～500 年，而高放廢料至少需要 1 萬年（請見表 21.1）。
- 具有強放射性：高放廢料不但放射性很強，而且溫度很高。
- 具有強烈的腐蝕性：放射性廢液常呈強酸性或強鹼性，對貯存容器及處置場的岩土層都有很強的腐蝕性，且與岩土層中某些物質發生反應而形成有利或有害的物質。

表 21.1　用過核燃料於棄置後的活動力之衰變

棄置時間（年）	活動力
0	1
100	1 / 10
1,000	1 / 100
10,000	1 / 400
100,000	1 / 3,000
1,000,000	1 / 8,000
10,000,000	1 / 40,000

21.5.2　高放廢料的處置原則

　　高放廢料的處置概念係將其隔絕或封閉在生物圈之外為基本考量。曾經提出來的處置方法有太空處置法、冰層處置法、海底處置法、深井處置法及地質處置法等。每一種方法都有其優、缺點，而且在安全上也都有很多不確定性。其中只有地質處置法已被世界有關國家所普遍理解及接受。

　　所謂**地質處置法**就是從地質的角度，選擇合適的放置場所，利用地質體的天然屏障作用，或者由地質體及工程體人工屏障的綜合屏障作用，永久的存放及隔絕放射性廢料的一種處置方法。它的理論根據是將核廢料貯存在地下深處的地質體內，讓它的放射性強度衰變到類似於地殼的組成物質（如岩石、土壤），或者在它游移到生物圈的環境（空氣、水、土壤）時，已經衰變到無害的程度，不致發生核廢料（特別是高放廢料）的擴散事故。地質處置法有淺層與深層之分；淺層法適用於中、低放核廢料；其建場一般需時 5 年，耗資約數億元。深層法適用於高放核廢料；其建場一般需時 20～30 年，所以規劃的時程必須往前推算；深層地質處置場的建造費用可以高達數百億至數千億元。

　　一般在從事最終處置之前，會先將核廢料就地（或就近）暫時貯存，稱為**中間貯存**；其年限在 10～30 年（加拿大為 50 年、德國及丹麥為 40 年、印度為 30 年、法國為數年至上百年），俾便降溫。然後才移置至最終處置場，俾便永久存放及隔離。

　　貯存在地下深處的核廢料要擴散及侵入生物圈的途徑有三：

· 由地質力將深埋的核廢料抬升到地殼淺處。
· 由地下水侵入地下處置場，然後將有害物質攜帶到地表。

・因人類的活動而侵入到處置場。

其中以地下水的循環作用最有可能發生。地下水以**封閉系統內向循環型**及開放系統中的**島狀外向循環型**為佳（請見圖 21.8）。為了防止地下水將核廢料地下處置場的有害物質攜帶到地表，因此而衍生了多重屏障的觀念（請見圖 21.9）。由內而外，這些屏障有以下五層：

(1)固化屏障

固化的廢料本身就是第一層屏障。對於高放廢料而言，最早期是選用硼矽酸鹽玻璃予以固化；對於這種固化法，即使地下水進入處置庫，玻璃基質至少能阻滯 99%的蛻變物之浸出。

新的固化法不斷在研究中。例如美國研究陶瓷複合材料，具有耐高溫、耐腐蝕、強度高、硬度大等優點。日本也研究過陶瓷新材料，與玻璃固化比較，其密度增加一倍，體積則縮小到原來的十分之一。澳大利亞則利用紅柱石固化法，將放射性核種固定在礦物的晶格中，使抗浸出能力大為增加。

(2)容器屏障

耐腐蝕的容器是第二道屏障。一般以不鏽鋼筒或銅筒製作。它能夠延緩任何可能出現的地下水之侵蝕。例如**用過核燃料**（Spent Fuel）係安置於用直徑為 0.19m 及長度為 1.15m 的不鏽鋼罐中，然後還要用鉛加以封固；後處理廢料則安置於直徑為 0.457m 及長度為 3.235m 的不鏽鋼罐中，再以硼矽酸玻璃加以封固。以這種容器做為屏障，預計可以阻延浸出達 250～1,000 年。這對於工程工藝來說，已經足夠長了，但是在整個屏障系統所要求的使用壽命中，只能算是一段短時間而已。

一般而言，在容器毀壞時，由蛻變熱而造成的固化玻璃溫度並不超過 100℃。這樣的溫度對圍岩的力學性質及地下水的流場應不至於產生太大的影響。

(3)回填料屏障

用過核燃料的貯存罐於放入貯存孔之後，立即在貯存罐的上面鋪蓋一層 1m 厚的膨土回填料（請見圖 21.10B），但並未馬上加以封填，俾便可以進行監測或者可能的回收。一般要放置 20 年後才予以永久回填。後處理廢料的安置也很類似；在將其放入貯存室之前，需先在巷道的底板鑽掘圓柱型的垂直鑽孔（請見圖 21.10C），然後才將廢料罐置入。在廢料罐與圍岩之間則以膨土回填，稱為**緩衝料**（Buffer）。膨土遇水會膨脹，其孔隙率與透水率均因此而顯

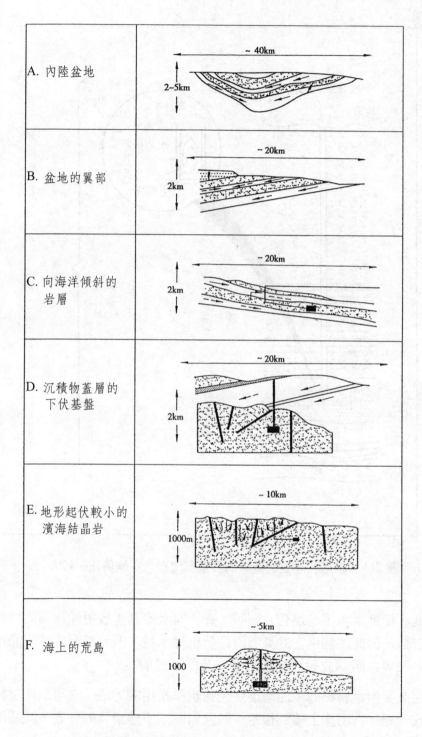

圖 21.8　適合作為核廢料貯存庫的水文地質條件（劉傳正，1995）

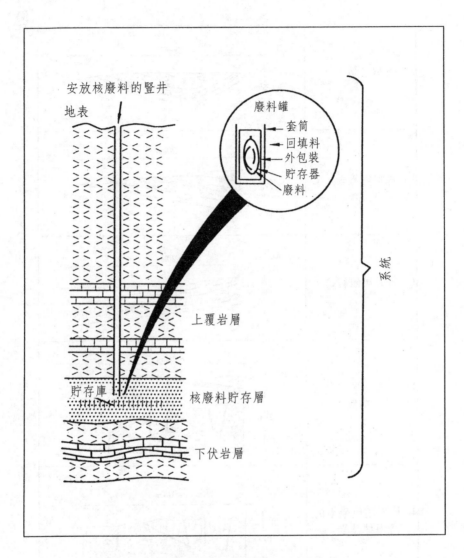

安放核廢料的豎井

地表

廢料罐

套筒
回填料
外包裝
貯存器
廢料

系統

上覆岩層

貯存庫

核廢料貯存層

下伏岩層

圖 21.9　核廢料地質處置場的多重屏障概念（劉傳正，1995）

著的降低，使地下水不易滲透。同時，膨土有吸附某些放射性核種的特性，使其不易游移。因此，利用它的高吸附性及低導水性，既可以有效的阻滯地下水的侵入，又可以阻滯放射性核種的浸出及離子擴散。

　　利用高吸附性材料的水泥漿灌注密封也是常用的方法。它可以使廢料體與圍岩連成一體，在力學上達到穩定，並且封閉了不鏽鋼筒的外表，減緩地下水對鋼筒的侵蝕速率。

(4)工程體屏障

地下貯存坑洞的襯砌或混凝土設置，既可以提高工程穩定性，又可以減緩或阻滯地下水的侵蝕作用。特別是在地形、地質條件有利的情況下，可用庫下導流的技術造成庫區周圍的非飽和流場條件，按不飽和水流屏蔽結構形式建造處置庫，對防止地下水的侵入非常有效。

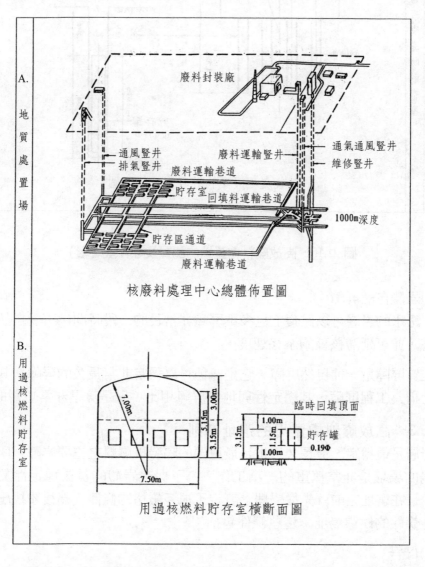

圖 21.10　高放廢料處置場的配置及貯存室（劉傳正，1995）

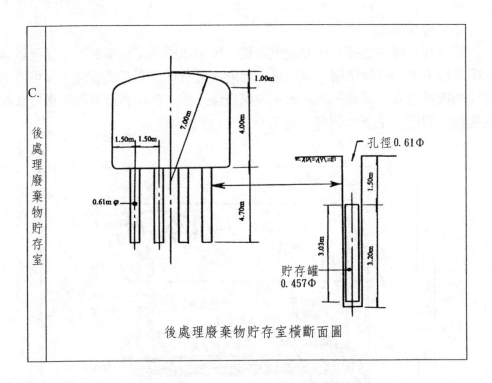

圖 21.10　高放廢料處置場的配置及貯存室（續）

(5)岩體自然屏障

不透水的岩層可以保護上述多重屏障非常長的一段時間，不受自然或人為的侵害，並可延滯核種的游移速度。

地質屏障是一種自然屏障，它是一種可以穩定非常長久的屏障。其他的屏障則合稱為**工程屏障**，其穩定性與地質屏障相比，只是算是非常短暫的。

█ 21.5.3　高放廢料處置場的選址準則

岩層是最穩定、最長久、也是最重要的隔絕核廢料之主要屏障，所以選擇處置場的場址是非常慎重的一項工作。為了保證岩體的長久穩定性及不透水性，於是在選址之前就先從學理上訂定了很多嚴格的條件，然後才找出可以合乎這些條件的候選場址。這些條件包括：

(1)母岩

・埋藏要夠深（至少位於地下 500～1,000m 的深度），可防人類的干擾或
　軍事的破壞。

- 地質穩定，不受構造力、地震力、火山或活動斷層的抬升。
- 不受地表地質作用（如風化、風蝕、流水侵蝕、冰蝕等）及隕石衝擊的影響。
- 低透水性或低水力梯度；地下水的循環幾乎停滯。
- 封閉程度較佳；放射性核種擴散至生物圈的時間及路程要足夠長（必須有能力阻延至安全限期之外）。
- 強度大，開挖時及承置期間不會坍塌。
- 可塑性高，受外加應力時不易產生裂隙。
- 導熱性佳，可將核廢料的蛻變熱量發散掉。
- 吸附力強，可延滯核種的游移速度。
- 物化性質穩定，不會因受熱而發生物理或化學變化。
- 孔隙水與含水的礦物（如石膏）含量少，以免受熱後脫水，而產生大量的地下水。

(2)地球化學環境
- 處置場應屬於還原環境，可降低核種在地下水中的溶解度。
- 適宜的地下水化學，可減緩廢料容器的腐蝕。
- 適宜的地化環境，有助於核種的沉澱或吸附；或者可以牽制核種的遷移及擴散。

(3)地質構造
- 岩層的傾斜緩和（表示該岩層未曾遭受劇烈大地應力的作用），且裂隙少，沒有斷層，地下水的流路少。
- 位於沉積盆地，其內的地下水會順著岩層傾斜的方向，向盆地中心匯集，且呈停滯狀態。

(4)地形
- 緩起伏的地形，其地下水的水頭差較小，因此地下水的流速慢。
- 海上孤島，地下水的流動呈停滯狀態。

(5)大地構造
　　地殼運動對於所有岩層都有不良的影響，所以核廢料處置場的場址應設置在穩定的構造區內（中、低放廢料約需穩定 300～500 年；高放廢料約需穩定 30～50 萬年）；必須**避免**下列構造現象：

- 地震：雖然目前認為強震不會對地下工程構成太大的威脅，但是對於地表的一些附屬設施則可能具有破壞性。一般而言，在穩定構造區內，地震規模小，而且再現期長。
- 第四紀火山活動：岩漿活動不但會增加熱流，而且也會增加大地應力；火山活動也可造成地溫梯度的異常增高。
- 第四紀斷層作用：第四紀斷層常有復活的可能，不但會引起地震，而且錯斷岩層，將岩層抬升，並且增加岩層的透水性。
- 地殼上升速率高：地殼上升可加速侵蝕作用，將處置場抬升到接近地表。

(6)大地工程特徵

- 現場應力不致危及貯存庫的坑道之穩定。
- 在數十 MPa 的載重下，及攝氏數百度（一般約為 200°C）的高溫下，坑道仍需維持穩定狀態（即在高溫高壓下，岩石的變形要小）；因此，岩石的彈性係數、蒲松比、應力強度及熱傳導性要高，且不能有新裂隙產生。

(7)水文

- 場址的地表最好沒有河流、湖泊、水庫或其他水體。
- 可能遭受洪水氾濫之處，不適於設場。
- 未來的水系變化不會影響到岩層的隔絕功能。
- 處置場內及其附近不應有地下水流動，即使流動很慢也不宜。
- 地下水從處置場流到生物圈的時間應長於 1,000 年；目的在於利用流速滯緩的地下水及流程遠的途徑以牽制核種的遷移及擴散。
- 處置場外的遠處有透水良好的岩層或破碎帶，可使帶有核種的地下水被稀釋。

(8)氣候變化

- 避免由乾燥氣候轉變為潮濕氣候的環境；此現象不但會升高地下水位，產生地下水流動，而且促使某些母岩（如鹽岩）發生岩溶現象。
- 冰河的形成不但會改變地表水的水文環境，而且也會對地表進行強烈的侵蝕作用。

(9)隕石對地表的衝擊

- 隕石對地表的衝擊可能影響到地下 300m 深的工程。

⑽其他因素
- 地下沒有蘊藏有經濟價值的礦產資源或油氣。
- 過去或未來不會有地下水開採或鑽探活動。
- 人口的密度低。
- 交通可及性佳，但不能繁忙。

▍21.5.4 高放廢料處置場的母岩

　　適用於高放廢料處置場的母岩有很多種類型，包括火成岩（含侵入岩及噴出岩）、變質岩及沉積岩都有；例如花崗岩、玄武岩、凝灰岩、流紋岩、片麻岩、頁岩、黏土、鹽岩等，世界上很多國家都分別作過研究。高放廢料處置場的母岩之研究，除了地質學之外，還有熱學、水力學、岩石力學等。具體的項目有岩石特性、岩石定年、孔隙率、滲透率、熱效應、力學性質等。以下就簡單介紹一下幾類母岩。

　　⑴花崗岩類

　　花崗岩形成於地表下比較深的地方，其化學成分比較穩定，孔隙率及滲透率比較低（一般的孔隙率約為 0.5%，導水係數約為 $10^{-8} \sim 10^{-9}$cm/sec），天然含水量很小。未經風化的花崗岩，其組成礦物很堅硬，因而增大其強度，使其具有顯著的耐久性。花崗岩的剛性也很強，在很大應力下也不發生變形。但是溫度的效應必須注意，例如溫度升高 200℃，將使其彈性模數、蒲松比、及應力降低。在地殼深部，放射性元素所產生的輻射熱將促使母岩的正常地溫梯度發生變化；而且隨著熱效應的增高，將使岩石產生新裂隙；這對處置庫的安全性是不利的。所以母岩最好要有較高的熱傳導率。不過與頁岩及玄武岩相比，花崗岩的熱傳導率還算適當的。另外一方面，風化的花崗岩則具有較高的滲透性，沿顆粒邊緣的化學作用尤為明顯。花崗岩中的雲母類礦物具有較強的離子交換能力，可以吸附許多放射性元素。

　　花崗岩類的優點是強度大，這意味著在地下施工時只要利用最低限度的支撐即可。另外，是它的滲透性能低，所以地下水的運動極為緩慢。還有是它的熱傳導率高，容易散熱，其影響母岩的力學性質不大。缺點是複雜的裂隙增加水文地質模擬的困難度。又花崗岩的吸附性能比較低。在高溫、高壓下所形成的花崗岩，受低溫循環液體的作用時，容易引起換質作用（請見表 21.2）。

表 21.2　可作為高放廢料處置場母岩的各類岩石之優點與缺點

母岩類型	優點	缺點
花崗岩	• 分布廣、規模巨大、質地均一 • 強度大、約 80～200MPa • 孔隙率小、滲透率低 • 含水量小 • 導熱性、熱穩定性、抗輻射性佳 • 裂隙多被次生礦物充填、導水性差 • 對放射性核種有滯留作用	• 存在節理、裂隙 • 斷層帶、斷裂、及裂隙影響岩體的穩定性
玄武岩	• 非常緻密、孔隙率極小 • 規模大、面積廣 • 導熱性好 • 熔化溫度高 • 強度大、約 350～500MPa • 若充填有吸附性好的礦物則更有利	• 常發育有垂直柱狀節理 • 滲透性稍大 • 阻滯核種遷移的能力有限
凝灰岩	• 非常緻密、孔隙率極小 • 強度大 • 有較強的吸附能力 • 滲透性較差	
頁岩	• 分布廣 • 滲透率小 • 可塑性及耐火性佳 • 有較強的離子交換能力 • 對核種的吸附能力強 • 易保持化學封閉體系 • 吸附作用強	• 裂隙較發育 • 岩性不均一 • 強度較低 • 水文地質條件複雜、不利於地下工程的建造 • 一般出露較淺

　　不過，綜合而論，根據以上的特性，花崗岩類的岩石作為高放廢料地質處置場還算是一種理想的母岩。目前，瑞典、法國、瑞士、加拿大、蘇俄、美國等國都做過很多該類母岩的研究。

(2)玄武岩

　　緻密的玄武岩，其物理性質好，抗壓強度大，大岩塊之間的嵌合性能佳，對於處置庫的施工較有利。另外，深部玄武岩的節理中所充填的黏土礦物及沸石類礦物是放射性核種的良好吸附劑。岩石中的低價鐵離子（其含量要比高價鐵氧化物高出好幾倍）可以造成強還原環境，使得許多放射性核種很難溶解及

遷移。

　　玄武岩基本上不存在有蠕變現象；適度的加熱不至於會影響其強度；但會使其膨脹。隨著溫度的增高，其應力與彈性模數的比值會降低。當溫度升高到400℃～500℃時，岩石的強度會大為降低，同時會開始破裂；不利於處置庫的穩定。

　　(3)凝灰岩

　　凝灰岩大約有70%～80%左右是由玻璃質所組成。這些玻璃質受到蝕變作用（Alteration）時，會結晶成長石及石英，特別是在凝灰岩的緻密熔接部位，更容易發生這種換質作用，稱為**去玻作用**。此外，還會出現**沸石化作用**，在此作用中，玻璃與地下水發生了反應；在高孔隙率的部位特別明顯。

　　富含沸石的凝灰岩一般表現出最強的吸附性，尤其對 Sr、Cs、及 Ba 更是如此。對於發生了去玻化，但未沸石化的凝灰岩，仍然具有相當高的吸附性能。這種凝灰岩最適宜作為母岩，因為除了具有高度的吸附性質之外，它還具備適宜的力學性質及熱學性質；同時，這一類岩石通常被含有沸石的岩石所包圍，所以對放射性核種的遷移產生了附加屏障的作用。

　　根據美國對內華達州的凝灰岩進行研究的結果顯示，凝灰岩的熔結程度越高，其強度及彈性模數也越高；同時，較高的圍壓可以使岩石顯示較大的強度。熔結凝灰岩在垂直於層理的方向上剛性最大；而未熔結的凝灰岩在平行於層理的方向上剛性最強。這種結論對貯存庫的設計有很大的幫助。又乾燥的凝灰岩，其抗壓強度比飽水的凝灰岩要高25%。溫度效應則表明，凝灰岩在200℃時的強度比在室溫的條件下要降低30%。至於輻射效應則只侷限在很窄的近場範圍內。

　　(4)頁岩

　　頁岩具有低孔隙率、低滲透性、組成礦物又具有很好的離子交換能力等優點；因此頁岩對超鈾元素的阻滯作用勝過鹽岩及結晶質岩石。因此，頁岩也是一種很好的母岩。比利時、日本、義大利等國就準備以頁岩作為處置高放廢料的母岩。

　　頁岩的頁理影響其力學性質在垂直方向及水平方向的不同。垂直於頁理的方向很容易裂開，這給處置庫的開挖帶來一些不利的因素。一般而言，頁岩的熱傳導率要比玄武岩高，但與花崗岩類的岩石相似。

▋ 21.5.5　高放廢料處置場的調查

高放廢料處置場的調查必須非常深入，而且慎重。在程序上，首先要選擇母岩；主要的要領是要根據選址準則的要求，先物色數個候選場址，然後進行概查及篩選。

在概查階段，可以收集已有的區域地質資料、地體構造圖、活動斷層分布圖以及社會、經濟、區域計畫等資料，再配合衛星影像的判釋，利用排除原則，捨棄顯然不適合的及不值得詳細研究的岩區。而留下幾個需要進一步調查及研究的岩區。

接著即可針對幾個候選場址進行詳細的勘查。將研究重點放在區域穩定性、深部岩層的特性、以及深部地下水活動的特性等。其中包括詳細的地質測繪、鑽探、地球物理探勘、水文地質試驗、地球化學研究等。就探查結果，依照選址準則進行評比，並且選出一個預定的場址。

預定場址選定之後，即開始詳細的勘查母岩之地質、水文地質、地化、地工、熱力學等條件。包括：

- 岩石的礦物成分、化學成分。
- 岩石的結構及構造特徵。
- 地形特徵。
- 地殼穩定性。
- 地表水的分布。
- 水文地質的特性及水文地質參數的測定等。
- 地下水的循環條件。
- 岩石及地下水的地球化學環境。
- 岩石介質的吸附作用。
- 岩石的物理及力學性質。
- 廢料的熱釋放。
- 母岩的導熱性、熱容量及熱膨脹性。
- 熱效應對岩石的穩定性及力學性質之影響。
- 地下水流場的熱效應。
- 人類的生活及生產活動之影響。

由於對於未來放射性核種遷移的預測結果無法驗證；因此，需要在現地研

究各種相關問題，以便確定處置場址的可適性，並為擬定的處置方案、方法及數學模擬所需的參數提供可靠的依據。因為高放廢料的深層處置工程耗資巨大，所以一般都會採取在建庫的同時，也一面就地進行現場試驗。

21.5.6　場址的地下現場試驗

　　人類對高放核廢料的地質處置完全沒有經驗，而且也沒有先例可循，所以在真正從事最終貯存之前，都是小心翼翼的進行，幾乎是走一步看一步。因此在場址的拓展階段（Development），就陸陸續續進行許多現場試驗；這些試驗的目的無非就是要測量岩體的地質條件、透水特性、及物理、化學、力學、熱學特性等。表 21.3 及表 21.4 分別顯示瑞典及加拿大兩個國家所從事過的試驗項目及方法，可供國內的參考。

表 21.3　瑞典對核廢料地質處置試驗場（STRIPA）所進行的現場試驗項目

試驗名稱	試驗項目	試驗方法
地質條件評估	岩體調查	岩性、礦物組成、節理、斷層等。
	斷層帶的探測及測繪	採取巷間穿透的方式，利用雷達波、震測及水力學的滲透法等方式進行。
	地下水及核種遷移特徵追蹤試驗	追蹤劑。
	節理分布特徵調查	利用電視攝影檢測全部裂隙及節理的位態。
水文地質測試	母岩滲透率的測定	抽水試驗、注水試驗（壓水試驗）（Packer Test）、鑽孔試驗（單栓塞及雙栓塞）。
	滲透率與溫度的關係	將岩石加熱至 36℃（結果發現滲透率降到常溫時的一半、水的粘滯係數也降低一半）。
	滲透率與有效應力的關係	——
母岩有效孔隙度的測定（有效孔隙體積）	——	在外圈的一系列鑽孔中注入有色螢光劑（氨基若丹明-G），利用追蹤試驗法，在中心孔取樣，並作定量分析。
熱傳導率測定	——	在現場將岩體加溫至170℃。
回填材料試驗	——	在處置庫的環境下，測定回填材料的物理、化學、力學性質及膨脹性、透水性等，以及其與溫度的關係。

表 21.4　加拿大對核廢料地質處置試驗場（URL）所進行的現場試驗項目

拓展階段	試驗項目	試驗方法
豎井開鑿期	地質測繪	繪製豎井的地質剖面圖，及拍照。
	物探	・震測（Uphole）：在井底施炸，在地面檢波。 ・利用透地雷達、甚低頻電磁波、γ射線、重力等法向井底以下探測。
	水文地質	・進行滲出水的採樣，分析其成分、年代及來源。 ・量測滲透率。
水平坑道拓展期	水文地質	利用水平孔進行水文地質研究。
	大地工程	・評估開鑿的損害程度（從坑壁向岩層內部，隨著深度而變化的裂隙密度、滲透性以及聲學與力學性質）。 ・測定現場應力。 ・研究岩體的熱性質及力學性質（隨著溫度及應力而改變的關係）。
	滲透試驗	——
	加熱器試驗	將加熱器安裝於坑道底板的鑽孔內，並在加熱器的周圍設置儀器，以監測岩層內部的溫度分布、位移及應力的變化。
運行階段	加熱器—緩衝裝置試驗	——
	水文地質試驗	——
	地球化學試驗	——
	處置庫密封性評估	——

CHAPTER 22

代表性的事故及對策

　　工程事故的發生乃是家常便飯，只是嚴重的程度不同而已。究其因，十之八九係由地質因素所引起。因此，本章特別蒐集十餘個代表性的實際案例，並從工程地質的觀點，分析它們的成因與對策。

22.1　台北捷運西門站的湧水

(1)災變情況

　　台北捷運西門站位於台北市中華路的東側，北自西門圓環起，南迄長沙街口；南北全長約 770m，東西寬約 26m。主體車站為地下三層，採用明挖覆蓋工法；其開挖深度為 24.5～28m；採 8 層支撐。連續壁厚 1.2m，深度 44m（請見圖 22.1）。

　　民國 83 年 11 月 15 日為了裝設水壓計，乃在長沙街附近，距離西側連續壁（比較靠中華路安全島的一側）6.2m 的地方施鑽；當鑽至高程 59.5m 時，管口突然發生湧水（請見圖 22.1）。開鑽後 8 小時，在鑽孔南側 5 公尺的集水井開挖處（井深 4m）開始出現湧水帶砂的現象。4 小時後，緊急進行水玻璃／水泥（LW）止水灌漿；同時用泵浦將積水排除；但是效果有限。

　　至 17 日（即開鑽後 49 小時），連續壁外側的中華路出現裂縫，路面開始下陷。同時，中華路的西側，在台鐵隧道附近的人行道邊緣及安全島均出現平行隧道的裂縫；靠近湧水地點的西側連續壁頂部則下沉 10cm。為了緊急搶救，乃開始回填級配砂石，希望利用砂石的重量穩定開挖面，以免壁體扭曲。

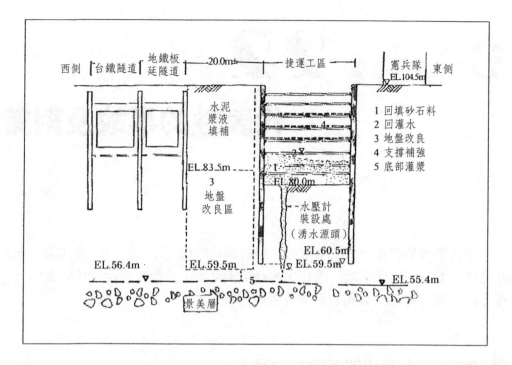

圖 22.1　台北捷運西門站湧水的緊急搶修方法（胡紹敏及歐來成，民國 90 年 a）

　　到了 18 日，裂縫繼續擴大，路面下陷已達 22cm；連續壁的埋入段開始向內移動，連續壁內的鋼筋應力激增。於是改採在開挖區內用水回灌，以加速平衡上湧的水壓，並遏止流砂現象。

　　20 日復在連續壁西側的殘留土體內進行低壓灌漿（約 3kg/cm²），主要處理深度為高程 83.5～59.5m（地表下 21～45m）的一段。為了避免灌漿壓力過高而引起連續壁的擠進及支撐應力增加，所以地表下 21m 以內，只能採取填補的方式進行。

　　又為了預防西側連續壁繼續沉陷，於是於 11 月 29 日開始，採取底部灌漿的措施，而於 12 月 2 日完成。

(2)地質條件

　　原有的鑽探資料都分布在連續壁的東緣，離湧水點稍微有一些距離。為了正確的研判湧水係來自哪一層土層，所以就在西連續壁的外側（中華路上）、湧水點的附近補鑽三孔，以 B-1、B-2 及 B-3 名之。其中 B-1 孔最接近湧水點；

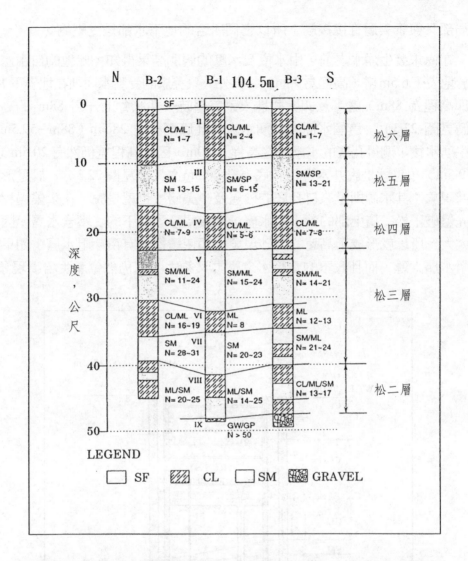

圖 22.2 湧水點附近的鑽探柱狀圖（胡邵敏及歐來成，民國 90 年 b）

B-2 孔在 B-1 孔的北邊，相距 13m；B-3 孔在 B-1 孔的南邊，相距 20m。鑽探結果如圖 22.2 所示；三孔都打在松山層內；其中 B-1 及 B-3 兩孔更打入景美層。

(3)災變的地質因素

當初要埋設水壓計時，鑽孔鑽至高程為 59.5m（地表下 45m）時才開始湧水，其位置相當於 B-1 孔中，松二層的黏土層與砂層（ML / SM）的界面。松二層在此地並不是純粹的黏土層，它局部尚夾有粉砂層或粉質砂層；此砂質土

層局部又與景美層直接接觸；所以它們所含的地下水都是受壓的。

　　在尚未發生湧水之前，由水位及水壓的觀測結果得知，此地的自由水位係位於地表下 6.5m 處（高程為 98m）；另外，景美層的受壓水面則在地表下 16.5m（即高程為 88m）處；意即鑿井進入景美層時，井水會上升到 88m 的高程處（請見圖 22.3）。這個水面高於湧水處的孔底高程達 28.5m（88m－59.5m）。發生湧水後，測得孔底的水壓面之高程為 80m，因此高程差仍然有 20.5m（80m－59.5m），也就是說井水會從孔底上升 20.5m 高（請見圖 22.3）。於是形成自噴井現象；其水源則是來自孔底的砂層及景美層。也就是說，在鑽鑿過程中，首先鑿破了松二層上部的黏土阻水層，然後揭穿了底下的受壓含水層。因為水壓太大，所以就形成了高速的流砂現象。即使鑽探沒有鑽穿阻水層，如果所留的阻水層太薄，而且底下的受壓水之壓力又夠大，則仍然會產生自噴現象。

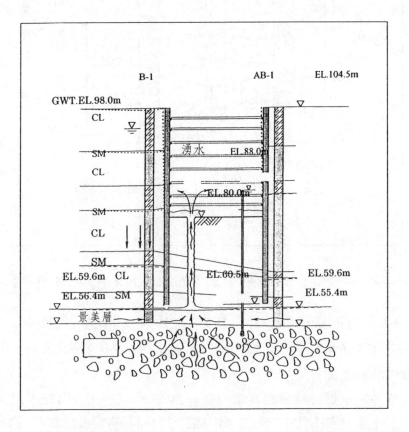

圖 22.3　鑽孔鑿破阻水層而進入受壓含水層時所產生的流砂自噴現象
　　　　（胡邵敏及歐來成，民國 90 年 b）

(4)處理對策

受壓水的水壓如果太大時,採用灌漿止水的措施,其效果有限;如果要利用砂土回填來壓水則更是毫無作用,因為高壓水仍然會找尋砂土的孔隙噴出。砂土加載只能用於克服坑底隆起的現象。遇到高壓水時,其緊急處理措施還是要以水制水;即在基坑內灌水,利用水柱的壓力來平衡受壓的地下水壓力。但是如果水壓面高出地表面,則連灌水都無法壓制得了;這時就要採取在基坑裡灌水,而在下陷盆地的周圍抽水之雙管齊下措施。

如果可以採用灌漿止水的方式時,則應先判斷流砂的來源在哪裡。一般而言,流砂的來源總是在下陷盆地的中心。灌漿時如果能夠越接近流砂的來源,則止水的效果就越顯著。如果是在出水口的地方進行灌漿,則頂多只是將滲流的流程變長而已;如果水頭差足夠的話,地下水仍然會另找出路,並且從未灌漿的部位滲漏出來。

回到捷運西門站的湧水問題上來,由於緊急搶救奏效,所以暫時解除了基坑崩潰的危機。接著就要考量如何在最短的時間內復工,以及如何徹底解決高壓湧水的問題。本例係採用低壓灌漿的方式,其目的有三:

- 填補湧水源及湧水路徑被擾動的砂土層。
- 固結及填實松三層(站體的底板係位於松三層內)的透水砂層,使其結合松二層,成為不透水層(即阻水層),以壓制景美層內的高壓地下水。
- 補強開挖面下被淘空及擾鬆的松三層,以增加其強度及承載力。

詳細情形請參閱胡邵敏及歐來成(民國 90 年 b)。

22.2　高雄捷運 O2 車站的鏡面滲漏

(1)災變情況

O2 車站係高雄捷運橘線中的一站,位於鹽埕區大勇路上。站體長度 279m,寬約 18m;其覆土深度 5.07m,開挖深度約為 20m,為一地下二層的島式月台車站。在隧道的到達端(與車站的界面)設有連續壁;為了確保潛盾機在掘進中,破鏡進入車站時的安全,乃在接近連續壁之前進行灌漿改良;其改良範圍為長度 9.5m,高於隧道頂拱 2.5m,低於底拱 1.5m,側邊則各延伸 2.0m(請見圖 22.4B)。

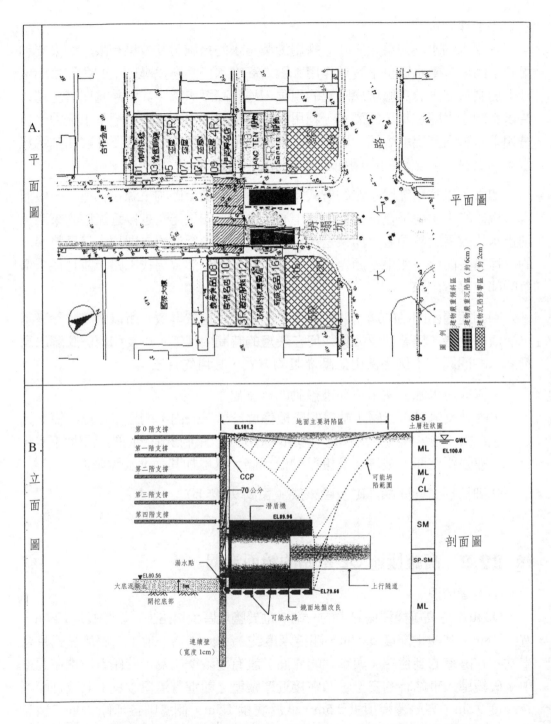

圖 22.4　高雄捷運 O2 車站破鏡工程的災變情形（李維峰等，民國 94 年）

民國 93 年 5 月 29 日潛盾機在上行線進行連續壁的破鏡作業，並且準備穿入站體。當天晚上八點半的時候，在隧道鏡面六點鐘的方位開始發現有少量出水；兩個鐘頭之後，出水量逐漸增大，且發現有細砂開始流出。從發現出水開始，兩個半鐘頭（即當晚 11:00）之後，地面開始發生變位及下陷。翌日為了抑制滲漏，於是採取灌漿止水的行動（李維峰等，民國 94 年）。

此次地下水的滲漏災變，造成地面下陷及建築物傾斜，總計影響範圍達40～50m 的方圓；路面最大沉陷量約為 1.5m，建築物的最大傾斜量約為 1/60。

(2)地質條件

O2 車站及其周圍在日治時代曾是鹽田；而且事故發生的地點原為愛河的沙嘴區，主要由粉質砂所組成。根據鑽探資料顯示，在出事地點的附近，從地表至地表下約 9m 段為粉土（ML），9～10m 段為黏土夾層，10～22m 段為粉質砂（SM），之下則為粉土（ML）（請見圖 22.4B）。這一層厚約 12m 的粉質砂，往車站的中心地帶變薄，在該處只剩下大約 7m 的厚度，而夾於黏土層中。不過，在破鏡之前，隧道係在粉質砂中掘進。在鏡面處的地下水位非常接近地表，季節性的變化不大，大約維持在地表下 1.2m 附近。

(3)災變的地質因素

要探究災變的原因，首先需要整理出在鏡面處幾個關鍵的高程如下：

- 地面：101.2m
- 地下水位：100.0m
- 地質改良的頂界：89.96m
- 隧道頂拱：87.46m
- 隧道底拱：81.16m
- SM／ML 界面：約 80.7m
- 出水處：80.56m
- 地質改良的底界：79.66m

從上面的高程數字可知，出水處的高程係介於隧道底拱及地質改良底界之間，大約就是在 SM／ML 的界面處（請見圖 22.4B），也就是從改良區的內部產生滲流。由此可知，鏡面的地質改良並不夠確實，即粉土（ML）的噴漿處理可能沒有達到阻水的標準，才會造成滲漏。當然也可能從改良區的底界滲出。滲漏的發生過程，首先是產生管湧現象；然後逐漸演變成流砂現象；尤其

是粉砂最容易產生流砂；它的發生是因為很多顆粒同時從一近似網狀的通道，隨著滲漏水，全部朝最脆弱的孔隙（即鏡面的底部）被攜帶沖走；於是造成地面下陷，並且產生一個明顯的凹陷坑（請見圖 22.4A）。而凹陷坑的中心點既是出水的源頭，也是出水的開始。

從凹陷坑的中心位置可知，它正好位於潛盾機的尾端。也就是說潛盾機的機頭已進入連續壁，在即將破鏡之時就從尾端開始發生滲流了。

(4)處理對策

當 5 月 29 日晚上第一次發現滲水，當天深夜地面就出現下陷現象。由於加速下陷，坍塌的坑洞面積太大，湧砂現象嚴重，所以就採取緊急措施，連夜堆置砂包、灌漿、倒砂石等，足足用了一千二百多包水泥及五百多立方公尺砂石。

在隧道內，首先於 5 月 30 日，為了減少隧道與連續壁的間隙，乃將潛盾機小心的往前推進約 70cm，並且開始堆置沙包。同時在隧道內也開始進行背填灌漿；到了 5 月 31 日共灌注了 33m³ 的漿液；且同時進行環片的緊急加強支撐。在 5 月 31 日早上的六點多，地面才終於穩定下來；而周邊建物沉陷的問題始獲得控制。雖然隧道內仍有些微滲水現象，但是含砂量只剩下約為5%以下。

於事故發生之後，又針對沉陷中的地表，以 5°～10°的仰角，約採 1m 的間隔對著建築物的下方進行緊急止水灌漿，以穩住建築物，使其不再傾斜；且阻止下陷範圍的繼續擴大。

22.3 新永春隧道的劇湧

(1)災變情況

新永春隧道位於宜蘭縣永樂與東澳之間，跨越蘇澳鎮與南澳鄉的行政區界線；全長 4,460 公尺。是為了北迴鐵路的雙線改善計畫而開掘的一條隧道。

該隧道在施工期間，於民國 87 年 10 月 24 日，距南口（東澳端）1,812m處的工作面突然發生巨量的湧水災變，每分鐘高達 25 噸的湧水量。當 10 月 27日準備處理搶修時，開挖面仍然持續抽坍，且湧水量增至 50m³/min；坍塌長度約為 110 公尺。之後的湧水量最高曾達到 80m³/min。至 11 月 7 日土石掩埋隧道已達 540 餘公尺，坍塌狀況始趨於穩定；在兩週之內估計共坍塌土石約有

15,000m³。但湧水照舊，湧水量約為 25～70m³/min 不等；水質呈白色混濁狀。

新永春隧道於民國 84 年 8 月開工，到了民國 91 年 9 月才貫通；前後長達 7 年之久。

(2)地質條件

新永春隧道主要穿過大南澳片岩。以區域地質而論，隧道沿線的岩性以石英雲母片岩、綠泥石片岩、大理岩及角閃岩為主；岩層呈西北走向，向西南傾斜約 30°。隧道軸線幾乎垂直於岩層的走向布置。由南口向北開挖的工作面不巧是逆傾向，所以這是比較不利的開挖方向。

在開始出現湧水的地點，正好是綠泥石片岩與大理岩的界面（開挖正要由綠泥石片岩進入大理岩之際）（請見圖 22.5）。在界面間則出現有斷層泥，經礦物鑑定知悉，斷層泥中的蒙脫石含量高達 44.22%，具有極高的膨脹特性。

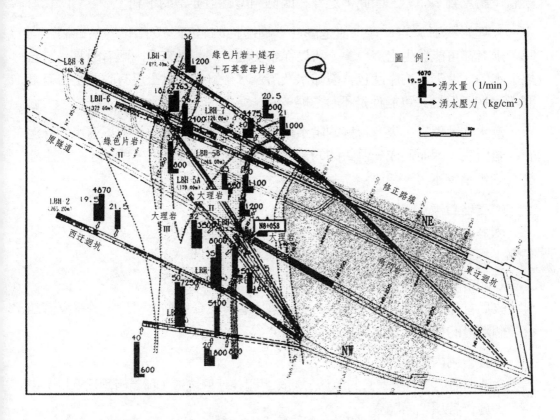

圖 22.5　湧水地段的地質圖及湧水量與水壓（傅子仁及薛文城，民國 93 年）

　　經過隧道內的鑽孔探查後，發現湧水地段的東北側附近有一條可疑斷層，其走向呈北北西方向；將水文地質條件分成東、西兩側。西側的水文地質區（屬於隧道這一側），其特徵為水壓高、水量大、而且比較穩定，且不受降雨的影響；東側的水文地質區，其水壓較低，水量會受降雨的影響。因此，這條可疑斷層形成一條阻水斷層，使西側的水壓及水量都大於東側。

　(3)災變的地質因素

　　從文獻得知，引起新永春隧道的巨量湧水，最重要的地質因素有三：即北北西走向的存疑斷層、大理岩富水層及三面封閉的貯水構造。

　　從水文地質調查的結果顯示，存疑斷層將地下水分割成兩個極為明顯不同的地下水區，其東側的水壓較低，水量的補注受到降雨的影響很大；相反的，其西側的水壓高、水量大，且不受降雨的影響。所以該存疑斷層乃是一條阻水斷層（請見圖 22.5）。因此，選擇在西側開鑿隧道非常的不利。

　　大理岩與石灰岩一樣，都是屬於一種脆性的岩石，受壓後容易碎裂。同時，兩者都可能發生岩溶現象。所以從水文地質的觀點來看，兩者通常是富含地下水的。地下水的產狀包含裂隙水及溶洞水；雖然文獻上沒有說明是否有溶洞水存在，但是其可能性是不容忽略的。

　　富水的大理岩，東有可疑的阻水斷層，上界及下界都被相對不透水的綠泥石片岩所夾，因而形成一個封閉的蓄水構造，而且是受壓的。所以才會產生這麼大的水壓及水量。

　(4)處理對策

　　因為新永春隧道的湧水比較特殊，所以主辦單位（交通部鐵路改建工程局東部工程處）乃採取下列措施，俾便尋求對策：

　　(a)研訂搶修計畫

該局首先成立災變處理小組，並邀集學者專家參與勘查研討，於是擬訂四個階段的搶修計畫，其原則如下：

・改善洞內及地表的排水。

・清理坍塌土石至適當的地點，然後再開挖迂迴坑道（稱為西側迂迴坑）。

・施作各項地面調查。

・施作長距離水平鑽探，進行湧水壓及湧水量的探查；並且根據探查結果，研擬後續的開挖方法及地質改良措施。

・於通過災害段後,檢討永久的保固與排水設施。

(b)地表補充地質調查

本項工作於民國 87 年底開始實施,直至民國 89 年 8 月陸續完成。主要調查項目如下:

・量測隧道上方東澳北溪支流的水文資料。
・進行地電阻影像剖面的測製;將其布置於原主隧道的上方、原主隧道西側的迂迴坑道之地表、東側替代路線之地表及崩塌地。用於探測地下水分布狀況及岩盤的完整性。
・進行折射及反射震測,以探查地下水及地下構造。
・比對地表航照。
・測繪崩塌地地形及測量地表塌陷。
・採取水樣以從事氚同位素定年。

探查的結果,獲得如下的結論:

・地下水的補注區位於隧道上方的西側,而不是在隧道的正上方;因此,於主隧道的西側打設迂迴坑應有排水之效。
・由地表溪流之出現與消失,顯示有一地下水通路連接到隧道。於清理土石時,如果湧水量突然減少,有可能是因為湧水通路為坍塌物質所堵塞,導致水壓持續上升,且代表將發生另一次的突發性湧水。
・如果要確認最終的塑流湧出(抽塌)之規模及情況,仍需進行水平向的長孔鑽探,以直接取得塑流段(斷層帶)的樣品,並且量測水壓及水量;另外應施作大口徑鑽孔予以排水降壓。
・研判往北的區段仍有相當長度為高裂隙且具有湧水可能之劣質岩盤。
・湧水中已混入新鮮的地下水;且由追蹤劑測試並未發現直接由上方流域所滲入的地表水;也就是說湧水的補充來源係來自遠方的補注區。

(c)水平長距離鑽探

水平長距離鑽探一共施作 10 孔,深度為 85.2～427.4m 之間,總鑽探深度達 2,100 公尺。鑽探期間曾分別遭遇 $35～50kg/cm^2$ 的高水壓及 $3～9m^3/min$ 的湧水量;由獲取的岩心,與湧水層(大理岩)的區段及地電阻的探測結果作比對,至為吻合。

結果獲得如下的結論:

- 高壓的湧水段主要位於大理岩內。
- 大理岩的厚度，以存疑斷層的西側較大，約 70m；在存疑斷層的東側則分岔為二，厚度分別為 15m 及 25m。
- 大理岩的南界與綠泥石片岩的交界面發現有斷層破碎帶。
- 存疑斷層的東側，水壓較低，具有較佳的水文地質條件。
- 如果採取修復工作面，並且繼續往前開挖，則將冒極大的風險；故採取往東偏移（位於存疑斷層的東側）的新路線較為安全妥切。

(d)施鑽大口徑水平排水孔

新永春隧道即使決定改採東側修正路線（請見圖 22.6），但是仍然會遭遇某些區段的高壓湧水（請見圖 22.5）。為了防止災變，乃採取「遠排近灌」的策略，以排水降壓為首要，設法將水壓降至 5kg/cm² 以下。於是決定在西側迂迴坑道（請見圖 22.6）施鑽 26 孔大口徑的水平排水孔，其長度從 90m 至 120m 不等（請見圖 22.5）。結果發現洩水的效果非常顯著。

(e)灌注熱瀝青

在隧道內進行高溫高壓的熱瀝青灌漿，以作為開挖掘進前的阻水之用。熱瀝青有隨著溫度的降低而硬化的特性；因此當漿液遇到強大的湧水時，可以加速冷卻，並且促進漿材的硬化。經取樣觀察，發現不但較寬的裂隙都被充填，連小至 0.15mm 的小裂隙也都充滿了瀝青；只有黏土含量較高的區段，瀝青只能侵入其表層數公分。但整體而言，熱瀝青灌漿工法確實發

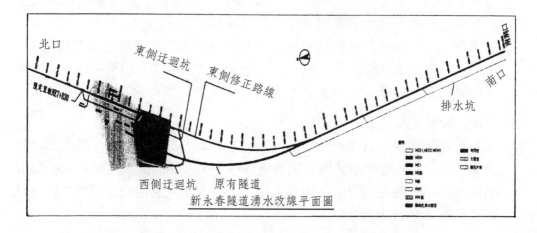

圖 22.6　隧道改線的布置圖（傅子仁及薛文城，民國 93 年）

揮了阻水的功效。這是國內首度採用這類工法的先例。

　(f)增掘東側導坑

雖然改採東側修正線，但還是要通過兩段較短的大理岩段；為了增加成功的機率，乃在修正線與原路線之間，再加掘一道平行的導坑（請見圖22.6），以作為地質調查、導排水、地質改良的工作坑、逃生及通風等多功能能用途的坑道。結果證明，策略非常成功。

22.4　雪山隧道的劇湧

(1)災變情況

雪山隧道原名坪林隧道，位於台北縣的坪林及宜蘭縣的頭城之間，全長12.9公里；是東南亞最長的公路隧道，在世界公路隧道的排名中也高居第四位。

全工程由一條導坑及兩條主坑（分為東行線及西行線）所組成。從民國80年7月導坑開挖開始，到民國93年9月全線貫通為止，施工期長達13年。如果至95年6月全線通車止，則前後長達15年；比預估的民國87年通車時間足足晚了8年。因為施工期間遭遇到臺灣工程史上從來未曾面對的高壓湧水及坍塌問題，所以造成工程嚴重受阻，且進度大幅的落後。

由於雪山隧道沿線的地質複雜多變，斷層及剪裂帶甚多，且不斷有大量突發性的湧水出現。在施工期間，導坑的 TBM 施工段因遭遇惡劣地質而受困13次（請見表 22.1）；必須開挖迂迴坑道，繞到機頭的前方清理土石，才能復工。其中在主坑北上線還曾經受困了兩年之久（鄭文隆及張文城，民國 87年）。在這幾次受困中，有七成發生在四稜砂岩內，少數發生於乾溝層。每次受困所遭遇的地質狀況不盡相同，包括有破碎岩盤、剪磨泥、斷層泥、斷層角礫、高壓含水層或含水帶等惡劣地質狀況。例如圖 22.7 所顯示的，是 TBM 開挖至導坑 37K + 431 時（即第 11 次受困），其切削頭遇到密集的破碎帶及剪裂帶，加上四稜砂岩中聚集了豐富的地下水；所以鬆動的圍岩之範圍擴大，地下水乃挾帶著泡水而軟化的硬頁岩、碎岩塊等一起流入切削頭，將其卡死，動彈不得。至於最後兩次，則均為突發性的高壓湧水，以及隨其伴生的土石湧出所致；機頭的脫困處理，所耗時間越來越長。雖然後來改採傳統的鑽炸挖掘法，但是一樣也遭遇過 8 次的災變。

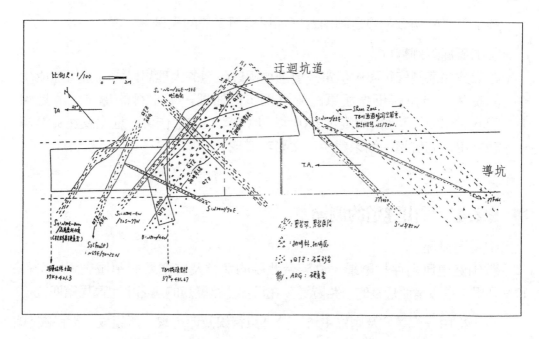

圖 22.7　雪山隧道導坑開挖至 37K + 431 而受困時的地質狀況
（謝玉山及李繼源，民國 92 年）

　　主坑的北上線，其 TBM 亦於民國 86 年 12 月 15 日掘進到上新斷層帶時，於機頭後方約 30 公尺處遭遇到惡劣的地質狀況及高壓湧水（18kg/cm²），出現了 750 公升/秒之的大量地下水挾帶著岩碴一起衝出；除了壓垮組裝好的預鑄環片外，TBM 機組並遭到抽坍的碴料掩埋了約 100 公尺而損毀。主坑的南下線，也因地質條件的惡劣，其 TBM 及鑽炸法施工段曾分別遭遇過 13 次及 15 次的災變。職是之故，乃從民國 88 年 9 月起，在第二號豎井內開始增闢新的工作面，並且改用傳統的鑽炸法施工，才得以大幅的改善整體之施工進度。

　　另外，隧道的南段需穿過長約 3.6 公里（佔隧道總長度的 1/4）的四稜砂岩，其單壓強度高達 250MPa 以上，超過一般混凝土強度的 12 倍；加上其岩質雖然堅硬，但是很破碎，所以地下水非常的充沛；其餘岩層大約只有 50～80MPa 的強度而已；所以相差極為懸殊。

表 22.1 雪山隧道掘進受困統計表（資料來源：國道新建工程局）

坑道別	次別	受困點里程	受困期間	受困天數	出事地層	湧水量（ı／s）	備註
導坑	1	40K+138	82.1.23～4.24	92	乾溝層	11～32	開工日：80.7.15 TBM 啟用：82.1.6 TBM 結束：92.10.20 貫通日：92.10.20 （在四稜砂岩的受困日數佔本坑道延宕總日數的 62%，乾溝層佔 32%） *遇金盈斷層 **鶯仔瀨向斜軸部破碎帶
	2	+083	82.5.25～7.15	52		20～40	
	3	+075	82.8.29～10.4	37		（抽坍）	
	4	+040	82.10.22～12.21	61		（抽坍）	
	5	39K+972	83.2.23～4.7	44		（抽坍）	
	6*	+842	83.5.25～7.1	37		（抽坍）	
	7*	+816	83.7.10～9.19	72		25～30	
	8	+530	83.11.7～12.23	46	四稜砂岩	185	
	9	+168	84.2.18～12.4	290		150	
	10	+079	85.2.5～9.13	221		150	
	11	37K+431	90.4.10～8.15	128		（抽坍）	
	12	+366	90.8.25～11.17	76		（抽坍）	
	13**	33K+990	92.6.10～9.17	72		（抽坍）	
主坑南下線	1	39K+458	85.10.3～10.17	15	四稜砂岩	（斷層）	開工日：80.7.15 TBM 啟用：82.1.6 TBM 結束：92.10.20 貫通日：92.10.20
	2	38K+858	86.7.10～11.17	131		（抽坍）	
	3	36K+440	91.12.24～92.5.11	156			
主坑北上線	1	39K+239	85.12.24～86.1.8	17	四稜砂岩	（落磐）	開工日：82.7.23 TBM 啟用：85.5.2 TBM 結束：86.12.15 貫通日：93.3.14
	2	+235	86.3.7～3.24	18		（抽坍）	
	3	+217	86.4.4～5.5	32		（抽坍）	
	4	+209	86.5.8～5.20	13		（抽坍）	
	5	+148	86.6.2～6.10	9		（擠壓）	
	6	+130	86.6.16～6.20	5		（擠壓）	
	7	+077	86.7.4～7.24	21		（擠壓）	
	8	38K+929	86.9.5～12.11	98		130	
	9	+919	86.12.13～12.14	2		（斷層）	
	10	+902	86.12.15～88.12.30	746		750	
	11	37K+099	90.5.11～91.3.12	304		（斷層）	

(2)地質條件

隧道沿線所通過的地層由南而北大致為乾溝層、四稜砂岩、粗窟層、大桶山層、媽岡層、及枋腳層等。由於受到褶皺及斷層的影響，所以有些地層會重複的出現（請見圖 22.8）。圖 22.8 的圖例中，按照由上而下，再由左而右的次序，地層係由年輕而老。如果根據岩體的性質來分，則以南端（頭城端）的岩體性質最差。它們都屬於臺灣地質分區中的雪山山脈帶，為經過輕度變質或變硬的沉積岩，曾經受過強烈造山運動的作用。雪山隧道因為橫過雪山山脈，所以其岩覆超過 300m 的隧道段就有 7,200m 長；最大的覆蓋厚度約為 700 公尺，位於里程 35K 處（即四堵山）。

雪山隧道南半段（頭城側）的岩性主要為硬頁岩及四稜砂岩，岩體較為破碎。唯新鮮的四稜砂岩，其岩樣的單壓強度可達 250MPa 以上；但是岩體則多碎裂。因為四稜砂岩呈厚層塊狀，所以在強力擠壓之後，極易開裂；其斷裂的開口很大，是一種優良的蓄水結構。至於北半段（坪林側），其岩性主要為砂岩、頁岩、硬頁岩及砂岩、頁岩互層，岩質較佳。

雪山隧道由南而北分別要通過金盈、上新、巴陵、大金面、石牌南支、石牌北支，及石槽等七條主要斷層；斷層帶最寬可達 50m 以上。其中除了大金面及石槽斷層為逆衝斷層之外，其餘都具有正斷層的特性。七條主要斷層中，有六條集中於隧道南段四稜砂岩的 4km 範圍內；因此，其地質構造的複雜及岩層的破碎可見一斑。另外，在 1 號及 2 號豎井處則分別鑿入鶯子瀨與倒吊子向斜的軸部；一般咸認，向斜是良好的貯水構造。

(3)災變的地質因素

從表 22.1 可以很明顯的看出，主要災變地點絕大部分都發生在四稜砂岩內；在主坑（包括南下線及北上線）內更是百分之百的發生在該層內。尤其是集中在 38K 至 40K 之間；也就是在石牌斷層（約 38K 附近）與金盈斷層（約 40K 附近）之間。由於這些斷層大多為正斷層，表示地殼是處於拉張的應力之下。板塊在長期擠壓之下，有時會有鬆弛（Relaxation）的時候；這時就會產生張應力。在張應力的作用下，斷裂（Fracture）呈現張裂狀態；而正斷層就會形成張開的斷層破碎帶。這些斷裂都是岩盤內最好的貯水結構。當隧道開挖揭穿了飽水的斷裂帶內之破碎物質時，這些物質就會和地下水混雜在一起，且在動水壓力下，類似泥漿般的突然湧入隧道內（俗稱抽坍）。如果數量很大，則將堵塞隧道。

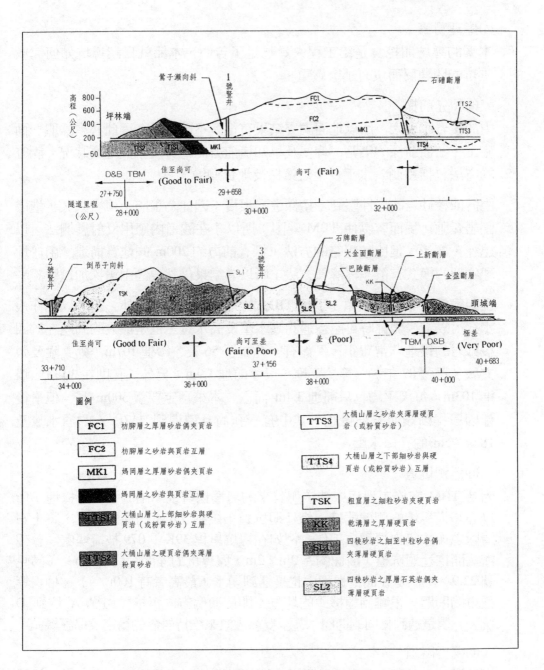

圖 22.8　雪山隧道沿線的地質剖面圖（鄭文隆及張文城，民國 87 年）

(4)處理對策

本案的導坑開挖真是給工程人員吃足了苦頭，本節就只談導坑如何完成的；主坑的問題反而沒有那麼嚴重。

(a)預先前探

由於覆岩厚度大，所以地面調查結果有很多不確定性。因此必須採取一面施工、一面前探的策略，俾便及早知道前方的地質及水文地質狀況。調查的方法包括震測、水平長距離鑽探及地質測繪。

由於四稜砂岩的岩性堅硬，鑽探進尺很慢；因此為了防止停機太久，造成圍岩鬆弛，反而容易使 TBM 受困；所以才在隧道內應用反射震測法，以迅速、廣泛、但比較粗略的方法，探查前方約 200m 的地質構造。由於地球物理的模式有很多種解釋方法，所以其結果仍然要經由鑽探加以驗證。

長距離鑽探除了可以預先了解 TBM 前方的地質狀況之外，還可以充作洩水孔，以減少開掘時可能遭遇的高水壓及高水量。但是最大的問題在於四稜砂岩的鑽進非常艱鉅，例如有一孔費了 56 天才鑽進 107m（鄭文隆及張文城，民國 87 年），等於平均一天才前進 1.9m；另外一孔則在 30 日內鑽進 103m，每天平均也只前進 3.4m 而已。本來預定要鑽 300m 長，但最後都因鑽桿斷裂而被迫停止。其中有一孔尚且遭遇到 117ι / s 的湧水量及 18kg / cm² 的孔口水壓。

(b)迂迴坑道

因為 TBM 在施工過程中被突如其來的坍塌物質或湧出的土石所掩埋，所以必須從導坑的側壁開挖一條迂迴坑道，繞到 TBM 的機頭位置，將土石清除之後才能恢復鑽掘工作。例如在導坑里程 39K + 079 被掩埋處，曾想辦法開挖迂迴坑道（斷面約為 2m×2m，與導坑的淨間距約為 5m）（請見圖 22.9）；但是在開挖過程中也是遇到湧水（最高者有 100ι / s）、抽坍等嚴重的問題，很難到達機頭的地方；即使換個方向再挖（如從 A 坑到 D 坑），還是遇到相同的問題；甚至要靠灌漿來維持岩體的穩定及保護機頭。

(c)繞行隧道

由於導坑在里程 39K + 079 附近的兩側已開挖了多條迂迴坑道，導坑的穩定性已受到嚴重的威脅，所以為了突破困境，乃思另闢繞行隧道，以能通過這個短短的、只剩下 1,500m 的四稜砂岩段為首要；等到通過之後再回歸到正常的軌道。

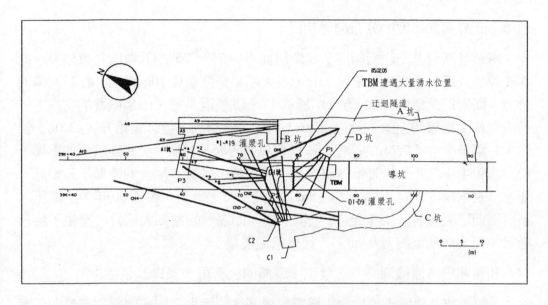

圖 22.9 從迂迴隧道進行灌漿的配置圖（39K+079）

繞行隧道的斷面比導坑稍大，且採用鑽炸法施工（請見圖 22.9）。在開挖之前，先行利用皂土、水泥及水玻璃等進行灌漿；同時利用水平長孔預先釋放水壓。於此同時，也要回頭處理仍被掩埋中的 TBM。等到 TBM 的功能恢復之後，即可接上繞行隧道的前端，再繼續以 TBM 工法往前掘進。

22.5 石岡壩的錯斷

(1)災變情況

民國 88 年 9 月 21 日臺灣發生芮氏規模 7.3 的強烈地震；其震央位於中部集集附近的山區。該次地震係由車籠埔斷層所引起。沿斷層帶的附近及震央周圍的交通設施、橋梁、房屋、學校等，遭受重大的損害，連 150km 外的台北東星大樓及新莊的博士的家都應聲傾倒。這是臺灣自從 1935 年台中新竹烈震以來最嚴重的一次地震災害。

車籠埔地震斷層造成地表破裂延伸達百公里；北起自卓蘭鎮的內灣，大約順著大安溪（卓蘭與東勢兩鎮的邊界），向西延伸到石岡壩附近，轉而走向西南，至豐原附近即一路向南延伸到南投的桶頭。地震波的速度及位移由南往北

遞增，正好與加速度的分布趨勢相反。

　　車籠埔斷層為一逆衝斷層，其斷層面以約 25°～35°的低角度向東傾斜。此次斷裂造成最大垂直錯動量達 11m，最大水平錯動量達 10m以上。在石岡壩的地方，斷層以北偏東 70°的方向切過第 17、18 號溢洪道（即偏壩體的右岸），造成左側（斷層的上盤）隆起 9.8m，右側（斷層的下盤）也抬升了 2.1m；使左、右兩邊產生了 7.7m的高程差；整個壩體因而被剪斷。受到斷層崖的影響，使水流集中；因此，沿著斷層線形成一條深槽。其實，地表的變形不只如此，連左、右兩岸的距離都縮短了約 8m（葉純松及尤冠函，民國 90 年）。壩座因被擠壓而破裂傾斜；第 1 至 16 號溢洪道（即壩體的左側大部分）產生不均勻隆起（最大高低差約為 0.9m），且有縮短現象。

　　利用非破壞性檢測的方法發現，壩體內也有很多損傷，包括：

- 超音波及透地雷達檢測：壩體與壩基之間產生空洞或開裂；壩體內部有多處破裂或空隙，有的且露出溢流面；第 9 號溢洪道表面有一道 5cm寬的裂縫，可能貫穿壩體。
- 孔內攝影檢測：在第 8 號溢洪道的位置，壩體與壩基分離；霸體混凝土也有裂縫貫穿或破裂。
- 微震檢測：從第 9 號至第 11 號溢洪道間有極強烈的震動。
- 第 2 號橋墩（排砂道與溢洪道之間）錯裂，導致第 1 號閘門變形，無法開啟。

　　另外，橋面板多處發現有水平錯動，最大約 70cm；而且越靠右岸越明顯。還有下游的消能池因為擠壓隆起而產生數條縱向的裂縫；又南幹線的輸水隧道錯動破裂，最大錯位約 3.5m。

　　(2)地質條件
　　石岡壩的壩址係由上新世的卓蘭層所構成。卓蘭層主要是由砂岩、泥岩、頁岩、及其互層所組成；岩性上屬於軟弱岩層。在壩址及其鄰近地區，層理發育良好；岩層呈東北走向，向東南傾斜約 30°至 40°。除了少數解壓及剪力節理之外，並無明顯的規則性節理。在壩址鄰近的方圓 2km 內已知有兩條斷層，一條位於壩址的西北側約 1.5km 處、呈西北走向的埤頭山斷層；另外一條是呈東西走向、位於石岡壩南側約 1.5km 處的金星斷層。由鄰近岩層的走向變化不大之事實觀之，壩址的岩層並未受到這兩條斷層的太大影響。

(3)災變的地質因素

石岡壩的破壞主要是因為車籠埔地震斷層正好切過它的壩基；由於位移量太大，使得結構體無法承受。這種斷層又稱為活動斷層。很多國家都規定，任何結構體都應從斷層跡線向兩側退縮相當的距離。除了鐵、公路等線性工程之外，嚴禁其他工程體的基礎跨越斷層線。不然就要儘可能的放置在斷層的下盤；更下策就是從結構的設計上予以考慮，即在斷層線的位置上設計可以互相錯動的接縫。

壩體係屬於重大工程的一種，所以禁止設在活動斷層上。主要的考慮在於，學理上認為活動斷層具有週期再生的特性；而地質的研究也確實證明了這一點。因此，將結構體放置在活動斷層上需要冒很大的風險。

(4)處理對策

石岡水庫是大台中地區的重要水源。所以於震壞後到底應該放棄，另建新壩，或者暫時予以修復，再從長計議，社會曾經有過一番論戰。因為新建水庫談何容易，而且也緩不濟急，所以就採取暫時修復的決策；但是因為右側（即斷層帶）破壞嚴重，所以就採取不通水的決議。

石岡壩不但受到錯斷，而且也發生了變形及位移。它的破壞主要在於壩基與壩體的脫離、破裂以及鋼筋被拉斷；還有就是右側的處理等。所以我們就分成壩基、壩體、及斷層帶的處理三部分來說明。

(a)壩基處理

由於斷層的上盤產生不均勻隆起，所以與剛性的壩體結構會發生脫離現象。同時，在靠近斷層帶的地段（第 10～14 溢洪道），岩盤破裂比較嚴重。因此壩基的處理，主要的目的就是填縫，以補強其承載力及水密性。其所採取的方法是用固結灌漿的方式。

(b)壩體處理

壩體的處理一共分成填縫、植筋、及培厚三部分。壩體內部的填縫一樣採用固結灌漿的方式，先植入#10 鋼筋（入岩 5 公尺），然後將水泥砂漿注入孔內，最後再以環氧樹脂砂漿封口。另外損壞較嚴重的第 2 號橋墩，則先挖掘剪力榫，然後再予以培厚；同時也加高壩體的溢流面。

(c)斷層帶處理

在斷層帶的地方，因為壩體損壞嚴重，所以就放棄，不予修復。但必須設

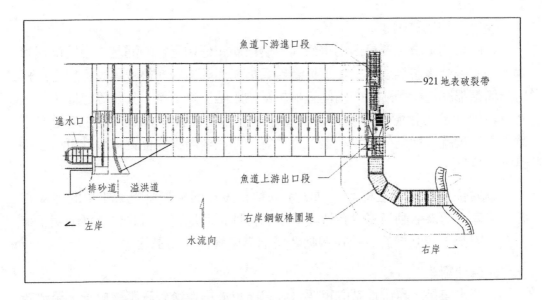

圖 22.10　石岡壩右岸修復工程（葉純松及尤冠函，民國 90 年）

置圍堤，以封閉過水斷面（請見圖 22.10）。其方法是在壩體的上游，以鋼板樁打入河床；其外側則以 60cm 厚的鋼筋混凝土層加以保護；再在其兩側吊放混凝土塊（2m×2m×2m），以穩定圍堤的主體結構。為了止漏，需進行沖積層及岩盤的固結灌漿；入岩的深度從 10m 至 20m 不等。

22.6　林肯大郡的順向坡滑動

(1)災變情況

　　民國 86 年 8 月 18 日溫妮颱風襲台，台北縣汐止鎮的林肯大郡之背後山坡發生順向坡滑動，使得靠近坡趾部的一排公寓大樓（六層樓高）都遭受破壞；尤以位於滑距最大的地段，大樓的地下室及一、二樓之柱子遭到剪斷，頓時成為只剩三層樓的慘劇。此次災變總計造成 28 人罹難、50 人輕重傷、80 戶房屋全毀、20 戶房屋部分傾斜坍陷（田永銘，民國 87 年）。

(2)地質條件

　　滑動山坡位於一略呈東西走向的小山脊之南面山坡。出露於邊坡的岩層屬於石底層的底部；由頁岩、砂岩及砂岩、頁岩薄葉互層所組成。而薄葉互層則由白色粉砂岩及黑色頁岩所構成；其中砂岩最大厚度約 1m，但是大多都在

30～40cm 以下（紀宗吉、林朝宗及劉桓吉，民國 87 年），最薄者只有數公分而已。整個岩段以頁岩較為發達；且越往地表，粉砂岩與頁岩的薄紋互層之結構就越顯著。依據鑽探結果顯示，岩心的RQD一般都在 50 以下；且岩心大多沿著頁岩中的頁理面發生斷裂，斷裂面多呈不規則起伏狀。

岩層的走向為 N78°E，向東南傾斜 29°。具有三組節理，它們的位態分別為（N30°～35°E，90°）、（N55°～60°W，90°）、及（N0°E，90°）。前兩組的延續性不佳，與此次滑動應無太大的關係，頂多在冠部的部位發揮一點脫離的（Detached）的作用。第三組的延續性良好，為本區較明顯的節理；是滑塊滑動時阻力最少的一組不連續面。

(3)災變的地質因素

災變區的後山是一個典型的順向坡地形；岩層以 29°的傾角向著社區傾斜（請見圖 22.11）；建商為了爭取更多的空間，乃在坡腳削坡，斜度 71.6°，高度 8m；然後又向下切深 4.1m，作為地下室。很顯然的，這是一種有潛在危險的設計。為了防止順向坡的滑動，原設計時，在後山的邊坡每隔 3m 有施作 1支岩錨，總共設置了 468 支（陳堯中等，民國 87 年）。在擋土牆的部分，則每

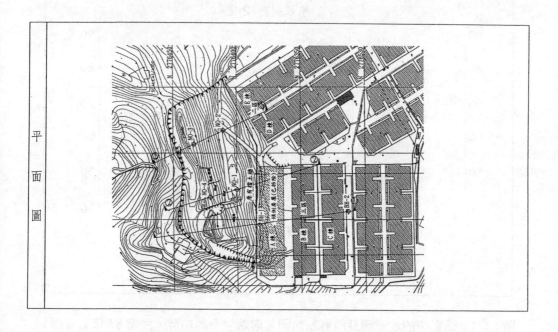

圖 22.11　滑動後的地形圖及地質剖面圖（廖瑞堂及周功台，民國 87 年）

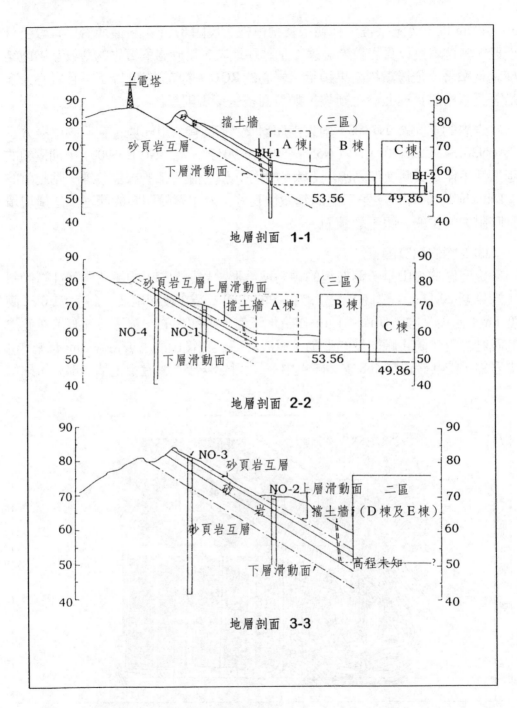

圖 22.11 滑動後的地形圖及地質剖面圖（廖瑞堂及周功台，民國 87 年）（續）

隔 2.5m 施作 1 支，共分 4 層，所以總共有 232 支。但是根據陳堯中等（民國 87 年）於災後調查，始發現實作數量比原設計少了 103 支。其實，當初在開挖地下室時，即發現表層岩層（厚度約 1～2m）已有局部滑動的先期警示；而且在出事前，有些岩錨的錨頭即發現有斷脫的現象（孫思優等，民國 87 年）。

災變發生於颱風季節。滑動範圍略呈長方形，東西長約 140m，南北寬約 60m；滑動方向為順著岩層的傾向；是一個典型的順向坡滑動。滑動體可以分成東、西兩大塊，其間以一條垂直於岩層走向的張力裂縫為區隔（請見圖 22.11 第 1 及第 2 條剖面線之間）。

東滑塊露出兩個滑動面，皆為頁岩。淺層滑塊的厚度約 2.4～4m；其滑距由東側的 29m，減至西側的 24m。深層滑塊厚度約 6～8m（不含淺層滑塊的厚度）；其滑距由東側的 2m，增至西側的 8.6m（陳堯中等，民國 87 年）。西滑塊則只露出深層滑動面，與東滑塊的深層滑動面為同一個滑動面；西滑塊的厚度約為 8.4m，滑距約為 20m。

(4)處理對策

原來所採用的岩錨配合擋土牆之順向坡穩定工法，其實是正確的，也是非常典型的處理工法。最大的問題出在（陳堯中等，民國 87 年）：

- 岩錨的設計及施工有所缺失（數量不足）。
- 岩錨的材質不良以及發生鏽蝕，未能提供足夠的拉力。
- 地質調查不確實。
- 缺乏足夠的岩石試驗資料，以致影響岩錨設計的正確性。
- 設計時未考慮地下水的影響，也未作適當的排水設施（包括地表水及地下水）。

顧問公司經過調查研究後，提出三種處理方案，如圖 22.12 所示；最後採取修坡的方式；將邊坡修成約 20°的斜度（也就是挖上邊坡來填下邊坡），使岩層的傾角大於邊坡的坡度，這樣岩層就不會露出坡面（Daylight）。另外，就是要有排水措施（包括地表水及地下水）加以配合，以減少下滑力，及消除頁岩軟化的可能性。

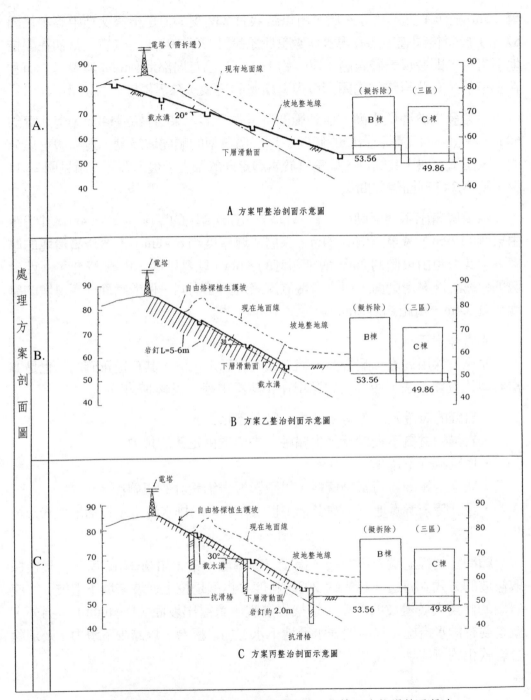

A：修坡配合排水；B：修坡配合岩釘；C：修坡配合抗滑樁及排水

圖 22.12　林肯大郡順向坡滑動的三種處理方案（廖瑞堂及周功台，民國 87 年）

22.7　梨山地滑

(1)災變情況

梨山位於中橫公路（台 8 線）與其宜蘭支線（台 7 甲線）的交會處，面積廣達 230 公頃；略呈倒三角形。民國 79 年 4 月間在連續降雨後，台 7 甲線 73k 處發生路基的邊坡破壞，因而造成交通中斷。同時，梨山賓館、國民旅舍、公路局車站等重要建築物也產生嚴重下陷、滑動及龜裂。

梨山地滑發生後，臺灣省政府立即進行交通、排水、防砂及社區整治等幾種緊急處理措施；同時委託工研院能資所進行滑動調查與整治方案的規劃；能資所於民國 82 年完成報告。由其調查結果顯示，地滑區的破壞包括：建築物、擋土牆與道路龜裂、下陷與變形，以及地下管線破裂或斷裂。整治方案則經行政院核定，於民國 84 年交由水土保持局開始執行，此為全國首次大規模地滑整治的個案。

綜合地形、地質與滑動現象等因素，能資所（民國 82 年）以集水區內之主要河谷為界，將梨山地滑區由西而東大致劃分為西區、東南區及東北區三個地滑區。各區以西區最大，面積約 76 公頃；東南區次之，面積約 57 公頃；東北區最小，約 49 公頃；三個地滑區的面積合計約為 182 公頃；而梨山地區的主要建築物則大多集中在東南區中。福壽山農場很可能集水至梨山地滑區的最大面積約為 155 公頃；此區域並未列入調查與整治規劃計畫中，但其面積與地滑區相當，且位於地滑區的上方，可能提供地下水水源。

(2)地質條件

梨山地滑區的地勢由南向北遞降，終而沒入大甲溪的德基水庫。大甲溪由東向西流經地滑區之北緣。在地滑區內有兩條主要溪流，分別排洩西集水區（梨山小築附近）與東南集水區（梨山賓館至榮民醫院附近）的地表逕流，並在地滑區的中央偏北處匯合後，向北流入大甲溪。大甲溪的兩岸靠近河床之坡面，偶而有岩盤裸露，其坡度約為 $30° \sim 50°$。山腰則分布著起伏不一的大大小小滑動土體，呈現典型的地滑地形。

梨山地滑區位於中央山脈地質區的脊梁山脈之西側邊緣，出露的地層屬於中新世的盧山層。盧山層在標準地點（南投縣仁愛鄉東側的盧山溫泉附近）主

要是由千枚岩（Phyllite）、硬頁岩（Argillite）及深灰色硬砂岩及頁岩的互層所組成；偶而有零星散佈的泥灰岩團塊；岩體的劈理非常發達。但是在梨山地滑區內出露的岩層只有板岩一種，其走向為 N15°～45°E，向東南傾斜 15°～35°。在河谷的地方，層面及劈理的傾斜角度近乎垂直，但在稜線或山坡上則略轉平緩。

(3)災變的地質因素

梨山滑動體主要以風化而破碎的板岩為主體，夾雜有黏土質土壤；結構不甚緊密、粒度分布不均、膠結差，強度低、且透水性極高；屬於風化劇烈的風化殼；其最大厚度可達 60m 以上。

能資所（民國 82 年）在滑動體內一共進行了 28 孔鑽探。由於梨山地區主要由板岩組成，其岩性單調，分層不易，因此能資所採用岩心破碎度、風化程度與顏色等為分層的準則，並將褐色系的強風化岩及中風化岩視為滑動體；原岩色的強風化岩與中風化岩則視為準滑動體。弱風化岩及岩盤則視為穩定層。除了岩心判釋之外，能資所尚採用孔內傾斜儀及應變管等研判可能的滑動面。經研判的結果，各孔的可能滑動面有 1 至 6 個，其深度約在地表下 2～61m 不等（主要滑動深度位於 17.5m 及 45.5m；滑動方向分別為 N150°W 及 N480°E）。

梨山地滑區位於一個易於匯集地表逕流的凹窪地形內。由水質分析結果得知，地表水與地下水的水質相近，表示地滑區的地下水補注，係來自近距離內的地表水。另外，由民國 79 年 4 月發生災害前後的降雨資料分析，得知該月份的最大日雨量為 155.5mm，發生頻率為 1.87 年；所以日雨量並不算大；但是如果以 4 月 10 日至 20 日間的累積雨量（566.0mm）（滑動發生日為 4 月 19 日）及 4 月份的總雨量（968.0mm）與歷年同期相比較，均為最大值；降雨頻率均超過 50 年。因此，持續性降雨可提供足量的地下水予滑動體，成為導致滑動的主要誘因之一。此外，雨水除了可以直接由區內的地表或裂隙滲入滑動體內之外，地表逕流更可沿著背後的陡坡（即福壽山農場）灌注到滑動體的窪地內，提升滑動面的孔隙水壓，並降低土壤的有效應力，破壞邊坡的穩定性。因此，雨水與地下水可說是造成本風化岩地滑的主要誘因。

作者從 SPOT 衛星影像上發現（潘國梁，民國 95 年），梨山地區正在醞釀一個新的滑動區，其冠部位於梨山賓館與松茂之間（請見圖 22.13A 及 22.13B），即中橫公路宜蘭支線的西緣，滑向大甲溪；連公路都要順著冠部的外緣佈線。新地滑區的冠部呈典型的弧形，其同心弧狀的張力裂縫非常顯著。

(4)處理對策

梨山地滑的整治工程從民國 84 年開始，直到民國 91 年為止；全程達 7 年之久，總經費高達新台幣 10 億餘元。其整治項目包括：

- 進行地滑區外圍的地表排水工程。
- 修建地滑區內的地表排水。
- 建造集水井 15 座，直徑 3.5m，井深 15～40m 不等；設置井內集水管 16,960m。
- 開鑿 G-1 排水廊道（全長 350m，集水管總長 4,863m），及 G-2 排水廊道（全長 550m，集水管總長 10,700m）。
- 觀測並進行其他邊坡保護及防砂工程（共完成護岸 130m、跌水 8 座、防砂壩 3 座、潛壩 62 座）。
- 台七甲線的復舊。
- 設置自動監測系統 8 組。

由以上的程序，明顯可見梨山地滑的整治，係以排除誘發災害的雨水及地下水著手，亦即以排水工程為主；原設計將把地滑體內的地下水位平均降低 8.3m，實際上為 10m 左右，即可將安全係數提升到 1.2 左右。在坍方或崩塌之處，則施以抑止工（即擋土工）及坡面保護工，以恢復台七甲線的交通及防止沖蝕。

由於梨山地滑為一古地滑區，其先天地質與地形條件即容易招致地滑的發生；同時其水文地質條件也極其複雜，使得地下水的流向及分布非常不容易掌握，而且也增加了整體變形機制的複雜性。雖然在周密的整治工程下，已無邊坡滑動破壞的情形發生，但是從監測的結果顯示，滑動體仍然持續在緩慢變形中。尤其是新的滑動區（梨山至松茂）已經逐漸成型，而且不在原來的整治範圍內；其滑動是否會牽動原來的整治區，頗值得密切的觀察。

22.8　豐丘土石流

(1)災變情況

根據已知的災害記載資料顯示，南投縣的豐丘土石流一共發生過 4 次以上的土石流災害，如表 22.2 所示。

圖 22.13A 梨山地滑區及其周圍的 SPOT 衛星影像

圖 22.13B　圖 22.13A 的影像判釋結果

表 22.2　南投縣豐丘土石流災害的歷史記錄

| | | 發　生　時　間 | | | |
		民國 74 年 8 月	民國 85 年 7 月	民國 87 年 8 月	民國 90 年 8 月
觸發原因		尼爾森颱風	賀伯颱風	奧托颱風	桃芝颱風
災情		下游果園遭土石掩埋。	共攜出土石 30 萬方，掩埋 14 公頃的果園及葡萄園；房屋全倒 10 戶，半倒 11 戶；死亡 2 人；台 21 線公路被埋而交通中斷。	土石堆積於臨時貯淤池，災害因而降低，但仍有少量土石流至台 21 線公路，影響交通。	大部分土石堆積於貯淤池，仍有少量流出，掩沒台 21 線公路，未造成重大災害。
降雨量，mm	日雨量	300	645	——	599
	最大日雨量	——	——	395.5	——
	最大時雨量	——	74	——	77
備註			100 年頻率最大日雨量：500.3mm 200 年頻率最大日雨量：552.5mm		

　　但是根據衛星影像的判釋結果顯示，豐丘土石流其實是一個在地質史上一再復發的古土石流，其堆積扇是歷次土石流不斷的堆積、不斷的增厚，及不斷的擴張而形成的古堆積扇（請見圖 22.14）；目前的豐丘社區即是立基於古土石流的堆積扇上，因此只要土石流的規模大一些，全社區的安全性即會受到威脅。尤其是橫過堆積扇頂附近的台 21 線公路（新中橫公路）正好首當其衝；在賀伯颱風那一次，其路面即被土石掩埋最厚達 3m 以上。

　　(2)地質條件

　　幾乎南北走向的陳有蘭溪在南投縣水里附近，由南向北匯入濁水溪。而台 21 線公路則沿著陳有蘭溪闢建，且以陳有蘭溪橋（位於十八重溪的匯合口附近）為界，公路的北段行走於右岸（即東岸），而公路的南段則越河行走於左岸（即西岸）。

圖 22.14A　賀伯颱風所造成的豐丘土石流之 SPOT 衛星影像
（1996 年 8 月 18 日取像）（中央大學遙測中心提供）

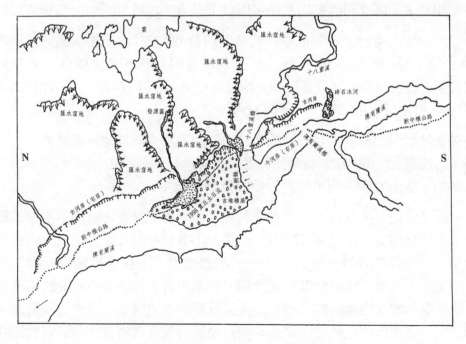

圖 22.14B　圖 22.14A 的影像判釋結果

本區的地質可以以陳有蘭溪（也是陳有蘭溪斷層的位置）為界，其東側為已變質的古第三紀地層，其西側則是未變質的新第三紀沉積岩。豐丘土石流的發源地即位於東側；其地層屬於新高層，岩性以板岩、硬頁岩、變質砂岩及石英岩為主。因此，土石流堆積物質中常見直徑約為數十公分到 1 公尺（最大可達 3 公尺以上）左右的石英岩塊及一些細料。

(3)災變的地質因素

我們先從衛星影像上來判釋賀伯颱風所造成的豐丘土石流（請見圖22.14），其發源地係位於一把像勺子的握把處，即線型谷溝的左岸支流。發源地的最後端（即土石流的最原始起源處）成叉狀，表示土石係來自兩個方向，然後合而為一，因此發揮猛暴的力量，下切溝床，加上側蝕槽溝的兩壁，所以可見其寬度比線型谷溝裡的土石流還要寬，而且造成側壁的坍塌（如乳狀突起），於是沿途招納更多的土石進來。等到它匯入線型谷溝時，因為其溝床的坡度陡峻，無法讓土石流停積下來，所以土石流就順著谷溝一路往下飆瀉；沿途同樣的發揮其下切及側蝕的作用，使兩岸出現了許多鋸齒狀的突起，因此使得固態物質的含量越聚越多；最後才在中橫公路東側的低矮岩壁線上之出口處停積下來；因為出口處的地形坡度突然變緩（即岩壁的趾部位置），而且出口之後地形突然豁然開朗，不再受到溝壁的束縛，所以土石流才會散發開來而堆積成扇狀。

從地形圖上可計測發源地的岸坡坡度約為 60°；其上游集水區的面積約為 165.6 公頃，平均高程為 1,445.9m，而平均坡度則為 70.37%（35°）。如果以土石流發生的區段來看，則發源區的平均坡度約為 52%（27°）、流通段約為 32%（18°）、而堆積區則只有 10%（6°）。

從土地利用的型態來看，沖蝕溝的上游及其左岸陡坡地屬於林地，右岸部分則多已被開發；集水區的整體開發度約為 40.3%，開墾地的作物以梅樹為主；集水區的下游出堆積扇的部分則以檳榔及葡萄為主。

前面已經提及，豐丘土石流在地質史上係一再的發生，這項事實可以從衛星影像上獲得證實（請見圖 22.14A 及圖 22.14B）。因為豐丘土石流的發生次數頻繁，所以每次堆積時都會一次一次的疊加上去，復因堆積位置的左右擺動，加上與十八重溪（位於豐丘新堆積扇的東南方）口的古土石流之堆積扇結合，使得整個豐丘堆積扇的分布，東邊從低矮的岩壁開始，西邊以陳有蘭溪的右岸為界，而南邊則止於十八重溪與陳有蘭溪的匯合口附近。其實它的範圍應該更廣才對，因為它目前正受到這兩條溪流的蠶蝕，所以在其侵蝕岸的部位

（大堆積扇的南側及西側）可見非常整齊的圓弧。不過，再仔細看看影像中，這兩條溪流雖然慢慢在侵蝕著豐丘的大而古老的堆積扇，但是它們的河道反過來卻受過這個古土石流堆積扇的推移，所以陳有蘭溪的河道才會在堆積扇的西側外緣轉了一個彎，從圖 22.15 的照片看起來顯得格外的明顯。受到同樣的作用，十八重溪與陳有蘭溪的匯合口也被古堆積扇往西北方向外推，而變成弧形。

　　前述的低矮岩壁其實就是陳有蘭溪所侵蝕出來的古河岸，這個古河岸原來是通過豐丘大堆積扇的扇頂部位；由於豐丘土石流的頻頻發作，才將陳有蘭溪漸漸推向西方偏南至少 1 公里以上。

　　(4)處理對策

　　因為受限於土石流的流槽，其可用欄砂壩之壩址不足，所以豐丘土石流的治理係以貯砂減勢工程為主。自民國 76 年度開始，一直到 90 年為止，其整治工程項目如表 22.3 所示。

圖 22.15　從陳有蘭溪的對岸遠眺豐丘土石流及其古堆積扇

表 22.3　豐丘土石流歷年來的整治工程一覽表

工程項目	施工年度（民國）	工程規模
1 號防砂壩	76	H：12m；L：71.5m
2 號防砂壩	86	H：12m；L：73.4m
3 號防砂壩（梳子壩）	88	H：14m；L：117m
4 號防砂壩（梳子壩）	89	H：12.9m；L：96m
清除土石方（1 期）	87	33,265m^3
清除土石方（2 期）	87	25,700m^3（奧托颱風）
清除土石方	88	38,800m^3（921 集集大地震）
排水設施及固床	88	685m
設置貯淤池	88	
清除貯淤池	89	40,320m^3
清除貯淤池	90	130,000m^3（桃芝颱風）
施作導流槽	89	H：16mL：144m

22.9　義大利的 Vaiont 壩

　　義大利的 Vaiont 壩是歷史上最嚴重的庫岸滑動災變之一。它發生於 1963 年；是一件工程地質調查不確實以及觀念錯誤的最壞案例。它的災變發生於大壩上游左岸的一個巨大古滑動體，因為水庫蓄水而復活的慘劇（請見圖 22.16）；其滑動面原來是一個早就存在的低角度斷層帶。因為調查資料不足，所以無法預先看出潛在的危險；同時，負責調查的工程地質師之經驗不足也難卸其責。

　　以下的一些地質盲點是造成此次災變的主因（Kiersch, 1964）：

- 在 Malm 層內（白堊紀）存在著許多泥岩夾層或透鏡體（請見圖 22.17）。
- 在滑動帶存在著斷層泥，遇水極易軟化，同時發生塑性流動。
- 滑動體內（由石灰岩組成）有不少溶罅；且其下伏的石灰岩層出露於地表的地方呈現非常顯著的卡斯特岩溶地形（請見圖 22.18）。
- 水庫蓄水後，地下水位上升，遂在滑動體內產生浮力，造成不穩定。
- 泥岩夾層使得其下的地下水受壓，更加重不穩定性。
- 可疑的古滑動面（即斷層帶）在規劃階段即未進行充分的調查。
- 鑽探時岩心的回收率很低，並沒有受到應有的重視，甚至被錯誤的解讀。

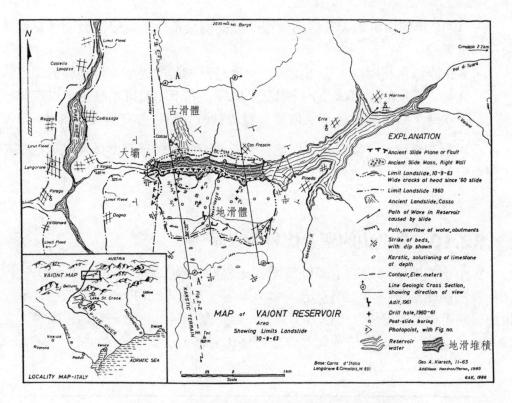

圖 22.16 義大利 Vaiont 水庫及其周圍的地質圖
（顯示滑動體的範圍及災變前與災變後的鑽孔分布）（Kiersch, 1964）

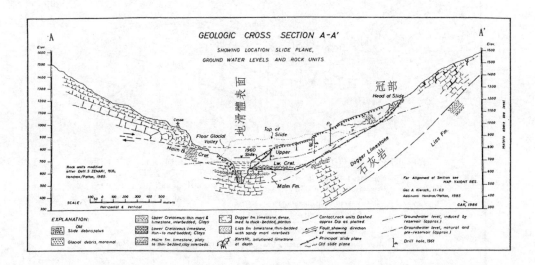

圖 22.17 義大利 Vaiont 水庫左岸的滑動體之縱斷面圖（Kiersch, 1964）

・ 1961 年的橫坑調查曾經遇到很明顯的剪裂帶，於災變後證明，它就是滑動帶。

・原來誤以為利用地下排水措施並無助於滑動體的穩定；但是經過深入研究後，如果能在 Toc 山（請見圖 22.18）底下開鑿排水廊道，以疏排地下水時，將可降低地下水位，其對滑動體的穩定會有很大的幫助。

由以上的事實可資證明，工程地質調查的充分度與確實度是可以降低許多工程災變的。

22.10　舊金山的聖安德魯斯水庫

舊金山的聖安德魯斯水庫位於聖安德魯斯斷層（San Andreas Fault）的西側。這一條斷層是世界上很有名的轉型斷層（Transform Fault）；它是太平洋板塊與北美板塊的邊界之一部分；屬於一條活動斷層，也是一條地震斷層。在 1906 年的舊金山大地震時，此地曾被錯移（右移）了 2m。

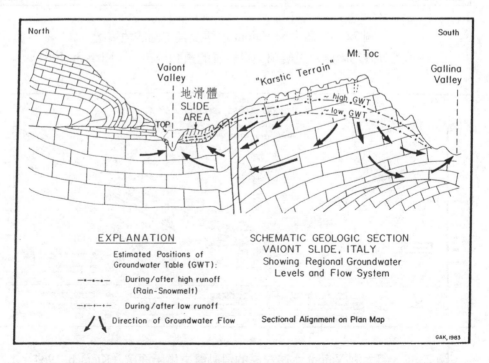

圖 22.18　義大利 Vaiont 水庫左岸的岩溶現象及地下水流向（Kiersch, 1988）

　　聖安德魯斯壩是一座土壩；在 1906 年的大地震（規模 7.8）中僅受到局部的損傷而已；倒是穿越聖安德魯斯斷層的洩洪隧道卻完全被毀壞了。1983 年 Pampeyan（1986）重回調查位於斷層帶內的取水管道系統（請見圖 22.19A）。他發現在 Bald Hill 的取水隧道之西端，從興建（1869～1870）完成後已經被右移了至少 2.5m。非常奇怪的是地震發生時，隧道並不是沿著斷層面發生錯移，而是被彎折且拉長了至少 23m 的距離；由原來的圓形斷面變成橢圓形的斷面，完全服膺應變橢圓的機制（即右移剪切變形）（請見圖 22.19B）；它的變形量主要由斷成許多小節的磚塊襯砌來吸收。更奇怪的是它的輸水功能竟然沒有受到很大的影響。不過，這個取水系統於 1947 年就停止運行了。

　　聖安德魯斯水庫（1870 年完成）興建於聖安德魯斯地震斷層發生之前。如果 1906 年發生的聖安德魯斯地震斷層發生得更早，則根本就不可能、也不允許跨越它興建水庫。

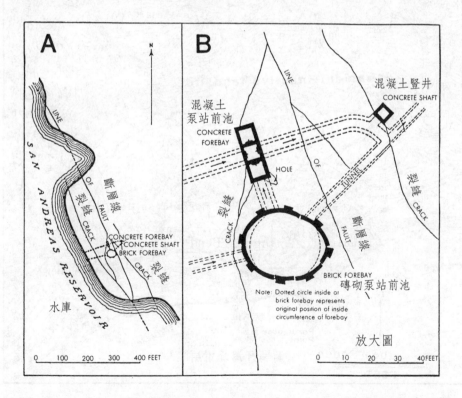

圖 22.19　聖安德魯斯水庫的取水系統及其與聖安德魯斯地震斷層的關係
（Pampeyan, 1986）

22.11 洛杉磯的葡萄牙灣地滑

葡萄牙灣位於洛杉磯西邊的 Palos Verdes Hills；該鎮坐北朝南，面臨太平洋（請見圖 22.20）。

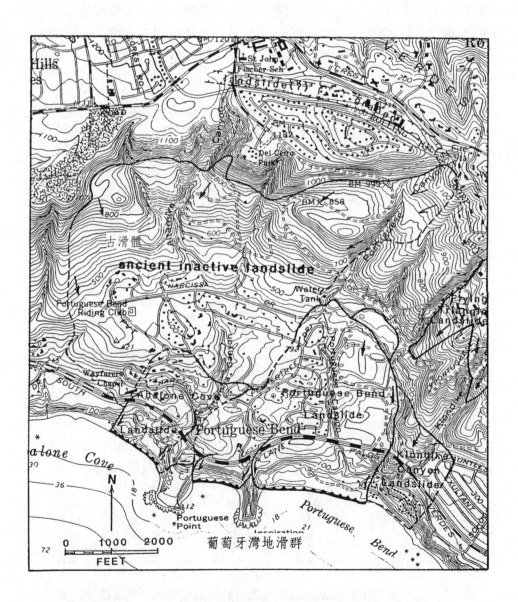

圖 22.20 洛杉磯的葡萄牙灣地滑地之分塊（Ehlig, 1987）

　　根據追蹤研究（Merriam, 1960），葡萄牙灣地滑地係由許多零星且分散的滑塊所組成；它們在不同的時間曾經發生重複的滑動，有些則已處於半穩定狀態；整個滑動史可以一直追蹤到數百萬年以前。

　　在 1984 年這裡發生了一次規模相當大的滑動，一共撕毀了 134 戶人家，以及許多道路與管線；其實，它係起源於 1929 年的一個小滑動。在這一段 55 年的長時間內，比較嚴重的一次則發生於 1956 年，其牽動的土石方達到 6 千萬噸。從 1956 年至 1986 年間的累積滑動量如圖 22.21 所示。

　　為了防止滑體繼續滑動，1957 年曾經施作許多預鑄的混凝土阻滑樁，其直徑為 1.2m，長度 6m，入岩約 3m。起先確實使得滑動速率減緩了一半，但是 5 個月之後，滑動速率又開始加速，不久即恢復到 1956 年的活動速率；阻滑樁發生了彎折，而且土石繞過阻滑樁，繼續向下滑動。

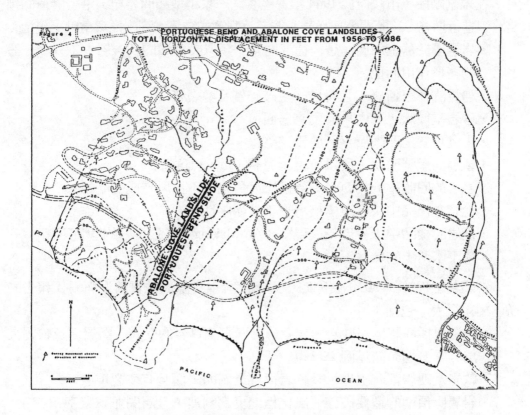

圖 22.21　葡萄牙灣地滑在 1956～1986 年期間的累積水平位移（呎）
　　　　　及滑動方向（Ehlig, 1987）

　　新的處理方法改用排水措施來提升安全係數，其中包括截水渠的設置，以將冠部以上的地表逕流阻止於滑體之外，並且排到太平洋裡；同時，開鑿 8 個集水井，以降低地下水位及孔隙水壓。結果使得滑體的頭部幾乎靜止不動，而且將滑體東半部的滑動速率降到每年 15cm 以下；西半部的滑動速率則降到原來速率（12cm／a）的一半以上。其他的工程措施還包括滑體表面的集排水系統、滑體腳部的降坡、以及滑體趾部的護岸工程（防止海浪侵蝕）等。

22.12　舊金山的百老匯隧道

　　舊金山的百老匯隧道是一個雙隧的交通廊道系統，連結舊金山市區至其西北偶及金門大橋；寬度 28.5ft.，兩隧相距 35ft.。

　　在規劃階段，市政府於 1944 年曾經委託一家小型顧問公司，沿著隧道的預定路線進行勘查。該顧問公司從岩心鑑定及判讀的結果，列出幾項重點，包括：
- 岩層屬於舊金山層（是一種混同岩，類似於臺灣的利吉層）；只受一般的變形作用而已。
- 遇見許多小斷層，且發現一些破碎帶及剪裂帶。
- 砂岩呈塊狀，其內未發現有層面。
- 未發現有主要斷層平行於預定路線。
- 斷層面呈緊密狀，所以可視為完整（Intact）岩層。
- 岩心的回收率低於 50%，為鑽探人員施作不慎所造成的結果。
- 從岩心樣品中未發現擦痕，也不具膨脹性。
- 從岩心樣品中未發現乾裂現象（Air-Slaking），且頁岩的含量不高。
- 地下水湧出的機會不大。

　　當開鑿工程於 1950 年展開時，馬上就發現實際的地質情況與鑽探報告的描述相差很大，包括：
- 岩層包括塊狀厚層砂岩，或者薄層砂岩及頁岩的互層；斷層泥及軟弱夾層非常普遍（請見圖 22.22）。
- 軟岩及硬岩都有出現，且軟岩很容易剝開，而且有乾裂現象。
- 岩層比預期的還要破碎、風化程度更為劇烈、且層間並不緊密。
- 岩層遭到強烈變形、且剪裂面非常發達。
- 層面的滑動非常顯著，尤其沿著薄層的軟岩，或者硬岩間的軟岩夾層。

　　由於地質調查的結果，誤差太大，所以 1951 年又重新評估一次；甚至連 Karl Terzaghi 及美國地質調查所的地質師都受到邀請。結果發現，1944 年的調查還出現了幾個盲點：

* 忽略了岩心回收率奇低的意涵。
* 未對隧道附近的岩層露頭進行調查，否則將可看到舊金山層的整體特性。
* 隧道的預定路線正好位於一個地形的鞍部上；它常指示舊金山層內的斷層帶。
* 東洞口係位於古河道內，開鑿時遇不到岩盤，且有湧水的潛在危險。

　　由這個失敗的案例可以看出，工程地質師的經驗是多麼的重要。一般顧問公司通常會派遣經驗不足的年輕地質師從事比較辛苦的現場調查，以及常駐工地，因此比較容易做出錯誤的研判及解釋；這是一種非常危險的執業方式。

　　一個有經驗，且訓練有素的工程地質師應該有能力從岩心的樣品中，研判隧道的開掘過程可能遭遇到的地質狀況，並且提出正確的地質資訊，以讓工程師可以設計出既經濟又安全的開鑿及支撐工法；同時，還能夠對潛在的危險預先提出警告，俾便採取預防措施，以防止災變的發生。

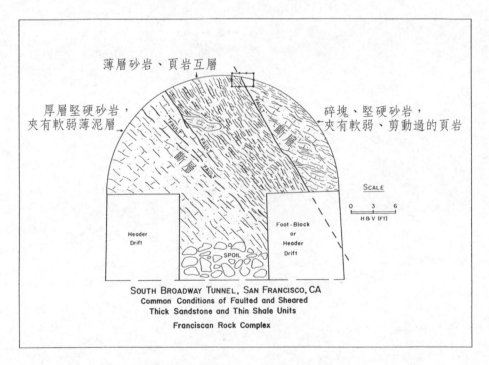

圖 22.22　舊金山的百老匯隧道之代表性地質斷面圖（Kiersch and James, 1991）

參考資料

中國土木水利工程學會，民國 82 年。工址地盤調查準則：中國土木水利工程學會，台北市，共 42 頁。

中華顧問工程司（1999）。八十五年度坡地災害整治計畫梨山地區地層滑動基本設計與補充調查委託技術服務期末報告：水土保持局第二工程所。

今村遼平等，1991。画でみる地形、地質の基礎知識：鹿島出版會，東京都，共 232 頁。

日本土質工學會，1990。傾斜地と構造物：日本土質工學會，東京市，共 334 頁。

王乾盈，民國 92 年。臺灣地區板塊運動與地震活動。

田永銘，民國 87 年。林肯大郡災變緊急應變措施：地工技術，第 68 期，第 5-18 頁。

朱傚祖等，民國 85 年。擠壓、橫斷、背衝及伸張大地構造-以雪山山脈為例：地質，第 15 卷，第 2 期，第 61-80 頁。

何春蓀，民國 75 年。臺灣地質概論-臺灣地質圖說明書，增訂第二版：經濟部中央地質調查所，台北縣，共 164 頁。

李維峰等，民國 94 年。O2 車站潛盾隧道到達端工程災變原因鑑識：地工技術，第 105 期，第 36-46 頁。

周允文等，民國 88 年。八卦山卵礫石層隧道施工案例探討：第八屆大地工程學術研討會論文輯，第 1583-159。

林啟文等，民國 89 年。臺灣活動斷層概論（第二版）：經濟部中央地質調查所特刊，第 13 號，共 122 頁。

林朝宗等，民國 87 年。經濟部中央地質調查所八十六年度年報：經濟部中央地質調查所，台北縣，第 59 頁。

武田裕幸及今村遼平，1997。應用地學ノ-ト：共立出版（株），東京都，共 447 頁。

洪如江，民國 91 年。初等工程地質學大綱：地工技術研究發展基金會，台北市。

狩野謙一及村田明広，1998。構造地質學：朝倉書店，東京都，共 298 頁。

紀宗吉、林朝宗、及劉桓吉，民國 87 年。林肯大郡地層滑動災變原因之探討：地工技術，第 68 期，第 67-74 頁。

胡紹敏及歐來成，民國 90 年 a。深開挖工區湧水災變之緊急搶救與止水補強實例（第一部分：災變緣由與搶救經過）：地工技術，第 88 期，第 91-104 頁。

——，民國 90 年 b。深開挖工區湧水災變之緊急搶救與止水補強實例（第二部分：止水補強灌漿之設計與施工）：地工技術，第 88 期，第 105-116 頁。

孫思優等，民國 87 年。林肯大郡災變工程地質調查案例探討：地工技術，第 68 期，

第 19-28 頁。

徐九華等，2001。地質學：冶金工業出版社，北京市，共 316 頁。

徐明同，民國 72 年。明清時代破壞大地震規模及震度之評估：氣象學報，第 29 卷，第 4 期，第 1-18 頁。

徐開禮及朱志澄，1984。構造地質學：地質出版社，北京市，共 243 頁。

栗林榮一、龍岡文夫、吉田精一，1974。明治以降の本邦の地盤液化履歷：土木研究所彙報，第 30 號，共 181 頁。

能源與資源研究所（民國 82 年）。梨山地區地層滑動調查與整治方案規劃：水土保持局，共 163 頁。

張咸恭等，1988。專門工程地質學：地質出版社，北京市，共 281 頁。

陳培源，民國 95 年。臺灣地質：臺灣省應用地質技師公會，台北市（科技圖書公司總經銷），共 28 章。

陳堯中等，民國 87 年。汐止林肯大郡災變原因探討：地工技術，第 68 期，第 29-40 頁。

陳肇夏、吳永助，民國 60 年。臺灣北部大屯地熱區之火山地質：中國地質學會會刊，第十四號，第 5-20 頁。

傅子仁及薛文城，民國 93 年。新永春隧道高壓巨量湧水災害處理之檢討：地工技術，第 99 期，第 63-72 頁。

葉俊林等，1996。地質學概論：地質出版社，北京市，共 228 頁。

葉純松及尤冠函，民國 90 年。集集地震石岡壩壩體震害及修復：地工技術，第 87 期，第 5-14 頁。

廖瑞堂及周功台，民國 87 年。林肯大郡邊坡坍塌災變原因之省思及後續整治建議：地工技術，第 68 期，第 41-54 頁。

劉傳正，1995。環境工程地質學：地質出版社，北京市，共 280 頁。

潘國梁，民國 88 年。區域國土開發保育防災基本資料（山坡地之地質環境）：內政部營建署。

——，民國 94 年 a。環境地質與防災科技：地景企業公司，台北市，共 406 頁。

——，民國 94 年 b。防災科技與科學風水：詹氏書局，台北市，215 頁。

——，民國 95 年。遙測學大綱-遙測概念、原理與影像判釋技術：科技圖書公司，台北市，共 292 頁。

——，民國 96 年。山坡地的地質分析與有效防災：科技圖書公司，台北市，共 279 頁。

鄭文隆及張文城，民國 87 年。高度破碎及湧水帶 TBM 施工技術之案例探討：地工技術，第 66 期，第 5-24 頁。

鄭富書，顏東利，及潘國梁，民國 87 年。挪威隧道工法及其評估：地工技術，第 67

期，第 83-98 頁。

鄧屬予等，民國 83 年，台北盆地第四系地層架構：臺灣第四紀第五次研討會論文集，第 129-135 頁。

謝玉山及李繼源，民國 92 年。TBM 開挖應變處理經驗：土木水利，第 30 卷，第 4 期，第 30～38。

Bagchi, A., 1989. Design, Construction, and Monitoring of Sanitary Landfill: John Wiley & Sons, New York, 284pp.

Barton, N. and Choubey, V., 1977. The shear strength of rock joints in theory and practice：Rock Mechanics, v. 10, pp.1-54.

Barton, N. Lien, R., and Lunde, J., 1974. Engineering classification of Rock masses for the design of tunnel support: Rock Mechanics, vol. 6, no. 4, pp. 189-236.

Barton, N. and Grimstad, E., 1994. The Q-system following twenty years of application in NMT support selection：43 Geomech. Colloquy, Salzburg, Felsbau 12 (1994), no. 6, pp.428-436.

Bell, F. G., 2007a. Engineering Geology (2nd. ed.)：Butterworth-Heinemann, N. Y., 592pp.

---, 2007b. Basic Environmental and Engineering Geology: Whittles Publishing, Dunbeath, U. K., 342pp.

Bieniawski, Z. T, 1973. Engineering Classification of Jointed Rock Masses: Transactions, South African Institution of Civil Engineers, vol. 15, pp. 335-344.

---, 1984. Rock Mechanics Design in Mining and Tunneling: A. A. Balkema Publishers, Rotterdam.

---, 2004. Engineering Rock Mass Classifications-A Complete Manual for Engineers and Geologists in Mining, Civil and Petroleum Engineering: Wiley-Interscience, N. Y., 272pp.

Billings, M. P., 1972. Structural Geology, (3rd ed.)：Prentice-Hall, New Jersey, 606pp.

Broch, E., and Franklin, J. A., 1972. The point-load strength test: International Journal of Rock Mechanics and Mining Science, vol.9, pp.669-697.

Clarke, B., Skipp, B., and Erwig, H., 1996. In-situ Testing of Soils and Weak Rocks: Kluwer Academic Publishers Group.

Drury, S. A., 1987. Image Interpretation in Geology: Allen & Unwin, London, 243pp.

Ehlig, P. L., 1987. The Portuguese Bend landslide stabilization project：American Association of Petroleum Geologists Field Guide, Los Angeles, California Meetings, pp.2-17-3-24.

Ervin, M. C., 1983. In-situ Testing for Geotechnical Investigations: Aa Balkema, 131pp.

Grimstad, E., and Barton, N., 1993. Updating of the Q-system for NTM：Proceedings of the International Symposium of Sprayed Concrete-Modern Use of Wet Mix Sprayed Concrete for Underground Support, Fagernes, Eds. Kompen, Opsahl and Berg. Norwegian Concrete Association,

Oslo.

Harrison, J. P., and Hudson, J. A., 2000. Engineering Rock Mechanics: Elsevier Science, N. Y., 896pp.

Hendron, A. J., 1968. Mechanical properties of rock, in K. G.. Stagg and O. C. Zienkiewitz (eds.), Rock Mechanics in Engineering Practice：John Wiley, New York, pp. 21-53.

Hoek, E., and Bray, J. W., 1981. Rock Slope Engineering: The Institution of Mining and Metallurgy, London, 358pp.

Irfan, T. Y., and Dearman, W. R., 1978. Engineering classification and index properties of a weathered granite: Bulletin of the International Association of Engineering Geology, vol. 17, pp. 79-90.

Kiersch, G. A., 1964. Vaiont Reservoir disaster: Civil Engineering, v. 34, no. 3, pp.32-39.

---, 1988. Vaiont Reservoir disaster；in Jansen，R. B. (ed.)，Advanced Dam Engineering for Design, Construction, and Rehabilitation: Van Nostrand Reinhold Co., New York, pp. 41-53 and 106-117.

---, and James, L. B., 1991. Errors of geologic judgment and the impact on engineering works: in Kiersch, G. A., The Heritage of Engineering Geology-The First Hundred Years: Geological Society of America, Centennial Special Volume 3, pp. 517-558.

Li, Y. H., 1976. Denudation of Taiwan island since the Pliocene Epoch: Geology, v. 4, pp.277-311.

Liu, T. K., 1982. Tectonic implications of fission track ages from the Central Range, Taiwan: Proc. Geol. Soc. China, No.25, pp.22-37.

Merriam, R., 1960. Portuguese Bend landslide, Palos Verdes Hills, California: Journal of Geology, v. 68, no. 2, pp.1450-153.

Mitchell, J. K., 1956. The fabric of natural clays and its relation to engineering properties: Proc. Highway Res. Board, No.35, pp. 693-713.

National Coal Board, 1975. Subsidfence Engineers' Handbook：NCB (UK), London, 11pp.

Pampeyan, E. H., 1986. Effects of the 1906 earthquake on the Bald Hill outlet system, San Mateo County, California: Association of Engineering Geologists Bulletin, v. 23, pp.197-208.

Peng, T. H., and others, 1977. Tectonic uplift rate of the Taiwan island since the Early Holocene: Mem. Geol. Soc. China, no.2, pp.57-70.

Pierson, L. A., Davis, S. A., and van Vickle, R., 1990. The rockfall hazard rating system-implementation manual: Technical Report FHWA-OR-EG-90-01, FHWA, U. S. Department of Transportation.

Price, D. G., 2007. Engineering Geology-Principles and Practice: Springer, N. Y., 440pp.

Roberts, A., 1977. Geotechnology: Pergamon, New York.

Sabins, F. F., 1996. Remote Sensing-Principles and Interpretation, (3rd ed.): W. H. Freeman, 494pp.

Selby, M. J., 1993. Hillslope Materials and Processes (2nd ed.) : Oxford University Press, Oxford, 451pp.

Singhal, B. B., and Gupta, R. P., 2006. Applied Hydrogeology of Fractured Rocks: Springer, N. Y., 400pp.

Tsai,Y. B., Teng,T. L., Chiu, J. M., and Liu, H. L., 1977. Tectonic implications of the seismicity in the Taiwan region: Mem. Geol. Soc. China, no. 2, pp. 13-41.

Waltham, T., 2002. Foundations of Engineering Geology (2nd ed.) : Taylor & Francis, London, 104pp.

Wang, C-H, and Burrett, W. C., 1990. Holocene mean uplift across an active plate-collision boundary in Taiwan: Science 248, pp.204-206.

Weight, W. D., and Sonderegger, J. L., 2001. Manual of Applied Field Hydrogeology: MaGraw-Hill Professional, N. Y., 608pp.

West, T. R., 1994. Geology Applied to Engineering: Prentice Hall, New Jersey, 560pp.

Wickham, G. E., Tiedemann, H. R., and Skinner, E. H., 1972. Support determinations based on geologic predictions: Proceedings, First North American Rapid Excavation and Tunnelling Conference (New York), vol.1, pp.43-64.

Yu, S. B., and Liu, C. C., 1989. Fault creep on the central segment of the Longitudinal Valley fault, eastern Taiwan: Proc. Geol. Soc. China, v. 32, no.3, pp. 209-231.

Zaruba, Q., and Mencl, V., 1976. Engineering Geology: Elsevier, New York, 504pp.

國家圖書館出版品預行編目資料

工程地質通論／潘國樑著. －－三版.
－－臺北市：五南, 2019.09
　面；　公分
I S B N: 978-957-763-634-8（精裝）
1.工程地質學
441.103　　　　　　　　　　108014509

5H08

工程地質通論

作　　　者	－ 潘國樑（364.2）
校　　　訂	－ 魏稽生
發 行 人	－ 楊榮川
總 經 理	－ 楊士清
總 編 輯	－ 楊秀麗
主　　　編	－ 高至廷
責任編輯	－ 金明芬
封面設計	－ 姚孝慈
出 版 者	－ 五南圖書出版股份有限公司

地　　　址：106 台北市大安區和平東路二段 339 號 4 樓

電　　　話：(02)2705-5066　傳　　真：(02)2706-6100

網　　　址：http://www.wunan.com.tw

電子郵件：wunan@wunan.com.tw

劃撥帳號：01068953

戶　　　名：五南圖書出版股份有限公司

法律顧問　林勝安律師事務所　林勝安律師

出版日期　2007 年 9 月初版一刷
　　　　　2013 年 10 月二版一刷
　　　　　2019 年 9 月三版一刷

定　　　價　新臺幣 900 元